数据库云平台

理论与实践

马献章 著

U0341957

清华大学出版社
北京

内 容 简 介

数据库云平台是当今乃至今后一段时期信息化领域普遍关注的一个热点领域。云技术的本质是分布式计算，而数据库云平台揭示的正是分布式计算在数据处理领域的本质问题。本书介绍了数据库的起源与发展，分析了关系型数据库与 NoSQL 数据库的适应场景，介绍了国产自主可控数据库云平台发展现状；针对云计算环境大数据时代对结构化和非结构化数据的管理需要，介绍了关系型数据库中的事务、数据恢复、SQL、分布式数据库和 NoSQL 数据库的一致性与事务等理论；针对越来越多的大数据业务，介绍了数据库应用系统的设计、优化和集成技术。结合发展趋势，重点介绍了当前流行的关系数据库和 NoSQL 数据库的编程技术；针对信息化建设演进式发展，介绍了数据库重构技术。

本书作为计算机、网络工程、信息管理院校研究生的高端教材，适合具有一定计算机基础知识的读者学习，也可作为数据分析师、系统架构师的数据库、云技术培训教材，以及各企事业组织实施信息化建设、流程再造、大数据的生态系统构建和信息化基础知识训练的参考书。

图书在版编目（CIP）数据

数据库云平台理论与实践 / 马献章著. —北京：清华大学出版社，2016
ISBN 978-7-302-42150-4

Ⅰ. ①数… Ⅱ. ①马… Ⅲ. ①关系数据库系统-研究 Ⅳ. ①TP311.138

中国版本图书馆 CIP 数据核字（2015）第 271770 号

责任编辑：冯志强
封面设计：吕单单
责任校对：徐俊伟
责任印制：李红英

出版发行：清华大学出版社
　　　　网　　　址：http://www.tup.com.cn, http://www.wqbook.com
　　　　地　　　址：北京清华大学学研大厦 A 座　　邮　　编：100084
　　　　社 总 机：010-62770175　　邮　　购：010-62786544
　　　　投稿与读者服务：010-62776969，c-service@tup.tsinghua.edu.cn
　　　　质量反馈：010-62772015，zhiliang@tup.tsinghua.edu.cn
印 装 者：清华大学印刷厂
经　　销：全国新华书店
开　　本：185mm×260mm　　印　张：32.5　　插　页：1　　字　数：818 千字
版　　次：2016 年 1 月第 1 版　　印　次：2016 年 1 月第 1 次印刷
印　　数：1～3000
定　　价：79.00 元

产品编号：066188-01

前　　言

人类活动的空间延伸到哪里，数据便从哪里产生。数据是人类活动的重要资源。数据管理技术的优劣，直接影响数据处理的效率，直接影响决策的时效。数据库技术正是瞄准这一目标发展起来的专业技术，它主要研究如何存储、使用和管理数据。数据库系统就是研究如何高效地存取和科学地管理数据的计算机系统。

近年来，数据库技术是计算机科学技术中发展最快的领域之一，它的出现使得计算机应用渗透到工农业生产、商业管理、科学研究、工程技术以及国防军事等各个领域，大到国民经济、国家安全，小到个人网上购物、通信录管理，与我们每一个人息息相关。现在，数据库系统的建设规模、处理能力以及应用程度，已经成为衡量一个企事业单位甚至政府机关、军队信息化程度的重要标志。数据库技术是计算机信息系统与应用系统的核心技术，信息安全的新战场，企事业单位甚至国家间核心竞争能力的新抓手。

本书由三部分组成。第一部分数据库云平台导论，由第 1～4 章组成。这部分是背景知识，专为 IT 主管部门、企事业单位的 CEO、CIO 们以及院校本科生、研究生的学习数据库而准备，介绍了数据库的起源，分析了关系型数据库与 NoSQL 数据库的优缺点，讲述了两者如何从不同角度来解决数据存储问题。在混合持久化的新环境下，二者互为补充，相辅相成；针对当前云计算的大潮，介绍了数据库云平台的概念，以及国产自主可控数据库云平台的代表产品——虚谷云数据库和南大通用列存数据库，提出了在国家安全前提下，企事业单位选择使用数据库云平台时如何权衡国外产品与国产自主可控产品。

第二部分数据库云平台理论基础，由第 5～9 章组成。这部分既包含了经典的数据库理论，又包含了前沿的数据库发展理论，一定篇幅涉及了构建数据库管理系统，特别是将关系型数据库的时态数据支持、窗口和窗口函数、管线化数据操作、查询取回数量的控制等 SQL 标准的最新内容，以及 NoSQL 数据库的一致性与事务等新内容首次纳入教学中，使读者可以掌握最前沿的知识，适合具有一定数据库理论基础的读者学习。

第三部分数据库云平台的应用，由第 10～13 章组成。主要内容是关系型数据库与 NoSQL 数据库的编程、调优、应用设计和重构等知识，其主要考虑是大部分学生在未来要实现或重构数据库及其应用程序，只有很少一部分学生会去构建数据库管理系统。因此，其篇幅很大，分量很重，是教学的重点。数据库重构技术，也是数据库领域专家必备的知识。此外，本书包含丰富的材料来描述事务用来访问数据库的语言和 API，比如嵌入式 SQL、动态 SQL、ODBC、JDBC 和 ADO.NET 接口等，100 多个精彩示例代码可以帮助读者快速掌握编程，避免作者探索中曾经付出的代价，适合具有一定数据库理论基础的读者学习。

本书在编写过程中，许多人从该书的最初策划到框架结构的确定和具体内容的撰写，倾注了大量心血，并提出了非常宝贵的意见，在此谨表示衷心地感谢。特别是戴浩院士、张景中院士、李德毅院士、凌永顺院士、张锡祥院士、黄先祥院士、于全院士、李乐民院士、朱中梁院士、陈鲸院士、尹浩院士、陈志杰院士、赵晓哲院士、吕跃光院士、赵捷教授、袁文先教授、宋自林教授、王振国教授、秦志光教授、裘杭萍教授等资深专家对书稿进行了帮助指导，戴浩院士亲自撰写了序言；孔辉博士、滕明贵博士、柳虔林博士、钟军博士、王汉瑛高工对本书的内容给出了广泛和宝贵的反馈意见；王汉瑛高工帮助我编写了虚谷云数据库一节，江一民工程师、段光明工程师、孔令梅工程师对书中例子进行详细的验证。他们为本书的编写、审定和出版付出了辛勤的劳动，贡献了卓越的智慧，在本书付梓之际，谨表示最诚挚的感谢和崇高的敬意。感谢我的妻子王丽平，在我创作这本书的整个过程中对我一如既往的支持。

　　本书在撰写过程中，汲取、借鉴了国内外一些学者和同行的最新研究成果，在此向他们表示衷心的感谢！正是有了他们的劳动成果才使得我能够站在"巨人肩上"看得更远，也才能使这部专著得以问世。

　　由于数据库云平台理论尚在研究与发展之中，许多学术问题有待进一步深入研究，尽管对此做了很大努力，但由于能力水平有限，仍有不尽人意之处，恳请读者批评指正。

编者

2015 年 5 月

序

近年来，大数据热潮使得非关系型数据库（NoSQL）受到了人们更多的关注，甚至有人提出：非关系型数据库将主导未来大数据分析领域，关系型数据库（SQL）将走向死亡。事实上，关系型数据库和非关系型数据库在大数据时代都有很大的发展空间。大数据的特点之一是价值密度低，数据挖掘可以说是沙里淘金、海里捞针，有可能如获至宝，也有可能一无所获。例如北京市"公交一卡通"每天刷卡高达四千万次，地铁流量达一千万人次，运用 NoSQL 技术分析这些大数据，其结果对于优化北京公交线路具有重要的参考价值。类似的成功案例还有许多。但 NoSQL 并不能全面解决数据库技术面临的挑战，传统的关系型数据库技术仍有用武之地，它具有数据结构易于理解、操纵语言使用方便、数据完型性有充分保证等特点，并在事务处理等领域取得了相当大的成功。40 多年来，人们在数据查询和应用开发等方面积累了丰富的经验和研究成果，关系型数据库可作为开发大数据管理系统研究的框架或起点。

从理论上讲，关系型数据库和非关系型数据库两者呈互补关系。数据库的 CAP 理论指出：一致性（Consistency）、可用性（Availability）、分区容错性（tolerance to network Partitions）三者无法兼顾，任何分布式系统只能同时满足其中两点。该理论已经实践证明成为业界的共识。

众所周知，各种关系型数据库的理论基础是 ACID，即原子性（Atomicity）、一致性（Consistency）、隔离性（Isolation）和持久性（Durability）。ACID 模型体现了传统数据库的设计思想，但也限制了系统的某些性能，如横向扩展能力、高效存储与访问能力、非结构化查询与分析能力等，尤其在应对社会网络上大容量、高并发数据时显得力不从心。非关系型数据库的理论基础是 BASE 模型，即基本可用（Basically Available）、软状态（Soft state）、最终一致性（Eventually consistent）。ACID 和 BASE 在化学中分别指代"酸"和"碱"，在分布式信息系统中，BASE 和 ACID 正好代表了两种不同的数据管理方法。

NoSQL 的正确解读是"不仅仅是 SQL"（Not only SQL），它泛指非关系型、分布式的数据存储系统，包括列存储数据库、键/值存储数据库、文档型数据库、图形数据库、对象数据库等。BASE 模型的核心思想是牺牲强一致性要求，可以基于日志实现异步复制，可以处理超大量的数据；数据分区存放，具有天然的冗余备份特征；根据应用的特点采用比较简单的数据模型，不需要预定义表结构。虽然非关系型数据库的结构化查询统计能力偏弱，在数据一致性方面还需应用层保障，但因 NoSQL 除具有较高的可用性和柔性的可靠性个，还有很强的横向、纵向扩展能力，在特定的应用领域它仍有很大的发展空间。

随着 SNS（社会性网络服务）类型的 Web 2.0 网站的兴起，用户每天生产的数据量剧增，要求数据库有高扩展性，用户高并发的读写请求，要求网站能及时响应；与此同时，数据的一致性显得不是那么重要了，于是非关系型数据库应运而生。严格地说，非关系型数据库是一种数据结构化存储方法的集合，而云计算时代海量数据管理系统就是为可扩展性、弹性、容错性、自管理性等目标设计的，因此典型 NoSQL 数据库系统离不开云平台的支持。

针对云计算环境下结构化和非结构化数据的管理需要，马献章高工撰写了《数据库云平台理论与实践》一书。该书由三部分组成。导论介绍的是背景知识，重点分析 SQL 与 NoSQL 数据库的优缺点，并在云计算的架构下引出平台服务的概念——数据库云平台。第二部分是理论基础，包含了经典的和前沿的数据库理论，特别是介绍了 SQL 标准的最新进展，如时态数据支持、窗口和窗口函数、管线化数据操纵语言、查询结果的数量控制等知识。第三部分是数据库云平台应用，包括应用程序的优化、NoSQL 数据库性能调优、数据库重构等知识。作者结合近 30 年的开发实践，介绍了若干精彩的应用案例，读者从中可以领略其开发思想和编程技巧。

《数据库云平台理论与实践》内容丰富、贴近实践，是云计算时代决策者、咨询者和技术研发者不可多得的一部工具书和普及读物。它紧跟信息时代的发展潮流，深入浅出、循序渐进地解读了云计算时代基于数据管理的各类应用，对于提高企事业单位的信息化水平和核心竞争力具有较强的参考价值。我与作者相识多年，马高工长期在基层一线工作，曾主持过"珠峰"可信数据库的开发和多项信息系统建设，勤学敬业，思维敏捷，笔耕不辍，论著颇丰。《数据库云平台理论与实践》就是他多年心血的结晶，我向这本专著的出版表示祝贺。同时感谢清华大学出版社的编辑独具慧眼，为我们提供了一部好教材。希望本书能成为广大读者的良师益友。

中国工程院院士 戴浩

2015 年 7 月

专家推荐语

大数据、云计算，近年来受到广泛关注，非专业人员恐怕也能说出一些自己的理解。但是，数据的增长到底带来哪些技术上的挑战，如何应对这些挑战，大数据需要云计算吗，云计算又能够提供哪些支撑，等等，回答这些问题，有赖于严谨深入的专业性工作。

《数据库云平台理论与实践》以作者长期一线工作的深厚工程经验为基础，介绍了数据库管理系统实现的核心关键技术，也介绍了数据库应用系统的设计、优化和集成技术，内容组织循序渐进、深入浅出，贴近实践。尤其可贵的是，作者敏锐把握信息技术和产业发展趋势，吸收了云计算、大数据等方面新的进展，是云计算时代数据库研发者与应用者不可多得的一部工具书和普及读物。

中国科学院深圳先进技术研究院研究员 冯圣中

《数据库云平台理论与实践》以作者长期一线工作的深厚工程经验为基础，紧跟信息时代的发展潮流，既介绍了数据库管理系统实现的核心关键技术，也介绍了数据库应用系统的设计、优化和集成技术，内容组织循序渐进、深入浅出，贴近实践，是云计算时代数据库研发者与应用者不可多得的一部工具书和普及读物。

国防科技大学计算机学院院长（教授） 廖湘科

《数据库云平台理论与实践》是一部好书，既介绍了数据库云平台的经典理论，又介绍了前沿知识，还结合大型企事业单位数据管理和决策需要，介绍了数据库应用系统的设计、编程、优化和集成，是云计算时代决策者、咨询者和技术开发者不可多得的一部通向数据管理和利用的知识普及书和导游图，内容丰富，贴近实践，符合目前企事业单位的现状和发展潮流，对于提高单位在本领域的信息化水平和核心竞争力具有较强的实用性和参考价值。

军事科学院战略研究部博士生导师（研究员、少将） 姜春良

数据库技术发展近年来发展很快，随着计算机技术的广泛运用，以及云计算的生成和实践，数据库技术与云结合的越来越紧密，数据库的强大离不开云平台的支撑，云计算应用的普及与拓展离不开数据库的支撑。该书正是在这种发展的需求中应运而出，对于如何充分依托云平台，进行存储、使用和管理数据库进行了详细阐述，对于解决提高各行各业基于云环境下的数据科学管理和使用，提高信息化能力

和水平具有极其重要的参考价值。该书第一部分从数据库的起源与发展现状入手，详细介绍了数据库的分类，关系模型与数据库的优缺点，分析了 NoSQL 数据库解决的核心难题，阐述了数据库云平台的概念、特点和分类，可控云平台，以及应用和存在问题等；第二部分的事务原子性、并发性和锁机制，数据备份与恢复时涉及的技术，关系数据库的查询语言，分布式数据库的构建原理和方法，以及 NoSQL 数据库解决一致性问题的机制，使读者掌握了数据库云平台的理论基础；通过第三部分介绍的关系数据库和 NoSQL 数据库的编程、调优、应用设计和重构等知识，使读者掌握开发云环境下应用的核心关键方法。从总体看，该书对于读者系统学习数据库应用编程知识，掌握开发准则和编程技巧，在云计算环境下结构化和非结构化数据的管理具有很强的帮助，可作为高等院校信息类专业研究生教学使用教材。

空军工程大学信息与导航学院教授（大校） 李滔安

《数据库云平台理论与实践》一书紧贴大数据时代信息处理技术的发展前沿，系统介绍了具有云架构的数据库技术的最新进展和应用。全书内容精练、结构清晰、逻辑严谨、深入浅出，既有理论阐述，又有实例介绍。适合高等院校信息类专业高年级学生和研究生阅读，也可供具有一定实战经验的 IT 工程师参考。

解放军理工大学指挥信息系统学院教授（少将） 刘晓朋

《数据库云平台理论与实践》以作者长期理论探索和工程实践为基础，介绍了数据库管理系统实现的核心关键技术，以及数据库应用系统的设计、优化和集成技术。内容组织结构清晰、系统性强，知识介绍循序渐进、深入浅出，并紧密地结合了实践。作者很好地把握了信息技术和产业的发展趋势，吸收了云计算、大数据等方面的新兴技术，是目前数据库研发者与应用者不可多得的一部工具书和普及读物，也可作为研究生和博士生学习使用。

电子科技大学软件工程学院院长（教授）

目　　录

第二部分　数据库云平台理论基础

第三部分 数据库云平台的应用

第一部分　数据库云平台导论

第1章 数据库的起源与发展现状

数据是信息的基础，是决策的依据。在快速多变、竞争激烈的今天，如何高效、可靠、安全地对数据进行存储、操纵、管理和检索并进而从中获取有价值的信息，已成为当今计算机技术研究和应用的重要课题。数据库技术在 20 世纪 60 年代产生，主要研究如何存储、操纵、管理和检索数据。经过 50 多年的发展，数据库技术已经形成了坚实的理论基础，开发了成熟的商业产品，在教育、商业、医疗卫生、政府机关、图书馆、军事、工业控制等众多领域都得到了广泛的应用；数据库技术已成为信息管理、电子商务、电子政务、办公自动化、网络服务等应用系统的核心技术和重要基础，吸引了众多的数据库理论研究、系统研制和应用开发等不同层次的学者、专家和技术人才致力于其研究和应用。

本章主要描述数据库的起源与发展，介绍了数据库的分类及特点。

1.1 数 据 管 理

数据管理是指人们对数据的分类、组织、编码、存储、查询和维护等活动，是数据处理的关键环节。

1.1.1 数据管理的 3 个阶段

根据数据管理所提供的数据独立性、数据冗余度、数据共享性、数据间相互联系、数据安全性、数据完整性和数据存取方式等水平的高低，通常将数据管理技术划分为人工管理、文件系统和数据库系统 3 个发展阶段。

1. 人工管理阶段

20 世纪 50 年代中期以前，计算机主要用于科学计算，数据管理处于人工管理阶段，主要表现在以下几个方面：

（1）缺乏数据管理软件支持，依靠应用程序管理数据。在应用程序中程序员不仅要规定数据的逻辑结构，还要设计数据的物理结构，包括存储结构、存取方法、输入方式等。

（2）数据是面向应用的，通常一组数据只能对应一个应用程序，数据难以共享。

（3）应用程序完全依赖于数据，不具有数据独立性，一旦数据的逻辑结构或物理结构发生变化，应用程序就必须做相应修改。

（4）数据长期保存主要依靠纸质存储介质。

2. 文件系统阶段

20 世纪 50 年代后期至 60 年代中期，数据管理进入文件系统阶段。在文件系统中，把数据按其内容、结构和用途组织成若干个相互独立的文件。用户通过操作系统对文件进行打开、读/写、关闭等操作。文件系统管理数据具有以下特点：

（1）文件系统利用"按文件名访问，按记录进行存取"的管理技术，可以对文件进行修改、插入和删除操作。数据存取直接由操作系统（OS）提供支持，即采用"应用程序—OS—数据文件"的存取方式。

（2）数据能够长期保存在存储设备上。

尽管用文件系统管理数据比人工管理阶段有了很大的进步，但面对数据量大且结构复杂的数据管理任务，文件系统显现出诸多的不适应，主要表现在以下几个方面：

（1）数据独立性缺乏。由于文件系统中文件逻辑结构的改变必须修改相应的应用程序，并且当语言环境的变化要求修改应用程序时也会引起文件数据结构的改变，因此，数据与程序间缺乏必要的独立性。

（2）数据冗余度大且易出现数据的不一致性。冗余是指相同的数据在某一存储空间中多次出现。数据冗余会影响数据的完整性，浪费宝贵的存储空间，增加用户查找信息的时间。同时由于相同数据重复存储、各自管理，易产生数据的不一致性。

（3）在文件系统中，尽管其记录内部有结构，但记录之间没有联系，故其整体是无结构的。

（4）数据分散管理，无法提供高强度的安全措施，其安全性、完整性难以保证，并且在数据的结构、编码、输出格式等方面难以做到规范化和标准化。

（5）在文件系统中，文件一般为某一用户或用户组所有，文件是面向应用的，一般不支持多个应用程序对同一文件的并发访问，因此数据共享性差，数据处理的效率较低。

（6）使用方式不够灵活。每个已经建立的数据文件只限于一定的应用，且难以对它进行修改和扩充。

文件系统的这些缺点在规模大、结构复杂的数据管理系统中尤为突出。美国于 20 世纪 60 年代的阿波罗登月计划采用了一个基于磁带的零部件生产计算机文件管理系统，其文件管理系统的数据冗余高达 60%以上，且只能以批处理方式进行工作，系统也难以维护。

文件系统存在的问题是其本身难以解决的，自身的缺陷造成了数据处理效率低、成本高，且有许多潜在问题需要解决。这种文件系统无法克服的难题正是数据库系统产生的真正原因。

3．数据库系统阶段

自 20 世纪 60 年代后期以来，为了解决文件系统无法克服的问题，适应日益迅速增长的数据处理的需要，人们开始探索新的数据管理方法与工具。在这一时期，磁盘存储技术取得重要进展，大容量和快速存取的磁盘相继投入市场，为新型数据管理技术的研制奠定了良好的物质基础。为了解决多用户、多应用共享数据的需求，使数据为尽可能多的应用服务，数据库技术由此应运而生。1961 年，美国通用电气公司（General Electric Co.）的查尔斯·威廉·巴赫曼（Charles William Bachman）等人成功开发出世界上第一个网状数据库管理系统（DBMS）——集成数据存储（Integrated Data Store，IDS）系统。IDS 奠定了网状数据库的基础，并在当时得到了广泛的发行和应用。IDS 具有数据模式和日志的特征，能支持多个 COBOL 程序共享数据库中的数据。但它只能在 GE 主机上运行，并且数据库中只有一个文件，数据库中所有的表必须通过手工编码来生成。之后，通用电气公司的一个客户——BF Goodrich Chemical 公司改进了整个系统，并将改进后的系统命名为集成数据管理系统（IDMS）。无疑，IDS 是数据库系统的先驱，为此 Bachman 于 1973 年获得了美国计算机协会（ACM）颁发的图灵（Turing）奖。

20 世纪 90 年代，随着基于 PC 的客户机/服务器计算模式和企业软件包的广泛采用，数据管理的变革基本完成。数据管理不再仅仅是存储和管理数据，而转变成用户所需要的各种数据管理的方式。因特网（Internet）的异军突起以及扩展标记语言（XML）的出现给数据库系统的发展开辟了一片新的天地。

1.1.2　数据库系统发展的 3 个里程碑

数据库系统真正具有实用价值是从 20 世纪 60 年代后期开始的。在这一时期数据管理技术有了突破性的进展，有 3 个重要事件标志着数据库管理技术进入数据库系统阶段，这3 个事件被称为数据库系统发展的 3 个里程碑。

1. 美国国际商用机器公司推出信息管理系统

1969 年美国国际商用机器公司（IBM 公司）和 Rockwell 公司合作，研制成世界上第一个实用的数据库系统 IMS（Information Management System），为阿波罗飞船于 1969 年顺利登月提供了重要保证。IMS 是一个 DB/DC（Database/Data Communication）系统。它采用以层次数据结构为基础的数据模型，即数据组织在逻辑上呈树形结构。在以后的几年中，IBM 公司对 IMS 系统进行了改进，先后推出了 IMS 2、IMS/VS 版本。由于 IBM 公司具有极强的竞争力，从而使 IMS 系统获得了广泛使用，并对数据库技术的发展产生了重要影响，成为层次模型数据库的典型代表。

2. 美国数据系统语言委员会下属的数据库任务组提出了"数据库建议书"

1969 年 10 月，美国数据系统语言委员会（Conference On Data System Language，CODASYL）下属的数据库任务组（Database Task Group，DBTG）提出了"数据库建议书"，建议用数据描述语言（Data Description Language，DDL）描述数据库，用数据操纵语言（Data Manipulation Language，DML）作为主语言的扩充对数据库的数据进行操作。该建议书经过广泛的讨论，提出了 180 多条修改意见，由 DBTG 于 1971 年 4 月进行修改并发表，通常称这个经过修改的数据库建议书为"1971 年 DBTG 报告"。DBTG 报告给出了网状系统均采用 DBTG 方式的数据库系统。最具有 DBTG 方案典型风格的商用系统是 Cullinet 软件公司的 IDMS，它可以运行在 IBM 360/370、UNIVAC 7090、Siemens 4004、PDP-11/45 等机器上。

3. 关系数据库系统

关系数据库系统是以二维表的形式组织数据，以关系数学理论为基础的数据库系统。关系数据方法的雏形始于 20 世纪 60 年代初，1962 年 CODASYL 发表的"信息代数"（Information Algebra）论文最早将关系方法用于数据管理。此后，1968 年 D.L.Childs 关于集合论数据结构（Set-Theoretic Data Structure, STDS）上的 n 元关系的研究在 IBM7090 机上实现，这些研究工作为关系数据库的建立打下了基础。然而系统完备的关系数据库理论的建立是从 20 世纪 70 年代开始的。1970 年 6 月，IBM 公司 San Jose 研究所的埃德加·弗兰克·科德（Edgar Frank Codd 或 E.F.Codd）在美国计算机协会会刊 *Communication of the ACM* 上发表了题为 *A Relational Model of Data for Large Shared Data Banks*（大型共享数据库的数据关系模型）的著名论文。在论文中首次全面论述了关系数据库的概念，提出了关系模型，引进了关系代数，推导了关系演算，阐述了数据间存在的函数相关性，概括了关系规范，从而在计算机科学中开创了研究关系数据库理论与方法的新领域。此后，科德又相继发表了多篇关于关系模型的论文，定义了关系数据库的基本概念，引进了规范化理论，提出了数据子语言及其完备性问题，为关系数据库的全面发展奠定了坚实的理论基础。科德作为关系数据库的创始人和奠基人，1981 年 11 月荣获了计算机科学的最高荣誉——图灵奖。

综观数据库系统发展的 3 个里程碑，可以清晰地看出：描述客观世界的实体及其相互联系的方法可采用不同的数据模型，即用树形结构描述的层次模型、用网状结构描述的网状模型以及用表结构描述的关系模型，与这些数据模型相对应的数据库分别称为层次型数据库、网状型数据库和关系型数据库。

1.1.3　数据库管理系统的 3 个发展阶段

自 20 世纪 60 年代数据库系统诞生以来，50 年间数据库领域获得了 3 次计算机图灵奖（C.W.Bachman、E.F.Codd、J.Gray），充分地说明了数据库是一个充满活力和创新精神的领域。随着计算机技术的飞速发展和应用需求的不断增加，数据库系统的发展也经历了不同的发展阶段。

1.　第一代数据库管理系统

20 世纪 70 年代，出现了以网状型数据库和层次型数据库为代表的第一代数据库管理系统。这一时期投入实际应用的数据库系统基本上都是网状型和层次型数据库管理系统，它们已实现数据管理中的"集中控制与数据共享"这一基本目标。

20 世纪 70 年代初，关系数据模型的提出受到了人们的高度重视。然而，当时也有人认为关系模型是理想化的数据模型，用来实现关系型数据库管理系统是不现实的，尤其担心关系数据库的性能难以接受，更有人视其为对当时正在进行的网状数据库规范化工作构成严重的威胁。为了促进对问题的理解，1974 年美国计算机协会牵头组织了一次研讨会，会上开展了一场分别以 Codd 和 Bachman 为首的支持与反对关系数据库两派之间的辩论。这次著名的辩论推动了关系数据库的发展，使其最终成为现代数据库产品的主流。1976 年，IBM 公司发布了 System R，美国加州大学的伯克利（Berkeley）分校发布了 Ingres 关系数据库系统。这两个数据库原型系统提供了比较成熟的关系数据库技术，为开发商品化的关系数据库软件创造了有利的条件。IBM 公司在 System R 的基础上先后推出了 SQL/DS（1982 年）和 DB2（1985 年）两个商品化关系型数据库管理系统。商品化的 Ingres 关系数据库软件也于 1981 年由 INGRES 公司完成。与此同时，1979 年美国 ORACLE 公司推出了用于 VAX 小型机上的关系数据库管理软件 Oracle（V2.0），它被认为是第一次实现了使用 SQL

语言的商品化关系数据库管理软件。

数据库理论和技术在 20 世纪 70 年代取得了较大的进步，计算机界的一些专家习惯上称 20 世纪 70 年代是数据库的年代。

2．第二代数据库管理系统

20 世纪 80 年代，出现了以关系数据库为代表的第二代数据库管理系统。进入 20 世纪 80 年代，计算机的快速发展为数据库技术的发展和广泛应用提供了有力的支持。关系数据库由于具有坚实的理论基础，结构简单、操作方便，且查询效率和关系数据库性能方面都取得了突破性的进展，因而在这一时期得到迅猛发展。关系数据库已逐渐成为数据库发展的主流，几乎所有新推出的数据库管理系统都是关系型数据库管理系统。20 世纪 80 年代是数据库技术逐渐走向成熟的时期，DB2、Oracle、Sybase、Informix、Ingres 等一批性能稳定的商业化关系数据库管理软件相继进入市场，关系型数据库管理系统已开始应用于大型信息管理系统。

1986 年，美国国家标准学会（American National Standards Institute，ANSI）把 SQL 作为关系数据库语言的美国标准，同年公布了标准 SQL 文本。SQL 标准有 3 个版本。基本 SQL 定义是 ANSI X3135-89，*Database Language-SQL with Integrity Enhancement*（ANS89），一般称为 SQL-89。SQL-89 定义了模式定义、数据操作和事务处理。

SQL-89 和随后的 ANSI X3168-1989，*Database Language-Embedded SQL* 构成了第一代 SQL 标准。ANSI X3135-1992（ANS92）描述了一种增强功能的 SQL，现在称为 SQL-92 标准。SQL-92 包括模式操作、动态创建和 SQL 语句动态执行、网络环境支持等增强特性。在完成 SQL-92 标准后，ANSI 和 ISO 即开始合作开发 SQL3 标准。SQL3 的主要特点在于抽象数据类型的支持，为新一代对象关系数据库提供了标准。目前，SQL 的最新标准为 SQL:2011。

由于早期的数据库主要用于商业或行政等事务处理，通常把处理常规数据和事务数据为中心的常规数据库称为传统数据库（Traditional Database），因此，有些文献上常称第一代、第二代数据库为传统数据库。

3．新一代数据库管理系统

自 20 世纪 80 年代末、90 年代初以来，开发新一代数据库技术成为数据库技术研究的热点课题。

进入 20 世纪 90 年代，人们对数据库管理系统的功能提出了许多新的期望和需求，除对常规数据进行处理外，还要求对图形、图像、声音等多媒体数据、时态数据、空间数据、知识信息以及各种复杂对象等非常规数据提供有效的数据处理功能。为适应这些应用的需求，人们提出了许多新概念、新思想和新方法，以及一些新的数据模型和新数据库管理系统的体系结构。

1.2　数据库的分类

根据数据库的数据模型（Data Model），可将数据库分为层次型（Hierarchical Model）、网状型（Network Model）和关系型（Relational Model）3 种。根据数据库的关系与否，可将数据库分为关系型（SQL）和非关系型（NoSQL）数据库。

1.2.1　层次型数据库

层次模型是数据库系统中最早出现的数据模型，层次数据库系统采用层次模型作为数据的组织方式，程序通过树形结构对数据进行访问。20 世纪 60 年代末，层次模型数据库系统较为流行。层次数据库系统的典型代表是 IBM 公司的 IMS（Information Management System）数据库管理系统，这是 1968 年 IBM 公司推出的第一个大型的商用数据库管理系统，曾经得到广泛的使用。

层次模型用树形结构来表示各类实体以及实体间的联系。现实世界中许多实体之间的联系本来就呈现出一种很自然的层次关系（如图 1-1 所示），如家族关系、行政机构等。

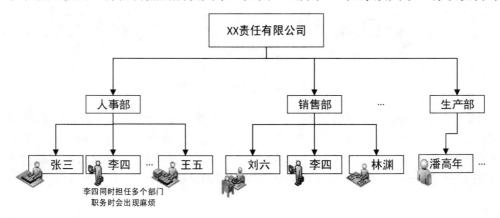

图 1-1　层次模型数据库示例图

这种结构，父记录（上层的记录）同时拥有多个子记录（下层记录），子记录只有唯一的父记录。任何一个给定的记录值只有按其路径查看时才能显出它的全部意义，没有一个子记录值能够脱离双亲记录值而独立存在。对于实体间联系是固定的，且预先定义好的应用系统，宜采用层次模型来实现。正因如此，这种非常简单的结构在碰到复杂数据的时候往往会造成数据的重复，出现数据的冗余问题（易产生不一致性）。

层次型数据库把数据通过层次表现出来，虽然这样的结构能够提高查询效率，但相应的，不理解数据结构也就无法实施高效查询。层次模型的数据结构组织使得它适应变化的能力非常差，当层次结构发生变化时，程序也需要进行相应的变化。

1.2.2　网状型数据库

现实世界中广泛存在的事物及其联系大多具有非层次的特点，若用层次结构来描述，既不直观，也难以理解，于是人们提出了另一种数据模型——网状模型，产生了网状型数据库。

网状模型是一种比层次模型更具普遍性的结构，它去掉了层次模型的两个限制，允许多个结点没有双亲结点，允许结点有多个双亲结点，此外它还允许两个结点之间有多种联系（称之为复合联系）。因而，网状模型可以更直接地去描述现实世界，而层次模型实际上是网状模型的一个特例。

网状数据库通过使子记录可以同时拥有多个父记录来表现数据之间的关系这一方法解决了层次型数据库只有通过父子关系来表现数据之间的关系导致的数据冗余问题（如图1-2 所示）。

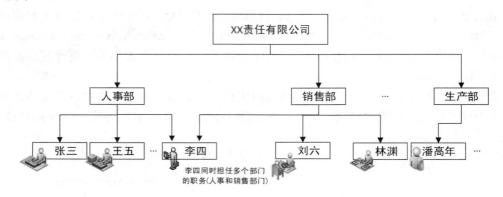

图 1-2　　网状模型数据库示例图

在网状数据库中，数据间比较复杂的网状关系使得数据结构适应外部变化的能力很低，而且随着应用环境的扩大，数据库的结构变得越来越复杂，不利于最终用户掌握。和层次结构数据库一样，网状型数据库对数据结构有很强的依赖性，不理解数据结构就无法进行相应的数据访问，加重了程序员编写应用程序的负担。

1.2.3　关系型数据库

关系模型是目前使用最广泛的一种数据模型。1969 年，科德（Edgar Frank Codd）在IBM 的内部刊物上发表了 *IBM Research Report*（IBM 研究报告）论文，首次提出了关系数据模型。这一划时代的论文当时并未引起人们的高度重视，外界反响平平。1970 年 6 月，科德在美国计算机学会会刊 *Communication of the ACM* 上发表了 *A Relational Model of Data for Large Shared Data Bank*（大型共享数据库的数据关系模型），终于引起了大家的关注。科德所提出的关系数据模型的概念成为了当今关系型数据库的基础。关系模型的数据结构示例如图 1-3 所示，虚线表示隐式联系。

关系型数据库把所有的数据以二维表的形式通过行和列表示出来，给人更直观的感受。关系型数据库不同于层次型数据库，可以使多条数据根据值来进行关联，这样就使数据可以独立存在，使得数据结构的变更简单易行，有效地解决了层次型数据库存在的数据结构变更困难的缺陷。关系型数据库不同于网状型数据库，它将作为操作对象的数据和操作方法（数据之间的关联）分离开来，消除了对数据结构的依赖性，让数据和程序的分离成为可能，有效地解决了网状型数据库难以克服的"不理解数据结构就无法对数据进行读取"的缺陷。这使得数据库可以广泛地应用于各个不同领域，进一步扩大了数据库的应用范围。

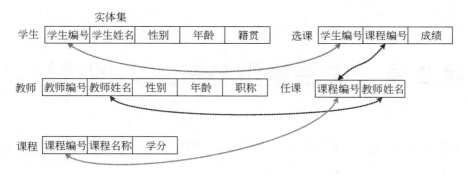

图 1-3　关系模型的数据结构示例图

在用户看来，关系模型中数据的逻辑结构是一张二维表格，它由行和列组成。表 1-1 所示的是学生登记表。

表 1-1　学生登记表

学号	姓名	系名	性别	年龄	年级
20120001	张红梅	计算机应用	女	18	2012
20120003	赵久成	网络工程	男	19	2012
…	…	…	…	…	…

自 20 世纪 80 年代以来，计算机厂商新推出的数据库管理系统几乎都支持关系模型，非关系型系统的产品也都加上了关系接口。数据库领域当前的研究工作也都是以关系方法为基础。关系型数据库已成为目前应用最广泛的数据库系统，现在广泛使用的小型数据库系统 Access、FoxPro、Dbase，大型数据库系统 Oracle、SQL Server、Informix、Sybase、虚谷、珠峰、达梦等都是关系数据库系统。

第2章　关系模型与数据库的优缺点

在关系模型中，使用二维表格表示实体和实体间联系。以数据的关系模型为基础设计的数据库系统称为关系型数据库系统，简称关系数据库。与层次数据库、网状数据库相比，关系数据库应用数学方法来处理数据库中的数据，具有坚实的理论基础、简单灵活的数据模型、较高的数据独立性，能提供性能良好的语言接口，是目前最为流行的数据库系统。尽管如此，关系模型并不能包罗万象，也存在一定的局限性。

本章主要介绍了关系模型，分析了关系数据库的优势和不足。

2.1　关系模型

2.1.1　关系模型概述

关系数据模型由关系数据结构、关系操作集合和关系完整性约束3个部分组成。与格式化模型相比，关系模型比较简单，容易被初学者接受，它最主要的特征是采用关系来表示现实世界中实体集与实体集之间的联系。例如，在学生信息管理系统中有学生（student）、课程（course）、选课（select-course）3张关系表，分别描述了3个不同的实体集，如表2-1～表2-3所示。

表2-1　学生（student）

学号（SNo）	姓名（SName）	性别（SSex）	年龄（SAge）	系名（SDept）
20120001	张红梅	女	18	计算机系
20120003	赵久成	男	19	网络工程系
20120009	刘雪涛	男	19	物理系
20120010	王长江	男	18	数学系
…	…	…	…	…

表2-2　课程（course）

课程编号（CNo）	课程名称（CName）	学分（CCredit）	先行课程号（CPNo）
1001	信号与系统	4	01
1002	数据结构	4	02
2007	操作系统	2	02
3010	C#程序设计	4	03
…	…	…	…

表2-1～表2-3这3张表就是3个关系，每一个关系都是由同一类记录组成，一个记录包含若干个属性，不同的关系可以拥有相同的属性（公共字段），它表示了关系间的联系，

实体集间的联系是通过二维表中存放两个实体集的键（关键字）实现的。例如，学生（student）表和课程（course）表是没有直接关系的，因为它们没有共同的字段。但是学生（student）表和课程（course）表可以分别通过公共字段学号（SNo）、课程编号（CNo）和选课（select-course）表产生联系。

表 2-3　选课（select-course）

学号（SNo）	课程编号（CNo）	成绩（Grade）
20120001	1001	95
20120001	1002	87
20120001	3010	85
20120003	1001	90
20120003	1002	78
20120003	2007	86
20120009	1001	67
20120009	1002	70
20120009	2007	75
20120010	1002	73
20120010	2007	89
20120010	3010	88
…	…	…

1. 关系操作

关系数据模型提供了一系列操作的定义，这些操作称为关系操作。关系数据操作的主要特点是操作对象和操作结果都是集合。常用的关系操作包括查询操作和更新操作。其中，查询操作包括选择（select）、投影（project）、连接（join）、除（division）、并（union）、交（intersection）、差（difference）等操作。这些操作均是对关系的内容或表体实施操作，得到的结果仍为关系。更新操作包括增加（insert）、删除（delete）、修改（update）等操作。

关系数据语言分为下面 3 类。

（1）关系代数语言：如 ISBL。

（2）关系演算语言：分为记录关系演算语言（如 ALPHA、QUEL）、域关系演算语言（如 QBE）。

（3）具有关系代数和关系演算双重特点的语言（如 SQL）。

关系模型是建立在严格的数学理论基础之上的，主要概念如下：

（1）域（Domain）：域是一组具有相同数据类型的值的集合，如整数、实数、介于某个取值范围之间的整数、指定长度字符串集合等。

（2）笛卡儿积（Cartesian Product）：给定一组域 $D_1, D_2, \cdots, D_n$，这些域可以相同，$D_1, D_2, \cdots, D_n$ 的笛卡儿积为

$$D_1 \times D_2 \times \cdots \times D_n = \{(D_1, d_2, \cdots, d_n) \mid d_i \in D_i, i = 1, 2, \cdots, n\}$$

笛卡儿积可以用二维表来表示。

（3）记录（Record）：笛卡儿积中的每一个元素（$d_1, d_2, \cdots, d_n$），其中的每个值 d_i 称为分量（Component）。

（4）基数（Cardinal number）：若 $d_1(1,2,\cdots,n)$ 为有限集，其基数为 $m_j(1,2,\cdots,n)$，则 $D_1 \times D_2 \times \cdots \times D_n$ 的基数 M 为

$$M = \prod_{i=1}^{n} m_i$$

（5）关系（Relation）：$D_1 \times D_2 \times \cdots \times D_n$ 的子集称为域 $D_1 \times D_2 \times \cdots \times D_n$ 上的关系，表示为 $R(D_1 \times D_2 \times \cdots \times D_n)$，其中 R 为关系名，n 是关系的目或度（Degree）。

当 $n=1$ 时为单元关系，$n=2$ 时为二元关系。关系中的每个元素是关系中的记录，通常用 t 表示。

定义 1：$D_1 \times D_2 \times \cdots \times D_n$ 的子集称为在域 $D_1 \times D_2 \times \cdots \times D_n$ 上的关系，表示为 $R(D_1 \times D_2 \times \cdots \times D_n)$，称 R 为 n 元关系。

这里，R 表示关系的名字，n 是关系的目或度（Degree）。

- 候选码：关系中唯一地标识一个记录的最小属性组，称该属性组为候选码。
- 主码：若一个关系有多个候选码，那么选定其中一个为主码（Primary Key）。主码或候选码中的属性称为主属性，而不包含在任何候选码中的属性称为非码属性（Non-Key attribute）。关系模型的所有属性组是这个关系模式的候选码，称为全码（All-key）。
- 外码（Foreign Key）：设 F 是关系 R 的一个或一组属性，但不是关系 R 的码。如果 F 与关系 S 的主码 K 相对应，则称 F 是关系 R 的外码，关系 R 称为参照关系，关系 S 称为被参照关系或同标关系。

2．关系的种类与性质

关系的 3 种类型：

（1）基本关系（基本表或基表）：实际存在的表。

（2）查询表：查询结果对应的表。

（3）视图表：由基本表或其他视图表导出的表，是虚表，不对应实际存储的数据。

基本关系有 5 条重要性质：

（1）每一字段中的分量必须是同一类型的数据，且来自同一个域。

（2）属性不能重名。

（3）行字段的顺序无关。

（4）任何两个记录不能完全相同。

（5）一个分量必须是不可再分的数据项。

从上述讨论可以看出，关系是记录的集合，记录是属性的组合，因而把关系看成是二维表的结构是自然而然的。当然，我们可以把关系看成是信息世界的表示，把表看成是数据世界的表示，而用文件将数据世界和计算机世界联系起来。

3．完整性规则

完整性规则是给定的数据模型中的数据及其联系所具有的制约和依存规则，用于限定符合数据模型的数据库状态以及状态的变化，以保证数据的正确、有效和相容。简单地说，就是用于保证数据的正确性。

例如，在学校的数据库中规定大学生入学年龄不得小于 10 岁，硕士研究生入学年龄不得小于 15 岁，学生累计成绩不得有 3 门以上不及格等。

在关系模型中提供了包括实体完整性、参照完整性和用户定义的完整性 3 类约束，其中前两者是关系模型必须满足的，称为关系的两个不变性，应该由关系型数据库管理系统自动支持。

1）实体完整性

一个基本关系通常对应现实世界中的一个实体集。现实世界中的实体是可区分的，即它们具有某种唯一性标识。相应地，在关系模型中定义主键作为实体的唯一性标识，也就是说，如果一个记录代表着一个具体实体，那么它是可以和同类实体相区分的。

定义 2：实体完整性（Entity Integrity）规则是指定义关系中主键的取值不能为空值。

所谓空值 NULL 就是未知的或无意义的值。如果主键为空值，就说明存在某个不可标识的实体，即存在不可区分的实体，这与现实世界中的实体都是可区分的相矛盾，那么主码就失去了主码的唯一性标识作用。

例如，在兵员信息系统的兵员关系（士兵号,姓名,性别,出生年月,入伍时间,身份证号）中，"士兵号"为主键，则任意一个士兵的士兵号值不能为空值。

2）参照完整性

现实世界中的实体之间往往存在某种联系，在关系模型中，实体与实体间的联系是采用关系来描述的。

定义 3：参照完整性（Referential Integrity）规则是指，若属性（或属性组）F 是基本关系 R 的外码，它与关系 S 的主码 K 相对应，则对于 R 中每个记录在 F 上的值要么取空值（F 的每个属性值均为空值），要么等于 S 中某个记录的主码值。F 是否能为空值，主要依赖于应用的环境。

参照完整性规则定义了外键与主键之间的引用规则，是数据库中数据的一致性和准确性的保证。

例如，学生关系中每个记录的专业号只取下面两类值：空值，表示尚未给该学生分配专业；非空值，这时该值必须是专业关系中某个记录的"专业号"，表示该学生不可能分配到一个不存在的专业中。

选课关系（学号,课程号,成绩）中学号和课程号是主属性，按照实体完整性和参照完整性规则，它们只能取相应被参照关系中已经存在的主码值。

再如，有以下两个关系表：

部门（部门编码,部门名称,电话,办公地址）

职工（职工编码,姓名,性别,年龄,籍贯,部门编码）

职工关系中的"部门编码"与部门关系中的主键"部门编码"相对应，所以"部门编码"是职工关系的外键。职工关系通过外键描述与部门关系的关联。职工关系中的每个记录通过外键表示该职工所属的部门。

在职工关系中，某一个职工的"部门编码"要么取空值，表示该职工未被分配到指定部门；要么等于部门关系中某个记录的"部门编码"，表示该职工隶属于指定部门。若既不为空值，又不等于被参照关系部门中某个记录的"部门编码"分量值，表示该职工被分配到一个不存在的部门，则违背了参照完整性规则。当然，被参照关系的主键和参照关系的外键可以同名，也可以不同名。被参照关系与参照关系可以是不同关系，也可以是同一关系。

3）用户定义完整性

实体完整性规则和参照完整性规则分别定义了对主键的约束和对外键的约束，适用于任何关系数据库系统。除此之外，不同的关系数据库系统根据其应用环境的不同还需要一些特殊的约束条件。

定义 4：用户定义完整性规则就是针对某一具体关系数据库的约束条件反映某一具体应用所涉及的数据必须满足的语义要求。

例如，关系课程（课程号,课程名,学分）中课程名必须取唯一值，课程名不能取空值，学分只能取值 $\{1,2,3,4\}$。

关系模型应提供定义和检验这类完整性的机制，以便用统一的、系统的方法处理它们，而不要由应用程序承担这一功能。

2.1.2 关系代数

1. 关系查询语言和关系运算

关系的查询操作是关系数据操纵语言的核心，可以分为抽象的查询语言和具体系统中的实际语言。关系代数作为一种抽象的查询语言，是关系数据操纵语言的一种传统表达方式，它是用对关系的运算来表达查询的。关系代数是关系理论的基础，著名的关系型数据库语言（如 SQL 等）都是基于关系代数开发的。

关系代数的运算对象是关系，运算的结果也是关系。关系代数用到的运算符包括集合运算符、专门的关系运算符、算术比较符和逻辑运算符 4 类，如表 2-4 所示。

表 2-4 关系代数运算符

运算符		含义	运算符		含义
集 合运算符	∪	并	比 较运算符	≥	大于等于
	−	差		<	小于
	∩	交		≤	小于等于
专门的关系运算符	×	笛卡儿积		=	等于
	σ	选择		≠	不等于
	∏	投影	逻 辑运算符	∧	与
	⋈	连接		∨	或
	÷	除		ㄱ	非
比 较运算符	>	大于			

根据运算符的不同，关系代数运算可分为传统的集合运算和专门的关系运算。

2. 传统的集合运算

传统的集合运算是二目运算。从关系的水平方向选行的，主要包括并、交、差及广义笛卡儿积。

在进行关系的并、交、差运算时，假定参与运算的关系 R 和 S 具有相同的目 n，对应的属性取自同一域，且排列次序相同，这意味着 R 和 S 具有相同的结构，称为相容（或同构）关系，这是进行并、交、差运算的前提。并、交、差的运算如下：

1）并（Union）

关系 R 与 S 的并记作：

$$R \cup S = \{t \in R \vee t \in S\}$$

其中，$t \in R$ 表示 t 是 R 的一个记录。

例如，设关系 R、S 分别如表2-5、表2-6所示，则 $R \cup S$ 如表2-7所示。

表2-5　关系 R

A	B	C
a	b	c
b	a	d
c	d	e
d	f	g

表2-6　关系 S

A	B	C
b	a	d
d	f	g
f	h	k

表2-7　$R \cup S$

A	B	C
a	b	c
b	a	d
c	d	e
d	f	g
f	g	k

2）差（Difference）

关系 R 与 S 的差记作：

$$R - S = \{t \in R \wedge t \notin S\}$$

R 与 S 的差如表2-8所示。

表2-8　$R–S$

A	B	C
a	b	c
c	d	e

3）交（Intersection）

关系 R 与 S 的交记作：

$$R \cap S = \{t \in R \vee t \in S\}$$

R 与 S 的交如表2-9所示。

需要注意的是，交运算并不属于基本运算，它可以通过差运算导出，即：$R \cap S = R - (R - S)$。

表 2-9　$R \cap S$

A	B	C
b	a	d
c	d	e

4）广义笛卡儿积（Extended Cartesian Product）

两个分别为 n 目和 m 目的关系 R 和 S 的广义笛卡儿积是一个（$n+m$）列的记录的集合。记录的前 n 列是关系 R 的一个 n 记录，后 m 列是关系 S 的一个 m 记录。若 R 有 k_1 个记录，S 有 k_2 个记录，则 R 和 S 的广义笛卡儿积有 $k_1 \times k_2$ 个记录。记作：

$$R \times S = \{\widehat{t_r t_s} | t_r \in R \wedge t_s \notin S\}$$

广义笛卡儿积如表 2-10 所示。

表 2-10　$R \times S$

R.A	R.B	R.C	S.A	S.B	S.C
a	b	c	b	a	d
a	b	c	d	f	g
a	b	c	f	h	k
b	a	d	b	a	d
b	a	d	d	f	g
b	a	d	f	h	k
c	d	e	b	a	d
c	d	e	d	f	g
c	d	e	f	h	k
d	f	g	b	a	d
d	f	g	d	f	g
d	f	g	f	h	k

3. 专门的关系运算

对于关系数据的操作，有些无法用传统的集合操作运算完成，如检索操作，此时需要引入一些新的运算，完成诸如属性指定、记录选择、关系合并等操作。专门的关系运算包括选择、投影、连接、自然连接和除操作。

1）选择（Selection）

选择运算是单目运算，对关系的水平方向进行运算，是指从关系 R 中选取满足给定条件的记录构成一个新的关系。记作：

$$\sigma_F(R) = \{t | t \in R \wedge F(t) = 'true'\}$$

其中，σ 是选择运算符，F 是限定条件的布尔表达式。

例如，查询销售部人员的情况：

$$\sigma_{\text{部门}='销售'}(S)$$

2）投影（Projection）

投影运算也是单目运算，它对关系的垂直方向进行运算，是指从一个关系 R 中选取所需要的列组成一个新关系，记作：

$$\prod_A(R) = \{t[A] | t \in R\}$$

其中，$\prod$ 是投影运算符，A 为关系 R 属性的子集，$t[A]$ 为 R 中记录相应于属性集 A 的分量。

例如，查询干部姓名及所在院系：

$$\prod_{姓名，部门}(干部)$$

投影运算在去掉了原关系的某些列后，可能会出现重复的记录，因此还应当去掉相同的行。

3）连接（Join）

连接运算是双目运算，分为 θ 连接、等值连接和自然连接 3 种。

（1）θ 连接：它是从两个关系的笛卡儿积中选取属性间满足一定条件的记录。记作：

$$R \underset{A\theta B}{\bowtie} S = \{\widehat{t_r t_s} | t_r \in R \land t_s \in S \land t_r[A]\theta t_s[B]\}$$

其中，θ 是比较运算符，A 和 B 分别为 R 和 S 上度数相等且可比的属性组。

（2）等值连接：当 θ 为 "＝" 时，称之为等值连接。记作：

$$R \underset{A\theta B}{\bowtie} S = \{\widehat{t_r t_s} | t_r \in R \land t_s \in S \land t_r[A] = t_s[B]\}$$

等值连接的计算过程首先是进行 $R \times S$，然后在结果中选择满足 R 中属性 A 的值与 S 中属性 B 的值相等的那些记录。

（3）自然连接：自然连接是一种特殊的等值连接，它要求两个关系中进行比较的分量必须是相同的属性组，并且在结果中将重复属性列去掉。若 R 和 S 具有相同的属性组 B，则自然连接可以记作：

$$R \underset{A\theta B}{\bowtie} S = \{\widehat{t_r t_s} | t_r \in R \land t_s \in S \land t_r[B] = t_s[B]\}$$

需要注意的是，一般连接是从关系的水平方向运算，自然连接不仅要从关系的水平方向运算，而且要从关系的垂直方向运算。因为自然连接要去掉重复属性，如果没有重复属性，那么自然连接就转化为笛卡儿积。

例如，检索选修课程名为 "数据结构" 的学生号和学生姓名：

$$\prod SNo, SName(\sigma_{CName'数据结构'}(student \bowtie selectcourse \bowtie course))$$

因为 student $\bowtie$ selectcourse $\bowtie$ course 为自然连接，结果需要去掉重复列。

4）除（Division）

除运算是同时从关系的水平方向和垂直方向进行运算。除运算是一个非传统的集合运算，它在关系运算中很重要，但较难理解。

设有关系 R 和 S，R 能被 S 除的条件有两个：①R 中的属性包含 S 中的属性；②R 中的有些属性不出现在 S 中。R 除以 S 表示为 R/S 或 $R \div S$。设 $T=R/S$，它也是一个关系，称为商（Quotient）。T 的属性由 R 中那些不出现在 S 中的属性组成，其记录则是 S 中所有记录在 R 中对应值相同的那些记录值。

给定关系 $R(X,Y)$ 和 $S(Y)$，其中 X,Y 为属性组。R 中的 Y 与 S 中的 Y 可以有不同的属性名，但必须出自相同的域集。R 与 S 的除运算得到一个新的关系 $P(X)$，P 是 R 中满足下

列条件的记录在 X 属性组上的投影:记录在 X 上分量值 x 的像集 Y_x 包含 S 在 Y 上投影的集合。记作:

$$R \div S = \{tr[X] \big| t_r \in R \wedge \prod_y[S] \subseteq Y_x\}$$

其中,Y_x 为 x 在 R 中的象集,$x=t_r[X]$。

当然,可以这样理解关系除运算结果中的记录:对于除关系中的每一个记录,如果都能在被除关系中找到一个相应记录,它们分别与除关系中的记录在其属性上对应相等,且在剩余属性上的值也都对应相等,则其中任何一个记录的剩余属性值就形成了结果关系中的一个记录。

2.1.3 关系演算

对于关系数据的查询,除了可以用关系代数表达式表示以外,还可以采用数理逻辑中的一阶谓词演算表示,这就是关系演算。和关系代数相比,关系演算是一种高度非过程化语言。在 RDBS 操作中,根据谓词变元的不同关系演算分为记录关系演算和域关系演算两种方式。

1. 记录关系演算

记录关系演算的最初定义是由 E. F. Codd 在 1972 年给出的。记录关系演算以记录变量作为谓词变元的基本对象。一种典型的记录关系演算语言是 E.F.Codd 提出的 ALPHA 语言。这一语言虽然没有实际实现,但为关系型数据库管理系统 INGRES 所用的 QUEL 语言提供了有益的借鉴,其 QUEL 语言的最终形式与 ALPHA 十分类似。其一般形式为 $\{t|P(t)\}$。其中,t 为记录变量,$|P(t)$ 为关系演算公式。

将 5 种基本的关系运算用记录演算求达式表示如下:

(1)并:$R \cup S = \{t|R(t) \vee S(t)\}$

(2)差:$R - S = \{t|R(t) \wedge \neg S(t)\}$

(3)笛卡儿积:

$$R \times S = \{t^{(n+m)} \big| (\exists u^{(n)})(\exists v^{(m)})(R(u) \wedge S(v) \wedge t[1] = u[1] \wedge \cdots \wedge t[n] =$$
$$u[n] \wedge t[n+1] = v[1] \wedge \cdots \wedge t[n+m] = v[m])\}$$

注意:①$R \times S$ 后所生成的新关系是 n+m 目关系;②前 n 个属性取 R 的属性名,并冠以 R,后 m 个属性取 S 的属性名,并冠以 S;③若两个关系中的某个属性没有同名,可直接引用该属性名;④处理一个关系 R 和其自身的乘积时,需要为关系 R 引入一个别名。

(4)投影:

$$\prod_{i_1,i_2,\cdots,i_k}(R) = \{t^{(k)} \big| (\exists u)(R(u) \wedge t[1] = u[i_1] \wedge \cdots t[k] = u[i_k])\}$$

(5)选择:$\sigma_F(R) = \{t|R(t) \wedge F(t)\}$

例如,以 student 数据库为例,写出下列查询需求的记录关系演算表达式。

查询学生号为 20120001 的学生的信息:

$$\{t|student(t) \wedge t(SNo) = \text{'20120001'}\}$$

2．域关系演算

在域关系演算中，表达式中的域变量是表示域的变量，可将关系的属性名视为域变量，抽象域演算表达式的一般形式为：

$$\{\langle t_1, t_2, \cdots, t_k \rangle \mid P(\langle t_1, t_2, \cdots, t_k \rangle)\}$$

其中，$t_1, t_2, \cdots, t_k$ 是域变量，$P(\langle t_1, t_2, \cdots, t_k \rangle)$ 是域演算公式。

（1）$P(\langle t_1, t_2, \cdots, t_k \rangle)$：$P$ 是关系名，t_i 是域变量，表示"P 是 k 元关系，由分量 $t_1, t_2, \cdots, t_k$ 组成的一个记录"。

（2）$t_i \theta t_j$：表示"域变量 t_i 与域变量 t_j 之间满足 θ 关系"。

（3）$t_i \theta a$：表示"域变量 t_i 与常量 a 之间满足 θ 关系"。

关系的 5 种基本运算用域关系演算表达式表示如下（设 R 和 S 都是属性名相同的二元关系）：

$$R \cup S: \{x \mid R(x) \cup S(x)\}$$
$$R - S: \{xy \mid R(xy) \cap \neg S(xy)\}$$
$$R \times S: \{wxyz \mid R(wx) \cap S(yz)\}$$
$$\sigma_F(R): \{xy \mid R(xy) \cap F'\} \quad (F' \text{是} F \text{的等价表示形式})$$
$$\prod(R): \{y \mid R(xy)\}$$

关系代数、记录演算、域演算 3 类关系运算的表达能力是等价的，可以互相转换。

3．关系运算的安全约束

（1）安全表达式

在关系演算中，一些运算或表达式可能产生无穷关系和无穷运算。例如，记录表达式 $\{t \mid \neg R(t)\}$ 表示所有不属于 R 的记录组成的集合，这是一个无限关系，在计算机中是无法存储的，而验证公式 $\forall u P(u)$ 为真也是不可能的。所以必须排除这类无意义的表达式，把不产生无限关系的表达式称为安全表达式。

在关系代数中，基本操作是并、差、笛卡儿积、投影和选择，没有集合的"补"操作，因而关系代数是安全的。

2）关系运算的安全限制

关系运算的安全限制是对关系演算表达式施加某些限制条件，对表达式中的变量取值规定一个范围，使之不产生无限关系和无穷运算的方法，有安全约束的措施，关系演算表达式才是安全的。

对于关系运算中可能产生无意义的表达式，其解决办法是：对于任何一个表达式 $\{t \mid \Phi(t)\}$ 都规定一个有限符号集 DOM(Φ)，使 Φ 的演算结果、中间结果所产生的关系及记录的各个分量都必须属于 DOM(Φ)。

可以证明以下 3 个结论：

（1）每一个关系代数表达式有一个等价的、安全的记录演算表达式；

（2）每一个安全的记录演算表达式有一个等价的、安全的域演算表达式；

（3）每一个安全的域演算表达式有一个等价的关系代数表达式。

2.2　关系模式与关系数据库

在关系数据库中，关系模式是型，关系是值。关系数据库模式是关系数据库的描述，它包括若干域的定义以及在这些域上定义的若干关系模式。关系数据库的值是这些关系模式在某一时刻对应的关系的集合，通常称之为关系数据库。

定义 5：关系的描述称为关系模式（Relation Schema），可以形式化表示为记录 $R(U,D,dom,F)$，其中，R 表示关系名，U 是组成该关系的属性名集合，D 是属性的域，dom 是属性向域的映像集合，F 为属性间数据的依赖关系集合。

通常将关系模式简记为：

$$R(U) \text{或} R(A_1,A_2,\cdots,A_n)$$

其中，R 为关系名，$A_1,A_2,\cdots,A_n$ 为属性名、域名、属性向域的映像，常常直接说明属性的类型和长度。

例如，定义学生与课程关系模式及主码如下：

（1）student(SNo,SName,SDept,SAge)

（2）course(CNo,CName,CCredit,CPNo)

这里，CPNo 是先行课程号，来自 CNo 域，但由于 CPNo 属性名不等于 CNo 值域名，所以要用 *dom* 来定义。

需要注意的是，在这里不能将 CPNo 直接改为 CNo，因为在关系模型中各字段属性必须取相异的名字。

（3）SC(SNo,CNo,Grade)

其中，SC 关系中的 SNo、CNo 又分别为外码，因为它们分别是 student、course 关系中的主码。

2.3　关系型数据库的优势

从前面的分析可以看出，关系模型数据结构简单，容易理解和掌握，对实体与实体之间的联系描述简明、精确，给用户使用数据库提供了很大的方便。关系操作功能强大，从 20 世纪 70 年代初诞生以来，经过 40 多年的发展，其应用体系结构也由主机/终端的集中式结构发展到网络环境的分布式结构，随后又发展成三层或多层 C/S、B/S 结构、物联网以及移动环境下的动态结构。多种数据库应用体系结构满足了不同应用的需求，适应了不同的应用环境，具有数百万甚至数十亿字节信息的数据库已经普遍存在于科学技术、工业、农业、商业、金融、证券、交通、服务业、政府部门以及以 Web 为基础的电子商务等信息系统中，成为计算机科学技术中发展最快的领域之一，也是应用最广的技术之一。编程语言、架构、平台、开发工具等技术都在改变，唯一不变的是人们依然使用关系型数据库来存储和管理数据。事实表明，关系型数据库在数据库领域中牢牢雄踞霸主地位。

2.3.1　持久存储大量数据

数据库的最大价值是持久存储大量数据。在大多数的计算机系统架构中有两个存储区域：一个是速度快但是数据易丢失的"主存储器"（main memory），另一个是存储量大但速度较慢的"后备存储器"（backing store）。主存储器的空间较为有限，一旦断电或操作系统出错，那么全部数据将丢失。因此，为了保存数据，人们要将它写入后备存储器。最常见的后备存储器是硬盘、磁带、CD 等。

后备存储的形式多种多样。许多应用程序（application）将数据作为一个文件，保存在操作系统的文件系统之中。然而，大多数组织将小型数据库作为后备存储。在数据量较大时，数据库比文件系统更灵活，它能让应用程序快速而便捷地获取其中一小部分数据，也可以快速地统计计算，还可以快速地进行比较筛选。

2.3.2　通过事务保证数据的强一致性

关系型数据库必须遵守 ACID（原子性 Atomicity、一致性 Consistency、隔离性 Isolation、持久性 Durability 几个单词首字母的缩写）特性，以控制并发中错误的产生，确保数据的强一致性。在企业级应用中，多个用户会同时访问同一份数据体，并且可能要修改这份数据。大多数情况下，他们都在不同数据区域内各自操作，但是，偶尔也会同时操作一小块数据。这样，就必须引入一些机制进行协调，以免出现诸如两人同时预订某一餐厅的同一包间的情况。关系型数据库通过"事务"（transaction）来控制对数据的访问，以便处理此并发问题。事务机制可以在并发情况下良好运行，能够应付各种麻烦事情。通过事务更改数据时，如果在处理变更的过程中出现错误，则可以通过回滚（roll back）这一事务保证数据不受破坏。

通过这种机制，确保了数据的强一致性，这对于现实社会中的银行转账、股票交易等非常重要。比如，银行账户资金的转入转出处理，账户张三向账户李四转出 10 万元，如果不能保证交易处理立即在数据库中得到体现，并严格保证数据一致性，可能出现已经从张三账号中转出而没有被转入到李四账号中的中间状态，这将会引发极其严重的后果。正是关系型数据库具备这种 ACID 特性，使得其能够被广泛应用。

2.3.3　通用性好和高性能

关系型数据库具有非常好的通用性和非常高的性能，就连积极倡导 NoSQL 的包括大数据公司和组织（例如谷歌、Facebook、Cloudera 和 Apache）在内的几乎所有公司和组织都在使用关系型数据库。毫无疑问，关系型数据库对于绝大多数应用来说都是最有效的解决方案。

2.3.4　以标准化为前提

由于以标准化为前提，数据更新的开销很小（相同的字段基本上只有一处），同时能够满足复杂 SQL 操作功能，尤其是多表关联查询，通用的 SQL 语言使得操作关系型数据库非常方便,用户只需使用 SQL 语言在逻辑层面操作数据库,而完全不必理解其底层实现。

SQL 能够加强与数据的交互,并允许对单个数据库设计提出问题。这是很关键的特征,因为无法交互的数据基本上是没用的,并且增强的交互性能够带来新的见解、新的问题和更有意义的未来交互。

SQL 是标准化的,使用户能够跨系统运用他们的知识,并对第三方附件和工具提供支持。尽管各种关系型数据库之间仍有差异,但其核心机制相同,不同厂商的 SQL 方言相似,"事务"的操作方式稍有差异。

SQL 对数据呈现和存储采用正交形式,一些 SQL 系统支持 JSON 和其他结构化对象格式,比 NoSQL 具有更好的性能和更多功能。

在这其中,能够保持数据的一致性是关系型数据库的最大优势。在需要严格保证数据一致性的情况下,无疑关系型数据库是最佳的选择。

2.4　关系型数据库的不足

关系型数据库有许多优势,但绝非完美,在诞生之初就有很多令人不满意的地方。作为通用型的数据库,其性能是非常高的,然而,正是由于通用性好,使它并不能完全适应所有的应用需要,在大量数据的写入操作、对海量数据高效存储和访问、为有数据更新的表做索引或表结构(schema)变更、字段不固定时的应用、对简单查询需要快速返回结果的处理等方面不擅长。

2.4.1　大量数据的写入操作

随着互联网业务模式的兴起,以及高度分布式、全球化、"永不间断"应用程序的涌现,事务处理系统面临新的要求。我们知道,在 Web 1.0 时代,互联网内容是由少数编辑人员(或站长)定制的(比如各门户网站),互联网是"阅读式互联网"。在 Web 2.0 时代,每个人都是内容的提供者,又是内容的消费者,互联网是"可写可读互联网"。Web 2.0 包含了我们经常使用到的服务,例如简易信息聚合(Really Simple Syndication,RSS)、博客、播客、维基、对等计算(Peer to Peer,P2P)下载、社会书签、社会性网络服务(Social Networking Services,SNS)、社区、分享服务、微信等(如图 2-1 所示)。Web 2.0 网站是根据用户个性化信息来实时生成动态页面和提供动态信息,基本上无法使用动态页面静态化技术,因此数据库并发负载非常高,大型网站常常遇到每秒上万次读/写请求。

在互联网应用中,不仅写入数据库的次数频繁,而且写入的数据量也可能非常大。经典的关系数据模型并没有对数据容量有明确的限制,但现实环境下用户却不得不考虑数据容量的限制问题。借助各种信息平台,掩盖在互联网下面的海量用户无时无刻不在制造或者拼凑着大量的信息,这些信息可能小到推特(Twitter)上的一句"Hi!",也可能大到一张蓝光电影。用关系型数据库来处理它们,对数据库的写入能力提出了严峻的挑战。

传统的关系型数据库在数据读入方面常常用由复制产生的主从模式(数据的写入由主数据库负责,数据的读入由从数据库负责),人们可以比较简单地通过增加从数据库来实现规模化。在数据的写入方面,其规模化问题完全没有简单的方法来解决。于是,有人提出将主数据库从一台增加到两台,作为互相关联复制的二元主数据库使用,以此来解决写入的规模化问题。这种方案似乎可以把每台主数据库的负荷减少一半,但这种方案也带来了更新处理的难题，可能会造成数据的不一致（同样的数据在两台服务器上同时更新时会出现不同的结果）。为了避免冲突，需要把对每个表的请求分别分配给合适的主数据库来处理，这样就带来了系统的复杂性。图 2-2 所示为两台主机问题及解决办法。

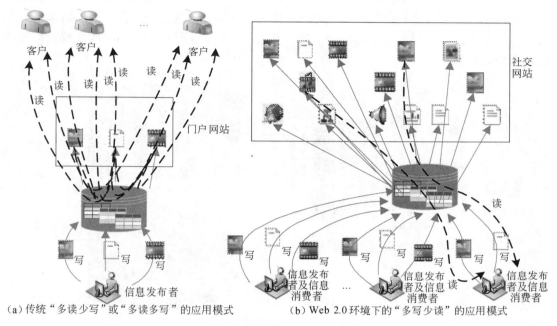

（a）传统"多读少写"或"多读多写"的应用模式　　　　（b）Web 2.0环境下的"多写少读"的应用模式

图 2-1　Web 1.0 与 Web 2.0 读/写差异示意图

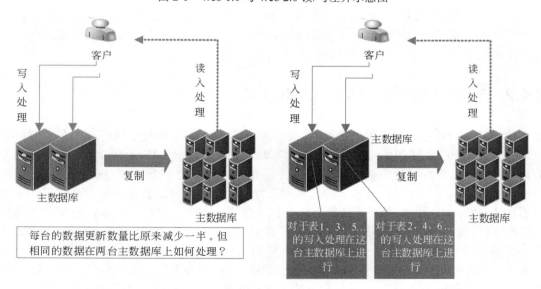

（a）两台主机存在的问题　　　　　　　　（b）二元主数据库问题解决方案

图 2-2　两台主机问题及解决方案

有人试图以适当的方式将数据库分割开来（如图 2-3 所示），在控制访问频率和数据量方面进行优化，实践证明，这种方法在一定程度上可以解决这个问题。在大规模环境下使用关系型数据库，一般采用水平分割和垂直分割两种分割方式。水平分割就是将一张表中的各行数据直接分割到多个表中。例如，对于像日本 Mixi 这样的 SNS 社交网络服务网站，如果将编号为奇数的用户信息和编号为偶数的用户信息分别放在两张表中，应该会比较有效。垂直分割就是将一张表中的某些字段（列）分离到其他的表中。如果用 SNS 网站举例，相当于按照"日记"、"社区"等功能对数据库进行分割。通过这样分割，可以对单独一个关系型数据库的访问量和数据量进行控制。然而，一旦真正这样做，相应的系统维护的难度也会随之增加。

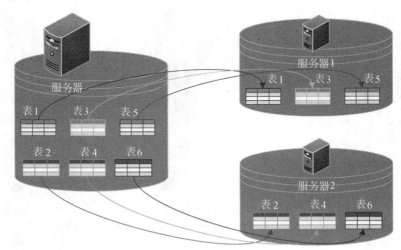

图 2-3　数据库分割示意图

　　这一改变将会导致分别存储在不同服务器上的表之间无法进行连接（join）处理，在进行数据库分割的时候用户不得不预先考虑这些问题。当然，如果一定要进行连接处理，可以在程序中进行关联，显然这是非常困难的。

2.4.2　对海量数据的高效存储和访问

　　传统的关系数据库在应付 Web 2.0 可读可写网站时，特别是超大规模和高并发的社交网络类型的 Web 2.0 纯动态网站已经显得力不从心。在"脸谱"（Facebook）这个全球最大的社交网上，以分享照片为例，"脸谱"用户上传照片数超过 15 000 000 000 张，为方便使用，每张照片上传后会在后台被处理成 4 种尺寸，因此照片存储数量高达 600 亿张，总容量超过 1.5PB，同时，每周新上传的照片多达两亿张，存储需要约 1.5TB 的容量，在高负载情况下，Facebook 每秒需要处理获取照片请求多达 55 万次。类似 Facebook、Twitter、Friendfeed 这样的 SNS 网站，每天都产生海量的用户动态，以 Friendfeed 为例，一个月就达到了 2.5 亿条用户动态，对于关系型数据库来说，要在一张上亿条记录的表里面进行 SQL 查询，效率是极低的，甚至是令人无法忍受的。传统事务管理技术 ACID 特性致力于确保数据的完整性和一致性，并追求查询结构的严格正确，在海量数据管理中显得不太适用。

2.4.3　为有数据更新的表做索引或表结构变更

　　使用关系型数据库，为了加快查询速度需要创建表索引，要增加一些字段就必须改变表的结构。为了进行这些处理，需要对表进行共享锁定，在这期间数据的更新、插入、删除等变更是无法进行的。如果需要进行一些耗时的操作（如为数据量比较大的表创建索引或者变更其表结构），需要特别注意：长时间内数据可能无法进行更新。表 2-11 所示的是共享锁和排他锁。

表 2-11　共享锁和排他锁

名称	锁的影响范围	别名
共享锁	其他连接可以对数据进行读取操作，但不能修改数据	读锁
排他锁	其他连接无法对数据进行读取和修改操作	写锁

2.4.4　对简单查询需要快速返回结果的处理

关系型数据库并不擅长对没有复杂查询条件的简单查询快速返回结果的处理。因为关系型数据库是使用专门的结构化查询语言（SQL）进行数据读取的，它需要对 SQL 语言进行解析，同时还有对表的锁定和解锁这些必需的额外开销。这种情形，在 Web 2.0 时代显现出不足。比如大型 Web 网站的用户登录系统，例如腾讯、盛大，动辄数以亿计的账号，传统的关系型数据库难以应付。除此之外，在互联网海量数据管理的众多应用中，有相当一部分应用人们关注的重点是查询的时间，而并不在乎查询结果的百分之百正确。因此，时效性成为了关键。

2.4.5　字段不固定时的应用

关系型数据库假定数据的结构已明确定义，数据是致密的，并且在很大程度上是一致的。关系型数据库构建在这样的先决条件上，即数据的属性可以预先定义好，它们之间的相互关系非常稳固且被系统地引用（systematically referenced）。它还假定定义在数据上的索引能保持一致性，能统一应用以提高查询的速度。然而，一旦这些假设无法成立，关系型数据库就立刻暴露出问题。当然，关系型数据库可以容忍一定程度上的不规律和结构缺乏，但在松散结构的海量稀疏数据面前，关系型数据库就立刻暴露出的问题。在大规模数据面前，传统存储机制和访问方法显现出很大的局限性。

在关系型数据库中，如果表中的字段不固定，那么将是一件比较麻烦的事。当然，在需要的时候可以为表添加新的字段，但这种方法在实际应用中有很大的局限性。另一种解决方法是为表预留足够多的字段，但随着时间的流逝，这种方法很容易让人弄错字段的含义，以及哪些字段保存了哪些数据。所以，这种方法并不是很好的方法。

第 3 章 关系型数据库的补充——NoSQL

近几年来，数据库领域中最为稳固的关系数据模型在应对 Web 2.0 环境的一些典型应用时显得力不从心。为弥补关系型数据库的不足，NoSQL 数据库应运而生。以 2009 年 6 月 NoSQL 运动的"数据库革命"为标志，数据库领域已经驶入了发展的"快车道"，传统关系数据库最不擅长的海量的以及非结构化的数据正在被新的技术所解决，不同场合下结构化数据和非结构化数据的全面有效解决方案时代已经到来。

本章主要介绍了 NoSQL 的概念、起源、解决的核心问题以及 NoSQL 数据库的分类。

3.1 NoSQL 的概念

"NoSQL"一词首次出现是在 20 世纪 90 年代未，它是一个关系型数据库产品的名字——"Strozzi NoSQL"。该产品由 Carlo Strozzi 先生组织研发，以 ASCII 文件存储数据表，每一个记录占一行，其中的字段以制表符分隔。数据库通过 Shell 脚本进行操作，还能使用常见的 UNIX 管道将脚本与其他命令结合起来，不使用人们常使用的 SQL 作为查询语言，因此起名为"NoSQL"。本书所说的"NoSQL"，与这个产品没有任何关系。

目前，对"NoSQL"还没有确切的定义，有两种解释：一是"Non-Relational"，即非关系数据库；二是"Not Only SQL"，即数据管理技术不仅仅是 SQL，第二种解释更为流行。较为全面的解释是"NoSQL 主要是面向 Web 应用的下一代数据库，应该具备这几个特点：非关系型的、分布式的、开源的和可以线性扩展的。"开发这类数据库最初的目的在于提供现代网站可扩展的数据库解决方案。

3.2 NoSQL 的起源

进入 21 世纪后，互联网经济走出了 20 世纪 90 年代互联网泡沫的阴影，开始快速发展，多数大型网络公司的规模都在急剧增加，运用超链接、社交网络、活动日志、博客、微博客、微信、测绘数据等服务吸引人气，并开始用非常详细的方式来记录活动，出现了结构化、半结构化和非结构化的大型数据集。据统计，人们每秒钟发送的电子邮件高达 290 万封，每分钟向 YouTube 上传 60 个小时的视频，每一天在 Twitter 上发 1.9 亿条微博和 3.44 亿条消息，在 Facebook 发出 40 亿条信息。社交网络和微博等新型应用的兴起对数据管理技术提出了新的挑战，包括更高的并发读/写、海量数据的高效存储和访问以及高扩展性和高可用性等需求，传统的关系型数据库管理系统（RDBMS）无法满足这些需求，因此，必须投入更多的计算资源才能应对数据和流量的增加。在可选的解决方案中，一种是纵向扩展（scale up），即增加功能更加强大的计算机（更多的处理器、硬盘存储空间和内存），但投入的成本越来越高，同时其扩展的空间也非常有限。另一种是横向扩展（scale out），即采用由多个小型计算机组成的集群。集群中的小型机采用性价比较高的硬件，这样可以有效降低扩展所需的成本，同时使架构富有弹性（集群中的某些小型机甚至微型机即使发生故障也不至于影响整个集群的运行）。为降低建设成本，几乎所有的互联网公司都选择了后者。

在大型企业向集群迁移的过程中产生了一个新问题：关系型数据库并不是针对集群这种模式设计的，虽然可以把数据分为几个集合，并将其分别放在各自独立的服务器上运行，成功地对数据库进行了分片，但是数据库分片后，虽然将负载分散到多个服务器之中，却带来了另一个问题，即查询、参照完整性、事务、一致性控制（consistency control）等操作都无法以跨分片的方式执行了，从而导致应用程序极其复杂。同时，由于商用的关系型数据库通常按单台服务器计费，导致在集群环境中使用成本的大幅上升。

针对上述问题，人们开始考虑新的存储数据的办法。谷歌、亚马逊这两家互联网龙头企业更是如此，他们凭借自身雄厚的技术实力开始探索研究解决这个问题的思路和办法。2003 至 2009 年间，谷歌和亚马逊分别将各自的研究成果以极具影响的论文形式发表出来，他们就是 BigTable（谷歌）和 Dynamo（亚马逊）。

2009 年 6 月，在旧金山参加 Hadoop 峰会（Hadoop Summit）的英国学者 Johan Oskarsson 先生发起并召开了寻找新型数据存储方案的技术大会。当时，Johan 想给会议征集名字，希望这个名字同时适合做 Twitter 话题。在 IRC 即时聊天服务中发出后，他在众多的回答中选中了 Eric Evans 先生提出的名称"NoSQL"。在会议中，来自 Voldemort、Cassandra、Dynomite、HBase、Hypertable、CouchDB 和 MongoDB 的技术代表纷纷介绍了自己的技术方案及特点。不过，至会议结束，也没有哪位技术权威对"NoSQL"下定义。

不久，"NoSQL"一词以燎原之势迅速流行起来。虽然，到目前为止学术界也没有给它一个严谨的定义。但 NoSQL 数据库所具备的共同特征日益清晰：第一，NoSQL 数据库不使用 SQL，有些 NoSQL 带有查询语言，如 Cassandra 的 CQL，看上去很像 SQL，但从广义的角度看，没有一个 NoSQL 数据库真正实现了标准的 SQL 语言；第二，通常都是开源项目，虽然 NoSQL 这个术语也经常用在系统中，但是业内人士普遍认为 NoSQL 数据库就应该是开源的。

NoSQL 数据库通常是为 Web 2.0 应用的互联网企业设计的，操作 NoSQL 数据库不需要使用"模式"，不用事先定义结构，即可自由添加字段。这在处理不规则数据和自定义字段时非常有用。NoSQL 数据库的出现使人们多了一种选择，那就是在不同场景下使用不同的数据存储方式。人们可以不再因为别人都使用关系型数据库而自己也跟风使用它，相反，可以根据实际的应用场景选用合适的数据存储技术。

无论如何，关系型数据库都不会被 NoSQL 取代，关系型数据库依然是最常用的数据库形式，Google 的关键产品也不例外，是基于 MySQL 实现的。使用关系型数据库，通常情况下如果关系型数据库无法承担负荷，则考虑使用 NoSQL，即让与 NoSQL 数据库对关系型数据库的不足进行弥补，引入 NoSQL 数据库时的思维方法如图 3-1 所示。选用 NoSQL 数据库，通常是以下两种情形：一是待处理的数据量很大，或对数据访问的效率要求很高，从而必须将数据放在集群上；二是希望采用一种更为方便的数据交互方式来提高应用程序的开发效率，尤其是互联网应用。NoSQL 数据库需要量材使用，如果用错地方，可能会发生使用 NoSQL 数据库比使用关系型数据库效果更差的情况。NoSQL 只是对关系型数据库不擅长的某些特定处理进行了优化，一定要量材使用。

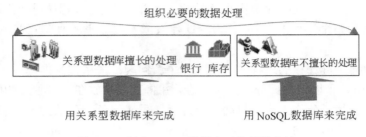

图 3-1　引入 NoSQL 数据库时的思维方法

3.3　NoSQL 数据库解决的核心难题

针对关系型数据库在 Web 2.0 环境中所面临的难以克服的问题，NoSQL 数据库围绕访问数据的方式和一致性原则两大方面进行创新，有效解决了关系型数据库中高速查询和多写瓶颈问题。

3.3.1　实现高速查询

几年前，1TB 的个人数据就被认为是非常庞大的了，但今天，本地硬盘驱动器和备份驱动器的容量通常都有这么大。可以料想，在未来几年里，即便硬盘驱动器的默认容量超过了数个 TB 也不足为奇。我们生活在一个数据大爆炸的时代里，数码设备的输出、博客、日常社交网络的更新、微博、微信、电子文档、扫描的内容、音乐文件以及视频都在快速增多。可以说，我们在消费大量数据的同时也在生成大量数据。

当数量达到 PB 级时，即便是非常简单的查询操作，其执行也会变得异常复杂。例如，某国际知名数据库以 80M/s 的速度顺序扫描 1GB 的数据只需要 12.5 秒，而顺序扫描 1PB 的数据则需要约 146 天，可以说，这犹如大海捞针。如果包括复杂的计算，将更加耗时。例如，为了找出在一个时间段内所有运动轨迹相似的车辆，需要对车辆的所有运动轨迹做各种关联分析和复杂运算，这种需求即便是在小规模环境下，查询也相当耗时。

在大多数 NoSQL 数据库中，对数据访问的方式都被限定为通过键（查询条件）来查询相对应的值（查询对象数据）这一种。由于存在这样的限定，可以实现高速查询。而且，大多数 NoSQL 数据库都可以以键为单位进行自动水平分割，这样也有利于提高查询速度。此外，也有像 memcached 这样不永久保存数据，只是作为缓存来使用的数据库。

3.3.2　满足多写需要

在 Web 2.0 时代，互联网网站"我来搭台您来唱戏"，以论坛（BBS）、博客（blog）、微信为主要代表，信息注重小而精。内容的提供者是一个个分离的个体，所有信息不再像Web 1.0 时代的密集访问，即便有个别的明星博客、SNS 焦点神秘嘉宾也不例外，总体上是"少读多写"（Write heavy）的局面。然而，传统的关系型数据库产品主要是面向传统的模式设计，而且为了实现数据驱动、内容驱动以及预定式信息处理，往往要对"写"赋予严格的条件要求，包括生成重做日志、检查各类锁控制、激发触发器并对触发的内容做出响应等。不仅如此，在数据写入后，关系型数据库还要提供复杂的分布式处理，这包括信息复制、内容归档、通知外围监控系统等。因此，难以提供"少读多写"信息应用模式所需要的良好处理性能。

大多数 NoSQL 数据库都遵循"BASE"原则（Basically Available 、Soft-state 和 Eventually consistent 的缩写 BASE），重视可用性（Basically Available），但不追求状态的严密性（Soft-state），且不管过程中的情况如何，只要最终能够达成一致即可（Eventually consistent），这样，用于保持一致性的开销就可以得到有效控制，有效解决了传统关系型数据库在任何情况下都要保持严格的一致性的开销难题。

NoSQL 数据库通过使用分布式结点集（称为集群）提供高度弹性扩展功能，让用户可以通过添加结点来动态处理负载。同时，只给用户"必要的"功能，让大家可以"自助式"地进行读/写处理，进而将数 TB、甚至 PB 的信息加以管理。所有的读/写操作也都是直入主题的，对运行环境不要求，也不提供多余的操作，最终加速用户的"多写少读"的性能。

3.4　NoSQL 数据库的分类

按照功能和属性，NoSQL 数据库可分为面向列的有序存储数据库、键/值存储数据库、面向文档数据库、图形数据库和对象数据库 5 类。

3.4.1　面向列的有序存储数据库

面向列的有序存储数据库，它将数据表存储为数据列而非行的形式。从物理上来说，表是列的集合，每一列从本质上来说都是只有一个列的表。面向列的存储能够高效地存储数据，如果列值不存在就不用存储，即遇到"NULL"值时不用存储也就有效地避免了浪费存储空间。每个数据单元可以看作一组键/值对集合，数据单元本身通过主标识符（primary identifier）标识，主标识符又称为主键（primary key）。数据单元按照主键的值进行排序，数据单元里面可以包含任意数量的列，并且列可以动态加入和删除，不需要创建表的时候预定义列。面向列的 NoSQL 包括 Google BigTable、HBase、Hypertable 和 Cloudata，以及国产、自主可控的南大通用 GBase 8a 等。

面向列的有序存储数据库通常用于分析系统、商业智能与分析型数据存储。它具有以下优点：

（1）可以比较数据，因为在表的一列中数据通常都是同种类型的。

（2）可以通过便宜、性能一般的硬件实现高速的查询性能，由于压缩的原因，相对于关系型数据库来说，这种方式的磁盘上的数据所占的空间要少很多。

面向列的有序存储数据库具有以下缺点：

（1）通常没有事务。

（2）对于熟悉传统关系型数据库管理系统的开发者来说存在不少限制。

面向列的有序存储数据库适用的场景：

（1）事件记录：由于列族数据库可存放任意数据结构，所以它很适合用来保存应用程序状态或运行中遇到的错误等事件信息。在企业级环境下，所有应用程序都可以把事件写入 Cassandra 或者 GBase 数据库。它们可以用 appname: tirnestarnp（应用程序名：时间戳）作为行键，并使用自己需要的列。由于列族数据库的写入能力可扩展，所以在事件记录系统中使用它效果会很好。

（2）内容管理系统与博客平台：使用列族可以把博文的"标签"（tag）、"类别"（category）、"链接"（link）和"trackback"等属性放在不同的列中。评论信息既可以与上述内容放在同一行，也可以移到另一个"键空间"。同理，博客用户与实际博文也可存于不同列族中。

（3）计数器：在网络应用程序中，通常要统计某页面的访问人数并对其分类，以便为计算和分析数据所使用。

（4）限期使用：有些时候，企业需要向用户提供试用版，或是在网站上将某个广告条显示一定的时间，这些功能可以通过"带过期时限的列"（expiring olumn）来完成。这种列过了给定时限后，就会由 Cassandra 自动删除。这个时限称为 TTL（Tirne To Live，生存时间），以秒为单位。经过 TTL 指定的时长后，这种列就被删掉了。程序若检测到此列不存在，则可收回用户访问权限或移除广告条。

3.4.2　键/值存储数据库

键/值存储可以将键/值对存储到持久化存储中，随后使用键来读取值。键/值对结构较为简单，如哈希表或关联数组。键/值对的键/值在集合中唯一，易于查找，由于没有 SQL 处理器、索引系统以及分析系统等诸多限制，所以在数据访问操作时效率很高。这种解决方案提供了最高效的性能、代价最低的实现以及可伸缩性。键/值存储数据库的结构就是采用键/值对结构。键/值存储各不相同，有些把数据保存在内存中，有些把数据持久化到磁盘里面，有些作为缓存进行存储。NoSQL 中的键/值存储有些以 Oracle 的 Berkeley DB 作为底层存储，核心存储引擎并不关注键或值的含义，只管保存传入的字节数组对，然后返回同样的数据给调用客户端。Berkeley DB 支持将数据缓存在内存中，随数据增长将其刷新到磁盘。它还支持对键索引，帮助用户更快地查找和访问；有些构建在 Memcached 的 API 上，缓存提供应用中使用最多的数据的内存快照。缓存的目的是减少磁盘 I/O。它可以是最简单的映射表，也可以是支持缓存过期策略的健壮系统。作为一种流行策略，缓存广泛应用于计算机软件栈的所有层面以提高性能。操作系统、数据库、中间件和各种应用都使用缓存。还有一些其他实现方案，具体包括 Membase、Kyoto Cabinet、Redis、Cassandra、Riak 和 Voldemort 等。

Membase 是基于 Memcached 的键/值存储 NoSQL，它支持 Memcached 的文本和二进制协议，并在 Memcached 基础上增加了很多新特性，包括磁盘持久化、数据复制、在线集群配置和数据动态平衡。

　　Kyoto Cabinet 的数据记录保存在简单数据文件中，每条记录是一个键/值对，每个键和值都是一组变长二进制数据。

　　Redis 像 Memcached 一样，整个数据库加载到内存中进行操作，它定期通过异步操作把数据 flush 到硬盘上进行保存。Redis 除了映射表外，还支持字符串、列表和集合等数据结构，并且提供了一套丰富的 API 访问不同类型数据结构的数据。从本质上讲，Redis 是一个键/值类型的内存数据库。

　　Cassandra、Riak 和 Voldemort 具有 Apiazon Dynamo 键/值特性，Cassandra 和 Riak 的行为和属性分别显现出各自的双重性：Cassandra 同时拥有 Google Bigtable 和 Amazon Dynamo 的属性，而 Riak 既是键/值存储数据库又是文档数据库。

　　Amazon Dynamo 推出了大量重要的高可用性思想，其中最重要的是最终一致性（eventual consistency），最终一致性暗示出结点数据更新过程中副本可能会出现暂时性的不一致。最终一致不是不一致，只是与关系型数据库典型的 ACID（原子性 Atomicity、一致性 Consistency、隔离性 Isolation、持久性 Durabilty）一致性相比更弱。

　　键/值存储数据库具有以下优点：

　　轻量级的设计，使键/值存储数据库可以很容易地实现可伸缩性以及高性能。

　　键/值存储数据库具有以下缺点：

　　（1）键/值存储数据库没有像关系型数据库从底层确保数据的完整性的措施和机制，数据的完整性必须由应用程序来完成。

　　（2）键/值存储数据库不如关系型数据库的模型设计良好，其数据库的逻辑结构就能完全反映出存储数据的结构，并且与应用的结构有所不同（数据是独立于应用的），因此难以取得数据是独立于应用的效果。

　　键/值存储数据库适用的场景：

　　（1）存放会话信息：通常来说，每一次网络会话都是唯一的，所以分配给它们的 sessionID 值各不相同。如果应用程序原来要把 sessionID 存在磁盘上或关系型数据库中，那么将其迁移到键/值存储数据库之后会获益良多，因为全部会话内容都可以用一条 PUT 请求来存放，而且只需一条 GET 请求就能取得。由于会话中的所有信息都放在一个对象中，所以这种"单请求操作"（single-request operation）很迅速。许多网络应用程序都使用像 Memcached 这样的解决方案。如果"可用性"较为重要，可使用 Riak。

　　（2）用户配置信息：几乎每位用户都有 userID、username 或其他独特的属性，而且其配置信息也各自独立，例如语言、颜色、时区、访问过的产品等。这些内容可全部放在一个对象里，以便只用一次 GET 操作即获取某位用户的全部配置信息。同理，产品信息也可如此存放。

　　（3）购物车数据：电子商务网站的用户都与其购物车相绑定。由于购物车的内容需要在不同时间、不同浏览器、不同计算机、不同会话中保持一致，所以可把购物信息放在 value 属性中，并将其绑定到 userID 这个键名上。此类应用程序最宜使用 Riak 集群了。

3.4.3　面向文档数据库

　　面向文档数据库不是人们常见的文档管理信息系统，这里"文档"的意思是指松散结构的键/值对集合，通常是类似于 JSON（JavaScript Object Notation，JavaScript 对象表示法）格式的数据。文档数据库把文档作为基本单元，不把文档分割成多个键/值对。不同结构的文档被放在一个集合里。文档数据库支持文档索引，包括主标识符和文档属性。面向文档的 NoSQL 有 MongoDB 和 CouchDB。

MongoDB 是一个高性能、开源、没有模式的文档型数据库，在功能上最接近关系型数据库的 NoSQL 数据库，它扩展了关系型数据库的很多功能，例如辅助索引、范围查询和排序等；访问方法支持 JavaScript 命令行接口；支持多语言驱动，包括 C、C#、C++、Erlang、Haskell、Java、JavaScript、Perl、PHP、Python、Ruby 以及 Scala；查询语言为类 SQL 查询语言。

CouchDB 是一个用 Erlang 语言开发的面向文档的数据库，文档格式采用 JSON 格式；底层结构由一个存储单元（storeage）和多个视图索引（view indexs）组成；存储单元用来储存文件，视图索引用于处理查询。访问方法支持 REST 高于其他一切机制；也可以用标准 Web 工具和客户端访问数据库，和访问 Web 资源的方法相同；官方在线资源为"http://couchdb.apache.org"和"www.couchbase.com"；大部分作者属于 Couchbase 公司。

面向文档数据库具有以下优点：

（1）足够灵活的查询语言。

（2）易于水平扩展。

面向文档数据库具有以下缺点：

在很多时候原子性是得不到保障的。

文档数据库适用的场景：

（1）事件记录：应用程序对事件记录各有需求。在企业级解决方案中，许多不同的应用程序都需要记录事件。文档数据库可以把所有不同类型的事件都存起来，并作为事件存储的"中心数据库"（ccntral data sore）使用。如果事件捕获的数据类型一直在变，那么就更应该用文档数据库了。另外，可以按照触发事件的应用程序名"分片"，也可以按照 order_processed 或 customer_logged 等事件类型"分片"。

（2）内容管理系统及博客平台：由于文档数据库没有"预设模式"（predefined schema），而且通常支持 JSON 文档，所以它们很适合用在内容管理系统（content management system）及网站发布程序上，也可以用来管理用户评论、用户注册、用户配置和面向 Web 文档（web_facing document）。

（3）网站分析与实时分析：文档数据库可存储实时分析数据。由于可以只更新部分文档内容，所以用它来存储"页面浏览量"或"独立访客数"（unique visitor）非常方便，而且无须改变模式即可新增度量标准。

3.4.4 图形数据库

图形数据库指的是使用图结构的数据库，通过结点、边与属性来表示和存储数据。根据定义，图形数据库是一种提供了无须索引而彼此邻接的存储系统。这意味着每个元素都包含了直接指向邻接元素的指针，因此没必要再通过索引进行查找了。比较典型的图形数据库有 Neo4j 和 FLockDB。

Neo4j 是一个兼容 ACID 特性的图形数据库，便于快速遍历图形数据，支持命令行接口和 REST 接口，有多种语言客户端，包括 Java、Python、Ruby、Clojure、Scala 和 PHP。支持 SPARQL 协议和 RDF 查询语言。

FlockDB 由 Twitter 开发而成，最初是为了存储 Twitter 的粉丝关系表，是于 2010 年开源的面向文档数据库，它支持 Thrift 和 Ruby 客户端访问。

图形数据库具有以下优点：

（1）对于关联数据集的查找速度更快。

（2）可以很自然地扩展为更大的数据集，因为它们无须使用代价高昂的连接运算符。

图形数据库具有以下缺点：

图形数据库只适合类似于图的数据。

图形数据库适用的场景：

（1）互联数据：部署并使用图形数据库来处理社交网络非常高效。社交图里并不是只能有"朋友"这种关系，例如也可以用它们表示雇员、雇员的学识，以及这些雇员与其他雇员在不同项目中的工作位置。任何富含链接关系的领域都很适合用图形数据库表示。假如同一个数据库含有不同领域（像社交领域、空间领域、商务领域等）的领域实体，而这些实体之间又有关系，那么图形数据库提供的跨领域遍历功能可以让这些关系变得更有价值。

（2）安排运输路线、分派货物和基于位置的服务：投递过程中的每个地点或地址都是一个结点，可以把送货员投递货物时所经全部结点建模为一张结点图。结点间关系可带有距离属性，以便高效地投送货物。距离与位置也可用在名胜图（graph of places of interest）中，这样应用程序就可向用户推荐其附近的好餐馆及娱乐场所了，还可将书店、餐馆等销售点（point of sales）做成结点，当用户靠近时通知他们，以提供基于位置的服务。

（3）推荐引擎：在系统中创建结点与关系时可以用它们为客户推荐信息，例如"您的朋友也买了这件产品"或"给这些货品开发票时，通常也要为那些货品一并开票"，还可以用它们向旅行者提出建议，例如"来九寨沟旅游的人一般都会去看看都江堰水利工程"。

3.4.5　对象数据库

面向对象是一种认识方法学，也是一种新的程序设计方法学。把面向对象的方法和数据库技术结合起来可以使数据库系统的分析、设计最大程度地与人们对客观世界的认识相一致。数据库中的数据都建模为对象、属性、方法以及类。面向对象的数据库通常适合于需要高性能数据处理的应用，这种应用一般都有非常复杂的结构，比较典型的对象数据库有 Db4o。

Db4o 是一个开源的纯面向对象数据库引擎，对于 Java 与.NET 开发者来说都是简单、易用的对象持久化工具。Db4o 的一个特点就是无须 DBA 的管理，占用的资源很少，这很适合嵌入式应用以及 Cache 应用，所以自从 Db4o 发布以来，迅速吸引了大批用户将 Db4o 用于各种各样的嵌入式系统，包括流动软件、医疗设备和实时控制系统。使用 db4o 仅需引入 400 多千字节的 JAR 文件或是 DLL 文件，内存消耗极小。Db4o 的目标是提供一个功能强大、适合嵌入的数据库引擎，可以工作在设备、移动产品、桌面以及服务器等各种平台。

对象数据库具有以下优点：

（1）与关系记录相比，对象模型最适合展现现实世界，对于复杂、多方位的对象来说尤其如此。

（2）使用层次特性来组织数据。

（3）访问数据时并不需要专门的查询语言，因为访问是直接面向对象的。然而，有时也是需要使用查询的。

对象数据库具有以下缺点：

（1）在关系型数据库管理系统（RDBMS）中，由于表的创建、修改或删除而导致的模式修改通常并不依赖于应用。在使用对象数据库的应用中，模式修改类通常意味着还要对与当前类关联的其他应用类进行修改，这会导致对整个系统进行修改。

（2）对象数据库通常会通过单独的 API 与特定的语言绑定，只有通过该 API 才能查询数据。在这方面，关系型数据库管理系统（RDBMS）做得很好，这要归功于它所使用的通用查询语言。

第4章 数据库云平台

云技术的本质是分布式计算，数据库云平台所揭示的正是分布式计算在数据处理领域的本质问题。本章主要阐述了数据库云平台的概念、特点和分类，介绍了国产数据库云平台的代表产品，论述了为何推荐使用自主可控产品。

4.1 数据库云平台的概念

数据库云平台是适合云计算环境应用要求的、弹性的多用户分布式数据库平台。它是一个面向云计算的数据库资源管理平台，旨在通过云计算的方式整合现有的大量位于互联网后台的数据库资源，为云计算应用的基础结构级别的数据库资源访问、发现、整合等多方面问题提供通用的解决方案。

数据库云平台既具有传统关系型数据库的 ACID 特性，又具有 NoSQL 的可扩展性，不仅能够对结构化数据进行管理，而且能够对半结构化和非结构化数据进行管理，在 Web 2.0 环境中使用分布式对象架构（像许多 NoSQL 数据库一样）。当更新一条记录时，会将其改变追加到已经存在的数据上，而不是替代它，因此可以看到数据库中的所有历史数据。这种架构涉及事务结点和归档结点的使用，其中前者使用内存，后者使用键/值存储来保存数据。因多个归档结点可以保存没有请求备份的相同数据，也就不必要为高可用性来复制数据，以及不必要进行分块。这似乎与 NoSQL 数据库相同，但它支持 SQL，且完全支持 ACID（原子性 Atomicity、一致性 Consistency、独立性 Isolation、持久性 Durability）。因此，数据库云平台可以满足云计算时代各种应用模式对数据存储、管理的需要。

数据库云平台工作方式具有类似于软件比特流（BitTorrent）的一些特性，可以把任务分摊到任意数量的处理器上，从而避免传统关系数据库的性能瓶颈，同时还能保证所有数据都是有组织、可访问并且安全的。数据库云平台通常使用"去中心化"的方式，就像是排队飞行的大雁，队伍中每一只大雁都是简单的飞行，而无须关注其他的事（比如，本队伍里当前有多少只大雁、目的地是在哪儿等），如果身边有大雁加入，只需为新加入的大雁腾出正常飞行的空间即可。因此，数据库云平台拥有任意增减廉价主机的功能，能够实现按需共享资源，提供不同的业务连续性、性能以及配置方法，极大程度地降低了数据库运维成本。

4.2 数据库云平台的特点

传统的关系型数据库管理系统在锁机制、日志机制、缓冲区管理等方面一定程度上制约了系统性能，比如①通信：应用程序通过开放数据库互连（ODBC）或 Java 数据库连接

（JDBC）与数据库管理系统进行通信是联机事务处理系统（OLTP）事务中的主要开销；②日志：关系型数据库事务中对数据的修改需要记录到日志中，而日志则需要不断写到硬盘上来保证持久性，这种代价是昂贵的，而且降低了事务的性能；③锁：事务中修改操作需要对数据进行加锁，这就需要在锁表中进行写操作，造成了一定的开销；④闩：关系型数据库中一些数据结构，如 B 树、锁表、资源表等的共享影响了事务的性能，这些数据结构常常被多线程读取，所以需要短期锁，即闩；⑤缓冲区管理：关系型数据将数据组织成固定大小的页，内存中磁盘页的缓冲管理会造成一定的开销。凡此种种，曾经被普遍误认为是由于支持 ACID 和 SQL 等特性限制了数据库的扩展和处理海量数据的性能，现在人们通过一些新的设计，如取消了耗费资源的缓冲池，在内存中运行整个数据库；摈弃单线程服务的锁机制，并通过使用冗余机器来实现复制和故障恢复，取代原有的昂贵的恢复操作。

这样，数据库云平台就实现了可扩展、高性能，并具备传统的关系型数据库的优良特性，其主要特性如下：

1. 动态可扩展

理论上，数据库云平台具有无限可扩展性，可以满足不断增加的数据存储需求。在面对不断变化的条件时，数据库云平台可以表现出很好的弹性。例如一个从事产品零售的电子商务公司会面临季节性或突发性的产品需求要求，类似 Animoto 的网络社区站点可能会经历一个指数级的增长阶段，这时就可以分配额外的数据库存储资源来处理增加的需求，这个过程只需要几分钟，一旦需求过去，就可以立即释放这些资源。

2. 高可用性

数据库云平台不存在单点失效问题，如果一个结点失效了，剩余的结点就会接管未完成的事务。而且在数据库云平台中，数据通常是复制的，在地理上也是分布的，诸如 Google、Amazon 和 IBM 等大型云计算供应商具有分布在世界范围内的数据中心，通过在不同地理区间内进行数据复制可以提供高水平的容错能力。例如，Amazon SimpleDB 会在不同的区间内进行数据复制，因此，即使整个区域内的云设施发生失效，也不影响数据的继续使用。

3. 较低的建设成本（使用代价）

数据库云平台通常采用多租户（multi-tenancy）的形式，其共享资源的形式对于用户而言可以有效节省开销；可以采用按需付费的方式，使用云计算环境中的各种软、硬件资源有效避免资源浪费。另外，数据库云平台底层存储可以采用大量廉价的商业服务器，能够大幅降低用户建设成本。

4. 较高的易用性

公有云上的数据库云平台用户不必控制运行原始数据库的机器，也不必了解它身在何处，私有云上的终端用户也无须维护原始数据库的机器，用户只需要一个有效的链接字符串就可以开始使用数据库云平台，非常简单、易用。

5. 大规模并行处理

数据库云平台支持几乎实时的面向用户的应用、科学应用和新类型的商务解决方案。

4.3　数据库云平台的分类

数据库云平台是一个较为宽泛的概念，通常可以分为数据库即服务和分布式数据库两类。

4.3.1　数据库即服务

数据库作为服务提供了传统关系型数据库和 NoSQL 的混合解决方案，既兼容诸多关系型数据库的应用，同时还能提供 NoSQL 的可扩展性。这种数据库云平台拥有关系型数据库产品和服务，并将关系模型的好处带到分布式架构上，开发人员使用它能够方便地在云中运行应用，同时自动向上或向下扩展，同时还能保证出现故障或数据库结构变更时不影响可用性。通过在底层运行多个复制版本，并对最终用户透明，保证了最终用户无须担心故障恢复问题，确保了高可用性。这类数据库的典型代表为 Xeround、Clustrix、GenieDB、ScalArc、ScaleBase、NimbusDB 以及带有 NDB 的 MySQL 集群、Drizzle 等。

4.3.2　分布式数据库

分布式数据库可以定义为分布于计算机网络上的、逻辑上相互联系的多个数据库的集合。分布式数据库管理系统可以定义为管理分布式数据库系统的软件系统，并使得分布对于用户透明。这种新型的数据库云平台具备了良好的性能，用户无须考虑水平扩展问题。这种数据库云平台具备 ODBC/JDBC 驱动，也可以通过一套通用的 API 访问数据。这类数据库的典型代表为 Tokutek、JustOne DB 以及一些"NewSQL 即服务"（包括 Amazon 的关系数据库服务、Microsoft 的 SQL Azure、FathomDB 等）。

VoltDB 是内存中的关系型数据库，带有 SQL 和 ACID 事务支持，同时集成 Hadoop 和联机分析处理（OLAP）数据库，使用 Shared-nothing 架构，提供了出色的可扩展性。

Database.com 的服务通过 Progress Software 的 ODBC 和 JDBC Connect Drivers 连接驱动提供（笔者成稿前，仍是 beta 版本）。

NuoDB 也是一个 NoSQL 数据库，带有 SQL 前端，可以解析 SQL 92 标准语句，同时支持 99 标准扩展，应用也可以通过 ODBC、JDBC 以及 ActiveRecord 驱动访问。NuoDB 可以在任何键/值对存储中运行，而且可以部署在 Amazon 和 Rackspace 等云之上（笔者成稿前，仍是 beta 版本）。

4.4　国产自主可控数据库云平台产品介绍

在互联网和大数据应用的冲击下，世界数据库格局在发生革命性的变化，通用数据库（OldSQL）"一统天下"变成了 OldSQL、NewSQL、NoSQL 共同支撑多类应用的局面。国产数据库以研制承载大数据应用的数据库云平台为突破口，以数据价值密度高的行业大数据为重点，在政府的扶持下进行发力，虚谷、南大通用、金仓通用、达梦、神州通用、瀚高数据库产品都实现了新的突破，目前在技术水平、安全性能上与国际标准差异不大，可以满足绝大多数用户的需求。近几年来，中国联通、国家电网、阿里巴巴等企业纷纷放弃使用国外大型数据库产品，转而尝试国产数据库或者开源数据库，国家统计局、气象局、全国政协等国家机关纷纷从使用国外数据库转到使用国产虚谷云数据库上，足以说明这个问题。我国作为政治大国，为了信息安全，使用国产数据库无疑是一种正确选择。

4.4.1　虚谷云数据库

虚谷云数据库是成都欧冠信息技术有限责任公司推出的一款面向海量数据处理的分布式体系、全新架构的数据库管理系统。该产品既能支持单独的 OLTP、OLAP 应用，也能支持两者的复杂混合型应用。其设计基于标准关系型数据库理论，同时结合了当前主流云技术的特点，对外实现了标准 SQL 操作语言和标准的数据库访问接口（ODBC、OLEDB、JDBC、XGCI），同时具备云环境下的弹性伸缩、水平扩展、海量存储与处理、数据高安全、系统高稳定和高可用等特点。

1. 总体框架

虚谷分布式数据库是一个中央集中型的分布式系统，整个系统通过内部千兆/万兆高速网络进行连接，工作原理如图 4-1 所示。

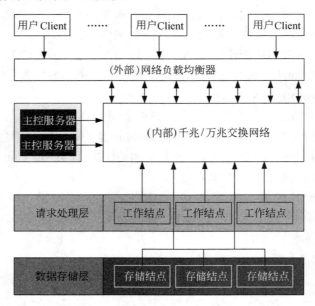

图 4-1　虚谷分布式数据库工作原理示意图

在分布式数据库中，通常把一个数据库实例部署在一台物理计算机上，习惯上把该物理机称为一个结点。在虚谷分布式数据库中设计有 3 类角色，即主控角色、工作角色、存储角色，分别执行不同的功能。一个结点可以具备其中的一类或者多类角色。其中，主控角色（Master）提供结点管理、资源管理、全局锁管理、故障处理、存储管理等功能；工作角色（Worker）负责接受客户请求、规划任务、解析任务、执行任务、权限检测等功能；存储角色（Storage）负责存储片段的存储管理功能，响应工作结点发来的 INSERT、DELETE、SELECT、UPDATE 等底层数据操作，以及数据片迁移等功能。

在传统的中央集中型系统中，其主控中心极易成为整个系统的性能和稳定性瓶颈，造成整个集群系统难以达到预期目标的后果。与传统架构相区别，虚谷分布式数据库通过自主创新改进了模型，有效地解决了传统中央集中型数据库管理系统存在的问题。

2．存储管理体系

虚谷分布式数据库是一个关系型行存储数据库（如图 4-2 所示），采用的是以 Tablet 为基元的、具备多副本容错能力的 Shared-nothing 分布式存储模型。

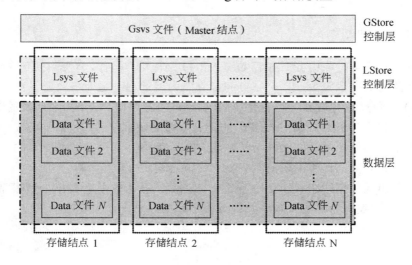

图 4-2　虚谷分布式数据库存储模型示意图

3．封锁机制

数据库系统是一个高并发服务系统，大量的事务并发执行造成了大量资源的访问冲突，为了保证各种操作的安全性和事务的可串行性，数据库系统都会采取一系列相应的封锁机制，保证对同一对象或数据项的访问是以互斥的方式进行的。

4．分布式事务模型

为满足现代大型应用的高并发事务型访问，虚谷分布式数据库设计了分布式事务漂移模型（如图 4-3 所示）。分布式事务模型的特点在于整个系统没有全局的统一事务发生器，事务由各结点自己管理和维护，当需要其他结点协作时，再向远程结点发起协作请求，远程结点在收到该协作请求后，即时在本地建立代理事务环境，而发起远程协作请求者则会建立远程事务存根，这样事务就在各个需要的结点间进行了漂移与传递。当整个事务处理完成，需要提交或者回滚时，根结点事务会通知各个代理事务一起提交或者回滚；当所有代理事务都完成操作后,整个事务才算完成。

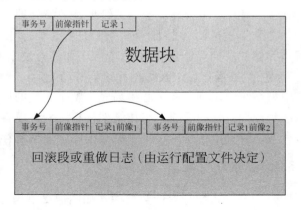

图 4-3　虚谷分布式数据库 MVCC 示意图

5. 并行运算机制

在虚谷分布式数据库中同时兼容 OLTP 和 OLAP 两类操作,对于 OLTP 类操作,单条命令通常涉及的数据量较少,单个结点的计算能力就远远满足业务需要了;而对于 OLAP 类操作,SQL 命令较为复杂,通常会有分组聚合和联表查询,单条命令涉及的数据量较大,需要耗费大量的计算资源,而单颗 CPU 的计算能力又是恒定的,如果不采取一定的并发技术,则单条命令的处理时间就会非常长,用户体验就不好,只有调动更多的计算资源同时参与运算才能大大提高这类请求的响应能力,满足用户需要。

在虚谷分布式数据库中实现了一种基于管线流式技术的并行数据处理模型(如图 4-4 所示),这种模型被称为弹射式数据泵处理模型。

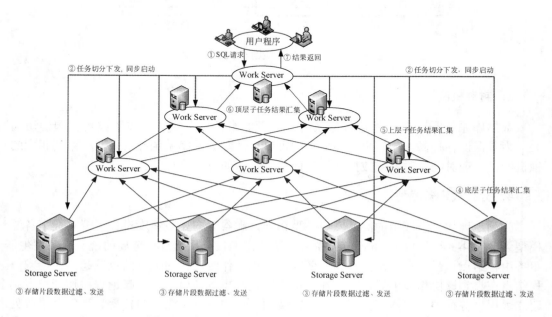

图 4-4　虚谷分布式数据库并行运算模型示意图

6. 内存管理机制

在虚谷分布式数据库中实现了一种多级、多态内存分配管理机制，用于解决上面我们提到的各种内存问题。在整个系统中存在多个内存管理器，包括网络内存管理器、事务内存管理器、元信息内存管理器、线程工作内存管理器、存储过程内存管理器以及各种结构私有的内存管理器等。

此外，虚谷分布式数据库在扩展性上既支持传统的纵向升级方式，也支持新的水平扩展方式，整个系统服务无须停机，通过简单的操作，短时间内即可完成结点的扩展和收缩，这种技术被业界称为集群热插拔技术。

4.4.2　南大通用列存数据库

GBase 8a 是南大通用公司面向海量数据分析型应用领域，以列存储、压缩和智能索引技术为基础自主研发的一款性能极高的数据库产品，具有满足各个数据密集型行业日益增大的数据分析、数据挖掘、数据备份和即时查询等需求的能力。GBase 8a 符合 SQL92 标准，遵循 ODBC、JDBC、ADO.NET 等接口规范，提供了完备的数据存储和数据管理功能。

1. GBase 8a 技术构架

GBase 8a 技术构架如图 4-5 所示。

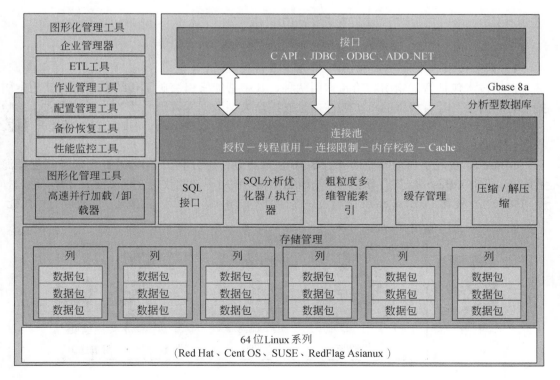

图 4-5　GBase 8a 技术架构示意图

2. GBase 8a 核心功能

（1）列存储

面对海量数据分析的 I/O 瓶颈，GBase 8a 把二维表中的数据按列的方式物理存储于磁盘，其优势体现在以下几个方面：仅读取查询列的数据，提高 I/O 的效率，提高了查询性能；高压缩比，采用多种压缩技术，减少存储数据所需的空间，可以将所用空间减少很多，节省了存储的开销；当数据库的数据大小与数据库服务器内存大小之比达到或超过 2:1（典型的大型系统配置值）时，列存的 I/O 优势显得更加明显；GBase 8a 分析型数据库的列存储格式将每列数据再细分为"数据包"，这样可以达到很高的可扩展性。

2）高效的透明压缩

在 GBase 8a 数据库中，由于每列数据按包存储（如图 4-6 所示），每个数据包内都是同构数据，内容相关性和数据相似性很高，这使得 GBase 8a 更易于实现压缩，压缩空间通常能节省很多，这能够在磁盘 I/O 和 Cache I/O 上同时提升数据库的性能，使 GBase 8a 在某些场景下的运算性能比传统数据库快 100 倍以上。

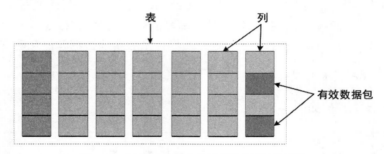

图 4-1　GBase 8a 列存储数据包结构示意图

3）索引技术

索引技术包括智能索引和哈希索引两种，其中智能索引突破了传统基于行存储的索引技术的局限性，具有极强的可扩展性，是支撑超大型数据库管理系统的关键技术之一；哈希索引是基于每一条记录建立的细粒度索引，在用户进行等值精确查询时可以有效提升性能。

4）并行技术

GBase 8a 实现了自动高效的并行 SQL 执行计划，充分利用多核 CPU 资源并行处理海量数据。同时 GBase 8a 具有智能的算法适配功能，针对不同的数据分布及特征会智能地选择不同算法进行处理。GBase 8a 支持双向并行查询（如图 4-7 所示），能够进一步提高查询性能。

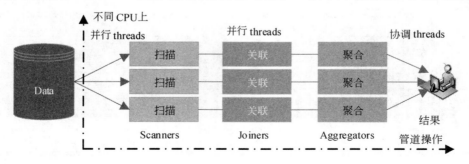

图 4-2　GBase 8a 并行查询示意图

GBase 8a 的纵向并行将同一任务拆分成若干个线程，交给不同的 CPU 核并行执行，充分发挥了多核的优势。对于横向并行，前一个任务组（"扫描"）将中间结果不断传送给后一个组（"关联"），后一个组在前一个组启动后很快就可以启动操作，前一个组和后一个组之间形成一个横向的"管道操作"。

GBase 8a 已在很多数据库功能上实现了高效的并行，如 INSERT、INSERT…SELECT、GROUP BY、JOIN、SORT、扫描数据、投影物化等。

5）高性能数据加载

GBase 8a 的列存储、多线程的双向并行加载策略以及特有的数据分块装载算法为快速的批量加载提供了强大的技术保证，并且可以让用户在数据加载完成后马上开始使用数据，无须再消耗额外的手工创建索引的时间成本，大大缩短了数据准备的时间。高性能数据加载如图 4-8 所示。

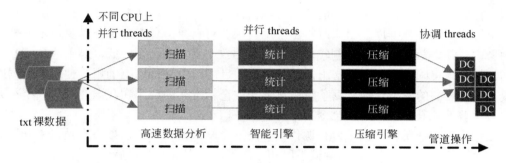

图 4-3　GBase 8a 高性能数据加载示意图

6）内存管理

GBase 8a 的内存模块将数据包、大块内存、临时内存、加载内存等进行分类管理，并控制锁分离，以获取良好的并发效率。内存模块提供内部查错机制进行缓冲区上、下限检查，避免 GBase 8a 因占用系统内存异常而被操作系统进程强制终止。

4.5　为何推荐使用自主可控产品

斯诺登"棱镜门"事件告诉我们，软件和硬件可以买来，但安全是买不来的。"微软 XP"事件再次向我们敲响警钟，使用国外基础软件必将受制于人。信息化越发展，对安全的要求越高，对数据库的安全要求也就越强烈。中央领导指出："在关系国民经济命脉和国家安全的关键领域，真正的核心技术和关键技术只能依靠我们自己，只能依靠自主创新"。数据库等系统软件是信息系统的核心，是整个信息系统的基石，是国家战略必争的高新技术，只有拥有了自主可控的系统才能不受制于人，才能确保信息安全。选择国产数据库，符合国家"自主可控、安全可靠"的政策，也把安全牢牢地掌握在自己手中。

随着信息技术的快速发展和广泛应用，计算机已经渗透到我们工作、生活、娱乐的方方面面，信息安全已经与政治安全、经济安全、国防安全、文化安全共同成为国家安全的重要组成部分。为此，各国纷纷将信息技术和信息安全的自主可控能力与维护国家安全的能力紧密联系在一起。数据库作为基础软件体系的三大支柱之一已经成为信息安全的一个制高点，成为世界信息技术强国占领弱国的一块战略高地。美国未来学家托尔勒说过："电脑网络的建立和普及将彻底改变人类生存及生活的模式，控制与掌握网络的人就是未来命运的主宰。谁掌握了信息，控制了网络，谁就拥有整个世界。"我国的数据库应用市场96%以上被国外主流数据库所垄断，存有严重的安全隐患。如何发展并推广使用我国自主可控的数据库系统，确保我们国家赛伯（Cyber）空间的信息安全，已经成为当前我们亟待解决的一个重大现实问题。

4.5.1　当前国际主流数据库的安全隐患

众所周知，数据库是信息系统的基础软件，是信息系统的核心部件，负责数据的存储、管理、检索与挖掘。数据库软件的安全等级由低到高分为 D1、C1、C2、B1、B2、B3、A 共 7 个等级。国外数据库在出口时，由于出口国在对自身信息安全保护以及技术壁垒等方面的考虑，使得数据库产品限制较多，从而也导致产品安全级别较低，对于达到 B1 安全级别的软件，美国是限制向中国出口的。所以，目前国内 90%以上的用户使用的数据库其实没有达到 B1 的安全级别。据了解，"C2 级安全标准"的要求在我国的政府甚至军方采购中非常普遍，其中的信息安全令人担忧。

数据库系统通常包含数千万行源代码，是一个复杂的大系统，如果不是自主开发的，仅依靠"黑箱测试"，则现有的测试手段和方法不能确保其没有"后门"和"漏洞"。从这个意义上讲，信息产品如果不是"自主"的，就做不到"可控"。微软公司曾与我国政府签订了"政府安全计划"（又称"政府源代码备案计划"），允许在其实验室里"观看"约97%的源代码，但不能下载研究、不能重构验证，还有核心的3%源代码连"观看"也不允许。就保障安全而言，"观看"部分的源代码没有什么用处，实践也证明这样做无助于改进信息安全。

数据库的安全性早已被世界所重视。在美国，政府核心部门使用的数据库安全等级要求至少是 B1、B2 级，甚至是 A 级。据易观国际报道，目前我国广泛使用的国外主流数据库产品我国不能自主可控，或存在类似于 Windows 的 "NSA 密钥现象"的蓄意"后门"，如果我们的计算机被人远程控制，我们将会束手无策，只能坐以待毙。从超越经济意义的更深层次上来讲，掌握数据库的主动权可以造成敌对国的严重混乱或导致巨大的经济损失，这种破坏不亚于原子弹的破坏，已经成为摧毁敌方战斗力的一种最有效的方式。海湾战争、阿富汗战争中美军完全控制战场局面、准确掌握敌方信息、"兵不血刃"取得胜利的事实一再为我们敲响安全警钟。长期以来，我们的许多行业、许多部门都采用国外数据库作为关键支撑，运行核心应用，这无疑为我们国家的信息安全埋下了重大隐患。

4.5.2　信息安全最终要落实到数据库安全

信息安全问题最关键的就是实现自主可控，最终要落实到数据安全。并且，随着云计算技术在中国的成功落地，基于云计算环境的应用日渐丰富，云安全也被越来越多的人关心。云计算除了具有一般网络计算同样的安全问题以外，由于其信息资源高度集中，也就使安全问题更为突出。中国工程院院士倪光南表示，保障云安全问题最关键的就是实现自主可控，应当从顶层设计开始来构建云计算安全体系以及信息安全测评、评估体系，这就势必需要用到国产软件，包括国产基础软件。在云计算产业链的重组、扩张和融合的过程中，数据中心成了云计算产业链汇聚、交融的关键。可以说，云安全问题最终要落实到数据库的安全问题。国产数据库作为重要的基础软件肩负着保障云计算信息安全的重大使命，由于国产数据库可提供源代码和根据用户特殊需求进行定制等，使用户能够真正实现自主可控、自主维护和更新系统，因此较国外软件更加安全。

据了解，目前包括 Oracle、SQL Server、DB2 等在内的所有国外数据库产品最高只达到 EAL4 级的安全级别，国产数据库已达到了安全四级，相当于 EAL5 级别。倪光南院士对此评论说，目前国产数据库在安全级别上已经赶超国外，国产数据库的安全级别完全可以保障数据，尤其是国家敏感数据的安全。软件是用出来的，希望越来越多的用户使用我们的国产数据库产品。

4.5.3　满足需求就好

1989 年，甲骨文公司的 Oracle 数据库正式进入中国。"选信息产品就要选最知名的，这样即便出现问题也可以避免承担责任"这一理念也随之漂洋过海，落地中国。甲骨文公司的理念与策略与不愿担当、不敢担当的一些"掌门人"一拍即合。从客观上讲，那时我们别无选择。此后，甲骨文公司在几年间就快速占领了我国企业市场。

这种现象在当时的诸多国内巨头企业体现得尤为明显。其对甲骨文公司产品的一致选择造成了一种事实垄断，形成了默认的选择标准，这种选择进而会传导到一些非关键性的行业，例如医疗、社保等领域，导致后者并不会去选择最合适的，而是不假思索地选择甲骨文公司的产品。换句话说，这种选择并不一定是对甲骨文公司产品的认可，而是对其知名度的跟风。

甲骨文公司对国内企业的压力不仅仅体现在数据库环节，当其完成对整条业务链的全部整合，形成事实上对国内企业的压制性胜利以后，后者将真的寸步难行了。

以 GIS（地理信息系统）为例，这是一种十分重要的空间信息系统。ArcGIS 公司是全球领先的 GIS 软件提供商，其研发的 GIS 只支持在一些国外数据库上运行，对于国产数据库并不支持。这就意味着一旦企业选择了 ArcGIS 软件，国产数据库甚至没有进入竞争环节就已经输掉了整场战争。中地数码集团、超图软件股份有限公司等国内知名 GIS 生产厂商正是由于这些原因很难在某些领域实现实质性的推广。

事实上，国产数据库功能和性能并非不能完全满足用户的需求，而是强势的国外企业不给中国数据库开放端口，导致国产数据库和国外的软件不能实现互通。同时，国内相关硬件、软件还不够健全的业务链也使得其发展之路举步维艰。在国外大型数据库企业的打压下，国内数据库企业一直在默默地遭受煎熬。业内人士已经达成了这样的共识：国产数据库一旦被市场认可，后劲会很大，但攻克市场的"第一战"已经把它们压得喘不过气。随着大数据时代的到来，国产数据库与国外数据库站在同一起跑线上，获得难得的发展机遇。今天，国产数据库管理系统在功能、性能上已经与国外产品相当，在可用产品的安全级别上通常高于国外产品。因此，国外品牌不一定就是最佳选择，价格高不一定代表实用性好，我们要转变一个观念，那就是只买满足要求的产品，不买贵的产品，花钱买用不到的功能只能是一种浪费。

4.5.4　一站式服务方式是优势

在大数据时代，用户的需求已不仅仅局限于数据存储，更是向数据管理、分析、展现、挖掘等多元化方向发展。为保障大数据时代的国家信息安全，成都欧冠、人大金仓、武汉达梦、南大通用、神州通用等国产数据库生产厂商都在精心打造、努力提供一站式服务，有问必答、有求必应，针对不同行业的个性化需求进行定制，建设单位的技术问题可以在第一时间得到解决，大大方便了建设单位；不仅产品价格有优势，而且后期的维护与服务成本优势更大。与选用国外数据库产品相比，国产数据库产品的这种优势是不容置疑的。

第二部分　数据库云平台理论基础

第 5 章　关系型数据库中的事务

　　人们用数据库管理现实社会的信息是为了更准确、高效和安全，这就要求数据库存储的信息必须与现实社会中的信息保持高度一致。因此，事务（Transaction）就是用户定义的一个数据库操作序列，这些操作只有两种选择，要么全做，要么全不做，是一个不可分割的工作单位。不论有无故障，数据库系统必须保证事务的正确执行，即执行整个事务或者属于该事务的操作一个也不执行。此外，数据库系统必须以一种能避免引入不一致性的方式来管理事务的并发执行。

　　本章主要介绍了事务的概念、特性、状态和系统日志，详细说明了并发控制及关键技术，讨论了集中式、分布式系统中的和结构化查询语言中的事务处理问题。

5.1　事务处理的重要性

　　在多数应用中，数据库用于建立真实世界中的一些企业状态的模型。在这样的应用中，事务是一种为了维持企业状态与数据库状态一致的以及与数据库进行交互的程序。事务为了响应真实世界中导致企业状态变化的事件而执行对数据库的更新。以银行的存款事务为例，事件是顾客给出纳员现金和存单，事务为响应存储事件而更新数据库中顾客的账户信息。再如，连锁店的每个超级市场都维护一个数据库来存储它所销售的所有商品的价格和当前库存数量信息。以沃尔玛连锁超市为例，超市内的结账柜台使用数据库管理实物与收入现金，一个顾客购买了"1000 克猪肉，500 克白菜，500 克紫甘蓝，1 桶调和花生油"到收银台结账，收银员用二维码扫描器录入该用户购买的货物，计算价格，打印收据清单，更新现金抽屉的余额，并在库存中减去用户购买这些物品的数量。库存实物变化和现金抽屉变化这两个数据库操作的总和构成一个完整的逻辑过程，不可拆分，并且顾客希望该事务能在几秒钟内完成。

　　事务处理使用一个数据库来维护一个映射现实世界状态的精确的模型，事务处理的主要目标是维护数据库与真实世界状况一致。真实世界中的事件被建模为事务。在沃尔玛连锁超市销售案例中，事件是顾客购物，真实世界的状况是超市的库存数量和现金抽屉内的现金总数（已销售数量）的状况一致。

　　当现实世界中某一事件的发生改变了企业的状态时，存储在数据库中的信息必须要做相应的改变。在联机的数据库管理系统中，这些改变由一种被称为事务的程序实时完成，当现实世界的事件发生的时候就会执行事务。例如，当一个顾客在银行存款（现实世界的一个事件）时，存款事务就会被执行。每个事务必须始终保持数据库状态与真实世界中企业之间关系的正确性。除了改变数据库的状态外，事务自身在现实世界中也可能会发出一些事件。例如，ATM 机的取款事务发出供应现金的事件；建立电话连接的事务需要在电信公司的基础设施中获得资源（长途链接的带宽）的分配。

事务是一个数据库动态特性的核心，是数据库一致性的单位。事务是数据库中最基本的工作单元，也是数据库恢复和并发控制的基本单元。从用户的角度来看，事务是用户定义的一个数据库操作序列，这些操作要么全做，要么全不做，形成一个不可分割的工作单元。同时，数据库是一个共享资源，可供多个用户使用，当多个用户并发地存取数据库数据时可能会产生多个事务同时存取同一数据的情况。若对并发的操作不加任何控制，可能会导致读和写不正确的数据。这就需要对数据库进行并发控制，从而保证数据库的一致性。

管理事务和控制事务访问数据库管理系统的系统称为事务处理监控器（Transaction Processing Monitor）。一个事务处理系统（Transaction Processing System，TPS）通常由一个事务处理监控器、一个或多个数据库管理系统以及一组包含多个事务的应用程序所构成，典型结构如图 5-1 所示。数据库是事务处理系统的核心，因为它比任何一个事务的生命周期都要长。现在，越来越多的企业依赖于这些为他们的业务而设置的系统。

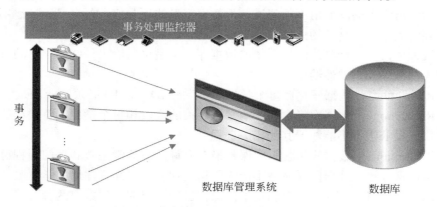

图 5-1 事务处理系统典型结构示意图

对于一个企业而言，其事务处理系统通常是分布式的，可能包括成千上万个硬件和软件模块，除了发生不可抗拒的灾难性故障，事务处理系统不能丢失任何已完成的事务的结果。例如，银行系统的数据库必须能精确地反映所有存款操作和取款操作完成后的效果，不能因为随后的系统崩溃而丢失任何事务的执行结果。

5.2 事务的特性要求

事务（Transaction）是一个构成数据库处理逻辑单元的可执行程序。一个事务包括一个或多个数据库访问操作，这些操作包括插入、删除、修改或检索操作。事务所涉及的数据库操作既可以嵌入到应用程序中，也可以通过诸如 SQL 的高级查询语言交互地指定。

一个事务可以看成是一组程序，用于完成对数据库的某些一致性操作。为了保证数据库的完整性，数据库系统必须维护事务的原子性（Atomicity）、一致性（Consistency）、隔离性（Isolation）和持久性（Durability）特性，即 ACID 特性。

用来区分事务和一般程序的特性通常简写为 ACID（Atomicity、Consistency、Isolation、

Durability 几个单词的首字母缩写）。如果一个事务处理系统支持 ACID 属性，数据库就会维持一个最新的而且与现实世界一致的模型，而且事务向用户提供的响应总是正确的和最新的。

5.2.1 　一致性

在进行事务访问和更新数据库时，必须遵守所有的数据库完整性约束。在现实社会中，每个企业都有一定的企业制度和条件制约，这些制度和条件制约限制了企业的一些可能状态。例如，学校教室的大小决定了最多能同时听课的学生数量，那么注册一门课程的学生数就不能超过分配给这门课的教室的座位数。这种规则的存在实际上限制了数据库的一些可能状态。

当然，用户可以把限制声明为完整性约束。对应于上述规则的完整性约束：数据库中关于课程的注册学生的项的值不能超过关于教室容量的项的值。这样，当注册事务完成后，数据库必须满足这个完整性约束（假设学生注册事务前也满足约束）。

尽管我们还没有设计学生注册系统的数据库，但是可以给出一些要存储的数据的设想并且假定一些额外的完整性约束。

（1）Restriction1：数据库存储每个学生的学生号 ID，且 ID 必须唯一。

（2）Restriction2：数据库包含每学期必修课程的列表和每个学生完整课程的列表，没有选满必修课程的学生不能注册其他相关课程。

（3）Restriction3：数据库包含每门课程最多允许注册的学生数和每门课程已经注册的学生数。每门课程已经注册的学生数不能大于这门课程最多允许注册的学生数。

（4）Restriction4：从数据库中确定某门课程已经注册的学生数有两种可能方式，这个数值作为总数存储在课程信息中，也可以从描述学生信息的记录中计算注册该课程的学生记录的总数获得，这两种确定方式必须产生完全一致的结果。

除了维护完整性约束外，每个事务必须更新数据库，使得新数据库状态真实反映被建模的现实企业的状态。如果张三注册了高等数学课程，但是注册事务却记录李四为班级里的新学生，完整性约束虽然满足了，但是新状态不正确。因此，一致性具有两个方面的含义。

结构化查询语言（Structured Query Language，SQL）为事务设计者在维护一致性方面提供一些支持。在数据库系统设计完后，数据库设计者可以指定某些类型的完整性约束并且把它们包含在数据库表的格式声明语句中。SQL 语句的主键约束就是一个这样的例子。此后，当每个事务执行的时候，数据库管理系统（DBMS）自动检查是否违反了任何指定的约束，并且阻止任何违反约束的事务的完成。

5.2.2 　原子性

构建企业的事务系统必须保证事务要么被完全执行，要么没有被执行，如果事务没有执行完，系统应该像它没有执行前一样，不能产生任何效果。也就是说，只有执行完和没有执行这两种状态，不能有中间状态。

在学校的学生管理系统中，一名学生要么已经注册了一门或几门课程，要么没有注册。系统不应该允许只注册一门课程的部分信息，因为这样可能导致数据库状态不一致。例如，正如在一致性要求中 Restriction4 指出的那样，学生注册时，数据库中两项信息必须同时更新。如果注册事务只执行到一半，此时一个表的更新已经完成，但是在进行第二个表更新之前系统崩溃，结果数据库就会不一致。这种情况在企业的事务系统中是绝对不允许发生的。

在企业的事务处理系统中，当一个事务成功完成时，就可以说它已经提交（commit）。如果该事务没有成功完成，那么我们称它已经异常中止（abort），并且系统必须设计成保证不管事务对数据库做了哪些部分改动，这些改动都必须被撤销，或称为回滚（roll back）。事务的原子执行意味着每个事务要么提交，要么异常中止。

5.2.3　持久性

构建企业的事务系统必须保证它不能丢失信息。持久性要求系统必须保证一旦事务提交，事务执行后的效果应永久保持在数据库中，即使计算机或数据库的存储介质发生故障甚至崩溃，也不能丢失执行结果。

例如，一名顾客在超市购买货物成功地在结账柜台结账后，超市希望管理系统即使崩溃还能记住该顾客购买的货物以及此时现金抽屉的余额。这是数据库管理信息系统的特殊要求，非此类程序可能没有这种持久性的要求。

持久性可以通过数据库备份和恢复来保证。

5.2.4　隔离性

隔离性指即使多个事务并发（同时）执行，每个事务都感觉不到系统中有其他的事务在执行，从而保证数据库的一致性。隔离性是数据库管理系统针对并发事务间的冲突提供的安全保证。

隔离性要求事务给某个数据库项加锁才能实现。如果这些锁必须保持一个较长的时间段，则其他的事务可能必须等待，直到持有锁的事务执行完毕为止，这样既增加了响应时间又减少了吞吐量。对于某些应用来说这是无法接受的。为了满足这些应用对这一特性的要求，大多数商业数据库管理系统提供隔离性等级[①]的执行选项，这不同于可串行化也不同于串行执行。数据库管理系统可以通过加锁在并发执行的事务间提供不同级别的分离。

5.3　事务的状态

在不出现故障的情况下，所有的事务可以成功完成其执行。然而，事务并非总能顺利

---

① 事务的隔离级别分为 4 级：0（零）级隔离性，事务不会重写更高级别事务的脏读；1 级隔离性，事务不会发生更新丢失；2 级隔离性，事务不会发生更新丢失和脏读；3 级隔离性（又真隔离性），除具备 2 级隔离性性质外，还支持重复读。

完成，如果事务不能顺利执行完成，这种事务被称为中止的事务。为了确保原子性，中止的事务所做的数据库的任何更新都必须撤销。一旦中止的事务造成的变更被撤销，就称为事务回滚。中止的事务是可以回滚的，通过回滚恢复数据库，保持数据库的一致性，这是数据库管理系统（DBMS）必须具备的功能要求。

　　事务是工作的一个原子单元，它作为一个整体要么全部执行，要么全部不执行。为保证可恢复性，系统需要保存事务的起始、终止、提交或撤销的记录。因此，恢复管理器要对下列操作进行跟踪记录。

　　（1）BEGIN_TRANSACTION：标记事务开始执行。

　　（2）READ 或 WRITE：指明事务对某个数据项进行读或写操作。

　　（3）END_TRANSACTION：指明事务的 READ 或 WRITE 操作已经结束，并标记事务执行结束。但是在这一点上，有必要检查该事务引起的修改能否永久写入数据库（即提交），或者是否由于违反可串行性或某种其他原因而必须异常中止该事务。

　　（4）COMMIT_TRANSACTION：表示事务已经成功结束，因此事务执行的任何改变（更新）都可以安全提交到数据库并且不会被撤销。

　　（5）ROLLBACK 要求（或 ABORT）：表示事务没有成功结束，因此必须回滚或撤销该事务对数据库所做的任何改变或影响。

　　图 5-2 所示的是一个事务的生命周期图，它描述了事务在执行过程中的状态变化。事务在开始执行后立即进入活动状态（active state），此时，事务可以进行 READ、WRITE 操作。事务结束时进入部分提交状态（partially committed state），此时，恢复协议需要确保系统故障后不再记录事务所产生的改变（这些改变通常存储在系统日志中）。在此前提下，事务到达提交点从而进入提交状态（committed state）。一旦事务被提交，就必须在日志中记录事务已经成功完成的信息，并把它所做的所有改变永久地记录在数据库中。

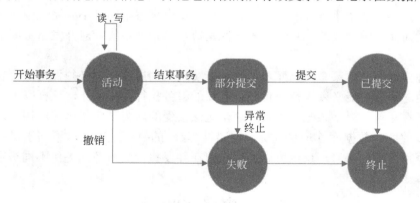

图 5-2　事务的生命周期示意图

　　如果有一个校检失败或者事务在活动状态期间被撤销，那么事务将进入失败状态（failed state）。这时，需要将事务回滚，以消除它的 WRITE 操作对数据库的影响。终止状态（terminated state）表示事务已经离开系统。在事务执行时，相关信息保存在系统表中；当事务终止时，事务信息同时被清除。失败或被撤销、异常中止的事务可能会在稍后作为一个新的事务被重启（自动或由用户重新启动），也可能经用户重新提交之后重启。

5.4　系　统　日　志

为了能够从影响事务的故障中恢复，系统维护一个日志（log）来记录所有影响数据库项的值的事务操作，当允许从故障中恢复时可能需要这些信息。日志保存在磁盘上，这样除了磁盘故障和灾难性故障外它不会受到其他任何类型故障的影响。另外日志会被定期备份到归档存储设备（磁带）中，以预防磁盘故障和灾难性故障。下面列出的是被写到日志中的条目类型，称为日志记录（log record），以及每个类型涉及的相关动作。在条目中，T 所表示的是唯一事务标识（transactionID），用于标识每个事务，通常由系统自动生成：

（1）[start_transaction,T]：表示事务 T 开始执行。

（2）[write_item,T,X,old_value,new_value]：表示事务 T 已经把数据项 X 的值从 old_value 改为 new_value。

（3）[read_item,T,X]：表示事务 T 已读取数据项 X 的值。

（4）[commit,T]：表示事务 T 已成功完成，其结果已被提交（永久记录）给数据库。

（5）[abort,T]：表示事务 T 已被撤销。

对于避免级联回滚的恢复协议（包括几乎所有的实际协议），不要求将 READ 操作写入系统日志。但如果日志还用于其他目的，如审计（记录所有数据库操作），那么需要在日志中包括 READ 操作的条目。另外，某些恢复协议只要求简单的 WRITE 条目，那样就不必包括 new_value。

需要注意的是，这里假定所有对数据库的永久改变都发生在事务内部，所以对事务故障进行恢复的概念实际上就是取消或者重新逐个执行日志中的事务操作。如果系统崩溃，可以通过检查日志并使用恢复技术将数据库恢复到某个一致的状态。因为日志包含了每个改变数据项值的 WRITE 操作记录，因此可通过向后跟踪日志将事务 T 的 WRITE 操作所改变的所有项值恢复为 old_values，从而取消（undo）事务 T 的 WRITE 操作对数据库产生的影响。如果事务的所有更新都已记录在日志中，但在我们确认所有这些 new_values 已被永久记录在实际数据库之前事务发生故障，那么有可能需要重做（redoing）某些操作。通过向前追溯日志并将 T 的 WRITE 操作所改变的所有项置为其 new_values，即可重做事务 T 的操作。

5.5　并　发　控　制

怎样实现一个算法来执行好的事务交叉，同时禁止不好的事务交叉，我们把这样的算法叫作并发控制（concurrency control）。所谓的并发控制本质上就是并发控制协议，这些协议是一组规则，用来决定冲突的事务是回滚、重启还是等待执行。

5.5.1　基于锁的协议

保证调度[①]中事务可串行化的方法之一是对相同数据项的访问以互斥的方式进行，即当一个事务访问某个数据项时，其他任何事务都不能修改该数据项。

实现这个要求的最常用的方法就是封锁机制，其基本思想是事务 T 在对某个数据对象（如表、记录等）操作之前先向数据库管理系统发出请求，申请对该数据对象加锁；当得到锁后，才可对该数据对象进行相应的操作，在事务 T 释放锁之前，其他事务不能更新此数据对象。

数据库管理系统通常提供了多种类型的封锁。一个事务对某个数据对象加锁后究竟拥有什么样的控制是由封锁的类型决定的。为了使事务能并行执行，通常设置两种类型的锁。

（1）共享锁：共享锁又称为读锁（shard-mode lock），记为 S。如果事务 T 获得了数据项 Q 的共享型锁，则 T 可读 Q，但是不能写 Q。

（2）排他锁：排他锁又称为独占锁、写锁（exclusive-mode lock），记为 X。如果事务 T 获得了数据项 Q 的排他型锁，则 T 可读 Q，又可写 Q。

如果一个数据单元已经有了一个共享锁，只能对它再附加共享锁。假如它有了一个独占锁，不能再对它附加任何锁。表 5-1 为封锁相容矩阵，最左边的一列表示事务 T_1 已经获得的数据对象上的加锁类型，其中横线表示没有加锁；最上面一行表示另一事务 T_2 对同一个数据对象发出的加锁请求，T_2 的加锁请求能否被满足用矩阵中的 YES 和 NO 表示，YES=相容的请求，NO=不相容的请求。

表 5-1　锁相容矩阵

T_1 ＼ T_2	独占锁	共享锁	—
独占锁	NO	NO	YES
共享锁	NO	YES	YES
—	YES	YES	YES

因此，当一个事务 T 申请对数据对象 A 加锁时，若该数据对象上已加了锁，新加的锁必须满足表 5-1 中锁的相容性。由此可见，封锁协议的主要内容由两个方面构成。

（1）加锁（LOCK）：当一个事务访问数据库中的某个数据单元时，要先对被访问的数据单元加锁。假如要访问的数据单元还没有设置其他锁，该事务就获得对数据的访问权，否则该事务必须等待，直到其他事务释放对该数据的锁。

（2）解锁（UNLOCK）：进程访问结束后释放锁。

加锁与解锁指令分别如下：

---

① 因为事务是并发执行的，数据库管理器必须处理事务调度的合集，我们把它简单地称为调度（schedule）。数据库管理器负责为每个到来的请求提供服务，但按它们到达的先后顺序提供服务可能是不正确的。因此，当一个请求到达时，必须决定是否需要立即为其提供服务，这样的决定是由并发控制完成的。如果并发控制决定立即为一个请求提供服务可能导致一个不正确的调度，它就延迟一段时间后再提供服务，或者它可能连同请求事务一起中止。

（1）加锁指令：lock-S(Q)，申请数据项 Q 的共享锁；lock-X(Q)，申请数据项 Q 的排他锁。

（2）解锁指令：unlock(Q)，释放数据项 Q 的锁。

举例说明，在银行管理信息系统中两个带有加锁和解锁指令的事务，其中事务 T_1 为从账户 B 向账户 A 转账 100 元，事务 T_2 显示账户 A 与 B 上的总金额，程序代码示例如图 5-3 所示。

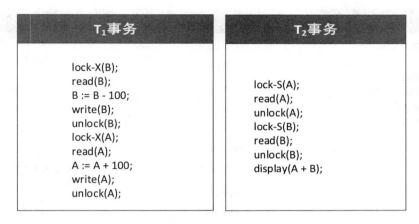

图 5-3　带有加锁和解锁指令的事务程序代码示例

如果按照图 5-4 所示的调度进行，则会导致事务 T_2 的计算结果是错误的。

事务 T_1 的 lock-X(B)表示向并发控制管理器申请对数据项 B 加排他锁。并发控制管理器首先检查是否可以授予事务 T_1 的数据项 B 排他锁，如果可以，则通过 grant-X(B,T_1)指令在将要执行事务 T_1 的 read(B)指令之前将锁授予；如果不可以，则事务 T_1 就必须等待。

在图 5-4 所示的调度中，事务 T_2 的计算结果就是错误的，因此这样的封锁协议也有缺陷，体现在以下 3 个方面：

- 解锁：在事务中过早地释放数据项上的锁，有可能导致数据库的不一致。
- 死锁：所有的事务因为持有锁和申请锁而导致大家都处于等待状态，无法继续执行。
- 饿死：一个事务总是不能在某数据项上加锁，因此该事务也就永远不能取得进展。

1. 解锁与死锁问题

对于图 5-4 所示的并发控制调度，由于 T_1 过早地释放了 B 上的锁，从而导致事务 T_2 数据不一致。解决这个问题的思路可以是，当事务结束后再释放其所占有的锁。例如，对于调度 A 可以调整为图 5-5 所示的调度。

图 5-5 所示的并发控制调度虽然可以防止脏读[①]和数据的不一致，但是可能存在另一个问题——死锁。因为事务 T_1 一开始就申请了数据项 B 的排他锁，接着事务 T_2 申请了数据

---

① 所谓脏读，就是假设事务 T_2 在事务 T_1 提交前读取了 T_1 写过的数据项 Q，在事务 T_1 提交前就释放了 Q 上的写锁时就可能发生这种情况。由于事务 T_2 读取的 Q 是一个还没有提交的事务修改后的值，而这个值可能不会最终出现在数据库中。这种情况被称为脏读（dirty read）。

项 A 的共享锁；在事务 T_2 申请数据项 B 的共享锁时，由于事务 T_1 持有数据项 B 的排他锁，因此事务 T_2 不能立即得到该锁，只能等待事务 T_1 释放锁；接下来事务 T_1 申请数据项 A 的排他锁，由于此时事务 T_2 持有数据项 A 的共享锁，因此事务 T_1 不能立即得到该锁，只能等待事务 T_2 释放锁。这就造成了两个事务互相等待的死循环，这就是所谓的死锁（deadlock）现象。

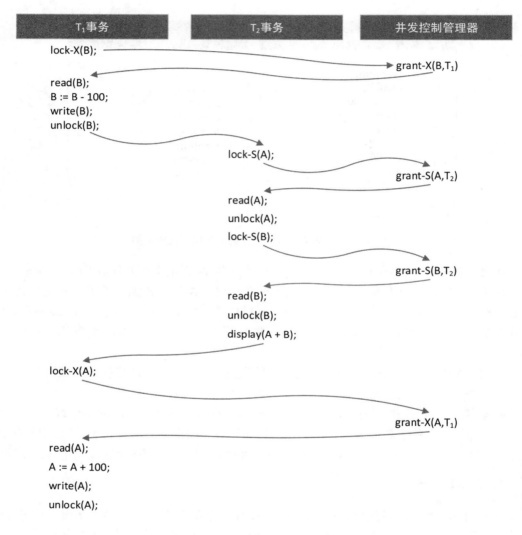

图 5-4　带锁的调度示例

2．饿死问题

在基本的封锁协议中，锁的授予条件是当事务申请对某数据项加某类型锁，并且没有其他事务在该数据项上加有与该事务所申请的锁不相容的锁时，则并发控制管理器可以授予锁。然而，这种宽松的锁授予条件容易产生另外一个被称为饿死的问题，如图 5-6 所示。

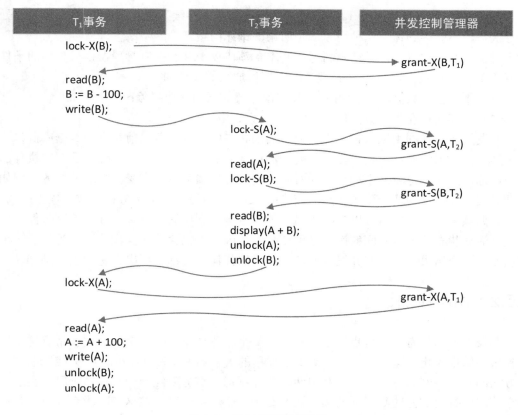

图 5-5　产生死锁调度示例

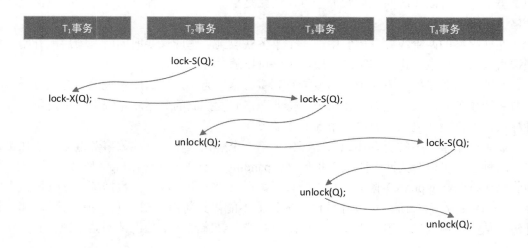

图 5-6　产生饿死调度示例

在图 5-6 所示的调度中，首先是事务 T_2 申请数据项 Q 的共享锁，紧接着事务 T_1 申请数据项 Q 的排他锁，因与事务 T_2 持有的共享锁冲突，因此事务 T_1 只能等待事务 T_2 释放锁；在事务 T_2 释放锁之前，事务 T_3 又成功申请到数据项 Q 的共享锁，因此事务 T_1 又不得不等待事务 T_3 释放锁；而在事务 T_3 释放锁之前，事务 T_4 又成功申请到数据项 Q 的共享锁，因

此事务 T_1 又不得不等待事务 T_4 释放锁。可能这样一直持续下去，事务 T_1 将永远只能处于等待状态，不能得到锁。这种现象就是所谓的饿死问题。

对于上面所述情况，必须重新考虑基本封锁协议中并发控制管理器授权加锁的条件。当事务 T 申请对数据项 Q 加某类型锁时，授权加锁的条件如下：

（1）不存在在数据项 Q 上持有与某型锁冲突的锁的其他事务；

（2）不存在正在等待数据项 Q 加锁且先于 T_i 申请加锁的事务。

并发控制部件利用锁来记录当前处于活动状态的并发事务以前执行的数据库操作。一个对某一数据项的操作，只有与当前处于活动状态的并发事务以前对这个数据项执行的所有操作都可交换（也就是不冲突）的时候，它才会把锁赋予这个操作对应的事务。例如，由于对同一数据项的两个读操作是可交换的，尽管当前另外一个事务持有数据项上的读锁，这个数据项上的读锁仍然可以被赋予另外一个事务。利用这种方式，并发控制部件确保当前处于活动状态的事务对应的操作是可交换的，因此，包含这些操作的调度等价于一个串行调度。这个结果就是证明并发控制部件生成的任何调度都是可串行化调度的基础。

5.5.2　两阶段加锁

并发控制部件有一个特点，也就是一旦一个事务请求到了一个锁，它就持有这个锁，直到事务结束为止。这种方法是一类更加通用的被称为两阶段（two-phase）控制的并发控制方法的一个特例。总体来说，利用两阶段控制每个事务要经历一个加锁阶段，在这一阶段它获取所有要访问的数据项的锁；还要经历一个解锁阶段，在这一阶段它释放持有的所有锁。一旦进入第二阶段（解锁阶段），就不允许这个事务获取任何额外的锁。在我们的例子里，第二阶段在时间上被归为一点，也就是事务完成时的那一点，这使并发控制非常严格（strict）。

在非严格的两阶段并发控制中，一个事务获取到了它应该获取的所有锁后就开始释放锁，直到事务结束为止。在第二阶段，事务可以随时释放锁。

在严格的并发控制方法中，锁被持有到事务结束为止，数据库系统无须提供一个显式的命令让事务释放锁。然而，在一个支持非严格并发控制的数据库系统中必须提供这样一种释放锁的机制（例如，通过一个 unlock 命令）。

如果一个事务中的所有加锁操作都先于第一个解锁操作，则称该事务遵循两段加锁协议。这种事务可以分为两个阶段：扩展（expanding）或增长（growing）阶段（第一阶段）和收缩（shrinking phase）阶段（第二阶段）。在第一阶段可以获得数据项的新锁但是不能释放任何锁；在第二阶段可以释放已有的锁但不能得到新锁。如果允许锁变换[①]，那么锁升级（从共享锁到独占锁）必须在扩展阶段完成，锁降级（从独占锁到共享锁）必须在收

---

① 在特定条件下，允许已经对数据项 X 持有锁事务把锁从一个锁定状态变换（convert）到另一个状态。例如，对于事务 T，它可能先发出 read_lock(X)，稍后发出 write_lock(X)操作来升级（upgrade）锁。如果 T 发出 write_lock(X)操作时是持有 X 的读锁的唯一事务，则可以升级锁，否则，T 必须等待。当然，也可能 T 先发出 write_lock(X)操作，稍后发出 read_lock(X)操作来降级（downgrade）锁。当锁升级和降级时，锁表在记录结构中必须为每个锁包含一个事务标识符，以存储对该数据项持有锁的事务的有关信息。

缩阶段完成。因此，对已经持有 Q 的写锁降级的读锁操作只能出现在收缩阶段。

对于一个事务而言，刚开始事务处于增长阶段，它可以根据需要获得锁。一旦该事务开始释放锁，它就进入了收缩阶段，就不能再发出加锁请求。对于任何事务，调度中该事务获得其最后加锁的时刻（增长结束点）称为事务的封锁点。两阶段封锁协议可以保证事务的串行性，但是并不保证不出现死锁，也不能完全避免级联回滚（如图 5-7 所示）。

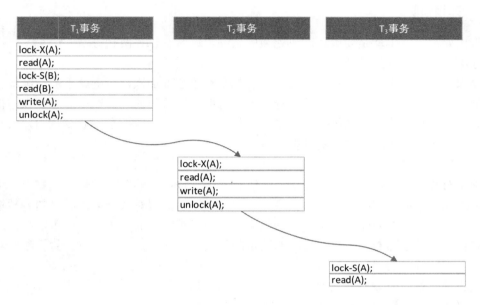

图 5-7　两阶段封锁协议下的调度示例

在图 5-7 所示的两阶段封锁调度示例中，如果在 T_3 的 read(A)指令之后事务 T_1 发生故障，则将导致事务 T_2 和 T_3 级联回滚。

为了解决两阶段封锁协议下的级联回滚问题，需要对该协议的内容进行加强，这就产生了下面两种增强的两阶段封锁协议。

（1）严格两阶段封锁协议：除了要求封锁是两阶段之外，还要求事务持有的所有排他锁必须在事务提交之后方可释放。这个要求保证未提交事务所写的任何数据在该事务提交之前均以排他方式加锁，防止其他事务读取这些数据。

（2）增强的两阶段封锁协议：它要求事务提交之前不得释放任何锁。它旨在让冲突的事务尽可能地串行执行，这样调度中的事务可以按其提交的顺序串行化。

严格两阶段封锁与增强的两阶段封锁（含锁转换）在商用数据库系统中被广泛使用。

5.5.3　死锁处理

如果两个或多个事务每个都持有另一事务所需资源上的锁，没有这些资源，每个事务都无法继续完成其工作，这种情况称为死锁。两阶段封锁协议并不能保证不出现死锁，对于死锁情况，目前已经提出了多种防死锁的解决方法，它们决定在可能的死锁情况下如何处理事务。解决死锁问题主要有以下两种策略：

- 死锁预防：预先防止死锁发生，保证系统永不进入死锁状态。
- 死锁检测与恢复：允许系统进入死锁状态，但要周期性地检测系统有无死锁，如果有，则把系统从死锁中恢复过来。

上述两种策略都会引起事务回滚。如果系统进入死锁状态的概率相对较高，则通常采用死锁预防策略，否则使用死锁检测与恢复更有效。

1．死锁预防

防止死锁的发生就是要破坏产生死锁的条件，通常有以下两种办法。

办法一：一次性封锁法。

要求每个事务必须一次将所有要访问的数据对象全部加锁，否则就不能继续执行。该方法可有效地预防死锁，但存在的问题是一次将以后要访问的全部数据对象加锁，扩大了封锁的范围，从而降低了系统的并发度；另外，数据库中的数据是不断变化的，很难事先准确地确定每个事务所要封锁的数据对象。

办法二：顺序封锁法。

预先对数据对象规定一个封锁顺序，所有事务都按这个顺序实行封锁。该方法可以有效地预防死锁，但存在的问题是数据库系统中可封锁的数据对象极多，并且随着数据的插入、删除等操作不断变化，要维护这些数据对象的封锁顺序非常困难，成本很高；此外，事务的封锁请求是随着事务的执行动态决定的，很难事先确定每个事务要封锁哪些对象，这样就很难按规定的顺序封锁对象。

上述预防死锁的策略并不很适合并发控制的实际应用，因此，数据库管理系统在解决死锁问题上大多采用的是诊断并解除死锁的方法。

2．死锁检测

数据库管理系统的并发控制子系统定期检测系统中是否存在死锁，一旦检测到死锁，就设法解除。并发控制子系统检测死锁的常用方法有以下两种：

方法一：超时法。

如果一个事务的等待时间超过了规定的时限，就认为发生了死锁。这种方法实现简单，但存在两个问题：一是可能误判死锁，如果事务是由于其他原因而使等待时间变长，系统会认为是发生了死锁；二是时限的设置问题，若时限设置得太长，可能导致死锁发生后不能被及时发现。

方法二：等待图法。

等待图法是动态地根据并发事务之间的资源等待关系构造一个有向图，并发控制子系统周期性地检测该有向图是否出现在环路中，若有，则说明出现了死锁。等待图 $G=(T,U)$，其中，T 为结点的集合，U 为有向边的集合，一个结点表示并发执行的一个事务，如果事务 T_1 等待事务 T_2 释放锁，则从事务 T_1 的结点引一有向边至事务 T_2 的结点。

3．死锁恢复

数据库管理系统的并发控制子系统一旦检测到系统存在死锁，就要设法解除。解除死锁的常用方法是回滚一个或多个事务，并释放该事务持有的所有锁，从而使其他事务能继续运行。在选择要回滚的事务时，通常考虑以下情况：

（1）选择使回滚代价最小的事务作为牺牲者。

（2）决定回滚多远：决定是彻底回滚，即中止该事务然后重启，还是部分回滚，即只回滚到可以解除死锁为止。

（3）避免饿死：避免同一事务总是作为回滚代价最小的事务被选中。常用方法是在代价因素中包含回滚次数。

5.5.4　基于时间戳排序的并发控制

使用锁并结合两阶段加锁协议可以保证调度的可串行性。基于正在执行的事务为其所获得的数据项加锁的顺序，两阶段加锁产生的可串行化调度有其等价的串行调度。如果一个事务需要一个已经加锁的数据项，它可能被迫等待，直到这些数据项被释放为止。保证可串行性的另一种方法是使用事务时间戳，从而为等价串行调度确定事务执行的顺序。

1. 时间戳

时间戳是数据库管理系统所创建的用于标识事务的唯一标识符。一般按事务提交给系统的顺序为时间戳赋值，所以可以认为时间戳是事务开始时间，把事务 T 的时间戳记为 TS(T)。基于时间戳排序的并发控制技术不使用锁，不会产生死锁。

生成时间戳有多种方法，使用计数器生成时间戳是一种常用的方法。对于这种方法，每次赋给一个事务时，计数器的值都增 1。采用这种机制，事务的时间戳编号为 1、2、3、…。计算机的计数器有一个有限的最大值，因此，当某个较短的时间段内没有事务执行时，系统必须周期性地重置计数器为 0。实现时间戳的另一个方法是使用系统时钟的当前日期/时间值，并且保证在时钟的同一"跳"或步长（tick）内不会产生两个时间戳值。

2. 时间戳排序算法

这种机制的思想是基于事务的时间戳对事务排序。因此，事务所参与的调度是可串行化的，在等价的串行调度中事务按其时间戳值排序，这称为时间戳排序（timestamp ordering，TO）。注意，时间戳排序不同于两阶段加锁，在两阶段加锁中，调度的可串行化是通过等价于加锁协议允许的某个串行调度达到的。在时间戳排序中，调度则等价于与事务时间戳顺序相对应的特定的串行顺序。这个算法必须保证，对于调度中冲突操作访问的各个数据项，访问数据项的顺序不能违反可串行性顺序。为了做到这一点，算法为每个数据库项 Q 关联了两个时间戳（TS）值。

- read_TS(Q)：数据项 Q 的读时间戳（read timestamp）；在成功读取数据项 Q 的事务的所有时间戳中，此为最大时间戳，即 read_TS(Q)= TS(T)，其中 T 是成功读取 Q 的最晚事务。
- write_TS(Q)：数据项 Q 的写时间戳（write timestamp）；在成功写数据项 Q 的事务的所有时间戳中，此为最大时间戳，即 write_TS(Q)=TS(T)，其中 T 是成功写 Q 的最晚事务。

基本时间戳排序：只要某个事务 T 试图发出 read_item(Q)或 write_item(Q)操作，基本时间戳排序（basic TO）算法就会对 T 的时间戳和 read_TS(Q)、write_TS(Q)加以比较，以确保未违反事务执行的时间戳顺序。如果违反了这个顺序，那么异常中止事务 T，并使用一个新时间戳将该事务作为新事务重新提交给系统。如果 T 异常中止并回滚，可能使用了 T 所写数据项值的任何事务 T_1 也必须回滚。类似地，可能使用了 T_1 所写数据项值的任何事务 T_2 也得回滚，依此类推。其影响就是级联回滚（cascading rollback），它是与基本时间戳排序相关的问题之一，因为不能保证所产生的调度是可恢复的。为确保调度是可恢复、无级联或严格的，必须执行另外的一个协议。在此首先描述基本时间戳排序算法。在下面的两种情况下，并发控制算法必须检查冲突操作是否违反了时间戳顺序。

（1）事务 T 发出 write_item(Q)操作：

① 如果 read_TS(Q)>TS(T)或者 write_TS(Q)>TS(T)，那么异常中止并回滚 T，且拒绝该操作。这样做是因为时间戳值大于 TS(T)的某个较晚事务（相应地，在时间戳顺序中 T 之后的事务）在 T 有机会写数据项 Q 之前已经读或者写了 Q 的值，所以这违反了时间戳顺序。

② 如果没有发生①中的条件，那么执行 T 的 write_item(Q)操作，并设置 write_TS(X)为 TS(T)。

（2）事务 T 发出 read_item(Q)操作：

① 如果 write_TS(Q)> TS(T)，那么异常中止并回滚 T，且拒绝该操作。这样做是因为时间戳值大于 TS(T)的某个较晚事务（相应地，时间戳顺序中 T 之后的事务）在 T 有机会读数据项 Q 之前已经写了 Q 的值。

② 如果 write_TS(Q)≤TS(T)，那么执行 T 的 read_item(Q)操作，并把 read_TS(Q)设置为 TS(T)和当前 read_TS(Q)中较大的值。

因此，只要基本时间戳排序算法检测出以错误顺序发生的两个冲突操作，它就会异常中止发出这两个操作中较晚操作的事务来拒绝该操作。由此可以保证基本时间戳排序产生的调度是冲突可串行化的，这与两阶段加锁协议类似。但是，在一个协议下允许的一些调度在另一个协议下可能是不允许的。因此，这两个协议都未能允许所有可能的可串行化调度。如前所述，采用时间戳顺序不会发生死锁，但是，如果不断地异常中止和重启事务则会发生循环重启（相应地带来饥饿）。

严格时间戳排序：基本时间戳排序的一个变种称为严格时间戳排序（strict TO），它保证调度既是严格的（以易于恢复），又是冲突可串行化的。采用这个机制，若事务 T 发出 read_item(Q)或 write_item(Q)操作从而 TS(T)>write_TS(Q)，则 T 要延迟其读或写操作直到写 Q 值的事务 W 提交或中止（相应地，TS(T')= write_TS(Q)）。为了实现这个算法，有必要模拟对事务 T'所写数据项 Q 加锁，直到 T'提交或异常中止。该算法不会导致死锁，因为只有 TS(T)> TS(T')时 T 才等待 T'。

Thomas 写规则：基本时间戳排序的一个修正算法称为 Thomas 写规则（Thomas's Write Rule），它不保证冲突可串行化，但是通过如下修改对 write_item(Q)操作的检查可以拒绝较少的写操作：

（1）如果 read_TS(Q)>TS(T)，则异常中止并回滚 T，且拒绝该操作。

（2）如果 write_TS(Q)>TS(T)，则不执行写操作继续处理。这是因为时间戳大于 TS(T)的某个事务（相应地，时间戳顺序中 T 之后的事务）已经写了 Q 的值。因此，我们必须忽略 T 的 write_item(Q)操作，因为它已经过期且过时了。注意，这种情况引起的任何冲突会在情况（1）中检测到。

（3）如果（1）和（2）中的条件都没有发生，那么执行 T 的 write_item(Q)操作，并把

write_TS(Q)设置为 TS(T)。

5.5.5　多版本并发控制

多版本并发控制（multiversion concurrency control）就是维护一个数据项的多个版本（值），在更新数据时保留了数据项的旧值（old value）。当事务需要访问一个数据项时，可以选择一个适当的版本来保持当前执行的调度的可串行性。其思想是对于其他技术可能拒绝的某些读操作，在这里则允许通过读取数据项的较早版本以保持可串行性。当一个事务写数据项时会写新版本，并保留该数据项的旧版本。有些多版本并发控制算法使用了视图可串行性而不是冲突可串行性的概念。

多版本技术的一个显著缺点是需要更大的存储空间来保存数据项的多个版本。不过，出于某些原因（如为了恢复），可能必须维护较早的版本。另外，一些数据库应用需要保存较早的版本来维护数据项值的发展历史。一个极端的例子就是时态数据库（temporal database），它要跟踪所有的修改以及修改发生的时间。在这种情况下，多版本技术并没有额外的存储损失，因为已经保存了较早的版本。

目前已经提出了多种多版本并发控制模式，被商用数据库广泛采用的有两种，一种基于时间戳排序，另一种基于两阶段加锁协议。

1. 基于时间戳排序的多版本技术

采用这种方法，需要维护每个数据项 Q 的多个版本 Q_1、Q_2、$\cdots$、Q_n、。对于每个版本，保留了版本 Q_i 的值和以下两种时间戳。

（1）read_TS(Q_i)：Q_i 的读时间戳，这是在成功读取版本 Q_i 的所有事务的时间戳中最大的时间戳。

（2）write_TS(Q_i)：Q_i 的写时间戳，这是写版本 Q_i 值的事务的时间戳。

只要允许事务 T 执行 write_item(Q)，就会创建数据项 Q 的一个新版本 Q_{j+1}，并且将 write_TS（Q_{j+1}）和 read_TS（Q_{j+1}）均设置为 TS(T)。相应地，当允许事务 T 读版本 Q_i 的值时，read_TS(Q_i)的值设置为当前 read_TS(Q_i)和 TS(T)中较大的那一个。

为了确保可串行性，可以采用以下两条规则：

（1）如果事务到发出 write_item(Q)操作，Q 的版本 i 在 Q 的所有版本中有最高的 write_TS(Q_i)，但仍然小于等于 TS(T)，且 read_TS(Q_i)>TS(T)，则异常终止并回滚 T；否则创建 Q 的一个新版本 Q_j，其 read_TS(Q_j)=write_TS(Q_j)=TS(T)。

（2）如果事务 T 发出 write_item(Q)操作，则查找 Q 的所有版本中有最高的 write_TS(Q_i) 的 Q 的版本 i（小于等于 TS(T)）；然后向事务 T 返回 Q_i 的值，并且将 read_TS(Q_j)的值置为 TS(T)和当前 read_TS(Q_j)中较大的那一个。

从规则 2 中可以看到，read_item(Q)总会成功，因为它基于现有不同版本 Q 的 write_TS 来查找要读取的正确版本 Q_i。但是在规则 1 中，事务 T 可能被异常终止并被回滚。发生这种情况是因为如果事务 T 试图写的 Q 版本应由时间戳为 read_TS(Q_i)的另一个事务 T 读取，但是 T 已经读取了版本 Q_i，Q_i 是由时间戳等于 write_TS(Q_i)的事务所写的。如果出现了这种冲突，则 T 被回滚；否则，会创建由事务 T 所写的 Q 的一个新版本。需要特别注意的是，如果 T 被回滚，可能会发生级联回滚。因此，为了保证可恢复性，在所有写了 T 所读的某版本的事务提交之前不允许事务 T 提交。

2．使用验证锁的多版本两阶段加锁

在多方式的加锁模式中，数据项有 3 种加锁方式，即读、写和验证，而不只是前面讨论的两种方式（读、写）。因此数据项 Q 的状态 lock(Q)可以是读锁定、写锁定、验证锁定或未锁定。在只有读锁和写锁的标准加锁模式中，写锁是排他锁。我们可以使用表 5-2（a）所示的锁相容性表（lock compatibility table）来描述标准模式中读锁与写锁的关系。"YES"表示如果事务 T 对数据项 Q 持有列标题所指定类型的锁，而事务 T'对同一数据项 Q 请求了行标题所指定类型的锁，则 T'可以获得其请求的锁，因为加锁方式是相容的。另一方面，"NO"表示锁是不相容的，所以 T'必须等待直到 T 释放锁。

在标准加锁模式中，一旦事务获得某数据项的写锁，则其他事务就不能访问该数据项。多版本两阶段加锁的基本思想是，当只有单个事务 T 持有 Q 的写锁时，允许其他事务 T 读该数据项。这可以通过允许每个数据项 Q 有两个版本来实现：一个版本必须总是由某个已提交的事务写入，当事务 T 获得该数据项的写锁时，创建第二个版本 T'。T 持有写锁的同时，其他事务可以继续读 Q 的已提交版本。事务 T 在需要时可以写 Q'的值，而不会影响已提交的 Q 版本的值。但是一旦 T 准备提交，在可以提交之前必须获得它当前持有写锁的所有数据项的验证锁。验证锁和读锁不相容，所以该事务可能必须延迟提交，直到其持有写锁定的所有数据项由某些读事务释放从而获得验证锁为止。一旦获得了验证锁，验证锁为排他锁，则把该数据项的已提交版本 Q 设置为版本 Q'的值，版本 Q'被丢弃，然后释放验证锁。这种模式的锁的相容性表如表 5-2（b）所示。

表 5-2　锁相容性矩阵

（a）读/写加锁模式的相容性表

	读	写
读	YES	NO
写	YES	NO

（b）读/写验证加锁模式的相容性表

	读	写	验证
读	YES	YES	NO
写	YES	NO	NO
验证	NO	NO	NO

在这个多版本两阶段加锁模式中，读操作能够与一个写操作并发进行，这在标准两阶段加锁模式中是不允许的。当然这是要付出代价的，其代价是事务可能不得不延迟提交，直到获得其更新的所有数据项的排他验证锁为止。可以证明这个模式能够避免级联异常终止，因为事务只能读取由已提交事务所写的版本 Q。如果允许把读锁升级为写锁则可能会出现死锁，这必须由该技术的变种（如死锁检测、超时[①]等）来处理。

5.5.6　饥饿处理

解决饥饿通常采用以下两种方法。

[①] 如果事务等待的时间超过了系统定义的超时时间，则系统会认为该事务可能死锁，并将它异常终止，而不管此时它是否确实存在死锁。

方法一：使用公平的等待机制，例如使用先来先服务（first-come-first-served）队列，事务就能够按照请求锁的顺序为数据项加锁。

方法二：允许某些事务拥有高于其他事务的优先级，但是要提高等待时间较长的事务的优先级，直到最终得到最高的优先级并运行为止。如果算法重复地选择同一个事务作为牺牲者，也可能会由于牺牲选择而产生饥饿，这会导致该事务异常中止而且永远不会结束执行。对于多次被中止的事务，算法中可以使用较高的优先级，从而避免这个问题。

等待——死亡（wait-die）和受伤——等待（wound-wait）机制可以避免饥饿。假设事务 T_i 试图锁定数据项 Q，但是由于其他某个事务 T_j 已经使用冲突锁锁定了 Q，T_i 无法对 Q 加锁。这两个机制所遵循的规则如下：

- 等待——死亡（wait-die）：如果事务时间戳（transaction timestamp）$TS(T_i)<TS(T_j)$，那么，T_i 早于 T_j，允许 T_i 等待；否则，T_i 晚于 T_j，中止 T_i（即 T_i 死亡），并在稍后使用相同的时间戳重启 T_i。
- 受伤——等待（wound-wait）：如果事务时间戳（transaction timestamp）$TS(T_i)<TS(T_j)$，那么，T_i 早于 T_j，异常中止 T_j（即 T_i 伤害了 T_j），并在稍后使用相同的时间戳重启 T_j；否则，T_i 晚于 T_j，允许 T_i 等待。

在等待——死亡中，允许较早的事务等待较晚的事务，但是请求访问较早事务所持有数据项的较晚事务则会被异常中止并重启。受伤——等待方法则相反：允许较晚的事务等待较早的事务，但请求访问较晚事务所持有数据项的较早事务会通过异常中止来抢占（preempt）较晚事务。两种机制都是异常中止两个事务中可能会卷入死锁的较晚事务，可以说明这两种技术都是免死锁的，在等待——死亡中事务只等待较晚的事务，所以不会产生环（cycle）；类似地，在受伤——等待中只等待较早的事务，所以也不会产生环。不过，这两种技术都可能造成不必要的异常中止和重启某些事务，即使这些事务实际上从不会引起死锁。

此外，在死锁防止协议组中不需要使用时间戳的，还包括无等待（no waiting，NW）和谨慎等待（cautious waiting，CW）算法。在无等待算法中，如果事务不能获取锁，则立即异常中止该事务并在一定的延迟时间之后重启，而不检查是否真会产生死锁。由于无等待算法可能会引起不必要的事务异常中止和重启，所以人们提出了谨慎等待算法以试图减少不必要的异常中止/重启次数。假设 T_i 试图锁定数据项 Q，却由于其他某个事务 T_j 使用冲突锁锁定了 Q，使得 T_i 无法锁定 Q。谨慎等待规则如下：

如果 T_j 没有被阻塞（没有等待某个已加锁的数据项），那么阻塞 T_i 并允许 T_i 等待；否则异常中止 T_i。

考虑每个阻塞事务 T 被阻塞的时间为 b(T)，可以证明谨慎等待是免死锁的。如果以上两个事务 T_i 和 T_j 都被阻塞，T_i 在等待 T_j，则 $b(T_i)<b(T_j)$，这是因为 T_i 只能在 T_j 未阻塞时等待 T_j。因此，阻塞时间对于所有被阻塞事务构成了一个全序，所以不会出现引起死锁的环。

5.5.7　索引中使用加锁进行并发控制

两段加锁也可以应用于索引，其中索引结点对应于磁盘页。不过，如果一直持有索引页的锁（直到两阶段加锁的收缩阶段为止），可能导致过多的事务阻塞。这是因为索引的搜索总是从根开始，所以如果一个事务要插入一条记录（写操作），将会以独占模式锁定根结点,这样对这个索引的所有其他冲突锁请求都必须等待,直到该事务进入收缩阶段。这会阻塞其他事务访问索引,所以在实际中必须使用其他的方法为索引加锁。

在开发并发控制机制时,可以利用索引的树结构。例如,在执行索引搜索(读操作)时,要从根到叶子遍历树中的一条路径。一旦访问了一路径中较低层次的结点,就不再使用该路径中较高层次的结点。所以一旦获得了一个孩子结点的独占锁,即可释放其父结点的锁。其次,对一个叶结点应用插入操作时(即插入一个键和一个指针),必须以独占模式锁定特定的叶结点。不过,如果结点未满,此插入操作不会引起较高层次索引结点的改变,这意味着不需要独占地加以锁定。

一个保守的插入方法是以独占模式锁定根结点,然后访问根结点适当的孩子结点。如果此孩子结点未满,那么可以释放根结点上的锁。此方法可以在树中一直应用到叶子,从根到叶子通常有 3 到 4 层。虽然会持有独占锁,但很快就会将其释放。另一个更加乐观的方法是对于通向叶结点的结点,请求并持有其共享锁,同时持有叶结点的独占锁。如果插入引起叶结点分裂,插入操作将会传播到较高层次的结点。这样,较高层结点的锁可以升级为独占锁。

索引加锁的另一个方法是使用 B$^+$树的变种,这称为 B 链接树(B-link tree)。在 B 链接树中的每个层次上,同层的兄弟结点都链接到一起。这样在请求页时就可以使用共享锁,并要求在访问孩子结点前释放锁。对于插入操作,一个结点的共享锁会升级为独占锁。如果出现了分裂,必须以独占模式重新对父结点加锁。在此的一个难点是搜索操作与更新并发执行。假设一个并发的更新操作与搜索使用同一条路径,并在叶结点中插入一个新的条目,另外,假设这个插入操作导致该叶结点分裂。当执行插入时,搜索过程继续,即沿着指针到达所需的叶结点,却发现所查找的键不存在,因为拆分已经把这个键移到了一个新的叶结点上,这将是原叶结点的右兄弟。不过,如果搜索过程沿着原叶结点的指针(链接)到达其右兄弟结点(所需的键即移至此结点),搜索过程仍能成功。

删除情况的处理也是 B 链接树并发协议的一部分,其中会合并索引树的两个或多个结点。在这种情况下,要持有待合并结点上的锁,还要持有待合并的两个结点的父结点的锁。

5.5.8　其他并发控制问题

1. 插入、删除记录

在数据库中插入一个新数据项时,只有在创建了数据项而且插入操作结束之后才能访问该数据项。在加锁环境中,可以创建该数据项的锁并设置为独占(写)模式;基于所用的并发控制协议,可以在释放其他写锁的同时释放这个锁。对于基于时间戳的协议,新数据项的读时间戳与写时间戳可以设置为创建事务(即创建该数据项的事务)的时间戳。

对于已存在数据项的删除操作(deletion operation),在事务删除数据项之前也必须获得独占(写)锁。对于时间戳排序协议来说,在允许删除数据项之前,协议必须确保较晚的事务不能已经读过或者写过该数据项。

当事务 T 插入的一个新记录满足另一个事务 T'所访问记录集必须满足的条件时,就可能产生幻像问题(phantom problem)。例如,假设事务 T 正在插入一个 DepartmentID=3 的 EMPLOYEE 新记录,而另一个事务 T'正在访问所有 DepartmentID=3 的 EMPLOYEE 记录(例如,为部门 3 汇总其员工的全部 SALARY 值来计算人事预算)。如果等价的串行顺序是 T、T'，那么 T'必须读取新的 EMPLOYEE 记录并在总计中包括其 SALARY。那么，对于等价的串行顺序 T'、T，新员工的工资则不会包括在内。需要注意的是，虽然事务在逻辑上冲突，但在后一种情况下，两个事务之间确实没有相同的记录（数据项），因为在 T 插入新记录之前，T'可能已经锁定了所有 DepartmentID=3 的记录。这是因为引起冲突的记录是幻像记录（phantom record），即在插入时突然出现在数据库中的记录。如果两个事务中的其他操作冲突，则并发控制协议可能无法识别出幻像记录引起的冲突。

幻像记录问题的一个解决方法是使用索引加锁。索引包括条目，而条目中带有属性值以及一组指针，这些指针指向文件中有该值的所有记录。例如，EMPLOYEE 的 DepartmentID 上的索引对于每个不同的 DepartmentID 值会包括一个条目，并带有一组指针，这些指针指向有该值的所有 EMPLOYEE 记录。如果在访问记录本身之前锁定了索引条目，就可以检测到幻像记录上的冲突。这是因为在对实际的记录加锁之前，事务 T'会请求 DepartmentID=3 的索引条目的读锁，而 T 会请求同一个索引条目的写锁。由于索引锁冲突，就可以检测到幻像冲突。

此外，还有一个被称为谓词加锁（predicate locking）的更常用的技术，它以类似的方式对满足一个任意谓词（条件）的所有记录的访问加以锁定。不过，目前的实践表明，谓词加锁难以高效实现。

2．交互式事务

当交互式事务在提交之前从一个交互设备读输入和向交互设备写输出时（如监视器屏幕）会出现另一个问题，即用户可能向事务 T 输出一个数据项的值，而这个值要基于事务 T'写到屏幕上的某个值，但 T'可能还没有提交该值。T 和 T'之间的这种依赖性无法由系统并发控制方法建模，它仅基于用户与两个事务的交互。

处理这个问题的一个方法是延迟事务到屏幕的输出，直到事务都提交为止。

3．锁存器

短时间持有的锁通常称为锁存器（latch）。锁存器不遵循一般的并发控制协议（如两段加锁协议）。例如，当把页从缓冲区写到磁盘上时，可以用锁存器来保证页的物理完整性，会为页获取一个锁存器，将页写到磁盘后再释放锁存器。

5.6　锁 的 粒 度

锁的级别与粒度在一定程度上决定了数据库管理系统的性能，因此，商用数据库管理系统都在锁的问题上下了很大的功夫。

所有的并发控制技术都假设数据库由大量的命名数据项组成。数据项可以是以下任意一种：变量、数据库记录、数据库记录的字段值、表、磁盘块、整个文件、整个数据库。

被锁定的实体大小决定锁的粒度（granularity），实体越小，锁的粒度越细（fine），否则越粗（coarse）。锁的粒度越粗，则加锁的算法越保守。因此，在数据库管理系统中只支持表的锁，当访问一行时会将整个表锁定。显然，串行化没有受到锁粒度的影响。因为只要被访问的数据项被锁定，两段锁并发控制就能产生串行化的调度，即使锁定了其他不需要锁定的数据项。细粒度的锁可以使事务的并发程度更高，因为事务只需对它实际要访问的数据项加锁。不过，与细粒度加锁相关的开销会更大。通常，事务要保持的锁越多，就要有更多的空间来保存锁的信息。当在相同的锁定了的实体内，事务要访问多个数据项时，粗粒度的锁可以解决这些问题。例如，一个事务可能访问一个表的多行，只要对这个表加锁就可以了。

粒度会影响到并发控制和恢复的性能。

5.6.1　加锁的粒度级别

数据项的大小通常称为数据项粒度（dada item granularity），细粒度（fine granularity）指数据项较小，粗粒度（coarse granularity）指数据项较大。在选择数据项大小时必须权衡考虑。

数据项粒度越大，锁定的实体也就越大，允许的并发程度就越低。例如，如果数据项大小是一个磁盘块，那么事务 T 要对记录 B 加锁时，就必须锁定包含 B 的整个磁盘块 X，因为锁是与整个数据项（块）关联的。现在，如果另一个事务 S 需要为另一个记录 C 加锁，而 C 恰好也处于冲突锁模式的同一个磁盘块 X 中，那么 S 就被迫等待。如果数据项大小是一条记录，事务 S 则可以进行，因为它要对不同的数据项（记录）加锁。

数据项粒度越小，锁定的实体也就越小，那么数据库中的数据项就越多。因为每个数据项都与一个锁关联，系统中会有更多活动锁要由锁管理器处理。这样将会完成更多的加锁和解锁操作，从而导致开销增大。另外，也需要更大的空间来存储锁表。对于时间戳，每个数据项都要存储 read_TS 和 write_TS，而且对于处理大量的数据项也存在类似的开销。

若考虑上述折中，显然有一个问题：数据项多大最适宜？答案是这要取决于相关事务的类型。如果典型事务只是访问几条记录，那么数据项粒度为一条记录比较合适。另一方面，如果事务通常要访问一个文件中的多条记录，那么以块或文件作为粒度更合适一些，这样事务会把这些记录考虑为一个（或几个）数据项。

不少商用数据库管理系统把实现页锁作为一种折中，即对存储数据项的页面加锁，而不是对数据项本身加锁。页地址是被锁定的实体名。页锁是保守的，因为不仅要给需要访问的数据项加锁，还要给存储在该页上的其他数据项也加锁。

5.6.2　多粒度级别加锁

既然最佳的粒度大小取决于给定事务，那么数据库系统支持多种级别的粒度看上去就很合适，其中不同事务的粒度级别也可以不同。图 5-8 给出了一个数据库（其中包含两个文件）的简单的粒度层次结构，其中每个文件包含多个页，每页包含多条记录。这个图可以用来说明多粒度级别（multiple granularity level）两阶段加锁协议，其中可以用任意粒度级别请求加锁。不过，要高效地支持此协议，还需要使用其他类型的锁。

假设事务 T_1 需要更新文件 f_1 中的所有记录，T_1 请求 f_1 的一个共享锁，并获批准。这样 f_1 的所有页（从 p_{11} 到 p_{1n}）以及包含在这些页中的所有记录都以排他模式被锁定。这对 T_1 来说是有益的，因为相对于设置 n 个页锁或者必须逐记录加锁来说，设置一个文件级锁更为高效。现在假设另一个事务 T_2 只需要从文件 f_1 的 p_{1n} 页中读记录 r_{1nj}，那么 T_2 将会请求 r_{1nj} 上的一个共享记录锁。不过，数据库系统（即事务管理器，或锁管理器）必须验证请求的锁与已持有锁的相容性。进行验证的一个途径就是从叶结点 r_{1nj} 到 p_{1n} 到 f_1 再到 db

遍历整个树。如果某一时刻这些数据项上持有冲突锁，则拒绝对 r_{1nj} 的锁请求，T_2 阻塞并且必须等待。这个遍历相当高效。

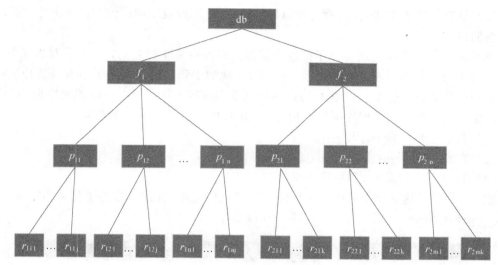

图 5-8　多粒度级别加锁的粒度层次结构示意图

　　然而，如果事务 T_2 的请求在事务 T_1 的请求之前到达会怎么样呢？在这种情况下，对 $r1nj$ 的共享记录锁授予 T_2，但是当请求 T_1 的文件锁时，锁管理器将很难对结点 f_1 的所有子孙结点（页和记录）进行检查以找出锁冲突。其效率会非常低，而且会有违多粒度级别加锁的初衷。

　　为了使多粒度级别加锁真正实用，还需要采用其他类型的锁，这称为意图锁（intention lock）。意图锁的思想是，对于一个事务，沿着从根到所需结点的路径指出该结点某子孙需要得到什么类型的锁（共享还是排它），有 3 种类型的意图锁。

　　（1）意图共享（intention-shared，IS）：表示请求某个（些）子孙结点上的共享锁。

　　（2）意图排他（intention-exclusive，IX）：表示请求某个（些）子孙结点上的独占锁。

　　（3）共享意图排他（shared-intention-exclusive，SIX）：表示以共享模式锁定了当前结点，但是要请求某个（些）子孙结点上的独占锁。

　　这 3 种意图锁以及共享/独占锁的相容性如表 5-2 所示。除了引入这 3 种意图锁之外，还必须使用适当的加锁协议。多粒度加锁（multiple granularity locking，MGL）协议包括如下规则：

　　（1）必须遵循锁相容性（如表 5-3 所示）。

表 5-3　多粒度加锁的锁相容性矩阵

	IS	IX	S	SIX	X
IS	YES	YES	YES	YES	NO
IX	YES	YES	NO	NO	NO
S	YES	NO	YES	NO	NO
SIX	YES	NO	NO	NO	NO
X	NO	NO	NO	NO	NO

　　（2）必须首先以某种模式锁定树的根结点。

　　（3）只有结点 N 的父结点已经被事务 T 以 IS 或 IX 模式锁定时，结点 N 才能被事务 T 以 S 或 IX 模式锁定。

（4）只有结点 N 的父结点已经被事务 T 以 IX 或 SIX 模式锁定时，结点 N 才能被 T 以 X、IX、或 SIX 模式锁定。

（5）只有当事务 T 未对任何结点解锁时（以保证两阶段加锁协议），该事务才能对一个结点加锁。

（6）只有在结点 N 的所有孩子结点当前都没有被事务 T 锁定时，T 才能对 N 解锁。

规则 1 只是指出了不允许冲突锁。规则 2、规则 3 和规则 4 指出了事务以某种加锁模式锁定一个给定结点的条件。MGL 协议的规则 5 和规则 6 保证了两阶段加锁规则，以产生可串行化调度。为了用数据库层次结构说明 MGL 协议，考虑以下 3 个事务：

（1）T_1 要更新记录 r_{111} 和 r_{211}。

（2）T_2 要更新页 p_{12} 上的所有记录。

（3）T_3 要读取记录 r_{11j} 和整个 f_2 文件。

图 5-9 显示了这 3 个事务的一个可能的可串行化调度。在此只给出了其中的加锁操作，<lock_type>（<item>）用于显示调度中的加锁操作。

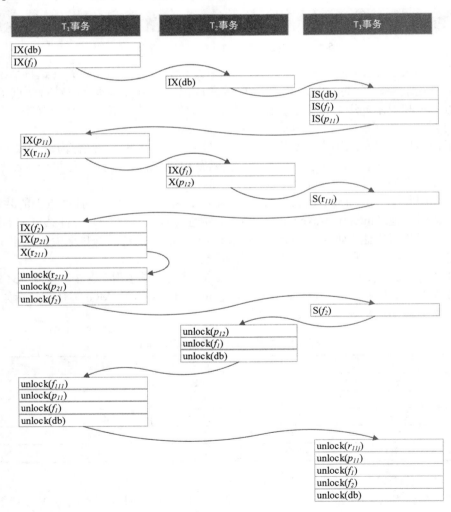

图 5-9　可串行化调度的加锁操作示例

多粒度级别协议特别适合处理包括以下事务的混合事务：只访问为数不多的数据项（记录或字段）的短事务和访问整个文件的长事务。在这种环境下，与单级粒度加锁方法相比，这种协议产生的事务阻塞和加锁开销都较少。

5.7 集中式系统中的事务处理

在集中式事务处理系统中，所有的模块都驻留在一台计算机上。例如，为一个用户服务的计算机或工作站，或一台连有多个终端为多个用户提供并发服务的主机。下面分别讨论这两种情况。

5.7.1 单用户系统的组织

图 5-10 所示的是一个用户的事务处理系统在一台 PC 机或工作站上可能的组织形式。用户模块完成表示和应用服务（presentation and application service），表示服务通常是由应用程序生成器创建的。它在屏幕上显示表单，并通过表单处理用户和计算机之间的信息流。一个典型的循环活动开始于显示表单的表示服务，在表单上，用户在文本框中输入信息，然后单击鼠标或者某个按钮。表示服务把单击作为一个事件，并调用相关程序，这样的程序被称为事件程序（event program）。表示服务把图形用户界面（GUI）上输入到文本框中的信息传递到事件程序，由事件程序来完成应用服务。程序检查没有在模式中定义的完整性约束，并按照企业的规则执行一系列步骤，适当地更新数据库。

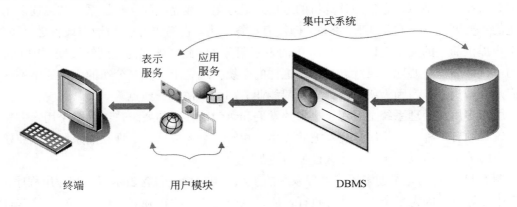

图 5-10 单用户事务处理系统示意图

以学校的学生管理信息系统为例，系统中负责课程注册的事件程序必须确保学生已经学完了预备课程，并且必须把学生的姓名添加到班级花名册中。它访问数据库的请求可能定义在嵌入式 SQL 语句中，这些 SQL 语句被发送到数据库服务器，数据库服务器将请求转换成一系列访问数据库的读/写操作命令（数据库存储在大容量的存储设备上），这些命令由操作系统来执行。

这里用户并不直接与数据库服务器交互，而是通过调用事件程序由事件程序向数据库服务器发送请求。让用户直接访问数据库服务器（如通过执行指定的 SQL 语句）是危险的，因为粗心的或恶意的用户容易通过写入错误的数据来破坏数据库的完整性。即使只允许用户读数据也有缺陷。一方面，构建一个 SQL 查询语句返回用户想要的信息不是一件容易的事；另一方面，数据库中可能有不允许用户看到的信息，如一名学生的成绩信息不能被其他学生看到，但教师却可以访问学生的成绩信息。

因此，要求用户必须使用由应用程序（假设用户不能篡改它们）所提供的事件程序间接地访问数据库解决这个问题。这些程序是由应用程序员所实现的，他们设计这些程序来验证对服务器的访问是正确的和适当的。

尽管事件程序（或其一部分）可以被视为事务，但此时并不要求它具有事务处理系统的全部功能。例如，单用户系统一次只调用一个事务，因此自动保持隔离性。保证原子性和持久性的机制仍然是必要的，不过这些机制实现起来相对简单，因为同一时间只有一个事务在执行。

尽管有人认为单用户系统太简单，可以不包含在事务处理系统中，但它表明在所有系统中必须提供两个必要的服务：表示服务和应用服务。

5.7.2　集中式多用户系统的组织

支持任何规模企业的事务处理系统必须允许多个用户从多个地点对它进行访问。这样系统的早期版本使用了连接到一台中央计算机的终端，在终端和计算机局限在一个小区域内（如一幢办公大楼内）的情况下可以通过硬件连接进行通信。不过，在大多数情况下，终端分布在远程地点，它们与计算机的通信是通过电话线完成的。早期系统和当前多用户系统的主要区别是终端是"哑"终端，即没有计算能力。它们作为输入/输出设备进行服务，为用户提供简单的文本接口。图 5-10 中的表示服务（除此之外都内置到终端硬件中）是最小的，且必须在中心地点执行。当然，这样的系统在地理上可能是分布的，但通常不认为它们是分布式系统，因为所有的计算和智能业务都驻留在同一地点。

引入多用户处理系统主要源于事务的发展和 ACID 性质的要求，因为多个用户并发访问系统必须有一种方法将用户交互彼此隔离。相对于个人数据库，现在的系统是企业核心竞争力的关键，所以原子性和持久性变得更加重要。

图 5-11 所示的是早期多用户处理系统的组织。用户模块包含表示服务和应用程序，运行在中心地点。因为多个用户并发执行，所以每个用户模块在独立过程中执行。这些过程的执行是异步的，它们可能随时向数据库提交服务请求。例如，当服务器为一个应用程序执行 SQL 语句的请求提供服务时，另一个应用程序可能正在提交执行其他 SQL 语句的请求。高级数据库服务器能同时为多个这样的请求服务，并保证每个 SQL 语句作为隔离的和原子的单元执行。

为提供隔离性，应用程序需要运用事务的概念及原理，在事务支持模块提供相应的支持，以确保 begin_transaction、commit 和 rollback 等命令被恰当地执行，从而提供原子性、隔离性和持久性。当然，事务支持模块还应包括并发控制和日志等内容。

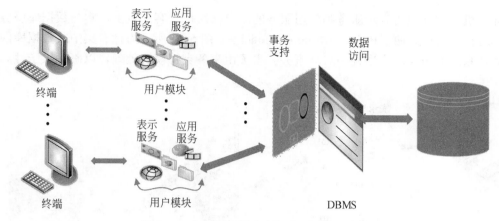

图 5-11　集中式多用户事务处理系统示意图

5.8　分布式系统上的事务处理

5.8.1　数据库服务器分布的关键因素

现代事务处理系统通常在分布式的硬件上实现，这些硬件包括多个地理位置上分布的独立计算机。ATM 机是与银行计算机分离的，售票代理点的计算机是与航班预定主系统相分离的。在有些情况下，应用可以与存储在不同计算机上的多个数据库通信。计算机连接在一个网络上，各模块分布在任意地点，它们以一种统一的方式交换消息。

这些系统的体系结构是基于 C/S 模型的。利用分布式硬件，客户机和服务器模块不必处在同一个地点。数据库服务器的分布可能取决于以下因素：

（1）通信费用和响应时间最小化。例如，一个信息系统是由中心办公室、仓库和生产车间组成的。如果大多数访问员工记录的事务是在中心办公室启动的，那么这些记录就可以保存在本地，而库存记录可以保存在仓库。

（2）数据的所有权和安全性。例如，在每个支行办公室都有计算机的分布式银行管理系统，支行可能要求账户信息保存在自己本地的计算机上。

（3）计算和存储设备的可用性。例如，一个包含多个大容量存储设备的复杂数据库服务器只能处在一个地点。

特别强调，在分布式系统中，不同的软件模块处在不同的计算机上。当事务处理系统是分布式的时候，它的数据库部分（database portion）可以是集中式的，也就是说，可以利用驻留在一台计算机或不同计算机上的多个数据库服务器。因此，事务处理系统可以是分布的（distributed），但有一个集中式的数据库。

5.8.2　分布式系统的组织

1．两层结构模型

分布式事务处理系统的组织是由图 5-11 所示的多用户系统发展而来的，把终端替换成客户计算机，这样负责表示服务和应用服务的用户模块位于客户机上，它与数据库服务器通信，这种结构称为两层模型（two-tiered model）。图 5-12 所示为拥有集中式数据库的分布式处理系统的组织。应用程序启动事务，事务由事务支持模块处理，以确保原子性和隔离性。

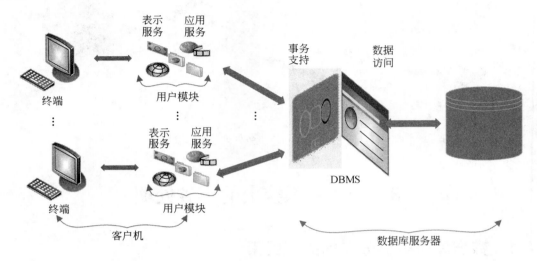

图 5-12　两层的多用户分布式事务处理系统示意图

数据库服务器可以提供一个 SQL 接口，以便客户机上的应用程序向数据库服务器发送执行特定 SQL 语句的请求。但在客户机直接使用这样的接口时会面临几个严重的问题。第一个问题就是数据库完整性的处理问题。对于单用户系统，我们考虑的是处在客户端的客户机可能不安全和不可靠。例如，一个错误的应用程序可能通过发送一条不正确的更新语句破坏数据库的完整性。

第二个问题是与网络通信和系统处理大量客户的能力有关。用户可能希望执行 SQL 语句来扫描一张表，这将导致表中所有的数据从数据库服务器传送到客户机上。因为这些机器是分布的，即使在事务执行的结果中包含的信息很少，也要求大量的网络通信。当不得不处理这样的要求时，网络只支持少量的客户。

解决这个问题的办法是采用存储过程。与发送单个 SQL 语句相反，客户机上的应用程序要求数据库服务器执行某个存储过程。实际上，应用程序现在有高级的或更加抽象的数据库接口。例如银行的数据库服务器，它可能为应用程序提供 deposit()和 withdraw()存储过程。

存储过程有以下几个优点：

（1）它们被假设是正确的，在数据库服务器上可以保持完整性。在客户机上运行的应用程序禁止提交单个 SQL 语句，因为客户机只能通过存储过程访问数据库，因而一致性也得到保护。

（2）一个过程的 SQL 语句可以事先写好，因而执行效率比解释代码更高。

（3）服务提供商能更加容易地授权用户执行特定的应用功能。例如，只有银行出纳才能给出有效的支票，而不是顾客。在单个 SQL 语句级，管理授权是困难的。取款事务可能使用与产生有效支票事务相同的 SQL 语句，通过拒绝顾客直接访问数据库来解决授权问题，相反，允许它执行取款存储过程却不允许它执行有效支票的存储过程。

（4）通过提供更加抽象的服务，网络通信的信息量减少。在客户机上的应用程序和数据库服务器之间不传递中间变量和单个 SQL 语句的执行结果，所有的中间结果由数据库服务器上的存储过程来处理，只有初始变量和最终结果通过网络传输。这就是以上的表扫描完成方式，这样数据通信量减少，可以有更多的顾客得到服务，但数据库服务器必须有足够的能力来处理存储过程所要求的额外工作。

2．三层结构模型

图 5-13 所示的是分布式事务处理系统的三层模型（three-tiered-structure model），体现了为客户机提供更高层次的服务。用户模块可以分成表示服务器和应用服务器，它们在不同的计算机上执行。客户端的表示服务集成用户的输入信息，并对信息的有效性进行检查（如类型检查、数据合法性检查等），然后发送请求消息给应用服务器，在网络的某个地方执行。

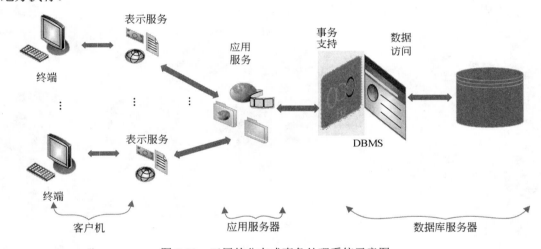

图 5-13　三层的分布式事务处理系统示意图

应用服务器执行与请求的服务相关的应用程序。该程序实现企业的规则，依次检查必须满足的条件，调用数据库服务器上相应的存储过程来完成服务请求。应用程序把请求的服务当作任务序列。例如在学生注册系统设计中，在执行注册课程的任务之前，注册事务检查该课程是否提供，学生是否修完所有的预备课程，且学生选修的课程总数没有超过限制。

每个任务可能要求复杂程序的执行，每个程序可能是数据库服务器上的一个存储过程。应用程序控制事务的边界，使过程在事务内部执行。通常应用程序注重任务重用，即如果任务被选择来执行通用功能，它们能作为不同应用程序的组件被调用。一般情况下，事务是分布的，应用程序被作为根，存储过程是在不同服务器上执行的子事务的组成部分，这样就需要更多精心设计的事务支持。

应用可以被当作工作流，它由必须按特定顺序（尽管在这种情况下所有的任务都是计算型的）执行的一个任务集合组成。应用服务器可以被看作是工作流控制器，它控制任务流，按照用户的要求执行。

图 5-13 所示为有多个客户机的应用服务器。因为每个客户机请求的服务都要花一定的时间，多个其他客户请求会被挂起，因此应用服务器必须并发处理请求以维持操作性能。例如，它可以是多线程的（multithreaded），每个线程处理一个客户。通过使用线程能避免过多地为每个客户创建过程带来的开销，这样，当客户机数量增加时系统规模可以更好。

如果有多个客户机，可能存在应用服务器的多个实例。每个实例可能驻留在不同的计算机上，每台计算机可能与不同的客户子集相连接。例如，一台应用服务器和它服务的客户可能在地理位置上是相邻的。

在一些组织中，应用程序调用的任务的存储过程从数据库服务器中迁出，在被称为事务服务器（transaction server）的模块里执行，如图 5-14 所示。为最小化网络通信，事务服务器通常位于和数据库服务器物理上相近的计算机上，而应用服务器位于接近用户的地点。事务服务器现在可以做大量的工作，因为它向数据库服务器提交 SQL 语句和处理返回的数据。应用服务器主要负责给事务服务器发送请求。

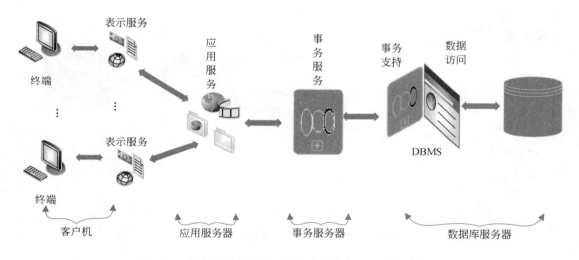

图 5-14　带事务服务器的三层分布式事务处理系统示意图

在大型或超大型系统中可能存在多个事务服务器过程的实例。这是一个服务器类（server class）的例子，服务器类在服务器过载时使用。类成员可能在与数据库服务器相连接的不同服务器上运行，这样可以共享并发执行的工作流出现的事务负载。每个事务服务器过程可能是一个服务器类实例。通常，可能有多个数据库服务器存储企业数据库的不同部分，例如一个服务器上是收银数据库，而另一个服务器上是注册数据库。某个事务服务器可能连在数据库服务器的子集上，只能执行例程的一个子集。这样，一个应用服务器必须调用合适的事务服务器来完成特定的任务，这种选择调用通常具有路由（routing）的功能，有时也被称作路由。分布式事务的应用程序将请求路由到多个事务服务器上的情况如图 5-15 所示。

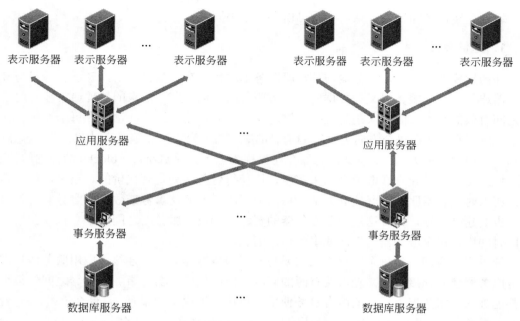

图 5-15　三层分布式事务处理系统服务器间的相互连接示意图

3．将事务服务器和数据库服务器分开的好处

（1）企业不同的组件使用不同的过程集访问公共数据库，把这些过程集分别放在不同的事务服务器上，可以使每个组件更容易地控制自己的过程。例如，一个大公司的账务系统和对外宣传系统可能使用完全不同的过程访问同一数据。

（2）过程必须访问不同服务器上的不同数据库。

（3）数据库服务器不支持存储过程。

（4）数据库服务器处理大量用户的请求，有可能产生瓶颈。把存储过程从数据库机器移出可减轻负载。

4．将客户机和应用服务器分开的好处

（1）对客户机的性能要求可以更低，这种成本的降低可以大幅降低组织的信息化投入，特别是当组织有数千乃至数万个客户机时，其成本的降低是惊人的。

（2）系统维护更加简单，因为企业随需而变导致企业规则的改变（导致工作流程序的改变）局部化在应用服务器上，不会反映到所有的客户机上。

（3）系统安全有所加强，因为用户不对应用服务器做物理访问，所以不易改变应用程序。

5.8.3　会话与上下文信息

每一种体系结构都涉及客户机与服务器的会话（session）。当两个实体要彼此通信来完成一些工作，并且每个实体保持着一些与工作中的角色相关的上下文状态信息（context）

时，这两个实体之间存在会话，会话可以存在于不同的层。

1．通信会话

在两层模型中，表示服务器与数据库服务器通信。在三层模型中，表示服务器与应用服务器通信，应用服务器又与数据库和事务服务器通信。客户请求的处理通常涉及通信模块之间有效的和可靠的多次消息交换，这时通常建立通信会话。会话要求每个通信实体保持上下文信息，如在每个方向上发送的消息的顺序号（为了可靠地发送消息）、信息寻址、密钥和当前通信的方向。上下文信息保存在被称为上下文块（context block）的数据结构里。

信息交换通过建立和取消会话来实现，这使得这些活动是有代价的。结果，每当客户发出请求时，表示服务器就建立会话，每当应用服务器要从事务或数据库服务器得到服务时，也要建立会话，无疑这浪费了服务器的资源。相反，服务器之间应建立长期会话，在这段时间内，每个服务器为客户或事务传递消息。

通过引进应用层，每个客户机只需要与应用服务器建立一个连接，应用服务器只需与事务服务器建立连接有效减轻浪费资源的问题。但应用服务器与事务服务器之间的每个连接都能被应用服务器上运行的所有事务使用。更精确地说，如果有 m_1 台客户机，m_2 台应用服务器和 m_3 台事务服务器，在最坏的情况下，两层体系结构上有 $m_1 \times m_3$ 个连接，而三层结构上的连接数是 $m_1 + m_2 \times m_3$ 个。因为应用服务器数量 m_2 远远少于客户机数量 m_1，所以这种结构大幅减少了连接数。因此，三层体系结构模型非常适用于处理大量客户机的系统。

2．客户机/服务器会话

服务器维护它为之提供服务的每个客户机的上下文信息。这里考虑一个通过视图（view）访问表的事务，它执行一个 SQL 语句序列（OPEN、FETCH）产生一个结果集，检索其中的行。上下文必须保存在服务器上，以便它能处理这些语句，因此对于 FETCH 语句，服务器必须知道最后返回哪一行。

供客户机/服务器会话使用的上下文信息可以用多种不同的方式保存。

1）存储在本地服务器

服务器能在本地保存客户机的上下文信息。每次客户机发出请求时，服务器检查客户机的上下文，并用上下文信息解释请求。注意，当客户机总是访问同一服务器时，这种方法的效果很好。但当请求的服务由服务器类的任意实例提供时，必须谨慎使用这种方法。此时，后续服务可能由不同的实例提供，存储在本地实例中的上下文信息对其他实例来说是不可访问的。而且，当客户机很多，会话时间很长时，保持会话是沉重的负担。上下文信息保持的形式经常与对等通信一起使用。

2）存储在数据库上

如果服务器是一个数据库管理系统，那么上下文信息能保持在数据库中。这种方法可避免服务器类带来的问题，因为类的所有实例可以访问同一个数据库。

3）存储在客户机上

上下文信息可以在客户机和服务器之间来回传递。服务器完成服务请求后给客户机返回其上下文信息。客户机不会试图解释上下文信息，而是将它保存下来，当下次发出请求时，再将它传给服务器。这种方法既能减轻服务器保存上下文信息的负担，又能避免服务器类带来的问题。上下文信息数据结构的来回传送称作上下文处理（context handle）。这种上下文信息保持的形式经常与过程调用通信一起使用。

5.8.4　队列事务处理

两层模型是以数据为中心的（data centered），而三层模型是以服务为中心的（service centered），这两种情况客户机和服务器都参与直接事务处理（direct transaction processing），即客户机调用服务器，然后等待结果，系统会尽快提供服务并返回结果，此时客户机和服务器是同步工作的。

然而，通过使用队列事务处理（queued transaction processing）机制可以变同步工作模式为异步工作模式，客户机把请求插入到服务器上待服务的请求队列中，然后做其他工作。当服务器准备提供服务时，就从队列中删除请求。例如，表示服务器的请求经常被插入到应用服务器队列的前面，直到指定应用服务器线程来处理这个请求为止。在服务完成后，服务器将结果插入到结果队列中，客户机会将结果从队列中删除，因而，客户机和服务器异步工作。

队列事务处理带来的好处是明显的，客户机能在服务器忙或不工作时输入请求。类似地，即使客户机因为忙或不工作而没有准备好接收结果，服务器也能将结果返回。而且，如果请求正在服务时服务器崩溃，服务事务会异常中止，请求又回到请求队列中。在服务器重启后，不需要客户机的干预，请求就可以得到服务。最后，当多个服务器可用时，队列会调用算法平衡所有服务器间的负载。

5.8.5　分布式事务基本两阶段提交协议

在基本 2PC 协议中，分布式事务处理程序要任命一个协调者，该协调者负责分布式事务的提交或中止。该协调者一般由分布式事务的始发站点上的代理者担任，其他站点上的代理者被称为分布式事务的参与者，每个参与者负责其局部事务并向协调者提出提交或中止事务的请求。

基本 2PC 协议的基本思想是只有在全部子事务均提交的情况下分布式事务才会提交；如果有一个参与者不能提交其子事务则全部子事务都中止，保证所有参与者做出提交或撤销子事务的统一决定。基本 2PC 协议由两个阶段组成，第一阶段做出提交或撤销全部子事务的决定，称之为决策阶段；第二阶段执行第一阶段的决定，称之为执行阶段。

在基本 2PC 协议的第一阶段，协调者给所有的参与者发消息进入预提交阶段，如果参与者就绪了并同意提交，就回答"提交"。在发送预提交命令之前，协调者要在日志中写入预提交记录以及所有参与者的子事务标识，然后协调者进入等待回应状态并启动计时器。当一个参与者回答"准备提交"时，要保证在其他站点故障时也能提交子事务。因此，在各子事务所在站点的日志中要记录以下内容：

（1）本站点提交子事务所需的全部运行记录。

（2）该子事务已准备就绪的记录。

以上两点可以保证该子事务的状态不受其他站点故障的影响。

在执行阶段，当协调者做出决定后，会在日志中写入"全部提交"或"全部撤销"记录。这保证分布式事务会统一提交或撤销，然后协调者向所有的参与者发送"提交"或"撤销"命令。

所有的参与者根据协调者的命令将"提交"或"撤销"记录写入本站点日志中，同时执行"提交"或"撤销"命令并向协调者发送"执行"消息。

协调者从所有参与者处收到执行消息，在日志中写入"完成"记录，至此分布式事务完成。

5.8.6　分布式事务基本两阶段提交协议的改进

1. 基本两阶段提交存在的问题

在基本 2PC 协议中，参与者在同意提交之前可以任意中止自己的子事务，而在参与者确定了子事务的提交或撤销后，就不能再更改它的建议，必须等待协调者的最终决策。在这个期间，协调者和参与者都进入相互等待对方发送消息的状态，当与协调者和参与者相关的通信网络不稳定，特别是发生网络故障时，就很容易引发事务处理的非正常阻塞现象，这时该事务所占用的资源长期不能或根本不能释放，占用其他事务的资源，影响其他事务的处理，降低了系统的工作效率和可靠性。

在图 5-16 所示的基本 2PC 协议站点关系中，协调者非常关键，如果协调者发生故障，势必会严重影响全局事务。协调者和参与者需要通过网络传递准备提交、建议提交或撤销、全局提交或撤销和提交或撤销信息。当参与者较多时，协调者要与每一个参与者直接进行通信，处理的信息量大，响应时间长，这时协调者就会成为事务处理的瓶颈，网络也会出现不稳定或故障的现象，由此也会引发事务处理的非正常阻塞状态。

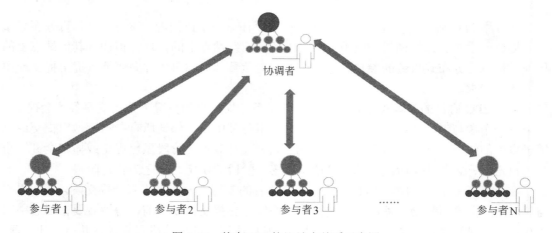

图 5-16　基本 2PC 协议站点关系示意图

由以上分析可见，非正常阻塞是影响基本 2PC 协议性能的关键因素。如果要提高分布式数据库系统的工作效率和可靠性，就必须降低非正常阻塞的发生几率，并尽可能减少已出现的非正常阻塞对系统的影响。

2. 两阶段提交协议的改进

为了减轻协调站点的负担，防止协调者出错造成事务无法完成，并缩短各子事务并行处理的响应时间，确保协调者和参与者能够从非正常阻塞状态中退出并终止，有人对基本两阶段提交协议做了如下改进：

（1）提供一个辅助协调者站点，在协调者站点出现故障的情况下接替协调者的职能，完成事务处理。

（2）为每个进程设置一个定时器。如果某个进程所期待的消息在计时器超时之前还未到达，就进行超时处理，从而提高分布式数据库系统的效率、可靠性和可用性。

在改进后的方案中，在进行分布式事务处理时，由系统选定一个协调者、一个辅助协调者和完成该事务所需的所有参与者。在第一阶段，协调者向辅助协调者和所有参与者发送命令，并将辅助协调者的地址和所有参与者的地址作为附加信息在命令中一起发送。协调者将命令发出后就立即启动定时器并进入等待状态，等待接收参与者发回的回应消息。如果参与者在收到消息前发生站点故障，参与者站点会先自行进行故障恢复，如不能恢复，则直接终止全局事务，这样可以减少无谓事务的提交。如果参与者正常，参与者收到命令后，根据定时器的时间限制和本地资源情况向本地站点申请进行子事务提交所需的本地资源。如果本地资源符合事务提交条件，则发送"建议提交"消息，同时启动定时器，进入等待状态，等待协调者发送全局事务的最终决策；如果参与者没有申请到足够的进行子事务提交的本地资源，则向协调者发送"建议撤销"消息，并撤销本地资源的申请。在第二阶段中，协调者如果在定时器规定的时间内未能收到所有参与者的消息，则全局事务撤销；如果协调者收到所有参与者的消息，则根据参与者发过来的消息是提交还是撤销来做出全局事务的决策。如果收到的参与者发送的消息均为"建议提交"，则协调者通过辅助协调者向所有参与者发送"全局提交"命令，否则协调者通过辅助协调者向发送"建议提交"的参与者发送"全局撤销"的命令，同时将上述操作记入日志中。在执行阶段中，参与者如果在定时器规定的时间内收到协调者关于全局事务的最终决策，则按照协调者的命令进行相应的事务处理，否则参与者根据初始命令报文中的辅助协调者地址和其他参与站点地址向这些站点询问协调者的最终决策，根据得到的回复来决定提交或撤销事务，同时将操作确认信息发送给协调者。参与者也要将上述操作记入本地日志中，在出现站点故障时用来进行重启恢复。最后，协调者收到所有参与者发回的确认信息后在日志中写入"事务结束"记录。

在图 5-17 所示的改进的 2PC 协议站点关系中，协调者向辅助协调者和各个参与者发送命令，所有参与者如果正常工作并建议提交，则由辅助协调者把建议发送给协调者。这样，比基本 2PC 协议中在各站点能正常通信并且无故障的时候有效地增加了报文通信，但是当协调者发生故障时却可以保证整个系统的可靠运行。假如协调者收到各参与者发来的建议消息后发生故障，协调者无法与辅助协调者通信，这时辅助协调者会根据系统的超时控制机制来确定协调者出现故障，由于辅助协调者记录有所有参与者的建议信息，辅助协调者可以执行协调者的职能。辅助协调者在执行协调者职能时协调者有可能恢复故障，这时系统中就会出现两个协调者，为防止这种情况发生，辅助协调者首先发送一条消息给协调者表示要执行协调者的职能，即使协调者后来排除故障恢复了，他首先要处理来自辅助协调者的这条消息，协调者收到这条消息后就放弃协调者角色，进入等待状态，辅助协调者根据刚才收到的所有参与者建议消息做出提交或撤销事务的决策。当事务结束后，辅助协调者要发送一条消息给协调者表示事务结束，辅助协调者也就不再执行协调者的职能。如果辅助协调者在发送决策命令后发生故障，就不能执行该事务也不能把事务结束的信息发给协调者，系统会根据超时控制机制判断辅助协调者已经发生故障，这时协调者如果恢复了就会退出等待状态，重新执行协调者职能，协调者也会首先发送一条消息给辅助协调者表示要重新执行协调者职能，协调者会根据日志记录重新发送决策给所有参与者继续把事务完成。

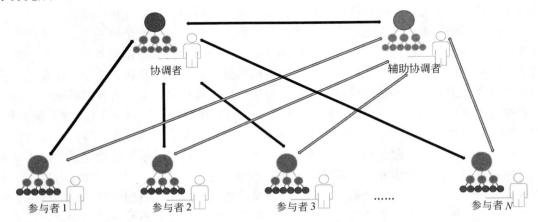

图 5-17　改进的 2PC 协议站点关系示意图

在改进方案中，各参与站点在全局事务发起前会进行故障检测，如有站点发生故障则重启恢复，避免无用的事务提交。在协议进行的各个阶段普遍采用超时控制机制来检测故障，防止多个站点出现长时间互相等待，当部分站点出现故障而引发超时情况时，正常站点可以通过终止程序终结事务，减少因等待导致的阻塞状况出现。辅助协调站点的使用减少了协调站点的负担，而且在协调站点发生故障失效时转变职能成为新协调者，使参与者可立即结束等待状态，从另一方面减少了阻塞情况的出现。

5.9　结构化查询语言中的事务支持

单一的 SQL 语句总被认为是原子的，因为它要么无差错地完成执行过程，要么发生故障并且未对数据库造成任何改变。在 SQL 中没有显式的 Begin_Transaction 语句。当处理一个特定的 SQL 语句时，将隐式地执行事务的初始化。但每个事务必须有显式的结束语句，它可以是 COMMIT 或 ROLLBACK。每个事务都有某些属于它的特征。这些特征由 SQL 的 SET TRANSACTION 语句指定，包括存取方式、诊断区域范围、隔离级别。

存取方式（access mode）可以指定为 READ ONLY 或 READ WRITE，默认值是 READ WRITE，除非隔离级别 READ UNCOMMITTED 被指定，在这种情况下存取方式是 READ ONLY。READ WRITE 方式允许执行选择、更新、插入、删除和创建等命令。READ ONLY

方式只允许数据检索，如同它的名字的含义一样。

诊断区域范围（diagnostic area size）选项表示为 DIAGNOSTIC SIZE n，它通过指定一个整数 n 来表示在诊断区域中可以同时保存的状态数目。这些状态向用户或程序提供最近执行的 SQL 语句的反馈信息（错误或异常）。

使用语句 ISOLATION LEVEL<isolation>定义隔离级别（isolation level），其中<isolation>的值可以是 READ UNCOMMITTED、READ COMMITTED、 REPEATABLE READ 或者 SERIALIZABLE。默认的隔离级别是 SERIALIZABLE，还有一些系统使用 READ COMMITTED 作为默认隔离级别，这里使用 SERIALIZABLE 是用来防止脏读、不可重复读和幻像的发生。如果一个事务是在比 SERIALIZABLE 低的隔离级别上执行，那么有可能发生下列一个或多个违反情况。

（1）脏读（dirty read）：事务 T_1 可能读到事务 T_2 更新后的值，但是 T_2 还没有提交。如果 T_2 因故障而被撤销了，那么 T_1 将读到一个并不存在的错误值。

（2）不可重复读（nonrepeatable read）：事务 T_1 可能从某个表中读到一个特定的值。如果稍后另一事务 T_2 更新了该值，而 T_1 又读取该值，则 T_1 将读到一个不同的值。

（3）幻像（phantom）：事务 T_1 可能从某个表读取一行数据，该行是基于某个在 SQL WHERE 子句中指定的条件。现在假定事务 T_2 在 T_1 用到的表中插入一个新行，它也满足 T_1 使用的 WHERE 子句的条件，那么如果 T_1 被重复执行，它就会看到一个幻像，即以前并不存在的行。

表 5-4 总结了不同隔离级别可能发生的违反情况，其中"YES"表示可能发生违反，"NO"表示不可能发生违反。READ UNCOMMITTED 级别是最宽松的，而 SERIALIZABLE 级别是最严格的，其避免了上面提到的所有 3 种问题。

表 5-4　基于 SQL 中所定义隔离级别的可能违反类型

隔离级别	违反类型		
	脏读	不可重复读	幻像
READ UNCOMMITTED	YES	YES	YES
READ COMMITTED	NO	YES	YES
REPEATABLE READ	NO	NO	YES
SERIALIZABLE	NO	NO	NO

第6章　关系型数据库的数据恢复

关系型数据库的数据恢复是数据库管理系统的重要组成部分。在数据库系统运行过程中，硬件故障、软件错误、操作失误是不可避免的，恶意破坏也是屡见不鲜的，这些故障轻则造成事务非正常中断，影响数据库中数据的正确性，重则破坏整个数据库，因此数据库管理系统必须具有把数据库从错误状态恢复到某个已知正确状态的能力。数据库系统所采用的恢复技术的有效性不仅对数据库系统的可靠程度起着决定性作用，而且对数据库系统的运行效率也有很大的影响，是衡量数据库管理系统性能的重要指标。

6.1　数据库数据恢复的概念

6.1.1　数据库故障的种类

导致数据库系统产生故障的种类有很多，如磁盘损失、电源故障、软件错误、计算机病毒、火灾或有人恶意破坏等，每种故障都需要有相应的方法来处理。最容易处理的故障类型是不会导致系统中信息丢失的故障（如事务故障等），较难处理的故障是会导致信息丢失的故障（如介质故障、计算机病毒等）。

1．事务故障

导致关系型数据库事务执行失败有逻辑错误和系统错误两种情况。第一种情况是逻辑错误，其事务由于某些内部条件而无法继续正常执行，这样的内部条件包括非法输入、找不到数据、运算溢出或超出资源限制、违反了某些完整性限制、某些应用程序出错等。第二种情况是系统错误，系统进入一种不良状态（如死锁），结果事务无法继续正常执行，但该事务可以在以后的某个时间重新执行。

2．系统故障

系统故障是指引起系统停止运转并随之要求重新启动的事件，包括硬件故障、数据库软件故障或操作系统的漏洞等，它会导致易失性存储器内容的丢失，并使得事务处理停止，而非易失性存储器仍完好无损。

硬件错误和软件漏洞会使系统停止，而不破坏非易失性存储器内容的假设被称为故障停止假设（fail-stop assumption），设计良好的系统在硬件或软件级有大量的内部检查，一旦有错误发生就会将系统停止。现在的数据库管理系统都能满足这个假设。

3．介质故障

一般把事务故障和系统故障称为软故障（soft crash），把介质故障称为硬故障（hard

crash）。介质故障是指外存故障，系统在运行过程中，由于某种硬件故障（如磁盘损坏、磁头碰撞）或由于操作系统的某种潜在的错误、瞬时磁场干扰，使存储在外存储器上的数据部分损失或全部损失，称为介质故障。

这类故障会破坏数据库或部分数据，并影响正在存取这部分数据的所有事务。介质故障发生的可能性较小，但其破坏性却最大，有时会造成数据的无法恢复。

4．计算机病毒

计算机病毒（Computer Virus）是指"编制者在计算机程序中插入的破坏计算机功能或者破坏数据，影响计算机使用并且能够自我复制的一组计算机指令或者程序代码"。计算机病毒具有传染性、繁殖性、针对性、潜伏性、表现性和变种性等特点。从 1988 年 11 月 2 日全球计算机病毒（美国康奈尔大学的计算机科学系研究生莫里斯编写的蠕虫程序）爆发以来，在短短 30 多年的时间里，病毒的种类越来越多，破坏力也越来越强，据统计，由计算机病毒导致我们的经济损失每年已超过数百亿元人民币。

大量资料显示，计算机病毒已成为计算机系统的主要威胁，无疑也是数据库系统的主要威胁。因此，一旦数据库被破坏，就需要用恢复技术把数据库恢复到已知正确的状态。

6.1.2　恢复算法概要及分类

从事务失败中恢复是指数据库要恢复到失败之前最近的正确状态。为此，数据库管理系统必须保存各种事务应用到数据项的修改信息，这些信息通常保存在数据库系统的日志中。

一个典型的恢复策略可以非正式地概括为：

（1）如果发生像磁盘崩溃等灾难性失败，引起的大范围破坏涉及数据库的很大一部分，恢复方法为还原在归档存储器中备份的最近一个数据库副本，并从备份日志重新应用或者重做为提交事务的操作来重构失败前数据库的正确状态。

（2）如果数据库没有发生物理破坏，而是由于非灾难性失败变得不一致，则通过撤销某些操作来逆化导致不一致性的所有修改。为了恢复数据库的一致状态，可能有必要重做某些操作。在这种情况下，并不需要完整的数据库归档副本。在恢复过程中，只需参考在线系统日志中保存的记录即可。

对于非灾难性事务失败，主要通过延迟更新（deferred update）和即时更新（immediate update）两种技术进行恢复。其中，延迟更新技术直到事务到达其提交点之后才在磁盘上物理更新数据库，然后把更新记录到数据库中。在到达其提交点之前，所有的事务更新都记录在局部事务工作区（或者缓冲区）中。在提交过程中，先把更新永久记录到日志中，然后写到数据库。如果在到达其提交点之前事务失败，将不会修改数据库，所以无须进行 UNDO 操作。但由于事务的结果可能还没有记录到数据库中，所以可能需要从日志 REDO 已提交事务操作的结果。因此，延迟更新也称为 NO-UNDO/REDO 算法。

在即时更新技术中，事务的一些操作可能会在事务到达其提交点之前更新数据库。不过，在这些操作应用到数据库之前通常会强制将这些操作记录到磁盘上的日志中，使得它们有可能进行恢复。如果在数据库中记录了一些修改之后但在到达其提交点之前事务失败，那么必须撤销其操作对数据库的影响，即这个事务必须回滚。在常见的即时更新情况下，在恢复过程中撤销和重做都可能会用到。这项技术也称为 UNDO/REDO 算法，即这两种操作它都需要，而且这种技术在实际中也最为常用。这个算法还有一个变种，其中只需撤销事务提交之前记录在数据库中的所有更新，所以称为 UNDO/ NO-REDO 算法。

6.1.3   故障恢复技术

数据库恢复最常用数据备份和建立日志文件两种技术。在一个数据库系统中，两种方法通常结合使用。

1．数据备份

数据备份也叫数据转储，是指数据库管理员（Database Administrator，DBA）定期将整个数据库复制到磁带或另一个磁盘上保存起来的过程。这些备份数据文本称为后备副本。当数据库系统遭到破坏时，就可以利用后备副本来恢复数据库中的数据，但数据库只能恢复到转储前的状态，转储以后的所有更新事务必须重新运行才能恢复到故障时的状态。

备份与恢复的过程如图 6-1 所示。数据库系统在 t_1 时刻停止运行事务进行数据备份，在 t_2 时刻备份完毕，得到 t_2 时刻的数据库一致性副本。数据库系统继续运行，在 t_3 时刻发生故障。为恢复数据库的数据，第一步将后备副本导入数据库系统，将数据库恢复到 t_2 时刻的状态；第二步，重新运行从 t_2 到 t_3 的所有更新事务，从而将数据库恢复到故障发生前的一致性状态。

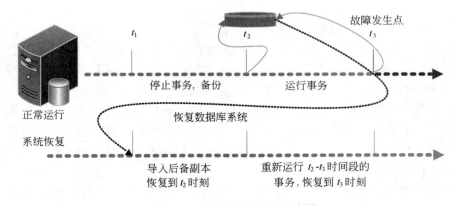

图 6-1   备份与恢复过程示意图

备份工作十分耗费资源，并且需要相当的时间及存储空间，特别是在数据量很大时，一般情况下利用周末、夜间等数据库比较空闲的时间段进行。

备份从备份状态上可分为静态备份和动态备份两种。静态备份是备份期间不允许（或不存在）对数据库的任何存取和修改活动。静态备份前数据库处于一致性状态，静态备份后得到的是一个数据一致性的数据库副本。静态备份虽然简单，但这种方法却将自上次备份以来改变与未改变的数据都复制了一遍，花费了一些不必要的系统时间和空间，且备份时数据库的状态必须要冻结，从而降低了系统效率和可用性。

　　动态备份是指备份期间允许对数据库进行存取或修改，即备份和事务可以并发执行。动态备份可以克服静态备份的缺点，它不用等待正在运行的事务结束，新事务运行也不必等待备份结束，但备份产生的后备副本上的数据并不能保证与当前状态一致。解决的办法是把备份期间各事务对数据库的修改活动登记下来，建立日志文件。利用备用副本和日志文件能把数据库恢复到某一时刻的正确状态。

　　例如，在备份期间的某个时刻 t_1，系统把数据"商品 A 价格=100 元/每个"备份到磁带上，而在下一时刻 t_2，某一个事务又将数据改为"商品 A 价格=130 元/每个"，备份结束后，后备副本上的 A 已是过时数据。为此，必须把备份期间各事务对数据库的修改活动登记下来，建立日志文件。数据库恢复时，可以用日志文件修改后备副本使数据库恢复到某一时刻的正确状态。

　　按照备份方式，数据备份可分为海量备份与增量备份两种。海量备份是指每次备份全部数据库；增量备份则指每次只备份上次备份后更新过的数据。

　　数据库的数据量一般比较大，海量备份很费时间。数据库中的数据一般只部分更新，很少全部更新，增量备份只备份其修改过的物理块，则备份的数据量显著减少，备份所耗费的时间也大幅减少，备份的频率可以增加，从而可以减少发生故障时的数据更新丢失。

2．日志文件

　　数据库系统运行时数据库与事务状态都在不断变化，为了在故障发生后能恢复系统至正常状态，必须在系统正常运行时随时记录下它们的变化情况，这种记录数据库更新操作的文件称为日志文件。

　　日志文件（log）记录了数据库中所有的更新活动。对于数据库的每次修改，都把修改项目的旧值和新值写在日志文件中，目的是为数据库的恢复保留详细的数据。日志文件一般由数据库管理系统自动产生，并根据数据库中的操作自动写日志记录。

　　事务在运行过程中，数据库管理系统将事务中的每个更新操作登记在日志文件中。对于每个事务，日志文件需要登记的内容通常包括以下几项：

- 事务开始标记，用<T,start>表示事务 T 已经开始。
- 事务的所有更新操作，用<T,X,V_1,V_2>表示事务 T 对数据项 X 执行写操作，在写之前 X 的值是 V_1，写之后的值是 V_2。
- 事务结束标记，用<T,commit>表示事务 T 已经提交。
- 事务中止标记，用<T,abort>表示事务 T 已经中止。

这些信息均作为一个日志记录（log record）存放在日志文件中。

　　一个更新日志记录（update log record）描述一次数据库写操作，它包含以下几个基本字段：

- 事务标识符是执行写操作的事务的唯一标识符。
- 数据项标识符是所写数据项的唯一标识符，通常是数据项在磁盘上的位置。
- 旧值是写之前数据项的值。
- 新值是写之后数据项的值。

　　数据库管理系统可以根据日志文件进行事务故障恢复和系统故障恢复，并结合备份副本进行介质故障恢复。

利用日志，系统可以解决任何不造成非易失性存储器上的信息丢失的故障。故障发生时对已经提交的事务进行重做（redo）处理，故障发生时对未完成的事务进行撤销（undo）处理。恢复机制使用下面两个恢复过程。

（1）UNDO(T)将事务 T 更新的所有数据项的值恢复成旧值。

（2）REDO(T)将事务 T 更新的所有数据项的值置为新值。

6.1.4　潜入/非潜入与强制/非强制

标准的数据库管理系统恢复术语还包括潜入/非潜入（steal/no-steal）和强制/非强制（force/no-force），它指定了数据库中的页何时可以从高速缓存写到磁盘。

（1）如果事务更新的高速缓存页在事务提交之前不能写到磁盘中，就称为非潜入方法。钉住（pinned）—拔钉位[①]可以指示页能否写回磁盘。反之，如果协议允许在事务提交之前写更新的缓冲区，则称为潜入方法。潜入方法在以下情况下使用：数据库管理高速缓存（缓冲区）管理器需要为另一个事务提供一个缓冲区帧，而且管理器替换了一个现有的已更新的页，但其事务尚未提交。

（2）如果事务更新的所有页在事务提交时立即写回磁盘，则称为强制方法，反之称为非强制方法。

延迟更新恢复方法使用的就是非潜入方法，不过，典型的数据库系统会采用潜入/非强制策略。潜入方法的优点是无须很大的缓冲区空间在内存中存储所有更新的页。非强制方法的优点是对于一个已提交事务所更新的页，当另一个事务需要更新它时，它可能仍然在缓冲区中，这样就消除了再次从磁盘读该页的 I/O 代价。当多个事务频繁更新一个特定的页时，这种方法可以大大减少 I/O 操作数。

在使用原位更新时，为了允许恢复，在把修改应用到数据库之前必须把恢复所需要的条目永久地记录到磁盘上的日志中。例如，考虑以下预写日志（write-ahead logging，WAL）协议，它用于同时需要 UNDO 和 REDO 操作的恢复算法：

（1）数据项的前映像不能在磁盘上的数据库中被其后映像覆盖，除非更新事务的所有UNDO 类型的日志记录（直到该时刻）都已强制写到磁盘。

（2）事务的提交操作无法完成，除非该事务的所有 REDO 和 UNDO 日志记录都已强制写回磁盘。

6.1.5　日志中的检查点

当数据库系统故障发生时，必须通过检查日志才能决定哪些事务需要重做（redo），

---

① 在高速缓存中，各个缓冲区关联有一个"脏"位（dirty BIT），它可能包含在目录条目中，用来指示该缓冲区是否有所修改。当第一次把一个页从数据库磁盘读入高速缓存时，要使用新的磁盘页地址来更新高速缓存目录，并把"脏"位设置为 0。只要修改了缓冲区，就把相应目录条目的"脏"位设置为 1。当高速缓存的缓冲区内容被替换（刷新输出）时，仅当"脏"位为 1 时才应首先把该内容写回对应的磁盘页。另外还需要一个位，称为钉住—拔钉（piri-unpin）位，如果高速缓存中的页到目前为止不能写回磁盘，则该页被钉住（pinned），其 pin-unprn 位的值为 1。

哪些需要撤销（undo）。原则上需要搜索整个日志来决定这一信息，但这样做有两个问题：一是搜索过程太耗时，二是很多需要重做处理的事务，实际上已经将其更新写入到了数据库中，然而恢复子系统又重新执行了这些操作，浪费了大量的时间。

为降低这种开销，在数据库中引入了检查点方法。这种方法使数据库系统在执行期间动态地维护系统日志，并且在日志中增加一类新的记录——检查点（check point）记录。数据库恢复机构系统周期性地执行检查点，保存数据库状态，建立检查点。它需要执行以下动作：

（1）将当前位于主存的所有日志记录输出到稳定存储器上。

（2）将所有缓冲区中被修改的数据库的数据块写入磁盘上。

（3）将一个日志记录<checkpoint>写入稳定存储器。

在检查点执行过程中不允许事务执行任何更新动作，如写缓冲块或写日志记录。

在日志中加入记录<checkpoint>，提高了数据库系统恢复过程的效率。当故障发生后，恢复机制通过检查日志来确定最近的检查点发生前开始执行的最近的一个事务 T_i，要找到这个事务只需搜索日志，找到<checkpoint>记录，然后继续向前搜索直到发现下一个<T_i, Start>记录。该记录指明了事务 T_i。

一旦数据库系统确定了事务 T_i，则只需对事务 T_i 和 T_i 之后执行的所有事务 T 执行重做（redo）和撤销（undo）操作。假设事务 T_i 在检查点之前提交，那么在日志中，记录<T_i,commit>出现在记录<checkpoint>之前。事务 T_i 所做的任何数据库修改一定都写入数据库，写入时间是在检查点之前或在这个检查点建立之时。因此，在恢复时无须再对 T_i 执行重做（redo）操作。

系统出现故障时恢复子系统将根据事务的不同状态采取不同的恢复策略。一般数据库管理系统自动进行检查点的操作，无须人工干预（如图 6-2 所示）。

（1）事务 T_1 不必恢复。因为它们的更新已在检查点 T_c 写到数据库中。

（2）事务 T_2 和事务 T_4 必须重做。因为它们结束在下一个检查点之前，它们对数据库中数据的修改仍在内存缓冲区，还未写到磁盘中。

（3）事务 T_3 和事务 T_5 必须撤销。因为它们还未做完，必须撤销事务已对数据库中数据所做的修改。

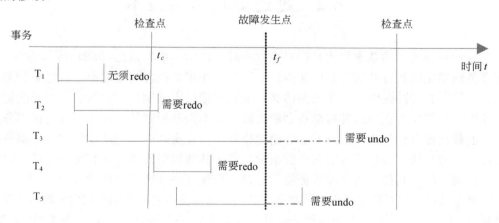

图 6-2　检查点与系统故障相关事务的可能状态示意图

6.1.6　事务故障的恢复

事务故障是指事务在运行至正常终止点前被异常终止。当发生事务故障时，发生故障的那个事务失败，与之有关的某些数据可能不正确，但整个数据库和数据库系统仍是完好的，并未遭到破坏。因此，不必重装数据库，可以通过日志文件查找有关信息，执行撤销操作。消除失败的事务操作的影响，将事务的执行点返回到该次操作之前；再重做失败的事务的操作，即可实现恢复，其具体步骤如下：

（1）反向扫描日志文件（即从日志文件的最后向前扫描），查找该事务的更新操作。

（2）对该事务的更新操作执行逆操作。即如果是插入操作则做删除操作，如果是删除操作则做插入操作，如果是修改操作则用修改前的值代替修改后的值。

（3）继续反向扫描日志文件，查找该事务的其他更新操作，并做同样的处理。

（4）按此处理下去，直到读到该事务的开始标记。

如果在该事务执行期间还有其他事务读了它的"脏"数据，则对其他事务也要做以上的处理，这可能会进一步引起其他事务的重新处理。

事务故障的恢复常由数据库管理系统自动启动恢复子系统完成，对用户是透明的。

如果在数据库服务器已经完成了这个事务（这些事务的操作信息已经写入事务日志中），但还没有将缓冲区中的数据写入物理硬盘的情况下（检查点进程尚未触发）失效，或者在服务器恰好处理了部分事务的情况下数据库服务器失效了，这时，数据库并不会被破坏。当服务器恢复正常后，数据库管理系统会开始一个恢复过程。它会检查数据库和事务日志，查找还没有作用于数据库的事务，以及部分地作用于数据库，但是还没有完成的事务。如果事务日志中的事务还没有在数据库中生效，那么它们会在此时作用于数据库（Roll Forward，前滚）；如果发现部分事务还没有完成，就会将这个事务的影响从这个数据库中去除（Rollback，回滚）；这个恢复的过程是自动进行的，所有用于数据库完整性的信息都由事务日志来维护，这种能力从实质上增强了数据库管理系统的容错性。

6.2　延迟更新恢复技术

延迟更新技术的基本思想是把对数据库的任何实际更新延迟（defer）或推迟（postpone）到事务成功完成执行并到达其提交点之后进行。在事务执行的过程中，只把更新记录到日志和高速缓存缓冲区中。在事务到达其提交点并把日志强制写到磁盘后，更新要记录到数据库中。如果事务在到达其提交点之前失败，并不需要撤销任何操作，因为该事务未对磁盘上的数据库有任何影响。虽然这会简化恢复，但在实际中却无法使用，除非事务很短而且每个事务只修改为数不多的几个数据项。对于其他类型的事务，有可能会耗尽缓冲区空间，因为在到达其提交点之前事务修改必须一直保存在高速缓存缓冲区中。

典型的延迟更新协议要求：①事务直到到达其提交点之后才能在磁盘上修改数据库；②直到事务的所有更新操作都记录到日志中，而且日志强制写到磁盘时，事务才到达其提交点。

在步骤②中，是对预写日志（WAL）协议的重申。因为直到事务提交之后磁盘上的数据库才会更新，所以无须撤销任何操作。因此，该方法也称为 NO-UNDO/REDO 恢复算法。如果在事务提交之后但其所有修改都记录到磁盘上的数据库之前发生了系统失败，那么需要重做操作。在这种情况下，用户要根据日志条目重做事务操作。

从失败中恢复的方法一般与多用户系统中所采用的并发控制方法紧密相关。下面首先讨论单用户系统中的恢复，其中不需要并发控制，所以可以独立于任何并发控制方法来理解恢复过程。然后，再讨论并发控制对恢复过程有何影响。

6.2.1　单用户环境下使用延迟更新的恢复

在单用户环境下，恢复算法可能相当简单。单用户环境下使用延迟更新的恢复使用一个重做过程，以重做某些 write_item 操作。其工作如下：

单用户环境下使用延迟更新的恢复过程，使用两个事务列表，一个是自最后一个检查点以来的已提交事务列表，另一个是活动事务列表（因为系统是单用户的，所以最多有一个事务会归入此类）。由日志对已提交事务的所有 write_item 操作（按照将其写入日志的顺序）应用重做操作，重启活动事务。其恢复过程的定义是 REDO（WRITE_OP），重做 write_item 操作。WRITE_OP 包括分析其日志的条目[write_item, T, X, new_value]，并将数据库中数据项 X 的值设置为后映像（AFIM） new_value。

重做操作的要求是，多次执行该操作与只执行一次是等价的。实际上，整个恢复过程都应该是幂等（idempotent）的。之所以这样要求，是因为如果系统在恢复过程中失败，下一个恢复尝试可能会重做在第一次恢复过程中已经重做的某些 write_item 操作。在恢复过程中从系统崩溃中恢复的结果应与恢复过程中没有发生崩溃的恢复结果是一样的。

需要注意的是，由于延迟更新协议，活动列表中唯一的事务对数据库没有影响，并且恢复过程会完全忽略该事务，因为其任何操作都未在磁盘上的数据库中得到反映。不过，现在必须重启这个事务，可以由恢复过程自动重启，或者由用户手动重启。

图 6-3 所示为单用户环境下采用延迟更新进行恢复的一个例子，在事务 T_2 的执行过程中出现第一次失败，如图 6-3（b）所示，恢复过程将会通过把数据项 C 的值重置为 100（即新值）来重做日志中的[write_item, T_1, C, 100]条目。由于 T_2 没有被提交，所以恢复过程忽略了日志中的[write_item, T_1, …]条目。如果从第一个失败恢复的过程中出现了第二次失败，则从头到尾重复相同的恢复过程，并产生相同的结果。

T_1	T_2
read_item(A)	read_item(B)
read_item(C)	write_item(B)
write_item(C)	read_item(C)
	write_item(C)

[start_transaction,T_1]
[write_item,T_1,C,100]
[commit,T_1]
[start_transaction,T_2]
[write_item,T_2,B,50]
[write_item,T_2,C,300] ←系统崩溃

重做T_1的[write_item , …]操作
T_2日志条目被恢复过程所忽略

（a）两个事务的读/写操作　　　（b）崩溃时刻的系统日志

图 6-3　单用户环境下采用延迟更新进行恢复的示例

6.2.2　多用户环境下采用并发执行方案的延迟更新

对于采用并发控制方案的多用户系统，恢复过程通常比单用户环境下更为复杂，其复杂程度取决于用于并发控制的协议。在多数情况下，并发控制和恢复过程是相互关联的，因此，希望达到的并发度越高，恢复任务就会越耗时。

在并发控制的多用户系统中，如果并发控制使用严格的两段加锁，那么数据项上的锁会一直起作用，直到事务到达其提交点为止，在此之后释放锁，这确保了严格和可串行化调度。多用户环境下使用延迟更新的恢复过程使用了系统所维护的两个事务列表，一个是自最后一个检查点以来的提交事务 T 的列表（提交列表，commit list），另一个是活动事务 T' 的列表（活动列表，active list）。从日志 REDO 已提交事务的全部 WRITE 操作按照这些操作写入日志的顺序完成，尚未提交的活动事务会有效地取消并且必须重新提交。

图 6-4 所示的是正在执行的事务的一个可能调度。在时间 t_1 建立检查点时，事务 T_1 已经提交，但事务 T_3 和 T_4 尚未提交。系统在时间 t_2 发生崩溃之前，事务 T_3 和 T_2 已经提交，但 T_4 和 T_5 尚未提交。按照多用户环境下使用延迟更新的恢复方法，无需重做事务 T_1 的 write_item 操作，或无须重做最后一个检查点 t_1 之前提交的任何事务。但必须重做事务 T_2 和 T_3 的 write_item 操作，因为这两个事务都是在最后一个检查点之后到达其提交点的。事务 T_4 和 T_5 则忽略：基于延迟更新协议，这两个事务的 write_item 操作都没有记录在数据库中，所以它们会有效地取消或者回滚。

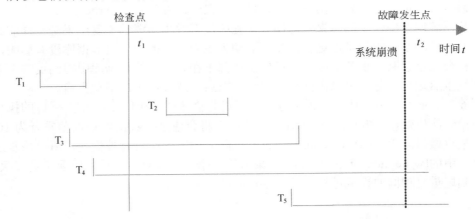

图 6-4　多用户环境下采用延迟更新进行恢复示例

NO-UNDO/REDO 恢复算法更加高效。如果从最后一个检查点以来，已提交事务更新了数据项 X 不止一次（如日志条目中所示），那么在恢复过程中只需从日志 REDO X 的最后一次更新。无论怎样，其他更新必然会被这个最后的 REDO 所重写。在这种情况下，从日志的最后开始，然后只要一个数据项要重做，则将其增加到重做数据项列表中。在 REDO 应用于数据项之前要检查该列表，如果数据项出现在列表中，就不用再重做了，因为其最后的值已经恢复。

如果某个原因导致事务被异常中止（如被死锁检测方法所中止等），则只要重新提交即可，因为它并没有修改磁盘上的数据库。不过，这种方法有一个缺点，即它限制了事务的并发执行，因为所有的数据项在事务到达其提交点之前都保持锁定状态。另外，在事务提交之前，它还可能需要极大的缓冲区空间来保存所有的更新数据项。当然，这种方法也有优势，最主要的是它从来不需要撤销事务操作。之所以这样，是因为：①在事务到达其提交点（即事务成功结束执行）之前不会把任何修改记录到磁盘上的数据库中，因此事务绝对不会因为事务执行过程中的失败而回滚；②事务不会读取未提交事务所写的数据项值，因为在事务到达其提交点之前数据项一直保持锁定，因此不会出现级联回滚。

图 6-5 所示为一个多用户系统的恢复示例，它利用了上述恢复和并发控制方法。

T_1	T_2	T_3	T_4	
read_item(A)	read_item(B)	read_item(A)	read_item(B)	[start_transaction,T_1]
read_item(C)	write_item(B)	write_item(A)	write_item(B)	[write_item,T_1,C,100]
write_item(C)	read_item(C)	read_item(D)	read_item(A)	[commit,T_1]
	write_item(C)	write_item(D)	write_item(A)	[checkpoint]
				[start_transaction,T_4]
				[write_item,T_4,B,50]
				[write_item,T_4,A,500]
				[commit,T_4]
				[start_transaction,T_2]
				[write_item,T_2,B,50]
				[start_transaction,T_3]
				[write_item,T_3,A,90]
			系统崩溃→	[write_item,T_2,C,50]

由于T_2和T_3没有到达其提交点，所以忽略T_2和T_3
由于T_4的提交点在最后一个系统检查之后，所以重做T_4

（a）4 个事务的读/写操作   （b）崩溃时刻的系统日志

图 6-5 多用户环境下采用延迟更新进行恢复的示例

6.2.3 不影响数据库的事务动作

在关系型数据库的事务中有一些对数据库没有影响的动作，例如由数据库获取的信息生成和打印消息或报告。如果事务在完成之前失败，数据库管理系统通常不希望用户得到这些报告，因为事务未能完成。一旦产生了这种错误报告，那么恢复过程中就必须通知用户这些报告是错误的，因为用户可能会根据这些报告采取一些影响数据库的动作。因此，这类报告只能在事务到达其提交点之后生成。处理这种动作的常用办法就是发出生成报告的命令，但不立即执行，而是把它们保存为批作业（batch job），在事务到达其提交点之后执行此前保存的批作业。如果事务失败，则取消这些批作业。

6.3 即时更新恢复技术

在即时更新恢复技术中，当事务发出更新命令时，数据库可以"立刻"更新，而无须等待事务到达其提交点。但是采用此技术在更新操作应用到数据库之前仍然必须使用预写日志协议记录到日志中（磁盘上），从而可以在失败时加以恢复。

要撤销失败事务已经应用到数据库的更新操作的结果，对此必须做一些规定，可以通过回滚事务并撤销事务的 write_item 操作来完成。理论上，可以把即时更新算法区分为两大类。如果恢复技术确保事务的全部更新在事务提交之前都能记录到磁盘上的数据库中，就无须 REDO 已提交事务的任何操作。这称为 UNDO/NO-REDO 恢复算法（UNDO/NO-REDO recovery algorithm）。反之，如果允许事务在其所有修改都写到数据库之前提交，则称为 UNDO/REDO 恢复算法（UNDO/REDO recovery algorithm），这是最常见的情况，同时也是最复杂的技术。

6.3.1　单用户环境下即时更新的恢复

在单用户数据库系统中，如果出现失败，失败时正在执行的（活动）事务可能已经在数据库上记录了某些修改，那么必须撤销所有这些操作的结果。在单用户环境下采用即时更新方案进行的恢复，使用前面定义的 REDO 过程以及下面定义的 UNDO 过程。

在单用户环境下采用即时更新方案进行的恢复过程使用系统维护的两个列表，一个是自最后一个检查点以来的已提交事务列表，另一个是活动事务列表（最多有一个事务归入此类，因为系统是单用户的）；使用下面给出的 UNDO 过程从日志撤销活动事务的所有 write_item 操作；使用前面给出的 REDO 过程按照写入日志的顺序从日志中重做已提交事务的 write_item 操作。

UNDO 过程的定义如下：

```
UNDO（WRITE_OP）
```

撤销 write_item 操作 write_op，包括检查其日志条目[write_item, T, X, old value, new value]，并将数据库中的数据项 X 设置为其前映像（BFIM）旧值。从日志中撤销一个或多个事务的多个 write_item，必须按照操作写入日志的逆序进行。

6.3.2　多用户环境下采用并发执行方案即时更新的恢复

在允许并发执行时，恢复过程与采用的并发控制协议密切相关。在多用户环境中使用即时更新的恢复过程，为即时更新的并发事务提供了一个恢复算法。假设日志包括检查点，而且并发控制协议会产生严格调度（例如，类似于严格两段加锁协议所能做到的）。在严格调度方案中，不允许事务读/写一个数据项，除非最后一个写此数据项的事务已经提交（或者异常中止并回滚）。不过，在严格两段加锁中可能发生死锁，因此需要异常中止并 UNDO 事务。对于严格调度，操作的 UNDO 需要把数据项改回其旧值（BFIM）。

在多用户环境中使用即时更新的恢复过程使用系统维护的两个事务列表，一个是自最后一个检查点以来的已提交事务列表，另一个是活动事务列表；使用 UNDO 过程撤销活动（未提交）事务的全部 write_item 操作，并且这些操作按照它们写入日志的逆序进行；从日志重做已提交事务的全部 write_item 操作，并且按照操作写入日志的顺序进行。

6.4　镜　像　分　页

在单用户环境下，镜像分页恢复机制不需要使用日志。在多用户环境下，并发控制方法可能需要日志。为了进行恢复，镜像分页认为数据库是由大量固定大小（例如 n）的磁盘页（或磁盘块）构成，以便于恢复。在此构造了一个有 n 个条目（entry）的目录（directory）[①]，其中第 i 个条目指向磁盘上第 i 个数据库页。如果目录不是太大，就保存在内存中，对磁盘上数据库页的所有引用（读或写）都通过该目录进行。事务开始执行时，当前目录要复制到一个镜像目录（shadow directory），所谓当前目录即其入口点指向磁盘上最近的或当前数据库页。然后把镜像目录保存到磁盘上，而事务使用当前目录。

在事务执行过程中，镜像目录不会修改。在完成 write_item 操作时，会创建所修改数据库页的一个新副本，但是并不覆盖该页的旧副本，而是把新页写到另一个地方（以前没有使用的某个磁盘块）。修改当前的目录条目指向新的磁盘块，而镜像目录不修改，继续指向旧的未修改的磁盘块。图 6-6 所示为镜像目录和当前目录。对于事务更新的页，两个版本都要保留。旧版本由镜像目录引用，新版本则由当前目录引用。

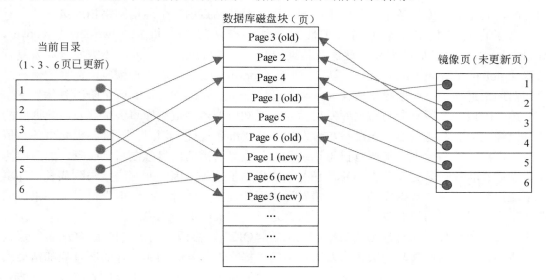

图 6-6　镜像分页示例

为了在事务执行过程中从失败恢复到正确状态，释放已修改的数据库页并丢弃当前目录。事务执行前的数据库状态可以通过镜像目录得到，通过恢复镜像目录就可以恢复该状态。这样数据库可以返回到出现崩溃时正在执行的事务之前的状态，并丢弃所有已修改的页。提交事务对应于丢弃前一个镜像目录。由于恢复既不涉及撤销也不涉及重做数据库项，所以此技术可以归为 NO-UNDO/NO-REDO 恢复技术。

在有并发事务的多用户环境下，必须在镜像分页技术中结合日志和检查点。镜像分页的一个明显缺点是更新的数据库页会改变磁盘上的位置。如果没有复杂的存储管理策略，将很难保持相关的数据库页能够在磁盘上紧密地存放到一起。除此之外，如果目录很大，事务提交时向磁盘写镜像目录的开销也相当大。更为复杂的问题是，事务提交时如何处理垃圾回收（garbage collection）问题，已更新镜像目录所引用的旧页必须释放，并且要增加到一个空闲页列表以备后用。在事务提交之后，这些旧页就没有用了。同时还应该保证，

---

① 这里的目录类似于操作系统为每个进程维护的页表。

在当前目录和镜像目录之间移动的操作必须实现为原子操作。

6.5　多数据库系统中数据的恢复

在数据库系统中，一个事务可能需要访问多个数据库，这称为多数据库事务（multidatabase transaction）。这些数据库甚至可能存储在不同类型的数据库管理系统中。例如，一些数据库管理系统可能是关系数据库管理系统，而其他的则可能是面向对象（object-oriented）数据库管理系统、层次数据库管理系统或者网状数据库管理系统。在这种情况下，多数据库事务中涉及的每个数据库管理系统都可能有其自己的恢复技术和事务管理器（有别于其他数据库管理系统）。这种情况在一定程度上类似于分布式数据库系统的情况，其中数据库的各个部分位于不同站点，这些站点由一个通信网络相连接。

为了保持多数据库事务的原子性，必须要有两级恢复机制（two-lewel recovery mechanism）。除了局部恢复管理器及其维护的信息（日志、表）外，还需要全局恢复管理器（global recovery manager）或者协调器（coordinator），以维护恢复所需的信息。协调器通常遵循一种两段提交协议（two-phase commit protocol），其两个阶段具体如下。

第一阶段：当所有参与数据库发出信号，通知协调器多数据库事务中涉及各数据库的部分已经完成时，协调器向各个参与者发送一个"准备提交"消息，并准备提交事务。每个收到消息的参与数据库把所有日志记录和局部恢复所需的信息强制写到磁盘，然后向协调器发送"准备好提交"或者"OK"信号。如果出于某种原因强制写磁盘失败或者局部事务不能提交，参与的数据库则向协调器发送"不能提交"或者"not OK"信号。如果协调器在指定超时间隔内没有收到应答，则认为是一个"not OK"响应。

第二阶段：如果所有参与的数据库均应答"OK"，协调器的决定也是"OK"，那么事务成功，协调器向参与的数据库发送事务的"提交"信号。因为事务的所有局部结果以及局部恢复所需要的信息已经记录到参与数据库的日志中，现在从失败恢复就成为可能。每个参与数据库在日志中为事务写一个[commit]条目来完成事务提交，如果需要，还要永久更新数据库。另一方面，如果一个或多个参与数据库或协调器响应为"not OK"，则事务失败，协调器发送消息以"回滚"或 UNDO 事务对每个参与数据库的局部结果，这通过使用日志撤销事务操作来完成。

两段提交协议的效果是或者所有参与数据库都提交了事务结果或者一个都不提交。倘若某个参与者（或协调器）失败，总有可能恢复到一个状态，在此事务提交或者回滚。在第一阶段过程中或之前出现的失败通常要求事务回滚，而第二阶段中的失败意味着一个成功事务可以恢复并提交。

6.6　系统与介质故障的恢复

当发生系统故障后，系统主存中的数据，特别是数据库缓冲区中的数据都被丢失，正在运行的事务遭到失败，事务的状态不明，但是数据库尚没有被破坏。此时，必须由数据库管理员（DBA）重新安装系统或重新启动系统，然后根据日志文件执行 undo 操作，撤销那些在系统崩溃前未完成的事务操作；再执行 redo 操作，把那些在系统崩溃前已提交事务对数据库的更新但未将更新结果从数据缓冲区写入数据库的事务操作重新做一遍。

在发生系统故障后，具体恢复的步骤如下：

（1）正向扫描日志文件，找出故障发生前已经提交的事务（这些事务以 start_transaction 开始，以 Commit 结束），将其记入重做（redo）队列，并找出故障发生时尚未完成的事务（这些事务以 start_transaction 开始，但没有以 commit 结束），将其事务标识记入撤销（undo）队列。

（2）对重做队列中的各个事务进行重做（redo）处理。进行 redo 处理的方法是正向扫描日志文件，对每个 redo 事务重新执行日志文件登记的操作，将日志中的"更新后的值"写入数据库。

（3）撤销队列中的各个事务进行撤销（undo）处理。进行 undo 处理的方法是反向扫描日志文件，对每个 undo 事务的更新操作执行逆操作，即将日志中的"更新前的值"写入数据库。

在发生介质故障和遭受病毒破坏时，磁盘上的物理数据库遭到毁灭性破坏。磁盘上的物理数据和日志文件都被破坏，因此介质故障的恢复需要由数据库管理员（DBA）利用后备副本重装数据库，然后利用日志文件重做（redo）自后备副本建立以来所完成的全部事务。在这种情况下，没有 undo 操作，没有需要撤销故障发生时刻尚正在进行的那些事务。因为这些事务产生的对数据库的修改已因故障被破坏了，即已自动地被"撤销"了。

具体实现步骤如下：

（1）装入最新的数据库副本，使数据恢复到最近一次转储时的一致性状态。对于动态备份的数据库副本，还要同时装入备份开始时刻的日志文件副本，利用系统故障恢复方法（即 redo+undo）将数据库恢复到一致性状态。

（2）装入相应的日志文件副本，重做已完成的事务。首先扫描故障发生时已提交的事务标识，将其记入重做队列，然后正向扫描日志文件，对重做队列中的所有事务进行重做处理，即将日志中的"更新后的值"写入数据库。

介质故障的恢复需要数据库管理员介入，但是数据库管理员只需要重装最近备份的数据库副本和有关的各日志文件副本，然后执行系统提供的恢复命令即可，具体的恢复操作仍由数据库管理系统完成。

第7章　关系型数据库结构化查询语言 SQL

结构化查询语言 SQL（Structured Query Language）和基于 SQL 的关系数据库系统是计算机工业最重要的基础技术之一。SQL 是关系型数据库的标准语言，已经从最初的商业应用发展成为一种计算机产品，其服务市场部分每年达数百亿美元，成为当今标准的计算机数据库语言。现在，支持 SQL 的数据库产品数以百计，运行于从大型机到 PC 机再到便携式计算机的整个计算机系统上。SQL 语言是一种介于关系代数与关系演算之间的、面向集合的数据库查询语言，它包含数据定义（data definition）、数据查询（data query）、数据操作（data manipulation）、数据控制（data control）等与数据库有关的全部功能。SQL 是一种专用的编程语言，与传统的 C 或 Java 等编程语言不同，它提供了一个高级的描述性语言接口，用户只需指定结果是什么（如查询中"描述"了答案应该包含什么信息，而不是如何计算它），而如何执行查询的优化和有关决策则由关系型数据库管理系统来完成。

7.1　SQL 基础知识

7.1.1　语句

SQL 语句是符合 ISO/IEC 9075 指定格式和语法规则的一串字符，主要分为 SQL 模式语句、数据语句、事务语句、控制语句、连接语句、会话语句、诊断语句、动态语句、嵌入异常声明 9 种。表 7-1 总结了最重要且频繁使用的语句，每条语句请求关系型数据库管理系统的一个特定动作，例如创建一个新表、检索数据或把新数据插入到数据库中。

表 7-1　常用 SQL 语句一览表

	语　句	功　能
数据操作	SELECT	从数据库中检索数据
	INSERT	把新的数据记录添加到数据库中
	DELETE	从数据库中删除数据记录
	UPDATE	修改现有的数据库数据
数据定义	CREATE TABLE	把一个新表添加到数据库中
	DROP TABLE	从数据库中删除一个表
	ALTER TABLE	修改一个现存表的结构
	CREATE VIEW	把一个新视图添加到数据库中
	DROP VIEW	从数据库中删除一个视图
	CREATE INDEX	为一个字段构建索引
	DROP INDEX	为一个字段删除索引
	CREATE SCHEMA	把一个新模式添加到数据库中

续表

	语　句	功　　能
数据定义	DROP SCHEMA	从数据库中删除一个模式
	CREATE DOMAIN	添加一个新的数据值域
	ALTER DOMAIN	修改域定义
	DROP DOMAIN	从数据库中删除一个域
访问控制	GRANT	给予用户访问权限
	REVOKE	删除用户访问权限
事务控制	COMMIT	结束当前事务
	ROLLBACK	放弃当前事务
	SET TRANSACTION	定义当前事务的数据访问特征
编程 SQL	DECLARE	定义查询游标
	EXPLAIN	描述查询的数据访问计划
	OPEN	打开一个检索查询结果的游标
	FETCH	检索一条查询结果记录
	CLOSE	关闭游标
	PREPARE	为动态执行准备 SQL 语句
	EXECUTE	动态执行 SQL 语句
	DESCRIBE	描述已准备好的查询

所有的 SQL 语句都有同样的基本形式，如图 7-1 所示。每一条 SQL 语句都以一个动词开始，这个动词是一个描述这条语句做什么的关键字。CREATE、INSERT、DELETE 和 COMMIT 是典型的动词，语句后跟一条或多条子句。一条子句可能指定数据通过语句而起作用或提供关于语句是做什么的更多细节。每条子句也以一个关键字开始，例如 WHERE、FROM、INTO 和 HAVING。某些子句是可选的，而另一些语句是必需的。每一条子句的具体结构和内容都和另一条子句不同。许多子句包含表或字段名，而另一些可能包含附加的关键字、常量或表达式。

图 7-1　SQL 语句的结构示例

ANSI/ISO SQL 标准规定了被用作动词及在子句中的 SQL 关键字。依照标准，这些关键字不能用于命名数据库对象，例如表、字段和用户。许多 SQL 实现没有严格遵守这项规定，但是在命名表和字段时避免使用关键字通常是一个好主意。表 7-2 列出了 ANSI/ISO SQL2 标准中所含的关键字，它大致 3 倍于以前的 SQL1 标准中保留的关键字数目。

表 7-2　ANSI/ISO SQL2 关键字一览表

ABSOLUTE	ACTION	ADD	ALL	ALLOCATE	ALTER
AND	ANY	ARE	AS	ASC	ASSERTION
AT	AUTHORIZATION	AVG			
BEGIN	BETWEEN	BIT	BIT_LENGTH	BOTH	BY
CASCADE	CASCADED	CASE	CAST	CATALOG	CHAR
CHARACTER	CHAR_LENGTH	CHARACTER	CHECK	CLOSE	COALESCE
COLLATE	COLLATION	COLUMN	COMMIT	CONNECT	CONNECTION
CONSTRAINT	CONSTRAINTS	CONTINUE	CONVERT	CORRESPONDING	COUNT
CREATE	CROSS	CURRENT	CURRENT DATE	CURRENT TIME	CURRENT_TIMESTAMP
CURRENT_USER	CURSOR				
DATE	DAY	DEALLOCATE	DEC	DECIMAL	DECLARE
DEFAULT	DEFERRABLE	DEFERRED	DELETE	DESC	DESCRIBE
DESCRIPTOR	DIAGNOSTTCS	DISCONNECT	DISTINCT	DOMAIN	DOUBLE
DROP					
ELSE	END	END EXEC	ESCAPE	EXCEPT	EXCEPTION
EXEC	EXECUTE	EXISTS	EXTERNAL	EXTRACT	
FALSE	FETCH	FIRST	FLOAT	FOR	FOREIGN
FOUND	FROM	FULL			
GET	GLOBAL	GO	GOTO	GRANT	GROUP
HAVING	HOUR				
IDENTITY	IMMEDIATE	IN	INDICATOR	INITIALLY	INNER
INPUT	INSENSITIVE	INSERT	INT	INTEGER	INTERSECT
INTERVAL	INTO	IS	ISOLATION		
JOIN					
KEY					
LANGUAGE	LAST	LEADING	LEFT	LENGTH	LEVEL
LIRE	LOCAL	LOWER			
MATCH	MAX	MIN	MINUTE	MODULE	MONTH
NAMES	NATIONAL	NATURAL	NCHAR	NULLIF	NUMERIC
NEXT	NO	NOT	NULL		
OCTET_LENGTH	OF	ON	ONLY	OPEN	OPTION
OR	ORDER	OUTER	OUTPUT	OVERLAPS	
PAD	PARTIAL	POSITION	PRECISION	PREPARE	PRESERVE
PRIMARY	PRIOR	PRIVILEGES	PROCEDURE	PUBLIC	
READ	REAL	REFERENCES	RELATIVE	RESTRICT	REVOKE
RIGHT	ROLLBACK	ROWS			
SCHEMA	SCROLL	SECOND	SECTION	SELECT	SESSION
SESSION_USER	SET	SIZE	SMALLINT	SOME	SPACE
SQL	SQLCODE	SQLERROR	SQLSTATE	SUBSTRING	SUM
SYSTEM_USER					

续表

TABLE	TEMPORARY	THEN	TIME	TIMESTAMP	TIMEZONE HOUR
TIMEZONE MINUTE	TO	TRAILING	TRANSACTION	TRANSLATE	TRANSLATION
TRIM	TRUE				
UNION	UNIQUE	UNKNOWN	UPDATE	UPPER	USAGE
USER	USING				
VALUE	VALUES	VARCHAR	VARYING	VTEW	
WHEN	WHENEVER	WHERE	WITH	WORK	WRITE
YEAR					
ZONE					

　　注意，几乎所有的 SQL 实现都既接受大写的关键字，也接受小写的关键字，用小写输入它们通常更方便。

7.1.2　名称

　　在基于 SQL 的关系型数据库中，对象都是通过给它们赋予唯一名称来标识的。在 SQL 语句中使用名称来标识数据库对象（语句会作用于它上面）。在关系数据库中最基本的命名对象是表名、字段名和用户名，命名这些对象的惯例在最初的 SQL1 标准中做了规定。ANSI/ISO SQL2 标准大大扩展了命名实体的列表，以包括模式（表的集合）、约束（对表的内容和它们的联系的限制）、域（可以赋值给一个字段的合法值的集合）和几种其他的对象类型。许多 SQL 实现支持附加的命名对象，例如存储过程、主键字/外键字联系、数据条目形式和数据复制模式。

　　最初的 ANSI/ISO 标准规定 SQL 名称必须包含 1～18 个字符，必须以一个字母开始，不包含任何空格或特殊的标点符号。SQL2 标准把最大数增加到 128 个字符。在现实中，基于 SQL 的关系型数据库管理系统产品所支持的名称变化非常大。通常可以看到，对连接到数据库外的其他软件的名称（例如用户名以及对应于操作系统使用的登录名）具有更严格的限制，但是对数据库专有的名称则有更宽松的限制。在表名中允许使用的特殊字符各种产品也不尽相同，对于可移植性来讲，最好让名称尽可能短并避免使用特殊字符。

1．表名

　　在一条 SQL 语句中指定表名时，SQL 假定用户正在引用自己的一个表。通常，用户想要选择短的、描述性表名，在样本数据库中的表名（Students、ORDERS、CUSTOMERS、OFFICES、SALESREPS）就是好的例子。在一个个人或部门数据库中，表名的选择通常由数据库开发者或设计者做出。

　　在较大的由全体人员共同使用的集团数据库中，可能命名表的集团标准，目的是使表名不冲突。此外，大多数数据库管理系统允许不同用户创建具有相同名称的表（即张三（zhangsan）和李四（lisi）两人都可以创建名为 BIRTHDAYS 的表），依赖于哪个用户正在请求数据，数据库管理系统使用合适的表。伴随着适当的权限，使用完全限定的表名，也可以引用由其他用户拥有的表。完全限定的表名规定了表的拥有者的名称和表的名称，其间用一个点号（.）分开。例如，通过使用完全限定的表名，张三可以访问李四拥有的 BIRTHDAYS 表——Lisi.BIRTHDAYS。

当 SQL 语句中出现表名时，通常使用完全限定的表名。

2．字段名

当在 SQL 语句中指定字段名时，正常情况下 SQL 可以通过上下文确定用户指的是哪一个字段。然而，如果语句涉及来自两个不同表的两个字段，这两个字段具有同样的名称，那么必须使用完全限定字段名来明确地标识用户想要的字段。完全限定的字段名规定了包含字段的表名和字段名，其间用点号（.）分隔。例如，在 Students 表中的名为 SName 的字段具有完全限定的字段名——Students. SName。

如果该字段来自于由另一个用户拥有的表，在完全限定的字段名中要使用完全限定的表名。例如，在由用户李四拥有的 BIRTHDAYS 表中的 BIRTHDATE 字段由下面的完全限定字段名指定：Lisi.BIRTHDAYS.BIRTH_DATE。

在简单（非限定）字段名出现的 SQL 语句中通常使用限定字段名，例外情况在单个 SQL 语句的描述中标注出。

7.1.3　数据类型

SQL 数据类型是一种可表示的值集。SQL 标准规定了 3 种数据类型，即预定义数据类型、构造数据类型和用户定义数据类型（或称 UDT）。每种数据类型都有与之相关联的数据类型描述符，数据类型描述符包括该数据类型的标识和描述该数据类型值所需的特征信息。SQL 标准规定 SQL 数据值不是非空值就是空值。空值是 SQL 实现决定的特殊值，可以赋值给任何 SQL 数据类型，它用来表示"未知数据"或"不可用数据"，并区别于所有非空值。空值通常由 NULL 表示。

1．预定义数据类型

SQL 标准规定的预定义数据类型有数值类型、字符串类型、二进制串类型、日期时间类型、时间间隔类型、布尔类型和 XML 类型，后 4 种类型是从 SQL92 开始逐步扩充的，其中 XML 类型是 SQL:2003 标准新增加的数据类型。

每个预定义数据类型是本身没有子类型，并且没有其他数据类型的子类型；本身没有超类型，并且没有其他数据类型的父类型。预定义数据类型有时被称为"内置数据类型"。

（1）数值类型：SQL 数值类型分为精确数值类型和近似数值类型。精确数值类型包括 NUMERIC、DECIMAL、SMALLINT、INTEGER、BIGINT；近似数值类型包括 FLOAT、REAL、DOUBLE PRECISION。SQL 标准规定任何两个数值类型的值均是可比较的。数值类型的只能赋值给数值类型的对象。如果数的赋值导致它的最高位丢失，将引发异常；如果实现定义的舍入或截断导致最低位丢失，不应引发异常。

（2）字符串类型：字符串是一个字符序列。SQL 标准将字符串类型分为定长、变长和字符大对象。定长字符串类型有 CHARACTER 和 NATIONAL CHARACTER；变长字符串类型有 CHARACTER VARYING 和 NATIONAL CHARACTER VARYING；字符大对象类型有 CHARACTER LARGE OBJECT 和 NATIONAL CHARACTER LARGE OBJECT。

　　SQL 标准规定，字符串中的所有字符都取自某个字符集，字符串表达式只能赋值给具有相同字符集的字符串类型的对象。如果存储赋值由于截断造成非空格字符的丢失，应引发异常；如果检索赋值由于截断造成字符丢失，应引发警告。只有当两个字符串具有相同的字符集或者两者的字符集至少存在一种共同的排序方法时，两个字符串才是可比较的。

　　（3）二进制串类型：二进制串是 8 位位组序列（也称字节序列），它没有与其相关的字符集和排序。二进制串类型的类型指示符为 BINARY LARGE OBJECT。SQL 标准规定，二进制串只能赋值给二进制串类型的对象。如果存储赋值由于截断而产生非 0 的 8 位位组丢失，应引发异常；如果检索赋值由于截断而产生非 0 的 8 位位组丢失，应引发警告。所有的二进制串都是相互可比较的。

　　（4）日期时间数据类型：日期时间数据类型分为日期时间类型和时间间隔类型两类，用于存储日期、时间和它们之间的间隔信息。

　　日期时间类型有 DATE、TIME 和 TIMESTAMP。DATE 类型包括的字段为 YEAR、MONTH 和 DAY。TIME 类型包括的字段为 HOUR、MINUTE 和 SECOND。TIMESTAMP 类型包括的字段为 YEAR、MONTH、DAY、HOUR、MINUTE 和 SECOND。SQL 标准规定，只有当日期时间类型的值具有相同的基本日期时间字段时，才是相互可比较的；只有当赋值的源和目标都是 DATE 类型、TIME 类型或 TIMESTAMP 类型时，才能进行赋值操作。

　　时间间隔类型分为两类 13 种。一类称为年-月间隔，只包括 YEAR 和 MONTH 两个字段。年-月间隔类型细分为 3 种，即 INTERVAL YEAR TO MONTH、INTERVAL YEAR 和 INTERVAL MONTH。另一类称为日-时间隔，细分为 10 种，即 INTERVAL DAY、INTERVAL DAY TO HOUR、INTERVAL DAY TO MINUTE、INTERVAL DAY TO SECOND、INTERVAL HOUR、INTERVAL HOUR TO MINUTE、INTERVAL HOUR TO SECOND、INTERVAL MINUTE、INTERVAL MINUTE TO SECOND、INTERVAL SECOND。SQL 标准规定，年-月间隔类型的值之间是相互可比较的，日-时间隔类型的值之间是相互可比较的，但要求它们具有相同的精度。

　　（5）布尔类型：布尔类型包括两个不同的真值，即 TRUE 和 FLASE。布尔类型的类型指示符为 BOOLEAN。如果不受非空约束限制，布尔类型也支持真值 UNKNOWN 作为空值。

　　（6）XML 类型：存储 XML 值的类型称为 XML 类型。XML 是 SQL:2003 新扩充的预定义类型，并支持 XMLPARSE、XMLSERIALIZE、XMLROOT、XMLCONCAT 内置操作符和谓词 IS DOCUMENT。XMLPARSE 返回给定 SQL 字符串表达式的一个 XML 类型的值；XMLSERIALIZE 返回给定 XML 表达式的一个字符串类型的值；XMLROOT 修改 XML 值的根信息项，并返回修改的值；XMLCONCAT 连接两个或多个 XML 值，并返回结果值；谓词 IS DOCUMENT 用来测试一个 XML 值是否具有单个根元素。

2. 构造类型

　　构造类型是使用 SQL 的数据类型构造符来指定的数据类型，可以保存多个值，比传统的数据类型更复杂。用户可用 ARRAY、MULTISET、REF 和 ROW 构造符分别指定数组类型、多重集合类型、引用类型和行类型。数组类型和多重集合类型通常称为集合类型。

1）数组类型

数组是一种包含元素值的有序集合。数组中元素的数量称为这个数组的基数。SQL 数组的基数是可变的，大小为 0 至被声明的最大基数。因此，若 C 是某表中的类型，是数组的一列，C 的基数在此表的不同行之间可能变化。数组可能会被自动设为 NULL，此时数组的基数也被认为是 NULL。NULL 数组（基数是 NULL）与空数组（基数是 0）和所有元素皆为 NULL 的数组（基数大于 0）不同，并可互相区分。如果数组的基数小于声明的最大值，则未使用的数组单元并不存在（它们不会被当成隐含的 NULL 处理）。

如果 N 是数组中的基数（元素数目），那么与每个元素相关联的有序位置（即下标）是大于或等于 1 并且小于或等于 N 的整数值。数组的每个独立元素都可使用方括号下标访问，例如 $C[5]$ 引用了 C 的第 5 个元素。下标表示了元素在数组中的顺序号，只能为整型常量或整型表达式。

自 SQL:1999 开始，数组的基数可使用 CARDINALITY 函数获取。SQL:2011 新增了 ARRAY_MAX_CARDINALITY 函数，用于获取数组的最大基数。这一函数可避免将最大基数生硬地写入代码中，在编写通用例程时非常有用。

SQL:1999 允许通过下标对数组元素赋值。赋值要么替换该元素的原值，要么增加数组的基数。其他所有对数组值的修改都将数组作为一个整体对待，即替换整个数组。这意味着无法简单地从数组中移除元素。SQL:2011 增加了 TRIM_ARRAY 函数，用于从数组的末尾移除元素。

2）多重集合类型

集合论创始人德国数学家 G. Cantor（1845—1918）在讨论函数项级数的收敛点问题时定义了集合。根据 G. Cantor 的朴素集合论观点，集合（set）是由具有某种特定性质的对象汇集成的一个整体，其中的每一个对象都称为该集合的元素（element），如班上的所有男生就组成了一个集合。我们把一些特定对象看作一个整体就是一个集合，尽管这种理解存在不足之处。数学上常用一对大括号 {} 表示一个整体，集合通常用大写字母 A、B、C、D 等表示。

所谓多重集合是不一定要由不同的对象组成的聚集。例如，{a,b,b,c,c,c} 和 {a,b,c,} 都是多重集合。在多重集合中，一个元素的重复度定义为该元素在多重集合里出现的次数，因此多重集合 {a,b,b,c,c,c} 里的元素 a 的重复度是 1，元素 b 的重复度是 2，元素 c 的重复度是 3，而元素 d 的重复度可以看作是 0。集合是多重集合里元素重复度为 0 或 1 的特殊情形，一个多重集合的基数定义为由它对应的假定所有元素都不相同的集合的基数。

设 A 和 B 是两个多重集合，A 和 B 的并集记为 $A \cup B$，它是多重集合，其中每个元素的重复度等于该元素在 A 和 B 中的重复度的最大值。例如，对于 $A=\{a,b,b,c,c,c\}$ 和 $B=\{a,a,b,c,d\}$，有：

$$A \cup B = \{a,a,b,b,c,c,c,d\}$$

A 和 B 的交集记为 $A \cap B$，它是一个多重集合，其中每个元素的重复度等于该元素在 A 和 B 中的重复度的最小值。例如上述两个集合的交为：

$$A \cap B = \{a,b,c\}$$

设多重集合 $A=${电机工程师,电机工程师,电机工程师,机械工程师,数学家,制图员}是某工程设计的第一阶段所需要的全体工作人员,多重集合 $B=${电机工程师,机械工程师,机械工程师,数学家,计算机科学家,计算机科学家}是该工程设计的第二阶段所需要的全体工作人员,则多重集合 $A \cup B$ 是这个工程设计应该聘请的全体工作人员,多重集合 $A \cap B$ 是在工程设计的两个阶段都必须参加的全体工作人员。

多重集合 A 与 B 的差集记作 $A-B$,它是一个多重集合,当某一元素在 A 中的重复度减去在 B 中的重复度的差为正数时,就令此正数为该元素在 $A-B$ 中的重复度,否则该元素在 $A-B$ 中的重复度为零。例如设 $A=\{a,a,a,b,b,c,d,d,e\}$ 和 $B=\{a,a,b,b,b,c,c,d,d\}$,则:

$$A-B=\{a,e\}$$

在关于工程设计的工作人员的例子中,多重集合 $A-B$ 是指在工程设计的第一阶段之后,需要重新分配工作的人员。

两个多重集合 A 与 B 的和集记为 $A+B$,它是一个多重集合,其中每一个元素的重复度等于该元素在 A 和 B 中的重复度之和。例如,设 $A=\{a,a,b,c,c\}$ 和 $B=\{a,b,b,d\}$,则:

$$A+B=\{a,a,a,b,b,b,c,c,d\}$$

设 A 是某一天到校图书馆查阅资料的所有学生的多重集合, B 是第二天去查阅资料的所有学生的多重集合。这里 A 和 B 之所以是多重集合,是因为在一天里一个学生可能要多次去图书馆查阅资料。因此, $A+B$ 就是这两天到图书馆查阅资料的学生数的一个总记录。

如果 MT 是某些类型的带有元素类型 EDT 的多重集合,那么 MT 的每一个值是 EDT 的多集。

多重集合是一个无序的集合,因此,不能用引用下标位置的方法来访问元素。

3）引用类型

引用类型是由类型构造符 REF 指定的标量构造类型,其值引用(或指向)某个拥有被引用类型的一个值的站点,能够这样被引用的站点只有类型表(基于某个结构类型声明的表)中的行,每个被引用类型是一个结构类型。

如果被声明的引用类型都有一些共同的父类型,那么两个引用类型的值是可比的。

如果由<user-defined type definition>定义了引用的类型,那么引用类型的用户定义表示由<user-defined representation>指定。如果由<user-defined type definition>定义了引用的类型,那么引用类型的派生表示由<derived representation>指定。如果引用类型不具有用户定义的表示或派生的表示,那么引用类型就具有系统定义的表示。

在 SQL 中使用引用类型必须使用 REF(type-name),其中 type-name 表示引用的类型。

4）行类型

行类型是字段(<字段名><数据类型>)对的一个有序序列,由行类型描述符进行说明。行类型描述符由行类型的每个字段的行类型字段描述符组成,每个字段都有自己的名称和数据类型。行数据类型的功能是可用于将行的列值存储在结果集或其他相似格式的数据中。

表中最具体的类型是行的一个行类型。在这种情况下,行中的每列对应于行类型具有相同序号位置的列的字段。

行类型 RT2 是数据类型 RT1 的子类型的,当且仅当 RT1 和 RT2 是相同维度的行类型,并且在所有第 n 个相应字段定义中,FD1$_n$ 在 RT1 中和 FD2$_n$ 在 RT2 中的字段名相同,那么,FD2$_n$ 数据类是 FD1$_n$ 数据类型的子类型行类型 RT1 的值指派给行类型 RT2 的位置，那么，当且仅当 RT1 与 RT2 的维度相同时，RT1 中的每个字段被指派给 RT2 中同一位置的字段。

行类型 RT1 的值与行类型 RT2 的值是可比较的，那么，当且仅当 RT1 的维度与 RT2 相同，并且 RT1 中的每个字段与 RT2 中相同序号位置的字段是可比较的。

3. 用户定义类型

用户定义类型（UDT）是一个模式对象，由< user-defined type name >来辨识。用户定义类型能够扩展数据库管理系统中已经可用的内置类型，并创建用户定制的数据类型。用户定义类型不能用作大多数系统提供的函数或内置函数的自变量，必须提供用户定义的函数才能启用这些操作和其他操作。

用户定义的类型是基于预定义数据类型（即内置数据类型），或者基于属性定义，并且作为模式对象添加到 SQL 环境中。SQL 支持两种用户定义的数据类型，即明晰类型和结构化类型。明晰类型基于预定义数据类型，结构化类型基于属性定义。用户定义类型值的物理表示取决于实现情况。

用户定义类型的定义包括一个或多个 <method specification> 组成的 <method specification list>，每个方法标识一个 SQL 调用方法或者用户定义类型的简单方法。

一个用户定义类型可以是一个显性类型也可以是一个结构类型。一个显性类型基于某种预定义数据类型。一个结构类型含有属性，属性以 SQL 数据类型或其他用户定义类型说明。一个结构类型可被定义为另一个结构类型的子类，并继承其属性。一个用户定义类型可以指定为 SQL 表中列的数据类型。

一个用户定义类型只能由其关联的例程来操作。

一个属性自动与一个观察函数和一个变异函数关联，通过这两个函数来获取和改变这个属性的值。例程还可以在一个例程体内被定义，作为组件决定了例程调用的行为，这些例程是由 SQL 语句或者其他编程语言编写的外部程序的引用来指定的。

SQL 有两种结构化类型，即数组 array 和多重集 multiset。结构化类型用于表示同质元素的集合（集合中每个元素的数据类型都相同，称为集合的元素类型）。

4. 宿主语言数据类型

每一种宿主语言都有它自己的数据类型，它们与 SQL 的数据类型即使使用同样的名称来描述数据类型，也是完全分开的，并有明显的不同。对于 SQL 的数据类型映射到宿主语言的数据类型，请读者参阅 SQL 调用程序和嵌入式 SQL 宿主程序的相关内容。

需要特别强调的是，各种关系型数据库管理系统产品中数据类型间的微妙差别将会导致在 SQL 语句语法中的某些重大差别。它们甚至能引起同一 SQL 查询在不同的数据库管理系统上出现略有区别的结果。正是这一因素，使受到广泛称赞的 SQL 的可移植性在某种程度上是存在的。一个应用程序可以从一个 SQL 数据库迁移到另一个，如果仅使用大多数主流的、基本的 SQL 功能，它是高度可移植的。然而，在 SQL 实现中的各种变化意味着如果数据类型和 SQL 语句要在各种数据库管理系统产品上使用，它们几乎必须总要调整。应用程序越复杂，它就会越依赖于特定的数据库管理系统特征和细微差别，移植性也就变得越差了。

7.1.4　常量

ANSI/ISO SQL 标准规定了数字和字符串常量或表示特定数据值的文字的格式。大多数 SQL 实现都遵循这些惯例。

1. 数字常量

整数和小数常量（也称为"精确的数字文字"）在 SQL 语句中被写成普通的小数数字，其前面可带加"+"或减"−"号。例如：

```
35 + 3459.00-534500.799
```

在数字常量的各个位之间不要加逗号，不是所有种类的 SQL 语言都允许前面带加"+"号，所以最好避免它。对于货币数据，大多数 SQL 简单地使用整数或小数常量，尽管某些允许常量用一个货币符号指定，例如$0.75、$5000.00、$-567.89。

浮点常量（也称为"近似的数字文字"）使用 E 符号（E 符号在 C 及其他编程语言中是常见的）来指定。下面是一些有效的 SQL 浮点常量：1.7E4、-3.159E2、2.5E-7、0.845E16。

2. 字符串常量

ANSI/ISO 标准规定字符数据的 SQL 常量要包含在单引号（'…'）内，如下面的例子所示：

```
'张平，杨四海'、'成都'、'北京'
```

需要注意的是，双引号在一些关系型数据库管理系统产品中可能产生可移植性问题。SQL2 标准提供了附加的功能从一个特定国家的字符集中（例如法国和德国）或从一个用户定义的字符集中指定字符串常量。用户定义的字符集功能还没有在主要的关系型数据库管理系统产品中实现。

3. 日期和时间常量

在支持日期/时间数据的关系型数据库管理系统产品中，日期、时间和时间间隔的常量值被指定为字符串常量。这些常量的格式在各种关系型数据库管理系统产品中不尽相同。由于不同国家的日期和时间书写方式不同而导致了不同的变种。

虚谷支持日期、时间和时间戳常量的几种不同的国际化格式，如表 7-3 所示。在安装关系型数据库管理系统时应对格式做出选择。虚谷也支持被指定为特殊常量的时间段，如下面的例子：

```
Hiredate + 15 days
```

表 7-3　IBM DB2 SQL 日期和时间一览表

格式名	日期格式	日期范例	时间格式	时间范例
美国	MM/DD/YYYY	3/21/2014	HH:MM	5:24 PM
			AM/PM	
欧洲	DD.MM.YYYY	23.8.2012	HH.MM.SS	16.12.09
日本	YYYY-MM-DD	2012-8-23	HH:MM:SS	16:12:09
ISO	YYYY-MM-DD	2012-8-23	HH.MM.SS	16.12.09
TIMESTAMP	格式：YYYY-MM-DD HH.MM.SS.NNN NNN；范例：2012-8-23 16.12.09.453 800			

SQL2 标准基于表 7-3 中的 ISO 格式，规定了日期和时间常量的格式，只不过时间常量在书写时是用冒号而不是点号来分隔小时、分钟和秒。

4．符号常量

除了用户提供的常量外，SQL 包含几个特有的符号常量，这些符号常量返回被数据库管理系统本身维护的数据值。例如在某些数据库管理系统中，符号常量 CURRENT_DATE 生成当前日期值，并被用在下面这样的查询中（这个查询列出了其雇用日期为未来某日的销售人员）：

```
SELECT Name AS 姓名, Hiredate AS 雇用日期
    FROM Salesreps
    WHERE Hiredate > CURRENT_DATE
```

SQL1 标准仅规定了一个符号常量，但是大多数关系型数据库管理系统产品提供了更多的符号常量。通常，一个符号常量可以出现在同一数据类型的普通常量能够出现的 SQL 语句中的任何地方。SQL2 标准从当前的 SQL 实现中接受了大多数有用的符号常量，并提供了 CURRENT_DATE、CURRENT_TIME、CURRENT_TIMESTAMP 以及 USER、SESSION_USER 和 SYSTEM_USER。

7.1.5　表达式

在 SQL 语言中使用表达式计算从数据库中检索的值，以及计算在搜索数据库时所用的值。

例如，下面这个查询计算每个销售点的销售量占它的销售目标的百分比：

```
SELECT City AS 销售点, Quota AS 销售目标, Sales AS 销售量
    （Sales/Quota）*100 AS 销售量占它的销售目标的百分比
    FROM Offices
```

ANSI/ISO SQL 标准规定了 4 种可用在表达式中的算术运算，即加（$X+Y$）、减（$X-Y$）、乘（$X \times Y$）和除（X/Y），也可以使用括号形成更复杂的表达式，例如：

```
（Sales*1.05）-（Quota *0.95）
```

严格地说，在这个查询中不要求括号，因为 ANSI/ISO 标准规定乘和除比加和减有更高的优先级。然而，应该总是使用括号来使表达式更明确，因为不同的 SQL 方言可能使用不同的规则。括号也增加了语句的可读性，并使编程式 SQL 更容易维护。

ANSI/ISO 标准也规定了从整数到小数、从小数到浮点数的自动数据类型转换（按要求的那样），因此可以把这些数据类型混在一个数字表达式中。许多 SQL 实现支持其他运算符，并允许对字符和日期数据进行操作。

7.1.6　内嵌函数

尽管 SQL1 标准没有指定它们，大多数 SQL 实现了若干有用的内嵌函数。这些函数通

常能提供数据类型转换的功能。例如，虚谷内嵌的 MONTH()和 YEAR()函数把 DATE 或 TIMESTAMP 值作为它们的输入并返回一个整数，这个整数是这个值的月份或年份部分。下面这个查询列出了在样本数据库中每个销售人员的名字和雇用月份：

```
SELECT Name AS 姓名,MONTH (Hiredate) AS 雇用月份
    FROM Salesreps
```

通常，内嵌函数可以在 SQL 表达式中指定同一数据类型的常量的任何地方指定。目前流行的 SQL 方言所支持的内嵌函数太多，这里不能一一列举。IBM SQL 方言包含大约 24 个内嵌函数，Oracle 支持大约 24 个不同的内嵌函数，虚谷也有许多内嵌函数。SQL2 标准把这些实现的内嵌函数合并到一起，多数情况下语法略有不同。这些函数被总结于表 7-4 中。

表 7-4　SQL2 标准支持的内嵌函数一览表

函　　　数	返　回　值
BIT_LENGTH（string）	位串中的位数
CAST（value AS data_type）	被转换为指定数据类型的值（例如被转换为一个字符串的日期）
CHAR_LENGTH（string）	字符串的长度
CONVERT（stringUSING conv）	由指定转换函数转换字符串
CURRENT_DATE	当前日期
CURRENT_TIME（precision）	具有指定精度的当前时间
CURRENT_TIMESTAMP（precision）	具有指定精度的当前日期和时间
EXTRACT（part FROM source）	在 DATETIME 值中指定的部分（DAY、HOUR 等）
LOWER（string）	将字符串全部转换为小写字母
OCTET_LENGTH（string）	在字符串中的 8 位字节数
POSITION（target IN source）	目标串出现在源串中的位置
SUBSTRING（source FROM n FOR len ）	源串的一部分，从第 n 个字符开始，长度为 len
TRANSLATE（stringUSING trans）	按已命名的解释函数指定的那样解释字符串
TRIM（BOTH char FROM string）	在字符串的前端和尾端剪掉 char
TRIM（LEADING char FROM string）	在字符串的前端剪掉 char
TRIM（TRAILING char FROM string）	在字符串的尾端剪掉 char
UPPER（string）	将字符串全部转换为大写字母

7.1.7　NULL 值

数据库通常是现实世界的一个模型，因此某些数据出现丢失、不可知或不能用的情况是难以避免的。例如，在企业数据库中，Salesreps 表中的 Quota 字段包含每个销售人员的销售目标。那么，最新的销售人员由于没有分配定额，所以对该表的这一行而言，这个数据丢失了。在这个销售人员所在的字段中填入 0，但这样做是不符合实际的，因为这个销售人员的定额并不是 0，它的定额是"未知的"。

SQL 通过 NULL 值的概念明确地支持丢失的、未知的或不适用的数据。NULL 值是一个指示器，告诉 SQL（和用户）数据丢失或不适用。为了方便，丢失的数据经常被说成具

有值 NULL。但是 NULL 值不是一个真正的数据值，不同于像 0、3453、"王明"等这些真正的数据值。相反，它是一个符号或指示物，表示这个数据值丢失了或不可知。

在多数情况下，NULL 值要求数据库管理系统对其进行特殊的处理。特殊处理由一组特殊的规则给出，这组特殊的规则在各种不同的 SQL 语句和子句中负责处理 NULL 值。事实上，NULL 值已成为 ANSI/ISO SQL 标准的一部分，在几乎所有的商用关系型数据库管理系统产品中都得到了支持。

7.1.8　别名和匿名

主表的查询必须使用限定的表名，否则查询语句有可能变得冗长和乏味。为此，许多关系型数据库管理系统产品提供别名（alias）或匿名（synonym）功能。匿名是用户定义的一个名字，用它来替代某些其他表的名字。例如，在虚谷数据库管理系统中可以用 CREATE ALIAS 语句创建别名。

为另一个用户拥有的两个表创建别名：

```
CREATE ALIAS Stu
      FOR OP_ADMIN.Students
CREATE ALIAS Offi
      FOR OP_ADMIN.Offices
```

一旦定义了匿名或别名，可以像使用 SQL 查询中的表名一样使用它。

别名的使用不改变查询的意义。当然，前提是用户必须有访问用别名代替的表的权限。显然，匿名简化了用户使用的 SQL 语句，并且使它像被代替的表一样。如果决定以后不再使用匿名，可以用 DROP ALIAS 语句删除它们。

删除前面创建的匿名：

```
DROP ALIAS Stu
DROP ALIAS Offi
```

7.1.9　时间段

时间段（Periods）是指定义和关联时间到一个表中的行的能力，被看作是 SQL:2011 支持时态数据的"基石"。从本质上讲，一个时间段是一个在时间轴上的数值区间，有一个划定的开始时间和结束时间。

一个给定表时间段的定义是将一个时间段名与那个表定义的列名对进行关联。为表 T 定义时间段 PD，令 PN 为时间段名，START 为 PD 中指定的第一列名，END 为 PD 中指定的第二列名，START 被称为 T 的 PN 时间段开始列，END 被称为 T 的 PN 时间段结束列。开始列和结束列必须为日期时间数据类型，且二者相同，并设置为不可空（即 NOT NULL）。

T 中的每一行都与 PN 时间段值相关联，START 列的值作为 PN 时间段的开始值，END 列的值作为 PN 时间段的结束值。行 R 的 PN 时间段值是 DT 所有值的集合，DT 是 START 的声明类型，START 的值小于或等于 END 的值。具有时间段 PN 的表有一个隐含的约束，那就是确保给定行 R 的 PN 时间段的结束值大于该 PN 时间段的开始值。

一个时间段由时间段描述符所描述。一个时间段描述符包括时间段的名称、时间段开始列的名称、时间段结束列的名称。如果时间段名称是一个应用时间段名称，那么隐含时间段名称的约束。

如果一个表 T 的表描述符包含一个时间段描述符，且其中包括时间段名称 PN，那么该时间段描述符也被称为 T 的 PN 时间段描述符。若一个时间段的时间段名称是 SYSTEM_TIME，则被称为系统时间段，相应的描述符被称为系统时间段描述符。系统时间段的名称由 SYSTEM_TIME 规范所指定。若时间段名称不是 SYSTEM_TIME，则被称为应用时间段，相应的描述符被称为应用时间段描述符。应用时间段的名称可以是用户定义的任何名称。

涉及时间段的操作有以下内容：

- < period overlaps predicate >测试两个时间段是否重叠，即至少具有一个共同的值。
- < period equals predicate >测试两个时间段是否具有相同的开始值和结束值。
- < period contains predicate >测试一个时间段的日期时间值是否包含另一个时间段，即第一时间段的日期时间值是否包含第二时间段的全部值，或者分别包含第二时间段的开始值或结束值。
- < period precedes predicate >测试一个时间段是否跟着另一个时间段，即包含在第一时间段中的所有值都小于所述第二时间段的开始值。
- < period succeeds predicate >测试一个时间段是否继续于另一个时间段，也就是说，包含在第一时间段中的所有值大于或等于所述第二时间段的结束值。
- < period immediately precedes predicate >测试一个时间段是否马上会跟着另一个时间段，即第一时间段的结束值等于所述第二时间段的开始值。
- < period immediately succeeds predicate >测试一个时间段是否紧接另一时间段，即第一时间段的开始值等于所述第二时间段的结束值。

时间段类型的设置提供了一种基于时间数据类型在现有数据库中日期时间列对上采集时间段信息的方法。由于数据库管理系统有应用场景，用户构建了他们应用逻辑部分的时态数据解决方案，并且大多数数据库管理系统不支持时间段类型，那么使用一个日期时间类型列对交由应用来处理时态数据，则易于捕获时间段信息。这样，一个非常昂贵的用户投资方案可由使用单一时间段类型列的方案来代替。

7.2　SQL 的数据定义

对数据库结构的修改通过不同的 SQL 语句集来完成，这一语句集通常称为 SQL 数据定义语言（Data Definition Language, DDL）。使用 DDL 语句能够定义和创建新表，删除不再需要的表，修改已有表的定义，定义数据的虚表（或视图），建立数据库安全控制，建立索引使得用户可以快速访问表，用 DBMS 控制数据的物理存储。

在 SQL 中进行数据定义主要包括创建数据库、创建表、创建视图、创建索引等，如表 7-5 所示。

表 7-5　在 SQL 中进行数据定义

学　　号	创　　建	修　　改	删　　除
数据库	CREATE DATABASE	ALTER DATABASE	DROP DATABASE
表	CREATE TABLE	ALTER TABLE	DROP TABLE
视图	CREATE VIEW		DROP VIEW
索引	CREATE INDEX		DROP INDEX

7.2.1　在 SQL 中创建和删除数据库

在关系型数据库中，数据库是用来存储数据库对象和数据的，数据库对象包括表（table）、视图（view）、索引（index）、触发器（trigger）、存储过程（stored procedure）等，在创建数据库对象之前需要先创建数据库。

1．创建数据库

在大型机和企业级网络数据库管理系统的安装中，公司的数据库管理员承担创建新数据库的责任。在安装小型的工作组数据库管理系统时，允许各个用户创建自己的个人数据库，但更常见的情况是集中创建数据库，然后由各个用户访问它。如果你正使用个人计算机数据库管理系统，你可能既是数据库管理员，也是用户，你将必须创建自己个人要用的数据库。

创建数据库使用 CREATE DATABASE 语句，其语法格式为：

```
CREATE DATABASE 数据库名
```

注意事项：

（1）输入数据库名就可以建立一个新的数据库，所有设置都使用系统默认设置，数据库名称必须遵循标识符命名规则。在虚谷数据库中有两类标识符，即常规标识符和分隔标识符。常规标识符在使用时不用将其分隔开，如 TableX、KeyCol 等。分隔标识符包含在单引号（''）或者方括号（[ ]）内，如[My Table]、[percent]等。常规标识符和分隔标识符包含的字符数必须在 1～128 之间。符合所有标识符格式规则的标识符可以使用分隔符，也可以不使用分隔符。不符合常规标识符格式规则的标识符必须使用分隔符。

（2）创建数据库的用户将成为该数据库的所有者，拥有该数据库的所有权限。

（3）有 3 种文件类型可用于存储数据库。

① 主数据文件：这些文件包含数据库的启动信息。主数据文件还用于存储数据，每个数据库都包含一个主数据文件。

② 次要数据文件：这些文件含有不能置于主数据文件中的所有数据。如果主数据文件足够大，能够容纳数据库中的所有数据，则该数据库不需要次要数据文件。有些数据库可能非常大，因此需要多个次要数据文件，或可能在各自的磁盘驱动器上使用次要数据文件，以便在多个磁盘上存储数据。

③ 事务日志：这些文件包含用于恢复数据库的日志信息。每个数据库必须至少有一个事务日志文件，日志文件最小为 512 KB。

4 种数据库约束（唯一性约束、主键字约束、外键字约束、检验约束）与单个数据库表紧密相联，它们作为 CREATE TABLE 语句的一部分指定，可以用 ALTER TABLE 语句修改或删除。其他两种数据库完整性约束——断言和域被作为数据库中的独立对象来创建，不依赖任何表定义。

断言（assertion）是数据库约束，用它可以限制数据库的整个内容。与检验约束一样，断言作为检索条件来指定。但是与检验约束不同，断言中的检索条件可以限制多个表的内容和它们之间的数据关系。因为这个原因，通过 SQL2 的 CREATE ASSERTION 语句，断言作为整个数据库定义的一部分来指定。

SQL2 标准把域的形式化概念实现为数据库定义的一部分。它是一个命名了的数据值集合，该集合作为一种附加的数据类型用在数据库定义中。用 CREATE DOMAIN 语句可以创建域，一旦创建了域，就可以好像它是一个字段定义内的数据类型那样引用它。下面是一个定义名为 VALID_EMPL_IDS 的域的 CREATE DOMAIN 语句，它由样本数据库中的有效雇员标识编号组成，这些编号是取值为 101 到 599 的 3 位整数：

```
CREATE DOMAIN VALID_EMPL_IDS INTEGER
    CHECK(VALUE BETWEEN 101 AND 599)
```

【示例 7.1】创建学生数据库 Studentsdb。

```
CREATE DATABASE Studentsdb
```

2．删除数据库

当不再需要用户定义的数据库或者已将其移到其他数据库或服务器上时，即可删除该数据库。数据库在删除之后，对应的文件及其数据都从服务器上的磁盘中删除。数据库被删除之后，即被永久删除，并且数据库中的所有对象都会被删除。如果用户不使用以前的备份，则无法恢复该数据库。另外，只有数据库的所有者（即创建数据库的用户）或者超级用户可以删除数据库。

删除数据库使用 DROP DATABASE 语句，其语法格式为：

```
DROP DATABASE 数据库名
```

【示例 7.2】删除学生数据库 Studentsdb。

```
DROP DATABASE Studentsdb
```

7.2.2　SQL 中基本表的创建、修改、删除

在关系数据库中最重要的结构是表。在多用户产品数据库中，通常由数据库管理员创建一次主表，然后就可以长期使用了。当使用数据库时，用户会发现定义自己的表来保存个人数据或从其他表提取的数据是很方便的。这些表可能是临时的，仅保留在单个交互式 SQL 会话阶段，或更久一些，保留几周或几个月。在个人计算机数据库中，表的结构甚至更不固定。因为你既是用户，又是管理员，所以可以创建和销毁表，以适合自己的需要，而不用担心是否影响其他用户。

基本表（Base Table）是独立存放在数据库中的表，是实表。在 SQL 中，一个关系对应一个基本表。基本表的创建操作并不复杂，但表中应该包含哪些内容是难点，是数据库设计阶段的最主要任务。在创建表时，需要考虑的主要问题包括表中包含哪些字段，字段的数据类型、长度、是否为空，建立哪些约束，等等。

1. 基本表的创建

基本表的创建使用语句 CREATE TABLE，其语法格式为：

```
CREATE TABLE <表名>（<列名><数据类型>[列级完整性约束条件][,<列名><数据类型>[列级
完整性约束条件][,…n][,<表级完整性约束条件>][,…n ]]）
```

说明：

（1）在创建表时可以定义与该表有关的完整性约束条件（如表 7-6 所示），包括 PRIMARY KEY、NOT NULL、UNIQUE、FOREIGN KEY 或 CHECK 等。约束条件被存入关系型数据库管理系统的数据字典中。当用户操作表中的数据时，由关系型数据库管理系统自动检查该操作是否违背了这些完整性约束条件。如果完整性约束条件涉及该表的多个属性列，则必须定义在表级上，称为表级完整性约束条件，否则完整性约束条件既可以定义在列级，也可以定义在表级。定义在列级的完整性约束条件称为列级完整性约束条件。

表 7-6 完整性约束条件

完整性约束条件	含义
PRIMARY KEY	定义主键
NOT NULL	定义的属性不能取空值
UNIQUE	定义的属性值必须唯一
FOREIGN KEY（属性名 1）REFERENCES 表名[（属性名 2）]	定义外键
CHECK（条件表达式）	定义的属性值必须满足 CHECK 中的条件

（2）在为对象选择名称时（特别是表和字段的名称），最好使名称反映出所保存数据的含义。比如学生表名可定义为 students，姓名属性可定义为 name 等。

（3）表中的每一字段的数据类型可以是基本数据类型，也可以是用户预先定义的数据类型。

当执行 CREATE TABLE 语句时，用户是新创建的表的拥有者，该表的名字在语句中指定。表名必须是合法的 SQL 名，它必须不与已有的任何表名冲突。新创建的表是空表，但是数据库管理系统让它做好接受用 INSERT 语句添加的数据的准备。

【示例 7.3】建立学生数据库 Students 中的表。

建立学生表（Students）：

```
CREATE TABLE Students(                        /*字段级完整性约束条件*/
        SNo CHAR(8) NOT NULL DEFAULT",        /*SNo 不能为空值*/
        SName CHAR(10) DEFAULT",
        SSex CHAR(2) DEFAULT '男',
        SAge INT DEFAULT 18,
```

```
       SDept CHAR(4) DEFAULT",
       CONSTRAINT Students PK PRIMARY KEY (SNo),
       CONSTRAINT SAge CK CHECK (SAge>12 AND SAge<100)
    )
```

建立课程表（Course）：

```
CREATE TABLE Course (
    CNo CHAR(4) NOT NULL DEFAULT",      /*CNo 不能为空值*/
    CName CHAR(20) DEFAULT",
    CPNo CHAR(2) DEFAULT",
    CCredit INT DEFAULT 0,
    CONSTRAINT Course PK PRIMARY KEY (CNo)   /*CNo 为主键约束*/
    )
```

建立学生选课表（SC）：

```
CREATE TABLE SC (
    SNo CHAR(8) NOT NULL DEFAULT",
    CNo CHAR(4) NOT NULL DEFAULT",
    Grade INT DEFAULT 60,
    CONSTRAINT SC PK PRIMARY KEY (SNo,CNo),
    CONSTRAINT Students FK FOREIGN KEY (SNo) REFERENCES Students(SNo),
    CONSTRAINT Students FK FOREIGN KEY (CNo) REFERENCES Course(CNo),
    CONSTRAINT Grade CK CHECK (Grade>0 AND Grade<100)
    )
```

说明：

（1）字段级完整性约束条件有 NULL（空）、UNIQUE（取值唯一），例如 NOT NULL、UNIQUE 表示取值唯一、不能取空值。

（2）CONSTRAINT 是可选关键字，表示 PRIMARY KEY、NOT NULL、UNIQUE、FOREIGN KEY 约束定义的开始。

（3）PRIMARY 是通过唯一性索引对给定的一字段或多字段强制实体完整性的约束，每个表只能创建一个 PRIMARY KEY 约束。

（4）UNIQUE 是通过唯一性索引对给定的一字段或多字段强制实体完整性的约束，一个表可以有多个 UNIQUE 约束。

（5）FOREIGN KEY … REFERENCES 是为字段中的数据提供引用完整性的约束。FOREIGN KEY 要求字段中的每个值在被引用表中都存在。该约束只能引用被引用表中为 PRIMARY KEY 或 UNIQUE 约束的字段。

2. 基本表的修改

在一个表使用了一段时间后，用户经常发现他们想要修改表中表示实体的其他信息。例如，添加某个关键联系人的名字和电话号码到 CUSTOMERS 表的各记录中，就像你在联系客户时使用它那样；添加最小的存货清单字段到 PRODUCTS 表，以便在某个产品的库存量太低时数据库能自动警告，等等。这些修改可以用 ALTER TABLE 语句来处理，可以添加字段、删除字段、修改字段定义、添加或删除约束、禁用或启用约束。ALTER TABLE 的语法格式为：

```
ALTER TABLE <表名>[ADD<新字段名><数据类型>[完整性约束]][DROP[完整性约束名]][ DROP COLUMN<字段名>][ ALTER COLUMN <字段名><数据类型>]
```

说明：

（1）ADD 子句用于增加新字段和新的完整性约束条件。

（2）DROP 子句用于删除完整性约束。

（3）DROP COLUMN 子句用于删除字段。

（4）ALTER COLUMN 子句用于修改原有的字段定义，包括修改字段名和数据类型。

字段的属性是其所包含数据的规则和行为。修改表中字段的属性包括字段的数据类型、字段的长度、有效位数或小数点位数、字段值能否为空值等。

【示例 7.4】修改学生表，为学生增加一个约束。

```
ALTER TABLE Students ADD CONSTRAINT
    SNo CK CHECK (SNo>='20120001' AND SNo<='20120199')
```

3．删除基本表

随着时间的推移，数据库的结构不断扩充和变化，新的表被创建用来表示新的实体，一些老的表不再需要了。用户可以使用 DROP TABLE 语句从数据库中删除不再需要的表。

在删除表时，与表有关的所有对象将被一起删掉。基本表一旦删除，表中的数据以及在此表上建立的索引都将被自动删除掉。虽然建立在此表上的视图仍然被保留，但已无法引用，因此执行删除操作时需要格外小心，除非必要。基本表的删除使用 DROP TABLE 命令，语法格式为：

```
DROP TABLE <表名> [RESTRICT | CASCADE]
```

说明：

如果使用了 RESTRICT 选项，并且表被视图或约束引用，DROP 命令不会执行成功，会显示一个错误信息提示。如果使用了 CASCADE 选项，在删除表的同时会将全部引用视图和约束删除。

【示例 7.5】删除学生表。

```
DROP TABLE Students
```

4．非强制的表约束

表约束指的是被声明的针对表中行的可能取值的限制，共有 3 种类别，即唯一约束（表中的某一行或某几行组成的集合在整个表的各行中必须唯一）、引用约束（用于实现表间的父子关系）和检查约束（用于在表中各行施加布尔判定，例如聘用时间必须大于出生时间）。表约束发端于 SQL-86，一直是 SQL 的组成部分。

在大多数情况下，用户都希望约束被实施，因为约束对于保持数据的完整性不可或缺。

然而也有一些场合，用户希望临时关闭一两个检查约束，例如在大批量加载或复制时。SQL-92 可使约束推迟至事务结束时再进行检查。但这一功能并不能真正适应大批量数据加载的场合，因为用户可能想将大批量数据分批提交以预防系统错误。

SQL:2011 通过提供变更约束是否生效的语法修正了这一问题。在默认情况下，约束是生效的，但用户可在例如大批量加载的场合将其设置为失效状态，处于失效状态的约束即使是在提交时也不会被检查。若一个失效状态的约束随后被置为生效，这一约束会对所有数据进行检查。一般来说，这一增强可使数据增量加载时的效率提高。

7.2.3　SQL 中索引的建立与删除

大多数基于 SQL 的数据库管理系统提供的物理存储结构之一是索引（index），这是一个基于一个或多个字段的值提供快速访问表记录的结构。数据库管理系统使用索引就像我们使用书的目录一样，索引保存数据值并指向那些数据值出现的记录。在索引中，数据值按升序或降序排列，以便数据库管理系统能快速搜索索引，找出特定的值，然后它随指针定位到含有该值的记录。

1. 索引的重要性

通常，为检索条件中频繁使用的字段建立索引是一个好的习惯。当对表做的查询比插入和更新操作频率更高时，更适合建立索引。大多数数据库管理系统产品总是为表的主键字建立索引，因为它们期望频繁地用主键字访问表。索引一经建立，就由数据库管理系统进行维护，不需用户干预。

工程实践表明，只有在经常查询索引字段中数据的情况下才需要在基本表上创建索引。为基本表设置索引是有代价的：①索引需要占据物理空间，除了数据表占据数据空间之外，每一个索引还要占据一定的物理空间，如果要建立聚集索引，那么需要的空间就会更大；②创建索引和维护索引要耗费时间，这种时间随着数据量的增加而增加；③当对表中的数据进行增加、删除和修改的时候，索引也要进行动态的维护，这样在一定程度上减慢了数据的维护速度。不过，在多数情况下，索引所带来的数据检索速度的优势远远超过它的不足。然而，如果应用程序非常频繁地更新数据或磁盘空间有限，那么最好限制索引的数量。

索引分为聚集索引、非聚集索引和唯一性索引。聚集索引基于聚集索引键对存储表或视图中的数据行按顺序排序。非聚集索引中的每个索引行都包含非聚集键值和行定位符，此定位符指向聚集索引或堆中包含该键值的数据行。索引中的行按索引键值的顺序存储，但是不保证数据行按任何特定顺序存储，除非对表创建聚集索引。聚集索引能提高多行检索的速度，而非聚集索引对于单行的检索很快。唯一性索引可以保证数据库表中每一行数据的唯一性。聚集索引和非聚集索引都可以是唯一性索引。

2. 索引的创建

索引建立在数据库表中的某些字段的上面。在创建索引的时候，应该考虑在哪些字段上可以创建索引，在哪些字段上不能创建索引。一般来说，应该在以下这些字段上创建索引：

- 经常需要搜索的字段，可以加快搜索的速度。
- 作为主键的字段，强制该字段的唯一性和组织表中数据的排列结构。
- 经常用于连接的字段，这些字段主要是一些外键，可以加快连接的速度。
- 经常需要根据范围进行搜索的字段，因为索引已经排序，其指定的范围是连续的。
- 经常需要排序的字段，因为索引已经排序，这样查询可以利用索引的排序加快排序查询速度；经常使用在 WHERE 子句中的字段，在这些字段上建立索引可以加快条件的判断速度。

同样，对于有些字段不应该创建索引。一般来说，具有下列特点的字段不应该创建索引：

- 在查询中很少使用或者参考的字段不应该创建索引。这是因为这些字段很少使用到，有索引或者无索引，并不能提高查询速度。相反，由于增加了索引，反而减慢了系统的维护速度和增大了空间需求。
- 只有很少数据值的字段也不应该增加索引。这是因为，由于这些字段的取值很少，例如人事表的性别字段，在查询结果中，结果集的数据行占了表中数据行的很大比例，即需要在表中搜索的数据行的比例很大，所以增加索引并不能明显地加快检索速度。
- 定义为 text、image 和 BIT 数据类型的字段不应该增加索引。这是因为这些字段的数据量要么相当大，要么取值很少。
- 当修改性能远远大于检索性能时不应该创建索引。这是因为修改性能和检索性能是互相矛盾的。当增加索引时，会提高检索性能，但是会降低修改性能；当减少索引时，会提高修改性能，但是降低检索性能。因此，当修改性能远远大于检索性能时不应该创建索引。

建立索引使用 CREATE INDEX 命令，语法格式为：

```
CREATE UNIQUE [CLUSTERED | NOT CLUSTERED] INDEX <索引名>ON<表名> (<字段名>[<ASC
| DESC>][,<字段名>[< ASC | DESC >]] [,…n])
```

说明：

表名是要建立索引的基本表的名字。索引可以建立在该表的一个字段或者多个字段上，字段名之间用逗号分隔，字段名后面还可以用升序（ASC）或降序（DESC）指定索引值的排列顺序，默认情况下为升序。UNIQUE 表示此索引的每一个索引值对应唯一的数据记录。CLUSTERED 表示聚集索引，NOT CLUSTERED 表示非聚集索引，默认情况下为非聚集索引。

【示例 7.6】 在 Course 表中创建一个索引 ICNo，保证每一行都有唯一的 CNo 值。

```
CREATE UNIQUE INDEX ICNo ON Course （CNo）
```

3．索引的删除

删除索引使用 DROP INDEX 命令，语法格式为：

```
DROP INDEX <索引名>
```

【示例 7.7】 删除索引 ICNo。

```
DROP INDEX Course ICNo
```

7.3　SQL 的数据查询

查询是数据库的核心操作。数据查询即从表中找到用户需要的数据，SQL 提供了 SELECT 语句进行数据库查询。对于简单查询来说，英语语言请求和 SQL SELECT 语句是非常相似的。当请求变得越来越复杂时，必须使用 SELECT 语句的更多特性精确地指定查询。

7.3.1　查询语句的基本结构

在 SQL 中，SELECT 语句不是一个单独的语句，而是包含了必要和可选两类子句。其中，FROM 子句是一条必要子句，使用 SELECT 查询时必须包含；WHERE 子句、GROUP BY 子句、HAVING 子句、ORDER BY 子句是可选子句，视情况选用。一个完整的 SELECT 语句表示如下：

```
SELECT [ * | ALL | DISTINCT ]
    [<目标字段表达式 [[AS] 字段别名]>[,<目标字段表达式 [[AS] 字段别名]>[,…n]]
    FROM <表名或视图名 [[AS] 表别名]>[,<表名或视图名 [[AS] 表别名]>] [,…n]
    [WHERE <条件表达式>]
    [GROUP BY <字段名 1>[HAVING <条件表达式>]]
    [ORDER BY <字段名 2>[ASC | DESC]]
```

说明：

在 SELECT 语句中，SELECT 子句列出了要被 SELECT 语句检索的数据项。数据项可以是数据库中的字段，或者是执行查询时要被 SQL 计算的字段。"*"表示输出结果中包含表中的所有字段。选项 ALL 表示显示所有行，包含重复的行。选项 DISTINCT 表示禁止在输出结果中包含重复的行。

FROM 子句列出了包含要被查询检索的数据的表，可以是一张表（单表查询或简单查询），也可以是多张表，表之间使用逗号分隔（连接查询）。如果是多张表，表名之间用逗号分隔开。每个表格说明标识一个包含要被查询检索的数据的表，这些表称为查询（和 SELECT 语句）的源表，因为它们是查询结果中所有数据的源。

WHERE 子句告诉 SQL 仅包含查询结果中的某些数据记录，使用搜索条件来指定所要的记录。

GROUP BY 指定一个汇总查询，代替为数据库中的每条数据记录生成一个查询结果记录，汇总查询把相似的记录组在一起，然后对每一组生成一条汇总查询结果记录。

HAVING 子句告诉 SQL 仅把由 GROUP BY 子句生成的某些组包含在查询结果中。像 WHERE 子句一样，它使用搜索条件指定所要的组。

ORDER BY 子句基于一个字段或更多字段的数据排序查询结果，如果省略了它，将不排序查询结果。

SELECT 语句的执行过程如下：

（1）读取 FROM 子句中基本表、视图的数据，执行笛卡儿积操作。

（2）删除 WHERE 子句中条件不为真的记录。

（3）根据 GROUP BY 子句中指定的字段对剩余记录分组。

（4）删除 HAVING 子句中条件不为真的组。

（5）计算 SELECT 子句选择列表中目标字段表达式的值。

（6）如果存在 DISTINCT 关键字，则删除重复的记录。

（7）如果有 ORDER BY 子句，则对所有选出的记录按其后的字段值进行排序。

在 WHERE 子句的条件表达式中可以进行的 6 类运算如表 7-7 所示。

表 7-7　在 WHERE 子句中可以进行的运算

运算名称	运算符	含义	运算名称	运算符	含义
集合成员运算	IN	在集合中	范围运算	BETWEEN AND	在或不在指定的区间中
	NOT IN	不在集合中		NOT BETWEEN AND	
字符串匹配运算	LIKE NOT LIKE	进行单个或多个字符匹配	关系运算	>、≥、<、≤、=、≠	大于、大于等于、小于、小于等于、等于、不等于
空值测试运算	IS NULL IS NOT NULL	为空 不能为空	逻辑运算	AND、OR、NOT	与、或、非

SQL 提供了许多聚集函数，能增强检索功能，常用的聚集函数如表 7-8 所示。

表 7-8　常用聚集函数一览表

函数名称	功能说明
COUNT（[DISTINCT | ALL] *）	统计记录个数
COUNT（[DISTINCT | ALL]<字段名>）	统计一字段中值的个数
SUM　（[DISTINCT | ALL <字段名>]）	计算一字段（该字段应为数值型）值的总和
AVG　（[DISTINCT | ALL <字段名>]）	计算一字段（该字段应为数值型）值的平均值
MAX　（[DISTINCT | ALL]<字段名>）	求一字段值的最大值
MIN（[DISTINCT | ALL] <字段名>）	求一字段值的最小值

查询结果与数据库中的表一样，SQL 查询的结果总是一个数据表。如果使用交互式 SQL 输入 SELECT 语句，数据库管理系统在计算机屏幕上以表格的形式显示查询结果。如果程序使用编程式 SQL 发送一个查询到数据库管理系统，查询结果表被返回到该程序。无论是哪一种情况，查询结果总是像数据库中的实际表格一样，具有相同的表格式、记录字段格式。

7.3.2　单表查询

单表查询是仅涉及一个数据库表的查询，通常又称为简单查询。最简单的 SQL 查询是从数据库的一个表中取出数据字段。

1. 选择表中的若干字段

选择表中的全部字段或部分字段相当于进行关系代数中的投影运算。

【示例 7.8】查询全体学生的姓名、学号及所在系别。

```
SELECT SNo, SName, SDept
    FROM Students
```

可以用 AS 子句重新指定查询结果显示的字段名。
上例可以写成:

```
SELECT SNo AS 学号, SName AS 姓名, SDept AS 系名
    FROM Students
```

2. 查询全部字段

在数据库管理系统中，显示一个表的所有字段的内容是很方便的。当用户首次遇到一个新的数据库并想快速了解它的结构和它所包含的数据时，这是特别有用的。为了方便，SQL 允许用户在选择列表处使用一个星号"*"作为"所有字段"的一个缩写。

【示例 7.9】查询全部字段。

```
SELECT * FROM Students
```

需要注意的是，当使用交互式 SQL 时，选择所有字段是最合适的。在编程式 SQL 中应该避免这样做，因为在数据库结构中的改变能够引起程序失败。例如，假定 Offices 表已从数据库中删除，然后通过重排它的字段并添加一个新的字段而重建。SQL 自动地负责这种变化中与数据库相关的细节，但是它不修改应用程序。如果程序期望一个 SELECT * FROM Offices 查询返回 6 个字段的查询结果（具有一定的数据类型），当字段被重排并加入了一个新字段时，多数情况下会出现问题。

3. 查询计算产生的字段

除了其值直接来自数据库的那些字段外，SQL 查询能够包含计算所得的字段（这些字段的值是通过对存储的数据值进行计算得到的）。如果要请求一个计算字段，在选择列表中指定一个 SQL 表达式，这个表达式可以包含加、减、乘和除运算；也可以使用括号来构建更复杂的表达式。当然，在算术表达式中引用的字段必须是数字类型的。如果尝试加、减、乘或除包含文本数据的字段，SQL 将报告一个错误。

【示例 7.10】查询全体学生的姓名与出生年份。

```
SELECT SName AS 姓名, YEAR（GETDATE（））-SAge AS 出生年份
    FROM Students
```

通过 GETDATE()函数获取系统的当前日期,通过 YEAR()函数获取指定日期的年份号,通过计算产生出生年份字段。

4. 选择表中的若干记录

选择表中的全部记录或部分记录相当于进行关系代数中的选择运算。
1）消除取值重复的记录
在 SQL 中，SELECT 语句不会自动删除查询结果中的重复行，如果要求查询结果中行

是唯一的，那么必须使用 DISTINCT 短语，这样就可以让相同的记录只显示一个。

【示例 7.11】查询已经选修了课程的学生的姓名及其学号。

```
SELECT SName AS 姓名, DISTINCT SNo AS 学号
    FROM SC
```

2）查询满足条件的记录

检索表的所有记录的 SQL 查询对数据库浏览和报表是有用的，但通常用户想选择表中的某些记录，仅包括部分记录在查询结果中，使用 WHERE 子句来指定用户想要检索的记录。

WHERE 子句由关键字 WHERE 和其后的搜索条件（这个搜索条件指定了要被检索的记录）组成。下面是一些使用了 WHERE 子句的简单查询的例子：

【示例 7.12】查询所有年龄小于 18 岁的学生的姓名及其年龄。

```
SELECT SName AS 姓名, SAge AS 年龄
    FROM Students
    WHERE（SAge<18）
```

【示例 7.13】查询考试不及格的所有学生的姓名及其学号。

```
SELECT SName AS 姓名, DISTINCT SNo AS 学号
    FROM SC
    WHERE（Grade<60）
```

这里使用 DISTINCT 短语是对于一个学生有多门课程不及格的情况只显示一次学号，不重复显示。

【示例 7.14】查询年龄在 23～28 岁的学生的姓名、系别和年龄。

```
SELECT SName AS 姓名, SDept AS 系别, SAge AS 年龄
    FROM Students
    WHERE（SAge BETWEEN 23 AND 28）
```

这里通过 BETWEEN…AND…子句将查询的年龄范围限定在 23～28 岁之间。上面的语句也可以写成：

```
SELECT SName AS 姓名, SDept AS 系别, SAge AS 年龄
    FROM Students
    WHERE（SAge>=23）AND（SAge<=28）
```

【示例 7.15】查询年龄不在 19～25 岁之间的学生的姓名、系别和年龄。

```
SELECT SName AS 姓名, SDept AS 系别, SAge AS 年龄
    FROM Students
    WHERE（SAge NOT BETWEEN 19 AND 25）
```

也可以写成：

```
SELECT SName AS 姓名, SDept AS 系别, SAge AS 年龄
```

```
    FROM Students
    WHERE（SAge<19）OR（SAge>25）
```

【示例 7.16】查询信息系（IS）和计算机系（CS）的学生的姓名、系别和学号。

```
SELECT SName AS 姓名, SDept AS 系别, SNo AS 学号
    FROM Students
    WHERE（SDept IN（'信息系', '计算机系'））
```

当然，查询非信息系（IS）和非计算机系（CS）的学生的姓名、系别和学号如下：

```
SELECT SName AS 姓名, SDept AS 系别, SNo AS 学号
    FROM Students
    WHERE（SDept NOT IN（'信息系', '计算机系'））
```

【示例 7.17】查询时使用 LIKE 和通配符可以实现模糊查询，其中，LIKE 子句用来进行全部或部分字符串匹配；百分号"%"通配符字符匹配任何顺序的 0 个或更多的字符，下划线"_"通配符字符匹配任何单个字符。

```
SELECT Company, Credit_Limit
    FROM Customers
    WHERE Company LIKE '成都% 有限公司.'
```

LIKE 关键字告诉 SQL 把 Company 字段和模式"成都% 有限公司."进行比较。下面的任何一种名称都匹配这个模式：

成都有限公司、成都海信科技有限公司、成都杰逊威尔信息技术有限公司

但是下面这些名称不匹配：

成都集团公司、成都川大致胜有限责任公司、成都双流路桥工程公司、成都双星物流快递公司、成都哈夫曼科技开发公司

通配符字符可以出现在模式字符串的任何地方，几个通配符字符也可以在一个字符串内。下面这个查询允许有"Smithson"或"Smithsen"这样的拼写，在公司名称中，接受"Corp."、"Inc."或任何其他的结尾形式：

```
SELECT Company, Credit_Limit
    FROM Customers
    WHERE Company LIKE 'Smiths_n %'
```

下面查询所有姓"甘"的学生的姓名、系别和学号。

```
SELECT SName AS 姓名, SDept AS 系别, SNo AS 学号
    FROM Students
    WHERE（SName LIKE '甘%'）
```

【示例 7.18】查询复姓"欧阳"且名字为一个汉字的学生的姓名、系别和学号。

```
SELECT SName AS 姓名, SDept AS 系别, SNo AS 学号
```

```
   FROM Students
   WHERE (SName LIKE '欧阳__')
```

这里，由于一个汉字占两个字符位置，故在"欧阳"后面跟两个"_"。

【示例 7.19】查询姓名中第二个字为"国"的学生的姓名、系别和学号。

```
SELECT SName AS 姓名, SDept AS 系别, SNo AS 学号
   FROM Students
   WHERE (SName LIKE '__国%')
```

【示例 7.20】查询选修了课程但没有成绩的学生的学号和课程号。

```
SELECT SNo, CNo
   FROM SC
   WHERE (Grade IS NULL)
```

注意，这里的"IS NULL"指真正为空，空格不是这里所说的空。

【示例 7.21】查询选修了课程且有成绩的学生的学号和课程号。

```
SELECT SNo, CNo
   FROM SC
   WHERE (Grade IS NOT NULL)
```

需要注意的是，ANSI/ISO SQL 标准指定了一种方法来实际地匹配通配符字符，那就是使用一个特殊的转义字符。当在模式中出现转义字符时，紧跟其后的字符被当作一个文字字符而不是通配符处理（后面的字符被说成是转义了）。转义字符可以是两个通配符中的任意一个，或者是转义字符本身（现在它在模式内具有特殊的意义）。在搜索条件的 ESCAPE 子句中，转义字符被指定为单字符常量字符串。下面是使用一个美元符号($)作为转义字符的例子。

找出产品的 ID 以 4 个字母"AB%C"开始的产品：

```
SELECT Order_Num, Product
   FROM Orders
   WHERE Product LIKE 'AB$%C' ESCAPE '$'
```

模式中第一个百分号位于一个转义字符后，被作为一个文字百分号处理，第二个则被作为一个通配符。

5. 字段函数

在 SQL 标准中通过一系列字段函数对数据库中的数据进行各种汇总。SQL 字段函数将整个字段的数据作为参数并生成汇总这一字段的一个数据项。SQL 提供了 COUNT、SUM、AVG、MIN、MAX 等字段函数。

1）统计函数 COUNT

COUNT()字段函数对字段中数据值的数目进行计数，字段中的数据可以是任何类型的。COUNT()函数总是返回一个整数，不管字段的数据类型。其语法格式为：

```
COUNT ({ [ [ ALL | DISTINCT] EXPRESSION] | * })
```

COUNT 函数统计的是行数，与字段的数据类型没有关系，字段可以是任意数据类型，

其中 ALL 是默认值；"COUNT（ALL <字段名>）"对组中每一行的指定字段进行计算并返回非空值的数量；"COUNT（DISTINCT<字段名>）"对组中每一行的指定字段计算并返回唯一非空值的数量；COUNT (*)返回表中行的总数，包括 NULL 值和重复项；EXPRESSION 可以是除 TEXT、IMAGE 以外的任何类型的表达式，不允许使用聚合函数和子查询。

【示例 7.22】查询学生总人数。

```
SELECT COUNT(*) AS 学生总数
    FROM Students
```

注意：COUNT()函数忽略字段中数据项的值，它简单地计算有多少数据项，因此它实际上并不关心用户指定了哪一字段作为 COUNT()函数的参数。如果把 COUNT(*)函数作为一个"记录计数"函数，会使查询更容易读。实际上，几乎总是用 COUNT(*)函数进行记录计数，而不是用 COUNT()函数。

2）求和函数 SUM

SUM()字段函数计算一个字段数据值的总和，字段中的数据必须是数字类型（整数、小数、浮点数或货币）。SUM()函数的结果与字段中的数据具有相同的基本数据类型，但结果可能更精确。例如，如果应用 SUM()函数来计算 16 位整数的字段，结果可能是一个 32 位的整数。SUM()函数返回表达式中所有值的和或仅非重复值的和，空值将被忽略。其语法格式为：

```
SUM( [ ALL | DISTINCT ] EXPRESSION )
```

其中，ALL 是默认值，表示对所有的值应用此函数；DISTINCT 指定 SUM 返回唯一值的和；EXPRESSION 表示常量、字段或函数与算术、位和字符串运算符的任意组合，EXPRESSION 是精确数字或近似数字数据类型（BIT 数据类型除外）的表达式，不允许使用聚合函数和子查询。

【示例 7.23】查询学号为"20120085"学生的总成绩。

```
SELECT SUM(Grade) AS 总成绩
    FROM SC
    WHERE (SNo = '20120085')
```

3）求平均函数 AVG

AVG()字段函数计算一个字段数据值的平均值。像 SUM()函数一样，字段中的数据必须是数字类型的。因为 AVG()函数先将字段中的值加起来，然后除以值的数目，所以其结果一定与字段中的值具有不同的数据类型。例如，如果应用 AVG()函数到一个整数字段，结果将是小数或浮点数，取决于正在使用的数据库管理系统的产品。AVG()函数只能用于数字字段，将忽略空值。其语法格式为：

```
AVG( [ ALL | DISTINCT ] EXPRESSION )
```

其中，ALL 是默认值，表示对所有的值应用此函数；DISTINCT 指定 AVG 只在选定的唯一记录的值上执行，而不管该值出现了多少次；EXPRESSION 是精确数值或近似数值数据类别（BIT 数据类型除外）的表达式，不允许使用聚合函数和子查询。

【示例 7.24】查询学号为"20120085"学生的平均成绩。

```
SELECT AVG(Grade) AS 平均成绩
    FROM SC
    WHERE (SNo = '20120085')
```

4）求最大值函数 MAX

MAX()字段函数查找字段中的最大值，字段中的数据可以包含数字、字符串或日期/时间信息。MAX()函数的结果与字段中数据的数据类型完全相同，其语法格式为：

```
MAX( [ ALL | DISTINCT ] EXPRESSION )
```

其中，ALL 是默认值，表示对所有的值应用此函数；DISTINCT 指定考虑每个唯一值，DISTINCT 对于 MAX 无意义，使用它仅仅是为了与 ISO 实现兼容；EXPRESSION 是常量、字段名、函数以及算术运算符、位运算符和字符串运算符的任意组合。MAX 可用于 NUMERIC 字段、CHARACTER 字段和 DATETIME 字段，但不能用于 BIT 字段，另外不允许使用聚合函数和子查询。

【示例 7.25】查询学号为"20120085"学生的最好成绩。

```
SELECT MAX(Grade) AS 最好成绩
    FROM SC
    WHERE (SNo = '20120085')
```

当把 MAX()字段函数应用于数字数据时，SQL 以代数顺序比较数字（绝对值大的负数小于绝对值小的负数，负数小于零，零小于所有的正数），日期按顺序进行比较（较早的日期小于较晚的日期），持续时间以其长度为基础进行比较（短的持续时间小于长的持续时间）。

当使用 MAX()处理字符串数据时，两个字符串的比较取决于所使用的字符集。在个人计算机或小型机上（这两种机器都使用 ASCII 字符集），数字排在字母的前面，所有的大写字母排在所有的小写字母前面；在 IBM 大型机上（它使用 EBCDIC 字符集），小写字母排在大写字母前面，数字排在字母后面。

5）求最小值函数 MIN

MIN()字段函数查找字段中的最小值，字段中的数据可以包含数字、字符串或日期/时间信息。MIN()函数的结果与字段中数据的数据类型完全相同，其语法格式为：

```
MIN( [ ALL | DISTINCT ] EXPRESSION )
```

其中，ALL 是默认值，表示对所有的值应用此函数；DISTINCT 指定每个唯一值都被考虑，DISTINCT 对于 MIN 无意义，使用它仅仅是为了符合 ISO 标准； EXPRESSION 是常量、字段名、函数以及算术运算符、位运算符和字符串运算符的任意组合。MIN 可用于 NUMERIC、CHAR、VARCHAR 或 DATETIME 字段，但不能用于 BIT 字段，另外不允许使用聚合函数和子查询。

【示例 7.26】查询学号为"20120085"学生的最差成绩。

```
SELECT MIN(Grade) AS 最差成绩
```

```
    FROM SC
    WHERE (SNo = '20120085')
```

当把 MIN()字段函数应用于数字数据时，SQL 以代数顺序比较数字（绝对值大的负数小于绝对值小的负数，负数小于零，零小于所有的正数），日期按顺序进行比较（较早的日期小于较晚的日期），持续时间以其长度为基础进行比较（短的持续时间小于长的持续时间）。

当使用 MIN()处理字符串数据时，两个字符串的比较取决于所使用的字符集。在个人计算机或小型机上（这两种机器都使用 ASCII 字符集），数字排在字母的前面，所有的大写字母排在所有的小写字母前面；在 IBM 大型机上（它使用 EBCDIC 字符集），小写字母排在大写字母前面，数字排在字母后面。

6. 查询结果进行排序

对于查询结果的显示顺序，用户可以用 ORDER BY 子句指定按照一个或多个属性字段的升序（ASC）或降序（DESC）排序，其中升序（ASC）为默认值。对于字符排序，升序指从 A 到 Z 的顺序，降序指从 Z 到 A 的顺序；对于数值排序，升序指从 1 到 9 的顺序，降序指从 9 到 1 的顺序。如果没有指定查询结果的显示顺序，默认为升序排列。

【示例 7.27】查询选修课程代码为 1001 的学号及成绩，查询结果按分数从高到低排列。

```
SELECT SNo AS 学号, Grade AS 成绩
    FROM SC
    WHERE (CNo = '1001')
    ORDER BY Grade DESC
```

【示例 7.28】查询全体学生并按系的顺序及同系的按年龄从大到小进行排列。

```
SELECT *
    FROM Students
    ORDER BY SDept, SAge DESC
```

7. 查询结果分组

GROUP BY 子句将表中的记录按某一字段或多字段值分组，值相等的为一组，针对不同的组归纳信息，汇总相关数据。

【示例 7.29】查询各门课程与相应的选课人数。

```
SELECT CNo AS 课程号,COUNT(SNo) AS 选课人数
    FROM SC
    GROUP BY CNo
```

【示例 7.30】查询选修了 4 门课（含）以上课程的学生的学号。

```
SELECT SNo AS 学号
    FROM SC
```

```
    GROUP BY SNo
    HAVING(COUNT(*) >= 4)
```

需要注意的是，这里先用 GROUP BY 子句按 SNo 分组，再用函数 COUNT 对每一组计数。HAVING 短语指定选择组的条件，只有满足条件的组才会被选出来。

WHERE 子句与 HAVING 短语的区别在于作用的对象不同，WHERE 子句作用于基本表或视图，从中选择满足条件的记录；HAVING 短语作用于组，从中选择满足条件的组。

7.3.3　连接查询

在实际的数据库中，数据通常被分解存储到多个不同的表中，这样的存储使得数据处理起来更方便，并且具有很大的伸缩性。若一个查询同时涉及两个以上的表，则称为连接查询。连接查询实际上是关系数据库中最主要的查询，主要包括等值连接查询、非等值连接查询、自身连接查询、外连接查询和复合条件连接查询。

连接查询可由 WHERE 子句中的连接条件实现，其语法格式通常为：

```
SELECT 字段名 1，字段名 2，…
    FROM 表名 1，表名 2，…
    WHERE 连接条件 1 AND 连接条件 2…
```

1．等值与非等值连接查询

通过匹配相关字段的内容形成新记录的过程称为连接表，结果表（包含两个源表的数据）称为两表之间的一个连接(基于两字段之间的精确匹配的连接被更准确地称为等连接)。

在 SQL 中，连接是多表查询处理的基础。关系数据库中的所有数据均以明确的数据值存在于它的字段中，所以在表之间的所有可能的关系可以通过匹配相关字段的内容形成，因此连接提供了一个强大的工具来生成数据库中的数据关系。事实上，因为关系数据库不包含指针或其他关联记录与记录的机制，连接是生成跨表数据关系的唯一机制。

当用户的一个查询请求涉及数据库的多个表时，必须按照一定的条件把这些表连接在一起，以便能够共同提供用户需要的信息。连接条件的一般格式为：

[<表名 1>]<字段名 1><比较运算符>[<表名 2>]<字段名 2>

连接条件中的字段名称为连接字段。连接条件中的各连接字段类型必须是可比的，但不必是相同的。例如两者都是字符型，或都是日期型；或者一个是整型，另一个是实型，整型和实型都是数值，因此是可比的。

当连接运算符为"＝"时，称为等值连接，使用其他连接运算符称为非等值连接。

连接操作的执行过程：

（1）先在表 1 找到第 1 个记录，然后对表 2 中的每一个记录从头开始顺序扫描或按索引扫描，查找满足连接条件的记录，每找到一个记录，就将表 1 中的第一个记录与该记录按条件拼接，形成结果表中的一个记录；重复上述动作，直到将表 2 中的全部记录扫描完毕。

（2）再在表 1 找到第 2 个记录，然后对表 2 中的每一个记录从头开始顺序扫描或按索引扫描，查找满足连接条件的记录，每找到一个记录，就将表 1 中的第一个记录与该记录按条件拼接，形成结果表中的一个记录；重复上述动作，直到将表 2 中的全部记录扫描完毕。

（3）重复上述操作，直到表 1 中的全部记录被处理完毕。

【示例 7.31】查询每个学生及选修课程的情况。

```
SELECT Students.SNo AS 学号, SDept AS 系别, CNo AS 选课号
    FROM Students, SC
    WHERE Students.SNo = SC.SNo
```

2．自身连接

自身连接是指使用同一个表的相同类型字段进行的比较连接。这是连接操作中较为特殊的一类连接，由于使用一个表，因此比较中应加上不同的别名。

【示例 7.32】查询每门课程的间接选修课程（即选修课程的选修课）。

```
SELECT CM.CNo AS 主修课程号, CI.CNo AS 间修课程号
    FROM Course CM, Course CI
    WHERE CM.CNo = CI.CNo
```

3．外连接

在通常的连接操作中，只有满足连接条件的记录才能被输出，但有时我们可能需要不满足连接条件的记录。例如，我们想以 Students 表为主体列出每个学生的基本情况及其选课情况，若某个学生没有选课，则只输出其基本情况信息，其选课信息为空即可，这里就需要使用外连接（Outer Join）。外连接的运算符在不同的数据库管理中实现的方式也不尽相同，在虚谷云数据库管理系统中采用了 LEFT JOIN 和 RIGHT JOIN 子句。

【示例 7.33】查询每个学生及选修课程的情况（含未选课的学生，但只列出基本信息）。

```
SELECT Students.*, SC.CNo, SC.Grade
    FROM Students LEFT JOIN
    WHERE SC ON Students.SNo = SC.SNo
```

4．复合条件连接

WHERE 子句中有多个条件的连接操作称为复合条件连接。

【示例 7.34】查询每个学生及选修课程的课程名和成绩信息。

```
SELECT Students.SNo AS 学号, SName AS 姓名,
        CName AS 选修课程名, Grade AS 成绩
    FROM Students, Course, SC
    WHERE Students.SNo = SC.SNo AND Course.CNo = SC.CNo
```

7.3.4　嵌套查询

在 SQL 中，一个 SELECT-FROM-WHERE 语句称为一个查询块。将一个查询块嵌套

在另一个查询块的 WHERE 子句或 HAVING 短语的条件中的查询称为嵌套查询或子查询。嵌套在 WHERE 子句或 HAVING 短语条件中的下层查询块又称为内层查询块、子查询块。它的上层 SELECT- FROM- WHERE 查询块称为外层查询、父查询、主查询。SQL 语言允许多层嵌套查询，即一个子查询中还可以嵌套其他子查询。

嵌套查询的求解方法是由里向外处理。即每个子查询在其上一级查询处理之前求解，子查询的结果用于建立其父查询的查找条件。通常使用 IN 或 NOT IN、比较运算符、谓词 ANY 或 OR 以及 EXISTS 或 NOT EXISTS 进行嵌套查询。

1．带有 IN 的子查询

带有 IN 的子查询用于判断某个属性字段值是否在子查询的结果中或者由多个常量组成的集合中。带有 IN 的子查询的语法格式为：

表达式 IN (子查询)[表达式 IN (常量1 {,常量2…})

IN 谓词表示如果计算之后表达式的值至少与子查询结果中的一个值相同，或者与常量构成的集合中的一个值相同，返回 TRUE，否则返回 FALSE。

【示例 7.35】查询与"刘翔"同一个系学习的学生。

```
SELECT *
    FROM Students
    WHERE SDept IN (
        SELECT SDept
        FROM Students
        WHERE SName = '刘翔' )
```

相对于 IN 谓词，还有 NOT IN 谓词。NOT IN 谓词的语法格式为：

表达式 [NOT] IN (子查询){表达式[NOT] IN(常量1{，常量2…})

NOT IN 谓词表示如果计算之后表达式的值与子查询结果中的所有值都不相同，或者与常量构成的集合中的所有值都不相同，返回 TRUE，否则返回 FALSE。

【示例 7.36】查询与"刘翔"、"黄亚男"不同系学习的学生。

```
SELECT *
    FROM Students
    WHERE SDept NOT IN (
    SELECT SDept
        FROM Students
        WHERE (SName = '刘翔' or SName = '黄亚男'))
```

2．带有比较运算符的子查询

当用户确切地知道内层查询返回的是单值时，可以用>、<、=、>=、<=、!=或<>等比较运算符。

【示例 7.37】查询同期学习的学生中小于最大年龄的所有学生。

```
SELECT *
    FROM Students
```

```
WHERE SAge < (
    SELECT MAX(SAge)
    FROM Students)
```

这里因为子查询中函数 MAX 返回学生中年龄的最大值，肯定是单值，所以可以在表达式与子查询之间使用比较运算符"＜"。

3. 带有量化比较谓词的子查询

在某些情况下，子查询返回多个值，SQL 提供了 ANY、SOME 或 ALL 这些量化比较谓词将表达式的值和子查询的结果进行比较。其语法格式如下：

```
表达式 θ{SOME | ANY | ALL}(子查询)
```

其中，θ 是比较运算符（>、<、>=、<=、=、<>或!=）中的一个。表达式 θ SOME 子查询和表达式 θANY 子查询含义相同，如果在子查询的结果中至少存在一个元素 a，使表达式的值与该元素做 θ 运算为真，即表达式 θa 为真，则它们的值为真。表达式 ALL 子查询为真，当且仅当对于子查询返回的每一个值 a，表达式 θa 的值均为真。

带有量化比较谓词的子查询的直接含义如表 7-9 所示。

表 7-9　量化比较谓词一览表

量化比较谓词	含　　义	量化比较谓词	含　　义
>ANY >SOME	大于子查询结果中的某一个值	>ALL	大于子查询结果中的所有值
<ANY <SOME	小于子查询结果中的某一个值	<ALL	小于子查询结果中的所有值
>=ANY >=SOME	大于等于子查询结果中的某一个值	>=ALL	大于等于子查询结果中的所有值
<=ANY <=SOME	小于等于子查询结果中的某一个值	<=ALL	小于等于子查询结果中的所有值
=ANY =SOME	等于子查询结果中的某一个值	=ALL	等于子查询结果中的所有值
!=ANY 或<>ANY !=SOME 或<>SOME	不等于子查询结果中的某一个值	!=ALL 或<>ALL	不等于子查询结果中的任何一个值

【示例 7.38】查询既选修了 1005 号课程又同时选修了 1009 号课程的所有学生。

```
SELECT *
    FROM SC
    WHERE CNo = '1005' AND CNo IN (
        SELECT CNo
            FROM SC
            WHERE CNo = '1009')
```

4. 带有 EXISTS 谓词的子查询

EXISTS 的意思是"存在"。带有 EXISTS 谓词的子查询不返回任何实数据,它只产生逻辑真值 TRUE 或逻辑假值 FALSE。其语法格式为:

```
EXISTS (子查询)
```

当且仅当子查询返回的集合存在元素,即非空时,其值为真。由于带 EXISTS 谓词的相关子查询只关心内层查询是否有返回值,并不需要查询具体值,因此其效率并不一定低于不相关子查询,有时是高效的方法。

【示例 7.39】查询所有选修了 1005 号课程的学生信息。

```
SELECT SNo AS 学号, SName AS 姓名
  FROM Students
  WHERE EXISTS (
    SELECT *
      FROM SC
      WHERE SC.SNo = Students.SNo AND CNo = '1005')
```

EXISTS 子查询称为相关子查询,即子查询的查询条件依赖于外层的某个属性值。相关子查询的一般处理过程是先取外层查询中表的第 1 个记录,根据它与内层查询相关的属性值处理内层查询,若 WHERE 子句的返回值为真,则取此记录放入结果表;然后再取外层查询中表的第 2 个记录,重复前面的动作,直到外层表被全部检查为止。

【示例 7.40】查询所有未选修 1005 号课程的学生信息。

```
SELECT SNo AS 学号, SName AS 姓名
  FROM Students
  WHERE NOT EXISTS (
    SELECT *
      FROM SC
      WHERE SC.SNo = Students.SNo AND CNo = '1005')
```

【示例 7.41】查询选修全部课程的学生信息。

```
SELECT SNo AS 学号, SName AS 姓名
  FROM Students
  WHERE NOT EXISTS (
    SELECT *
      FROM Course
      WHERE NOT EXISTS (
        SELECT *
          FROM SC
          WHERE CNo = Course.CNo AND SNo = Students.SNo))
```

注意:选修了全部课程涉及"= ALL"谓词,故不能用一般的嵌套查询,只能用 NOT EXISTS 谓词查询。

7.3.5　集合查询

SELECT 语句查询的结果是记录的集合，所以多个 SELECT 语句的结果可进行集合操作，集合操作主要包括并（UNION）、交（INTERSECT）、差（except）。

1. 并操作 UNION

并操作将两个或更多查询的结果合并为单个结果集，进行 union 运算的子查询的结果表必须是相容的表，即字段相同和字段的顺序必须相同，并且对应项的数据类型也相同。其语法格式为：

```
子查询 1 UNION [ALL] 子查询 2
```

如果指定 ALL，将全部行并入结果中，包括重复行；如果未指定该参数，则删除重复行。

【示例 7.42】查询物理系的学生及年龄大于 30 岁的学生信息。

```
(SELECT SNo AS 学号, SName AS 姓名
   FROM Students
   WHERE SDept = '物理系')
   UNION
(SELECT *
   FROM Students
   WHERE SAge >= 30)
```

2. 交操作 INTERSECT

交操作返回两个或更多查询的结果中都具有的非重复行。进行交运算的子查询的结果表必须是相容的表，即字段相同和字段的顺序必须相同，并且对应项的数据类型也相同。其语法格式为：

```
子查询 1 INTERSECT 子查询 2
```

【示例 7.43】查询物理系年龄大于 30 岁的学生的信息和年龄小于 35 岁的老师的信息。

```
(SELECT SNo AS 人员编号, SName AS 姓名
   FROM Student
   WHERE SDept='PHYS' AND SAge >= 30)
INTERSECT
(SELECT TNo AS 人员编号, TName AS 姓名
   FROM Teacher
   WHERE TAge<=35)
```

3. 差操作 DIFFERENCE

差操作从左查询中返回右查询没有找到的所有非重复值。进行差运算的子查询的结果

表必须是相容的表，即字段数相同和字段的顺序必须相同，并且对应项的数据类型也相同。其语法格式为：

> 子查询 1　EXCEPT　子查询 2

【**示例 7.44**】查询没有通过代理商 1001 订货的所有顾客的名字。

```
(SELECT C.CName AS 姓名
    FROM Customers C)
EXCEPT
(SELECT C.CName AS 姓名
    FROM Customers C ,Orders X
    WHERE (C.CNo = X.XNo AND X.ANo = '1001'))
```

7.3.6　窗口和窗口函数

窗口和窗口函数在 SQL:1999 的 2000 年修订版中第一次被引入，然后直接被纳入 SQL:2003 和随后各版标准的基础设施部分，支持 SQL:1999 及后续标准的数据库管理系统产品才支持窗口和窗口函数。

概括地说，窗口允许用户选择性地划分一个数据集，选择性地对每一划分排序，并最终生成一个与每一行都相关联的结果行的集合（称为一个窗口帧）。一个行 R 的窗口帧是行 R 的窗口划分的某个子集。例如，根据窗口的排序，窗口帧可能由划分的开始处直至行 R 处组成。

窗口函数是使用包含 R 的窗口帧的所有行计算行 R 的值的函数。例如，聚合函数（如 SUM）可以用于窗口，像下面这样：

```
SELECT Acctno, TransDate,
       SUM (Amount) OVER
       (PARTITION BY Acctno
        ORDER BY TransDate
        ROWS BETWEEN
        UNBOUNDED PRECENDING
        AND CURRENT ROW )
    FROM Accounts
```

在本例中，Accounts 是一个包含 Acctno、TransDate、Amount 列的表。OVER 子句指定了一个按 Acctno 划分并按 TransDate 排序的窗口，对于每一行 R，窗口帧包含了从划分开始处至 R 的所有行。这样一来，这一查询可提供每个账号按交易时间排序的余额变化序列。

在支持 SQL:2011 标准的数据库管理系统产品中，窗口功能进一步得到增强。

1．NTILE

NTILE 是一个窗口函数，它将一个有序窗口划分的各行分配至 n 个桶中（n 是个正整数），将各桶编号为 1 至 n。若划分的行数 m 不能被 n 整除，则多出的行被分别放入前 r 个桶，r 是 m 除以 n 的余数，前 r 个桶会比其他桶多一行。例如：

```
SELECT Name, NTILE(3)
        OVER (ORDER BY Salary ASC)
        AS Bucket
    FROM Emp
```

在本例中，假设共有 5 名雇员，查询语句要求将其放入 3 个桶中，5 除以 3 余 2，因此前两个桶将各有两行，第 3 桶有 1 行。假设 5 名雇员按工资升序排列分别为 Joe、Mary、Tom、Alice 和 Frank，Joe 和 Mary 将被放入 1 号桶，Tom 和 Alice 将被放入 2 号桶，Frank 则被放入 3 号桶。

2．窗口内导航

其实共有 5 个窗口函数被加入到标准中，它们用于从窗口帧中当前行 R1 感兴趣的另一行 R2 计算一个值，它们是 LAG、LEAD、NTH_VALUE、FIRST_VALUE 和 LAST_VALUE 函数。

1）LAG 和 LEAD 函数

LAG 和 LEAD 函数提供了基于某个偏移量访问相对当前行 R1 的另一行 R2 的能力，偏移量基于 R1 所在的窗口帧计算。例如，给定一个价格的时间序列，假设想回显当前价格和上一个价格，可使用以下查询：

```
SELECT Price AS CurPrice
        LAG (Price) OVER
        (ORDER BY Tstamp) AS PrevPrice
    FROM Data
```

在本例中，Data 表的价格被按照时间戳 Tstamp 排序，对于表中的每一行，结果集都有两列，即 CurPrice 和 PrevPrice。CurPrice 是当前行的 Price 值，PrevPrice 是 Price 的前一个值。

正如在本例中显示的一样，默认的偏移量是 1 行。其他偏移量可通过 LAG 函数的第 2 个参数指定，此参数是个无符号整型字面量。例如：

```
SELECT Price AS CurPrice
        LAG (Price, 2) OVER
        (ORDER BY Tstamp) AS PrevPrice2
    FROM Data
```

在使用 n 作为偏移量时，前 n 行没有前趋。在默认情况下，LAG 函数对此返回 NULL。第 3 个可选参数用于指定不同的默认值，像这样：

```
SELECT Price AS CurPrice
        LAG (Price, 2, 0) OVER
        (ORDER BY Tstamp) AS PrevPrice2a
    FROM Data
```

在此例中，PrevPrice2a 的前两行值为 0。

LAG 的最后一个选项可用于计算偏移前压缩 NULL 值，这可通过如下示例说明：

```
SELECT Price AS CurPrice
       LAG (Price, 3, 0) INGORE NULLS
       OVER (ORDER BY Tstamp) AS PrevPrice3
    FROM Data
```

此例向后取第 3 个不为 NULL 的 Price，如果没有那么多个，则将 PrevPrice3 置为默认值 0。如果有需要，关键字 RESPECT NULLS 可用于指定默认的计数时保留 NULL 行的行为。

LEAD 函数除向前查找外，基本与 LAG 相同。

2）NTH_VALUE 函数

LAG 和 LEAD 函数计算通过当前行 R1 相对定位到的行 R2 的值。NTH_VALUE 函数与此类似，但它定位到的目标行 R2 所相对的行 R1 指的是当前窗口帧的第一行或最后一行。例如：

```
SELECT Price AS CurPrice
       NTH_VALUE (Price, 1)
       FROM FIRST
       INGORE NULLS
       OVER ( ORDER BY Tstamp
             ROWS BETWEEN 3 PRECEDING
             AND 3 FOLLOWING )
       AS EarlierPrice
    FROM Data
```

在本例中，EarlierPrice 通过以下方式计算：

（1）生成当前行的窗口帧；

（2）对窗口帧中每一行的 Price 求值；

（3）由于指定了 IGNORE NULLS，移除值集合中的所有 NULL 值；

（4）从留下的值集合中的第一个开始，每次向前（指定了 FROM FIRST）移动一行（第 2 个参数指定的偏移量为 1）；

（5）EarlierPrice 的值是选定行的 Price 值。

FROM LAST 可替换 FROM FIRST，用于指定从窗口帧的最后一行开始计数。虽被用于向后计数，偏移量仍是正整数。

RESPECT NULLS 可替换 IGNORE NULLS，用于保留偏移候选行集合中的 NULL 值。

3）FIRST_VALUE 和 LAST_VALUE 函数

FIRST_VALUE 和 LAST_VALUE 函数是 NTH_VALUE 的特例，它们的偏移量总是 0。FIRST_VALUE 函数与 NTH_VALUE 指定 FROM FIRST 并将偏移量参数置为 0 等价，LAST_VALUE 与 NTH_VALUE 指定 FROM LAST 并将偏移量参数置为 0 等价。FIRST_VALUE 和 LAST_VALUE 函数均支持 IGNORE NULLS 和 RESPECT NULLS 选项。

3. 窗口函数中嵌套导航函数

LAG、LEAD、NTH_VALUE、FIRST_VALUE 和 LAST_VALUE 窗口函数使用户能够计算窗口帧中以某种方式相对于当前行 R1 的某个行 R2 的表达式。然而，这些函数不能被嵌套入其他窗口函数中使用。这里考虑如下查询：在过去 30 个交易中，价格高于现价的共有几次？这一查询可通过自连接（self-join）解决，但通常用户会觉得很难写，DBMS 也难以优化这一写法。使用窗口代替自连接来检测过去 30 个交易更令人满意，于是问题简化为对窗口帧中价格超过当前的所有行进行计数。使用 SQL:2011 中的新功能，查询可以表达如下：

```
SELECT Tstamp,
       SUM ( CASE WHEN Price >
           VALUE_OF (Price AT CURRENT_ROW)
       THEN 1 ELSE 0 )
       OVER ( ORDER BY Tstamp
       ROWS BETWEEN 30 PRECEDING
       AND CURRENT ROW )
    FROM Data
```

在本例中，SUM 是一个窗口聚合函数，处理过去 30 个交易。SUM 函数处理的是 0 和 1 的集合，所以计算 1 的数量与直接相加的效果相同。每个 1 对应一个超过当前行价格的价格。

VALUE_OF 函数用于对窗口帧中的某个特定行求值。在本例中，关键字 CURRENT_ROW 被称为行标记，代表当前行。其他行标记可用于指代窗口帧的第一行或最后一行。另外，行标记可以加上或减去一个偏移量。

4. GROUPS 选项

行 R 的窗口帧由行 R 的窗口划分中的行组成，并由开始和结束位置指定。开始位置 UNBOUNDED PRECEDING 和结束位置 UNBOUNDED FOLLOWING 表示所有的前趋和后继。CURRENT ROW 指代行 R 的位置，可作为开始和结束位置使用，也可通过相对于 R 的偏移指定相对位置。例如：

```
SELECT Acctno, TransDate,
       SUM ( Amount ) OVER
       ( PARTITION BY Acctno
       ORDER BY TransDate
       ROWS BETWEEN
       3 PRECEDING
       AND 3 FOLLOWING )
    FROM Accounts
```

在此例中，窗口帧按行计数，共有最多 7 行（R 前 3 行、R 行自身、R 后 3 行）。窗口帧也可按量计数，例如下面这个查询：

```
SELECT Acctno, TransDate,
       SUM ( Amount ) OVER
       ( PARTITION BY Acctno
       ORDER BY TransDate
       RANGE BETWEEN
       INTERVAL '1' MONTH PRECEDING
       AND INTERVAL '1' MONTH FOLLOWING )
    FROM Accounts
```

本例使用 RANGE 指定窗口帧，帧由当前行的 TransDate 的前、后各 1 个月区间内的所有行组成。

ROWS 和 RANGE 选项各有自身的优缺点。RANGE 只能用于单一有序字段，且有序字段的数据类型必须支持加法和减法。ROWS 可在任意数量和任意数据类型的有序字段上工作，但由于按行计数可能把排序结果中关联的相邻行（排序字段相同的行）一分为二，因此结果可能不确定。

SQL:2011 引入了 GROUPS 选项，这一选项将 ROWS 和 RANGE 的一些特性结合。GROUPS 将行按相同的排序字段分组，然后按组执行计数，因此 GROUPS 可在任意数量和任意数据类型的字段上工作，并给出确定性结果。例如：

```
SELECT Acctno, TransDate,
       SUM ( Amount ) OVER
       ( PARTITION BY Acctno
       ORDER BY TransDate
       GROUPS BETWEEN
       3 PRECEDING
       AND 3 FOLLOWING )
    FROM Accounts
```

在本例结果中，行 R 的窗口帧最多有 7 个行分组（R 前 3 个分组、R 所在分组、R 后 3 个分组），每个分组都是一个由相同 TransDate 行组成的集合。

7.3.7 查询取回数量的控制

常见的应用程序都需要取回一个查询的子集。例如，对于有序数据，可能只有前 3 个结果是需要取回的；在应用程序开发时，可能只需随机取回 10 行数据作为样本；对于已部署的应用程序，可能只需取回恰好满足回显空间需要的数据行数。SQL:2008 引入了用于支持这些场景的语法，SQL:2011 对此进行了进一步的增强。支持 SQL:2008 及后续标准的数据库管理系统产品才能支持这一功能。

下面是一个符合 SQL:2008 语法的示例：

```
SELECT Name, Salary
    FROM Emp
    ORDER BY Salary DESCENDING
    FETCH FIRST 10 ROWS ONLY
```

本例返回工资最高的 10 个雇员的信息。如果第 9、10、11 行相关联（他们的工资相等），则不能确定哪两个人的信息会被返回。在 SQL:2011 中可通过下面的查询实现：

```
SELECT Name, Salary
    FROM Emp
    ORDER BY Salary DESCENDING
    FETCH FIRST 10 ROWS WITH TIES
```

加下划线的关键字 WITH TIES 是 SQL:2011 中新增的，此处它替换了上一示例中的最后一个关键字 ONLY。WITH TIES 指出，所有与第 10 行相关联的行都应当一并返回，这样结果集就是确定的。

另一项新功能是可以按百分比返回结果行，例如：

```
SELECT Name, Salary
    FROM Emp
    ORDER BY Salary DESCENDING
    FETCH FIRST 10 PERCENT ROWS ONLY
```

PERSENT 关键字也可与 WITH TIES 结合使用。

最后一项新功能是在固定偏移位置开始检索数据，像这样：

```
SELECT Name, Salary
    FROM Emp
    ORDER BY Salary DESCENDING
    OFFSET 10 ROWS
    FETCH NEXT 10 ROWS ONLY
```

加下划线的部分 OFFSET 10 ROWS 指出需跳过前 10 行，因此本例将返回第 2 批工资最高的 10 人。加下划线的词 NEXT 在此显得有点不和谐，它其实是前例中 FIRST 的同义词，当偏移量为正时，可能会提高可读性。

7.4　SQL 的数据操纵

SQL 语言中的数据操纵主要包括数据的插入、删除、更新和管线化数据操纵 4 个方面的内容。

7.4.1　插入数据

当数据库中的表创建完成后，就可以向表内插入数据了。插入数据有两种格式：一种是向具体记录插入常量数据；另一种是把子查询的结果输入到另一个表中。前者一次只能插入一条记录，后者一次可插入多条记录。

1．插入单条记录

在 SQL 中，插入单条记录的语法格式为：

```
INSERT
  INTO <表名>(<属性字段1>[<,属性字段2>][<,…n>])
  VALUES(<属性值1>[<,属性值2>][<,…n>])
```

说明：

（1）如果某些属性字段在 INTO 子句中没有出现，则新记录在这些字段上将取空值。但在表定义时说明了 NOT NULL 属性的字段不能取空值，否则会出错。

（2）如果 INTO 子句中没有指明任何字段名，则新插入的记录必须在每个属性字段上均有值。

（3）指定字段名时，字段名的排列顺序不一定要与表定义时的顺序相一致，但 VALUES 子句值的排列顺序必须与字段名表中字段名的排列顺序相一致，并且个数相等。

【示例 7.45】在 Students 表中插入一名新生记录（学号：20120001；姓名：杨国庆；性别：男；年龄：19；所在系：数学系）。

```
INSERT
  INTO Students
  VALUES('20120001', '杨国庆', '男', 19, '数学系')
```

2. 插入多个记录（插入子查询结果）

将多个记录或一个子查询结果集插入到表中，其语法格式为：

```
INSERT
  INTO <表名>(<属性字段1>[<,属性字段2>][<,…n>])
  子查询语句
```

说明：其功能是批量插入，即一次将子查询结果全部插入到指定表中。

【示例 7.46】将成绩表 SC 中平均成绩小于 60 分的学生的学号和平均成绩存入到补考关系 ME(SNo, AVG_Grade)中。

```
INSERT
  INTO ME(SNo,AVG_Grade)
    SELECT SNo, AVG(Grade)
        FROM SC
        GROUP BY SNo
        HAVING AVG(Grade)<60;
```

7.4.2 删除数据

如果要从一个表中删除一条记录，需要使用 DELETE 命令。删除语句的语法格式为：

```
DELETE FROM<表名>
  [WHERE <条件>]
```

说明：DELETE 语句的功能是从指定表中删除满足 WHERE 子句条件的所有记录，而且 DELETE 语句中的 WHERE 子句指定的条件也可以是一个子查询。如果省略 WHERE 子句，则表示删除表中的全部记录，但表的定义仍然存在，即 DELETE 语句删除的是表中的数据，而不是表的定义。

1．删除一个记录的值

【示例 7.47】删除学号为 20120097 的学生的信息。

```
DELETE
   FROM Students
   WHERE SNo = '20120097'
```

需要注意的是，由于学生表 Students 是选课表 SC 的被参照关系，删除 Students 中的记录时，若 SC 中已经参照了该删除记录，则删除不能成功，即受外键约束。

2．删除多个记录的值

【示例 7.48】删除全部学生的选课信息。

```
DELETE
   FROM SC
```

需要注意的是，该操作执行成功后，学生选课表中的所有信息被清除，变成空表。

3．删除满足子查询条件记录的值

【示例 7.49】在学生选课表 SC 中将 1001 课程中小于该课平均成绩的学生成绩删除。

```
DELETE
   FROM SC
   WHERE Grade < (SELECT AVG(Grade)
      From SC
      WHERE CNo = '1001')
```

4．MERGE 中的 DELETE 操作

MERGE（合并）是由 SQL:2003 引入并在 SQL:2008 中增强的数据操纵命令。下面是一个符合 SQL:2008 的例子，假设 Inventory(Part, Qty)是一个列出了元件和数量的存货清单表，Changes(Part, Qty, Action)是一个反映存货清单改变情况的表。Action 列有以下两种可能的取值。

- Mod：如果某元件已存在，将 Changes.Qty 加至 Inventory.Qty；
- New：在 Inventroy 表中新增一个元件，值为 Changes.Part 和 Changes.Qty。

在 SQL:2008 中，这一操作可通过以下语句实现：

```
MERGE INTO Inventory AS I
  USING Changes AS C
  ON I.Part = C.Part
  WHEN MATCHED AND
    I.Action = 'Mod'
```

```
   THEN UPDATE
   SET Qty = I.Qty + C.Qty
 WHEN NOT MATCHED AND
   I.Action = 'New'
   THEN INSERT (Part, Qty)
   VALUES (C.Part, C.Qty)
```

在执行时，将 Inventory 和 Changes 表利用连接条件 I.Part = C.Part 匹配，每出现一个匹配行，并且 Action 的值是 Mod 时，就更新 Inventory；如果出现不匹配行，并且 Action 的值是 New 时，就在 Inventory 中新插入一行。

SQL:2011 在 MERGE 命令中增加了 DELETE 功能，这就允许我们增加动作 Dis，删除 Inventory 表中的元件，因为它已经被终止。

新增动作通过以下语句获得支持：

```
MERGE INTO Inventory AS I
  USING Changes AS C
  ON I.Part = C.Part
  WHEN MATCHED AND
    I.Action = 'Mod'
    THEN UPDATE
    SET Qty = I.Qty + C.Qty
  WHEN MATCHED AND
    I.Action = 'Dis'
    THEN DELETE
  WHEN NOT MATCHED AND
    I.Action = 'New'
    THEN INSERT (Part, Qty)
    VALUES (C.Part, C.Qty)
```

该语句中加下划线的 DELETE 提供了从 Inventory 中删除一行的功能。

7.4.3　更新数据

如果要修改表中一个或多个属性的值，使用 UPDATE 命令。修改语句的语法格式为：

```
UPDATE<表名>
    SET<字段名 1>=<表达式 1>[,<字段名 2>=<表达式 2>][,…n]
    [WHERE <条件>]
```

说明：UPDATE 语句的功能是修改指定表中满足 WHERE 子句条件的记录。其中 SET 子句用于指定修改方法，即用<表达式>的值取代相应的属性字段值。如果省略 WHERE 子句，则表示要修改表中的所有记录。

1. 修改一个或多个记录的值

【示例 7.50】把 1001 课程中的成绩增加 10 分。

```
UPDATE SC
    SET Grade = Grade + 10
    WHERE CNo = '1001'
```

2．修改满足子查询条件记录的值

【示例 7.51】当 1001 课程的成绩低于该课程成绩的平均成绩时增加 10%。

```
UPDATE SC
    SET Grade = Grade * 1.10
    WHERE CNo = '1001' AND Grade < (
        SELECT AVG(Grade)
            FROM SC
            WHERE CNo = '1001')
```

注意：

（1）在此例中 WHERE 子句又引用了 UPDATE 子句中出现的关系名 SC，但这两次引用是不相关的。也就是说，当该语句执行时，先执行"SELECT * FROM SC WHERE …"，然后再对符合条件的记录进行修改，而不是边查找边改。这样的语句在语义上不产生歧义，同样适用于插入和删除操作。

（2）更新操作与数据库的一致性。在进行删除操作或对外键进行修改操作时，由于外键约束会带来一些问题。若要删除或修改的记录已经被参考，不能直接删除或修改；若必须删除或修改，首先删除参考记录，然后才能删除或修改被参考的记录。

为了保证数据的完整性，在做删除或修改操作时往往需要一次完成一系列的动作，即这些动作要么全部完成，要么一个都不完成，这是事务概念的一个具体体现。

7.4.4　管线化数据操纵语言

在目前新版本的 SQL 标准中，管线化数据操纵语言（DML）允许用户在 SELECT 命令中执行数据修改命令（INSERT、UPDATE、DELETE、MERGE）。

可改变数据的命令会生成一至两个"差量表"，其中包含所有被触及的行。DELETE只有旧差量表（包含将被删除的行），INSERT 只有新差量表（包含待插入行），UPDATE命令则两者都有，旧差量表反映了表的"前影像"，新差量表反映了"后影像"。MERGE的差量表是旧差量表和在 MERGE 语句中执行的所有 INSERT、UPDATE 和 DELETE 操作产生的新差量表的并集。

管线化 DML 提供了使用 SELECT 访问数据操纵命令产生的新、旧差量表的功能。例如：

```
SELECT Oldtable.Empno
    FROM OLD TABLE (DELETE FROM Emp
                        WHERE Deptno = 2)
        AS Oldtable
```

在此例中，FROM 子句中嵌套了一个 DELETE 命令。OLD TABLE 关键字指出需要使用的是 DELETE 命令产生的旧差量表。DELETE 命令会被执行。然后，使用旧差量表创建结果集，其中包含了所有已被删除行的 Empno。

NEW TABLE 关键字可用于访问 INSERT、UPDATE 或 MERGE 命令的新差量表。例如：

```
SELECT Newtable.Empno
    FROM NEW TABLE (UPDATE Emp
                        SET Salary = 0
                        WHERE Empno > 100)
        AS Newtable
```

本例将某些人员的工资置为 0，并返回所有这些工资被修改的人员的 Empno。

在使用 NEW TABLE 时会使用 INSERT、UPDATE 或 MERGE 语句所涉及的行生成新差量表的候选集，候选集被目标表接受后可能被前触发器修改。新差量表是查询处理进程执行到此点的一个快照，不捕获后执行的阶段（级联引用动作、后触发器）的效果。也就是说，如果有级联引用动作或后触发器，目标表的终值可能与 NEW TABLE 的相应结果不同。如果用户介意此点，可使用 FINAL TABLE 关键字。但其实并不存在"终差量表"，如果级联引用动作和后触发器触及了目标表，FINAL TABLE 选项只是简单地抛出一个异常。

7.5　SQL 的视图

数据库中的表定义了数据的结构和组织方式，然而 SQL 也允许用户以其他的方式查看存储的数据，那就是定义视图。视图是一种永久存储在数据库中并被赋予了名称的 SQL 查询。通过视图，这种查询的结果变得"可见"了，并且 SQL 能让用户访问这些查询结果，就像它们是数据库中真实的表一样。

视图（VIEW）是从一个或几个基本表（或视图）导出的一个虚拟表，数据库中只存放视图的定义，而不存放视图对应的数据，这些数据仍然存储在原来的基本表中，如果基本表的数据发生了改变，视图中查询出的数据也会发生改变。

视图一经定义，就可以和基本表一样被查询、被删除，也可以用来定义新的视图，但对更新（增、删、改）操作则有一定的限制。

视图的优点如下：

（1）简化结构及复杂操作。视图机制使用户可以将注意力集中在他所关心的数据上，使用户眼中的数据库结构简单、清晰，并且可以简化用户的复杂查询操作。

（2）多角度地、更灵活地共享。视图机制能使不同的用户从多种角度以不同的方式看待同一数据。当许多不同种类的用户使用同一个数据库时，这种灵活性是非常重要的。

（3）提高逻辑独立性。由于有了视图机制，所以当数据库重构时，有些表结构发生变化，如增加新的关系、结构的分解或对原有关系增加新的属性等，但用户和用户程序不会受影响。视图对重构数据库提供了一定程度的逻辑独立性。

（4）提供安全保护。有了视图机制，就可以在设计数据库应用系统时对不同的用户定义不同的视图，使机密数据不出现在不应看到这些数据的用户视图上，这样就由视图机制自动提供了对机密数据的安全保护功能。

尽管视图提供了很多优点，但用视图取代真实的表还存在两个主要不足：

（1）性能。虽然视图为表提供了外在表示形式，但数据库管理系统必须将基于视图的查询转换成对底层源表的查询。如果视图由复杂的多表查询所定义，那么即使是一个基于视图的简单查询，也变成了一个复杂的连接，可能要花费很长的时间才能完成。

（2）更新限制。当用户试图更新视图中的某些记录时，数据库管理系统必须把这种请求转换成对底层源表的某些记录的更新。这对于简单视图来讲是可能的，但是对于比较复杂的视图，却是不能更新的，因为它们是只读的。

这些缺点意味着不能不加选择地定义视图，并用它们来代替源表。相反，在每种情况下必须考虑使用视图所带来的优点，同时也要将其与缺点进行权衡比较。

7.5.1　DBMS 如何处理视图

当数据库管理系统在 SQL 语句中遇到对视图的引用时，它可以查找出存储在数据库中的视图定义。然后，数据库管理系统把引用该视图的请求转换成对视图源表的等价请求，并执行这个等价请求。通过这种方式，数据库管理系统在维持了源表的完整性的同时也维持了视图的虚幻性。

对于一些简单的视图，数据库管理系统可以通过从源表中提取记录数据来随时构造视图的每一条记录。对于一些比较复杂的视图，数据库管理系统必须把视图具体化，即数据库管理系统必须真实地执行定义视图的查询，并把查询的结果存到一个临时表中。然后，数据库管理系统从这个临时表中取出数据来满足对视图的访问请求，并在不需要时删除这个临时表。不管哪种数据库管理系统产品，对于一个特定的视图的处理，就用户而言，其结果都是相同的，即可以在 SQL 语句中引用视图，就像它是数据库中的一个真实表一样。

7.5.2　创建视图

视图的创建使用 CREATE VIEW 命令，其语法格式为：

```
CREATE VIEW<视图名>
    [(<字段名 1>[,<字段名 2>)]>[,…n)]
    AS <子查询语句>
    [WITH CHECK OPTION]
```

说明：

（1）子查询语句可以任意复杂，但通常不允许含有 ORDER BY 子句和 DISTINCT 子句。

（2）WITHCHECK OPTION 表示对视图进行更新操作时要保证更新的行满足视图定义中的谓词条件，即满足视图查询语句中的条件表达式。

（3）如果仅指定了视图名，省略了组成视图的各属性字段名，则隐含该视图由子查询中 SELECT 子句目标字段中的诸字段组成，但在下列 3 种情况下必须明确指定组成视图的所有字段名。

- 目标字段名中的某个目标字段是集合函数或表达式。
- 多表连接时选出了几个同名字段作为视图的字段。
- 需要在视图中为某个字段启用新的名字。

【示例 7.52】建立数学系女生的视图。

```
CREATE VIEW MA_Student
    AS SELECT SNo, SName, SAge
        FROM Students
        WHERE SDept = '数学系' AND SSex = '女'
```

说明：

（1）本例中省略了视图 MA_Students 的字段名，表示视图中的字段名由查询中 SELECT 子句中的 3 个字段名组成。

（2）执行 CREATE VIEW 语句的结果只是把对视图的定义存入数据字典，并不执行其中的 SELECT 语句，只是在对视图查询时才按视图的定义从基本表中将数据查出。

【示例 7.53】建立数学系学生的视图，要求在进行修改和插入操作时仍保证该视图只有数学系的学生。

```
CREATE VIEW MA_Student1
    AS SELECT SNo, SName, SAge
        FROM Students
        WHERE SDept = '数学系'
    WITH CHECK OPTION
```

说明：

（1）由于在定义 MA_Student1 视图时加上了 WITH CHECK OPTION 子句，以后对该视图进行插入、修改和删除操作时，数据库管理系统会自动加上 SDept='数学系'的条件。

（2）若一个视图是从单个基本表导出的，并且只去掉了基本表的某些行和某些字段，但保留了码，我们称这类视图为行列子集视图。上面两个例子的视图 MA_Student1 就是一个行列子集视图。

【示例 7.54】建立数学系选修了 1007 号课程的学生的视图。

```
CREATE VIEW MA_IS(SNo, SName, Grade)
    AS SELECT Students.SNo, SName, Grade
        FROM Students, SC
        WHERE SDept = '数学系' AND Students.SNo = SC.SNo
            AND CNo = '1007'
```

说明：

（1）视图不仅可以建立在一个或多个基本表上，也可以建立在一个或多个视图上。

（2）本例中定义了视图的属性字段。

7.5.3　删除视图

在视图建好后，若导出此视图的基本表被删除了，则该视图将失效，但视图定义一般不会被自动删除，故要用语句进行显式删除。该命令的语法格式为：

```
DROP VIEW<视图名>
```

【示例 7.55】删除视图 MA_IS。

```
DROP VIEW MA_IS
```

7.5.4　查询视图

一旦视图定义好后，用户就可以像对基本表一样对视图进行查询了，前面介绍的对表的各种查询操作都可以作用于视图。

在数据库管理系统执行对视图的查询时，首先进行有效性检查，检查查询涉及的表、视图等是否在数据库中存在，如果存在，则从数据字典中取出查询涉及的视图的定义，把定义中的子查询和用户对视图的查询结合起来，转换成对基本表的查询，然后再执行这个经过修正的查询。这种将对视图的查询转换为对基本表的查询的过程称为视图消解（View Resolution）。

【示例 7.56】在数学系学生的视图中查找年龄大于 30 岁的女学生。

```
SELECT SNo, SName, SAge
    FROM MA_Student
    WHERE SAge > 30
```

如果将示例 7.56 转换为对基本表的查询，看上去是这样的：

```
SELECT SNo, SName, SAge
   FROM Students
   WHERE SDept = '数学系' AND SSex = '女' AND SAge > 30
```

7.5.5　更新视图

视图的更新是指通过视图来插入（INSERT）、删除（DELETE）和修改（UPDATE）数据。由于视图是虚表，并没有实际存储数据，因此对视图的更新最终将转换为对基本表的更新。也就是说，视图更新是通过对表的更新来实现的。

【示例 7.57】删除数学系学生视图中学号为 20110069 的学生的信息记录。

```
DELETE
    FROM MA_Student1
    WHERE SNo = '20110069'
```

如果将示例 7.57 转换为对基本表的查询，看上去是这样的：

```
DELETE
```

```
    FROM Students
    WHERE SDept = '数学系' AND SSex = '女'
          AND SNo = '20110069'
```

【示例 7.58】 向视图 MA_Student1 中插入一个记录。

```
INSERT INTO MA_Student1
    VALUES('20130098', '张国庆', 18, '数学系')
```

这条语句成功执行，最后在 Students 表中增加了一行。

注意：由于定义 MA_Student1 视图时加上了 WITH CHECK OPTION 子句，数据库管理系统在执行时会首先检查视图定义中的条件，若不满足条件，则拒绝执行该操作，这样就有效地防止了用户通过视图无意或故意操作不属于视图范围内的基本表数据。

7.5.6　物化视图

从概念上讲，视图是数据库中的一个虚表。视图中的记录/字段数据并不是物理存储在数据库中的，而是从底层的源表中获得真实的数据。如果视图的定义相对简单（例如，如果视图是单表的一个简单记录/字段的子集，或一个基于外键字关系的简单连接），数据库管理系统会相当容易地将基于视图的数据库操作转换成基于底层表的操作。在这种情况下，数据库管理系统将会像处理数据库查询或者更新那样一步一步地随时进行转换。通常，用视图更新数据库的操作（INSERT、UPDATE 或者 DELETE 操作）总是通过这种方式执行——将操作转换成对源表的一个或者多个操作。

如果视图的定义很复杂，那么数据库管理系统通常需要将视图物化，以执行优化查询。也就是说，数据库管理系统将会实际地执行定义视图的查询，并将查询结果存储在数据库中的一个临时表里。然后，数据库管理系统会按照请求执行基于这张临时表的查询，以此来得到所请求的结果。当查询处理完成时，数据库管理系统会删除临时表。图 7-2 显示了查询视图物化的思路。显然，物化视图操作需要非常大的开销。如果一般数据库的工作量包括许多要求视图物化的查询，那么总的数据库管理系统吞吐量将会急剧减少。

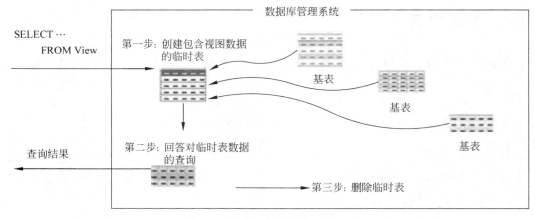

图 7-2　为进行查询物化一个视图

为了解决这个问题，目前多数商业数据库管理系统产品都支持物化视图（materialized view）。当将一个视图定义成一个物化视图时，数据库管理系统将会执行一次定义视图的查询（典型的是当定义物化视图的时候），将结果（比如在视图中出现的数据）存储在数据库中，然后永久地保存视图数据的备份。为了维持物化视——图数据的正确性，数据库管理系统必须自动地检查底层表中数据的每一个变化，并在物化的视图数据中做相应改变。当数据库管理系统必须处理基于物化视图的查询时，它已经有了数据，并且能够非常有效地处理查询。图 7-3 显示了物化视图的操作。

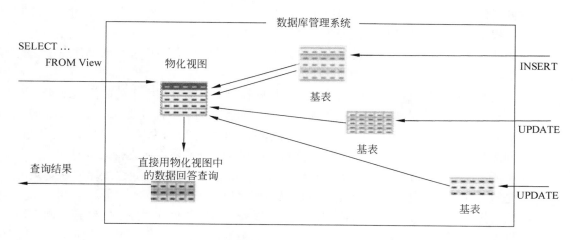

图 7-3　物化视图操作示意图

在视图数据的更新效率和视图数据的查询效率之间，物化视图提供了一个折中方案。在一个非物化视图中，对视图源表的更新不受视图定义的影响，它们以正常的数据库管理系统处理速度执行。但是，基于非物化视图的查询比基于普通数据库表的查询效率要低得多，因为数据库管理系统为了处理查询必须随时做大量的工作。

物化视图增加了数据库管理系统的工作量。当定义一个物化视图的时候，更新视图的源表相比更新普通数据库表效率要低得多，因为数据库管理系统必须计算更新操作的影响，并相应地改变物化视图的数据。但是，基于物化视图的查询和基于实际数据库表的查询有相同的执行速度，因为在数据库中物化视图和真实的表的表现形式是相同的。因此，当对底层数据的更新量相对较小而基于视图的查询量相对较高的时候，物化视图更有用。

7.6　时态 SQL

7.6.1　时态的概念

时间是现实世界无处不在的客观属性，所有的事件无不刻上时间的烙印，每一个对象以及对象之间都是在特定的时间内存在联系的，这就需要数据库在存储过程中提供对时态信息管理的能力。

传统的关系型数据库只有属性维和元组维（如合同号、合同名称、签约单位、签约金额、签约日期等），数据库提供对时态的支持，意味着在传统两维的基础上增加了时间维的概念。时态数据库按功能可分为瞬像数据库（Snapshot Database）、历史数据库（Historical Database）、回溯数据库（Rollback Database）和双时态数据库（Bitemporal Database）4 类。

- 瞬像数据库：瞬像数据库以对象在特定时刻的瞬时特征值作为对象的属性值来表示对象，尽管可以对其进行修改，但是 DBMS 本身并不自动保存数据的变化历史，永远将数据的当前值作为所描述对象的现在"真值"。瞬像数据库支持用户自定义的时间类型值，包括这种时间值在内的数据库状态的变迁是由事务实现的，一旦事务提交，其变迁立即生效，原先的数据库状态（包括时间信息）也就被完全遗忘。因此，这种数据库本身不具备管理时态数据的能力，所有的传统数据库都属于这类数据库。

- 历史数据库：只支持有效时间的时态数据库模型。历史数据库中的时间是现实世界的有效时间，它的语义更接近于现实，对它的含义的解析需要更高级的查询语言；另外，历史数据库中的历史时间允许修改，而不像事务数据库只允许附加静态关系。

- 回溯数据库：只支持事务时间的时态数据库模型。回溯数据库支持事务时间，保存了所有状态演变中过去的状态（瞬像）。这种数据库的主要不足之处是它所记录的是数据库活动的历史，而不是现实世界的变化史。

- 双时态数据库：既支持有效时间，又支持事务时间的数据库模型。它结合了回溯数据库和历史数据库的特点，能够较好地存储数据库和现实世界两者的发展历史。

这里的有效时间（Valid Time）是指一个对象在现实世界中发生并保持的时间，是可以反映过去、现在和将来的时间。事务时间（Transaction Time）是指对一个数据库对象进行操作的时间，它记录着对数据库进行修改或更新的各种历史，对应于现实世界则反映了具体事件在数据库中状态变迁的过程。事务时间也称为系统时间。

支持 SQL:2011 标准的数据库产品都支持时态数据库。目前，Oracle 12C、DB2 版本 10 和 Teradata 版本 13.10 以及虚谷云数据库版本 10 的 β 版都宣布对时态提供支持，允许应用程序链接到一个实体的时间维度，记录应用的时间或某一实体的业务时间限制。支持时间数据的基础是能把时间段和一张表中的行定义关联起来。例如，罗剑是清华大学足球队选拔的第一个赛季（4 月至 6 月）的队长，王峰是第二个赛季（7 月至 9 月）的队长，王峰之后，杨军被任命为第三个赛季的队长。管理应用程序记录了这些变化和相关的有效时间。学校管理层希望报告第二个赛季足球队外出比赛和表演的情况，实现这一目标的传统方法是过滤开始和结束日期的数据，而采用 SQL:2011 标准构建的时态数据库则允许用户设置有效时间的范围，在有效期内，数据是可见的。在这种情况下，把有效时间范围设置为第二赛季，在表上直接进行 SELECT 查询，将仅显示有效时期内的记录。

SQL:2011 规定，把时间段定义作为表的元数据的可选组成部分。一个时间段定义是一个命名表组件，用于确定捕获开始时间和结束时间的两列数据。CREATE TABLE 语句和 ALTER TABLE 语句增加了语法，以便创建或销毁时间段的定义。时间段起始和结束列是名称不同的常规列。时间段名与列名一样，都需要占用名称空间，因此时间段名与列名重名。

SQL:2011 采取了封闭开放阶段模型，即一个时间段代表从开始到结束的所有时间，包括起始时间，但不包括结束时间。对于给定的行，时间段的结束时间必须大于开始时间；事实上，在表中声明一个时间段定义，意味着该表有强制性的约束属性。

在 SQL:2011 标准中，事务时间需要系统版本表提供支持，因此包含系统时间段，有效时间由包含应用时间段的表提供支持。系统时间段的名称由 SYSTEM_TIME 标准指定。应用时间段的名称可以是用户定义的任何名称，用户在每个表中可以定义最多一个应用时间段和一个系统时间段。

对于保证向上兼容性（UC）和时间向上兼容性（TUC），时态 SQL 把时态查询分为3 个类别，即当前查询、时序查询和非时序查询。当前查询只应用于数据库的当前状态，时序查询独立应用到数据库指定时间段的每个状态。当进行当前查询或时序查询时，用户无须明确地操纵数据的时间戳，而进行非时序查询时，用户需要明确地操纵数据的时间戳。

在时态 SQL 中使用了两个额外的关键字，用于区分 3 种类型的查询。在常规查询的前面，通过时态关键字 VALIDTIME 和 NONSEQUENCED VALIDTIME 分别标识时序查询和非时序查询。没有时态关键字的查询都被认为是当前查询。修改整个 SQL 语句（查询、修改、视图、游标等）语义的关键字被称为时态语句修饰符。

这样保证了时间上的向上兼容性。图 7-4 所示的查询是当一个或多个基础表是在时变时的完全合理的查询。假设图 7-4 提到的项目、作者和 item_author 表是现在有效时支持全时态表（即每个表中的每一行与一个有效时间段相关联），那么和以前一样，这个查询的语义是"列表项都具有匹配的作者名字，当前的作者是王兰"。

```
SELECT i.title
    FROM item i, item_author ia
    WHERE i.id = ia.item_id
    AND get_author_name(ia.author_i) = '王兰';
```

图 7-4　SQL 查询调用 get_author_name()函数

时态 SQL 执行的一种方法是使用阶层。一层以上的查询则求那种变换时间定义的值，通常是更复杂的常规 SQL 查询与附加时间戳常规表操作的时间列的查询值。在层中执行非时序查询是平常的，无须进一步说明。当前查询是时序查询的特殊情况。时态 SQL 定义时态代数运算符用于时序查询。当层接受时间的查询时，首先进行时态代数的转化，然后再进入常规的代数中，并最后形成常规的 SQL。因此，图 7-5 所示的时序查询将被转换为图7-6 所示的常规查询。这个查询使用一个时间的连接，连接操作独立的语义，把每日与有效期相交集。需要注意的是，FIRST_INSTANCE()和 LAST_INSTANCE()是存储函数，定义在其他地方，分别返回更早或更晚的时间证据。其他 SQL 构造，如聚合和子查询，也可以被转化，操纵底层的有效期。

```
VALIDTIME SELECT i.title
    FROM item i, item_author ia
    WHERE i.id = ia.item_id
    AND get_author_name(ia.author_id) = '王兰';
```

图 7-5　时序查询调用 get_author_name()函数

```
SELECT i.title,
    LAST_INSTANCE (i.begin_time, ia.begin_time),
    FIRST_INSTANCE (i.end_time,ia.end_time)
  FROM item i, item_author ia
  WHERE i.id = ia.item_id
        AND get_author_name(ia.author_i) = '王兰'
        AND LAST_INSTANCE (i.begin_time, ia.begin_time)
        < FIRST_INSTANCE (i.end_time,ia.end_time);
```

图 7-6　图 7-5 转换后的查询示例代码（注：不完全）

由于数据库管理系统已经广泛应用，用户实现了处理时间数据的应用程序逻辑。向上兼容性和时间向上兼容性可以方便地把传统的数据库应用迁移到时态系统上。向上兼容性保证在时态系统上运行的现有应用程序的行为，与遗留系统上运行的行为完全一样。时间向上兼容性确保当一个现有的数据库变换成一个时态数据库时遗留查询仍然适用于当前的状态。

7.6.2　应用时间段表

应用时间段表主要是为了满足这样一类应用需求，即这些应用被用来捕获现实世界中有效数据所在的时间段。这类应用的一个典型的例子是保险的应用程序，在应用程序里需要在任何给定的时间点确定某个客户可享受政策的具体细节。

这类应用的主要要求是用户可以自由地设置有效时间段的开始时间和结束时间，无论值是过去、现在或将来的某一个时刻，另一个要求是用户在发现错误或出现新的信息时能及时更新有效时间段的值。

任何包含用户定义的应用时间段的表都是一个应用时间段表。例如：

```
CREATE TABLE Emp(
    ENo INTEGER,
    EStart DATE,
    EEnd DATE,
    EDept INTEGER,
    PERIOD FOR EPeriod (EStart, EEnd)
    )
```

用户可以给时间段、开始时间列、结束时间列定义任何合法的名称。时间段的开始时间列、结束时间列的数据类型是日期或时间戳类型，且这两个列的数据类型必须相同。

常规的 INSERT 语句在设置应用时间段开始列和结束列的初始值上提供了足够的支持。例如，下面的 INSERT 语句向 Emp 表中插入一行数据：

```
INSERT INTO Emp
    VALUES (11617,
```

```
    DATE '2014-01-01',
    DATE '2015-05-16',
    3)
```

执行的结果是（假设表最初是空的）：

ENo	EStart	EEnd	EDept
11617	2014-01-01	2015-05-16	3

常规的 UPDATE 语句可以用于修改应用时间段表的行数据（包括应用时间段的开始和结束时间），常规的 DELETE 语句也可以用于删除应用时间段表时的行数据。

SQL:2011 标准规定，可以指定在给定时间段内有效的变化，这可以通过 UPDATE 和 DELETE 语句的语法扩展，让用户给定有关的时间段。例如，下面的 UPDATE 语句把编号为 11617 的员工在 2014 年 2 月 1 日到 2015 年 4 月 30 日期间的部门设置为 4：

```
UPDATE Emp
    FOR PORTION OF EPeriod
    FROM DATE '2014-02-01'
    TO DATE '2015-04-30'
    SET EDept = 4
    WHERE ENo = 11617
```

当执行这个语句时，数据库管理系统首先定位应用时间段包含时间段 P 从 2014 年 2 月 1 日到 2015 年 4 月 30 日的行。鉴于 SQL2011 的封闭开放语义，P 包含 2 月 1 号但不包括 4 月 30 日。任何包含了时间段 P 的应用时间段的行都会被更新。如果存在一个重复行，其所用时间段有部分严格位于 P 之前或之后，那么就进行分裂，把该行重新分成 2 到 3 个连续的行。例如，假设以下是唯一的重叠行：

ENo	EStart	EEnd	EDept
11617	2014-01-01	2015-05-16	3

请注意，表中的应用时间段在开始时间和结束时间点都超过了应用时间段 P，执行上面的 UPDATE 语句的结果就会变成：

ENo	EStart	EEnd	EDept
11617	2014-01-01	2014-02-01	3
11617	2014-02-01	2015-04-30	4
11617	2015-04-30	2015-05-16	3

在这个例子中，EDept 的值被更新为 4 的行是由原始行通过 UPDATE 执行的结果，而其他两行则是系统自动执行 INSERT 语句插入的新行。

为了方便那些仅在特定时间段内有效的删除操作，DELETE 语句也利用 FOR PORTION OF 语法进行了类似的增强。例如，下面的 DELETE 语句会删除从 2014 年 2 月 1 日到 2015 年 5 月 16 日编号为 11617 的员工的数据：

```
DELETE Emp
```

```
FOR PORTION OF EPeriod
    FROM DATE '2014-02-01'
    TO DATE '2015-04-30'
    WHERE ENo = 11617
```

和 UPDATE 语句类似，任何包含从 2014 年 2 月 1 日到 2015 年 4 月 30 日这个时间段 P 的数据行都会被简单地删除。如果存在一个重叠行，它的应用时间段有一部分要么严格位于 P 之前，要么严格位于 P 之后，那么该行就会被分裂为 2 到 3 个连续的行，并且那些包含在 P 中的时间段将会被删除。例如，假设有下面这样的一行数据：

ENo	EStart	EEnd	EDept
11617	2014-01-01	2015-05-16	3

执行删除语句后的结果就是：

ENo	EStart	EEnd	EDept
11617	2014-01-01	2014-02-01	3
11617	2015-04-30	2015-05-16	3

在这个例子中是先删除了原始行，再添加了两个新的行数据。DELETE 触发器触发，删除分裂出来的符合条件的行，INSERT 触发器触发，添加分裂出来的两端需要新添的两个新行。这个例子给出了删除原始行和插入两个新行的结果。DELETE 触发器触发删除原始行，而 INSERT 触发器触发插入新行。

1. 应用时间段表的主键

上一节中的 Emp 表的主键看似 ENo，但从 UPDATE 语句的执行结果看，有 3 行数据的 ENo 都是 11617，这说明表的主键仅是 ENo 还不够，还必须包含 EStart 和 EEnd 两个应用时间段列。

简单地将 EStart 和 EEnd 增加成主键还是不够充分，请考虑下面的情况：

ENo	EStart	EEnd	EDept
11617	2014-01-01	2014-02-01	3
11617	2014-02-08	2015-05-16	4

主键包含前 3 列，其前 3 列的数据完全不一样，对此是可以接受的。但是，请仔细看上面的数据，应用时间段重叠了。从语义上讲，这也就意味着 11617 员工在 2014-02-08 至 2015-02-01 这段期间同时属于两个部门。或许，用户确实希望在这段时间这名员工同时属于两个部门，但更多的情况是，一个员工在任何给定的时间只能精确地属于某一个部门，现实情况也的确如此。禁止应用时间段重叠可以使用下面的语法：

```
ALTER TABLE Emp
    ADD PRIMARY KEY (ENo,
        EPeriod WITHOUT OVERLAPS)
```

主键采用这种方式进行定义，样本数据违反了约束条件，将不允许被插入表中。

2．在应用时间段表上建立参考约束

继续前面的例子，假设另一个表的定义如下：

```
CREATE TABLE Dept(
    DNo INTEGER,
    DStart DATE,
    DEnd DATE,
    DName VARCHAR(30),
    PERIOD FOR DPeriod (DStart, DEnd),
    PRIMARY KEY (DNo,
    DPeriod WITHOUT OVERLAPS)
    )
```

同时假定，要确保在每一个时间点上 Emp 表中 EDept 的每一个值都能够在 Dept 表的 DNo 中找到对应的值，即就业期间每个员工在每个时间点上属于唯一一个部门。假设 EMP 表包含以下的行：

ENo	EStart	EEnd	EDept
11616	2014-01-01	2014-02-01	3
11616	2014-02-21	2015-05-16	4

假设 Dept 表包含下列行：

DNo	DStart	DEnd	DName
3	2013-01-01	2014-12-31	市场部
4	2014-06-21	2015-05-16	工程部

从传统的涉及两个表之间的完整性约束上看，Emp 表的 EDept 列的值和 Dept 表的 DNo 列的值能够满足完整性约束要求，没有任何问题。但仔细观察上面的数据能够发现一个严重的问题：从 2014 年 2 月 21 日起，11616 号员工被分配到编号为 4 的部门工作，从部门表可以看出，编号为 4 的工程部是从 2014 年 6 月 1 日才开始启用，也就是说数据库记录的情况是 11616 号员工在工程部还未启用时就已经在那里工作几个月了。显然，这与现实情况不符，违反了"在每一个时间点 EDept 的每一个值能够在 Dept 表的 DNo 中找到对应的值"的要求。为了避免这种情况，必须禁止子表中行数据的应用时间段不包含在父表中匹配行的应用时间段中，可以采用如下的语法定义：

```
ALTER TABLE Emp
    ADD FOREIGN KEY (Edept, PERIOD EPeriod)
    REFERENCES Dept (DNo, PERIOD DPeriod)
```

采用这种参考约束定义方式，样本数据就违反了约束条件。

3．查询应用时间段表

在时态 SQL 中，应用时间段表在查询过程中要使用严格的查询语法。例如要查询 11617

号雇员 2014-3-2 在哪个部门工作，可以这样查询：

```
SELECT Name, EDept
    FROM Emp
    WHERE ENo = 11617
    AND EStart<= DATE '2014-03-02'
    AND EEnd> DATE '2014-03-02'
```

在时态 SQL 中提供了一些涉及时间条件表达的谓词，这些谓词能够以一种更为简便的方式实现上面的查询。这些谓词包括 CONTAINS（包含）、OVERLAPS（重叠）、EQUALS（等于）、PRECEDES（先于）、SUCCEEDS（后于）、IMMEDIATELY PRECEDES（紧靠前面）、IMMEDIATELY SUCCEEDS（紧靠后面）。例如，上述查询使用"CONTAINS"表示如下：

```
SELECT EName, EDept
    FROM Emp
    WHERE ENo = 11617 AND
    EPeriod CONTAINS DATE '2014-03-02'
```

如果想知道工号为 11617 的员工在 2014-1-1 至 2015-1-1 期间工作及工作过的所有部门，可以指定如下的查询方案：

```
SELECT EName, EDept
    FROM Emp
    WHERE ENo = 11617
    AND EStart< DATE '2015-01-01'
    AND EEnd> DATE '2014-01-01'
```

请注意，在上面的查询中指定的时间使用封闭开放模型，即时间段包括 2014-1-1，但不包括 2015-1-1。另外，同样的查询可以使用 OVERLAPS 的表达谓词：

```
SELECT EName, EDept
    FROM Emp
    WHERE ENo = 11617 AND
    EPeriod OVERLAPS
    PERIOD (DATE '201401-01', DATE '2015-01-01')
```

7.6.3 系统版本表

建立系统版本表的目的是为了满足应用在商业上或者法律上的需求，必须保持准确的历史数据的变化。一个典型的例子是银行的应用系统，为了给客户提供详细的账户历史信息，它有必要记录以前的客户的账户信息。有很多这样的例子，为了满足监管和合规性需求，法律要求某些机构必须保留特定时长范围内的历史数据。

这些应用的一个关键要求是更新或删除一行数据，必须在更新和删除动作执行之前自动保存该行的旧状态。另一个重要的要求是系统，而不是用户，保持行数据的开始时间和结束时间，而且用户不能修改历史的行数据或者与之相关的时间段的内容。在系统版本表中，任何时间段的更新必须通过系统来执行。这就提供了一个保证，记录数据变化的历史不能被篡改，这是满足审计和法规遵从性的关键。

在定义包含时间段的任何表中，只要有标准规定的名称 SYSTEM_TIME，并包括关键词 WITH SYSTEM VERSIONING，就是系统版本表。和应用时间段表相似，用户可以为开始和结束的系统时间段选择任何想要的列名字。开始列和结束列的数据类型可以是日期或时间戳类型，且这两个列的数据类型必须相同。在实践中，大多数实现将把具有最高精度为小数秒精度的时间戳类型作为开始列和结束列的数据类型。例如：

```
CREATE TABLE Emp
    ENo INTEGER,
    Sys_start TIMESTAMP(12) GENERATED ALWAYS AS ROW START,
    Sys_end TIMESTAMP(12) GENERATED ALWAYS AS ROW END,
    EName VARCHAR(30),
    PERIOD FOR SYSTEM_TIME (Sys_start, Sys_end)
    ) WITH SYSTEM VERSIONING
```

和应用程序时间段类似，系统时间段使用封闭开放阶段模型。在任何给定的时间点，如果系统版本表中某行的系统时间段包含当前系统时间，那么该行就被视为当前系统行，非当前系统行的行都是历史系统行。

系统版本表不同于应用时间段表主要表现在以下几个方面：

（1）和应用时间段表不同，不允许用户分配、更改 Sys_start 或 Sys_end 列的值，它们由数据库系统自动指定和修改。这就是为什么定义 Sys_start 或 Sys_end 列必须包含关键词 GENERATED ALWAYS 的原因。

（2）在系统版本表插入数据时会根据事务记录时间戳自动设置每一笔交易的 Sys_start 列的值，与之相关联的 Sys_end 列的值会被自动设置成该列数据类型所支持的最高值。例如，假设以下的 INSERT 语句执行的事务时间戳是 2015-01-0109:00:002：

```
INSERT INTO Emp (ENo, EName)
    VALUES (11619, '卢雅楠')
```

结果看起来如下所示（假设它之前是空的）：

ENo	Sys_Start	Sys_End	EName
11619	2015-01-01 09:00:00	9999-12-31 23:59:59	卢雅楠

（3）在系统版本表上进行 UPDATE 和 DELETE 操作，只能对当前系统行进行，不允许用户更新或删除历史系统行，也不允许用户修改系统时间段的开始时间和结束时间列的值，无论是当前系统行还是历史系统行。

（4）在系统版本表上执行 UPDATE 和 DELETE 操作的结果是每一个系统当前行被更新或删除将导致历史系统行的自动插入。

在系统版本表上执行 UPDATE 操作，首先插入当前行的副本，并将副本行的结束时间列的值设置为事务记录时间戳，表明该行不再是当前系统行；然后在把系统时间段的开始时间更改为事务时间戳的同时，它更新该行，这就意味着从事务时间戳的时间开始被更新的行就成为当前系统行。例如，假设 ENo11617 是当前系统行，如下所示：

ENo	Sys_Start	Sys_End	EName
11617	2015-01-01 09:00:00	9999-12-31 23:59:59	王大力

下面的 UPDATE 语句将 11617 号员工的姓名由王大力更改为杨天来，更新语句执行事务的事务时间戳，有效记录了姓名更改的时间。

```
UPDATE Emp
   SET EName = '杨天来'
   WHERE ENo = 11617
```

执行此更新语句，首先将更新前的行的状态作为历史系统行插入，然后再执行更新处理。假设此语句执行事务的事务时间戳记为 2015-02-0310:00:00，那么最终的结果将是这两行的事务执行：

ENo	Sys_Start	Sys_End	EName
11617	2015-01-01 09:00:00	2015-02-03 10:00:00	王大力
11617	2015-02-03 10:00:00	9999-12-31 23:59:59	杨天来

在这个例子中，姓名是杨天来的行，是行 UPDATE 触发更新的行。需要说明的是，历史系统行的插入不会触发任何 INSERT 触发，自然不会导致插入行的动作。此外，历史系统行产生的对于给定行更新的时序结果是时间连续的，系统时间段之间没有任何间隙。

对于系统版本表，DELETE 语句实际上不删除符合条件的行。相反，它更改这些行的系统时间段结束时间为事务的时间戳，指示那些行不再是当前系统行。例如，假设当前系统行员工号为 11617，如下所示：

ENo	Sys_Start	Sys_End	EName
11617	2015-01-01 09:00:00	9999-12-31 23:59:59	王大力

下面的 DELETE 语句只是改变当前系统行员工号为 11617 的系统时间段的结束时间为 DELETE 语句被执行事务的事务时间戳。

```
DELETE FROM Emp
    WHERE ENo = 11617
```

假设上面语句执行事务的事务时间戳为 2015-04-0100:00:00，那么最终的结果将是以下的行：

ENo	Sys_Start	Sys_End	EName
11617	2015-01-01 09:00:00	2015-04-01 00:00:00	王大力

在这个例子中，DELETE 的触发要选择删除 Emp 表中的该行。

需要注意的是，与应用时间段表相比，系统版本表的 UPDATE 和 DELETE 语句并不需要 FOR PORTION SYSTEM_TIME，而且也不允许。

1．系统版本表上的主键和引用约束

对系统版本表的约束的定义和执行比对应用时间段表的约束的定义和执行简单得多，这是因为在系统版本表的约束仅需要在当前系统行上强制。系统版本表的历史系统行是永恒不变的过去的快照。实际上，一个历史系统行在其为当前系统行创建时已经受到约束的限制，因此在其成为历史系统行后已经无须约束的限制。所以，就没有必要在系统版本表的主键约束和引用约束的定义中包括系统时间段的开始列、结束列以及时间段的名称。例如，下面的 ALTER TABLE 语句指定 ENo 列作为 Emp 表的主键：

```
ALTER TABLE Emp
    ADD PRIMARY KEY (ENo)
```

上述约束确保只有一个与给定值 ENo 匹配的当前系统行。

同样，下面的 ALTER TABLE 语句指定 Emp 表和 Dept 表之间的引用约束：

```
ALTER TABLE Emp
    ADD FOREIGN KEY (EDept)
    REFERENCES Dept (DNo)
```

上述约束仅对 Emp 表和 Dept 表对应的系统版本表的当前行强制。

2．查询系统版本表

由于系统版本表主要用于跟踪历史数据的变化，所以对系统版本表的查询通常是获取从某一个时间点开始的或者在两个时间点之间的表的内容。SQL:2011 标准提供了 3 种句法扩展，用于在系统版本表上的查询。

第一个扩展是 FOR SYSTEM_TIME AS OF 语法，用于查询指定时间点上的表的内容。例如，下面的查询取回 2015 年 3 月 6 日这个时间点上 Emp 表当前行的内容：

```
SELECT ENo, EName, Sys_Start, Sys_End
    FROM Emp FOR SYSTEM_TIME AS OF
    TIMESTAMP '2015-03-06 00:00:00'
```

上面的查询将返回系统时间段开始时间小于或等于指定的时间戳以及系统时间段结束时间大于指定的时间戳的所有行。

第二个和第三个扩展用于检索任意两个时间点之间的系统版本表的内容。以下查询将返回系统时间段开始时间从时间戳 2014-01-02 00:00:00（包括）到时间戳 2014-12-31 00:00:00（不包括）的所有行。

```
SELECT ENo, EName, Sys_Start, Sys_End
    FROM Emp FOR SYSTEM_TIME
        FROM TIMESTAMP '2014-01-02 00:00:00'
        TO TIMESTAMP '2014-12-31 00:00:00'
```

与此相反，下面的查询返回系统时间段开始时间从时间戳 2014-01-02 00:00:00（包括）

到时间戳 2014-12-31 00:00:00（包括）之间的所有行。

```
SELECT ENo, EName, Sys_Start, Sys_End
    FROM Emp FOR SYSTEM_TIME BETWEEN
        TIMESTAMP '2014-01-02 00:00:00' AND
        TIMESTAMP '2014-12-31 00:00:00'
```

需要注意的是，在指定的时间段（FROM…TO…）对应于一个封闭开放的时间段模型，而在指定的时间内（BETWEEN…AND…）对应于一个封闭的时间段模型。

如果在系统版本表上的查询未指定上述 3 种句法选项之一，那么默认情况下该查询假定是指定 SYSTEM_TIME AS CURRENT_TIMESTAMP，查询只返回当前系统行作为结果。例如，下面的查询只返回 Emp 表的当前行：

```
SELECT ENo, EName, Sys_Start, Sys_End
    FROM Emp
```

返回系统的当前行作为默认的选择，特别适合于那些应用程序检索当前系统行非常频繁的操作。另外，它也有助于数据库迁移，因为那些运行在非系统版本表上的应用仍将继续工作，并且当这些表转换成系统版本表以后，这些应用会产生相同的结果。

最后，若要检索系统版本表中的当前系统行和历史系统行，可以使用如下所示的查询：

```
SELECT ENo, EName, Sys_Start, Sys_End
    FROM Emp FOR SYSTEM_TIME
        FROM TIMESTAMP '0001-01-01 00:00:00'
        TO TIMESTAMP '9999-12-31 23:59:59'
```

7.6.4　双时态表

双时态表是将系统时间段表的历史跟踪功能与应用时间段表的特定于时间的数据存储功能组合到一起的表，可使用双时态表保存基于用户的时间段信息以及基于系统的历史信息。例如：

```
CREATE TABLE Emp(
    ENo INTEGER,
    EStart DATE,
    EEnd DATE,
    EDept INTEGER,
    PERIOD FOR EPeriod (EStart, EEnd),
    Sys_start TIMESTAMP(12) GENERATED ALWAYS AS ROW START,
    Sys_end TIMESTAMP(12) GENERATED ALWAYS AS ROW END,
    EName VARCHAR(30),
    PERIOD FOR SYSTEM_TIME (Sys_start, Sys_end),
    PRIMARY KEY (ENo,
    EPeriod WITHOUT OVERLAPS),
    FOREIGN KEY (Edept, PERIOD EPeriod)
```

```
REFERENCES Dept (DNo, PERIOD DPeriod)
) WITH SYSTEM VERSIONING
```

　　双时态表中的行既与系统时间段相关联，又与应用时间段相关联，用于捕获现实世界中真正的事实及其时间段，这些事实被记录在数据库中，是非常有用的。例如，员工的属性信息会变化（典型的如婚姻属性由未婚到已婚），是法律上允许的变化。在这种情况下，系统时间段会自动记录属性的变化，应用时间段会记录法律上的生效时间。对双时态表连续更新，可以记录复杂曲折的事物状态，由数据库提供潜在的知识。

　　双时态表的行为方式如同系统时间段表与应用时间段表的组合，适用于系统时间段表和应用时间段表的所有限制也适用于双时态表。作为应用时间段表，需要用户负责提供应用时间段的开始列和结束列的值。作为系统版本表，插入到表中的行的系统时间段开始列的值设置为事务时间戳，系统时间段结束列的值设置为列的数据类型最高值的值。

　　与应用时间段表一样，常规的 UPDATE 语句以及带 FOR PORTION 修饰符的 UPDATE 语句都可以对双时态表进行更新。通过应用时间段名可以修改双时态表中的行。同样，常规的 DELETE 语句以及带 FOR PORTION 修饰符的 DELETE 语句都可以从双时态表中删除行。作为系统时，系统时间只有当前行可以被更新或删除，而历史系统行只有每个系统当前行被更新或删除时才自动插入。

　　对双时态表的查询可以指定应用时间段的谓词以及系统时间段来限定将作为查询结果返回的行。例如，下面的查询将返回部门中员工 11617 从 2010 年 12 月 1 日开始到 2015 年 5 月 1 日（包含）截止记录在数据库中部门变换的情况。

```
SELECT ENo, EDept
    FROM Emp FOR SYSTEM_TIME AS OF
        TIMESTAMP '2015-05-01 00:00:00'
    WHERE ENo = 11617 AND
        EPeriod CONTAINS DATE '2010-12-01'
```

7.7　数据库持久化存储模块

　　持久化存储模块（Persistent Stored Modules，PSM）中的存储程序（stored procedures）和存储函数（stored functions）的形式已经包含于 SQL 标准中，并在众多的数据库管理系统中得到应用。存储程序可以用 SQL 进行编写，或者用一种可与 SQL 结合定义的编程语言（如 Ada、C、COBOL 和 Fortran）来编写。完全用 SQL 来编写的存储程序被称为 SQL 程序（SQL routines）；用其他编程语言来编写的存储程序被称为外部程序（external routines）。利用存储程序可以使用户对数据库的管理和操作更加容易，效率更高。用户通过指定存储程序的名字并给出参数（如果该存储程序带有参数）来执行它。存储程序是数据库中的一个重要对象，任何一个设计良好的数据库应用程序都应该用到存储程序。

7.7.1　存储过程与函数

　　前面所介绍的应用程序大多情况下运行在客户机上，而客户机不同于数据库服务器

（以及大部分数据库管理系统软件包）所在的机器。尽管这对于许多应用都是适用的，但有时若能创建数据库程序模块（过程或函数）并由数据库服务器上的数据库管理系统来存储和执行，将很有用。由于历史原因，这些模块被称为数据库存储过程（stored procedure），但实际上它们可以是函数或过程。SQL 标准中对于存储过程所用的术语是持久存储模块（persistent stored module）。之所以这样定义，是因为这些程序由数据库管理系统持久存储，这类似于数据库管理系统所存储的持久数据。图 7-7 所示的是得到作者名的一个函数示例代码，图 7-8 所示的是 SQL 查询调用得到作者名函数的示例代码。

```
CREATE   FUNCTION   get_author_name (aid   CHAR(10))
    RETURNS   CHAR(50)
    READS   SQL   DATA
    LANGUAGE   SQL
    BEGIN
        DECLARE   fname   CHAR(50);
        SET   fname = (SELECT   first_name
                            FROM   author
                            WHERE   author_id = aid);
    RETURN   fname;
END;
```

图 7-7　PSM 函数 get_author_name()

```
SELECT   i.title
    FROM   item i, item_author   ia
    WHERE i.id = ia.item_id
            AND   get_author_name(ia.author_i) = '王兰';
```

图 7-8　SQL 查询调用 get_author_name()函数

存储过程在以下情况会很有用：

（1）如果某数据库程序为多个应用所需要，可将其存储在服务器上，并由其他应用程序调用，这样可减少重复工作，还可以增强软件的模块性。

（2）某些情况下，在服务器端执行程序可减少客户与服务器之间的数据传输和相应的通信代价。

（3）通过为数据库用户提供更复杂类型的导出数据，这些过程可以增强视图所提供的建模能力。此外，这些过程还可以用来检查断言与触发器所不能检查的一些复杂约束。

一般情况下，许多商业数据库管理系统都允许用通用程序设计语言来编写存储过程和函数。另外，存储过程也可以由一些简单的 SQL 命令（如检索和更新）构成。声明存储过程的语法格式如下：

```
CREATE  PROCEDURE<过程名>[(<参数>)]
    [<局部声明>]
    <过程体>
```

说明：这里的局部声明和参数都是可选的，只在需要时才指定。若要声明一个函数，必须给出返回类型，具体声明形式如下。

```
CREATE FUNCTION<函数名>[(<参数>)]
    RETRUNS<返回类型>
    [<局部声明>]
    <函数体>
```

如果过程（或函数）用通用程序设计语言编写，通常要指定语言和存储程序代码的文件名。例如，可以使用以下形式：

```
CREATE PROCEDURE<过程名>(<参数>)
    LANGUAGE<程序设计语句名>
    EXTERNAL NAME<文件路径名>
```

一般情况下，每个参数都应当有一个参数类型，该参数类型应是一种 SQL 数据类型。每个参数还应当有一个参数模式（parameter mode），可以为 IN、OUT 或 INOUT。这些模式对应于只能输入值、只能输出（返回）值或既可输入又可输出值的参数。

由于过程和函数得到了数据库管理系统的持久存储，所以应当能够由各种 SQL 接口和程序设计技术调用这些过程和函数。用户可以使用 SQL 标准中的 CALL 语句来调用存储过程，可以从交互式界面调用，也可以由嵌入式 SQL 或 SQLJ 调用。该语句的形式如下：

```
CALL<过程或函数名>(<参数列表>)
```

CALL 语句在 1996 年发布版本的第 4 部分，在持久化存储模块（PSM）中被引入，随后在 1999 年被并入第 2 部分基础设施中，用于调用 SQL 调用过程。下面是一个如何创建 SQL 调用过程的例子，使用的是 SQL:2011 之前的功能特性：

```
CREATE PROCEDURE P (
        IN A INTEGER,
        OUT B INTEGER )…
```

省略号部分省略了指定此过程的宿主语言、调用使用路径等。本例定义了过程 P，P 有 A、B 两个参数，A 是输入参数，B 是输出参数。使用 INOUT 关键字也可定义一个输入输出参数。

过程 P 一旦被定义，就可以被 CALL 语句调用，示例如下：

```
CALL P (1, :MyVar)
```

MyVar 可能是一个嵌入变量的名字，用于接受过程 P 的 B 参数的值。

SQL:2011 针对 SQL 调用过程提供了两项增强：命名参数和默认输入参数。

命名参数让用户可用以下方式调用过程 P：

```
CALL P (B => :MyVar, A => 1)
```

这一方式与第一个 CALL 语句示例等价。通过使用命名参数，用户得以使用任意顺序指定调用参数。

新的默认输入参数特性可通过以下过程定义示例说明：

```
CREATE PROCEDURE P (
      IN A INTEGER DEFAULT 2,
      OUT B INTEGER ) …
```

加下划线的部分是 SQL:2011 新引入的。这一语法可用于指定输入参数（本例中的 A）的默认值。输出参数，包括输入输出参数，都不支持默认值。

使用这一示例定义 P 后，可通过以下语句调用 P：

```
CALL P (B => :MyVar)
```

注意这里并没有指定参数 A 的值。由于 A 被忽略，它的默认值 2 会被使用，所以本语句与

```
CALL P (B => :MyVar, A => 2)
```

和

```
CALL P (2, :MyVar)
```

皆等价。

7.7.2 时态 SQL 与 PSM

在时态 SQL 里有 3 种类型的 SQL 查询能够调用 PSM。其中，时态查询表达式可以写成如下形式：

⟨Temporal Q⟩ ::=(VALIDTIME ([⟨BT⟩, ⟨ET⟩])$^?$| NONSEQUENCED VALIDTIME)$^?$ ⟨Q⟩

在这个语法中，问号表示任选子句。<Q>是一个传统的 SQL 查询，如果它有先后顺序，<ST>和<ET>分别是查询的开始时间和结束时间。SQL/Temporal 中的查询默认情况下是当前查询（也就是说，没有时间关键字）；如果使用了关键字 VALIDTIME，此种情况的查询就是时序查询；如果使用了关键字 NONSEQUENCED VALIDTIME，此种情况的查询就是非时序查询。需要注意的是，<Q>可能调用一个或多个存储函数。<Temporal Q>的语义由语义函数 TSQLPSM[ ]来表示。cur[ ]、seq[ ]和 nonseq[ ]别是当前查询、时序查询和非时序查询的语义函数。传统的 SQL 语义由语义函数 SQL[ ]表示；在通过解析树的递归下降中，这个语义函数仅仅逐字地发出它的论点。（这里可以用指称语义将其定义和表达为：

$$SQL[[SELECT<Q>\cdots]]=SELECT\ SQL[[<Q>]]\cdots$$

但是将省略这样明显的借鉴 BNF 产品的语义函数。）

$$TSQLPSM[⟨Q⟩]=cur[⟨Q⟩]$$

$$TSQLPSM[VALIDTIME[⟨ST⟩,⟨ET⟩]⟨Q⟩]=cur[⟨Q⟩]$$

$$=seq[⟨Q⟩][⟨ST⟩,⟨ET⟩]$$

$$TSQLPSM[NONSEQUENCED\ VALIDTME⟨Q⟩]$$

$$=nonseq[⟨Q⟩][⟨ST⟩,⟨ET⟩]$$

SQL/Temporal 提出了上述 cur[ ]和 seq[ ]语义功能的定义。由于定义时间数据语句的时间关系代数不能表示控制语句和存储程序的语义，因此，这里将需要最大片段分片法（maximally-fragmented slicing）和单语句分片法（per-statement slicing）新方法，来对传统查询进行变换，转换成上面提到的时序查询和非时序查询。非序列查询只需要保留时间戳列，所以这里不再提及。

确切地讲，时态数据库当前查询的语义与时态数据库当前时间片上的常规 SQL 查询的语义完全相同。当前查询的正式语义可被定义为在现有 SQL 语义之后加上一个附加谓词。

$$cur[\langle Q \rangle](r_1, r_2, \cdots, r_n) = SQL[\langle Q \rangle]\tau_{now}^{vt}(r_1, r_2, \cdots, r_n)$$

在这个转型中，$r_1, r_2, \cdots, r_n$ 表示被查询<Q>访问的表。我们从 SQL/Temporal 假设中引入时间操作符 τ_{now}^{vt}。τ_{now}^{vt} 从一个（或多个）有效时间支持表中提取当前时间片的值。计算一个表的当前时间片，等价于在表上执行一个选择。在 SQL 中转换当前时间查询（具有 PSM），只需要在 PSM 内的查询中为每个表添加一个谓语，添加到查询的 WHERE 子句。假定 $r_1, r_2, \cdots, r_n$ 是当前查询所访问的表，那么下面的谓语需要添加到所有的 WHERE 子句，联合 FROM 子句提到的时态表。

```
r1.begin_time≤CURRENT_TIME AND
r1.end_time>CURRENT_TIME AND
...
rn.begin_time≤CURRENT_TIME AND
rn.end_time>CURRENT_TIME AND
```

作为一个例子，图 7-7 所示函数的代码应该转化为图 7-9 所示的 SQL 查询，图 7-8 所示的查询应该转换为图 7-10 中的 SQL 查询。

```
CREATE FUNCTION curr_get_author_name (aid CHAR(10))
    RETURNS CHAR(50)
    READS SQL DATA
    LANGUAGE SQL
    BEGIN
        DECLARE fname CHAR(50)
        SET fname = (SELECT first_name
            FROM author
            WHERE author_id = aid
                AND author.begin_time <= CURRENT_TIME
                AND author.end_time > CURRENT_TIME)
        RETURN fname;
    END;
```

图 7-9　图 7-7 所示函数转化为 SQL 查询示例代码

最大片段分片法通过对程序中的 SQL 语句增加简单谓语来完成小的、单独的变换，以支持时序查询的 SQL 语句。最大片段分片法的思想独创地采用了持续时间段（constant periods）的思想，用来评估（序列）时间集合。其基本思想是首先在编译时收集查询直接或间接引用的所有时态表，然后计算所有持续时间段，结果肯定不会改变，然后单独评估每个持续时间段的程序（和间接引用的任何程序），每个这样定义的时间段都有一个结果。首先计算持续时间段，然后在每个持续时间段中评估 SQL 查询。

```
SELECT i.title
    FROM item i, item_author ia
    WHERE i.id = ia.item_id
        AND curr_get_author_name(ia.author_i) = '王兰'
        AND i.begin_time <= CURRENT_TIME
        AND i.end_time > CURRENT_TIME
        AND ia.begin_time <= CURRENT_TIME
        AND ia.end_time > CURRENT_TIME;
```

图 7-10　图 7-8 所示的查询转换为 SQL 查询示例代码

每个语句切片就是分别切片引用每一个时间段的结果。每个语句切片的基本思想是将每个时序的程序转化为一个语义上等效的常规程序，对时态表进行操作。因此，程序内部每个 SQL 控制语句也应该在时态表上进行操作。当然，这种转换会产生更复杂的代码，但是这段代码只遍历到该点的那部分切片。

SQL/PSM 还有许多其他特性，限于篇幅本书不详细介绍，感兴趣的读者可以查阅相关资料。

7.8　SQL 的触发器

触发器（Trigger）是一种特殊类型的存储过程，它定义在一个表上，实现指定功能的 SQL 语句序列。即在指定表中，当使用一种或多种数据修改语句（如 UPDATE、INSERT 或 DELETE）对数据进行修改时，触发器就会生效。

由于引起表数据变化的操作有插入、修改、删除，因而维护数据的触发器也可分为 3 种类型，即 INSERT、UPDATE 和 DELETE。同一个表可定义多个触发器，即使同一类型的触发器，也可定义多个。在实际应用中，常常利用触发器动态地维护数据的一致性。此外，触发器可以查询其他表，而且可以包含复杂的 SQL 语句。因此，触发器也可以用于强制复杂的业务规则或要求。

使用触发器的好处如下：

（1）触发器是自动执行的，它们在对表的数据做了任何修改（比如手工输入或者应用程序采取的操作）之后立即被激活。

（2）触发器可以对数据库中的相关表进行级联更改。例如，可以在"院系"表中定义触发器，当用户删除"院系"表中的记录时，触发器将删除"学生"表中对应院系的学生记录。

（3）触发器可以限制向表中插入无效的数据，这一点与 CHECK 约束的功能相似。但在 CHECK 约束中不能使用其他表中的字段，而在触发器中则没有此限制。例如，触发器可以回滚试图对价格低于 10 元的书（存储在 titles 表中）应用折扣（存储在另外一个表discounts 中）的更新。

触发器作为一种特殊类型的存储过程，它与存储过程的主要区别在于：

（1）存储过程的定义可有参数，而触发器的定义不能有参数；

（2）执行方式不同，触发器由引起表数据变化的操作（增、删、改）触发自动执行，而存储过程必须通过具体的语句调用。

7.8.1　创建触发器

用户可以用 CREATE TRIGGER 语句来创建触发器。在创建触发器时需指定触发器的名称，在其上定义触发器的表和触发器将何时被激发。因为激活触发器的数据修改语句有 INSERT、UPDATE 或 DELETE，所以多个数据修改语句可激活同一个触发器。例如，触发器可由 INSERT 或 UPDATE 语句激活。但是，在创建触发器前应首先考虑下列问题。

（1）CREATE TRIGGER 语句必须是批处理中的第一个语句，将该批处理中随后的其他所有语句解释为 CREATE TRIGGER 语句定义的一部分。

（2）创建触发器的权限默认分配给表的所有者，且不能将该权限转给其他用户。

（3）触发器为数据库对象，其名称必须遵循标识符的命名规则。

（4）虽然触发器可以引用当前数据库以外的对象，但只能在当前数据库中创建触发器。

（5）虽然不能在临时表或系统表上创建触发器，但是触发器可以引用临时表。另外，不应引用系统表，而应使用信息架构视图。

（6）在含有用 DELETE 或 UPDATE 操作定义的外键的表中不能定义 INSTEAD OF DELETE 和 INSTEAD OF UPDATE 触发器。

（7）虽然 TRUNCATE TABLE 语句类似于没有 WHERE 子句（用于删除行）的 DELETE 语句，但它并不会引发 DELETE 触发器，因为 TRUNCATE TABLE 语句没有记录。

（8）WRITE TEXT 语句不会引发 INSERT 或 UPDATE 触发器。

（9）一个表只能有一个给定类型的 INSTEAD OF 触发器。

创建触发器的语法格式如下：

```
CREATE TRIGGER 触发器名
   ON {表名 | 视图名}
   [WITH ENCRYPTION]
   {
   {{FOR | AFTER | INSTEAD OF}
     {[DELETE][, ][UPDATE][,][INSERT]}
   AS
    SQL 子句[…n]
   }
 }
```

说明：

（1）触发器名称必须符合标识符规则，并且在数据库中必须唯一，可以选择是否指定触发器所有者名称。

（2）表名或者视图名是在其上执行触发器的表或视图，有时称为触发器表或触发器视图，可以选择是否指定表或视图的所有者名称。

（3）WITH ENCRYPTION 加密 syscomments 表中包含 CREATE TRIGGER 语句文本的条目。

（4）AFTER 指定触发器只有在触发 SQL 语句中指定的所有操作都已成功执行后才激发，所有的引用级联操作和约束检查也必须成功完成后才能执行此触发器。AFTER 触发器检查触发语句的运行效果，以及所有由触发语句引起的 UPDATE 和 DELETE 引用级联操作的效果。如果仅指定 FOR 关键字，则 AFTER 是默认设置。注意，不能在视图上定义 AFTER 触发器。

（5）INSTEAD OF 指定执行触发器而不是执行触发 SQL 语句，从而替代触发语句的操作。在表或视图上，每个 INSERT、UPDATE 或 DELETE 语句最多可以定义一个 INSTEAD OF 触发器。然而，可以在每个具有 INSTEAD OF 触发器的视图上定义视图。如果触发器所定义的表存在约束，则在 INSTEAD OF 触发器执行之后和 AFTER 触发器执行之前检查这些约束。如果违反了约束，则回滚 INSTEAD OF 触发器操作且不执行（激发）AFTER 触发器。

（6）{[DELETE][,][UPDATE][,][INSERT]}是指定在表或视图上执行哪些数据修改语句时将激活触发器的关键字，必须至少指定一个选项。在触发器定义中允许使用以任意顺序组合的这些关键字。如果指定的选项多于一个，需用逗号分隔这些选项。注意，对于 INSTEAD OF 触发器，不允许在具有 ON DELETE 级联操作引用关系的表上使用 DELETE 选项。同样，也不允许在具有 ON UPDATE 级联操作引用关系的表上使用 UPDATE 选项。

（7）AS 指定触发器要执行的操作。

（8）SQL 子句指定触发器的条件和操作。触发器条件是指定其他准则，以确定 DELETE、INSERT 或 UPDATE 语句是否导致执行触发器操作。

7.8.2　触发器使用的特殊表

执行触发器时系统创建了 inserted 表和 deleted 表两个特殊的逻辑表。对于 inserted 逻辑表，当向表中插入数据时，INSERT 触发器触发执行，新的记录插入到触发器表和 inserted 表中。deleted 逻辑表用于保存已从表中删除的记录，当触发一个 DELETE 触发器时，被删除的记录存放到 deleted 逻辑表中。

这些表在结构上类似于定义触发器的表（也就是在其中尝试用户操作的表），用于保存用户操作可能更改的行的旧值或新值，因为修改一条记录等于插入一条新记录并同时删除旧记录。当对定义了 UPDATE 触发器的表记录修改时，表中原记录移到 deleted 表中，修改过的记录插入到 inserted 表中。触发器可检查 deleted 表、inserted 表及被修改的表。例如，若要检索 deleted 表中的所有值，可以使用：

```
SELECT *
   FROM deleted
```

因此，对 deleted、inserted 逻辑表的查询方法与数据库表的查询方法相同。

下面的触发器用于检测数据的完整性问题。该示例中，它检测在数据库中客户订单存在的情况下试图删除该客户的行为。如果它检测到这种情况，触发器会自动重新运行整个事务处理过程，包括引发触发器的 DELETE 语句。

```
CREATE  TRIGGER chk_del_customer
   /*  客户信息表的删除触发器，在有客户订单时不能删除该客户  */
   /*  以确保客户数据的一致性  */
   ON customers
   FOR DELETE
   AS
   /*  检查即将删除的客户的订单情况  */
   IF (SELECT COUNT(*) FROM orders,deleted
         WHERE orders.cust = deleted.cust_num)>0
      BEGIN
         rollback transaction
         PRINT "不能删除该客户，因为该客户仍有订单！"
         raiserror 31234
   END
```

下面再看一个实例：

在商品资料管理信息系统中有商品信息表 commodity 和厂商信息表 manufacturer，其中，商品信息表 commodity 的结构如下：

ID	CHAR (8)	商品编号
NAME	CHAR (32)	商品名称
SPEC	CHAR(128)	商品规格
COST	DECIMAL(8,2)	商品进价
PRICE	DECIMAL(8,2)	商品零售价
ManuID	CHAR (8)	供应商代码

厂商信息表 manufacturer 的结构如下：

ID	CHAR (8)	厂商编码
NAME	CHAR (40)	厂商名称
ADDRESS	CHAR (64)	通信地址
TEL	CHAR (64)	联系电话
BANK	CHAR (40)	开户行
ACCOUNT	CHAR (40)	账号

商品信息表 commodity 和厂商信息表 manufacturer 通过 manufacturer 的主键（ID 厂商编码）与 commodity 表的外键（ManuID 厂商代码）建立相关关系。当对厂商信息表

manufacturer 或商品信息表 commodity 的数据记录进行操作处理时，需考虑维护它们的相关数据的一致性。这可通过在 manufacturer 表和 commodity 表上建立相应的触发器来维护数据的完整性。完成该任务的触发器示例代码如下：

```
/* 创建主表 manufacturer 的更新触发器 tu_manufacturer  */
CREATE TRIGGER tu_manufacturer
  ON manufacturer
  FOR UPDATE
  AS
    BEGIN
      IF @@rowcount = 0
        RETURN
      /* 若主键码 ID 被修改，则维护子表 commodity 外键码 ManuID 以保持一致  */
      IF UPDATE(ID)
        BEGIN
          UPDATE commodity SET ManuID = i1.ID
            FROM commodity t2, inserted i1 , deleted d1
            WHERE t2.ManuID = d1.ID AND (i1.ID !=d1.ID)
          END
      END
      GO

/* 创建主表 manufacturer 的删除触发器 td_manufacturer */
CREATE TRIGGER td_manufacturer
  ON manufacturer
  FOR DELETE
  AS
    BEGIN
      IF @@rowcount = 0
        RETURN
     /*若一个主键码 ID 被删除，则将子表 commodity 外键码
       ManuID 对应的值置为空以保持一致 */
    UPDATE commodity SET ManuID = NULL
      FROM commodity t2, deleted t1
      where t2. ManuID = t1.ID
    END
      GO
/* 创建子表 commodity 的插入触发器 ti_commodity */
CREATE TRIGGER ti_commodity
  ON commodity
  FOR INSERT
  AS
    BEGIN
      DECLARE @numrows int,@numnull int,@errno int,@errmsg varchar(255)
      SELECT @numrows = @@rowcount
```

```
      IF @numrows = 0
        RETURN
        /*  插入子表的外键码必须是主表存在的主键码  **/
      IF (SELECT COUNT(*) FROM manufacturer t1, inserted t2
           WHERE t1.ID = t2.ManuID) != @numrows
        BEGIN
          SELECT @errno = 30002, @errmsg =
      '在厂商表"manufacturer"中没有对应编码，不能插入商品信息表"commodity"记录！'
          raiserror @errno @errmsg
          ROLLBACK transaction
        END
    END
    GO
```

```
/* 创建子表 commodity 的更新触发器 tu_commodity */
CREATE TRIGGER ti_commodity
  ON commodity
  FOR UPDATE
  AS
    BEGIN
      DECLARE @numrows int,@numnull int,@errmsg, @errmsg varchar(255)
      SELECT @numrows = @@rowcount
      IF @numrows = 0
        RETURN
      /*  更新子表的外键码必须是主表存在的主键码  */
      IF UPDATE(ManuID)
      BEGIN
        SELECT @numnull = (
          SELECT COUNT(*) FROM inserted WHERE ManuID IS NULL)
        IF @numnull != @numrows
          IF (SELECT COUNT(*) FROM Commodity t1, inserted t2
             WHERE t1.ID = t2. ManuID) != @numrows - @numnull
          BEGIN
            SELECT @ermo = 30003, @errmsg =
                  '厂商表 manufacturer 不存在对应编码，商品信息表 commodity 的
                   外键码不能修改'
            raiserror @errno @errrnsg
            ROLLBACK transaction
          END
        END
      END
    END
    GO
```

下面再看一个基于 Oracle 数据库的实例：针对人们兴趣广泛兴起的云计算环境，为 B/S 架构应用提供审计手段。基本思路是结合数据库触发器和事务处理机制，利用计算机

IP 的唯一性对操作数据库的用户进行监控，对用户进入和退出数据库进行相应的登记，并记录用户的操作，从而在数据库自身访问控制基础上构建一层新的安全防范机制。具体设计是：第一步，建立登录日志表 login_log，用来记录数据库用户的登入和退出情况；第二步，建立触发器 LOGIN_ON_INFO，用来记录数据库用户的登入信息；第三步，建立触发器 LOGIN_OFF_INFO，用来记录数据库用户的退出信息。其中，登录日志表 login_log 的结构如下：

字　　段	数据类型	注　　释
SESSION_ID	INT	SESSIONID
LOGIN_ON_TIME	DATE	登入时间
LOGIN_OFF_TIME	DATE	登出时间
USER_IN_DB	VARCHAR2(30)	登入用户
MACHINE_NAME	VARCHAR2(20)	用户所用机器名
IP_ADDRESS	UARCHAR2(20)	用户所用 IP 地址

记录登入信息的触发器示例代码如下：

```
CREATE TRIGGER LOGIN_ON_INFO
 AFTER LOGON
 ON DATADASE
 BEGLN
  INSERT INTO login_log(SESSION_ID, LOGIN_ON TIME,
      LOGIN_OFF_TIMG, USER_IN_DB,
      MACHINE_NAME, IP_ADDRESS)
  SELECT AUDSID, SYSDATE, NULL, SYS.LOGIN_USER,
       MACHINE, SYS_CONTEXT('USERENV', 'IP_ADDRESS')
     FROM V_$SESSION
     WHERE AUDSID = USERENV('SESSIONID')
  ——当前的SESSION
END LOGIN_ON_INFO
```

记录登出信息的触发器：

```
CREATE TRIGGER LOGIN_OFF_INFO
  BEFORE LOGOFF
  ON DATABASE
  BEGIN
    UPDATE login_log SET LOGIN_OFF_TIME = SYSDATE
    WHERE SESSION_ID = USERENV('SESSIONID')
    ——当前的SESSION
    EXCEPTION
    WHEN OTHERS THEN
        NULL
  END LOGIN_OFF_INFO
```

为了保护组织的敏感数据，有些数据只对部分人员进行开放，对另外一些则进行屏蔽，不仅防止敏感数据外泄，同时也拒绝未授权的用户 IP 进入数据库，或者未授权的用户提升权限后篡改数据，这里以企业管理系统中的员工工资表 wage_scale 为例，只能由财务部人员进行管理。设计思路是：第一步，建立一个用户权限表，表中的内容为用户对某个表的具体操作权限；第二步，识别当前用户；第三步，在表中构造触发器，对当前用户的操作的合法性进行判断，允许合法用户进行操作，拒绝不合法用户进行操作。其中，用户权限表 user_authority 的结构如下：

字　段	数 据 类 型	注　释
table_name	varchar2(30)	被操作的表名
user_ip	varchar2(20)	用户 IP 地址
user_role	varchar2(20)	用户角色
insert_of	bit	1 表示有权操作，0 表示无权操作
update_of	bit	1 表示有权操作，0 表示无权操作
delete_of	bit	1 表示有权操作，0 表示无权操作

触发器实现示例代码如下：

```
CREATE TRIGGER protect_wage
  BEFORE INSERT OR DELETE OR UPDATE
  ON wage_scale
  DECLARE
  NOT_ON_USERPOWER;  //定义一个异常
  BEGIN
    //判断有无插入权限
    IF INSERTING THEN
      IF ((SELECT insert_of
            FROM user_authority
            WHERE user_ip =
              SYS_CONTEXT('USERENV', 'IP_ADDRESS'))
              !=1) THEN
      RAISE NOT_ON_USERPOWER;  //触发异常
    END IF;

    //判断有无更新权限
    IF UPDATING THEN
      IF ((SELECT update_of
            FROM user_authority
            WHERE user_ip =
              SYS_CONTEXT('USERENV', 'IP_ADDRESS'))
              !=1) THEN
        RAISE NOT_ON_USERPOWER;  //触发异常
    END IF;

    //判断有无删除权限
```

```
    IF DELETING THEN
      IF ((SELECT delete_of
            FROM user_authority
            WHERE user_ip =
              SYS_CONTEXT('USERENV', 'IP_ADDRESS'))
              !=1) THEN
       RAISE NOT_ON_USERPOWER;  //触发异常
    END IF;

    //异常处理方法
    EXCEPTION
    WHEN NOT_ON_USERPOWER THEN
      DBMS_OUTPUT.PUT_LINE('警告：你无权处理这些数据！！！')
    END
```

7.8.3　修改触发器

如果需要修改已创建的触发器，可以使用 ALTER TRIGGER 语句，其语法格式如下：

```
ALTER TRIGGER Trigger_name
    ON(Table | View)
    [WITH ENCRYPTION]
    {
     {{FOR | AFTER | INSTEAD OF}{[DELETE][,][UPDATE][,][INSERT]}
     AS
       SQL 子句[…n]
       }
    }
```

说明：有关 ALTER TRIGGER 语句所用参数的更多信息，请读者参见 CREATE TRIGGER 中的参数说明。

7.8.4　删除触发器

当不再需要某个触发器时，可以使用 DROP TRIGGER 语句将其删除。当触发器被删除时，它所基于的表和数据并不受影响。删除表将自动删除其上的所有触发器。其语法格式如下：

```
DROP TRIGGER {trigger}[,…n]
```

参数说明：

trigger 是要删除的触发器名称。触发器名称必须符合标识符规则，可以选择是否指定触发器所有者名称。若要查看当前创建的触发器列表，可以使用系统存储过程 sp_helptrigger。

7.8.5　触发器的使用限制

触发器可为用户带来很多便利，但是，用户在使用过程中必须注意以下限制：

（1）CREATE TRIGGER 必须是批处理中的第一条语句，并且只能应用到一个表中。

（2）触发器只能在当前数据库中创建，但触发器可以引用当前数据库的外部对象。

（3）如果指定触发器所有者名限定触发器，要以相同的方式限定表名。

（4）在同一条 CREATE TRIGGER 语句中，可以为多种操作（如 INSERT 和 UPDATE）定义相同的触发器操作。

（5）如果一个表的外键在 DELETE、UPDATE 操作上定义了级联，则不能在该表上定义 INSTEAD OF DELETE、INSTEAD OF UPDATE 触发器。

（6）在触发器内可以指定任意的 SET 语句，所选择的 SET 选项在触发器执行期间有效，并在触发器执行完后恢复到以前的设置。

（7）触发器不能返回任何结果，为了阻止从触发器返回结果，不要在触发器定义中包含 SELECT 语句或变量赋值。如果必须在触发器中进行变量赋值，则应该在触发器的开头使用 SET NOCOUNT 语句以避免返回任何结果集。

7.9　SQL 的访问控制

数据库中常常包含敏感信息，因此，系统必须确保只有通过鉴别有授权可访问数据库的用户才可以访问，且仅可以访问数据库中指定该用户可访问的信息。很多事务处理系统提供了广泛的鉴别和授权机制。鉴别位于访问之前，它可能以向数据库管理系统提供密码的方式出现，或者以一种更复杂的机制出现，包括一台分离的安全服务器。在任何情况下，一旦完成鉴别，则认为（正确的）用户与一个授权 ID（authorisation ID）相关联，然后才可以访问数据库。在 SQL 中，获得的授权 ID 代表一组权限。很多数据库用户可以有相同的授权 ID，他们拥有相同的权限。

7.9.1　授予权限

表或其他对象的创建者可以被认为拥有该对象及与之相关的所有权限。拥有者可以授予其他用户关于该对象的某些指定权限，用 GRANT 语句来定义。SQL 语言用 GRANT 语句将对指定操作对象的指定操作权限授予指定的用户。GRANT 语句的语法格式为：

```
GRANT<权限 1>[,<权限 2>][,…n]
    [ON<对象类型><对象名>]
    TO<用户 1>[,<用户 2>] [,…n]
    [WITH GRANT OPTION]
```

说明：

（1）SQL 中定义的供用户使用的权限如下。

- SELECT：允许对基本表或视图进行查询。
- INSERT：允许对基本表或视图插入新数据。
- UPDATE：允许对基本表或视图进行修改。
- DELETE：允许对基本表或视图进行删除。
- ALTER：允许对基本表的结构进行修改。
- INDEX：允许对基本表建立索引。
- REFERENCES：允许用户在定义新关系时引用其他关系的主键作为外键。
- CREATETAB：对数据库可以有建立表的权限。该权限属于 DBA（数据库管理员），可以由 DBA 授予普通用户，普通用户拥有此权限后可以建立基本表。
- ALL PRIVILEGES：给予在这个对象上可以赋予的所有权限。

（2）[WITH GRANT OPTION]是一个可选项，如果指定了这个子句，则获得某种权限的用户还可以把这种权限再授予其他的用户。

【示例 7.59】将对 Students 的所有操作权限赋予用户 User1 及 User2。

```
GRANT ALL PRIVILEGES
    ON TABLE Students
    TO User1, User2
```

【示例 7.60】将对 SC 的插入权限赋予用户 User1，并允许将此权限赋予其他用户。

```
GRANT INSERT
    ON TABLE SC
    TO User1 WITH GRANT OPTION
```

【示例 7.61】DBA 把数据库 StudentDB 中建立表的权限赋予用户 User1。

```
GRANT CREATETAB
    ON DATABASE Studentdb
    TO User1
```

7.9.2　取消权限

在大多数基于 SQL 的数据库中，通过使用 GRANT 语句对用户授予权限，使用 REVOKE 语句来取消用户拥有的权限。

REVOKE 语句有和 GRANT 语句相似的结构，对于来自一个或多个用户标识的特定的数据库目标，REVOKE 语句详细地指定了一组要被取消的权限，REVOKE 语句可以取消先前授予用户的所有或者部分权限。

取消权限语句的语法格式为：

```
REVOKE <权限 1>[, <权限 2>]…
    [ON<对象类型><对象名>]
    FROM<用户>[, <用户>]…
```

【示例 7.62】取消用户 User1 及 User2 对 Students 的所有操作权限。

```
REVOKE ALL PRIVILEGES
   ON TABLE Students
   FROM User1, User2
```

【示例 7.63】取消用户 User1 对 SC 的插入权限。

```
REVOKE INSERT
   ON TABLE SC
   TO User1
```

需要注意的是，当用 GRANT OPTION 授予权限，随后又取消了这些权限的时候，大多数数据库管理系统产品将会自动地取消从最初授予的权限处所获得的所有权限。在一个不同的数据库管理系统产品中，GRANT 语句和 REVOKE 语句的时间顺序不仅局限于权限本身，而且决定着 REVOKE 语句将会逐级影响的程度。另外，使用了 GRANT OPTION 的授予权限和取消权限操作必须很小心地处理，以确保得到想要的结果。

【示例 7.64】取消所有用户对 Students 的所有查询插入权限。

```
REVOKE SELECT
   ON TABLE Students
   TO PUBLIC
```

7.9.3　视图机制与 SQL 安全

除了 SQL 权限提供的对表的访问限制外，视图在 SQL 安全中也起着重要的作用。视图机制把需要保密的数据对无权存取这些数据的用户隐藏起来，从而自动地对数据提供一定程度的安全保护。通过精心地定义视图，授予用户访问视图的权限而不是访问视图源表的权限，能够有效地限制用户仅能访问被选定的字段和记录。在实际应用中，通常把视图机制与授权机制配合使用，首先用视图机制屏蔽掉一些保密数据，然后在视图上再进一步定义其存取权限，这样，视图提供了一种非常精确地控制什么数据对哪些用户可见的方法。

【示例 7.65】用户 User1 只能查询 Orders 表中顾客 C005 的订购信息。
（1）建立视图：

```
CREATE VIEW VIEW_Orders
   AS
   SELECT * FROM Orders
      WHERE Cid = 'C005'
```

（2）对视图定义存取权限：

```
GRANT SELECT
   ON VIEW VIEW_Orders TO User1
```

第 8 章　分布式数据库

随着传统的数据库技术日趋成熟，计算机网络技术的飞速发展和应用范围的不断扩展，地理上分散的公司、团体和组织对数据库产生了更为广泛的应用需求，数据库技术与网络技术相互渗透、有机结合、不断发展，这样就形成了分布式数据库系统（Distributed Database System）。

8.1　分布式数据库系统的概念

8.1.1　分布式数据库系统的定义

分布式数据库为实现数据库管理领域的分布式计算带来了诸多便利。分布式计算系统（Distributed Computing System）是一种计算机硬件的配置方式和相应的功能配置方式。它是一种多处理器的计算机系统，各处理器通过互连网络构成统一的系统。该系统采用分布式计算结构，即把原来系统内中央处理器处理的任务分散给相应的处理器，实现不同功能的各个处理器相互协调，共享系统的外设与软件。这样加快了系统的处理速度，简化了主机的逻辑结构，特别适合于工业生产线自动控制和企事业单位的管理，成本低，易于维护，成为计算机在应用领域发展的一个重要方向。分布式计算机系统又简称为分布式系统。

分布式数据库可以定义为分布于计算机网络上的、逻辑上相互联系的多个数据库的集合。网络上每个地点的数据库都有自治能力，能够完成局部应用。同时，每个地点的数据库又属于整个系统，通过网络也可以完成全局应用。分布式数据库管理系统可以定义为管理分布式数据库系统的软件系统，并使得分布对于用户透明。

对数据库用户而言，一个分布式数据库系统看起来就像一个集中式数据库系统，用户可以在任何站点执行全局应用。

在分布式数据库系统中，每一个拥有集中式数据库的计算机系统称为一个结点（Node）。图 8-1 显示了一个分布式数据库系统。

图 8-1 所示的是一个分布在北京、成都、中国香港 3 地的一个商业培训公司，总公司设在北京，两个分公司分别设在成都和中国香港，总公司和分公司都有自己的服务器，每台服务器有自己的数据库系统。

3 台服务器之间通过网络相连，每台服务器都有自己的客户机。用户可以通过客户机对本地服务器中的数据库执行某些操作。如成都分公司的学生可以通过本地数据库查询考试成绩、图书馆图书情况等，也可以通过客户机对北京、中国香港的数据库执行某些操作（称为全局应用或分布应用），如查询其他分公司图书馆的图书情况、阅读电子图书等。对分布式数据库系统的定义可从以下 5 个方面进行理解。

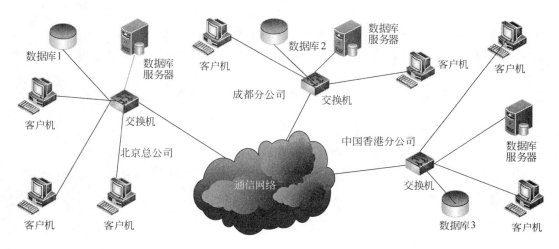

图 8-1　分布式数据库系统示例

（1）数据在物理上的分布性：数据的物理分布说明分布式数据库将数据分散地存放在计算机网络的不同结点上。不同的结点可以相距很远（用广域网连接），也可以在一栋大楼内（用局域网连接），这是分布式数据库系统与集中式数据库系统的最大差别之一。

（2）数据具有逻辑的统一性：分布在不同结点上的数据相互间由约束规则加以限定，在逻辑上是相关的，分布式数据库系统利用数据的逻辑相关性使网络上不同结点数据库的数据有机地集成为一个整体，即不同结点上的数据库从集合逻辑上可以看作是一个数据库。每个结点都可以执行全局应用，通过网络通信子系统在多个结点上存取数据，这一点又将分布式数据库与驻留在计算机网络上各结点的本地数据库及文件区别开来。

（3）数据在每个结点具有独立处理能力：网络中的各结点上的数据由本地的数据库管理系统管理，每个结点具有独立自治的处理能力，可以执行本地的局部应用，并对局部数据库独立地进行管理，这是分布式数据库系统与多处理机系统的区别。图 8-2 所示的是一

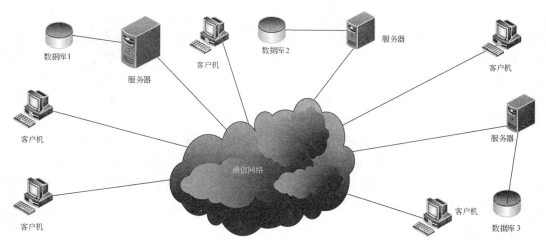

图 8-2　多处理机系统示例

个多处理机系统示例，这个系统中配置的 3 个数据库通过后台服务器与网络相连。服务器执行数据库管理功能，所有的应用都由客户机处理。这样的系统不是分布式系统，其主要原因是没有局部应用，每个后台服务器不能执行自己的局部应用。

（4）分布式数据库不仅要求数据的物理分布，而且要求这种分布是面向处理或面向应用的。

（5）分布式数据库中的数据由分布式数据库系统统一管理。

8.1.2　分布式数据库系统的特点

分布式数据库系统是在集中式数据库系统技术的基础上发展起来的，是分散与集中的统一，兼有二者共同的特性。

1．数据独立性

在数据独立性方面，分布式数据库系统与集中式数据库系统相比，除了具有数据的逻辑独立性与物理独立性外，还具有数据分布独立性，即分布透明性。分布透明性指用户不必关心数据的逻辑分片（分片透明性），不必关心数据物理位置分布的细节（位置透明性），也不必关心重复副本的一致性问题（重复副本透明性），同时也不必关心局部结点上数据库支持哪种数据模型（系统透明性）。

如果在分布式数据库中实现了上述全部的透明性，则用户使用分布式数据库就像使用集中式数据库一样。从应用的角度看，数据库系统提供完全的分布透明性是最重要的，然而其实现却是十分困难和复杂的过程。

在集中式数据库系统中，数据独立性是通过系统的三级模式和系统之间的二级映像实现的。在分布式数据库系统中，分布透明性则是由于引入了新的模式和模式间的映像得到的。

2．集中和自治相结合的控制机制

在分布式数据库系统中，数据的共享分为两个层次。其中，局部共享是指分布式数据库系统允许用户使用本地的局部数据库，局部结点上存储该结点上用户之间的共享数据，在本地用户之间共享这些数据，这种应用为局部应用，其用户为局部用户。局部用户所使用的数据可以不参与到全局数据库中，这种局部用户独立于全局用户。全局共享是指各结点或结点的局部数据库在逻辑上集成为一个整体，分布式数据库系统中各个结点存储的供其他结点用户使用的共享数据支持全局的应用，这种应用称为全局应用，其用户为全局用户。

因此，分布式的控制机构具有集中和自治两个层次，采用集中和自治相结合的控制机构，各局部的数据库管理系统可以独立地管理局部数据库，具有自治的功能，每个局部数据库管理员（DBA）具有高度的自主权。同时系统中又设置有全局集中控制机制对各个独立的数据库进行协调，执行全局应用。

3．可控冗余

在集中式数据库中，尽量减少数据冗余度是数据库设计的重要目标。这种要求不仅可降低存储代价，而且可提高查询效率，便于对数据一致性的维护。对分布式数据库来说，由于数据存储的分散性，各结点通过网络传输数据，与集中式数据库相比，查询响应的传输代价增加了。因此在分布式数据库系统中适当地增加冗余数据，即在不同的结点存储同一数据的多个副本，这样可以提高系统的可靠性、可用性和查询效率。当某一结点出现故障时，系统可以在有相同副本的另一结点上进行操作，而不至于因一处故障造成整个系统瘫痪。系统可以选择最近的数据副本进行操作，从而减少传输代价，提高系统性能。另外，由于数据库可用副本的存在，相应地也提高了分布式数据库系统的自治性。

数据冗余会带来数据冗余副本之间的不一致问题，这是分布式数据库系统无法回避必须着力解决的问题。增加数据冗余度一方面方便了检索，提高了系统的查询速度、可用性与可靠性；另一方面，由于数据冗余，给数据更新带来了新的开销，增添了系统维护的代价。

4．事务管理的分布性

分布式数据库系统由于数据的分布使得事务具有分布性，即把一个事务划分成在许多结点上执行的子事务（局部事务）。因此，分布式事务比集中式事务处理起来更加复杂，管理起来更加困难。

分布式数据库系统中的各局部数据库都应像集中式数据库那样具备一致性、并发事务的可串行性和可恢复性。除此之外，还应保证数据库的全局一致性、全局并发事务的可串行性和系统的全局可恢复性。

5．存取效率

在分布式数据库系统中，全局查询被分解成等效的子查询。即将一个涉及多个数据服务器的全局查询转换成为多个仅涉及一个数据服务器的子查询。

需要注意的是，这里的全局查询和子查询均是由全局查询表示的。查询分解完成后，再进行查询转换处理。全局查询执行计划是根据系统的全局优化策略产生的，而子查询计划又是在各结点上分布执行的。分布式的数据库系统的查询处理通常分为查询分解、数据本地化、全局优化和局部优化 4 个部分。其中，查询分解是将查询问题转换成为一个定义在全局关系上的关系代数表达式，然后进行规范化、分析，删除冗余和重写；数据本地化是将在全局关系上的关系代数式转换到相应段上的关系表达式，产生查询树；全局优化是使用各种优化算法和策略对查询树进行全局优化，不同的算法和策略能够造成不同的优化结果，因此算法的选取和策略的应用非常重要；局部优化是分解完成后要进行组装，局部优化指在组装场地进行的本地优化。

8.1.3　分布式数据库系统的分类

1．按局部数据库管理系统的数据模型分类

根据构成各个结点中的局部数据库的数据库管理系统及其数据模型，可将分布式数据库分为两大类，即同构型分布式数据库系统、异构型分布式数据库系统。

1）同构型（homogeneous）分布式数据库系统

同构型分布式数据库系统指各个场地上的数据库的数据模型都是同一类型的（例如都

是关系型）。尽管是具有相同类型的数据模型，但数据库管理系统是不同公司的产品，那么分布式数据库系统的性质也是不相同的。同构型分布式数据库系统又可分为下面两种。

（1）同构同质型分布式数据库系统：指各个结点都采用同一类型的数据模型，并且都采用相同的数据库管理系统产品。

（2）同构异质型分布式数据库系统：指各个结点都采用同一类型的数据模型，但采用了不同的数据库管理系统产品（例如，分别采用虚谷、达梦、DB2 等）。

2）异构型（heterogeneous）分布式数据库系统

异构型分布式数据库系统指各个结点采用了不同类型的数据模型、不同类型的数据库管理系统产品，由于此种方案需要实现不同数据模型之间的转换，执行起来要复杂得多。

2．按功能分类

功能分类法是由 R.Peele 和 E.Manning 根据分布式数据库系统的功能及相应的配置策略提出的，他们将分布式数据库系统分为综合型体系结构和联合型体系结构两类。其中，综合型体系结构是指在设计一个全新的分布式数据库系统时，设计人员可综合权衡用户需求，采用自顶向下的设计方法设计一个完整的分布式数据库系统，然后把系统的功能按照一定的策略分别配置在一个分布式环境中；联合型体系结构是指在原有的数据库管理系统基础上建立分布式数据库系统，分布式数据库系统按照使用的不同又可分为同构型分布式数据库系统和异构型分布式数据库系统。

3．按分布式数据库控制系统的类型分类

按分布式数据库控制系统的类型进行分类，分布式数据库系统可分为集中型、分散型和集中与分散共用结合型分布式数据库系统 3 类。其中，如果分布式数据库系统中的全局控制信息位于一个中心结点，称为集中型分布式数据库系统。这种控制方式有助于保持信息的一致性。但容易产生瓶颈问题，且一旦中心结点失效，那么整个系统将会崩溃。如果在每一个结点上都包含全局控制信息的一个副本，则称为分散型分布式数据库系统。这种系统的可用性好，但保持信息的一致性较困难，需要复杂的设施。在集中与分散共用结合型分布式数据库系统中，将结点分成两组，一组结点包含全局控制信息副本，称为主结点；另一组结点不包含全局控制信息副本，称为辅结点。若主结点数目等于 1，称为集中型；若全部结点都是主结点，称为分散型。

4．按层次分类

层次分类法是由 S.Deen 提出的，按层次结构将分布式数据库系统的体系结构分为单层（SL）和多层（ML）两类。

8.1.4　分布式数据库系统的特色功能

分布导致了系统设计和实现中复杂性的增加。为了获得既定的分布式数据库系统潜在的优势，分布式数据库系统软件必须能够提供以下集中式数据库管理系统功能之外的附加功能。

1．数据跟踪

通过扩展分布式数据库系统目录来跟踪数据分布、分片和复制。

2．分布式查询处理

通过通信网络存取远程站点中的数据以及在不同站点间传输请求和数据。

3．分布式事务管理

能从多个站点存取数据，以及维护整个数据库的完整性保持同步。

4．复制数据的管理

能够确定存取复制数据项的哪个副本，以及维护复制数据项副本的一致性。

5．分布式数据库恢复

能够把数据库从单个站点的故障（例如通信链路故障）中恢复数据。

6．安全性

分布式事务的执行必须有适当的数据安全性管理以及用户授权/存取权限等。

7．分布式目录管理

目录包含了数据库中有关数据的信息（元数据），它对于整个分布式数据库来说是全局的，对于每个站点来说又是局部的。目录的布局和分布是设计和策略的一个重要问题。

相对于集中式数据库管理系统而言，上述这些功能增加了分布式数据库系统的复杂性。完全实现所有这些附加功能是很难的，而要找到最优的解决方案更增加了实现的难度。

8.2　分布式数据库系统的体系结构

8.2.1　分布式数据库系统的模式结构

分布式数据库是多层模式结构，对于层次的划分目前尚无统一标准。国内业界一般把分布式数据库系统的模式结构划分为全局外层（全局外模式）、全局概念层（全局概念模式、分片模式、分配模式）、局部概念层（局部概念模式）、局部内层（局部内模式）4层。在各层间还有相应的层次映像。

分布式数据库系统模式结构从整体上分为两大部分：上半部分是分布式数据库系统增加的模式级别，下半部分是集中式数据库系统的模式结构，代表各结点上局部数据库系统的基本结构。

1. 全局外模式

全局外模式代表了用户的观点，是分布式数据库系统全局应用的用户视图，是对用户所用的部分数据逻辑结构和特征的描述，是全局模式的子集。

2. 全局概念模式

全局概念模式定义了分布式数据库系统中全局数据的逻辑结构，是分布式数据库的全局概念视图。与集中式数据库概念视图的定义相似，定义全局模式所用的数据模型以便于向其他层次的模式映像，一般用定义关系模型的方法定义全局概念模式。这样，全局概念模式由一组全局关系的定义组成。

3. 分片模式

分片模式描述全局数据的逻辑划分视图，是全局数据逻辑结构根据某种条件的划分，每一个逻辑划分即是一个片段或称分片。分片模式描述了分片的定义，以及全局概念模式到分片的映像。这种映像是一对多的，即一个全局概念模式有多个分片模式相对应。

4. 分配模式

分配模式描述局部逻辑的局部物理结构，是划分后的片段的物理分配视图。分配模式定义了各个片段到结点间的映像，即分配模式定义片段存放的结点。对关系模型而言定义了子关系的物理片段。在分配模式中规定的映像类型确定了分布式数据库系统数据的冗余情况，若映像为 $1:1$，则是非冗余型；若映像为 $1:n$，则允许数据冗余（多副本），即一个片段可分配到多个结点上存放。

5. 局部概念模式

局部概念模式是全局概念模式被分段和分配在局部结点上的局部概念模式及其映像的定义，是全局概念模式的子集。当全局数据模型与局部数据模型不同时，局部概念模式还应包括数据模型转换的描述。

如果 DDBS 除支持全局应用外还支持局部应用，则局部概念模式层应包括由局部 DBA 定义的局部外模式和局部概念模式，通常有别于全局概念模式的子集。

6. 局部内模式

局部内模式是 DDBS 中关于物理数据库的描述。

7. 映像

上述各层模式之间的联系和转换是由各层模式间的映像实现的。在分布式数据库系统中除保留集中式数据库中的局部外部模式/局部概念模式映像、局部概念模式/局部内部模式映像外，还包括下列几种映像。

（1）映像 1：定义全局外模式与全局概念模式之间的对应关系。当全局概念模式改变时，只需由数据库管理员修改该映像，而全局外模式可以保持不变。

（2）映像 2：定义全局概念模式和分片模式之间的对应关系。由于一个全局关系可对应多个片段，因此该映像是一对多的。

（3）映像 3：定义分片模式与分配模式之间的对应关系，即定义片段与结点之间的对应关系。

（4）映像 4：定义分配模式和局部概念模式之间的对应关系，即定义存储在局部结点的全局关系或其片段与各局部概念模式之间的对应关系。

分布式数据库系统中增加的这些模式和映像使分布式数据库系统具有了分布透明性，图 8-3 给出了分布式数据库的模式结构。

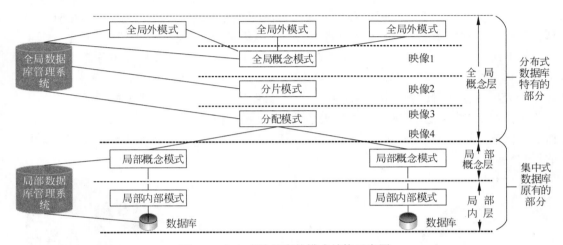

图 8-3　分布式数据库的模式结构示意图

8.2.2　分布式数据库管理系统的组成

分布式数据管理系统是管理和维护分布式数据的一个软件系统。分布式数据库管理系统有本地数据库管理系统、数据连接、全局系统目录和分布式数据库管理系统 4 个组件。

1．本地数据库管理系统组件

数据库管理系统组件是一个标准的数据库管理系统，负责管理本结点数据库中的数据。它有自己的系统目录表，其中存储的是本结点上数据的总体信息。

2．数据连接组件

数据连接组件是一个能让所有结点与其他结点相连接的软件，它包含了结点及其连接的信息。

3．全局系统目录组件

全局系统目录表除了集中式数据库的数据目录（数据字典）内容外，还包含了数据分布的信息，如分片、复制和分布模式。它本身可以像关系一样被分片和复制分配到各个结点。

4．分布式数据库管理系统组件

分布式数据库管理系统组件是整个系统的控制中心，它主要负责执行全局事务，协调局部的数据库管理系统以完成全局应用，保证数据库的全局一致性。

8.2.3 网络应用程序

1．客户/服务器应用程序

当基于关系型数据库管理系统第一次部署在小型机系统上的时候，数据库和应用程序体系结构是非常简单的，即所有的处理过程，从屏幕显示（表达）到计算，从数据处理（商业逻辑）到数据库访问都在小型机的 CPU 上进行。强大的个人计算机和服务器平台的出现推动了体系结构的重要改变，最初的客户/服务器结构如图 8-4 所示，许多基于 PC 的应用程序今天仍然在使用这种结构。SQL 在客户服务器语言方面扮演了重要的角色，请求从应用逻辑（在 PC 上）送到用 SQL 语句表达的关系型数据库管理系统（在服务器上）上，然后通过网络，以 SQL 完成状态代码（为数据库更新）或者 SQL 查询结果（为信息请求）的形式返回应答。

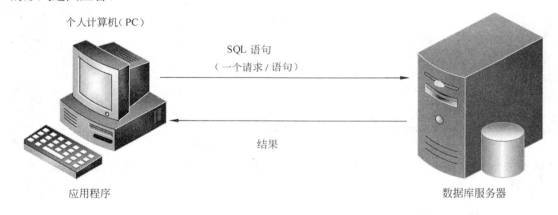

图 8-4　客户/服务器应用程序体系结构

2．具有存储过程的客户/服务器应用程序

一个应用程序能够被切分在两个或多个网络计算机系统上，如图 8-5 所示，切开后的两部分或多部分应用程序必须解决接口问题。通过该接口的每一次交互都将产生网络流量，同时经过网络也将会有较大的延迟，因为传输部分总是整个系统中最慢的部分（因为不仅受数据传输带宽的影响，而且数据传送必须开销时间）。图 8-4 所示的结构通过网络的每一次数据库访问（也就是说，每一条 SQL 语句）至少产生一次信息的往返。

在一个联机事务处理系统（On-Line Transaction Processing，OLTP）应用程序中，典型的事务可能需要 12 条单独的 SQL 语句。例如在简单的应用中，为取得一个客户对单个产品的订单，订单处理程序可能如下：

（1）以客户的名字为基础检索客户编号（单行 SELECT）。

（2）检索客户信用限额，以验证信用可信度（单行 SELECT）。

（3）检索产品信息，比如价格和现货量（单行 SELECT）。

（4）在订单表中为新的订单增加一行（INSERT）。

（5）更新产品信息，以反映减少的现货量（UPDATE）。

（6）更新客户信用限额，减少可用的信用额度（UPDATE）。

（7）提交整个事务（COMMIT）。

在应用程序和数据库之间共有 7 次往返。在一个真实的应用程序中，数据库访问量可能是这个数量的两倍或三倍。随着事务量的增长，网络流量变得非常重要。

数据库存储过程提供了一个可选择的体系结构，能够明显地减少网络流量，如图 8-5 所示。数据库的存储过程将步骤序列和执行与事务相关的数据库操作所需的决策逻辑合并。基本上，先前驻留在应用程序中的部分商业逻辑已经通过网络移到数据库服务器。不用向数据库管理系统发送单独的 SQL 语句，而是应用程序调用存储过程，传递客户姓名、预定的产品和需要的数量。如果一切顺利，存储过程成功返回。如果产生了问题（比如产品缺乏或者客户信用问题），将会返回出错代码和消息。通过使用存储过程，网络流量减少到一个单个的客户/服务器之间的交互。

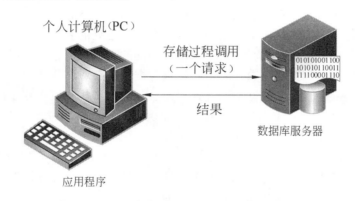

图 8-5　具有存储过程的客户/服务器应用程序

使用存储过程还有许多优势，特别是减少网络流量是其中最为重要的一个优势。当第一次提出 Sybase SQL Server，并且将 Sybase 定位成一个专门用于高性能联机事务处理系统的数据库管理系统时，一个重要的卖点优势体现出来。随着存储过程的不断普及，现在每个主要的企业数据库管理系统都提供了这种功能。

3．企业应用程序和数据高速缓存

随着人们对数据库技术的认识，关系型数据库的市场不断扩大，从小、中型企业到大型企业的绝大多数应用程序都采用关系型数据库作为支撑。例如大型企业资源计划（ERP）、供应连锁管理（SCM）、人力资源管理（HRM）、客户关系管理（CRM）以及财务管理等。这些大规模的应用程序一般运行在大型的基于 UNIX 的服务器系统上，并且要求关系型数据库管理系统能处理较繁重的工作量。为了隔离应用程序和关系型数据库管理系统的处理过程，将更多的处理权力放到了应用程序中，通常使用如图 8-6 所示的三层结构。

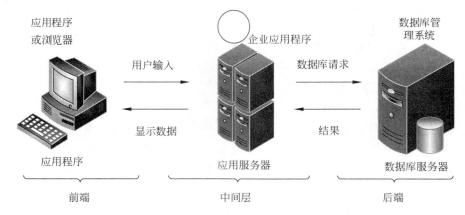

图 8-6   企业范围应用程序的三层结构

为了获得较好的性能，所有数据密集型的企业应用程序均使用高速缓存技术将数据移到数据库服务器之外，更靠近应用程序。在大多数情况下，应用程序使用相对原始的高速缓存技术。例如，一旦获取订单或派工单、材料单，就把它装入应用程序的主存数据表中。通过消除对产品结构繁重的重复查询，使程序显著提高了性能。

随着网络的普及，人们对应用程序的交互性提出了更高的要求，企业应用程序销售商开始使用更复杂的高速缓存技术。在与应用程序相同的系统上，他们可以将最频繁访问的数据（热数据）备份到一张复制数据库表中，该数据库表与应用程序本身处于同一系统。主存数据库甚至提供了一个更高性能的选择，而且正应用于相对较小容量的热数据（几十到几百兆字节）中。随着 64 位操作系统结构的出现和内存价格的持续下跌，高速缓存大量的数据（几千兆到几十千兆）正变得越来越实际。

由于新的商业需求的出现，先进的高速缓存和复制技术将会变得更加重要。一些领先的制造型企业希望能实时地进行规划，即新到的客户订单和变化能立即对产品规划产生影响。他们希望提供更用户化的产品，通过更多的配置信息来更贴近客户的需求。这些趋势和类似的趋势将继续提高数据库访问的容量和复杂度。

4. 大容量互联网数据管理

随着电子商务的快速发展，大容量 Internet 应用程序正推动网络数据库体系结构向数据高速缓存和复制技术发展。例如，财务服务公司通过提供越来越多的高级实时股票报告和分析功能为在线经纪人客户提供竞争依据。支持这种应用程序的数据管理涉及实时数据的流入（为了确保数据库中的价格和容量信息是最新的）和每秒成千上万个事务的高峰工作量的数据库查询。在管理和监控大容量 Internet 网站的应用程序中也有类似的容量需求。对网络网站进行个性化（决定随时显示何种标题广告、何种产品的特性等）及对这种个性化的有效性进行衡量推动了高速加载数据访问和数据捕获速率的发展。

为了满足高速加载的 Internet 容量需求，Web 应用展示出其结构的有效性，即通过网络网站进行高速缓存。访问量大的网页备份可拖到网络中，并进行复制。这样，不仅增加了服务网页的整个网络容量，而且有效减少了点击这些网页所产生的网络流量。类似的结构开始在大容量 Internet 数据库管理中出现，如图 8-7 所示。在这种情况下，通过 Internet 信息服务应用程序对热数据进行高速缓存（比如最近的新闻和金融信息），把这些数据放到一个主存数据库中。当然，在主存数据库中也存储汇总的用户概况信息，这有利于在用户访问网络网站时个性化用户经历。

正如图 8-7 所示，处理高性能数据管理的方法正开始参照那些已经为高性能网页管理建立的方法。然而，由于数据库的一致性和完整性等问题，使许多问题变得更加复杂。目前，出现的技术大多非常类似，如复制、大容量读访问、驻留内存数据库及高容错性体系结构，等等。这些需求将随着 Internet 流量和个性化趋势的不断增加而增长，从而导致更先进的网络数据库体系结构的出现。

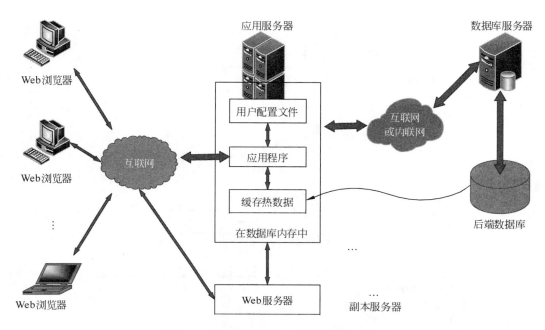

图 8-7　高性能数据管理分阶段数据示意图

8.3　分布式数据库的数据分片、复制和分配技术

为达成分布式数据库的目的，分布式数据库管理系统需要将数据库分割成逻辑单元，并把各个片段分配到不同结点上进行存储。另外，还要通过数据复制技术把某些数据存储在多个结点中，以及将片段或片段的副本分配在不同结点上进行存储。有关数据分片、分配和复制的信息存储在全局目录（global directory）中，这样分布式数据库系统就可以在需要时访问这些全局目录。

8.3.1　数据分片和分配

一般来说，数据库的繁忙体现在不同的用户需要访问数据集中的不同部分。在这种情况下，我们把数据的各个部分存放于不同的服务器中，以实现横向扩展。在确定如何分布数据之前，必须确定要被分布的数据库的逻辑单元。最简单的逻辑单元是关系本身，也就是说，整个关系被存储在一个特定的结点中。在本例中，必须选出一个结点存储图 8-8（a）中 EMPLOYEE、DEPARTMENT、PROJECT、WORKS_ON 和 DEPENDENT 中的每一个关系。然而在很多情况下，为了分布，一个关系被分割成了更小的逻辑单位。例如，考虑图 8-8（b）所示的学校数据库，并且假设有 3 个计算机结点，每个结点代表学校的一个部门。

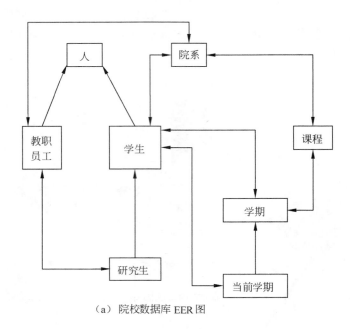

（a）院校数据库 EER 图

```
Class PERSON
( extent          PERSONS
  key             SSn)
{
  attribute       struct Pname {      string   Fname,
                                      string   Mname,
                                      string   Lname   }   Name;
  attribute       string                               SSn;
  attribute       date                                 Birth date;
  attribute       enum Gender (M,F)                    Sex;
  attribute       struct address {    short   No,
                                      string  Street,
                                      short   Apt_No,
                                      string  City,
                                      string  State,
                                      short   Zip      }   Address;
  short           Age ();
};
```

（b）院校数据库可能的 ODL 模式

图 8-8   学校的关系结构示意图

我们想在每个部门的计算机结点上存储与该部门有关的数据库信息，可以使用一种被称为水平分片的技术按部门划分每个关系。

1．水平分片

一个关系中的水平片段（horizontal fragment）是该关系中记录的一个子集。关系中的记录被按一个或多个属性的特定条件划分成水平片段，通常只涉及单个的属性。例如，图 8-8（b）中的 EMPLOYEE 关系定义 3 个水平片段，赋予条件 Dno=5、Dno=4 和 Dno=1，每个片段包含了为特定部门工作的 EMPLOYEE 记录。类似地，为 PROJECT 关系定义 3 个水平片段，赋予条件 Dnum=5、Dnum=4 和 Dnum=1，每个片段包含了被某个特定部门所控制的 PROJECT 记录。水平分片将一个关系水平地进行分组，以创建记录的子集，每个子集都有特定的逻辑含义。然后这些片段被分配到分布式数据库系统中的不同结点上。导出水平分片（derived horizontal fragmentation）将对基本关系（例如示例中的 DEPARTMENT）的分片借助于其他辅助关系（例如示例中的 EMPLOYEE 和 PROJECT）中的属性，这些辅助关系与基本关系通过外码进行联系。这样，在基本关系和辅助关系之间的相关数据以相同的方式被分片。

2．垂直分片

每个结点也许不需要一个关系的所有属性，这就表明需要不同的分片类型。垂直分片将一个关系以字段为单位"垂直地"分割。关系的垂直片段（vertical fragment）只保留关系的某些属性。例如，把关系 EMPLOYEE 分成两个垂直的片段，第一个片段包含个人信息 Name、Bdate、Address 和 Sex，第二个片段包含与工作有关的信息 Ssn、Salary、Super_ssn、Dno。这样的垂直分片不是完全合适的，因为如果两个片段被分开存储，由于在两个片段之间没有共同的属性，不能将原来的雇员记录重新放到一起。这样，有必要在每一个垂直片段中包含主码或一些候选码属性，以便可以从这些片段中重构完整的关系。因此，必须把 Ssn 属性加到个人信息片段中。

需要注意的是，关系 R 上的每一个水平分片可以通过关系代数中的 $\sigma_{C_i}(R)$ 操作符确定。一组条件为 $C_1, C_2, \cdots C_n$ 的水平分片集合包含了 R 中的所有记录，也就是说，R 中满足 $(C_1 \mathrm{OR} C_2 \mathrm{OR} \cdots \mathrm{OR} C_n)$ 的每个记录被称为 R 的完备水平分片（complete horizontal fragmentation）。在许多情况下，一组完备水平分片是不相交的（disjoint）。因为对于任何 $i \neq j$ 来说，R 中的记录没有满足 $(C_i \mathrm{AND} C_j)$ 的。前面对 EMPLOYEE 关系和 PROJECT 关系进行水平分片的两个示例都是完备的且是不相交的。为了从这些完备水平分片重构关系 R，需要在这些片段上使用 UNION 操作。

关系 R 上的垂直片段可以通过关系代数中的 $\pi_{L_i}(R)$ 操作来指定。如果垂直片段集合的投影列表 $L_1, L_2, \cdots, L_n$ 包括了 R 中的所有属性，但只有 R 的主码属性是共享的，那么这个垂直片段集合被称为完备垂直分片（complete vertical fragmentation）。在这种情况下，投影列表满足以下两个条件：

- $L_1 \cup L_2 \cup \cdots \cup L_n = \mathrm{ATTRS}(R)$。
- 对于任何 $i \neq j$，$L_i \cap L_j = \mathrm{PK}(R)$，其中 $\mathrm{ATTRS}(R)$ 是 R 的属性的集合，而 $\mathrm{PK}(R)$ 是 R

的主码。

为了从一个完备垂直分片中重构关系 R，需要在垂直片段（假设没有采用水平分片）上应用 OUTER UNION 操作。需要注意的是，对于完备垂直分片，甚至在已经应用了一些水平分片的时候再应用 FULL OUTER JOIN 也可获得相同的结果。具有投影列 L_1={Ssn,Name,Bdate,Address,Sex} 和 L_2={Ssn,Salary,Super_ssn,Don} 的 EMPLOYEE 关系的两个垂直分片，构成了 EMPLOYEE 的一个完备垂直分片。

3．混合分片

用户可以将水平和垂直两种类型分片相结合，生成混合分片（mixed fragmentation）。例如，可连接先前给出的 EMPLOYMEE 关系的水平和垂直分片，将它们组合成包含 6 个片段的混合分片。在这种情况下，可以以适当的顺序使用 UNION 和 OUTER UNION（或 OUTER JOIN）操作来重构原来的关系。总之，关系 R 的片段可以被操作($\pi_L(\sigma_C(R))$)的 SELECT-PROJECT 组合来指定。如果 C=TRUE（即所有记录都被选中）且 $L \ne$ ATTRS(R)，则可以得到一个垂直片段，如果 $C \ne$ TRUE 且 L=ATTRS(R)，则可以得到一个水平片段。最后，如果 $C \ne$ TRUE 且 $L \ne$ ATTRS(R)，可以得到一个混合片段。注意，关系自身可以被看作是一个 C=TRUE 且 L=ATTRS(R)的片段。

数据库的分片模式（fragmentation schema）是对片段集合的定义，这些片段包括数据库中的所有属性和记录，并且满足整个数据库可以通过应用 OUTER UNION（或 OUTER JOIN）和 UNION 操作的某个序列来重构。这种分片模式尽管不是必要的，但有时也是很有用的。除非在垂直（或混合）片段中重复存储主码，否则它使得所有片段都互不相交。对于后面一种情况，所有片段的复制和分布显然将在后续阶段指定，并与片段相分离。

分配模式（allocation schema）描述了在分布式数据库系统结点中片段的分配情况，因此它是每个片段在其指定存储结点上的映射。如果一个片段存储在多个结点上，则称它是被复制的。

分片对提升数据库系统的性能非常有用，因为它可以同时提升读取与写入的效率。使用"复制"技术，尤其是带缓存的复制，可以极大地改善读取性能，但对于那种需要频繁执行写入操作的应用程序却帮助不大，而分片提供了一种可以横向扩展写入能力的方式。

8.3.2　数据复制

1．单一服务器

在多数情况下，推荐使用最简单的分布形式——不分布形式。也就是说，将数据库放在一台计算机中，让它处理对数据存储的读取与写入操作。这种方式最大的优势是它不用考虑使用其他方案时所需应对的复杂事务，这对数据操作管理者与应用程序开发而言，所有都变得十分简单。

2．对等复制（peer-to-peer replicated）

复制对于增强数据的可用性是很有用的。最极端的情况是在分布式数据库系统中的每个结点上都复制整个数据库，没有主结点的概念，所有副本（replica）的地位都相同，都可以接受写入请求，这样可以显著地提高系统的可用性，因为只要至少有一个结点在运行，系统就可以继续运行（如图 8-9 所示）；而且丢失其中一个副本，并不影响整个数据库的访问；增加结点，就能轻易提升数据库系统的性能。这也改善了对全局查询的检索性能，因为这类查询的结果可以从任何一个结点本地获得。

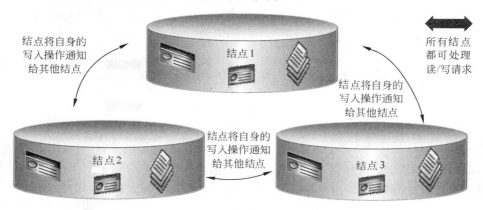

图 8-9　对等复制示意图

对等复制也称为全复制（fully replicated），这种数据库系统也称为全复制分布式数据库（fully replicated distributed database）系统。

对等复制的优势十分明显，同样其麻烦也十分突出，那就是数据的不一致性问题，并且随着结点的增加，会急剧地降低更新操作效率，因为为了保持副本的一致性，对单个副本的逻辑更新都必须在数据库的每个副本上执行同样的更新。如果存在很多数据库副本，系统效率降低尤其明显。全复制使并发控制和恢复技术比无复制情形需要更大的开销。

3. 无复制（non-replicated）

全复制是一种极端情况，与此相对应，另一个极端情况是无复制，即每个片段恰好只存储在一个结点上。在这种情况下，除了垂直（或混合）片段中有主码重复外，所有的片段都必须是不相交的，这也称为无冗余分配（nonredundant allocation）。

4. 主从复制（master-slave replicated）

在"主从式分布"（master-slave distribution）中，我们要把数据复制到多个结点上，其中有一个结点叫作主（master）结点，或主要（primary）结点。主结点存放权威数据，而且通常负责处理数据更新操作。其余结点都叫从（slave）结点，或次要（secondary）结点。复制操作要让从结点与主结点同步（如图 8-10 所示）。

在需要频繁读取数据集的情况下，主从复制最有助于提升数据访问性能。以新增更多从结点的方式进行水平扩展，就可以同时处理更多数据读取请求，并且能保证将所有请求都引导至从结点。然而，数据库仍受制于主结点处理更新，以及向从结点发布更新的能力。所以在写入操作特别频繁的场合，虽然将读取操作分流，可以稍微缓解写入操作的处理压力，但这样安排数据集的效果并不好。

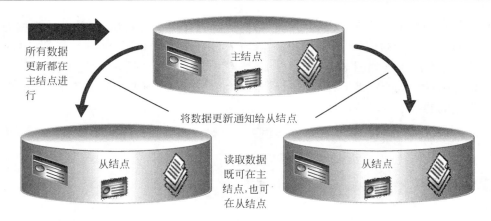

图 8-10　主从复制示意图

主从复制还可以增强"读取操作的故障恢复能力"（read resilience）：万一主结点出错了，那么从结点依然可以处理读取请求。这个优势也是要在数据读取操作占较高比重时才能体现。主结点出错之后，除非将其恢复，或另行指派新的主结点，否则数据库就无法处理写入操作了。然而，拥有内容与主结点相同的从结点，可以提高数据库的恢复速度，因为主结点出错之后，很快就能指派一个从结点作为新的主结点。

能够用新指派的从结点来代替出错的主结点，这意味着就算不需要横向扩展，主从复制也有用处。在主结点处理所有读/写操作的同时，从结点可以充当即时备份（hot kackup）。在此情况下，可将整个系统视为带有即时备份的单服务器存储（single-server）方案，这样理解起来非常容易。这种方案和单服务器方案一样方便，然而它更具有故障恢复能力，在需要处理服务器故障时，这么做尤为便利。

主结点可以手工指派，也可以自动选择。若想手工指派，那么一般需要自己来配置集群，将其中一个结点设为主结点。如果自动指派，那么就创建好结点集群，让它们自行选出主结点。采用自动指派方案不仅配置起来较为简单，而且当主结点出错时，集群可以自动指派新的主结点，以减少停机时间（downtime）。

为了使读取操作具备故障恢复能力，必须确保应用程序分别沿着不同的路径发出读取请求与写入请求，这样才能在处理写入路径的故障时保证读取操作不受影响。这就需要那种分别使用不同的数据库连接来处理读取与写入请求的机制，而提供数据库交互操作的程序库一般不支持此功能。与研发其他功能一样，我们必须用可靠的测试方法来验证：禁用写入功能后，读取操作依然可以照常执行。

复制技术在带给我们这些诱人好处的同时也带来了一个不可避免的缺陷，那就是数据的不一致性。如果数据更新还没有全部通知给从结点，那么不同的客户端就可能于不同的从结点中读出内容各异的值。在最坏的情况下，客户端甚至无法读出它刚刚写入的那个值。就算使用主从复制只是为了做即时备份，也必须考虑这个问题，因为一旦主结点出错，那么尚未更新到从结点的数据就会丢失。

5. 分片和复制结合模式

除了前面介绍的模式外，还可以采用将复制与分片相结合的策略，如同时使用主从复制与分片（如图 8-11 所示），这样整个数据库系统就会有多个主结点，但对于每个数据项来说，负责它的主结点只有一个。根据配置需要，同一个结点既可以做某些数据的主结点，也可以充当其他数据的从结点，此外，还可以指派全职的主结点或从结点。

图 8-11　主从复制与分片结合模式示例一

在采用对等复制方案时，可以用"3"作为复制因子（replication factor），也就是把每个分片数据放在 3 个结点中。一旦某个结点出错，那么它上面保存的那些分片数据会由其他结点重建（如图 8-12 所示）。

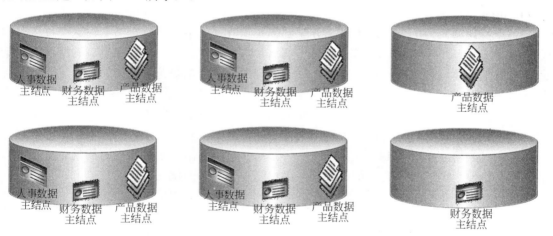

图 8-12　主从复制与分片结合模式示例二

6. 复制数据库的一致性

分布式数据库一般都使用数据复制，复制的原因有很多，例如系统可用性、性能、可扩展性、应用需求等。数据复制具有明显的优点，但要保持多份副本同步也极具挑战性。复制数据库的一致性需要考虑两个问题，一是相互一致性，即处理物理数据项的值和逻辑数据项的值的收敛问题；二是事务一致性。如果每个数据项的所有副本的值都是相同的，我们称为复制数据库处于相互一致（mutually consistent）状态，可以由副本之间进行同步的紧密程度的不同来区分不同的相互一致性条件。有些条件要求更新事务在提交的时候保持相互一致性，这些条件要求通常被称为强一致性（strong consistency）条件。另外的条件要求是更新事务在提交的时候不必一定保持相互一致性，相对比较宽松，这些条件要求被称为弱一致性（weak consistency）条件。

强一致性条件在更新事务结束执行的时候数据项的所有副本都具有相同的值。这可以由不同的方法来实现，但一般的方法是更新事务时使用两阶段提交。

弱一致性条件并不需要上述要求。这个条件只规定：如果更新操作已经结束了一段时间，那么副本的值会最终（eventually）变为相同的。也就是说，副本的值可能会随时间而变化，但最终会收敛，这通常称为最终一致性（eventual consistency）。

相互一致性指的是副本会收敛到同一个值，而事务一致性要求全局执行历史是可串行化的。一个有复制的数据库管理系统能够保证数据项在事务提交时的相互一致性，而事务的执行历史却有可能并不是全局可串行化的。

8.3.3　数据分配

在分布式数据库系统中每个片段副本的数量可以从一个到系统中所有结点的数目。在诸如销售人员、金融计划制定者、索赔调停者等移动工作的应用中，经常使用部分复制。那些移动工作的雇员需用便携式电脑和个人数字助理（PDA）随身携带着部分复制的数据库，并且与服务器的数据库保持阶段性的同步。片段复制的描述有时称为复制模式（replication schema）。

每个片段或片段的每个副本必须分配到分布式数据库系统的特定结点，这个过程称为数据分布（data distribution）或数据分配（data allocation）。结点选择和复制的程度取决于系统的性能和可用性目标，以及每个结点上提交事务的类型和频率。例如，如果要求高可用性且事务可在任何一个结点上提交，并且大部分事务只是执行检索，那么全复制数据库是一个合适的选择。然而，如果那些访问数据库特定部分的特定事务主要是在特定结点上提交，那么相应的片段集合应分配在那个特定的结点上。对于要被多个结点访问的数据，应该在那些结点上都被复制。如果要执行许多更新，则有限的复制是很有用的。对于分布式数据的分配，寻找一个最佳的、有效的方案是一个复杂的优化问题。

第 9 章　NoSQL 型数据库的一致性与事务

"事务"也有其局限性，在"事务系统"中，依然会有那种需要人工干预的更新操作，而且有些更新操作通常无法封装在一个"事务"内，因为那会导致"事务"的打开时间过长。不同的应用环境，人们对一致性的要求也不尽相同。关系型数据库管理系统通过"强一致性"（strong consistency）来避免各种不一致性问题，而 NoSQL 数据库管理系统，应用 CAP 定理（CAP theorem）与"最终一致性"来满足 Web 2.0 应用环境的需要。

9.1　一致性问题

一致性有多种表现形式，而且它下面潜藏着众多可能出错的地方，尤其是分布式环境中。

9.1.1　更新一致性

1．问题

分布式环境对信息支撑系统提出了更高的要求，下面我们通过一个简单的更新电话的例子进行分析。

李华和王强同在一个公司，都兼任数据管理员的职责。他们在浏览公司网站时发现公司的联系电话在电信局扩容后没有及时升级，还是老号码，于是他们开始修改此号码。在中国香港分公司的李华与在成都分公司的王强由于习惯差异，选用的电话号码格式也不完全相同，这样就产生了"写冲突"（write-write conflict）问题：两人在同一时刻更新同一条数据。

服务器收到写入请求后，就会将其"序列化"（serialize），也就是要决定这两个请求的处理顺序。此处假定服务器按照拼音字母的顺序来排列，也就是先受理李华的更新请求，然后再受理王强的更新请求。若没有并发控制机制，则李华提交的更新数据会立刻被王强的更新所覆盖。在这种情况下，李华提交的数据就发生了"更新丢失"（lost update）问题。此处的更新丢失问题表面上看并不严重，然而一般来说，这种错误我们不能容忍。王强提交更新时所依据的数据是未经李华修改的那一份，而当服务器真正处理其更新请求时，那份数据却已经被李华修改了。

2．"悲观方式"与"乐观方式"

在并发环境下维护数据一致性所用的方式通常分为"悲观方式"与"乐观方式"。"悲观"（pessimistic）方式就是避免发生冲突；而"乐观"（optimistic）方式则是先让冲突发生，然后检测冲突并对发生冲突的操作排序。在处理更新冲突时，最常见的"悲观方式"

就是采用"写入锁"（write lock），这样在修改某个值之前必须先获取"写入锁"，系统确保某一时刻只有一个操作者能够获得这把锁。如果李华与王强同时希望获取"写入锁"，那么只有李华（也就是服务器先受理的那位操作者）能够获得该锁。王强看了李华所写入的数据之后，再来决定是否要更新它。

"乐观方式"通常采用"条件更新"（conditional update），也就是任意操作者在执行更新操作之前都要先测试数据的当前值和其上一次读入的值是否相同。在这种情况下，李华的更新操作能够成功执行，而王强的更新操作则会失败。王强得知这个更新错误后，他可以再次查询该数据，以决定是否需要继续修改。

注意，这里的"悲观方式"与"乐观方式"都有一个先决条件，那就是更新操作的顺序必须一致。在单服务器环境中，这显然成立，因为它必须先处理完一个操作才能处理下一个操作。然而，如果服务器的数量多于一个（如"对等复制"环境），那么两个结点就可能会按照不同的次序执行更新操作，这样造成的结果是每个结点保存的电话号码始终不一致。在分析分布式系统的并发时，大家通常说的是"顺序一致性"（sequential consistency）也就是所有结点都要保证以相同次序执行操作。

"写冲突"的"乐观方式"处理就是将两份更新数据都保存起来，并标注出它们存在冲突。很多使用版本控制系统（version control system）的程序员都熟悉这种方法，尤其是使用"分布式版本控制系统"（distributed version control system）的程序员，因为此类系统经常会出现相互冲突的提交操作。在处理冲突时，该方式遵循与版本控制系统相同的步骤：必须以某种方式将两个互相冲突的更新操作"合并"（merge）起来。系统可以将有冲突的两个值都呈现给用户，让其自行处理。如果通过手机端和计算机端修改了通信录中同一个人的联系信息，那么可能造成冲突的原因仅仅是电话号码格式问题，这样采用标准格式将新号码写入即可。以"自动合并"（automated merge）方式处理"写冲突"，是个极具"领域特定"（domain-specific）性质的问题，需要根据具体情况进行编程。

3．并发编程的难点

并发编程涉及一个根本问题，就是在安全性（如避免"更新冲突"之类的错误）与响应能力（liveness，快速响应客户操作）之间进行权衡。"悲观方式"，通常会大幅降低系统的响应能力，以至于无法满足项目任务需求。而且它还存在出错的危险，例如采用"悲观方式"处理并发问题可能导致"死锁"（deadlock），这一情况既难于防范，也不易调试。

采用复制模型进行数据分布时更容易遇到"写冲突"。如果不同结点含有同一份数据副本，那么它们可能会以各自独立的顺序来更新此数据。这时，除非采用某种具体的预防措施，否则就会发生冲突。把针对某份数据的所有写入操作都交由一个结点来完成，则更容易保持更新操作的一致性。在前面讲到的各种分布模型中，除了"对等复制"模型外，其余方案都采用上述办法。

9.1.2　读取一致性

1．逻辑一致性

除了更新一致性外，要保证用户所提交的访问请求总能得到内容一致的响应是数据库一致性面临的另一个重要问题。假设有一个包含购物清单（detailed list）与运费（shipping charge）的订单，其中运费要根据订单里的商品项来计算。若向订单中新增一项商品，则需要重新计算并更新运费。在关系型数据库管理系统中，运费与购物清单分别存储在不同的表中。如果李华向其订单中增加了一项商品，王强继而读出购物清单及运费，最后李华才更新运费，那么就会有数据不一致的风险。如图 9-1 所示，王强在李华的两个写入操作步骤之间读出数据，这就导致了"读取一致性"（inconsistent read）或"读写冲突"（read-write conflict）现象。

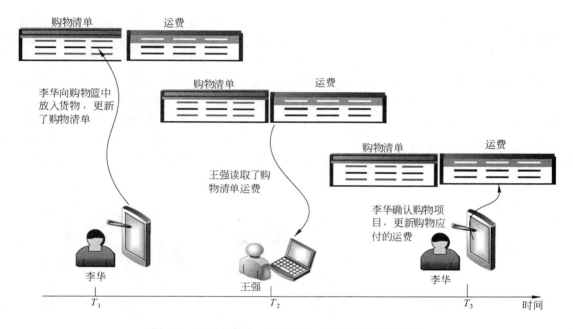

图 9-1　违反"逻辑一致性"的"读写冲突"示意图

这个例子中的一致性被称为"逻辑一致性"（logical consistency），也就是要确保不同的数据放在一起，其含义符合逻辑。为了避免"写入冲突"造成的"逻辑一致性"，关系型数据库管理系统支持"事务"这一概念。若是将李华两个写入步骤封装到一个事务之内，则系统能够确保王强所读取的数据要么是李华更新之前的值，要么是李华更新之后的值，不会出现李华更新过程中的值。

在 Web 2.0 应用中，有许多应用采用的是 NoSQL 数据库。除图形数据库与关系型数据库支持 ACID 事务外，大多数据库不支持事务，尤其是面向聚合的数据库。不过，面向聚合的数据库通常支持"原子更新"（atomic update），但仅限于单一聚合内部。换句话说，"逻辑一致性"可以在某个聚合内部保持，保存聚合相互之间则不能保持。所以，在图 9-1 所示的例子中，若把订单、运费、购物清单都放在一个订单聚合里，则可以避免"逻辑不一致"问题。

在真实系统中，综合考虑各方面的因素，显然不能把所有数据都放在一个里面，所以在执行影响多个聚合的更新操作时会留下一段时间空档，让客户端有可能在此刻读出逻辑一致性的数据。存在一致性风险的时间长度被称为"不一致窗口"（inconsistency window）。

NoSQL 系统的"不一致窗口"通常比较短暂。著名的互联网公司亚马逊在文档中称其所构建的 SimpleDB 服务的"不一致窗口"通常少于 1 秒。

2．复制一致性

上述的例子说明了读取操作可能发生的"逻辑不一致"问题，大家在许多论文或专著甚至教材中会看到这种经典范例。然而，在 Web 2.0 应用中通常会引入"复制"机制，这就引发了新的一致性问题。假设为了参加"风景九寨沟"庆典活动，大家都想预订黄龙宾馆的客房，而黄龙宾馆只剩下最后一间客房了。位于英国伦敦的刘宝成与位于中国香港的赵英莲夫妇正在电话中讨论要不要预订，此时位于广州的南小春先生看到这是最后一间客房了，就毫不犹豫地预订了。这时，数据库系统更新剩余客房数为零，同时把房间剩余情况更新到其他副本中。然而，更新副本需要花费时间，新数据到达香港的时间比英国伦敦早，所以此时位于英国伦敦的刘宝成与位于中国香港的赵英莲在浏览器中看到的不一致，刘宝成先生看到的是还有客房，而赵英莲女士看到的却是房间已被预订。这是一个"读取不一致"问题，它违反了另一种形式的一致性，也就是"复制一致性"（replication consistency）。它要求从不同副本中读取同一个数据项时所得到的结果是一致的即值相同（如图 9-2 所示）。

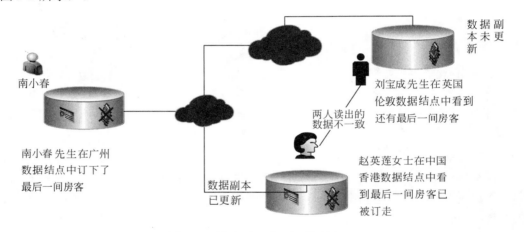

图 9-2　"读取不一致"问题示例

当然，最终更新操作还是会传播到全部结点，这样刘宝成先生就能看到所有房客全部被预订完毕。因此，这种情况通常被称为"最终一致性"（eventually consistent），也就是说，在任意时刻结点中都可能存在"复制不一致"（replication inconsistency）问题，然而只要不再继续执行其他更新操作，那么上一次更新操作的结果最终将会反映到全部结点中。过期的数据通常称为"陈旧"（stale）数据，这提醒我们：缓存也算一种"复制"形式，尤其是在"主从式分布模型"中更是如此。

虽然"复制一致性"与"逻辑一致性"是两个相互独立的问题，但如果"复制"过程中的"不一致窗口"太长，那么也会加剧"逻辑不一致"问题。两个时隔时间很短且内容不同的更新操作在主结点中留下的"不一致窗口"也就几个毫秒而已，但加上网络延迟后，这个"不一致窗口"在从结点上的持续时间将会比主结点长得多。

"一致性"不是某种针对整个应用程序的保证，通常可以指定单个请求所需达到的一致性级别。这样就可以使用一致性比较弱的操作了，这在大多数情况下都不会出现问题。当然，可以在必要时使用一致性比较强的请求。

3. 会话一致性

由于存在"不一致窗口"，所以不同的人在同一时刻可能会看到不同的情形（不同的数值）。如果刘宝成与赵英莲正在越洋电话中讨论预订客房的事情，那么这种情况可能会让他们困惑，而一般情况下，用户都是各自操作，所以不会引发问题。但是，有时在用户独自一人操作时，"不一致窗口"也会带来麻烦。例如，假设用户想对一个不良社会现象发表自己的意见，进行评论，那么他（她）在把刚形成的观点输入成文字或图片、动画时，就算"不一致窗口"持续几分钟，你也不用担心。像这种运行于集群中的网站，在处理负载时，其系统一般会把传入的请求均衡地分配到不同结点之中。当然，这种均衡也存在风险，如果你刚好通过某个结点发布了一条评论，然后刷新浏览器，而负责处理刷新请求的另一个结点尚未收到刚才的评论，那么你就会误认为刚贴上去的消息丢失了。

在这种情况下，你可以容忍相当长的"不一致窗口"，然而需要确保"照原样读出所写内容的一致性"（read-your-write consistency），也就是说，在执行完毕更新操作之后，紧接着必须能看到更新之后的值才行。在具备"最终一致性"的系统中有一种确保此性质的办法，那就是提供"会话一致性"（session consistency），即在用户会话内部保持"照原样读出所写内容的一致性"，这意味着假如用户会话因为某种原因而终止，或者用户同时使用多台计算机访问同一个系统，那么将有可能失去一致性。不过，这种情况在现实中是极为少见的。

要确保"会话一致性"，一种常见且最为简单的方式就是使用"黏性会话"（sticky session），即绑定到某个结点的会话。这种性质也被称作"会话亲和力"（session affinity）。"黏性会话"可以保证，只要某结点具备"照原样读出所写内容的一致性"，那么与之绑定的会话都具备这种特性。"黏性会话"也存在不足，那就是它会降低"负载均衡器"（load balancer）的效能。

在使用"黏性会话"和"主从复制"来保证"会话一致性"时，如果想把读取操作指派给从结点以改善读取性能，而同时仍然想将写入操作指派给主结点，就难以实现了。当然，这个问题也能解决，一种办法是将写入请求先发给从结点，由它负责将其转发到主结点，并同时保持客户端的"会话一致性"；另一种办法是在执行写入操作时临时切换到主结点，并且在从结点尚未收到更新数据的这一段时间内把读取操作都交由主结点来处理。

9.2　放宽一致性约束

使用单服务器关系型数据库管理系统的人对如何权衡数据一致性通常比较熟悉。在这种环境中，加强一致性的主要措施就是采用"事务"，通过"事务"能够提供较强的一致性保证。然而，事务系统通常具备放松"隔离级别"（isolation level）的功能，以允许查询操作读取尚未提交的数据。在实际应用中，大多数应用程序都将一致性从最高的隔离级别（可序列化，serialized）往下调，以便提升性能。最常使用的隔离级别是"只能读取已提交数据"（read-committed transaction level），这样可以避免某些"读写冲突"，然而会导致另外一些冲突。

在特定的一些应用系统中，已经彻底弃用"事务"了，因为它们对性能的影响实在太大。通常有两种不采用事务的使用方式。在数据规模较小的情况下，MySQL 比较流行，那时它还不支持事务处理。许多网站喜欢 MySQL 所带来的高速访问能力，并且不准备再使用事务了。在数据较多的情况下，像 eBay 这种非常大的网站，为了让网站性能更好地满足用户的要求，它们弃用了"事务"，尤其在需要引入分片机制时更是如此。

9.2.1　CAP 定理

1．CAP 定理的内涵

在 NoSQL 领域中，我们通常认为"CAP 定理"是需要放宽一致性约束的原因。它由美国加州大学伯克利分校的（University of California, Berkeley）埃里克•布鲁尔（Eric Brewer）教授于 2000 年在分布式计算原则研讨会（Symposium on Principles of Distributed Computing, PODC）上提出，在 2002 年，被麻省理工学院（MIT）的森斯•吉尔伯特（Seth Gilbert）和南奇•林希（Nancy Lynch）所证明，这个定理也称为"Brewer 猜想"（Brewer Conjecture）。

CAP 理论主张，对于一个分布式数据共享系统来说，不能同时满足数据一致性（Consistency）、可用性（Availability）、分区容忍性（Partition tolerance）3 个要素，最多只能满足其中的两个要素（如图 9-3 所示）。

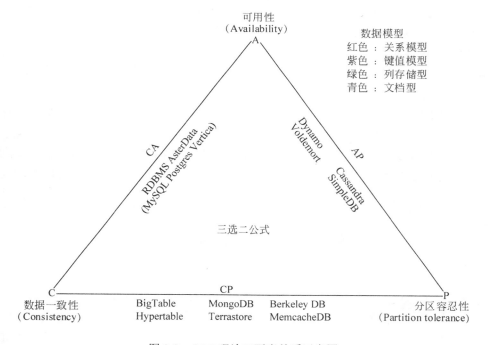

图 9-3　CAP 理论三要素关系示意图

这里的数据一致性 C 是指所有的结点在同一时间具有相同的数据，等同于所有结点访问同一份最新的数据副本；可用性 A 的意思是保证结点可用，无论请求成功或失败都有响应，即如果客户可以同集群中的某个结点通信，那么该结点必然能够处理读取及写入操作；分区容忍性 P 的意思是在网络中断、消息丢失的情况下系统照样能够工作，即如果发生通信故障，导致整个集群被分成多个无法相通信的分区，集群仍然可用（这种被分割成多个无法相互通信的情况也称为"脑裂"，即 split brain，如图 9-4 所示）。

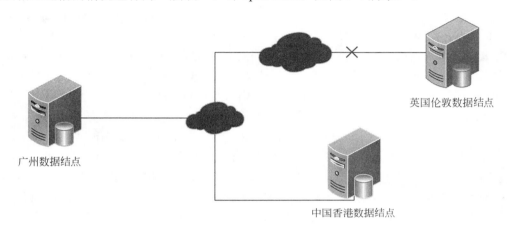

图 9-4　通信线路故障导致整个网络分为两个部分示例

2．一致性与可用性问题

单服务器系统显然是一种"CA 结构的系统"，也就是具备"一致性"（Consistency）与"可用性"（Availability），但不具备"分区容忍性"的系统。一台计算机无法继续分割，所以不需要担心"分区容忍性"。由于只有一个结点，所以只要它正常运转，那么系统就可以使用。能正常运转且保持"一致性"的系统是合理的。现实中的大多数关系型数据库都属于此种情况。

从理论上讲，单服务器系统也存在"CA 集群"。然而，这意味着一旦集群中出现"分区"，所有结点都将无法运转，如此一来，客户端就无法与任意一个结点通信了。按照"可用性"常规定义理解，该系统此时缺乏"可用性"，然而如果按照"CAP 定理"中"可用性"一词的特殊含义来解释，则会令人困惑。"CAP 定理"将"可用性"一词定义为"系统中某个无故障结点所接收的每一条请求，无论成功或失败，都将得到响应。"按照这个定义，发生故障且无法响应客户请求的结点并不会导致系统失去"CAP 定理"所定义的那种"可用性"。

这意味着可以构建一个"CA 集群"，要确保它很少出现"分区"现象，即使出现这种现象，能够让所有结点立即停止工作。这样的集群是能够实现的，至少在一个数据中心内部是这样的。然而，实现这样的集群其代价是极高的，通常高得令人无法承受。这是因为，为了使集群上某个"分区"内的全部结点都停止运转，需要实时检测是否发生"分区"状况，要完成这种检测需要花费高昂的代价。

所以，集群必须要容忍"网络分区"状况，而这正是"CAP 定理"的意义所在。尽管

"CAP 定理"经常表述为"3 个属性中只能保证有两个",但它实际上是在讲当系统可能会遭遇"分区"状况时（比如分布式系统），我们需要在"一致性"与"可用性"之间进行权衡。这并不是一个二选一的决定，通常来说，我们都会舍弃"一致性"，以获取某种程度的"可用性"。这样产生的系统既不具备完美的"一致性"，也不具备完美的"可用性"，但是。这两种不完美的特性结合起来，却能够满足特定需求。

举个例子能更好地说明这个问题。假设刘宝成与南小春都想预订某旅馆的最后一间客房，预订系统使用"对等式分布模型"，它由两个结点组成（刘宝成使用位于伦敦的数据结点，而南小春使用位于广州的数据结点）。若要确保一致性，那么当刘宝成要通过位于伦敦的数据结点预订房间时,该结点在确认预订操作之前必须先告知位于广州的数据结点。实际上，两个结点必须按照相互一致的顺序来处理它们所收到的操作请求。此方案保证了"一致性"，但是假如网络连接发生故障，那么由故障导致的两个"分区"系统就都无法预订旅馆房间了，于是系统失去了"可用性"。

改善"可用性"的一种有效办法是指派其中一个结点作为某家旅馆的"主结点"，确保所有预订操作都由"主结点"来处理。假设位于广州的结点是"主结点"，那么在两个结点之间的网络连接发生故障之后，它仍然可以处理该旅馆的房间预订工作，这样南小春将会订到最后一间客房。在使用"主从复制"模型时，位于伦敦的用户看到的房间剩余情况会和位于广州的不一致，但是他们无法预订客房，于是出现了"更新不一致"现象，然而在这种情况下就是应该如此。所以说，这种在"一致性"与"可用性"之间所做的权衡也能正确处理上述特殊情况。

上述方案确实改善了状况，然而在发生网络故障时，如果负责旅馆客房预订的主结点位于广州，那么处在伦敦的结点仍然无法预订客房。用"CAP 定理"的术语来说，这就是"可用性"故障（availability failure），因为刘宝成可以和位于伦敦的数据结点通信，但是该结点却无法更新数据。为了继续提高"可用性"，我们也可以让两个"分区"系统都接受客房预订请求，即使在发生网络故障时也如此。这么做带来的风险是刘宝成和南小春有可能都订到了最后一间客房。然而，根据这家旅馆的具体运营情况，这也许不会出问题。通常来说，旅行公司都允许一定数量的超额预订，这样，如果有某些客人预订了房间而最终没有入住，那么就可以把这部分空余房间分给那些超额预订的人。与之相对，某些旅馆总是会在全部订满的名额之外多留出几间客房，这样，即便哪间客房出现问题，或者在房间订满之后又来了一位贵宾，那么旅馆可以把客人安排到预留出来的空房中。另外，还有些旅馆甚至选择在发现预订冲突之后向客户致歉并取消此预订。这么做也说得通，因为该方案所付出的代价要比因为网络故障而彻底无法预订的代价小。

允许"写入不一致"现象发生的一个经典范例就是电子商务中的购物车。在此情况下，即使网络发生或存在故障，访问者也总是能够修改购物车中的商品。当然，这样做有可能导致多个购物车出现。不过大家不用担心，因为不能让购物者重复付款，必须在结账过程将两个购物车进行合并，具体做法是将两个购物车中的每件商品都拿出来，放到另外一个购物车中，并按照新的购物车结账。这个办法基本上不会出错，万一有问题，客户也有机会在下单之前先检查一下购物车中的东西。

在处理"读取一致性"时，类似的逻辑也适用。如果正通过计算机交易软件来买卖"金融商品"，那么也许不能接受任何未即时更新的数据。然而，若是正在一个媒体网站中发帖子，那么旧页持续几分钟也没多大关系。

在这些情况下，需要知道用户对陈旧数据的容忍程度以及"不一致窗口"的时长。一般会用平均长度、最差情况下的长度等指标来衡量"不一致窗口"，而且还要考虑不同时长的分布情况。对于不同的数据项来说，用户对陈旧数据的容忍程度也不尽相同，因此，在采用"复制"技术配置数据库时可能需要做出不同的设置。

3．"CAP 定理"中"三选二"公式存在误导

首先，由于分区很少发生，在系统不存在分区的情况下没什么理由牺牲 C 或 A。其次，C 与 A 之间的取舍可以在同一系统内以非常细小的粒度反复发生，而每一次的决策可能因为具体的操作，乃至因为涉及特定的数据或用户而有所不同。最后，这 3 种性质都可以在一定程度上衡量，并不是非黑即白的有或无。可用性显然是在 0%到 100%之间连续变化的，一致性分很多级别，连分区也可以细分为不同含义，如系统内的不同部分对于是否存在分区可以有不一样的认知。

要探索这些细微的差别，需要突破传统的分区处理方式，而这是一项根本性的挑战。因为分区很少出现，CAP 在大多数时候允许完美的 C 和 A。但当分区存在或可感知其影响的情况下，则要预备一种策略去探知分区并显式处理其影响。这样的策略应分为 3 个步骤：探知分区发生，进入显式的分区模式以限制某些操作，启动恢复过程以恢复数据一致性并补偿分区期间发生的错误。

4．CAP 和延迟的联系

CAP 理论的经典解释是忽略网络延迟的，但在实际中延迟和分区紧密相关。CAP 从理论变为现实的场景发生在操作的间歇，系统需要在这段时间内做出关于分区的一个重要决定：取消操作因而降低系统的可用性，还是继续操作，以冒险损失系统一致性为代价。

依靠多次尝试通信的方法达到一致性，比如 Paxos 算法或者两阶段事务提交，仅仅是推迟了决策的时间。系统终究要做一个决定，无限期地尝试下去，本身就是选择一致性牺牲可用性的表现。

因此以实际效果而言，分区相当于对通信的时限要求。系统如果不能在时限内达成数据一致性，就意味着发生了分区的情况，必须就当前操作在 C 和 A 之间做出选择。这就从延迟的角度抓住了设计的核心问题：分区两侧是否在无通信的情况下继续其操作？

从这个实用的观察角度出发可以导出若干重要的推论。第一，分区并不是全体结点的一致见解，因为有些结点检测到了分区，有些可能没有；第二，检测到分区的结点即进入分区模式，这是优化 C 和 A 的核心环节。

最后，这个观察角度还意味着设计师可以根据期望中的响应时间有意识地设置时限，时限设得越短，系统进入分区模式越频繁，其中有些时候并不一定真的发生了分区情况，可能只是网络变慢而已。

有时候，在跨区域的系统放弃强一致性来避免保持数据一致所带来的高延迟是非常有意义的。Yahoo 的 PNUTS 系统因为以异步的方式维护远程副本而带来数据一致性的问题。但好处是主、副本就放在本地，减小了操作的等待时间。这个策略在实际中很实用，因为一般来讲，用户数据大多会根据用户的（日常）地理位置做分区。最理想的状况是每一位

用户都在他的数据主、副本附近。

Facebook 使用了相反的策略。主、副本被固定在一个地方，因此远程用户一般访问到的是离他较近，但可能已经过时的数据副本。不过当用户更新其页面的时候是直接对主、副本进行更新，而且该用户的所有读操作也被短暂地转向从主、副本读取，尽管这样延迟会比较高。20 秒后，该用户的流量被重新切换回离他较近的副本，此时副本应该已经同步好了刚才的更新。

5．对 CAP 的误解

CAP 理论经常在不同方面被人误解，对于可用性和一致性的作用范围的误解尤为严重，可能造成不希望看到的结果。如果用户根本获取不到服务，那么其实谈不上在 C 和 A 之间做取舍，除非把一部分服务放在客户端上运行，即所谓的无连接操作或称离线模式。现在，离线模式正变得越来越重要。HTML5 的一些特性，特别是客户端持久化存储特性，将会促进离线操作的发展。支持离线模式的系统通常会在 C 和 A 中选择 A，那么就不得不在长时间处于分区状态后进行恢复。

"一致性的作用范围"其实反映了这样一种观念，即在一定的边界内状态是一致的，但超出了边界就无从谈起。比如在一个主分区内可以保证完备的一致性和可用性，而在分区外服务是不可用的。Paxos 算法和原子性多播（atomic multicast）系统一般符合这样的场景。像 Google 的一般做法是将主分区归属在单一个数据中心里面，然后交给 Paxos 算法去解决跨区域的问题，一方面保证全局协商一致（global consensus），如 Chubby，一方面实现高可用的持久性存储，如 Megastore。

在分区期间，独立且能自我保证一致性的结点子集合可以继续执行操作，只是无法保证全局范围的不变性约束不受破坏。数据分片（sharding）就是这样的例子，设计师预先将数据划分到不同的分区结点，在分区期间单个数据分片多数可以继续操作。相反，如果被分区的是内在关系密切的状态，或者有某些全局性的不变性约束非保持不可，那么最好的情况是只有分区一侧可以进行操作，最坏情况是操作完全不能进行。

那么"三选二"的时候取 CA 而舍 P 是否合理？已经有研究者指出了其中的要害——怎样才算"舍 P"含义并不明确。设计师可以选择不要分区吗？哪怕原来选了 CA，当分区出现的时候，你也只能回头重新在 C 和 A 之间再选一次。我们最好从概率的角度去理解：选择 CA 意味着我们假定分区出现的可能性要比其他的系统性错误（如自然灾难、并发故障）低很多。

这种观点在实际中很有意义，因为某些故障组合可能导致同时丢掉 C 和 A，所以说 CAP 的 3 个性质都是一个度的问题。在实践中，大部分团体认为（位于单一地点的）数据中心内部是没有分区的，因此在单一数据中心之内可以选择 CA。在 CAP 理论出现之前，系统都默认这样的设计思路，包括传统数据库在内。然而就算可用性不高，单一数据中心完全有可能出现分区的情况，一旦出现就会动摇以 CA 为取向的设计基础。最后，考虑到跨区域时出现的高延迟，通过在数据一致性上让步来换取更好性能的做法相对比较常见。

对于 CAP 的放弃一致性，很多人认识不清。放弃一致性其实是有隐藏负担的，即需要明确了解系统中存在的不变性约束。满足一致性的系统有一种保持其不变性约束的自然倾向，即便设计师不清楚系统中所有的不变性约束，相当一部分合理的不变性约束会自动地维持下去。相反，当设计师选择可用性的时候，因为需要在分区结束后恢复被破坏的不变性约束，显然必须将各种不变性约束一一列举出来，可想而知这件工作很有挑战又很容易犯错。放弃一致性为什么难，其核心还是"并发更新问题"，跟多线程编程比顺序编程难的原因是一样的。

9.2.2　BASE 理论

NoSQL 的倡导者经常说，与关系型数据库所支持的 ACID 事务不同，NoSQL 系统具备"BASE 属性"（基本可用 Basically Available、柔性状态 Soft state、最终一致性 Eventual consistency，英文缩写为 BASE）。这个缩略词中所说的"基本可用"及"柔性状态"没有明确定义。布鲁尔教授在引入"BASE"这一概念时，认为"ACID"与"BASE"不是非此即彼的关系，两者之间存在着多个逐渐过渡的权衡方案可选。

BASE 是一种架构方法，适用于大部分 Web 2.0 应用场景。它倡导的就是一种平衡和折中，在设计时要结合应用服务的自身特点合理选型。其实没有正确的架构，只有适合不同情况的架构。

9.2.3　NWR 理论

为了使系统的可用性和一致性最大化，亚马逊公司的 CTO 沃纳·艾格思（Werner Vogels）在阐述最终一致性（Eventually Consistent）时提出保证即便是在分布式系统中，用户也可以读取到最新的数据，这种手段被称为 NWR 理论。这里的 N 是指存储一份数据的结点数，也就是数据副本数；W 是指存储数据时首次写入数据的结点数；R 是指用户读取数据时使用的结点数。

那么，什么是最终一致性？最终一致性是并行算法领域用的最多的一种一致性模式。最终一致性和强一致性、弱一致性相对应。

所谓强一致性是指当用户存入数据后，在后续的操作中，系统保证一定会正确读出刚才存入的数据；所谓弱一致性是指当用户存入某数据后，在后续的操作中，系统不保证能正确提供刚才存入的数据；而最终一致性介于这两者之间，它表示用户数据存入分布式系统后，最终可以正确地读取所存入的数据。需要注意的是，在存入数据与正确读取之间有一个时间差。这个时间差通常受交互操作的延迟、系统工作的负载和副本个数 3 个方面因素控制。使用最广泛的最终一致性系统是 DNS 系统，这是一种将域名解析为 IP 的系统，很多使用 CDN 网络的系统其实也是最终一致性的；又如存储在亚马逊网络中的数据，在删除某数据后，立刻执行下载操作，还是可以下载到的，原因是该数据并不存储在服务器上，而是存于 CDN 网络中，但随着时间的推移，过时的数据终将被新数据覆盖掉，这就是最终一致性。

NWR 理论可以通过一种比较巧妙的方式使得用户在最终一致性的系统上读取的数据和在强一致性的系统上读取的结果相同。根据 NWR 理论，如果 $W+R>N$，表示最新写入的数据一定会被用户读取到。这就意味着只要写入副本数和读取副本数之和大于存储副本数，就可以在最终一致性的系统集群中保证强一致性。例如对于典型的一主一备同步复制的关系型数据库，$N=2$，$W=2$，$R=1$，则不管读的是主库还是副本库的数据，都是一致的。

如果 $W+R<=N$，意味着读结点和写结点没有重合。这对于读操作是脆弱的，因为可能所有的读结点都没有做写操作的更新，是弱一致性。例如对于一主一备异步复制的关系型数据库，$N=2$，$W=1$，$R=1$，在主库更新完毕而副本库未完成更新这段时间，如果用户从副本库中读取数据，那么就无法读取主库已经更新过的数据，所以是弱一致性。

如果 $N=W$，$R=1$，任何一个写结点失败，都会导致写失败，因此可用性会降低，但是由于数据分布的 N 个结点是同步写入的，因此可以保证强一致性。这种情况，其优势是优化了读操作。

如果 $N=R$，$W=1$，只需要一个结点写入成功即可，写性能和可用性都比较高。但是读取其他结点的进程可能不能获取更新后的数据，因此是弱一致性。这种情况，其优势是优化了写操作。

如果 $W<(N+1)/2$，并且写入的结点不重叠，则会存在写冲突。

对于分布式系统，为了保证高可用性，一般设置 $N>=3$。不同的 N，W，R 组合，是在可用性和一致性之间取一个平衡，以适应不同的应用场景。

9.3　放宽持久性约束

放宽持久性的意义在于，在某些场合可以换取更好的性能。如果某个数据库大部分时间都在内存中运行，更新操作也直接写入内存，并且定期将数据变更写回磁盘，那么它就可以大大地提高响应请求的速度了。这种做法的代价在于，一旦服务器发生故障，任何尚未写回磁盘的更新数据都将丢失。例如，上述权衡方案在保存用户会话状态时就值得考虑。大型网站可能会有很多用户来访问，而网站要将每个用户正在做的工作作为临时信息以某种"会话状态"的形式保存起来。在这种状态下会有大量活动，要产生大量请求，这些都将影响网站的响应能力。这里的关键问题是，会话数据即使丢失了也影响不大，因为这只是个别用户的会话而已，与整个网站访问速度变慢相比，它所造成的损失要小得多。这时，可以考虑"非持久性写入操作"（nondurable write）。通常，我们可以在每次发出请求时，指定该请求所需的持久性，这样就可以把某些极为重要的更新操作立刻写回磁盘。

另外一个可以放宽持久性约束的例子就是捕获物理设备的遥测数据（remote sensing data）。在这种情况下，就算最近的更新数据可能会因为服务器发生故障而丢失，在设计系统时，通常也会选择把快速捕获数据放在首位。

对"持久性"的权衡还有另外一类情况需要考虑，那就是由"复制数据"（replicated data）所引发的情况。如果一个结点处理完更新操作之后，在更新数据尚未复制到其他结点之前，网络或系统出现了错误，使复制不能继续，那么将会发生"复制持久性"（replication durability）故障。在此，我们用一个较简单的情况来说明：假设有一个采用"主从式分布模型"的数据库，在其主结点出错时，它会自动指派一个从结点作为新的主结点。当主结点发生故障后，所有还未复制到其他副本的写入操作都将丢失。在自动恢复机制或人工干预下，主结点将会从故障中恢复到正常状态，此时，该结点上的更新数据就会和发生故障这段时间内新产生的那些更新数据相冲突。在业界，习惯上把这个问题称为一个"持久化"

问题。因为主结点既然已经接纳了这个更新操作，那么用户就有理由认为该操作已经顺利执行完成，理论上也应该完成。但在实际系统工作中，这份更新数据却因为主结点出错而丢失了。

如果的确有把握能在主结点出错之后迅速将其恢复，那么可以考虑不将某个从结点指派为新的主结点。当然可以采用另一种办法，那就是确保主结点在收到某些副本对更新数据的确认之后再告知用户它已接受此更新。不过，这么做无疑会降低更新速度，而且一旦从结点也发生故障，那么整个集群就无法使用了。因此，在这种情况下，需要根据"持久性"的重要程度进行综合权衡。与处理"持久性"的基本手段类似，我们也可以针对单个请求指定其所需的持久性。

9.4　版　本　戳

"事务"也有其局限，在"事务系统"中会出现那种需要人工干预的更新操作，而且有些更新操作通常无法封装在一个"事务"之内，因为会导致"事务"的打开时间过长。解决这个问题的有效方法就是采用"版本戳"（version stamp）。当然，版本戳技术在其他情况下也很好用，尤其是从"单服务器分布模型"（single-server distribution model）迁移到多服务器时更是如此。

9.4.1　"商业事务"与"系统事务"

即便是那种构建于"事务型数据库"（transactional database）之上的系统，也经常需要在不使用"事务"的前提下确保"更新一致性"。用户所说的"事务"一词通常指的是"商业事务"（business transaction）。例如，用户浏览需要的产品目录，选中了一件关注很久的时尚衣服，填入信用卡信息，然后确认订单，诸如此类都是"商业事务"。然而，上述操作通常不会发生在数据库的"系统事务"（system transaction）中。因为那样做必然需要锁住数据库中的相关元素，而在那段时间里用户可能会去找信用卡，也可能被同事叫去吃快餐。

应用程序通常只在处理完毕用户交互操作之后才开始"系统事务"，这样锁定数据库相关元素的时间就会有效缩短。然而，问题还不仅仅局限于锁定时间的长短，当需要计算和决策的时候，数据有可能已经改动了。例如，价格表上的衣服售价有可能已经变了，或是某人可能会修改客户的地址，从而导致运费的改变。

处理这种问题可以采用"离线并发"（offline concurrency）技术，这适用于 NoSQL 环境下。"乐观离线锁"（Optimistic Offline Lock）是一种特别有用的方式，它是"条件更新"（conditional update）的一种形式，客户端执行操作时，将重新读取"商业事务"所依赖的信息，并检测该信息在首次读取之后是否一直没有变动，若一直未变，则将其展示给用户。实现此技术有一个好办法，那就是保证数据库中的记录都有某种形式的"版本戳"（version stamp）。版本戳是一个字段，每当记录中的底层数据改变时，其值也随之改变。读取数据时可以记下版本戳，这样在写入数据之前就可以先检查一下数据版本是否已经变了。

在通过 HTTP 协议更新资源时可能也会用到这种技术，其中一种方式就是"etag"。不论何时获取资源，服务器总会在响应信息的头部（header）放置一个"etag"，它是一个"无明显意义的字符串"（opaque string），只是用来标识资源的版本而已。稍后如果想更新此资源，那么可以采用"条件更新"形式，把上一次通过 GET 请求获取的 etag 提交给服务器。若服务器上的相应资源已经改变，那么提交的"etag"就与服务器的"etag"不匹配了，这样会得到一个状态码（先决条件未满足，Precondition Failed）的响应。

某些数据库也提供了一种类似的"条件更新"机制，保证不会在陈旧数据上执行更新操作。系统开发者也可以自己来执行这项检测，不过要确保在读取及更新资源的过程中没有其他线程修改此资源（这种操作有时也称为"compare-and-set 操作"，缩写为"CAS"，意思为"比较并设置"，它得名于处理器中的"CAS 操作"。两者的区别在于，处理器 CAS 在设置之前比较的是值本身，而数据库条件更新比较的却是值所对应的版本戳）。

有很多办法用于构建版本戳。第一种办法是使用计数器，每当资源更新时，就把它的值加 1。计数器很有用，因为我们根据它的值很容易能看出哪个版本比较新。而另一方面，需要服务器生成该值，并且要有一个主结点来保证不同版本的计数器值不会重复。第二种办法是创建全局唯一标识符（Globally Unique Identifier，GUID）[①]，即创建一个值很大且保证唯一的随机数。例如，可以将日期、硬件信息以及其他一些随机出现的资源组合起来构建此值。全局唯一标识符的好处是任何人都可以生成，不用担心重复，其缺点是数值比较大，而且无法通过直接比较来判断版本的新旧。第三种办法是根据资源内容生成哈希码（hash）。只要哈希键足够大，"内容哈希码"（content hash）就可以像 GUID 那样全局唯一，而且任何人都可以生成它。此方法的好处在于哈希码的内容是确定的，只要资源数据相同，那么任何结点生成的"内容哈希码"都是一样的。但是，它们与 GUID 一样，都无法通过直接比较看出版本的新旧，而且比较冗长。第四种办法是使用上一次更新时的时间戳（timestamp）。与计数器一样，它们也相当小，而且可以直接通过比较数值来确定版本先后。这种办法比使用计数器更好，那就是它们不需要由主结点生成。时间戳可以由多台计算机生成，不过，它们的时钟必须同步。如果某个结点的时钟出错了，那么可能会导致数据损毁（data corruption）。当然，使用时间戳也有风险，那就是若精确度过低，则可能重复，如果每毫秒都要更新很多次，那么将时间戳的精确度设为毫秒是不够的。用户可以把几种时间戳生成方案的优点进行结合，即同时使用多种方法创建出一个"复合版本戳"（cornposite starnp）。例如，CouchDB 创建版本戳时，使用了计数器与"内容哈希码"。在大部分情况下，只要比较版本戳就可以看出两个版本的新旧了，万一碰到两个结点同时更新数据的情况，立刻就能发现冲突，因为两个版本戳的计数器相同，而"内容哈希码"不同，这样有效地解决了单一方法的局限性问题。

9.4.2 在多结点环境中生成版本戳

在采用单服务器或"主从式复制模型"环境中，只有一个权威数据源（authoritative source

[①] 对于全局唯一标识符（GUID）的生成方式，请读者参见"https://en.wikipedia.org/wiki/Globally Unique Identifier"。

for data），使用基本的版本戳生成方案就能解决版本控制问题。因为在这种情况下，由主结点负责生成版本戳，而从结点必须使用主结点的版本戳。然而，在"对等式分布模型"环境中，因为没有统一设置版本戳的地方，这套版本戳生成机制不再适用，必须改进。如果向两个结点索要同一份数据，那么有可能获得不同的答案。一旦发生此现象，则可以根据导致此差异的原因采取相应的技术措施。如果是更新操作已经通知给其中一个结点了，而另外一个结点尚未收到通知，那么可以选用最新的数据（假设有办法分辨两份数据的新旧）；如果是发生了"更新不一致"现象，此时就需要决定如何处理此问题。在这种情况下，仅凭简单的 GUID 或 etag 是不够的，因为只依靠它们无法判断出数据之间的关系。

最简单的版本戳就是计数器。结点每次更新数据时，都将它加 1，并把其值放入版本戳中。假设某个主结点有两个副本，我们用"蓝色"和"绿色"来区分这两个从结点。如果在蓝色结点所给出应答数据中的版本戳为 7，而绿色结点所给出应答数据中的版本戳是 8，显然，绿色结点上的数据比蓝色结点上的数据新。

如果有多个主结点，那么情况就变得非常复杂。一种办法是像"分布式版本控制系统"那样，确保所有结点都有一份"版本戳记录"（version stamp history），这样就可以判断出蓝色结点给出的应答数据比绿色结点所给出的数据陈旧。在实现思路上可以采用两种方法：要么让客户端保存"版本戳记录"，要么由服务器结点维护这种记录，并且把它放在应答数据中传给客户端。用"版本戳记录"可以检测出数据"不一致"现象。如果一份应答数据中的版本戳在另一份应答数据中的版本戳中找不到，那么就可以判定发生了"不一致"问题。虽说"版本控制系统"都会存留此类记录，但是 NoSQL 数据库中却没有这种东西。

有一种简单但并不完善的办法，那就是使用"时间戳"，主要问题在于，通常很难确保所有结点的时间都一致，尤其是在更新比较频繁时。万一其中某个结点的时钟没有同步，那么就会引发各种麻烦。此外，"时间戳"也无法检测"写入冲突"，所以说，它只能在"单一主结点"（single-master）的环境中正常运作。而在其他情况下，采用计数器通常更好。

"对等式 NoSQL 数据库系统"最常使用的一种版本戳形式叫作"数组式版本戳"（vector stamp）。实际上，"数组式版本戳"是由一系列计数器组成的，每个计数器都代表一个结点。假设某"数组式版本戳"中有 3 个结点（分别记为"蓝色"blue、"绿色"green、"黑色"black），那么它的写法类似[blue:45,green:54,black:18]。这样，每当结点执行"内部更新"（internal update）操作时就将其计数器加 1，所以，假设绿色结点执行了一次更新操作，那么现在这个"数组式版本戳"就成了[blue:45,green:55,black:18]。只要两个结点通信，它们就同步其"数组式版本戳"。具体的同步方式有很多种，例如"数组式时钟"（vector clock）、"版本号数组"（version vector）等。

使用此方案，我们就能辨别某个"数组式版本戳"是否比另外一个新，因为新版本戳中的计数器总是大于或等于旧版本戳。例如，[blue:1,green:3,black:5] 就比 [blue:1,green:2,black:5]新，因为前者之中有一个计数器比后者大。若两个版本戳中都有一个计数器比对方大，那么就发生了"写入冲突"，例如 [blue:1,green:3,black:5] 与 [blue:2,green:2,black:5]。

数组中可能缺失某些值，我们将其视为 0。这样一来，就可以用[blue:7,black:5]来表示 [blue:7,green:0,black:5]。于是，不需要弃用现有的"数组式版本戳"，就可以向其中比较容易地增加新结点。

"数组式版本戳"是一种能够侦测出"不一致"现象的有用工具，但不能用于解决"不一致"冲突问题。用户要想解决"不一致"冲突，需要依赖领域知识。在"一致性"与延迟之间权衡时，用户也要考虑到这一点。如果偏向"一致性"，那么系统在出现"网络分区"现象时无法使用；反之，若要减少延迟，则必须自己检测并处理"不一致"问题。

9.5 键/值数据库的一致性与事务

9.5.1 键/值数据库的一致性

只有针对单个键的操作才具备"一致性"，因为这种操作只可能是"获取"、"设置"或"删除"。"乐观写入"（optimistic write）功能其实也可以做出来，然而由于数据库无法侦测数值改动，所以其实现成本太高。

Riak 这种分布式键/值数据库用"最终一致性模型"实现"一致性"。因为数值可能已经复制到其他结点，所以 Riak 有两种解决"更新冲突"的办法：一种是采纳新写入的数据而拒绝旧数据，另一种是将两者（或存在冲突的所有数据）返回给客户端，令其解决冲突。

在 Riak 中，可以在创建"存储区"时设置上述选项。"存储区"只是用于减少键名冲突的一种命名空间，比方说，我们可以把与客户有关的全部键都放在 customer 这个"存储区"中。在创建存储区时可以提供一些默认值，以确保其"一致性"。例如可以规定：执行完写入操作后，只有当存放此数据的全部结点一致时将其更新，我们才认定该操作生效。

```
Bucket bucket= connection
    .createBucket (bucketName)
    .withRetrier (attempts(3))
    .allowSiblings (siblingsAllowed)
    .nVal (numberOfReplicasOfTheData)
    .w(numberOfNodesToRespondToWrite)
    r.(numberOfNodesToRespondToRead)
    .execute();
```

假如我们想让每个结点中的数据都一致，那么可以把 W 方法的 numberOfNodesToRepondToWrite 参数值设置成与 nVal 方法的参数相同。当然，这样做是要付出代价的，它无疑会降低集群的写入效率。若想提高写入冲突或读取冲突的解决速度，可在创建"存储区"时改变 allowSiblings 标志。如果将其设为 false，那么数据库就接纳最新的写入操作，而不再创立"旁系记录"（sibling）。

9.5.2 键/值数据库的事务

不同类型的键/值数据库产品，其"事务"规范也不同，通常情况下无法保证写入操作的"一致性"。各种数据库实现"事务"的方式各异，Riak 采用"仲裁"这一概念，在调用写入数据的 API 时，它使用 W 值与复制因子来实现"仲裁"。

假设某个 Riak 集群的复制因子是 5，而 W 值为 3。在写入数据时，必须有至少 3 个结点汇报其写入操作已顺利完成，数据库才会认为此操作执行完毕，这样 Riak 就具备了"写入操作容错性"（write tolerate）。这里，由于 N 等于 5 而 W 是 3，所以集群在两个结点 $(N–R)=2$ 故障时仍可执行写入操作，不过，此时我们无法从那些发生故障的结点中读取某些数据。

9.6　文档数据库的一致性与事务

专属的文档数据库产品很多，由于关系型数据库实例与 MongoDB 实例相仿，其关系型数据库的"模式"和 MongoDB 的"数据库"类似，且关系型数据库的"表"与 MongoDB 的"集合"相当，所以本书以 MongoDB 为例进行讲解。

9.6.1　文档数据库的一致性

为了在 MongoDB 数据库中确保"一致性"，既可以配置"副本集"（replica set），也可以规定写入操作必须等待所写数据复制到全部或是给定数量的从结点之后才能返回。每次写入数据时，都可以指定写入操作返回之前必须将所写数据传播到多少个服务器结点上。例如，在只有一台服务器时如果指定 W 为 majority[①]，那么写入操作立刻就会返回，因为总共只有一个结点。假设"副本集"中有 3 个结点，而 W 设为 majority，则写入操作必须在至少两个结点上执行完毕才会视为成功。提升 W 值可以增强"一致性"，但是会降低写入效率，因为写入操作必须在更多的结点上完成。用户也可以增加"副本集"的读取效率，如设置 slaveOK 选项之后，就可以在从结点中读取数据了。该参数既可设置到整个"连接"、"数据库"、"集合"之上，也可针对每项操作单独设置。例如：

```
Mongo mongo= new Mongo("localhost 28018");
Mongo.slaveOK();
```

下面的代码示例是对单个操作设置 slaveOK 选项，这样就可以控制某些操作只需要在从结点读取数据。

```
DBCollection collection= getOrderCollection();
BasicDBObject query= new BasicDBObject();
Query.put("name", "王强");
DBCursor cursor=collection.find(query).slaveOK();
```

读取操作可设置各种选项，与此类似，如有需要，也能用很多设置来增强写入操作的"一致性"。在默认情况下，只要数据库收到了写入数据，就认定该操作成功。根据需要，用户可以对此进行修改，让写入操作必须等待所写数据同步至磁盘或传播到至少两个从结

---

① MongoDB 数据库的专用名词，其中文意思为"大多数"。

点后才能返回，这叫作写干涉（WriteConcern）。将写干涉设为 REPLICAS_SAFE，即可确保数据能写入主结点及给定数量的从结点中。

开发者要仔细考虑应用程序的需要及业务需求，据此权衡，以决定读取操作应该使用何种 slaveOk 设置，并通过写干涉设置写入操作的安全级别。

9.6.2 文档数据库的事务

从传统的关系型数据库角度讲，"事务"一词意味着用户可以先用 INSERT、UPDATE 或 DELETE 等命令操作不同的表，然后再用 COMMIT 提交修改或以 ROLLBACK 命令进行回滚。NoSQL 数据库通常没有关系型数据库的事务机制，其写入操作要么成功，要么失败。"单文档级别"（single-document level）的"事务"称为"原子事务"（atomic transaction）。在默认情况下，所有写入操作都将顺利执行。使用 WriteConcern，参数可对此微调。以 WriteConcern.REPLICAS_SAFE 为参数写入 order，即可确保该操作至少要写入两个结点才算成功。用户可以用不同级别的 WriteConcern 参数来确保各种安全级别的写入操作。例如，在写日志条目（log entry）时就可使用最低的安全级别，也就是 WriteConcern.NONE。

例如：

```
Final Mongo mongo= new Mongo(mongoURI);
mongo setWriteConcern(REPLICAS_ SAFE);
DBCollection shopping= mongo getDB(orderDatabase)
                            .getCollection(shoppingCollection);
Try {
    WriteResult result= shopping insert(order, REPLICAS_ SAFE);
} catch (MongoException writeException) {
    dealWithWriteFailure (order, writeException);
}
```

9.7　列族数据库的一致性与事务

列族数据库有很多种，这里讨论最具代表性的 Cassandra。

9.7.1 列族数据库的一致性

Cassandra 收到写入请求后，会先将待写数据记录到"提交日志"（cornrnit log）中，然后再将其写入内存中一个名为"内存表"（memtable）的结构中。写入操作在写入"提交日志"及"内存表"后，Cassandra 认为此操作已经成功。写入请求可以成批地堆积在内存中，并定期写入一种被称作"SSTable"的结构中。该结构中的缓存一旦写入数据库，SSTable 就成为无用的 SSTable，随后由"压缩"（compression）操作将其回收。若其数据变动，则需新写一张 SSTable，重复上述的过程。

对于"读取一致性"，在 Cassandra 中，若将"一致性"设为 ONE，并以此作为所有读取操作的默认值，那么当 Cassandra 收到读取请求后会返回第一个副本中的数据，无论这个副本中的数据是最新的还是陈旧的都一样返回。如果返回的数据是陈旧数据，则启动"读取修复"read repair 过程，使后续的读取操作皆能获得最近（也就是最新）的数据。如果返回的陈旧数据对结果影响不大，或是需要高效地执行读取操作，那么采用低级别的"一致性"就能很好地满足要求。

对于"写入一致性"，如果以最低的"一致性"执行写入操作，那么 Cassandra 只将其写入一个结点的"提交日志"中，然后就向客户端返回响应。此时，如果被写入的结点在尚未将写入的数据复制到其他结点前就出现了故障，那么这些数据就会丢失。若需要极高效率的写入操作，并且不介意丢失某些写入的数据，那么将"一致性"设为 ONE 就可以了。

例如：

```
quorum= new ConfigurableConsistencyLevel();
quorum. setDefaultReadConsistencyLevel(HconsistencyLevel. QUORUM);
quorum. setDefaultWriteConsistencyLevel(HconsistencyLevel. QUORUM);
```

当然，根据需要，用户可以将读取与写入操作的"一致性"都设为 QUORUM。这样，读取操作将在过半数的结点响应之后根据时间戳返回最新的列数据给客户端，并且通过"读取修复"操作把最新数据复制到那些陈旧的副本中。而写入操作则必须等所写数据传播至过半数的结点后才能顺利结束其工作，并通知客户端。

如果将"一致性"级别设为 ALL，那么全部结点就必须响应读取或写入操作，这将使集群失去容错能力。一旦某个结点发生故障，全部读取操作或写入操作都将因失败而阻塞。因此，在构建系统时要根据应用程序需求规划"一致性"级别。为了实现精细控制，可对应用程序内部分别设置不同的"一致性"级别，比如精确到具体类别的读/写操作的"一致性"级别。例如，将显示产品评论所需的"一致性"设置为 ONE，将读取客户所下最新订单状态的"一致性"设置为 QUORUM。

在创建"键空间"时，可以配置存储数据用的副本数，它决定了数据的"复制因子"。若复制因子被设置为 3，那么数据将会复制到 3 个结点上。在使用 Cassandra 读取及写入数据时，如果将其"一致性"设置为 2，那么 $R+W$ 的值就会大于复制因子(2+2)>3，这样，读取操作与写入操作的"一致性"都比较好。

当然，Cassandra 允许在"键空间"上执行"结点修复"（node repair）命令，这样，迫使系统将其负责的每一个关键字与其余副本进行比较。不过，这种操作会带来较大开销，所以为了均衡可以只修复一个或一组列族。

例如：

```
repair ecommerce
repair ecommerce customerInfo
```

9.7.2　列族数据库的事务

Cassandra 没有传统意义上的"事务"，即可以封装多个写入操作并决定是否提交其数据变更的东西。Cassandra 的写入操作在"行"级别是"原子的"，也就是说，根据某个给定的行键向行中插入或更新多个列将算作一个写入操作，它要么成功，要么失败。写入操作首先会写在"提交日志"及"内存表"中，只有它向这两者写入数据后才算顺利执行完。假如某结点发生故障，系统可根据"提交日志"在故障结点恢复后将数据变更恢复至该结点中，这与虚谷数据库中的"重做日志"（redo leg）类似。

9.8　图形数据库的一致性与事务

9.8.1　图形数据库的一致性

图形数据库可存放实体及实体间关系。实体也叫"结点"（node），它们具有属性（property）。关系也称为"边"（edge），它们也有属性。边具有方向性（directional significance），而结点则按关系组织起来，以便在其中查找所需模式。用图将数据一次性组织好，随后便可根据"关系"以不同方式解读它。由于图形数据库操作互相连接的结点，所以大部分图形数据库通常不支持把结点分布在不同服务器上。然而，Infinite Graph 等某些解决方案可以把结点分布在集群中的服务器上。在单服务器环境下，数据总是一致的，尤其是 Neo4j 这种完全兼容 ACID 事务（fully ACID-compliant）的数据库。如果在集群上运行 Neo4j，那么写入主结点的数据会逐渐同步至从结点，而读取操作则总是可在从结点上执行用户。也可以向从结点写入数据，所写数据将立刻同步至主结点，但是其他从结点并不会立刻同步，它们必须等待由主结点传送过来的数据。

图形数据库通过事务机制来保证"一致性"，不允许出现"悬挂关系"（dangling relationship），所以关系必须具备起始结点与终止结点，而且在删除结点前必须先移除其上的关系。

9.8.2　图形数据库的事务

图形数据库是兼容 ACID 事务的数据库。在修改结点或向现有结点新增关系前，必须先启动事务。在 Neo4j 中，若未将操作封装在事务中，则可能需要做出 NotInTransactionException 动作。读取操作可不通过事务执行。

例如：

```
Transaction transaction= database. beginTx();
Try {
    Node node= database.createNode();
```

```
    node. setProperty("name", "NoSQL Distilled");
    node. setProperty("published","2014");
    transaction.success();
} finally {
    transaction.finish();
}
```

　　示例代码先在数据库上发起事务，然后创建结点并设置其属性。接下来，将事务标注为 success（成功），最后调用 finish 方法完成此事务。事务必须标注为"success"，否则 Neo4j 将它视为失败，并且在执行 finish 时进行回滚。若仅设定 success 而不执行 finish，Neo4j 也不会把数据提交到数据库。这种管理方式与关系型数据库的标准事务执行方式不同，用户在使用时需要多加注意。

第三部分　数据库云平台的应用

第 10 章　开发数据库应用的编程

开发数据库应用的编程是数据库领域的高级知识，是企事业单位信息化管理和支撑体系运行的必备手段，是学习数据库的出发点和落脚点。

本章讨论了关系型数据库的嵌入式 SQL、动态 SQL、应用程序接口（Application Program Interface，API），以及 MongoDB 文档型数据库、Cassandra 列族数据库、Redis 键/值数据库的编程接口，展示了如何运用高级语言对数据库进行操作、维护和管理，并通过许多实际例子详细说明了编程的过程和策略。书中的示例代码是用 C、C++、C#、COBOL 和 Java 等语言编写的，用户可以直接或稍加修改后应用到实际应用中。

10.1　关系型数据库的嵌入式 SQL

SQL（Structured Query Language，SQL）语言既是一种用于自动显示查询和更新的交互式数据库语言，又是一种数据子语言，能够被嵌入到某些高级语言中，并通过高级语言程序访问数据库。习惯上，我们把具有这种特性的语言称为"双模式语言"（dual-mode language）。双模式语言带给人们许多好处，突出表现在以下几个方面：

（1）能够使程序员在编写访问数据库的程序时更加容易一些。

（2）通过交互式查询语言得到的性能也能够在应用程序中得到，并且这一过程是可以自动实现的。

（3）程序中使用的 SQL 语句可首先用交互式 SQL 进行试验，准确无误后再编入程序，提高了编程的效率。

（4）程序可对数据表和查询结果进行处理，而不用遍历数据库。

10.1.1　程序化 SQL 技术

SQL 是一种语言，可以在编程时使用，但不能将 SQL 称为严格意义上的编程语言。因为，SQL 缺少严格意义上的编程语言所具有的最基本特性，不仅没有变量声明的规定，而且没有 GOTO 语句，没有用于测试条件的 IF 语句，没有构建循环所需要的 FOR、DO 及 WHILE 语句，甚至没有块结构，等等。SQL 是一种数据库"子语言"，用来处理有着特殊要求的数据库管理任务。所以，我们要想编写一个访问数据库的程序，就必须从传统的编程语言（如 COBOL、PL/I、FORTRAN、Pascal 或 C）开始，然后把 SQL 添加到程序中。

最初的 ANSI/ISO SQL 标准只与 SQL 的程序化用法有关。1992 年发布的 SQL2 标准将其内容扩展到包括交互式 SQL（在标准中称为"直接调用式 SQL"）和更高级形式的程序化 SQL（即动态 SQL 性能）。

SQL 数据库提供商为在应用程序中使用 SQL 提供了下面两项基本技术。

- 嵌入式 SQL：在这种方法中，SQL 语句直接嵌入在程序的源代码中，与其他编程语言的语句混合使用。特殊的嵌入式 SQL 语句用于程序中的数据检索。一个特殊的 SQL 预编译程序接收组合在一起的源代码，然后借助于其他编程工具将其转换为可执行程序。

- 应用程序接口（API）：在这种方法中，程序与数据库管理系统进行通信，即通过一系列的应用程序接口或 API 的函数调用进行通信。程序通过 API 调用传递 SQL 语句给数据库管理系统，并使用 API 调用检索查询结果。这种方法不需要特殊的预编译程序。

最初的 IBM SQL 产品使用了嵌入式 SQL 方法，大多数商业 SQL 产品也在 20 世纪 80 年代采用了它。1989 年，ANSI/ISO 标准扩展后，包括了如何将 SQL 语句嵌入到 Ada、C、COBOL、FORTRAN、Pascal 和 PL/I 等编程语言中的定义。SQL2 标准继续执行这一规范。

在嵌入式 SQL 迅速发展的同时，几家致力于小型机系统的数据库管理系统提供商在 20 世纪 80 年代提出了可调用的数据库 API。当 Sybase 数据库管理系统刚推出时，它只提供了一种可调用的 API。微软公司的 SQL Server 源自于 Sybase 数据库管理系统，它也使用专门 API 的方法。在 SQL Server 推出后不久，微软公司又推出了开放式数据库连接（ODBC），这是另一种可调用的 API。ODBC 大体基于 SQL Server API，但附带了其他目标（如成为数据库中的独立成分），并允许通过普通 API 对两个或多个不同的数据库管理系统产品并发访问。后来，Java 数据库连接（JDBC）作为一种重要的 API 出现了，它可通过用 Java 编写的程序来访问关系型数据库。

现在，随着可调用 API 日渐流行，可调用和嵌入式方法都被广泛使用。一般情况下，使用 COBOL 和 Assembler 等老式语言的程序员更青睐于嵌入式 SQL 方法，而使用 C++和 Java 这样较新语言的程序员则更愿意采用可调用 API 方法。

表 10-1 总结了一些领先的基于 SQL 的数据库管理系统产品提供的程序化接口。

表 10-1　部分领先的基于 SQL 的数据库管理系统产品提供的程序化接口

数据库管理系统	可调用 API	嵌入式 SQL 语言支持
DB2	ODBC、JDBC	APL、汇编程序、BASIC、COBOL、FORTRAN、Java、PL/I
SQL Server	DB 库（dblib）、ODBC	C
MySQL	C-API（专用）、ODBC、JDBC、Perl、PHP	无
Oracle	OCI（Oracle 调用接口）、ODBC、JDBC	C、COBOL、FORTRAN、Java、PL/I、Pascal
虚谷	ODBC、JDBC，支持 OCI（Oracle 调用接口）	C、COBOL、FORTRAN、Java、PL/I、Pascal

1. 数据库管理系统语句处理

为了处理一条 SQL 语句，数据库管理系统必须按 5 个步骤进行，这些步骤如图 10-1 所示。

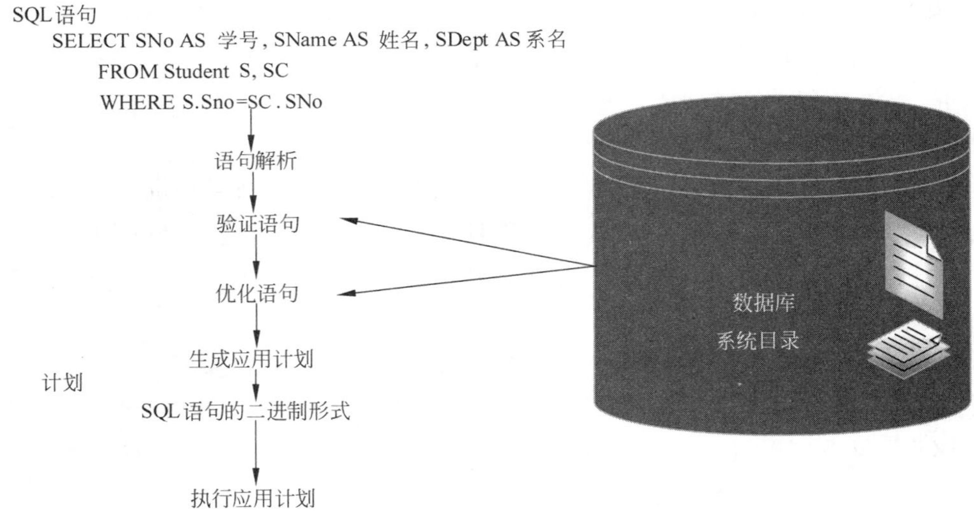

图 10-1　数据库管理系统处理 SQL 语句的过程示意图

第 1 步：启动 SQL 语句解析。数据库管理系统将语句分解为单独的词，并确认该语句包含有效的动词、合法的子句等成分。在这一步中可以检测出语句中的语法错误和拼写错误。

第 2 步：验证 SQL 语句。数据库管理系统用与系统目录相反的顺序检查语句，检查在语句中涉及的所有表都在数据库中吗？所有的字段都存在吗？字段的命名明确吗？用户有执行此语句的特权吗？在这一步中可以检测出语义错误。

第 3 步：优化 SQL 语句。数据库管理系统用各种方法执行语句，如使用索引能够加速搜索吗？数据库管理系统是先给表 S 一个搜索环境然后将它加入表 SC，还是先加入然后再使用搜索环境？纵贯整个表的连续搜索可以不对表的子集进行操作吗？在研究了所有可选方案后，数据库管理系统将选择合适的答案。

第 4 步：为 SQL 语句生成应用计划（application plan）。这个应用计划是一个二进制数，它代表执行计划所需要的步骤，它是数据库管理系统可执行代码的等价物。

第 5 步：最后，数据库管理系统通过执行应用计划实现 SQL 语句。

需要注意的是，图 10-1 中展示的各个步骤访问数据库的次数和占用的 CPU 时间是不同的。解析 SQL 语句不需要访问数据库，一般会完成得非常快。相反，优化操作是一种大量占用 CPU 时间的过程，而且它需要访问数据库的系统目录。对于一个复杂的多表查询来说，优化程序也许会研究几十种不同的查询方法。计算机以错误的方式完成查询所花费的时间比按正确方式（或至少是一种更好的方式）完成操作所花费的时间要多，所以减少在优化操作中花费的时间对于提高查询速度是至关重要的。

在输入 SQL 语句并启用 SQL 交互后，数据库管理系统将在等待它做出响应的期间内完成上面 5 个步骤。在这个过程中，数据库管理系统并没有更多的选择，在输入语句前它并不知道该语句是什么，所以就不会有提前进行的处理操作。但是，在程序化 SQL 中情况却大不一样。有些早期步骤可以在编译时（compile-time）完成，即在程序员正在开发程序时完成；后面的步骤在运行时（runtime）完成，即在用户执行程序时完成。在使用程序化 SQL 时，所有的数据库管理系统产品都尽可能将处理过程移到编译时完成，因为一旦最终版本的程序设计完成，它可能会被用户执行很多次，成千上万次甚至更多。用户特别要注意的是，这个目标是尽可能将优化过程移到编译时完成。

2. 嵌入式 SQL 概念

嵌入式 SQL 的中心思想就是将 SQL 语句直接混合编进用传统宿主编程语言编写的程序中，如用 C#、PHP、Python、C、Pascal、COBOL、FORTRAN、PL/I 或 Assemble 编写的程序中。嵌入式 SQL 使用下列技术嵌入 SQL 语句：

（1）SQL 语句与宿主语言的语句在源程序中混合。这种嵌入式 SQL 源程序提交给 SQL 预编译程序，这个程序可以处理 SQL 语句。

（2）宿主编程语言的变量可引用到嵌入式 SQL 语句中，这样允许 SQL 语句使用由程序计算得到的数值。

（3）嵌入式 SQL 语句使用程序语言变量得到 SQL 查询结果，这样就允许程序处理检索的数值。

（4）有些特殊的程序变量用于为数据库字段分配 NULL 值，并支持对数据库中 NULL 值的检索。

（5）几种嵌入式 SQL 独有的 SQL 语句被添加到交互式 SQL 语言中，它们可对查询结果按记录进行处理。

图 10-2 中展示了一个用 C 编写的简单的嵌入式 SQL 程序，这个程序演示了许多（但非全部）嵌入式 SQL 技术。该程序为用户提供销售点编号、销售的城市和地区、销售额和销售目标等信息，并将信息显示在屏幕上。

嵌入式 SQL 的优势是明显的，不过也有缺点，其程序的源代码不再是传统的单一源代码，而是与 SQL 语言有机结合的混合物，这对于没有同时学习过 SQL 和编程语言的读者而言在理解上增加了困难。

3. 开发嵌入式 SQL 程序

嵌入式 SQL 程序中包含 SQL 语句和编程语言语句，所以它不能直接提交给编程语言的编译程序，而是要通过多级的处理，如图 10-3 所示。图中的这些步骤就是 IBM 大型机数据库（如 DB2）使用的步骤，但所有支持嵌入式 SQL 的产品（如 Oracle、虚谷等）都有类似的处理过程。

```
main ()
{
    exec sql include sqlca ;
    exec sql begin declare section;
        int      officenum;              /*用户输入的销售点编号*/
        char     cityname [16 ];         /*查询取回的销售点所在城市*/
        char     regionname [11 ];       /*查询取回的销售点所在地区*/
        float    targetval ;             /*查询取回的销售点销售目标*/
        float    salesval;               /*查询取回的销售点销售额*/
    exec sql end declare section  ;

    /* 设置错误处理 */
    exec sql whenever sqlerror goto query _error ;
    exec sql whenever not found goto bad _number :

    /* 提示用户输入销售点的编号 */
    printf ("请输入销售点的编号： ");
    scanf ("%d", & officenum  );

    /*  执行SQL 查询 */
    exec sql select city , region , target, sales
                from offices
                where office = :officenum
                into :cityname , :regionname , :targetval , :salesval;
    /*  显示取回的结果  */
    printf ("销售点所在城市: % s\ n", cityname );
    printf ("销售点所在地区: %s\ n", regionname );
    printf ("销售点销售目标: % f\n", targetval );
    printf ("销售点的销售额: % f\n", salesval );
    exit ( );
query _error :

    printf ("SQL  错误: %ld\ n", sqlca .sqlcode );
    exit ( );
bad _number :
    printf ("输入的销售点编号没有找到 .\ n");
    exit ( );
}
```

图 10-2 典型的嵌入式 SQL 程序片段示例代码

第 1 步：嵌入式 SQL 源程序提交给 SQL 预编译程序（这是一个编程工具）。预编译程序扫描整个程序，找到嵌入的 SQL 语句并处理它们。数据库管理系统支持的每种编程语言都需要一种预编译程序。商业 SQL 产品为多种语言提供了预编译程序，这些语言包括 C#、PHP、Python、C、Pascal、COBOL、FORTRAN、Ada、PL/I、RPG 和其他各种汇编语言。

第 2 步：预编译程序输出两个文件。第一个文件是剥离了嵌入 SQL 语句的源程序。在嵌入 SQL 语句的位置，由预编译程序替换成对专用数据库管理系统程序段的调用，这些程序段提供了程序和数据库管理系统之间运行时的连接。一般情况下，这些程序段的名字和调用顺序只有预编译程序和数据库管理系统知道，它们并不是数据库管理系统的公共接口。第二个文件是程序中所有嵌入式 SQL 语句的复制品，这个文件有时称为数据库存取模块（database request module），或简称为 DBRM。

第 3 步：将从预编译程序输出的源文件提交给宿主编程语言的标准编译程序（例如 C

或 COBOL 编译程序）。标准编译程序处理源代码后生成对象代码作为输出结果。注意，这一步并没有利用数据库管理系统或 SQL 做什么。

第 4 步：连接器（linker）接收编译程序生成的目标模块，将模块与各种库程序段连接在一起，并生成一个可执行程序。参与生成可执行程序的库程序段包括在第 2 步中描述的专用数据库管理系统程序段。

第 5 步：预编译程序所生成的数据库存取模块提交给一个特殊的 BIND 程序。这个程序检查 SQL 语句，对它们进行解析、验证和优化，并为每条语句生成一个应用计划。这样做的结果就是得到整个程序的组合应用计划，它是嵌入式 SQL 语句的数据库管理系统可执行版本。BIND 程序在数据库中存储该计划，通常以创建计划的应用程序的名字为它命名。

图 10-3 中的程序开发步骤与图 10-1 中的数据库管理系统语句处理步骤有关。通常由预编译程序完成语句解析（第 1 步），由 BIND 工具完成验证、优化和生成计划等工作（第 2、第 3 和第 4 步）。这样，图 10-1 中的前 4 个步骤在使用嵌入式 SQL 时全部在编译时完成，只有第 5 步（也就是应用计划的执行步骤）留到运行时完成。

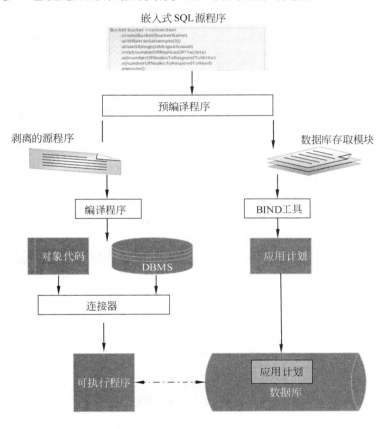

图 10-3　嵌入式 SQL 开发过程示意图

嵌入式 SQL 开发过程将原来的嵌入式 SQL 源程序转换为以下两个可执行部分。

（1）一个可执行程序：存储于计算机中，其格式与任何可执行程序格式相同。

（2）一个可执行应用计划：存储于数据库中，其格式由数据库管理系统确定。

嵌入式 SQL 的开发周期可能较长,而且它要比开发一个标准的 C 或 COBOL 程序烦琐。然而在多数情况下,图 10-3 中的所有步骤都会由一个命令程序自动完成,所以对于程序员来说,不会见到每个独立的步骤。从数据库管理系统的角度看,这样的过程有以下明显的优点:

(1)在嵌入式 SQL 源程序中,SQL 语句和编程语言语句的混合方式是一种合并两种语言的有效方式。宿主编程语言提供了控制流、变量、块结构和输入/输出功能,SQL 则只需解决数据库访问,不必提供这些结构。

(2)预编译程序的使用意味着密集型的计算工作可以在开发周期内完成,如解析和优化工作。这样,最终生成的可执行程序在其运行中所占用 CPU 资源方面就会表现出极高的性能。

(3)由预编译程序生成的数据库存取模块提供了简便的应用,可在一个系统上编写和测试应用程序,而应用程序的可执行程序和数据库存取模块可移植到另一个系统上。位于新系统上的 BIND 程序创建应用计划并将它安装到数据库中以后,应用程序可在没有预编译的情况下使用应用计划。

(4)对于应用程序的编写者来说,程序为专用数据库管理系统程序段准备的运行接口是隐藏的,这样程序员可在源代码级处理嵌入式 SQL,而不必担心其他复杂的接口。

4.运行嵌入式 SQL 程序

图 10-3 所示的流程在嵌入式 SQL 开发过程中生成了可执行程序本身和程序的应用计划两个可执行组件,它们被存储于计算机和数据库中。当运行一个嵌入式 SQL 程序时,这两个组件被联合在一起完成各项应用。

- 当用户指示计算机系统运行程序时,计算机将按通常的方式装载可执行程序,并开始执行程序的指令。
- 在预编译程序最初生成的调用中,其中一个是调用数据库管理系统程序段,从而为程序查找和装载应用计划。
- 对于每条嵌入式 SQL 语句来说,程序都将调用一个或多个专用数据库管理系统程序段,请求执行应用计划中的相应语句。数据库管理系统查找语句执行计划中的这一部分,然后把控制权交还给程序。
- 执行过程以这种方式继续下去,可执行程序和数据库管理系统一起协作来完成嵌入式 SQL 源程序的任务。

1)运行时的安全问题

在使用交互式 SQL 时,数据库管理系统根据用户输入给交互式 SQL 程序的用户标识符(user-id)来维护其安全性。用户可以输入任何 SQL 语句,不过用户输入的 SQL 语句能否被数据库管理系统执行由该用户的用户标识符所决定。在运行嵌入式 SQL 的程序时要考虑下面两种用户标识符:

(1)开发程序的程序员的用户标识符,换句话说,就是运行 BIND 程序创建应用计划的人的用户标识符。

(2)正在执行程序和相应应用计划的人的用户标识符。

实际上,DB2、虚谷、Oracle 和其他几种商业 SQL 产品都在它们的安全方案中使用了用户标识符。为理解安全方案的运作机制，假设用户张三在运行 ORDMAINT 这个订单维护程序，该程序可更新 ORDERS、SALES 和 OFFICES 等几个表。用于 ORDMAINT 程序的应用计划开始时被用户标识符 OPADMIN 约束，此标识符属于处理订单的管理员。

在 DB2 方案中，每个应用计划都是一个数据库对象，它们受到 DB2 安全机制的保护。要执行一个计划，张三必须有该计划的 EXECUTE 特权。如果他没有此权力，执行操作就会失败。在 ORDMAINT 程序执行的过程中，程序嵌入的 INSERT、UPDATE 和 DELETE 语句用来更新数据库。OPADMIN 用户的特权决定了计划是否可以执行这些更新操作。注意，即使张三没有特权，该计划也可以更新表。然而，更新操作只是执行嵌入式 SQL 语句中的代码，这样，DB2 可以很好地控制数据库的安全。用户访问表的特权受到限制，并未减少使用程序的权力。

并非所有的数据库管理系统产品都提供，对应用计划的保护。对于那些没有提供安全保护的产品来说，用户执行嵌入式 SQL 程序的特权决定了程序应用计划的特权。在这种机制中，用户必须可以执行所有计划可执行的操作，否则程序将会失败。如果在交互式 SQL 环境中用户没有上述的权限，对交互式 SQL 程序本身的访问就会受到限制，这是这个方法的缺点之一。

2）自动重捆

一个应用计划会针对数据库结构进行优化，优化过程在 BIND 程序把计划放置到数据库时完成。如果后来数据结构改变（例如索引向下变动或表中的字段被删除）了，那么任何同更改结构相关的应用计划都可能失效。为解决这个问题，数据库管理系统通常存储一份生成应用计划的原始 SQL 语句的副本。

数据库管理系统也会对每个应用计划所依赖的数据库对象进行跟踪。如果这些对象被 DDL（数据定义语言）语句更改，数据库管理系统会查找到依赖该对象的计划，并自动将计划标记为非法。在程序试图再一次使用该计划时，数据库管理系统能够察觉到这种情况，在多数情况下，它将自动重新捆绑语句以生成新的绑定图像。因为数据库管理系统拥有大量关于应用计划的信息，它可以对应用程序完成这种自动重捆。但是，SQL 语句会花费很多时间来重新绑定计划，与此对应，单纯执行计划就不会用这么多的时间。

虽然数据库管理系统在所依赖的结构被更改时仍然可以自动重新绑定计划，但通常情况下，它并不会自动检测可以制作更好计划的数据库中的变化。例如，假设有一个计划采用连续扫描表的方法查找特殊保留，这是因为计划被绑定时没有适合的索引存在。在这种情况下，后续的 CREATE INDEX 语句可以创建一个适当的索引。如果要利用这个新结构的长处，必须运行 BIND 程序重新绑定计划。

10.1.2　简单的嵌入式 SQL 语句

最简单的嵌于程序中的 SQL 语句就是那些自包含式（self-contained）语句，它们不会产生任何查询结果。例如，考查下面这个交互式 SQL 语句。

删除所有成绩低于 60 分的学生记录。

```
DELETE FROM SC
    WHERE Grade<60
```

　　图 10-4、图 10-5 显示了两段程序，它们使用嵌入式 SQL 完成上述交互式 SQL 语句完成的任务。

```
main ( )
{
    exec sql include sqlca ;
    exec sql declare sc table
            (SNo  char (8) not null,
             CNo  char (4) not null,
             Grade float not null );

    /* 设置错误处理*/
    exec sql whenever sqlerror goto query _error ;
    exec sql whenever not found goto bad _number ;

    /*  为用户显示一条信息 */
    printf ("删除考试成绩低于60分的学习记录.\ n");
    /* 执行SQL语句 */
    exec sql delete from sc
            where grade  < 60;

    /*  显示完成消息*
    printf ("删除完成.\n");
    exit( );

query _error :
    printf ("SQL 错误   %ld\ n", sqlca.sqlcode);
    exit( );
bad _number :
    printf ("无效的学生编号.\n");
    exit( );
}
```

图 10-4　用 C 编写的含有嵌入式 SQL 的程序示意图

```
identification division .
program -id sample.
environment division.
data division.
file section.
working -storage section.
    exec sql include sqlca .
    exec sql declare sc table
            (SNo  char (8) not null,
             CNo  char (4) not null,
             Grade float not null )
    end -exec.
procedure division .
*
* 为用户显示一条信息
display "删除考试成绩低于60分的学习记录.".
*
* 执行SQL 语句
exec sql delete from sc
            where grade < 60

end exec.
*
* 显示完成消息
display  "删除完成.".
```

图 10-5　用 COBOL 编写的含有嵌入式 SQL 的程序示意图

图 10-4 中的程序是用 C 编写的,图 10-5 中的程序是用 COBOL 编写的含有嵌入式 SQL 的程序片段。虽然这些程序极其简单，但它们可以展示出嵌入式 SQL 的基本特性：

- 嵌入式 SQL 语句出现在宿主编程语言语句的中间，以大写形式还是以小写形式编写 SQL 语句是不敏感的，通常的做法是按照宿主语言的形式进行输入。

- 每个嵌入式 SQL 语句的开始都有一个介绍标记（introducer），以说明它是一个 SQL 语句。IBM SQL 产品对于绝大多数宿主语言使用 "exec sql" 做介绍标记，ANSI/ISO SQL2 标准也一样。有些嵌入式 SQL 产品仍然支持其他介绍标记，以保持与较早版本的兼容。

- 如果一条嵌入式 SQL 语句扩展到多行，需要使用宿主语言的语句连续性策略。对于 COBOL、PL/I 和 C 程序来说，不需要什么特殊的连续性字符。对于 FORTRAN 程序来说，语句的第二行及以后各行都必须有一个连续性字符。

- 每个嵌入式 SQL 语句都以一个终止符（terminator）做结束标记，以说明该语句结束。终止符根据宿主语言的不同而不同。在 COBOL 中，终止符是字符串 "end-exec."，像其他的 COBOL 语句一样用一个点号结束。对于 PL/I 和 C 来说，终止符是分号 ";"。在 FORTRAN 中，如果不再出现连续行，则标志着嵌入式 SQL 语句结束。

图 10-4 和图 10-5 中展示的嵌入式技术适用于满足以下两个条件的 SQL 语句：①不依靠宿主语言变量执行程序；②不检索数据库中的数据。

1．声明表

在 IBM SQL 产品中，通过嵌入式 SQL 的嵌入式 DECLARE TABLE 语句来声明表，这个表能够被程序中的一个或多个嵌入式 SQL 语句引用。这是一个可选语句，用来帮助预编译程序解析和验证嵌入式 SQL 语句。通过使用 DECLARE TABLE 语句，程序可明确指定表的字段数以及数据类型和尺寸大小等未知项。预编译程序将检查程序中表和字段的引用是否符合表的声明条件。

图 10-4、图 10-5 所示的程序都使用了 DECLARE TABLE 语句。这里非常重要的是，语句是为了文件编制目标和使用预编译程序而出现的。它不是一个可执行语句，在嵌入式 DML 或 DDL 语句中引用 DECLARE TABLE 语句前不必声明表。不过，使用 DECLARE TABLE 语句后，确实可以使程序更具说明性而且维护起来更简单。所有 IBM 公司开发的 SQL 产品都支持 DECLARE TABLE 语句，但其他绝大多数 SQL 产品都不支持，如果使用该语句，它们的预编译程序会产生一条错误消息。

DECLARE TABLE 语句的语法格式为：

```
DECLARE <表名|视图名> TABLE
        ( 字段名 数据类型 [not null] [with default]
        [,字段名 数据类型 [not null] [with default]]… )
```

DECLARE TABLE 语句的示例代码如图 10-6 所示。

```
main( )
{
    exec sql include sqlca;

    /* 创建一个新表*/
    exec sql create sc table
            (SNo  numeric (8,0) not null,
             CNo  numeric (4,0) not null,
             Grade float with default 60,
             foreign key SNo,
             foreign key Cno,
             references  student,
             references  course);
    printf ("SC表已被建立.\n");

    /*向SC表插入两条记录*/
    exec sql insert into sc
            values('20120001', '0001', 87.0 ) ;
    exec sql insert into sc
              values('20120002 ', '0001', 95.3);

    printf("两条记录已被添加.\n");
    exit( );
}
```

图 10-6 使用嵌入式 SQL 创建表的示例代码

2. 错误处理

当输入了能引起错误的交互式 SQL 语句时，交互式 SQL 程序会显示错误信息，中断语句的执行，并提示输入一条新语句。在嵌入式 SQL 中，应用程序必须具备处理 SQL 错误的能力，以确保应用的健壮性。嵌入式 SQL 语句有下面两种截然不同的错误类型。

- 编译时错误：在嵌入式 SQL 语句中，放错位置的逗号、拼写错误的 SQL 关键字以及其他类似的错误都可以被 SQL 预编译程序检测到，并报告给程序员。程序员可以修正错误，然后预编译应用程序。
- 运行时错误：插入非法的数据或缺乏更新表所需的权限等错误，只有在运行时才能被检测到，这样的错误必须由应用程序检测和解决。

在嵌入式 SQL 程序中，数据库管理系统通过返回的错误代码向应用程序报告运行时错误。如果一条错误被检测到，通过另外的诊断信息就可以进一步了解该错误的情况和刚刚被执行语句的其他信息。最早的 IBM 嵌入式 SQL 定义了一种报告错误的机制，此机制及其变种被多数数据库管理系统提供商采用。这个机制的核心部分是一个名为 SQLCODE 的错误状态变量，它也在原始的 ANSI/ISO SQL 标准中被定义。在 1992 年发布的 SQL2 标准中定义了一个全新的并行错误报告机制，其中建立了一个名为 SQLSTATE 的错误状态变量。

1）使用 SQLCODE 处理错误

在 IBM 产品推出的早期方案中，数据库管理系统通过程序存储区域向嵌入式 SQL 程序传送状态信息，此区域称为 SQL 通信区域（Communications Area）或简称为 SQLCA。
SQL 通信区域是一个包含错误变量和状态指示信息的数据组织。通过检查 SQL 通信区域，
应用程序可判断出它的嵌入式 SQL 语句是成功还是失败，并采取相应的行动。

　　需要注意的是，在图 10-6 所示的程序中，第一条嵌入式 SQL 语句是 INCLUDE SQLCA，
这个语句告诉 SQL 预编译程序在这个程序中包括一个 SQL 通信区域。各种数据库管理系
统的 SQL 通信区域的具体内容会稍有不同，但 SQL 通信区域却提供同样的信息类型。图
10-7 中显示了 IBM 数据库使用的 SQL 通信区域的定义。SQL 通信区域中最重要的部分是
SQLCODE 变量，它受所有主要的嵌入式 SQL 产品的支持，并被 ANSI/ISO SQL1 标准
指定。

```
struct sqlca {
    unsigned char sqlcaid [8];      /* 字符串"SQLCA" */
    long           sqlcabc;         /* SQL的字节长度 */
    long           sqlcade;         /* SQL状态代码 */
    short          sqlerrml ;       /* SQLRMC数组数据长度*/
    unsigned char sqlerrmc [70];    /* 错误情况名称*/
    unsigned char sqlerrp [8];      /* 诊断信息*/
    long           sqlerrd [6];     /* 诊断错误的数量 */
    unsigned char sqlwarn [8];      /* 警告标记数组 */
    unsigned char sqlext [8];       /* 警告标记扩展数组*/
}

#define SQLCODE sqlca.sqlcode       /* SQL状态代码 */
#define SQLWARN0 sqlca.sqlwarn [0]  /* 主警告标记 */
#define SQLWARN0 sqlca.sqlwarn [1]  /* 捕获的串 */
#define SQLWARN0 sqlca.sqlwarn [2]  /* 字段的非空限制*/
#define SQLWARN0 sqlca.sqlwarn [3]  /* 太少或太多的变量*/
#define SQLWARN0 sqlca.sqlwarn [4]  /* 预更新缺少where条件*/
#define SQLWARN0 sqlca.sqlwarn [5]  /* 不兼容性信息*/
#define SQLWARN0 sqlca.sqlwarn [6]  /* 无效数据类型或表达式*/
#define SQLWARN0 sqlca.sqlwarn [7]  /* 被保留字*/
```

图 10-7　IBM 数据库的 SQL 通信区域（SQLCA）示例代码

　　在数据库管理系统执行每一条嵌入式 SQL 语句时，它会通过设置 SQL 通信区域中
SQLCODE 变量的值来指示语句的完成状态。

- SQLCODE 为 0 表明语句成功地完成，执行过程中没有任何错误或受到警告之处。
- SQLCODE 为负数表明有严重错误，使语句不能被正确执行。例如，如果尝试更新
  只读属性的视图，就会产生一个负的 SQLCODE 值。每次运行时错误都会被分配一
  个单独的负数。
- SQLCODE 为正数表明正处于一种受到警告的情形。例如，对程序检索到的数据项
  目进行切割或取舍就会产生一条警告信息。每个运行时警告都会被分配一个单独的
  正数。执行中最常见的警告在 SQL1 标准中规定为+100 的数值，它是一种超出数据
  范围的警告，在程序试图检索查询结果中的下一条记录，并且没有更多的记录可供
  检索的时候将返回这个结果。

因为每个可执行的嵌入式 SQL 语句都存在潜在错误，所以一个编写的较好的程序需要

在每个可执行的嵌入式 SQL 语句后面检查 SQLCODE 数值。图 10-8 显示了一个检查 SQLCODE 的 C 程序片段。

```
              ⋮
exec sql delete from sc
              where grade < 60;
if (sqlca .sqlcode < 0)
  goto error _routine;
              ⋮
error_routine :
    printf ("SQL 错误 : %ld \ n", sqlca .sqlcode );
    exit ( );
              ⋮
```

图 10-8　检查 SQLCODE 错误的 C 程序片段示例代码

2）使用 SQLSTATE 处理错误

在制订 SQL2 标准的时候，所有的商业 SQL 产品都在使用 SQLCODE 变量报告嵌入式 SQL 程序中的错误情况。但是那时并没有标准化的错误数字，用于不同的产品来报告相同或类似的错误。另外，由于 SQL1 标准所允许的 SQL 实现过程中的巨大差异，不同 SQL 产品在具体实现上存在很大差异。同时，SQL 通信区域定义在各种数据库管理系统中有着明显的区别。

在 SQL2 标准中，虽然包括了 SQLCODE 错误数值，但是将其标识为一项不提倡的特性，这意味着把它看作一种过时的、在不久的将来要从标准中删除的特性。为了更好地标识嵌入式 SQL 的错误信息，SQL2 标准设计者们推出一个新的错误变量，称为 SQLSTATE。在该标准中，详细地指定了通过 SQLSTATE 变量进行错误报告的情况，以及分配给每个错误的错误代码。为满足 SQL2 标准，SQL 产品必须同时使用 SQLCODE 和 SQLSTATE 错误变量报告错误情况。使用这种方法，已存在的使用 SQLCODE 的程序可以继续运作，而新程序在编写时则可以使用标准化的 SQLSTATE 错误代码。

SQLSTATE 变量由下面两部分组成。

- 两个字符的错误类：标明错误的一般分类，如连接错误、非法数据错误或警告错误等。
- 3 个字符的错误子类：标明一般错误分类中的确定错误类型。例如，在非法数据类中，错误子类可识别出被 0 除错误、非法数字数值错误或非法日期时间数据错误等。

在 SQL2 标准中指定的错误有一个错误类代码，此代码以一个从 0～4（包括 4）的数字或从 A 到 H（包括 H）的字母开头。例如，数据错误由错误类 22 指定，违反完整性要求（例如外来词定义）的操作错误将由错误类 23 指定，反转交易的错误将由错误类 40 指定。在每个错误类中，标准子类代码也遵从相同的起始数字/字母的约定。例如，在错误类 40（反转交易）中，子类代码 001 代表连续性失败错误（例如，程序在死锁中失败），002 代表违反了完整性要求错误，003 代表 SQL 语句的完成状态处于未知（例如，在语句完成前网络连接受到破坏或服务器崩溃）的错误。图 10-9 所示的是使用 SQLSTATE 变量来代替 SQLCODE，用于错误检查。

```
              ⋮
exec sql delete from sc
              where grade < 60;
if (strcmp (sqlca.sqlstate, "00000"))
  goto error_routine;

              ⋮

error_routine:
    printf ("SQL 错误：%ld\n", sqlca.sqlcode);
    exit ();

              ⋮
```

图 10-9　带有 SQLSTATE 错误检查的 C 程序片段示例代码

　　标准中特别保留的错误类代码用于没有被标准化的特殊实现过程错误，它们以从 5～9（包括 9）的数字和从 I～Z（包括 Z）的字母为开头，这样允许各种数据库管理系统间继续存在差异。不过，所有由 SQL 语句引起的最常见错误都被收集进标准化的错误类代码中。随着商业数据库管理系统实现过程向着支持 SQLSTATE 变量转移，不同 SQL 产品的兼容性问题正在逐渐被解决。

　　SQL2 标准中一个新的 GET DIAGNOSTICS 语句提供了额外的错误诊断信息。GET DIAGNOSTICS 语句允许嵌入式 SQL 程序检索一条或多条信息项，这些信息涉及刚被执行的 SQL 语句或可能出现的错误情况。Intermediate SQL 或 Full SQL 必须支持 GET DIAGNOSTICS 语句以满足标准的要求，但在 Entry SQL 中却是不必要或不被允许的。GET DIAGNOSTICS 语句的语法格式如下。

　　检索语句级信息并决定有多少错误的诊断：

```
get diagnostics 宿主变量 = < number | more | command_function |
                    dynamic_function | row_count>
```

检索一条错误诊断信息：

```
get diagnostics exception err_number 宿主变量 =
                    <condition_number | returned_sqlstate |
                    class_origin | subclass_origin |
                    server_name | connection_name |
                    constraint_catalog | constraint_schema |
                    constraint_name | catalog_name |
                    schema_name | table_name |
                    column_name | cursor_name |
                    message_text | message_length |
                    message_octet_length>
```

　　图 10-10 所示的程序片段为带有 GET DIAGNOSTICS 错误检查的 C 程序片段。

　　3）WHENEVER 语句

　　对于程序员来说，如果编写程序时在每个嵌入式 SQL 语句后面都要检查 SQLCODE 数值，那么编写程序将是一件十分痛苦的事。为简化错误处理，嵌入式 SQL 语句支持

WHENEVER 语句。WHENEVER 语句是 SQL 预编译程序的指示，它不是一条可执行语句。它告诉预编译程序在每条可执行嵌入式 SQL 语句之后自动生成错误处理代码，并确定生成的代码所要完成的工作。

```
          ⋮
/* 执行 delete 语句，并检查错误*/
exec sql delete from sc
           where grade < 60;
if (strcmp(sqlca.sqlstate , "00000 "))
   goto error_routine ;
/*删除成功，检查被删除了多少条记录*/
exec sql get diagnostics :number = ROW_COUNT;
printf ("%id条记录被删除!\n", numrows);
          ⋮
error_routine :
   /* 诊断错误数量 */
   exec sql get diagnostics :count =NUMBER;
   for (i=1; i<count ; i++) {
      exec sql get diagnostics EXCEPTION:1
                    :err = RETURNED_SQLSTATE,
                    :msg = MESSAGE_TEXT;
      printf ("SQL 错误: # %d: code: %s message : %s\ n",i , err, msg );
   }
   exit ( );
          ⋮
```

图 10-10　带有 GET DIAGNOSTICS 错误检查的 C 程序片段示例代码

WHENEVER 语句的语法格式如下：

```
WHENEVER <SQLERROR | SQLWARNING | NOT FOUND>
        <CONTINUE | GOTO 标记 | GO TO 标记>
```

可以使用 WHENEVER 语句指示预编译程序处理 3 种不同的意外情况：

（1）WHENEVER SQLERROR 指示预编译程序生成代码以解决错误（负的 SQLCODE 数值）。

（2）WHENEVER SQLWARNING 指示预编译程序生成代码以解决警告（正的 SQLCODE 数值）。

（3）WHENEVER NOT FOUND 指示预编译程序生成代码以解决一种特殊的警告，即在程序试图检索查询结果而实际上已没有更多的可搜寻目标时，将由数据库管理系统产生这种警告。WHENEVER 语句的这个用法被指定用于单个 SELECT 和 FETCH 语句。

需要注意的是，SQL2 标准并没有指定 WHENEVER 语句的 SQLWARNING 形式，不过绝大多数商业 SQL 产品都支持它。

对于上述 3 种情况中的任何一种，都可以指示预编译程序生成代码来执行以下两种操作：

（1）WHENEVER/GOTO 告诉预编译程序为指定的 label（标签）生成一个分支，被指定的标签必须是程序中的语句标签或语句编号。

（2）WHENEVER/CONTINUE 告诉预编译程序让程序的控制流继续前进到下一条宿主语言语句。

WHENEVER 语句是对预编译程序的直接指令，它的作用可由程序中稍后出现的另一条 WHENEVER 语句所取代。图 10-11 所示的程序片段包括 3 个 WHENEVER 语句和 4 个可执行的 SQL 语句。在这个程序中，由于第一个 WHENEVER 语句的作用，两个 DELETE 语句中任何一个有错误都会导致出现分支 error1。嵌入式 UPDATE 语句中的错误将直接传递给程序中后面的语句。嵌入式 INSERT 语句中的错误会导致出现分支 error2。在图 10-11 所示的程序片段中，WHENEVER/CONTINUE 形式语句的主要作用就是取消前面的 WHENEVER/CONTINUE 语句的作用。

```
            ⋮
exec sql whenever sqlerror goto error 1;
exec sql delete form sc
            where grade ＜60;
exec sql delete form student
            where SAge ＜ 13;
exec sql whenever sqlerror continue;
exec sql updete sc
            set grade = grade+5;
exec sql whenever sqlerror goto error2;
exec sql insert into sc
            values ('20120001', '0002', 89.5);


            ⋮
error 1:
    printf("SQL delete 语句错误: %ld\ n", sqlca.sqlcode);
    exit();

error 2:
    printf("SQL insert 语句错误: %ld\ n", sqlca.sqlcode);
    exit( );
            ⋮
```

图 10-11　使用 WHENEVER 语句的 C 程序片段示例代码

WHENEVER 语句使嵌入式 SQL 的错误处理变得简单了。然而，在编写应用程序时更常见的做法是使用 WHENEVER 语句，而不是直接检查 SQLCODE 或 SQLSTATE 的结果。不过需要注意的是，在一个 WHENEVER/GOTO 语句出现之后，预编译程序将为后面的每一个嵌入式 SQL 语句针对指定标签生成测试和分支。在编写程序时，必须注意使程序中的指定标签是嵌入式 SQL 语句的分支目标，或是使用另一个 WHENEVER 语句来指定不同的目的地，或是取消 WHENEVER/GOTO 的作用。

3. 使用宿主变量

前面给出的嵌入式 SQL 程序并没有提供编程语句和嵌入式 SQL 语句之间任何真正的交互作用。在大多数应用程序中，都会遇到要在嵌入式 SQL 语句中使用一个或多个程序变量的情况。例如，想要编写一个程序，将参加全国机器大赛获团体奖的全班同学的成绩普遍加 5 分。这时需要程序提示用户输入加分分值，然后使用一个嵌入式 UPDATE 语句来更改成绩表 SC 中的 Grade 字段。

嵌入式 SQL 通过使用宿主变量（host variables）实现对这个特性的支持。宿主变量是

一个在宿主语言中声明的程序变量（例如一个 COBOL 或 C 变量），它将被嵌入式 SQL
语句所引用。为了能够识别宿主变量，在嵌入式 SQL 语句中出现变量名时将在名字上加一
个冒号前缀 ":"。有了这个冒号前缀，预编译程序就可以很容易地区分宿主变量和数据库
对象（如表或字段），即使它们有同样的名字。

　　图 10-12 所示的一段 C 程序使用宿主变量来实现加分的任务。程序提示用户给出加分
的分值，并在名为 augment 的变量中存储输入的数值。在嵌入式 UPDATE 语句中将引用这
个宿主变量。从一般概念上说，当 UPDATE 语句执行时，将得到数量变量的数值，该数值
将替代 SQL 语句中的宿主变量。

```
main ( )
{
    exec sql include sqlca;
    exec sql begin declare section ;
        float augment ;
    exec sql end declare section ;

    /* 提示用户输入加分的分值 */
    printf ("请输入加分的分值:");
    scanf ("%f", & augment );

    /* 更新成绩表的成绩 */
    exec sql update sc
            set grade = grade + :augment;

    /* 检查执行结果 */
    if (sqlca .sqlcode != 0)
        printf ("加分更新出现错误!\ n");
    else
        printf ("加分更新成功!\ n");
    exit ( );
}
```

图 10-12　使用宿主变量的 C 程序片断示例代码

　　在嵌入式 SQL 语句中，宿主变量可出现在任何一个常量的位置，特别是宿主变量可在
分配表达式中使用：

```
exec sql update sc set grade = grade + :augment;
```

　　宿主变量还可出现在搜索条件中：

```
exec sql delete from sc where grade < :augment;
```

　　宿主变量还能出现在 INSERT 语句的 VALUES 子句中：

```
exec sql insert into sc values('20120001','0002', :augment);
```

　　需要注意的是，在每一种情况中，宿主变量都是数据库管理系统程序输入内容的一部
分，它是提交给数据库管理系统执行的 SQL 语句的一部分。

　　1）声明宿主变量

　　在嵌入式 SQL 语句中使用宿主变量时必须声明该变量，声明方法与在宿主编程语言中
声明变量的常规方法一致。例如在图 10-12 中，使用普通的 C 语言语法（**float augment**）

来声明宿主变量 augment。当预编译程序处理程序的源代码时，它对遇到的每个变量名字以及该变量的数据类型和大小进行标注。以后在预编译程序遇到该变量用作一条 SQL 语句中的宿主变量时，将使用上述信息生成正确的代码。

BEGIN DECLARE SECTION 和 END DECLARE SECTION 这两条嵌入式 SQL 语句将宿主变量声明括在一起，如图 10-12 所示。对于嵌入式 SQL 来说，这两条语句是独一无二的，是不可执行的。它们是直接给预编译程序的指示，告诉它何时需要注意变量声明，何时可以忽略变量声明。

在一个简单的嵌入式 SQL 程序中，可以将全部的宿主变量声明汇集到一个声明部分中。但是，通常情况下宿主变量必须声明在程序中的不同位置，特别是在块结构语言中，例如 C、Pascal 和 PL/I 等。在这种情况下，每个宿主变量的声明都必须用 BEGIN DECLARE SECTION 和 END DECLARE SECTION 语句对括起来。

对于嵌入式 SQL 语言来说，BEGIN DECLARE SECTION 和 END DECLARE SECTION 语句相对新一些。它们是在 ANSI/ISO SQL 标准中指定的，DB2 需要它们用于较新的嵌入式 SQL 实现过程中。但是，DBE 和其他许多数据库管理系统产品以前并不需要声明部分，一些 SQL 预编译程序也不支持 BEGIN DECLARE SECTION 和 END DECLARE SECTION 语句。在这种情况下，预编译程序将扫描并处理宿主程序中的所有变量声明。

在使用宿主变量时，预编译程序将限制在宿主编程语言中声明变量的灵活性，例如下面的这段 C 语言源代码：

```
#define BIGBUFSIZE 1024
…
exec sql begin declare section;
        char bigbuffer [BIGBUFSIZE+1];
exec sql end declare section;
```

这是一个有效的 C 变量 bigbuffer 的声明。但是，如果像下面这样试图在嵌入式 SQL 语句中使用 bigbuffer 作为一个宿主变量：

```
exec sql update student
    set sage = 23
    where sname = :bigbuffer;
```

对于上面的程序片段，许多预编译程序都会产生一条错误信息，指出对 bigbuffer 的声明是非法的，其问题在于有些预编译程序不能识别出像 BIGBUFSIZE 这样的符号常量。这只是在使用嵌入式 SQL 和预编译程序时要考虑的一个例子。

2）宿主变量与数据类型

基于 SQL 的数据库管理系统支持的数据类型和 C 或 FORTRAN 编程语言支持的数据类型有非常大的差异，这种差异会影响宿主变量。一方面，宿主变量是一个程序变量，可使用编程语言的数据类型进行声明，并由编程语言的语句来处理；另一方面，宿主变量也用于在嵌入式 SQL 语句中包含数据库数据。

对于图 10-13 所示的代码，在第一条 UPDATE 语句中，MANAGER 字段为 INTEGER

数据类型，所以 hostvar1 应该声明为 C 整型变量。在第二条语句中，NAME 字段为 VARCHAR 数据类型，所以 hostvar2 应该包含字符串数据。程序应该声明 hostvar2 为一个 C 字符数据的数组，大多数数据库管理系统产品都认为数组中的数据应由空字符（0）终止。在第三条 UPDATE 语句中，AMOUNT 字段为 MONEY 数据类型。在 C 中没有与之对应的数据类型，而且 C 不支持压缩的十进制数据类型。对于绝大多数数据库管理系统产品来说，可以声明 hostvar3 为 C 浮点变量，数据库管理系统将自动把浮点值转换为数据库管理系统 MONEY 格式。最后，在第四条 UPDATE 语句中，BIRTHDAY 字段为数据库中的 DATE 数据类型。对于绝大多数数据库管理系统产品来说，应该声明 hostvar4 为一个 C 字符数据的数组，并以数据库管理系统所接受的文本格式的日期填充数组。

```
          ⋮
exec sql begin declare section
    int      hostvarl  =  001;
    char   *hostvar2  =  "张铎";
    float    hostvar3  =  2100.00;
    char   *hostvar4  =  "2014-06-21";
exec sql end declare section;

exec sql updete sales
        set manager = :hostvar1;
        where empl_No = 100;

exec sql updete sales
        set name = :hostvar2;
        where empl_No = 100;

exec sql updete sales
        set amount = :hostvar3;
        where empl_No = 100;

exec sql updete sales
        set birthday = :hostvar4;
        where empl_No = 100;
          ⋮
```

图 10-13　宿主变量和数据类型的 C 程序片段示例代码

表 10-2 所示的是 ANSI/ISO SQL2 标准中指定的 SQL 数据类型，该标准还指定在 4 种最流行的嵌入式 SQL 编程语言中使用的对应数据类型。该标准中指定了 Ada、C、COBOL、FORTRAN、MUMPS、Pascal 和 PL/I 语言相对应的数据类型和嵌入式 SQL 规则。

需要特别注意的是，在多数情况下数据类型间并没有一一对应的关系。另外，每个数据库管理系统产品都有自己的数据类型特性，以及它们在使用宿主变量时进行的数据类型转换的规则。在运用特定的数据转换方式之前，用户可参考涉及的数据库管理系统产品的相关文档，特别要仔细阅读正在使用的特定编程语言的有关描述。

表 10-2　SQL2 标准中嵌入式 SQL 数据类型一览表

SQL 类型	C 类型	COBOL 类型	FORTRAN 类型	PL/I 类型
SMALLINT	short	PIC S9(4)COMP	INTEGET*2	FIXED BIN(15)
INTEGER	long	PIC S9(9) COMP	INTEGET*4	FIXED BIN(31)
REAL	float	COMP-1	REAL*4	BIN FLOAT(21)

续表

SQL 类型	C 类型	COBOL 类型	FORTRAN 类型	PL/I 类型
DOUBLE PRECISION	double	COMP-2	REAL*8	BIN FLOAT(53)
NUMERIC(p,s) DECIMAL(p,s)	double[1]	PIC S9(p-s) V9(s)COMP3	REAL*8[1]	FIXED DEC(p,s)
CHAR(n)	char x[n+1][2]	PIC X(n)	CHARACTER*n	CHAR(n)
VARCHAR(n)	char x[n+1][2]	Req.conv. [4]	Req.conv. [4]	CHAR(n)VAR
BIT(n)	char x[l][3]	PIC X(1)	CHARACTER*L3	BIT(n)
VARYING(n)				
DATE	Req.conv. [5]	Req.conv. [5]	Req.conv. [5]	Req.conv. [5]
TIME	Req.conv. [5]	Req.conv. [5]	Req.conv. [5]	Req.conv. [5]
TIMESTAMP	Req.conv. [5]	Req.conv. [5]	Req.conv. [5]	Req.conv. [5]
INTERVAL	Req.conv. [5]	Req.conv. [5]	Req.conv. [5]	Req.conv. [5]

说明：

（1）宿主语言不支持压缩的十进制数据，它与浮点数据之间的转换可能会引起截尾或者舍入的错误。

（2）SQL 标准指定了一个带有空终止符的 C 字符串，较早的数据库管理系统实现过程将返回一个数据结构中的分离长度数值。

（3）宿主字符串的长度（l）是位数（n），被宿主语言所采纳，被每个字符位数（一般为 8）所除，然后进行舍入。

（4）宿主语言不支持可变长度的字符串，多数数据库管理系统产品将转换为固定长度的字符串。

（5）宿主语言不支持原始的日期/时间数据类型，需要带有文本日期、时间和间隔表示的字符串数据类型之间的转换。

3）宿主变量与 NULL 值

大多数编程语言对未知或丢失的数值不提供 SQL 类型支持。例如，在 COBOL、C 或 FORTRAN 中，一个变量总有一个数值，这里没有数值为 NULL 或丢失的概念。这样，在使用程序化 SQL 在数据库中存储 NULL 值或从数据库中检索 NULL 值时就会出现问题。嵌入式 SQL 成功地解决了这个问题，它的做法是允许每一个宿主变量都拥有一个随行的宿主指示符变量（host indicator variable）。在一条嵌入式 SQL 语句中，宿主变量与指示符变量一起确定一个 SQL 类型的数值，如下所示：

- 指示符数值为 0，表明宿主变量包含一个合法的数值，而且这个数值将要被使用。
- 指示符数值为负，表明宿主变量应该被假设为一个 NULL 值，宿主变量的实际数值是无关的或是应该被忽略的。
- 指示符数值为正，表明宿主变量包含一个合法数值，这个数值可能是被舍入或是被截尾的。

当在一条嵌入式 SQL 语句中指定了宿主变量后，可以在其后紧跟着相对应的指示符变量的名字。所有的变量名前面都有一个冒号。例如，下面这个嵌入式 UPDATE 语句中使用了宿主变量 amount 以及伴随的指示符变量 amount_ind：

```
exec sql update sales
        set money = :amount :amount_ind, sales=:amount2
        where money < 50000.00;
```

如果在 UPDATE 语句执行后 amount_ind 是一个非负数，数据库管理系统将把语句看作下面这样：

```
exec sql update sales
        set money = :amount,sales=:amount2
        where money < 50000.00;
```

如果在 UPDATE 语句被执行后，amount_ind 是一个负数，数据库管理系统将把语句看作下面这样：

```
exec sql update sales
        set money =NULL,sales=:amount2
        where money < 50000.00;
```

宿主变量/指示符变量对出现的位置包括嵌入式 UPDATE 语句的分配子句和是嵌入式 INSERT 语句的数值子句。另外，不能在搜索条件下使用指示符变量，下面这条嵌入式 SQL 语句就是不合法的：

```
exec sql delete from sales
        where money = :amount :amount_ind
```

禁用原因与 NULL 关键词不能用在搜索条件下的道理是一样的，测试 QUOTA 与 NULL 是否相等没有任何意义，因为答案总是 NULL（未知的）。如果不使用指示符变量，则必须使用显式 IS NULL 测试。例如：

```
if(amount_ind<0){
    exec sql delete from sales
            where money is null;
}
else {
    exec sql delete from sales
            where money = :amount;
}
```

当从数据库中把数据放入到应用程序而被检索出数据值为 NULL 时，指示符变量显得特别有用。

10.1.3 嵌入式 SQL 中的数据检索

由于 SQL 语言与 C、COBOL 等编程语言之间存在不匹配问题，SQL 查询所产生的完整结果列表，多数编程语言不能很好地处理，只能处理单独的数据项目或单独的数据记录。因此，必须对 SELECT 语句进行一些特殊的扩充，在嵌入式 SQL 与 C、COBOL 等编程语言之间建立一座"桥"，以解决 SQL SELECT 语句的表一级逻辑与 C、COBOL 和其他宿主编程语言的逐条处理记录方法之间的匹配问题。嵌入式 SQL 将 SQL 查询划分为下面两部分。

- 单记录查询：保证查询结果只包含单记录数据。这种类型的查询示例包括查找客户信用卡的限额，检索某个销售员的销售额和配额等。

- 多记录查询：允许查询结果为零个、一个或多个记录数据。这种类型的查询示例包括列出金额在 5 万元以上的订单，检索超出配额的全部销售员名单等。

交互式 SQL 对于这两种类型的查询没有区别，同一种交互式 SELECT 语句把上述工作都解决了。但是在嵌入式 SQL 中，这两种类型查询的处理方式有着很大的差异。

1．单记录查询

许多 SQL 查询都返回单记录的查询结果。单记录查询在事务处理程序中特别常见，在这种程序中，用户输入客户的编号或订单的编号，然后程序将检索出和客户或订单相关的数据。在嵌入式 SQL 中，单记录查询由单个 SELECT 语句处理，其语法格式与交互式 SELECT 语句极像。它有一条 SELECT 子句、一条 FROM 子句，以及一条可选的 WHERE 子句。因为该 SELECT 语句只返回单记录数据，所以就不再需要 GROUP BY、HAVING 或 ORDER BY 子句了。INTO 子句指定了宿主变量，这些变量是用来接收语句检索出的数据的。

```
SELECT [ALL | DISTINCT] < *|字段列表> INTO 宿主变量
       FROM 表名 WHERE 搜索条件
```

图 10-14 中显示了一个带有单个 SELECT 语句的简单程序。程序会提示用户输入学生编号，然后将检索出相应学生编号、课程编号和考试成绩。数据库管理系统将这 3 种被检索的数据项目分别放入宿主变量 repsno、repcno 和 repgrade 中。

```
main ()
{
    exec sql include sqlca ;
    exec sql begin declare section ;
            char      repnum ;          /* 用户输入的学生编号 */
            char      repsno ;          /* 查询取回的学生编号 */
            char      repcno ;          /* 查询取回的课程编号 */
            float     repgrade ;        /* 查询取回的考试成绩 */
    exec sql end declare section ;

    /* 提示用户输入学生编号 */
    printf ("请输入学生编号 :");
    gets (repnum );

    /* 执行SQL查询 */
    exec sql select sno , cno , grade
                from sc
                where sno  = :repnum
                into :repsno , :repcno , :repgrade;

    /* 显示查询结果的数据 */
    if (sqlca.sqlcode == 0) {
        printf ("学生编号: %s \ n", :repsno );
        printf ("课程编号: %s \ n", :repcno );
        printf ("考试成绩: %s \ n", :repgrade );
    }
    else if (sqlca.sqlcode == 100)
        printf ("您输入的学生编号没有找到!\n");
    else
        printf ("SQL错误 错误代码为: %ld \ n", sqlca.sqlcode);
    exit();
}
```

图 10-14　在嵌入式 SQL 中使用单个 SELECT 语句的 C 程序片段示例代码

在前面的例子中，INSERT、DELETE 和 UPDATE 语句中使用的宿主变量都是输入宿主变量。与之形成对应，在单个 SELECT 语句的 INTO 子句中指定的宿主变量是输出宿主变量。在 INTO 子句中命名的每个宿主变量都从查询结果记录中接收一个单独的字段。选择列表项目和对应的宿主变量按顺序配成对，其次序就是它们分别在各自的子句中出现的顺序，查询结果字段的数量必须与宿主变量的数量一致。另外，每个宿主变量的数据类型必须与对应的查询结果字段的数据类型兼容。

多数数据库管理系统产品将自动解决数据库管理系统的数据类型与编程语言支持的数据类型之间的合理转换问题。例如，大多数数据库管理系统产品会将从数据库中检索到的 MONEY 数据，在把它存储于 COBOL 变量之前，转换为压缩十进制（COMP-3）数据；在把它存储于 C 变量之前，转换为浮点数据。预编译程序可借助于它对宿主变量数据类型的认识来正确地解决转换问题。

可变长度文本数据在存储于宿主变量中之前也必须转换。数据库管理系统为 C 程序转换 VARCHAR 数据为空终止符字符串，为 Pascal 程序转换 VARCHAR 数据为可变长度字符串（前面带有字符计数值）。对于 COBOL 和 FORTRAN 程序来说，一般声明宿主变量为具备带有整型计数域和字符数组的数据结构。数据库管理系统返回字符数组中的数据，并返回数据结构计数域中数据的长度。

如果数据库管理系统支持日期/时间数据或其他数据类型，那么还需要其他类型的转换。有些数据库管理系统产品把它们的内部日期/时间表示法返回到一个整型宿主变量中，其他产品把日期/时间数据转换为文本格式并将它返回到一个字符串宿主变量中。表 10-2 归纳了由数据库管理系统产品提供的典型的数据类型转换，但我们必须参考嵌入式 SQL 文档，以了解有关数据库管理系统产品的特殊信息。

1）NOT FOUND 条件

单个 SELECT 语句会设置 SQLCODE 和 SQLSTATE 变量的数值来显示它的完成状态。

（1）如果成功地检索到一个单记录的查询结果，SQLCODE 会被设置为 0，SQLSTATE 会被设置为 00000，在 INTO 子句中命名的宿主变量包含被检索的数值。

（2）如果查询产生了错误，SQLCODE 会被设置为一个负数，SQLSTATE 会被设置为一个非零错误类（5 位 SQLSTATE 字符串的前两个字符），宿主变量不包含被检索的数值。

（3）如果查询没有产生查询结果，一个特殊的 NOT FOUND 警告数值会返回到 SQLCODE 中，SQLSTATE 会返回一个 NO DATA 错误类。

（4）如果查询产生了多于一条记录的查询结果，作为错误对待，一个负的 SQLCODE 会被返回。

在 SQL1 标准中指定了 NOT FOUND 警告条件，但没有指定返回的特定数值。在 DB2 中使用了数值+100，绝大多数 SQL 产品都遵循这一惯例，包括其 IBM SQL 产品、Ingres 和虚谷等。在 SQL2 标准中也指定了这个数值，但正如前面说明的那样，SQL2 建议使用新的 SQLSTATE 错误变量，而不提倡使用老的 SQLCODE 数值。

2）检索 NULL 值

如果准备从数据库中检索的数据可能包含 NULL 值，那么单个 SELECT 语句必须给数据库管理系统提供一种方法，以实现传达 NULL 值到应用程序的目的。为了处理 NULL 值，嵌入式 SQL 在 INTO 子句中使用了指示符变量，就像在 INSERT 语句的 VALUES 子句和 UPDATE 语句的 SET 子句中使用它们一样。

当在 INTO 子句中指定一个宿主变量时，可以在它后面紧跟着随同的宿主指示符变量的名字。图 10-15 所示的程序是使用指示符变量 repgrade_ind 和宿主变量 repgrade 的 C 程序片段示例代码，它也是图 10-14 的改进版。因为 SNo 和 CNo 字段在 SC 表的定义中都声明为 NOT NULL，所以它们都不能产生 NULL 输出数值，对于这些字段来说就不再需要指示符变量了。

```
main ( )
{
    exec sql include sqlca ;
    exec sql begin declare section ;
            char     repnum ;              /* 用户输入的学生编号 */
            char     repsno ;              /* 查询返回的学生编号 */
            char     repcno ;              /* 查询返回的课程编号 */
            float    repgrade ;            /* 查询返回的考试成绩 */
            short    repgrade _ind ;       /* 空值grade 指示器 */
    exec sql end declare section ;

    /* 提示用户输入学生编号 */
    printf ("请输入学生编号 : ");
    gets (repnum );

    /* 执行SQL 查询*/
    exec sql select sno , cno, grade
                from sc
                where sno = :repnum
                into :repsno, :repcno , :repgrade:repgrade _ind ;

    /*  显示查询结果的数据 */
    if (sqlca .sqlcode  == 0) {
        printf ("学生编号 :  %s \ n", :repsno );
        printf ("课程编号 :  %s \ n", :repcno );
        if (repgrade _ind <0)
            printf ("考试成绩是NULL ! \ n");
        else
            printf ("考试成绩 :  %f \ n", :repgrade );
    }
    else if (sqlca .sqlcode  == 100 )
        printf ("您输入的学生编号没有找到 !\ n");
    else
        printf ("SQL 错误! 错误代码为 :%ld\ n", sqlca .sqlcode );
    exit ( );
}
```

图 10-15　在嵌入式 SQL 中使用带指示符变量的单个 SELECT 的 C 程序片段示例代码

在 SELECT 语句执行以后，指示符变量的数值可指示程序如何解释返回的数据：

（1）指示符数值为 0，表明宿主变量已由数据库管理系统分配了一个检索到的数值，应用程序可在它的处理过程中使用宿主变量的数值。

（2）指示符数值为负数，表明检索到的数值是 NULL，这样宿主变量的数值将是无关的，不能被应用程序所使用。

（3）指示符数值为正数，表明正处于一种受到警告的环境，例如出现取整或字符串截短错误。

3）使用数据结构检索

有些编程语言支持"数据结构"（data structures），数据结构是命名的变量集合。对于这些语言，SQL 预编译程序允许用户将整个数据结构看作一个 INTO 子句中单独的合成宿主变量，这样就不用给每一字段查询结果指定一个分离的宿主变量作为目标，而是直接给整个记录指定一个数据结构作为目标。图 10-16 所示的是一段使用 C 数据结构编写的程序。

```
main ( )
{
    exec sql include sqlca ;
    exec sql begin declare section;
        int      repnum ;              /* 用户输入的学生编号*/
        struct   {
                char    sno;           /* 查询返回的学生编号*/
                char    cno;           /* 查询返回的课程编号*/
                float   grade;         /* 查询返回的考试成绩*/
        } repinfo ;
        short   rep _ind [3];          /* 空值grade 指示器*/
    exec sql end declare section;
    /* 提示用户输入学生编号*/
    printf ("请输入学生编号: ");
    gets (repnum );

    /* 执行SQL 查询 */
    exec sql select sno , cno, grade
                from sc
                where sno = :repnum
                into :repinfo :rep _ind ;

    /* 显示查询结果的数据*/
    if (sqlca .sqlcode  == 0) {
        printf ("学生编号: %s \ n", repinfo .sno );
        printf ("课程编号: %s \ n", repinfo .cno );
        if (rep _ind [2] < 0)
            printf ("考试成绩是NULL ! \ n");
        else
            printf ("考试成绩: %f \ n", repinfo .grade );
    }
    else if (sqlca .sqlcode  == 100 )
        printf ("您输入的学生编号没有找到!\ n");
    else
        printf ("SQL错误! 错误代码为: %ld \ n", sqlca .sqlcode );
    exit ( );
}
```

图 10-16　在嵌入式 SQL 中使用数据结构作为宿主变量的 C 程序片段示例代码

当预编译程序遇到 INTO 子句中的数据结构参考时，它将用结构中的各种变量列表取代结构参考，变量在列表中出现的次序就是在结构中声明它们的次序，这样，结构中项目的数量和数据类型必须与查询结果字段相对应。在效果上，INTO 子句中数据结构的作用等同于快捷键。它没有改变 INTO 子句的工作方式。

在各种数据库管理系统中，使用数据结构作为宿主变量的方式有很大的差异，也只用于某些特定的编程语言。例如，DB2 支持 C 和 PL/I 结构，但不支持 COBOL 或汇编语言结构。

4）输入和输出宿主变量

宿主变量提供了程序和数据库管理系统之间的双向通信。在图 10-15 所示的程序中，宿主变量 repnum 和 repsno 演示了宿主变量扮演的两个不同角色：

- cepnum 宿主变量是一个输入宿主变量，用于从程序中向数据库管理系统传递数据。在执行嵌入式语句之前，程序分配给变量一个数值，这个数值成为数据库管理系统执行的 SELECT 语句的一部分。数据库管理系统不做改变变量数值的工作。
- repsno 宿主变量是一个输出宿主变量，用于将数据从数据库管理系统传递回程序。数据库管理系统在执行嵌入式 SELECT 语句时给这个变量分配了一个数值。在语句执行完后，程序就可以使用结果数值。

在嵌入式 SQL 语句中用同样的方式声明输入和输出宿主变量，并使用同样的冒号符号指定。在用户编写一个嵌入式 SQL 程序时，多考虑输入和输出宿主变量是非常有用处的。输入宿主变量可用于任何出现常量的 SQL 语句中，输出宿主变量只能用于单个 SELECT 语句和 FETCH 语句中。

2．多记录查询

当查询产生一整表的查询结果时，嵌入式 SQL 必须为应用程序提供一种特殊方法，用这种方法可每次处理一条查询结果。嵌入式 SQL 通过定义"游标"（cursor）以及为交互式 SQL 语言添加语句实现了对这个性能的支持。处理多记录查询的嵌入式 SQL 技术和该技术所需要的新语句如下：

（1）DECLARE CURSOR 语句指定了要执行的查询，并将一个游标名与查询结合在一起。

（2）OPEN 语句请求数据库管理系统开始执行查询并生成查询结果。它把游标放置在查询结果的第一条记录的前面。

（3）FETCH 语句将游标提升到查询结果的第一条记录，并将其数据放入宿主变量中以备应用程序使用。后面的 FETCH 语句继续在查询结果中逐条移动，将游标依次提升到查询结果的下一条记录，并将其数据放到宿主变量中。

（4）CLOSE 语句结束对查询结果的访问，并且断开游标和查询结果之间的联系。

图 10-17 所示的程序是使用嵌入式 SQL 执行一个简单的多记录查询示例代码片段。该程序以学号顺序检索并显示每个考试成绩大于 90 分的学生的编号、课程编号和考试成绩。打印出这条信息的交互式 SQL 查询如下：

```
SELECT SNo, CNo, GRADE
    FROM SC
    WHERE GRADE > 90
    ORDER BY SNo
```

注意：这条查询出现在图 10-17 所示的嵌入式 DECLARE CURSOR 语句中。该语句还将游标名 repcurs 与查询结合在一起。以后这个游标名将用在 OPEN CURSOR 语句中启动查询，并将游标放置在查询结果第一条记录的开始处。

```
main ()
{
    exec sql include sqlca ;
    exec sql begin declare section ;

            int       repsno;            /* 查询返回的学生编号*/
            int       repcno;            /* 查询返回的课程编号*/
            float     repgrade;          /* 查询返回的考试成绩*/
            short     repgrade _ind;     /* 空值 grade 指示器*/
    exec sql end declare section;
    /* 为一个查询声明游标名 */
    exec sql declare repcurs cursor for          ┐
        select sno, cno, grade                   │       ┌──────────────────────┐
            from sc                              ├───────│ 1  声明游标名，并指定要│
            where grade > 90                     │       │    执行的查询          │
            order by sno;                        ┘       └──────────────────────┘
    /* 设置错误处理*/
    whenever sqlerror goto error ;
    whenever not found goto done ;

    /*  打开游标 开始查询*/          ┐               ┌────────────────┐
    exec sql open repcurs;          ┘───────────────│ 2  打开查询结果 │
                                                    └────────────────┘
    /* 循环取出每条查询结果 */
    for (;;) {
        /* 取出查询结果的下一条记录*/                        ┌──────────────┐
        exec sql fetch repcurs                             │ 3  循环取出   │
                into :repsno, :repcno, :repgrade  :repgrade_ind; ─│    一条记录   │
        /* 显示查询结果的数据 */                             └──────────────┘
        printf ("学生编号: %s\ n", :repsno);
        printf ("课程编号:% I\ n", :repcno);
        if (repgrade _ind <0)
            printf ("考试成绩是NULL!\ n");
        else
            printf ("考试成绩:%I\ n", :repgrade );
    }

error:
    printf ("SQL错误! 错误代码为:% ld\n", sqlca.sqlcode);
    exit();

done:
    /*查询完成 关闭游标*/              ┌─────────────┐
    exec sql close repcurs;──────────│ 4  关闭游标 │
    exit();                          └─────────────┘
}
```

图 10-17　在嵌入式 SQL 中处理多记录查询的 C 程序片段示例代码

在每次执行循环时，FOR 循环中的 FETCH 语句将引出下一条查询结果记录。FETCH语句中 INTO 子句的工作方式就像单个 SELECT 语句中 INTO 子句的一样。它指定宿主变量用于接收取回的数据项目，即给每字段的查询结果准备的宿主变量。与前面例子演示的一样，宿主指示符变量（repgrade_ind）将在取回的数据项目包含 NULL 值的时候使用。

在不能获得更多查询结果记录的时候，数据库管理系统将返回 NOT FOUND 警告信息响应 FETCH 语句。单个 SELECT 语句在检索不到数据记录时也返回同样的警告代码。在这个程序中，WHENEVER NOT FOUND 语句使预编译程序生成代码，此代码在 FETCH 语句之后会检查 SQLCODE 值。在出现 NOT FOUND 条件时，完成标签会生成代码分支，在发生错误时，会给错误标签生成代码分支。在程序的结尾，CLOSE 语句结束查询并终止程序对查询结果的访问。

1）游标

嵌入式 SQL 游标的表现形式非常类似于一些编程语言（例如 C 或 COBOL）中的文件名或文件编号。就像程序打开文件访问文件内容一样，它打开了游标以获得对查询结果的访问权。与程序关闭文件来结束访问类似，关闭游标可结束对查询结果的访问。最后，就像文件编号可用来了解在打开的文件中程序的当前位置一样，游标可用来了解在查询结果中程序的当前位置。文件输入/输出和 SQL 游标之间的相同点使得游标概念理解起来相对容易一些。

尽管文件和游标之间有很多相同点，但它们还是有一些不同之处。通常情况下，打开 SQL 游标要比打开一个文件需要更多的系统开销，这是因为打开游标实际上是使数据库管理系统开始运行相关的查询。另外，SQL 游标只支持连续的动作，如连续的文件处理。在大多数 SQL 实现过程中，没有随机访问文件独立记录的游标相似物。

游标给嵌入式 SQL 程序中的查询处理提供了极强的灵活性。通过声明和打开多个游标，程序可并行处理几个查询结果集合。例如，程序可以检索查询结果的某些记录，在屏幕上显示给用户，然后对用户要求得到更详细数据的请求做出响应，即启动第二次查询。

2）DECLARE CURSOR 语句

DECLARE CURSOR 语句定义要执行的查询，同时将游标名与查询结合在一起。游标名必须是一个合法的 SQL 标识符，它在其他嵌入式 SQL 语句中标识查询及其结果。很明显，游标名不是一个宿主语言变量，它是通过 DECLARE CURSOR 语句而不是宿主语言声明的。

DECLARE CURSOR 语句中的 SELECT 语句定义了与游标结合在一起的查询。SELECT 语句可以是任何合法的交互式 SQL SELECT 语句，必须包含 FROM 子句，也可以包括 WHERE、GROUP BY、HAVING 和 ORDER BY 子句，还可以包括 UNION 运算符。DECLARE CURSOR 语句的语法格式为：

```
DECLARE 游标名 CURSOR FOR SELECT 语句
```

在 DECLARE CURSOR 语句中的查询也可以包括输入宿主变量，这些宿主变量表现出在嵌入式 INSERT、DELETE、UPDATE 和单个 SELECT 语句中同样的特性。一个输入宿主变量可出现在查询中常量能出现的任何位置。注意，输出宿主变量不能出现在查询中。与单个 SELECT 语句不同，DECLARE CURSOR 语句中的 SELECT 语句没有 INTO 子句，而且不检索任何数据。INTO 子句以 FETCH 语句的一部分出现。

DECLARE CURSOR 语句是一条对游标进行声明的语句。在包括 IBM SQL 产品在内的多数 SQL 实现过程中，这条语句是对预编译程序的直接指示命令，它不是一条可执行的语句，而且预编译程序也不会给它产生任何代码。与所有声明一样，DECLARE CURSOR 语句必须出现在程序中引用声明游标的语句的前面。大多数 SQL 实现过程将游标名字看作全局名字，可以在 DECLARE CURSOR 语句后的任何过程、函数或子程序中引用它。

需要注意的是，并不是所有的 SQL 实现过程都将 DECLARE CURSOR 语句作为一条声明语句对待，这会引起一些小的问题。有些 SQL 预编译程序实际为 DECLARE CURSOR 语句生成代码（使用宿主语言声明，或者调用数据库管理系统，或同时具备两者的作用），这赋予了它一些可执行语句的性质。对于这些预编译程序来说，DECLARE CURSOR 语句不仅必须出现在引用它的游标的 OPEN、FETCH 和 CLOSE 语句之前，有时还必须在执行流中出现在这些语句之前，或作为其他语句被放置到同样的块结构中。

遵循以下规则，可以有效避免使用 DECLARE CURSOR 语句出现的问题：

（1）将 DECLARE CURSOR 语句放置在引用游标的 OPEN 语句前面。这种放置方式可以保证正确的语句次序，它将 DECLARE CURSOR 和 OPEN 语句放在同样的块结构中，如果必要，它还保证控制流通过 DECLARE CURSOR 语句进行传递。它还有助于解释 OPEN 语句刚刚采纳了什么样的查询。

（2）确认引用游标的 FETCH 和 CLOSE 语句按控制流中的顺序出现在 OPEN 语句之后。

3）OPEN 语句

OPEN 语句用于打开查询结果表，提供给应用程序访问。在实际运作中，OPEN 语句引起数据库管理系统处理查询，至少是开始处理查询，这样，OPEN 语句就使数据库管理系统执行交互式 SELECT 语句完成的同样工作，停止于第一条查询结果记录的位置附近。OPEN 的语法格式为：

```
OPEN 游标名 [USING 变量列表]
```

OPEN 语句唯一的参数是打开的游标的名字，这个游标必须是被 DECLARE CURSOR 语句声明过的。如果与游标结合在一起的查询包含错误，OPEN 语句将产生一个负的 SQLCODE 值。大多数查询处理过程中的错误都将以 OPEN 语句的结果形式报告，例如引用一个未知表、命名一个不明确的字段名或在没有具备权限的情况下从表中检索数据都属于这种情况。在实际运行中，在后续的 FETCH 语句执行期间很少会发生错误。

游标一旦被打开将保持开放状态，直到使用 CLOSE 语句将它关闭。在数据库管理系统完成事务处理后（例如，数据库管理系统执行 COMMIT 或 ROLLBACK 语句后），它也会自动关闭全部打开的游标。在游标被关闭以后，可以通过第二次执行 OPEN 语句再次打开它。需要注意的是，在数据库管理系统每一次执行 OPEN 语句时，它将从头开始重新启动查询。

4）FETCH 语句

FETCH 语句用于检索查询结果的一条记录给应用程序使用。在 FETCH 语句中命名的游标确定使用查询结果中的哪一条记录。该语句必须能够识别前面 OPEN 语句打开的游标。FETCH 语句的语法格式为：

```
FETCH 游标名 INTO 宿主变量列表
```

FETCH 语句取出数据项目记录放到一个宿主变量列表中，该宿主变量列表在语句的 INTO 子句中被指定。每个宿主变量都可以联合一个指示符变量以解决 NULL 数据检索的问题。指示符变量的行为和它能够采用的数值与单个 SELECT 语句的情况一致。列表中宿主变量的数量必须与查询结果中字段的数量相同，宿主变量的数据类型必须逐字段与查询结果字段兼容。

FETCH 语句按照以下规则在查询结果中逐记录移动当前位置：

（1）OPEN 语句将游标放置到查询结果的第一条记录前面。在这种状态下，游标没有当前记录。

（2）如果有下一条有效的查询结果记录，FETCH 语句将游标向前移动到该位置。这个记录将成为游标的当前记录。

（3）如果一条 FETCH 语句将游标向前移动到超出查询结果最后一条记录的位置，该语句会返回 NOT FOUND 警告。在这种状态下，游标就没有当前记录了。

（4）CLOSE 语句结束对查询结果的访问，将游标设置于一种关闭的状态。

如果没有查询结果记录，OPEN 语句仍然会将游标放置到空的查询结果的前面，并成功返回。在这种情况下，程序并不能检测出 OPEN 语句已经生成了一个空的查询结果集合。但是，第一条 FETCH 语句会产生 NOT FOUND 警告，并将游标放置到空的查询结果末尾之后。

5）CLOSE 语句

CLOSE 语句可以关闭由 OPEN 语句创建的查询结果表，结束了应用程序的访问。它唯一的参数是与查询结果结合在一起的游标的名字，这必须是一个以前由 OPEN 语句打开的游标。在游标被打开以后，可选择在任何时间执行 CLOSE 语句。特别是在关闭游标之前，没有必要取得全部的查询结果记录。在一次事务处理结束之后，所有游标都会自动关闭。一旦游标被关闭，它的查询结果对应用程序来说就不再是有效的了。CLOSE 语句的语法格式为：

```
CLOSE 游标名
```

6）滚动游标

在 SQL1 标准中，指定一个游标只能在查询结果中向前移动。如果希望在游标已经移过某一记录后重新检索该记录，那么程序必须关闭游标，然后重新打开它（这使数据库管理系统再一次执行查询），再通过逐记录搜索直到取得所需要的记录。SQL1 标准中的游标标准欠缺灵活性，为了满足对查询结果记录的随机访问，从 20 世纪 90 年代开始，大部分商业 SQL 产品对游标概念进行了扩展，提出了"滚动游标"（scroll cursor）的概念。程序通过扩展形式的 FETCH 语句可以指定需要检索的记录，扩展 FETCH 语句的内容如下。

- FETCH FIRST：检索查询结果的第一条记录。
- FETCH LAST：检索查询结果的最后一条记录。
- FETCH PRIOR：检索游标当前记录前面最近的查询结果记录。
- FETCH NEXT：检索游标当前记录后面最近的查询结果记录。如果没有指定检索动作，这种方式将是默认方式，是对标准游标动作的响应。
- FETCH ABSOLUTE：根据记录编号检索特定的记录。
- FETCH RELATIVE：将游标向前或向后移动到距离当前位置一定数量位置的记录。

扩展 FETCH 语句的语法格式为：

```
FETCH [ FIRST | LAST | PRIOR | NEXT |
       ABSOLUTE 记录号 | RELATIVE [ + | - ] 记录号]
       FROM 游标名
       INTO 宿主变量列表
```

在允许用户浏览数据库内容的程序中，滚动游标显得特别有用。作为响应用户每次向前或向后移动一条记录或一屏数据的请求，程序只需取得所需要的查询结果记录。但是，相对于普通的单向移动游标来说，滚动游标的数据库管理系统实现过程还是复杂得多。为了支持滚动游标，数据库管理系统必须跟踪它以前给程序提供的查询结果以及这些结果记录的顺序。数据库管理系统还要保证没有其他并行的执行过程修改了数据，这些数据通过滚动游标对程序可见。这是因为程序可以使用扩展的 FETCH 语句重新检索记录，甚至在游标已经移过该记录之后也是如此。

如果使用滚动游标，应该知道某些 FETCH 语句可能会对一些数据库管理系统造成很高的系统开销。在程序向下穿越查询结果得到检索项的情况下，数据库管理系统通常会逐步完成查询，这样如果在游标处于查询结果的第一条记录开头时请求执行 FETCH NEXT 操作，程序将比通常情况下等待更长的时间。所以，在为产品应用编写具有滚动游标特性的程序前，最好能了解一下所用的数据库管理系统产品的性能。

因为滚动游标的实用性，以及有几家数据库管理系统提供商开始装配不同的滚动游标执行过程，SQL2 标准也开始支持滚动游标。标准的 Entry SQL 级别只需要老样式的、连续前进的游标，但 Intermediate SQL 或 Full SQL 级别都需要支持滚动游标。该标准还规定，如果有其他 FETCH NEXT（默认选项）之外的动作用于游标，DECLARE CURSOR 语句必须明确表明这是一个滚动游标。如果使用 SQL2 语法，其游标声明如下：

```
exec sql declare repcurs scroll cursor for
        select sno, cno, grade
        from sc
        where grade > 90
        order by sno
```

10.1.4　基于游标的删除和更新

嵌入式 SQL 通过特殊版本的 DELETE 和 UPDATE 语句支持这个性能，它们分别称为定位（positioned）DELETE 语句和定位（positioned）UPDATE 语句。

定位 DELETE 语句可以删除表中的某条单独的记录，被删除的记录是引用表的游标的当前记录。为了处理该语句，数据库管理系统会找到与游标当前记录对应的基础表的记录，并从表中删除该记录。在记录被删除以后，游标就没有当前记录了。这时的情况是，游标被定位在删除记录留下的空白空间中，等待由后续的 FETCH 语句调动它前进到下一记录。定位 DELETE 语句的语法格式为：

```
DELETE FROM 游标名 WHERE CURRENT OF 游标名
```

定位 UPDATE 语句可以更新表中的某个单独的记录，被更新的记录是引用表的游标的当前记录。为了处理该语句，数据库管理系统会找到与游标当前记录对应的基础表的记录，并更新在 SET 子句中的记录。在记录更新以后，它继续作为游标的当前记录。定位 UPDATE 语句格式为：

```
UPDATE 表名 SET <字段名 1=表达式 1,字段名 2=表达式 2,…>
         WHERE CURRENT OF 游标名
```

图 10-18 显示了一个订单浏览程序，其中使用了定位 UPDATE 语句和定位 DELETE 语句。

```
main ()
{
    exec sql include sqlca;
    exec sql begin declare section;
        int      custnum;                /* 用户输入的顾客编号*/
        int      ordnum;                 /* 查询返回的订单编号*/
        char     orddate[12];            /* 查询返回的订单日期*/
        char     ordman[4];              /* 查询返回的制造商ID*/
        char     ordpro[6];              /* 查询返回的产品ID*/
        int      ordqty;                 /* 查询返回的订购数量*/
        float    ordamount;              /* 查询返回的订购合计*/
    exec sql end declare section;
    char inbuf[101];                     /*用户输入的字符串 */

    /* 为一个查询声明游标名 */
    exec sql declare ordcurs cursor for
        select ord  _num, ord _date, manufactur, product,
             qty, amount
             from orders
             where cust   = cust _num
             order by ord  _num
                 for update of qty, amount;

    /* 提示用户输入订单号*/
    printf   ("请输入订单号: ");
    scanf   ("%d", & custnum);

    /* 设置错误处理程序 */
    whenever sqlerror goto error;
```

```
        whenever not found goto done ;

        /* 打开游标，开始查询 */
        exec sql open ordcurs ;                              ┐  1    打开游标

        /* 循环取出每条查询结果*/
        for (;;) {
            /* 取出查询结果的下一条记录 */
            exec sql fetch ordcurs                           ┐  2    循环
                    into :ordnum ,: orddate , :ordman ,: ordpro,       取出
                         :ordqty,    :ordamount ;
            printf ("订单编号 ：  %d \ n", :ordnum   );
            printf ("订单日期 ：  %s \ n", :orddate   );

                :

        }

error :
    printf("SQL错误！错误代码为: %ld \ n", sqlca .sqlcode  );
    exit ();
done :
    /* 查询完成，关闭游标*/
    exec sql close repcurs ;
    exit ();
}
```

图 10-18　使用定位 DELETE 和 UPDATE 语句的 C 程序片段示例代码

虽然图 10-18 所示的代码与真正的应用程序相比显得简单，但其中显示了各种逻辑语句和嵌入式 SQL 语句，这些语句是实现基于游标的数据库更新所需要的。

IBM 数据库（DB2、 SQL/DS）突破了 SQL1 的限制，要求游标应该在 DECLARE CURSOR 语句中声明为一个可更新的游标。除了可以声明一个可更新游标以外，FOR UPDATE 子句还可以指定某些特殊的字段，这些字段可通过游标更新。如果在游标声明中指定了字段的列表，定位 UPDATE 语句将只可以更新这些字段。扩展的 IBM 形式的 DECLARE CURSOR 语句的语法格式为：

```
DELETE CURSOR 游标名 FOR SELETE [FOR UPDATE] [OF 字段列表]
```

目前，几乎所有支持定位 DELETE 和 UPDATE 语句的商业 SQL 的实现过程都遵循 IBM SQL 方法。对于关系型数据库管理系统来说，能够预先了解游标是否可用于更新或它的数据是否为可读有很大的好处，因为处理只读的过程更简单些。FOR UPDATE 子句提供了这个预知，它被认为是嵌入式 SQL 语言的一个标准。

10.1.5　游标和事务处理

程序处理游标的方式会对数据库性能造成非常大的影响。从游标的角度看，这意味着

程序可以声明游标、打开游标、取得查询结果、关闭游标、重新打开游标、再次取得查询结果，而且可以保证两次得到的查询结果是一致的。程序还可以通过两个不同的游标取得同一条记录，而且可以保证结果是一致的。实际上，数据可以保证始终是一致的，直到程序发布 COMMIT 或 ROLLBACK 结束事务。因为事务之间的连贯性没有得到保证，COMMIT 和 ROLLBACK 语句都可以自动关闭所有打开的游标。

在这个表面现象背后，实际上是数据库管理系统提供了这种连贯性保证，方法是锁住查询结果的所有记录，阻止其他用户修改它们。如果查询生成了很多记录的数据，那么表的一个主要部分就很可能被游标锁住。此外，如果程序在取得每一条记录后等待用户输入内容（例如，让用户核实显示在屏幕上的数据），数据库的某个部分可能就会被锁住相当长的时间。在一种特别的情况下，用户甚至可以在事务处理中间离开现场去吃午饭，从而导致其他用户不能操作。

为了尽可能减少锁住数量，用户应该遵循以下原则编写交互式查询程序：

（1）尽可能保证事务处理简短。

（2）在每次查询之后立即发布一个 COMMIT 语句，而且在程序完成一次更新后也要这样做。

（3）在程序中避免使用大量的用户交互，同时避免浏览多行的数据。

（4）如果已经知道在游标移过某一条记录数据后程序将不会再次取得这个数据，可以使用更少限制性的独立模式，从而使数据库管理系统在发布下一条 FETCH 语句后可以立刻对数据记录解锁。

（5）避免使用滚动游标，除了削减或减少多余数据库锁住以外。

（6）如果可能，明确指定一个 READ ONLY 游标。

10.2　关系型数据库的动态 SQL

10.2.1　动态 SQL 的概念

动态 SQL 的核心概念很简单，不将一条嵌入式 SQL 语句硬编码进程序的源代码中，而是在运行时让程序在一个数据区域内以文本形式构建 SQL 语句，然后程序将把该语句文本传送给数据库管理系统执行。虽然其过程非常复杂，但所有的动态 SQL 都是建立在这个概念之上的。

在动态 SQL 中，被执行的 SQL 语句在程序运行之前是未知的，所以数据库管理系统不能预先为该语句做准备。当真正执行程序的时候，数据库管理系统接收要执行的语句文本，称为语句串（statement string），并在运行时完成图 10-19 中显示的 5 个步骤。

动态 SQL 与静态 SQL 相比效率要低一些，因为这个原因，静态 SQL 被广泛应用，甚至有很多程序员从来不学习动态 SQL 的知识。但是在最近 10 年里，随着移动计算的兴起，越来越多的数据库访问被转移到客户机/服务器、前端/后端体系结构，动态 SQL 的重要性正在日益凸显。来自个人计算机应用程序的数据库访问（如电子表格和字处理程序）正在

　　变为动态的，而且一套完整的基于 PC 的特别是基于移动设备的前端数据输入和数据访问工具也出现了，所有这些应用都需要动态 SQL 的特性。

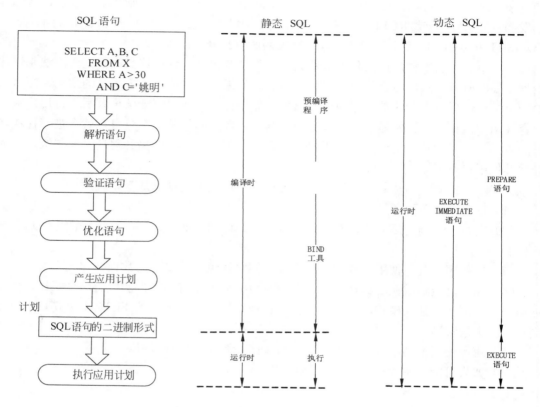

图 10-19　DBMS 处理一条 SQL 语句过程示意图

　　基于 Internet 的三层体系结构，特别是移动服务体系架构，即应用程序逻辑执行于一个系统（中间层），数据库逻辑执行于另一个系统（后端），提升了动态 SQL 的新价值。在这种三层环境中，运行于中间层的应用程序是动态的，它必须被频繁更改，以响应新的商业环境和新的商业规则。这种频繁变化的环境与应用程序和静态 SQL 所指定数据库内容之间的紧密耦合是矛盾的。结果就是，多数三层体系结构都使用一种可调用的 SQL API 来连接中间层和后端数据库。这些 API 明显运用了动态 SQL 的核心概念（例如独立的 PREPARE 和 EXECUTE 步骤、EXECUTE IMMEDIATE 性能等）来提供数据库访问。准确理解动态 SQL 概念是非常重要的，可以帮助程序员了解在 SQL API 表面的背后正发生什么。这种知识可以用来区分一个提供了优良性能、反应时间的应用程序设计方案与另一个没有提供类似特性的设计方案，对于性能敏感的应用程序极为重要。

10.2.2　动态语句的执行

　　一种最简单形式的动态 SQL 由 EXECUTE IMMEDIATE 语句完成。EXECUTE IMMEDIATE 语句将动态 SQL 语句的文本传送给数据库管理系统，并请求数据库管理系统立即执行该动态语句。如果要使用这条语句，程序需完成以下步骤：①程序在它的一个数据区域（通常称为"缓冲区"（buffer））内建造一条 SQL 语句文本字符串。该语句可以是不检索数据的任何 SQL 语句。②程序将 SQL 语句传送给带有 EXECUTE IMMEDIATE 语句的数据库管理系统。③数据库管理系统执行该语句，并设置 SQLCODE/SQLSTATE 值以指示完成状态，就好像使用静态 SQL 将该语句进行硬编码一样。EXECUTE IMMEDIATE 语句的语法格式为：

```
EXECUTE IMMEDIATE 宿主变量
```

图 10-20 显示了一个简单的执行这些步骤的 C 程序。该程序会提示用户输入表的名字和 SQL 搜索条件，然后根据用户的响应内容构建 DELETE 语句的文本，接着程序将使用 EXECUTE IMMEDIATE 语句来执行 DELETE 语句。这个程序不能使用静态的 SQL 嵌入式 DELETE 语句，因为对哪个表进行搜索以及用什么条件进行搜索是由用户在程序运行时临时输入的，这一切在运行之前都是未知的。因此，程序必须使用动态 SQL。

如果用户使用以下输入条件运行图 10-20 所示的程序：

请输入表名：**Students**

请输入搜索条件：**sno = "20110084"**

执行结果：

从 Students 表中成功删除!

```
main ()
{
    /* 这个程序从用户指定的表中按指定的条件搜索并删除一条记录 */
    exec sql include sqlca;
    exec sql begin declare section;
        char    sqltemp [301];              /* 被执行的 SQL 文本串 */
    exec sql end declare section;

    char table_name [101];                  /* 用户输入的表名 */
    char search_cond [101];                 /* 用户输入的搜索条件 */

    /* 开始在 SQLTEMP 中构建 DELETE 语句 */
    strcpy (sqltemp," delete from ");

    /* 提示用户输入表名，并增加到 DELETE 声明语句中 */
    printf ("请输入表名：");
    gets (table_name);
    strcat (sqltemp, table_name);

    /* 提示用户输入搜索条件，并增加到 DELETE 声明语句中 */
    printf ("请输入搜索条件：");
    gets (search_cond);
    strcat (sqltemp, search_cond);
    if (strlen (search_cond) > 0) {
        strcat (sqltemp," where");
        strcat (sqltemp, search_cond);
```

```
    }
    /* 请求数据库管理系统执行 SQL 语句 */
    exec sql execute immediate : sqltemp;
    for (sqlca.sqlcode < 0 )
        printf ("SQL 错误！错误代码为：%ld \ n", sqlca .sqlcode );
    else
        printf ("从 %s 表中成功删除!\ n", table_name );
    exit ( );
}
```

图 10-20　使用 EXECUTE IMMEDIATE 语句的 C 程序片段示例代码

程序将给数据库管理系统传递下面的语句文本：

```
DELETE FROM StudentS WHERE sno = '20110084'
```

如果我们使用以下输入项来运行程序：

请输入表名：**Course**

请输入搜索条件：**cno = "0017"**

执行结果：

从　Course　表中成功删除！

程序将给数据库管理系统传递下面的语句文本：

```
DELETE FROM Course WHERE cno = '0017'
```

这样，EXECUTE IMMEDIATE 语句就给了程序执行 DELETE 语句极大的灵活性。

EXECUTE IMMEDIATE 语句使用了一个包含整个 SQL 语句串的宿主变量。语句串本身不引用宿主变量，实际上也并不需要它们。

EXECUTE IMMEDIATE 语句是一种形式最简单的动态 SQL，但它也是最通用的一种形式。用户可以使用它动态执行绝大多数的 DML 语句，包括 INSERT、DELETE、UPDATE、COMMIT 和 ROLLBACK，还可以使用 EXECUTE IMMEDIATE 动态执行 DDL 语句，包括 CREATE、DROP、GRANT 和 REVOKE 语句。

但是，EXECUTE IMMEDIATE 语句有一个很大的局限性，即不能使用它动态执行 SELECT 语句，因为它没有提供处理查询结果技术。正如静态 SQL 需要游标和专用语句（DECLARE CURSOR、OPEN、FETCH 和 CLOSE）用于程序化查询一样，动态 SQL 使用游标和一些新的专用语句来处理动态查询。

10.2.3　动态 SQL 的两步动态执行

EXECUTE IMMEDIATE 语句支持动态语句执行。数据库管理系统需要完成前面介绍的 5 个步骤，这个处理过程使系统开销很大，尤其是在程序执行很多动态语句的时候，如果执行的语句是一样或类似的，那将会很浪费。实际上，EXECUTE IMMEDIATE 语句只是一次性语句，它只被程序执行一次，以后就不会被执行了。

为了减少一步方式的巨大开销，动态 SQL 提供了一个两步方法用来动态执行 SQL 语句。实际上，语句准备过程和语句执行过程分离的两步方法将用于执行次数超过一次的程序中的 SQL 语句，特别是那些重复执行几百甚至几千次以响应用户交互的程序。两步方法的具体技术包括：①程序在缓冲区中构建了一个 SQL 语句串，就像它给 EXECUTE IMMEDIATE 语句准备的一样，可以用一个问号（?）来代替语句文本中任何位置的常量，此常量的数值将在以后被添加，这个问号被称为"参数标记"（parameter marker）。② PREPARE 语句请求数据库管理系统解析、验证和优化语句，并给它生成一个应用计划。这是数据库管理系统交互过程的第一步。数据库管理系统会设置 SQLCODE/SQLSTATE 数值指示语句的错误，并保留应用计划以备执行。注意，数据库管理系统不会执行此计划来响应 PREPARE 语句。③当程序想要执行前面准备好的语句时，它将使用 EXECUTE 语句，并向数据库管理系统传送参数标记的数值。这是数据库管理系统交互过程的第二步。数据库管理系统替换参数数值，执行前面生成的应用计划，并设置 SQLCODE/SQLSTATE 数值指示它的完成状态。④程序可以重复使用 EXECUTE 语句，在每次执行动态语句时提供不同的参数值。数据库管理系统可以只是重复交互操作的第二步，因为第一步已经完成了，该工作（执行应用计划）的结果是有效的。

1. PREPARE 语句

PREPARE 语句只存在于动态 SQL 中，它接收一个包含 SQL 语句串的宿主变量，并将语句传递给数据库管理系统。数据库管理系统编译语句文本，并生成应用计划准备执行语句。数据库管理系统将设置 SQLCODE/SQLSTATE 变量指示在语句文本中检测到的任何错误。语句串中常量出现的位置都可以有一个参数标记，由问号引出。在语句执行的时候，参数标记可通知数据库管理系统参数值将在以后提供。PREPARE 语句的语法格式为：

```
PREPARE 语句名 FROM 宿主变量
```

执行 PREPARE 语句的结果是数据库管理系统为语句分配一个确定的"语句名"（statement name）。语句名是一个 SQL 标识符，就像一个游标名。当需要执行语句时，可以在后续的 EXECUTE 语句中指定语句名。各种数据库管理系统在保留准备好的语句和与其相关的语句名称时保留时间有所不同。对于其中一些产品，准备好的语句只能在当前事务结束（即下一条 COMMIT 或 ROLLBACK 语句执行前）之前再次执行。如果以后想在另一个事务期间执行同一条动态语句，必须再次准备它。有的产品没有这个限制，它们可以在整个数据库管理系统工作期间一直保留准备好的语句。ANSI/ISO SQL2 标准承认这些区别并明确表示当前事务之外准备好的语句的有效性是随实现过程而定的。

PREPARE 语句可以用来准备可执行的 DML 或 DDL 语句，包括 SELECT 语句。当然有些嵌入式 SQL 语句，如那些预编译程序直接指示的语句（WHENEVER 或 DECLARE CURSOR 语句等）就不能被准备，这是因为它们是不可执行的。

2. EXECUTE 语句

EXECUTE 语句只存在于动态 SQL 中，它请求数据库管理系统执行前用 PREPARE 语句准备好的一条语句。我们可以执行任何准备好的语句，只有一个例外。与 EXECUTE IMMEDIATE 语句一样，不能用 EXECUTE 语句来执行 SELECT 语句，这是因为它缺少一种处理查询结果所需要的技术。EXECUTE 语句的语法格式为：

```
EXECUTE 语句名 USING [ 宿主变量列表 | DESCRIPTOR ]
```

如果要执行的动态语句包含一个或多个参数标记，EXECUTE 语句必须给每一个参数提供一个数值。这些数值可以用两种不同的方法来提供，下面进行介绍。ANSI/ISO SQL2 及以后的标准中包括了所有方法。

1）带有宿主变量的 EXECUTE 语句

给 EXECUTE 语句传递参数值的最简单方法就是在 USING 子句中指定一个宿主变量列表。EXECUTE 语句按顺序用宿主变量的值替代准备好的语句文本中的参数标记，这样，对于动态执行语句，宿主变量就作为输入宿主变量来使用。这种技术受到了所有支持动态 SQL 的 Oracle、SQL Server、虚谷等主流数据库管理系统产品的支持，在 ANSI/ISO SQL2 标准中规定用于动态 SQL。

USING 子句中宿主变量的数量必须与动态语句中参数标记的数量相符，而且每个宿主变量的数据类型也必须与相对应的参数所需要的数据类型匹配。列表中的每个宿主变量都可以有一个随同的宿主指示符变量。当 EXECUTE 语句被处理时，如果指示符变量中包含一个负数，对应的参数标记将被分配一个 NULL 值。

2）带有 SQLDA 的 EXECUTE 语句

给 EXECUTE 传递参数的第二种方法是使用一个特殊的动态 SQL 数据结构，称为"SQL 数据区域"（SQL Date Area），或简称为 SQLDA。在编写程序的时候，如果用户不知道要被传递的参数的数量和它们的数据类型，就必须使用 SQLDA 来传递参数。SQL 数据区域提供了一种特殊的方法，以指定一个可变长度的参数列表。

图 10-21 中显示了 IBM 数据库所使用的 SQLDA 布局，包括设置了动态 SQL 标准的 DB2。其他绝大多数数据库管理系统产品也使用了这种 IBM SQLDA 格式或与它类似的一种格式。ANSI/ISO SQL2 标准提供了一个类似的结构，称为"SQL 描述符区域"（SQL Descriptor Area）。ANSI/ISO SQL 描述符区域和 DB2 格式的 SQLDA 中包含的信息类型是相同的，在动态 SQL 处理过程中，这些结构扮演着相同的角色。但是在使用细节上，如程序如何与 SQL 语句参数结合在一起，信息如何被放入描述符区域以及如何进行检索等，却有着很大的区别。实际上，DB2 格式的 SQLDA 更重要，因为在多数主要的数据库管理系统产品中对动态 SQL 的支持在编写 SQL2 标准之前就出现很长时间了。

SQLDA 是一个可变长度的数据结构，它带有两个截然不同的部分：

- 固定部分位于 SQLDA 的开始处，它的域将数据结构标识为 SQLDA，并指定了这个特殊的 SQLDA 的大小。
- 可变部分是一个或多个 SQLVAR 数据结构的数组。当使用 SQLDA 给 EXECUTE 语句传递参数时，每个参数都必须有一个 SQLVAR 结构。

SQLVAR 结构中的域描述了作为参数值传递给 EXECUTE 语句的数据：

```
struct sqlda {
        unsigned char sqldaid [ 8 ];
        long          sqlnum ;
        short         sqlcno ;
        short         sqlgrade ;
        struct sqlvar {
                short      sqltype ;
                short      sqllen ;
                unsigned  char *sqldata ;
                short         *sqlind;
                struct sqlname {
                        short        length ;
                        unsigned char data [50 ];
                } sqlname;
        } sqlvar [1 ];
};
```

图 10-21　IBM 数据库的 SQL 数据区域（SQLDA）示例代码

- SQLTYPE 包含一个整型"数据类型代码"（data type code），它指定了传递参数的数据类型。例如，DB2 数据类型代码 500 代表一个两字节的整型数，496 代表一个 4 字节的整型数，448 代表一个可变长度的字符串。
- SQLLEN 确定了被传递数据的"长度"（length），包含 2 代表两字节整型数，包含 4 代表 4 字节整型数。在传递一个字符串作为参数时，SQLLEN 包含字符串中字符的数量。
- SQLDATA 是程序中包含的参数值的数据区域的指针，数据库管理系统在执行动态 SQL 语句时使用这个指针查找数据值。SQLTYPE 和 SQLLEN 会向数据库管理系统说明指示数据的类型及长度。
- SQLIND 是一个针对两字节整型数的指针，此整型数用作参数的指示符变量。数据库管理系统通过检查指示符变量判断是否正在传递 NULL 值。如果当前未使用指示符变量，SQLIND 必须设置为 0。

10.2.4　动态查询

前面介绍的 EXECUTE IMMEDIATE、PREPARE 和 EXECUTE 语句支持大多数 SQL 语句的动态执行，但是它们不支持动态查询，因为它们缺乏检索查询结果的机制。为了支持动态查询，SQL 结合 PREPARE 及 EXECUTE 语句的动态 SQL 特性和静态 SQL 查询处理语句的扩展特性增加了一条新的语句。

新语句的执行过程是：①动态版本的 DECLARE CURSOR 语句为查询声明了一个游标。与静态 DECLARE CURSOR 语句中包括一条硬编码的 SELECT 语句不同，动态形式的 DECLARE CURSOR 语句指定了语句名，它将与动态 SELECT 语句结合在一起。②程序在缓冲区中构建了一条合法的 SELECT 语句，就像它构建了一条动态 UPDATE 或 DELETE 语句一样。SELECT 语句中可能包含参数标记，就像用于其他动态 SQL 语句的参数标记一样。③程序使用 PREPARE 语句向数据库管理系统传递语句串，数据库管理系统将对语句进行解析、验证和优化，并生成一个应用计划。这与其他动态 SQL 语句的 PREPARE 处理过程是一致的。④程序使用 DESCRIBE 语句请求得到查询结果的信息。数据库管理系统将在程序提供的 SQLDA 中返回一条逐字段描述查询结果的信息，告诉程序共有多少查询结果字段，以及每一字段的名字、数据类型和长度。DESCRIBE 语句专门用于动态查询。⑤程序使用 SQLDA 中的字段描述信息分配内存块以接收每一字段的查询结果。程序也可以分配空间给字段的指示符变量。程序将数据区域的地址和指示符变量的地址放到 SQLDA 中，通知数据库管理系统从哪里返回查询结果。⑥动态版本的 OPEN 语句请求数据库管理系统开始执行查询，并给动态 SELECT 语句中指定的参数传递数值。OPEN 语句将游标放置到第一条查询结果记录前面。⑦动态版本的 FETCH 语句将游标向前移动到第一条查询结果记录，并将数据放入到程序的数据区域和指示符变量中。与静态 FETCH 语句指定一个宿主变量列表接收数据不同，动态 FETCH 语句使用 SQLDA 通知数据库管理系统从哪里返回数据。后续的 FETCH 语句在查询结果中逐记录移动，每次都将游标前移到下一条查询结果记录，并将其数据放入到程序的数据区域中。⑧CLOSE 语句结束了对查询结果的访问，终止了游标和查询结果之间的连接。这条 CLOSE 语句与静态 SQL CLOSE 语句一样，并没有动态查询所需要的额外内容。

    执行动态查询所需要的编程方法与其他任何嵌入式 SQL 语句的编程方法相比内容要广泛得多。不过，这种编程方法并非复杂而是冗长、乏味。图 10-22 显示了一个很小的查询程序，它使用动态 SQL 来检索和显示用户指定的表中的字段。图中的编号标明了前面介绍的 8 个步骤。

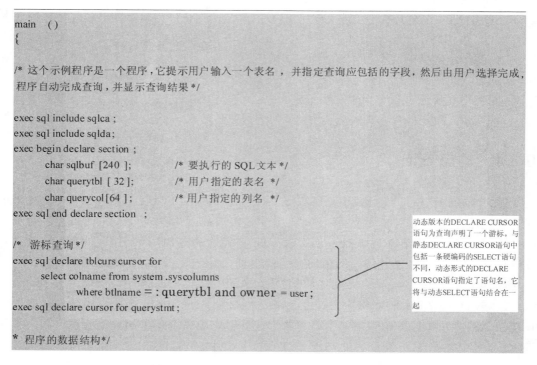

```
main   ( )
{

/* 这个示例程序是一个程序，它提示用户输入一个表名 ，并指定查询应包括的字段，然后由用户选择完成，
  程序自动完成查询，并显示查询结果 */

exec sql include sqlca ;
exec sql include sqlda;
exec begin declare section ;
      char sqlbuf [240 ];        /* 要执行的 SQL 文本 */
      char querytbl [ 32];       /* 用户指定的表名 */
      char querycol[64 ];        /* 用户指定的列名 */
exec sql end declare section  ;

/*  游标查询 */
exec sql declare tblcurs cursor for
      select colname from system .syscolumns
            where btlname = : querytbl and owner = user;
exec sql declare cursor for querystmt ;

*  程序的数据结构*/
```

动态版本的DECLARE CURSOR 语句为查询声明了一个游标。与静态DECLARE CURSOR语句中包括一条硬编码的SELECT语句不同，动态形式的DECLARE CURSOR语句指定了语句名，它将与动态SELECT语句结合在一起

图 10-22   动态 SQL 的数据检索结果示例代码

```
int            colcount = 0;          /* 选择的列的数量  */
struct sqlda   *qry_da;               /* 为查询分配的SQLDA   */
struct sqlvar  *qry_var;              /* 当前列的 SQLVAR  */
int            i = 0;                 /* 在SQLDA 中SQLVAR 数据的索引值 */
char           intbuf [101];          /* 由用户进行输入   */

/*  提示用户输入要查询的表名  */
printf ("☆☆☆☆☆迷你查询程序☆☆☆☆☆");
    printf ("请输入要查询的表名：");
    gets (querytbl );
    /*  在缓冲区中构建SELECT 语句 */
    strcpy (stmtbuf , "select  ");
```

> 程序在缓冲区中构建了一条合法的SELECT语句，就像构建了一条动态UPDATE或DELETE语句一样。SELECT语句中可能包含参数标记，就像用于其他动态SQL语句的参数标记一样

```
    /*  设置SQL 查询的错误处理  */
    exec sql whenever sqlerror goto handle_error ;
    exec sql whenever not found goto no_more_columns ;

    /*   查询系统目录，得到表的字段名  */
    exec sql open tblcurs   ;
    for (; ;) {
        /*  根据回答，得到列名  */
        exec sql fetch tblcurs into :querycol ;
        gets (inbuf );
        if (inbuf [0] == " y") {

            /*  将用户希望查询的字段，增加到SELECT 语句的字段列表中   */
            if (colcount ++  > 0)
                strcat (sqlbuf , ",");
            strcat (sqlbuf , querycol );
        }
    }
```

> 程序使用PREPARE语句向DBMS传递语句串，DBMS将对语句进行解析、验证和优化，并生成一个应用计划，这与其他动态SQL语句的PREPARE处理过程是一致的

```
no_more_columns  :
    exec sql close tblcurs           ;
    /*  完成SELECT 语句的FROM 子句 */
    strcat (sqlbuf , "from  ");
    strcat (sqlbuf , querytbl );

    /*  为动态查询分配SQLDA  */
    query_da = (SQLDA *) malloc (sizeof (SQLDA ) + colcount *
    sizeof (SQLVAR ));
    query_da -> sqlln = colcount ;
```

续图 10-22

```
/* 准备查询,并且请求数据库管理系统进行解析、验证和优化 */
exec sql prepare querystmt from :sqlbuf ;
exec sql describe querystmt into qry_da ;
```

程序使用PREPARE语句向DBMS传递语句串,DBMS将对语句进行解析、验证和优化,并生成一个应用计划

程序使用DESCRIBE 语句请求得到查询结果的信息

```
/* 循环 SQLVARs ,为每个字段分配内存*/
for (i = 0; i < colcount ; i++) {
    qry _var = qry _da ->sqlvar  + i;
    qry _var ->sqldat  = malloc (qry _var ->sqllen );
    qry _var ->sqlind  = malloc (sizeof (short ));
}
```

程序使用SQLDA中的字段描述信息分配内存块以接收每一字段的查询结果

```
/* 查询,并取回查询的结果 */
exec sql open qrycurs ;
exec sql whenever not found goto no _more _data ;
for (;;) {
```

动态版本的OPEN 语句请求数据库管理系统开始执行查询,并给动态SELECT语句中指定的参数传递数值

```
    /* 取回记录的数据 ,放入缓冲区 */
    exec sql fetch sqlcurs using descriptor qry _da ;
    printf ("\ n");
```

动态版本的FETCH语句将游标向前移动到第一条查询结果记录,并将数据放入到程序的数据区域和指示器变量中

```
    /* 循环打印一条记录第 i个字段的数据 */
    qry _var = qry _da ->sqlvar  + i;
    printf ("字段 # %d (%s): ", i+1, qry _var ->sqlname );

    /* 检查NULL 指示器变量 */
    if (* ( qry _var ->sqlind ) != 0) {
        puts ("是NULL ! \ n"):
        continue ;
    }
    /* 取回的真实数据 */
    switch (qry _var -> sqltype ) {
    case  448 :
    case  449 :
        /*  VARCHAR 数据,直接显示它 */
        puts (qry _var -> sqldata );
        break ;
    case  496 :
    case  497 :
        /* 4类整型数,转换并显示 */
        printf ("% ld ", *(( int  *)( qry _var -> sqldata )));
        break ;
```

续图 10-22

```
        case  500 :
        case  501 :
            /* 两类整型数，转换并显示   */
            printf("% ld " , *(( short *) ( qry _var -> sqldata ));
            break ;


        case  480 :
        case  481 :
            /* 浮点数，转换并显示 */
            printf ("%lf", *((double *) ( qry_var -> sqldata )));

            break ;
        }
      }
    }
no_more _data :
    printf (" \n 显示完毕 ! \ n" );

    /*  清除分配的内存 */
    if (i = 0; i < colcount ; i++ ) {
      qry _var =qry _da ->sqlvar  + i;
      free (qry _var ->sqldata );
      free (qry _var ->sqlind );
    }
    free (qry _da );
    close qrycurs;
    exit ( );
}
```

CLOSE 语句结束了对查询结果的访问，终止了游标和查询结果之间的连接

续图 10-22

　　图 10-22 中的程序开始就提示用户输入表的名字，然后程序查询系统目录找到这个表中字段的名字。它会要求用户选择要被检索的字段，并根据用户的回答构建一条动态 SELECT 语句。对于能够生成动态 SQL 的数据库前端程序来说，这个例子中逐步构建选择列表的机制是非常典型的。在真正的应用中，生成的选择列表可能会包括表达式或集合函数，而且可能附加生成 GROUP BY、HAVING 和 ORDER BY 子句的程序。我们还可以使用一种用户图形界面代替程序段中简单的用户提示问题，但编程步骤和概念还是一样的。注意，生成的 SELECT 语句与用来执行查询的交互式 SELECT 语句是一样的。

　　对于动态查询程序来说，这个程序中的 PREPARE 和 DESCRIBE 语句的处理方法以及给检索数据分配存储区域的方法也是非常典型的。用户应注意的是，程序是如何使用放置

在 SQLVAR 数组中的字段描述信息来为每个字段分配一个适当大小的数据存储块的。这个程序还给每个字段分配了指示符变量的空间。程序会把数据块的地址和指示符变量放回到 SQLVAR 结构中。

对于动态查询来说，OPEN、FETCH 和 CLOSE 语句扮演着与静态查询中一样的角色，这一点也被这个程序证明了。需要注意的是，FETCH 语句指定了 SQLDA 而不是指定宿主变量列表。因为程序已经在前面填充了 SQLVAR 数组的 SQLDATA 和 SQLIND，所以数据库管理系统会知道在哪里放置检索到的数据字段。

这个例子表明，动态查询所需要的多数编程方法都与设置 SQLDA 以及给 SQLDA 和检索数据分配存储区域有关。程序也必须挑选出各种查询可返回的数据类型，并对每一种进行处理，而且要考虑到返回数据可能是 NULL 的问题。对于使用动态查询的应用程序来说，示例程序的特性是很典型的。尽管有一定的复杂性，但在 C、C++、Pascal、PL/I 或 Java、PHP 等语言中进行编程并不很困难。对于 COBOL 和 FORTRAN 这样的语言来说，由于它们缺少动态分配存储区和处理可变长度数据结构的能力，所以它们不能用于动态查询处理。

1. DESCRIBE 语句

DESCRIBE 语句只存在于动态查询中。它的用途是向数据库管理系统请求动态查询的描述信息。使用 DESCRIBE 语句的时间是在借助 PREPARE 语句编译动态查询之后，但在借助 OPEN 语句执行该语句之前。通常用查询语句名称来识别被描述的查询。数据库管理系统将在由程序提供的 SQLDA 中存放返回的查询描述信息。DESCRIBE 语句的语法格式为：

```
DESCRIBE 语句名 INTO 描述符名
```

SQLDA 具有可变长度结构，它带有一个数组，数组中有一个或多个 SQLVAR 结构。在将 SQLDA 传递给 DESCRIBE 语句之前，程序必须填充 SQLDA 标题中的 SQLN，这样就可以告诉数据库管理系统这个特殊的 SQLDA 中的 SQLVAR 数组有多大。在第一步的 DESCRIBE 处理过程中，数据库管理系统用查询结果字段的编号填充 SQLDA 标题中的 SQLD。如果 SQLVAR 数组的空间（由 SQLN 指定）过小，则不能容纳全部的字段描述信息，数据库管理系统将不会填充其余的 SQLDA。另外，数据库管理系统为每个查询结果字段按从左到右的顺序填充一个 SQLVAR 结构。每个 SQLVAR 域都描述对应的字段：

- SQLNAME 结构指定了字段的名字（使用 DATA 中的名字和 LENGTH 中名字的长度）。如果字段来自于表达式，将不使用 SQLNAME。
- SQLTYPE 给字段指定了一个整型数据类型代码。不同的数据库管理系统产品所使用的数据类型代码并不相同。对于 IBM SQL 产品来说，数据类型代码同时指定了数据类型以及是否允许 NULL 值，如表 10-3 所示。
- SQLLEN 确定了字段的长度。对于可变长度的数据类型（如 VARCHAR）来说，报告的长度是数据的最大长度，单行查询结果中的字段长度将不会超过这个长度数值。对于 DB2（以及其他许多 SQL 产品）来说，返回的 DECIMAL 数据类型长度确定了十进制数的大小（高字节）和数的范围（低字节）。
- 数据库管理系统没有填充 SQLDATA 和 SQLIND。在后面 FETCH 语句使用 SQLDA 之前，应用程序会用数据缓冲区的地址和针对字段的指示符变量填充这些域。

表 10-3 用于 **DB2** 的 **SQLDA** 数据类型代码一览表

数据类型	允许为 NULL	不允许为 NULL	数据类型	允许为 NULL	不允许为 NULL
CHAR	452	453	DECIMAL	484	485
VARCHAR	448	449	DATE	384	385
LONG VARCHAR	456	457	TIME	388	389
SMALLINT	500	501	TIMESTAMP	392	393
INTEGER	496	497	GRAPHIC	468	469
FLOAT	480	481	VARGRAPHIC	464	465

使用 DESCRIBE 语句具有明显的优势，同时带来了相应的问题，即程序事先不知道有多少查询结果字段，因此，它也就不知道应该分配多大的 SQLDA 接收描述信息。为确保 SQLDA 有足够的空间来容纳返回的描述信息，一般采用以下 3 种策略：

（1）如果程序已经生成了查询的选择列表，它就能在生成选择项目的时候保存它们的运行计数。在这种情况下，程序可以按 SQLVAR 结构的数目分配 SQLDA，以接收描述信息。

（2）如果对于程序来说，计算选择列表项目的数量不方便，可以在开始就将动态查询描述为一个最小的 SQLDA，认为其带有单元素 SQLVAR 数组。当 DESCRIBE 语句返回时，SQLD 值能够告诉程序 SQLDA 必须具有的尺寸。然后，程序就可以分配正确尺寸的 SQLDA，并重新执行 DESCRIBE 语句，指定新的 SQLDA。在描述一条准备好的语句的次数上没有任何限制。

（3）程序可以分配 SQLDA，使其带有足够大的 SQLVAR 数组以容纳一个典型的查询。多数情况下，使用这种 SQLDA 的 DESCRIBE 语句都能取得成功。如果对于查询来说 SQLDA 显得过小，SQLD 值可以告诉程序 SQLDA 必须为多大，然后程序将分配一个更大的 SQLDA，并再次把描述语句放进 SQLDA 中。

DESCRIBE 语句一般用于动态查询，但用户可以请求数据库管理系统描述任何前面准备好的语句。这项特性非常有用，例如，如果程序要处理一条由用户输入的未知 SQL 语句，程序可以执行 PREPARE 和 DESCRIBE 语句，并检查 SQLDA 中的 SQLD。假如 SQLD 为 0，语句文本就不用于查询，而且可以使用 EXECUTE 语句来执行它。假如 SQLD 是正数，语句文本就是查询，而且后面必须使用 OPEN、FETCH 和 CLOSE 语句来执行它。

2. DECLARE CURSOR 语句

动态 DECLARE CURSOR 语句是静态 DECLARE CURSOR 语句的一个变种。静态 DECLARE CURSOR 语句通过将 SELECT 语句作为它的一个子句，从而实现了逐字指定查询，而动态 DECLARE CURSOR 语句间接地指定查询，通过 PREPARE 语句指定与查询结合在一起的语句的名称。

与静态 DECLARE CURSOR 语句一样，动态 DECLARE CURSOR 语句是 SQL 预编译程序的指示命令，而不是一条可执行语句。它必须出现在其他语句引用它所声明的游标之前。由这条语句所声明的游标名将被后续的 OPEN、FETCH 和 CLOSE 语句使用以处理动态查询结果。动态 DECLARE CURSOR 语句的语法格式为：

```
DECLARE 游标名 CURSOR FOR 语句名
```

3. 动态 OPEN 语句

动态 OPEN 语句是静态 OPEN 语句的一个变种。它可以使数据库管理系统开始执行查询，并将与之结合在一起的游标放置在第一条查询结果记录前面。当 OPEN 语句完成的时候，游标会处于一种开放的状态，现在它就可以用于 FETCH 语句。动态 OPEN 语句的语法格式为：

```
OPEN 游标名 [ USING [宿主变量列表 | DESCRIPTOR 描述符名 ] ]
```

动态查询中 OPEN 语句的角色与其他动态 SQL 语句中 EXECUTE 语句的角色是类似的。EXECUTE 和 OPEN 这两条语句都会使数据库管理系统开始执行前面由 PREPARE 语句编译过的一条语句。如果动态查询文本包括一个或多个参数标记，那么与 EXECUTE 语句一样，OPEN 语句必须为这些参数提供数值。USING 子句是用来指定参数值的，它在 EXECUTE 和 OPEN 语句中有同样的格式。

如果已经预先知道了将要出现在动态查询中的参数数量，程序可以向数据库管理系统传递参数值，其过程是通过 OPEN 语句的 USING 子句中的一个宿主变量列表来实现的。与处于 EXECUTE 语句中的要求一样，宿主变量的数量必须与参数数量匹配，每个宿主变量的数据类型必须与对应参数所需要的类型一致。如果需要，可以为每个宿主变量指定一个指示符变量。图 10-23 展示了一个程序片段，这里的动态查询有 3 个参数，它们的数值由宿主变量指定。

```
    ⋮

/* 程序预告产生和准备一个SELECT 语句，像这个一样
   select x , y, z from salesreps where sales between ? and ?
   这两个参数需要指定 */

/* 提示用户查询的范围，即输入最高和最低值 */
printf ("请输入销售的最低目标：");
scanf ("%f", & low_end );
printf ("请输入销售的最高目标：");
scanf ("%f", & high _end );

/* 通过参数打开游标，开始查询 */
exec sql open qrycursor using :low _end , :high _end ;

    ⋮
```

图 10-23　有宿主变量参数传递过程的 OPEN 语句的 C 程序片段示例代码

如果参数的数量直到运行时才能知道，程序必须使用 SQLDA 结构来传递参数值，同样的技术也用于 OPEN 语句。图 10-24 显示了一个与图 10-23 类似的程序片段，其中的差异在于它使用 SQLDA 传递参数。

需要注意的是，OPEN 语句中使用的 SQLDA 与 DESCRIBE 和 FETCH 语句中使用的 SQLDA 没有任何关系。①OPEN 语句中的 SQLDA 用于向数据库管理系统传递参数值，以

准备执行动态查询。它的 SQLVAR 数组的元素与动态语句文本中的参数标记相对应。②
DESCRIBE 和 FETCH 语句中的 SQLDA 用于接收来自数据库管理系统的查询结果字段的
描述信息，并通知数据库管理系统放置查询结果的位置。它的 SQLVAR 数组的元素与动态
查询所生成的查询结果字段相对应。

```
          ：
/*  程序预告产生和准备一个 SELECT 语句，像这个 一样
    select x，y，z from salesreps where empl_num （?,?,…,?)
    这变量参数需要指定，存储于变量 parmcnt */
char                   * malloc（）；
SQLDA                  * parmda；
SQLVAR                 * parmvar;
long                     parm_value  [201]；

/*通过参数值分配 SQLDA 大小 */
parmda = ( SQLDA  *) malloc  (sizeof (SQLDA ) +  parmcnt  sizeof (SQLVAR ));
parmda -> sqln = parmcnt；

/*  提示用户输入参数值 */
for  (i=0；i<parmcnt；i++)  {
    printf  ("请输入学生编号；");
    scanf  ("% ld "，& (parm_value [i]));
    parmvar = parmda -> sqlvar +i；
    parmvar -> sqltype =  496；
    parmvar -> sqllen = 4；
    parmvar -> sqldata = & (parm_value [i]);
    parmvar -> sqlind = 0；
}

/* 通过参数打开游标 ，开始查询 */
exec sql open qrycursor using descriptor : parmda；

          ：
```

图 10-24　有 SQLDA 参数传递过程的 OPEN 语句的 C 程序片段示例代码

4. 动态 FETCH 语句

动态 FETCH 语句是静态 FETCH 语句的一个变种。它可将游标向前移动到下一条有效
的查询结果记录，并将其字段的数值放到程序的数据区域中。我们知道，静态 FETCH 语
句包括一条 INTO 子句，该子句带有一个用于接收检索得到的字段数值的宿主变量列表。
在动态 FETCH 语句中，SQLDA 取代了宿主变量列表。动态 FETCH 语句的语法格式为：

FETCH 游标名 USING DESCRIPTOR 描述符名

在使用动态 FETCH 语句之前应用程序提供数据区域，以接收检索的数据和每个字段

的指示符变量。应用程序还必须为每个字段填充 SQLVAR 结构中的 SQLDATA、SQLIND 和 SQLLEN：

- SQLDATA 必须指向为检索数据准备的数据区域。
- SQLLEN 必须指定 SQLDATA 指向的数据区域的长度。用户必须正确指定这个数值，以保证数据库管理系统复制的检索数据不会超出数据区域的范围。
- SQLIND 必须指向一个用于字段的指示符变量（一个两字节的整型数）。如果一个特殊的字段没有指示符变量，对于 SQLVAR 结构的 SQLIND 应该被设置为 0。

通常情况下，应用程序所进行的操作都发生在打开游标之前，如分配 SQLDA、使用 DESCRIBE 语句得到查询结果的描述信息、给每个字段的查询结果分配存储区域、设置 SQLDATA 及 SQLIND 数值等，然后 SQLDA 被传递给 FETCH 语句，但是并未要求使用相同的 SQLDA 或 SQLDA 给每个 FETCH 语句指定同样的数据区域。对于应用程序来说，更改 FETCH 语句之间的 SQLDATA 和 SQLIND 指针、检索两个连续的记录到不同的位置都是很容易接受的事情。

5．动态 CLOSE 语句

动态形式的 CLOSE 语句在语法和特性上与静态 CLOSE 语句完全一致。在动态和静态两种情况下，CLOSE 语句结束对查询结果的访问。当一个程序因为动态查询关闭了游标的时候，该程序通常重新分配与动态查询结合在一起的资源，其中包括：

- 为动态查询分配的 SQLDA，在 DESCRIBE 和 FETCH 语句中使用的 SQLDA。
- 可能有第二项 SQLDA，它用于向 OPEN 语句传递参数值。
- 用于接收由 FETCH 语句检索得到的每字段查询结果的数据区域。
- 为查询结果字段的指示符变量分配的数据区域。

如果程序在 CLOSE 语句之后立即终止，很可能需要重新分配这些数据区域。

10.3　关系型数据库应用编程接口

对于很多程序员而言，使用应用编程接口（Application Programming Interface，API）是一种非常简单的使用 SQL 的方法。多数程序员在其他工作中已经积累了使用函数库的基本经验，如在字符管理、数学运算、文件输入/输出以及屏幕窗体的管理等工作中都会用到函数库。现代的操作系统都广泛使用 API 套装工具来扩展操作系统本身的核心性能，如 UNIX、Linux、麒麟操作系统和 Windows 等，这样关系型数据库的 SQL API 就只是程序员要学习的另一个函数库而已。而对于非关系型数据库，则相对复杂一些。

10.3.1　应用编程接口的概念

当数据库管理系统支持一个函数调用接口时，应用程序与数据库管理系统通过一系列的调用进行通信，这个系列的调用被公认为"应用编程接口"（API）。图 10-25 中所示的是典型的数据库管理系统 API 的基本操作。

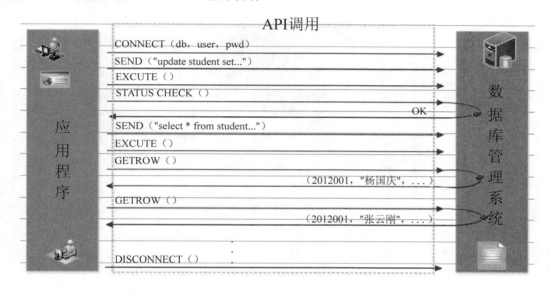

图 10-25　使用 SQL API 进行数据库管理系统访问示意图

- 程序通过一个或多个 API 调用开始其对数据库的访问。这些调用将程序连接到数据库管理系统，它们经常针对特定的数据库。
- 向数据库管理系统发送一条 SQL 语句，程序可将此语句建立为缓冲区中的一个文本字符串，然后利用 API 调用向数据库管理系统传递缓冲区中的内容。
- 程序利用 API 调用来检查它的数据库管理系统请求状态并处理错误。
- 如果请求是一个查询，程序会使用 API 调用将查询结果放到程序的缓冲区中。一般情况下，调用一次会返回一条数据记录或一个字段的数据。
- 程序使用一个断开与数据库管理系统连接的 API 调用结束其对数据库的访问。

当应用程序和数据库处于客户机/服务器结构中两个不同的系统时（如图 10-26 所示），经常要用到 SQL API。在这种结构中，用于 API 函数的代码处于客户机系统，这里也是执行应用程序的地方。数据库管理系统软件处于服务器系统，这里是数据库驻留的地方。应用程序请求对 API 的调用就发生在客户机系统内部，API 代码将调用请求转换为消息，它通过网络与数据库管理系统之间收发这种消息。SQL API 为客户机/服务器结构提供了优势，因为它能够最小化 API 和数据库管理系统之间的网络流量。

由各种数据库管理系统产品提供的早期 API 彼此之间差异很大。与很多 SQL 语言组件一样，在试图标准化 API 前，专用 SQL API 存活了很长时间。另外，SQL API 的趋势是比嵌入式 SQL 方法展现更多的数据库管理系统基本性能，这导致了更多的差异。不过，商业 SQL 产品中所有可用的 SQL API 都基于相同的基本概念，它们展示在图 10-25 和图 10-26 中。这些概念也应用于 ODBC API 和更多基于它的 ANSI/ISO 标准中。

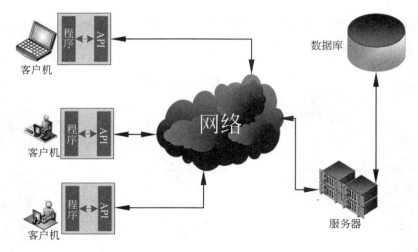

图 10-26　客户机/服务器结构中的 SQL API 示意图

10.3.2　ODBC 和 SQL/CLI 标准

开放式数据库互连（Open-DataBase-Connectivity，ODBC）是微软公司开放服务结构（Windows Open Services Architecture，WOSA）中有关数据库的一组规范，它提供了一组对数据库访问的标准应用程序编程接口 API，并且被软件业界广泛接受和普遍应用。ODBC 的基本思想是为用户提供简单、标准、透明的数据库连接的公共编程接口，开发厂商根据 ODBC 的标准去实现底层的驱动程序，这个驱动对用户是透明的，并允许根据不同的数据库管理系统采用不同的技术加以优化实现。

开放型数据库互连 ODBC 的框架由应用程序、驱动管理器（ODBC Driver Manager）、ODBC 驱动（ODBC Driver）和数据源（Data Source）4 个部分组成。各类命令或调用由上至下一层一层地传递，而数据信息由下至上一层一层地返回，应用程序通过驱动管理器和 ODBC 驱动与数据源进行各种形式的通信和操作。ODBC 早期框架如图 10-27 所示。

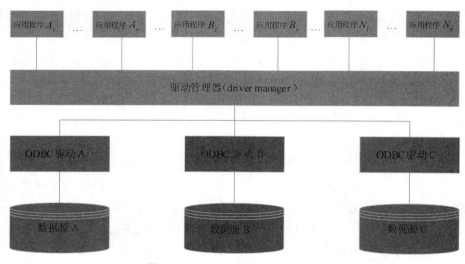

图 10-27　ODBC 早期框架示意图

其中，作为客户端的数据库应用程序需要遵循 ODBC 执行 SQL 语句和执行那些进行结果查询的 ODBC 函数等功能；驱动管理器是 ODBC 体系结构中的核心组件，其作用主要是装载或卸载 ODBC 驱动，管理应用程序和 ODBC 驱动之间的通信，负责处理来自应用程序的 ODBC 函数调用，把调用请求传递给应用程序所指定的 ODBC 驱动；ODBC 驱动程序向驱动管理器提供了一系列标准的 ODBC 访问接口，用于接收来自驱动管理器的函数调用或 SQL 语句，经过驱动系统内部分发处理，以及与数据源或 DBMS 进行数据交互之后，最终将结果返回给驱动管理器。ODBC 驱动程序与驱动管理器共同组成了 ODBC 体系结构中的 ODBC 层。数据源主要包含有用户要访问的数据、数据库管理系统 DBMS、操作系统以及网络等基本元素。每一种数据库源都需要特定的 ODBC 驱动来驱动。

按照 API 一致性级别来分，分为 API 一致性核心级（Core Level）、API 一致性扩展级 1（Level 1）和 API 一致性扩展级 2（Level 2）3 个部分。API 一致性级别描述的是驱动程序的可用性。核心级的 API 一致性包括最基本的功能，由 23 个函数组成，它的功能如环境的分配、释放、数据库的连接、执行 SQL 语句、向 SQL 语句中传入参数、存取执行结果，以及一定的目录操作和错误跟踪等。扩展级 1 在核心级的基础上增加了 19 个函数，可以在应用程序中动态地了解表的模式。大多数驱动程序支持扩展级 1，所以在编写程序时即使对表的结构模式一无所知，仍然能在运行时动态地对表进行操作。扩展级 2 在扩展级 1 的基础上又新增加了 19 个函数，这些函数的功能是通过它们可以了解主码和外码的信息、表和列的权限信息，以及数据库存储过程信息。

ODBC 作为一种统一的、标准化的数据库访问接口，对于应用程序开发商来说，它消除了编写自定义数据库驱动程序的必要。对于数据库提供商来说，它可以得到更多应用程序的支持。

1. 调用级接口（Call Level Interface，CLI）标准化

ODBC 虽然只是作为微软产品的标准，但对于其他产品也是非常重要的。微软公司一直在努力使它成为脱离提供商的独立标准。在微软开发最早的 ODBC 的同时，一个名为"SQL 访问组"（SQL Access Group）的数据库提供商联盟一直在从事客户机/服务器协议的标准化工作，以实现远程数据库访问。微软曾经劝说 SQL 访问组扩展他们的工作重点，并将 ODBC 作为他们用在脱离提供商的数据库访问上的标准。SQL 访问组的标准管理工作最终移交给了欧洲的 X/Open 协会（这是另一个标准化组织），作为它公共应用环境（Common Application Environment，CAE）标准管理的一部分。

随着用于数据库访问的调用级 API 的日渐流行，官方的 SQL 标准化组织最终将工作重点转移到这方面的标准化工作。以 X/Open 标准（基于微软早期的 ODBC 成果）做起点，经过简单修改后创建出一个正式的 ANSI/ISO 标准。最后的 SQL/调用级接口（SQL/CLI）标准在 1995 年作为 ANSI/ISO/IEC 9075-3-1995 被公布。经过几处修改以后，SQL/CLI 成为 SQL 1999 标准的第三部分。

微软一直在改进 ODBC，以遵循官方的 SQL/CLI 标准。CLI 标准只是简略地构成了微软的 ODBC 3 修订版的核心级别，但其他更高级别的 ODBC 3 的性能已经超出了 CLI 规范的界限，它们可以提供更强的 API 函数特性以及处理作为 Windows 操作系统一部分的 ODBC 管理过程中出现的问题。实际上，核心级 ODBC 性能和 SQL/CLI 规范一起组成了可调用 API 标准。

　　由于给了应用程序开发商和数据库提供商大量的好处，ODBC/CLI 已经成为一种受到广泛支持的标准。实际上，所有基于 SQL 的数据库系统都支持 ODBC/CLI 接口。有些数据库管理系统产品甚至将 ODBC/CLI 作为它们的标准数据库 API。大量的应用程序都支持 ODBC/CLI，包括先进的编程工具包、查询及窗体处理工具和报表编写器，以及像电子表格和图形程序这样的流行软件。

　　SQL/CLl 标准中包括了大约 40 个不同的 API 调用函数，在表 10-4 中对这些函数进行了一个总结。调用函数所提供的广泛的特性包括建立与数据库服务器的连接，执行 SQL 语句，检索及处理查询结果，以及解决数据库处理过程中出现的错误。它们通过标准的嵌入式 SQL 接口提供了所有的有效性能，包括静态 SQL 和动态 SQL 性能。

表 10-4　SQL/CLI API 函数一览表

函　　　数	说　　　明	函　　　数	说　　　明
资源与连接管理		SQLPutData()	提供延期的参数值或字符串数值的一部分
SQLAllocHandle()	分配用于环境、连接、描述符或语句的资源	查询结果处理	
SQLFreeHandle()	释放以前分配的资源	SQLSetCursorName()	设置游标的名字
SQLAllocEnv()	分配用于 SQL 环境的资源	SQLGetCursprName()	获得游标的名字
SQLFreeEnv()	释放用于 SQL 环境的资源	SQLFetch()	取得查询结果记录
SQLAllocConnect()	分配用于数据库连接的资源	SQLFetchScroll()	取得可滚动的查询结果记录
SQLFreeConnect()	释放用于数据库连接的资源	SQLCloseCursor()	关闭打开的游标
SQLAllocStmt()	分配用于 SQL 语句的资源	SQLGetData()	获得查询结果字段的数值
SQLFreeStmt()	释放用于 SQL 语句的资源	查询结果描述	
SQLConnect()	建立数据库连接	SQLNumResultCols()	判断查询结果字段的数量
SQLDisconnect()	结束建立的数据库连接	SQLDescribeCol()	描述一个单独的查询结果字段
语句执行		SQLColAttribute()	获得查询结果字段的属性
SQLExecDirect()	直接执行一条 SQL 语句	SQLGetDescField()	获得一个描述符域的数值
SQLPrepare()	准备一条 SQL 语句用于后续执行过程	SQLSetDescField()	设置一个描述符域的数值
SQLExecute()	执行一条先前准备好的 SQL 语句	SQLGetDescRec()	获得来自一个描述符记录的数值
SQLRowCount()	查明受最后的 SQL 语句影响的记录数量	SQLSetDescRec()	设置一个描述符记录中的数值
事务管理		SQLCopyDesc()	复制描述符区域数值
SQLEndTran()	结束一个 SQL 事务处理过程	错误处理	
SQLCancel()	取消一条 SQL 语句的执行	SQLError()	获得错误信息
参数处理		SQLGetDiagField()	获得诊断记录域的数值
SQLBindParam()	将程序位置绑定到参数值	SQLGetDiagRec()	获得诊断记录的数值
SQLParamData()	处理延期的参数值	属性管理	

表 10-4　SQL/CLI API 函数一览表（续）

函　　数	说　　明	函　　数	说　　明
SQLSetEnvAttr()	设置用于 SQL 环境的属性数值	驱动程序管理	
SQLGetEnvAttr()	检索用于 SQL 环境的属性数值	SQLDataSources()	获得一个有效的 SQL 服务器列表
SQLSetStmtAttr()	设置 SQL 语句使用的描述符区域	SQLGetFunctions()	获得一个 SQL 实现过程支持的特性的有关信息
SQLGetStmtAttr()	获得 SQL 语句的描述符区域	SQLGetInfo()	获得一个 SQL 实现过程支持的特性的有关信息

图 10-28 所示的简单 CLI 程序使用了 CLI 函数。其采用的是多数基于 CLI 的应用程序所使用的步骤，主要有以下 6 个步骤：第 1 步：程序连接到 CLI，并为其用途分配数据结构；第 2 步，连接到一个指定的数据库服务器；第 3 步，程序在内存缓冲区中构建 SQL 语句；第 4 步，利用 CLI 调用请求语句开始执行并检查其状态；第 5 步，在成功完成的基础上借助 CLI 调用来递交数据库事务处理；第 6 步，断开与数据库的连接，并释放其数据结构。

```
#include <sqlcli.h>                    /* CLI定义的头文件 */
main( )
{
    SQLHENV     env_hdl;        /* SQL环境句柄 */
    SQLHDBC     conn_hdl;       /* 连接句柄 */
    SQLHSTMT    stmt_hdl;       /* 声明句柄 */
    SQLRETURN   status          /* CLI常规返回状态 */
    char        *svr_name = "demo";   /* 服务器名 */
    char        *user_name = "张宏";   /* 连接的用户名 */
    char        *user_pswd = "xyz123";   /* 连接的用户口令 */
    char        amount_str[41];          /* 用户输入的总计 */
    char        stmt_buf[201];    /*  SQL声明的缓冲区 */

    /* 通过服务器名、用户名和口令连接到数据库服务器 */
    SQLConnect(conn_hdl, svr_name, SQL_NTS,
                    user_name, SQL_NTS,
                    user_pawd, SQL_NTS);

    /* 提示用户输入增加或减少的定额数 */
    printf("请输入增加或减少的定额数: ");
    gets(amount_str);
    /* 装配UPDATE声明，并请求数据库管理系统执行它 */
    strcopy(stmt_buf, "update salesreps set quota= quota + ");
    strcat(stmt_buf, amount_str);
    status = SQLExecDirect(stmt_hdl, stmt_buf, SQL_NTS);
    if (status)
        printf("调整定额出现错误!  \n");
    else
        printf("成功完成调整定额!  \n");
```

图 10-28　使用 SQL/CLI 的一个简单程序代码示意图

```
/* 提交修改，并且断开与数据库服务器的连接 */
SQLEndTran (SQL_HANDLE_ENV, env_hdl, SQL_COMMIT);
SQLDISconnect (conn_hdl);
/* 释放句柄并退出 */
SQLFreeHandle (SQL_HANDLE_STMT, stmt_hdl);
SQLFreeHandle (SQL_HANDLE_DBC, conn_hdl);
SQLFreeHandle (SQL_HANDLE_ENV, env_hdl);
exit( );
}
```

续图 10-28

注意，所有的 CLI 程序段都将返回状态代码，它可以指示程序段成功完成或提供执行过程中的一些错误及警告信息。CLI 返回状态代码可用的数值，在表 10-5 中进行了总结。本书中的一些程序示例省略了检查返回状态代码的过程，这样做是为了缩短示例的长度而将关注的重点放在被演示的特性上。但是，调用 CLI 函数的生成程序应该始终检查返回数值，以保证成功完成函数调用。返回状态代码的符号常量名与其他许多数值（如数据类型代码和语句标识代码）一样都被定义在标题文件中，此文件在使用 CLI 的程序的开始部分。

表 10-5　CLI 返回状态代码一览表

CLI 返回数值	说　　明	CLI 返回数值	说　　明
0	成功完成语句	99	需要数据（所需要的动态参数丢失）
1	带有警告信息的成功完成	-1	在 SQL 语句执行过程中出现错误
100	没有发现数据（在检索查询结果时）	-2	调用过程中的非法处理错误

2．调用级接口（CLI）结构

CLI 通过一个概念层次管理应用程序和被支持的数据库之间的交互，此概念层次在 CLI 数据结构层次中反映出来。

- SQL 环境：最高级环境，数据库访问就发生在这里。CLI 使用与 SQL 环境结合在一起的数据结构来跟踪各种使用它的应用程序。
- SQL 连接：与特定数据库服务器的逻辑连接。从概念上说，CLI 允许单个应用程序同时连接几个不同的数据库服务器。每个连接都可以有它自己的数据结构，CLI 使用这些数据结构了解连接状态。
- SQL 语句：由数据库服务器处理的一条单独 SQL 语句。一条语句可能会经历几个处理阶段，如数据库管理系统准备（编译）它、执行它、处理错误以及在查询情况下向应用程序返回结果。从概念上说，一个应用程序可以有多条 SQL 语句并行穿越这些处理阶段。每条语句都有自己的数据结构，CLI 使用这些数据结构了解处理状态。

CLI 使用现代操作系统共用的一种技术和程序库包来管理这些概念项目。被称为"句柄"（handle）的符号指针可以结合的对象与整个 SQL 环境，对于特定数据库服务器的 SQL

连接，以及 SQL 语句的执行过程有关。句柄确定了由 CLI 本身管理的一个存储区域。有些类型的句柄作为 CLI 调用中的一个参数被传递。管理句柄的 CLI 程序段显示在图 10-29 中。

```
/*   为使用的 CLI 调用分配一个句柄   */
short SQLAllocHandle  (
    short HdlType ,                    /* 输入：整型句柄类型代码 */
    long inHdl ,                       /* 输入：环境或连接句柄 */
    long *rtnHdl )                     /* 输出：返回的句柄 */
/*   释放由此前分配给 SQLAllocHandle ( )的一个句柄 */
short SQLFreeHandle  (
    short HdlType ,                    /* 输入：整型句柄类型代码 */
    long inHdl )                       /* 输入：被释放的句柄 */
/*   为一个新的 SQL 环境分配一个句柄   */
short SQLAllocEnv  (
    long *rtnHdl )                     /* 输出：返回环境的句柄 */
/*   释放由此前分配给 SQLAllocEnv ( )的一个句柄 */
short SQLFreeEnv  (
    long envHdl )                      /* 输入：环境句柄 */
/*   为一个新的 SQL 连接分配一个句柄   */
short SQLAllocConnect  (
    long envHdl ,                      /* 输入：环境句柄 */
    long *connHdl )                    /* 输出：返回的句柄 */
/*   释放由此前分配的连接句柄 */
short SQLFreeConnect  (
    long connHdl )                     /* 输入：连接句柄 */
short SQLAllocStmt  (
    long envHdl ,                      /* 输入：环境句柄 */
    long *stmtHdl )                    /* 输出：SQL 语句句柄 */
/*   释放由此前分配的连接句柄   */
short SQLFreeStmt  (
    long stmtHdl ,                     /* 输入：SQL 语句句柄 */
    long option )                      /* 输入：游标或未被绑定的选项 */
```

图 10-29　SQL/CLI 句柄管理程序段代码示例图

句柄是用 CLI SQLAllocHandle()程序段来创建（或分配）的。程序段的一个参数提示 CLI 要分配的是哪一种类型的句柄，另一个参数向应用程序返回句柄值。一旦分配了句柄，它就被传递给后续的 CLI 程序段以维持 CLI 调用的周围环境。利用这种方法，一个程序中每个不同的执行线程或每个不同的并行运行程序（处理程序）都可以建立与 CLI 的连接，并能够独立维持周围环境。句柄还允许单个程序具有多个与不同数据库服务器的 CLI 连接，并能并行处理多条 SQL 语句。当不再需要句柄的时候，应用程序调用 SQLFreeHandle()来通知 CLI。

除了专用的句柄管理程序段 SQLAllocHandle()和 SQLFreeHandle()函数之外，CLI 规范还包括了独立的程序段来创建和释放环境、连接或语句句柄。这些程序段（SQLAllocEnv()、SQLAllocStmt()函数等）是原来的 ODBC API 的一部分，并在当前的 ODBC 实现过程中受到支持以保持向后兼容。但是微软指出，常规句柄管理程序段仍然是首选的 ODBC 函数，只是在未来的 ODBC 版本中也许会出现专用的特殊程序段。为最大限度地实现跨平台操作，最好使用常规程序段。

1）SQL 环境

SQL 环境是应用程序在调用 CLI 的过程中使用的最高级别的关联环境，在单线程应用程序中，一般只存在一个用于整个程序的 SQL 环境；在多线程应用程序中，根据程序的体系结构不同，可能每个线程都存在一个 SQL 环境，也可能存在一个全局 SQL 环境。从概念上说，CLI 允许从一个 SQL 环境到几个不同的数据库服务器的多个连接。实际上，用于特定数据库管理系统的特定 CLI 实现过程可能支持多连接，也可能不支持。

2）SQL 连接

在 SQL 环境中，应用程序可以建立一个或多个 SQL 连接。SQL 连接是程序和指定 SQL 服务器（数据库服务器）之间的连接关系，通过它就可以处理 SQL 语句。实际上，SQL 连接经常被用作与另一个计算机系统中的数据库服务器建立网络连接。不过，SQL 连接也可以作为程序和同一计算机系统中的数据库管理系统之间的逻辑连接。

图 10-30 显示了用于管理 SQL 连接的 CLI 程序段。如果要建立连接，应用程序首先要通过调用带有适当句柄类型的 SQLAllocHandle()函数来分配连接句柄，然后它会试图使用 SQLConnect()调用函数连接目标 SQL 服务器，随后就可以通过这个连接处理 SQL 语句。连接句柄作为参数传递给所有语句处理调用函数，以指示使用的是哪一个连接。当不再需要连接的时候，可以调用 SQLDisconnect()函数终止它，然后调用 SQLFreeHandle()函数释放 CLI 中与连接结合在一起的句柄。

```
/*    初始化到一个SQL服务器的一个连接   */
short SQLConnect (
     long connHdl,                /* 输入：连接句柄 */
     char *svrname,               /* 输入：目标SQL服务器名 */
     short svrnamlen,             /* 输入：SQL服务器名的长度 */
     char *username,              /* 输入：连接的用户名 */
     short usrnamlen,             /* 输入：用户名的长度 */
     char *passwd,                /* 输入：连接的密码 */
     short pswlen )               /* 输入：密码的长度 */
/*    断开SQL服务器的连接   */
short SQLDisconnect (
     long connHdl )               /* 输入：连接句柄 */

/*    从连接中得到可访问SQL服务器的名字   */
short SQLDataSources (
     long envHdl,             /* 输入：环境句柄*/
     short direction,         /* 输入：指示第一个或下一个请求*/

     char *svrname,           /* 输出：服务器名的缓冲区 */
     short buflen,            /* 输入：服务器名缓冲区的长度 */
     short *namlen,           /* 输出：服务器名的实际长度 */
     char *descrip,           /* 输出：描述的缓冲区 */
     short buf2len,           /* 输入：描述缓冲区的长度 */
     short *dsclen)           /* 输出：描述的实际长度 */
```

图 10-30　SQL/CLI 连接管理程序段代码示例图

通常情况下，应用程序应该知道它要访问的指定数据库服务器的名字（按照标准中的术语说应该是"SQL 服务器")。在一些特殊的应用程序(如专用的查询或数据输入工具)中,可能需要让用户选择要使用哪一个数据库服务器。CLI SQLDataSources()调用函数返回CLI 已知的 SQL 服务器的名字,也就是可以在 SQLConnect()调用函数中被合法指定为服务器名字的数据源。如果要得到服务器名字的列表,应用程序可以重复调用 SQLDataSources()函数。每个调用都会返回单独一条服务器描述信息,直到调用函数返回错误信息指示不存在数据了。用户可以选用此调用过程所采用的参数,以改变服务器名字的连续检索结果。

3. CLI 语句处理

CLI 处理 SQL 语句所使用的技术与前面介绍的用于动态嵌入式 SQL 的技术非常相似。SQL语句以文本的形式传递给 CLI 作为一个字符串,用户可以在单步或两步处理过程中执行它。

图 10-31 显示了基本 SQL 语句处理调用函数。应用程序首先必须调用 SQLAllocHandle()函数来获得语句句柄,此句柄可向程序和 CLI 表明语句后续所有的 SQLExecDirect()、SQLPrepare()和 SQLExecute()调用函数都引用这个语句句柄。当不再需要句柄的时候,可以使用 SQLFreeHandle()调用函数释放它。

```
/*    直接执行  SQL 语句   */
short SQLExecDirect     (
    long stmtHdl ,                      /* 输入: SQL 语句句柄 */
    char *stmttext ,                    /* 输入: SQL 语句文本 */
    short textlen  )                    /* 输入: SQL 语句文本的长度 */

/*    准备 SQL 语句   */
short SQLPrepare    (
    long stmtHdl ,                      /* 输入: SQL 语句句柄 */
    char *stmttext ,                    /* 输入: SQL 语句文本 */
    short textlen  )                    /* 输入: SQL 语句文本的长度 */

/*    执行一个先前准备的SQL 语句 */
short SQLExecute     (
    long stmtHdl  )                     /* 输入: SQL 语句句柄 */

/*    绑定 SQL 语句参数到一个程序数据区域 */
short SQLBindParam     (
    long stmtHdl ,           /* 输入: SQL 语句句柄 */
    short parmnr ,           /* 输入: 参数 (1,2,3,...)*/
    short valtype ,          /* 输入: 值所支持的数据类型 */
    short parmtype ,         /* 输入: 参数的数据类型 */
    short colsize ,          /* 输入: 列的大小 */
    short decdigits ,        /* 输入: 十进制数的位数 */
    void *value ,            /* 输入: 参数值缓冲区的指针 */
    long *lenind )           /* 输入: 长度或指示器缓冲区的指针 */

/*    得到下一次请求动态参数的参数标识  */
short SQLParamData    (
    long stmtHdl ,           /* 输入: stmt 句柄或动态参数 */
    void *prmtag )           /* 输出: 返回参数标识值 */
```

图 10-31 CLI 语句处理程序段代码示例图

```
/*   得到一条详细的CLI主字码  */
short SQLPutData (
    long stmtHdl,        /* 输入：stmt句柄或动态参数 */
    void *prmdata,       /* 输入：参数数据的缓冲区 */
    short prmlenind )    /* 输出：参数长度或空值 */
```

续图 10-31

对于单步执行过程，应用程序调用 SQL 的 SQLExecDirect()函数将 SQL 语句文本作为一个参数传递给调用函数。数据库管理系统对调用结果语句进行处理，并返回语句的完成状态。图 10-31 所示的简单的程序段使用了这种单步处理。它与前面介绍的嵌入式动态 SQL 中的单步 EXECUTE IMMEDIATE 语句是对应的。

对于两步执行过程，应用程序调用 SQLPrepare()函数将 SQL 语句文本作为一个参数传递给调用函数。数据库管理系统对语句进行分析，决定如何执行，并保留这些信息。它并不是立刻开始执行语句，而是以后调用 SQLExecute()函数程序段来实际执行语句。这个两步过程完全对应于前面介绍的 PREPARE 和 EXECUTE 嵌入式动态 SQL 语句。对于任何将被重复执行的 SQL 操作来说，我们都应该使用它，因为它可以使数据库管理系统只完成一次语句的分析和优化工作以响应 SQLPrepare()调用函数。用户可以通过 CLI 传递参数确定多个 SQLExecute()调用函数的操作方式。

1）带参数的语句执行

很多时候，SQL 语句必须被重复执行，只在它所指定的数值上稍做变化。例如，给样本数据库添加订单的 INSERT 语句对每一个订单来说都是一样的，有差别的地方仅在于一些指定信息，如客户编号、订购的产品、厂商以及数量等。对于动态嵌入式 SQL 来说，这样的语句可以通过指定语句的可变部分作为输入参数来获得极高的执行效率。在传递给 SQLPrepare()调用函数的语句文本中，每个插入的参数值所在的位置上都有一个参数标记，即一个问号（？）。以后执行语句的时候，必须为每一个输入参数提供数值。

提供输入参数值最直接的方式就是使用 SQLBindParam()调用函数。每次调用 SQLBindParam()函数都会在 SQL 语句中的某个参数标记（由编号标识）和应用程序中的变量（由其内存地址标识）之间建立一种连接关系。另外，也可以选择与应用程序第二变量（这是一个整型数）之间建立连接，此变量能够提供可变长度输入参数的长度值。如果与 C 程序一样，参数是 NULL 结尾的字符串将会传递一种特殊的负数代码（定义在标题文件中作为符号常量 SQL_NTS），它表明可以通过 CLI 程序段从数据本身得到字符串长度。同样，负数代码用于为输入参数指示 NULL 数值。如果语句中有三个输入参数标记，那么就应该调用 3 次 SQLBindParam()函数，每次都用于一个输入参数。

一旦建立好应用程序变量（更准确地说是程序存储位置）和语句参数之间的连接，就可以调用 SQLExecute()函数来执行语句。如果要更改后续语句中的参数值，只需要在下一次调用 SQLExecute()函数之前将新的数值放置到应用程序的缓冲区中。还有一种可行的办法，就是通过以后调用 SQLBindParam()函数重新绑定参数到应用程序中不同的数据区域。图 10-32 显示的程序中包括一条带有两个输入参数的 SQL 语句。程序反复提示用户输入客户编号和对客户新的信用限制。用户所提供的数值将成为用于 CUSTOMERS 表的 UPDATE 语句输入参数。

```
#include <sqlcli.h>              /* CLI定义的头文件 */
main( )
{
    SQLHENV      env_hdl;                /* SQL环境句柄    */
    SQLHDBC      conn_hdl;               /* 连接句柄       */
    SQLHSTMT     stmt_hdl;               /* 声明句柄       */
    SQLRETURN    status;                 /* CLI常规返回状态   */
    char         *svr_name = "demo";     /* 服务器名       */
    char         *user_name = "张宏";     /* 连接的用户名    */
    char         *user_pswd = "xyz123";  /* 连接的用户口令   */
    char         amt_buf[51];            /* 用户输入的总计   */
    int          amt_ind = SQL_NTS;      /* 输入总计的空队列串 */
    char         cust_buf[51];           /* 用户实际输入的总计 */
    int          cust_ind = SQL_NTS;     /* 用户实际输入的空队列串 */
    char         stmt_buf[201];          /* SQL语句缓冲区   */
    /*  为SQL环境、连接、语句分配句柄  */
    SQLAllocHandle(SQL_HANDLE_ENV, SQL_NULL_HANDLE,
                   &env_hdl);
    SQLAllocHandle(SQL_HANDLE_DBC, env_hdl, &conn_hdl);
    SQLAllocHandle(SQL_HANDLE_STMT, conn_hdl, &stmt_hdl);
    /* 通过服务器名、用户名和口令连接到数据库 */
    /* SQL_NTS的空队列串被实际的串的长度所替换 */
    SQLConnect (conn_hdl, svr_name, SQL_NTS,
                       user_name, SQL_NTS,
                       user_pswd, SQL_NTS);
    /* 准备用参数标记替换UPDATE语句 */
    strcpy(stmt_buf, "update customers set credit_limit = ? ");
    strcpy(stmt_buf, "where cust_num = ? ");
    SQLPrepare(stmt_hdl, stmt_buf, SQL_NTS);

    /* 绑定参数到程序的缓冲区  */
    SQLBindParam(stmt_hdl,1, SQL_C_CHAR, SQL_DECIMAL,9,2, &amt_buf, &amt_ind);
    SQLBindParam(stmt_hdl,2, SQL_C_CHAR, SQL_INTRGER,0,0, &cust_buf, &cust_ind);
    /*   循环处理每一个贷款边界   */
    for (;;) {
        /* 提示用户输入客户的贷款边界 */
        printf("请输入客户编号：");
        gets(cust_buf);
        if (strlen(cust_buf) == 0)
            break;
        printf("请输入新的贷款边界：");
        gets(amt_buf);
        /* 执行带参数的SQL语句 */
        status = SQLExecute(stmt_hdl);
        if (status)
            printf("更新贷款范围出现错误！ \n");
        else
```

图 10-32　使用输入参数的 CLI 程序代码示例图

```
        printf("贷款范围调整成功！\n");

    /* 提交更新 */
    SQLEndTran(SQL_HANDLE_ENV, env_hdl, SQL_COMMIT);
}

/*  断开与数据库的连接，释放已经分配的句柄，并且退出 */
SQLDisconnect(conn_hdl);
SQLFreeHandle(SQL_HANDLE_STMT, stmt_hdl);
SQLFreeHandle(SQL_HANDLE_DBC, conn_hdl);
SQLFreeHandle(SQL_HANDLE_ENV, env_hdl);
exit( );
}
```

续图 10-32

　　图 10-32 中的 SQLParamData()和 SQLPutData()调用函数提供了另一种在运行时传递参数数据的方法，这种方法被称为"延迟参数传递"（deferred parameter passing）。其在对 SQLBindParam()函数的调用中指出这是为一个特殊的语句参数选用的。SQLBindParam()函数调用过程取代了提供参数被绑定的程序数据位置的方法，它表明将要使用延迟参数传递方法并提供一个数值，后面将会使用此数值来标识用这种方法进行处理的特殊参数。

　　在收到执行语句的请求（SQLExecute()或 SQLExecDirect()调用函数）后，程序调用 SQLParamData()函数来判断语句是否需要延迟参数数据。如果需要延迟参数数据，CLI 会返回状态代码（SQL_NEED_DATA），同时被返回的还有说明哪一个参数需要数值的指示值。然后，程序调用 SQLPutData()函数为参数提供数值。一般情况下，程序接着会再次调用 SQLParamData()函数来判断另一个参数是否需要动态数据。这个循环会重复进行，直到所有需要的动态数据都被提供，然后 SQL 语句的执行过程会按正常方式继续进行。

　　与绑定参数到应用程序位置的直接处理方式相比，这种参数传递方法显得相当复杂。但它有两个优点。首先，数据值（以及分配的包含这些数值的存储部分）的实际传递操作可以被推迟，直到真正需要数据的最后一刻；其次，这项技术可以用于逐项传递很长的参数值。对于长数据类型来说，CLI 允许为同一参数重复调用 SQLPutData()函数，每次调用都传递数据中的下一个部分。例如，INSERT 语句中 VALUES 子句参数的文档文本就可以通过重复调用 SQLPutData()函数以 1 000 个字符的片段进行传递，直到整个文档被传递完。采用这种做法不必在应用程序中分配一个非常大的内存缓冲区来容纳整个参数值。

　　2）CLI 事务管理

　　用于 SQL 事务处理的 COMMIT 和 ROLLBACK 函数也通过 CLI 应用于 SQL 操作。但是，因为 CLI 本身必须意识到事务处理正在进行，所以 COMMTT 和 ROLLBACK 语句被 CLI 的 SQLEndTran()调用函数所取代，如图 10-33 所示。这个调用函数用于提交图 10-28 和图 10-32 的程序段中的事务。同样的 CLI 程序段用于执行 COMMIT 或 ROLLBACK 操作，将执行的特定操作由针对调用过程的完成类型参数确定。

```
/*   COMMIT 或 ROLLBACK，SQL 事务   */
short SQLEndTran  (
      short hdltype ,              /* 输入：句柄的类型  */
      long txnHdl ,                /* 输入：环境、连接或 stmt 句柄   */
      short compltype )           /* 输入：txn 类型（COMMIT/ROLLBACK）  */

/* 取消当前执行的 SQL 语句 */
short SQLCancel  (
      short stmtHdl )                 /*   输入：SQL 语句句柄  */
```

图 10-33　CLI 事务管理程序段代码示例图

CLI 的 SQLCancel() 调用函数也显示于图 10-33 中，实际上，它并没有提供事务管理函数，而几乎总是用于 ROLLBACK 的联合操作中。它的作用在于取消前面由 SQLExecDirect() 或 SQLExecute() 调用过程所发起的 SQL 语句的执行。这种做法非常适用于使用前面介绍的延迟参数处理方法的程序。如果程序觉得应该取消语句的执行，而不是继续为延迟参数提供数值，就可以调用 SQLCancel() 函数来实现这个目标。

SQLCancel() 调用函数也可用于多线程应用程序中，以取消没有完成的 SQLExecute() 或 SQLExecDirect() 调用。在这种情形中，启动执行调用函数的线程仍然等待完成调用过程，但是另一个同步执行线程可以使用相同的语句句柄调用 SQLCancel()。这项技术的细节内容以及 CLI 调用如何实施中断完全要根据实现过程而定。

3）使用 CLI 处理查询结果

除了查询（也就是 UPDATE、DELETE 和 INSERT 语句）以外，到现在为止所介绍的全部 CLI 程序段都能用于处理 SQL 数据定义语句或 SQL 数据管理语句。对于查询处理过程来说，则需要一些附加的 CLI 调用函数，如图 10-34 所示。处理查询结果的最简单方法就是使用 SQLBindCol() 和 SQLFetch() 调用函数。如果要使用这些调用函数执行查询，应用程序必须完成以下步骤（为使程序片段简短，这里假设已经建立好连接）：

第 1 步：程序使用 SQLAllocHandle() 函数分配语句句柄。

第 2 步：程序调用 SQLPrepare() 函数传递用于查询的 SQL SELECT 语句的文本。

第 3 步：程序调用 SQLExecute() 函数完成查询。

第 4 步：程序为每个要返回的查询结果字段调用一次 SQLBindCol() 函数，每次调用都结合一个带有返回数据字段的程序缓冲区。

第 5 步：程序调用 SQLFetch() 函数以取得查询结果记录。新记录中的每个数据值都被放置到适合的程序缓冲区中，此缓冲区位置在前面的 SQLBindCol() 调用中被指定。

第 6 步：如果查询生成了多条记录，程序会重复执行第 5 步的操作，直到 SQLFetch() 调用函数返回数值表明没有更多的记录了。

第 7 步：当处理完全部的查询结果时，程序调用 SQLCloseCursor() 函数关闭对查询结果的访问。

```
/*   绑定一个查询结果列到程序数据区   */
short SQLBindcol (
    long      stmtHdl,     /* 输入：SQL语句句柄  */
    short     colnr,       /* 输入：列号到区域  */
    short     tgttype,     /* 输入：程序数据区的数据类型  */
    void      value,       /* 输入：ptr到程序数据区  */
    long      buflen,      /* 输入：程序缓冲区的长度  */
    long      lengind )    /* 输入：ptr到长度/指示器的缓冲区  */

/*   推进游标到查询结果的下一行  */
short SQLFetch(
    long      stmtHdl )            /* 输入：SQL语句句柄  */

/*   通过查询结果向上或向下滚动游标  *
/short SQLFetch(
    long      stmtHdl          /* 输入：SQL语句句柄  */
    short     fetchdir,        /* 输入：方向（第一条/向下/向上）  */
    long      offset )         /* 输入：滚动偏移量（行数）  */

/*   得到查询结果单一列的数据   */
short SQLGetData(
    long      stmtHdl ,        /* 输入：SQL语句句柄  */
    short     colnr,           /* 输入：取回列号  */
    short     tgttype ,        /* 输入：取回数据类型给程序  */

short SQLFetch(
    long      stmtHdl ,        /* 输入：SQL语句句柄  */
    short     fetchdir,        /* 输入：方向（第一条/向下/向上）  */
    long      offset )         /* 输入：滚动偏移量（行数）  */

/*   得到查询结果单一列的数据   */
short SQLGetData(
    long      stmtHdl,         /* 输入：SQL语句句柄  */
    short     colnr ,          /* 输入：取回列号  */
    short     tgttype ,        /* 输入：取回数据类型给程序  */
    void      *value,          /* 输入：ptr到列数据缓冲区  */
    long      buflen,          /* 输入：程序缓冲区的长度  */
    long      *lenind )        /* 输出：真实的长度或空值  */

/*   结束访问查询结果，关闭游标   */
short SQLCloseCursor(
    long      stmtHdl )            /* 输入：SQL语句句柄  */

/*   为打开游标建立一个游标名   */
short SQLSetCursorName(
    long      stmtHdl ,        /* 输入：SQL语句句柄  */
    char      cursname,        /* 输入：游标名称       */
    short     namelen )        /* 输入：游标名称的长度   */
/*   取回开游标的名称   */
short SQLGetCursorName(
    long      stmtHdl,         /* 输入：SQL语句句柄  */
    char      cursname,        /* 输出：返回名称给缓冲区       */
    short     buflen,          /* 输入：缓冲区的长度   */
    short     *namlen )        /* 输出：返回名称的实际长度   */
```

图 10-34　CLI 查询结果处理程序段代码示例图

图 10-35 中的程序片段显示了一个使用这种技术实现的简单查询。这个程序在特性上与 SQL Server 中基于 dblib 的程序段是一致的。

```
#include <sqlcli.h>                              /* CLI定义的头文件 */
main( )
{
    SQLHENV        env _hdl;                     /* SQL环境句柄 */
    SQLHDBC        conn _hdl;                     /* 连接句柄 */
    SQLHSTMT       stmt _hdl;                     /* SQL语句句柄 */
    SQLRETURN      status ;                       /* CLI常规返回状态 */
    char           *svr_name = "demo";            /* 服务器名 */
    char           *user_name = "张宏";           /* 连接的用户名 */
    char           *user_pswd = "xyz123";         /* 连接的用户口令 */
    char           repname [12];                  /* 取回的销售员姓名 */
    float          repquota ;                     /* 取回的销售定额 */
    float          repsales ;                     /* 取回的销售额 */
    short          repquota _ind;                 /* 空销售定额指示器 */
    char           stmt _buf[201];                /* SQL语句缓冲区 */
    /*分配句柄，并且连接数据库 */
    SQLAllocHandle (SQL_HANDLE_ENV, SQL_NULL_HANDLE , &env_hdl);
    SQLAllocHandle (SQL_HANDLE_DBC, env_hdl , &conn_hdl);
    SQLAllocHandle (SQL_HANDLE_STMT, conn_hdl , &stmt_hdl);
    SQLConnect (conn_hdl, svr_name, SQL_NTS,
                      user_name, SQL_NTS,
                      user_pswd, SQL_NTS);
    /*请求执行这个查询 */
    strcpy(stmt_buf, "selete name as 销售员, quota as 销售定额  sales as 实际销售量  ");
    strcat(stmt_buf, "from salesreps  ");
    strcat(stmt_buf, "where where > quota order by name ");
    SQLExecDirect (stmt_hdl, stmt_buf, SQL_NTS);
    /*绑定取回的列到程序的缓冲区 */
    SQLBindCol (stmt_hdl,1, SQL_C_CHAR, repname,11, NULL );
    SQLBindCol (stmt_hdl,2, SQL_C_FLOAT, &repquota, 0, &quota_ind);
    SQLBindCol (stmt_hdl,3, SQL_C_FLOAT, &repsales, 0, NULL );
    /*循环处理查询结果的每一行 */
    for (;;) {
        /*移动到查询结果的下一行 */
        if (SQLFetch (stmt_hdl) != SQL_SUCCESS )
          break ;
        /*显示取回的数据 */
        printf("销售员姓名： \n", repname );
        if (repquota _ind < 0)
            printf("销售定额为空！ \n");
        else
            printf("销售定额为： %f \n", repquota );
        printf("实际销售： % f \n", repsales );
    }
    /*断开连接，释放句柄，并且退出*/
    SQLDisconnect (conn_hdl);
    SQLFreeHandle (SQL_HANDLE_STMT, stmt_hdl);
    SQLFreeHandle (SQL_HANDLE_DBC, conn_hdl);
    SQLFreeHandle (SQL_HANDLE_ENV, env_hdl);
    exit( );
}
```

图 10-35　检索 CLI 查询结果代码示例图

每次调用 SQLBindCol()函数都会在一个查询结果字段（由字段编号识别）与应用程序缓冲区（由它的地址识别）之间建立一种连接关系。每次调用 SQLFetch()，CLI 都会使用这种绑定技术复制适当的数据值到程序的缓冲区。当条件合适时，会为字段指定一个第二程序数据区域作为指示符变量缓冲区。每次调用 SQLFetch()函数，将设置这个程序变量以指示返回数据值的实际长度（用于可变长度的数据）以及何时返回 NULL 值。当程序处理完所有的查询结果，它会调用 SQLCloseCursor()函数。

图 10-35 中的 CLI 程序段也可用于另一种查询结果处理方法。在这种技术中，查询结果字段并没有被预先绑定到应用程序中的某个位置，而是每次调用 SQLFetch()只将游标前移到下一条查询结果记录。它并没有使数据放入到宿主程序数据区域，而是调用 SQLGetData()来检索数据。SQLGetData()函数的一个参数指定了要检索哪一个字段的查询结果，其他的参数则指定了将返回的数据类型、用于接收数据的缓冲区位置以及一个随带的指示符变量数值等信息。

在基础层次上，SQLGetData()函数仅仅是 SQLBindCol()所提供的宿主变量绑定方法的一种替代方法，但是在处理非常大的数据项目时，SQLGetData()具有一种明显的优势。有些数据库可以支持包含上百万字节数据的二进制字段或字符数值字段。通常情况下，为容纳这种字段中的全部数据而分配程序缓冲区是不切实际的。而使用 SQLGetData()调用函数，程序就可以分配大小合理的缓冲区，用一次处理几千字节的方式处理数据。

将 SQLBindCol()和 SQLGetData()函数混合在一起处理一条单独语句的查询结果是可能的。在这种情况下，SQLFetch()调用函数为绑定字段（那些调用 SQLBindCol()处理过的字段）检索数据值，但程序必须明确调用 SQLGetData()来处理其他的字段。如果一个查询检索几个典型的 SQL 数据字段（名字、日期和金额）和一个或两个长数据字段（如一个合同的文本），这项技术可能会显得特别有用。注意，有些 CLI 实现过程严格限制将这两种风格的处理方式进行混合，特别是有些实现过程要求所有的绑定字段都应以从左到右的查询结果次序出现，而且要在使用 SQLGetData()函数检索任何字段之前。

4）滚动游标

SQL/CLI标准指定了对滚动游标的CLI支持，它与原来在SQL2标准中用于嵌入式SQL的滚动游标支持类似。SQLFetchScroll()调用函数显示于图 10-34 中，它提供了向前/向后或随机检索查询结果所需要的扩展的 FETCH 特性。它的一个参数为查询指定了语句句柄，就像为简单的 SQLFetch()调用函数指定一样。其他两个参数指定了 FETCH 移动的方向（PREVIOUS、NEXT 等）以及 FETCH 移动（绝对和相对随机记录检索）的偏移量。用于处理返回数值的SQLBindCol()和SQLGetData()的操作方式与SQLFetch()调用函数的操作方式一样。

5）被命名的游标

需要注意的是，CLI 中并没有包括与嵌入式 SQL DECLARE CURSOR 语句类似的一个明确的游标声明调用函数。取代的做法是，SQL 查询文本（也就是 SELECT 语句）被传递给 CLI 准备执行，其操作方式与其他任何 SQL 语句相同，或者使用 SQLExecDirect()调用函数，或者使用 SQLPrepare()/SQLExecute()调用函数序列。查询结果被后面的 SQLFetch()、SQLBindCol()或类似调用函数中的语句句柄识别。为达到这些目的，语句句柄取代了嵌入式 SQL 中游标名字的位置。

这种方案在使用定位（基于游标）更新和定位删除的情况下会出现问题。正如前面所介绍的那样，一个定位的数据库 UPDATE 或 DELETE 语句（UPDATE …WHERE CURRENT OF 或 DELETE…WHERE CURRENT OF）可以用于修改或删除当前（也就是刚刚取得的）查询结果记录。这些嵌入式 SQL 语句使用游标名来识别将被处理的特定记录，因为应用程序在处理多个查询结果系列时可以有多个打开的游标。

为支持定位更新，CLI 提供了图 10-34 中所显示的 SQLSetCursorName()调用函数。此调用函数用于为一个系列的查询结果分配游标名字（指定为它的一个参数），由生成它们的语句句柄来识别。一旦调用函数被启动，后面的定位 UPDATE 或 DELETE 语句就可以使用游标名字，这些语句被传递给 CLI 准备开始执行。另一个伴随的调用函数是 SQLGetCursorName()，可以用它获得前面分配的游标名字，并给出其语句句柄。

6）使用 CLI 处理动态查询

如果在开发程序时无法预先知道 SQL 查询要检索的字段，就可以在运行时使用图 10-36 所示的查询处理调用函数来判断查询结果的特性。这些调用函数具有与前面介绍的动态嵌入式 SQL 相同的动态 SQL 查询处理性能。使用 CLI 进行动态查询处理操作的步骤如下。

第 1 步：程序使用 SQLAllocHandle()函数分配语句句柄。

第 2 步：程序调用 Prepare()函数传递用于查询的 SQL SELECT 语句的文本。

第 3 步：程序调用 SQLExecute()函数实现查询。

第 4 步：程序调用 SQLNumResultCols()函数判断查询结果字段的数量。

第 5 步：程序为返回的查询结果的每个字段调用一次 SQLDescribeCol()函数，判断它的数据类型、大小、是否可以包含 NULL 数值等信息。

第 6 步：程序分配内存以接收返回的查询结果，并通过为每个字段调用一次 SQLBindCol()函数将这些内存位置绑定到字段。

第 7 步：程序调用 SQLFetch()函数取得一条查询结果记录。SQLFetch()函数将游标向前移动到下一条查询结果记录，并将每字段结果返回到应用程序中的适当区域，如 SQLBindCol()调用函数中所确定的那样。

第 8 步：如果查询生成了多条记录，程序将重复第 7 步的操作，直到 SQLFetch()函数返回一个数值表明不再有更多的记录了。

第 9 步：当处理完所有的查询结果以后，程序调用 SQLCloseCursor()函数结束对查询结果的访问。

```
/* 在查询中确定结果列的号 */
short SQLNumResultCols  (
     long      stmtHdl ,        /* 输入：SQL 文本句柄 */
     short     *colcount )      /* 输出：返回列的数量 */

/* 确定查询结果一个列的特征（数据类型 、大小、是否可以包含 NULL 数值等)*/
short SQLDescribeCols  (
     long      stmtHdl ,        /* 输入：SQL 文本句柄 */
     short     *colnr,          /* 输入：字段描述 */
     char      *colname ,       /* 输出：查询结果列的名字 */
     short     buflen ,         /* 输入：列名缓冲区的长度 */
     short     *namlen ,        /* 输出：列名的实际长度 */
     short     *coltype ,       /* 输出：返回列数据类型代码 */
     short     *colsize ,       /* 输出：返回列数据长度 */
     short     *coldecdigits ,  /* 输出：返回列的阿拉伯数字序号 */
     short     *colnullable )   /* 输出：列允许空值吗 */


/* 得到查询结果一个列的详细信息 */
short SQLColAttribute  (
     long      stmtHdl,         /* 输入：SQL 文本句柄 */
     short     colnr,           /* 输入：列号到描述 */
     short     attrcode,        /* 输入：取回属性代码 */
     char      *attrinfo,       /* 输出：属性串缓冲区信息 */
     short     buflen ,         /* 输入：列属性缓冲区的长度 */
     short     *actlen,         /* 输出：实际属性信息的长度 */
     int       *numattr )       /* 输出：返回整 类型属性信息 */

/* 从CLI描述器中取回常用信息 */
short SQLGetDescRec  (
     long      descHdl,         /* 输入：描述符句柄 */
     short     recnr,           /* 输入：描述符记录号 */
     char      *name,           /* 输出：描述项目的名字 */
     short     buflen,          /* 输入：名字缓冲区的长度 */
     short     *namlen,         /* 输出：返回名字的实际长度 */
     short     *datatype ,      /* 输出：项目的数据类型代码 */
     short     *subtype ,       /* 输出：项目的数据类型的子代码 */
     short     *length ,        /* 输出：项目的长度 */
     short     *precis ,        /* 输出：如果是数字的，项目的精确位数 */
     short     *scale ,         /* 输出：如果是数字的，项目的进位法 */
     short     *nullable )      /* 输出：项目允许空值吗 */

/* 在CLI描述器中设置常用信息 */
short SQLSetDescRec  (
     long      descHdl,         /* 输入：描述符句柄 */
     short     recnr,           /* 输入：描述符记录号 */
     short     datatype ,       /* 输入：项目的数据类型代码 */
     short     subtype ,        /* 输入：项目的数据类型的子代码 */
     short     length ,         /* 输入：项目的长度 */
     short     precis ,         /* 输入：如果是数字的，项目的精确位数 */
     short     scale ,          /* 输入：如果是数字的，项目的进位法 */
     void      *databuf,        /* 输入：项目数据缓冲区地址 */
     short     buflen ,         /* 输入：数据库缓冲区的长度 */
     short     *indbuf )        /* 输入：项目指示器缓冲区的地址 */
```

图 10-36　CLI 动态查询处理调用函数代码示例图

```
/* 得到关于CLI描述器中项目的详细信息  */
short SQLGetDescField (
    long     descHdl,          /* 输入：描述符句柄 */
    short    recnr,            /* 输入：描述符记录号 */
    short    attrcode,         /* 输入：描述的属性代码 */
    void     *attrinfo,        /* 输入：属性信息的缓冲区 */
    short    buflen,           /* 输入：属性信息的长度 */
    short    *actlen)          /* 输出：返回信息的实际长度 */
/* 为CLI描述器的一个项目描述设置数值 */
short SQLSetDescField (
    long     descHdl,          /* 输入：描述符句柄 */
    short    recnr,            /* 输入：描述符记录号 */
    short    attrcode,         /* 输入：描述的属性代码 */
    void     *attrinfo,        /* 输入：属性值的缓冲区 */
    short    buflen)           /* 输入：属性信息的长度 */

/* 复制CLI描述器内容到另一个描述器 */
short SQLCopyDesc (
    long     indscHdl,         /* 输入：源描述符句柄 */
    long     outdscHdl)        /* 输入：目标描述符句柄 */
```

续图 10-36

图 10-37 中显示了一个使用这些技术来处理动态查询的程序。从概念和目标上讲，这个程序与图 10-7 中显示的嵌入式动态 SQL 查询程序和图 10-8 所示的基于 dblib 的动态 SQL 查询程序是一致的。同样，将程序段做一下比较是有益的，这可以增强我们对动态查询处理过程的理解。API 调用函数有着完全不同的名字，但是为 dblib 程序（见图 10-8）和 CLI 程序（见图 10-37）所调用函数的次序几乎完全一致。dbcmd()/dbsqlexec()调用序列被 SQLExecDirect()取代（在这里，只是执行一次查询，所以单独使用 SQLPrepare() 和 SQLExecute()并没有显现出优势）。另外，dbnumcols()变成了 SQLNumResultCols()，用于获得字段信息的调用函数（dbcolname()、dbcoltype()、dbcollen()）变成了对 SQLDescribeCol() 的单独调用，dbnextrow()变成了 SQLFetch()。程序中其他所有的改动都是为了支持 API 函数中的这些变化。

```
/*  这是一个例子程序 */
main()
{
    SQLHENV     env_hdl;                    /*  SQL环境句柄  */
    SQLHDBC     conn_hdl;                   /*  连接句柄 */
    SQLHSTMT    stmt1_hdl;                  /*  主查询文本句柄 */
    SQLHSTMT    stmt2_hdl;                  /*  列（字段）名查询文本句柄 */
    SQLRETURN   status;                     /*  CLI常规返回状态 */
    char        *svr_name = "demo";         /*  服务器名 */
    char        *user_name = "张宏";         /*  连接的用户名 */
    char        *user_pswd = "xyz123";      /*  连接的用户口令 */
    char        stmt1buf[1001];             /*  将执行的主查询SQL文本 */
    char        stmt2buf[1001];             /*  列名字查询SQL文本 */
    char        querytbl[32];               /*  用户指定的查询表 */
    char        querycol[64];               /*  用户指定的列（字段） */
    int         first_col = 0 ;             /*  第一列被选中了吗 */
```

图 10-37　使用 CLI 处理动态查询代码示例图

```
short          colcount;              /*查询结果列的数量 */
char           *nameptr;              /* CLI中返回的列名*/
short          namelen;               /*返回的CLI中列名 的度*/
short          type;                  /* CLI中列数据类型代码 */
short          size;                  /* 返回的CLI中列的大小 */
short          digits;                /* 返回的CLI中 列号位数 */
short          nullable;              /* 返回的CLI是否允许空值 */
short          i;                     /* 列的索引号 */
char           inbuf[101];            /* 用户输入缓冲区 */
char           *item_name[100];       /* 列名数组 */
char           *item_data[100];       /* 列名数组缓冲区 */
int            item_ind[100];         /* 标示符数组*/
short          item_type[100];        /* 列数据类型数组*/
char           *dataotr;              /* 当前列缓冲区的地址 */

/* 打开经过CLI连接到示例数据库的一个连接 */
SQLAllocHandle(SQL_HANDLE_ENV, SQL_NULL_HANDLE, &env_hdl);
SQLAllocHandle(SQL_HANDLE_DBC, env_hdl, &conn_hdl);
SQLAllocHandle(SQL_HANDLE_STMT, conn_hdl, &stmt1_hdl);
SQLAllocHandle(SQL_HANDLE_STMT, conn_hdl, &stmt2_hdl);
SQLConnect (conn_hdl, svr_name, SQL_NTS,
                 user_name, SQL_NTS,
                 user_pswd, SQL_NTS);

/*提示用户输入需要查询的表*/
printf("***** 迷你查询程序*****");
printf("请输入被查询的表名：");
gets(querytbl);

/*在缓冲区中构建select文本 */
strcpy(stmt12buf, "selete ");

/*查询信息摘要，得到列名 */
strcpy(stmt2buf, "selete column_name from columns where table_name = ");
strcat(stmt2buf, querytbl);
SQLExecDirect(stmt2_hdl, stmt2buf, SQL_NTS);

/*处理查询的结果 */
SQLBindCol(stmt2_hdl, 1, SQL_C_CHAR, querycol, 31, (int *)0);
While (status = SQL Fetch(stmt2_hdl) == SQL_SUCCESS) {
     printf("包括的列 %s (y/n) ? ", querycol);
     gets(inbuf);
     if (inbuf[0] == 'y') {
        /* 对于用户确定要查找的列，增加到select列表中 */
        strcat(stmtbuf, querycol);
     }
}
/* 完成 SELECT语句的FROM子句 */
strcat(stmtbuf, "from ");
strcat(stmtbuf, querytbl);
/* 执行这个查询，并读取第一行数据 */
SQLExecDirect(stmt1_hdl, stmtbuf, SQL_NTS);

/* 请求CLI描述每一列，分配内存，并绑定它 */
```

续图 10-37

```
SQLNumResultCols (stmt1_hdl, &colcount );
for (i=0; i < colcount; i++) {
    item_name[i] = nameptr = malloc(32);
    indptr = &item_ind[i];
    SQLDescribeCol (stmt1_hdl, i, nameptr, 32, &namelen, &type, &size,
                    &digits, &nullable );
    switch(type) {
    case SQL_CHAR:
    case SQL_VARCHAR:
        /* 为字符串型分配缓冲区，并与这列进行绑定 */
        item_data[i] = dataptr = malloc(size + 1);
        item_type[i] = SQL_C_CHAR;
        SQLBindCol (stmt1_hdl, i, SQL_C_CHAR, dataptr, size+1, indptr );
        break;
    case SQL_TYPE_DATE:
    case SQL_TYPE_TIME:
    case SQL_TYPE_TIME_WITH_TIMEZONE:
    case SQL_TYPE_TIMESTAMP:
    case SQL_TYPE_TIMESTAMP_WITH_TIMEZONE:
    case SQL_INTERVAL_DAY:
    case SQL_INTERVAL_DAY_TO_HOUR:
    case SQL_INTERVAL_DAY_TO_MINUTE:
    case SQL_INTERVAL_DAY_TO_SECOND:
    case SQL_INTERVAL_HOUR:
    case SQL_INTERVAL_HOUR_MINUTE:
    case SQL_INTERVAL_HOUR_SECOND:
    case SQL_INTERVAL_MINUTE:
    case SQL_INTERVAL_MINUTE_TO_SECOND:
    case SQL_INTERVAL_MONTH:
    case SQL_INTERVAL_SECOND:
    case SQL_INTERVAL_YEAR:
    case SQL_INTERVAL_YEAR_TO_MONTH:
        /* 请求 ODBC/CLI 将这些类型转换成 C 的字符串 */
        item_data[i] = dataptr = malloc(31);
        item_type[i] = SQL_C_CHAR;
        SQLBindCol (stmt1_hdl, i, SQL_C_CHAR, dataptr, 31, indptr );
        break;
    case SQL_INTEGER:
    case SQL_SMALLINT:
        /* 将这些类型转换成 C 的长整型 */
        item_data[i] = dataptr = malloc(sizeof(integer));
        item_type[i] = SQL_C_SLONG;
        SQLBindCol (stmt1_hdl, i, SQL_C_SLONG, dataptr,
                    sizeof(integer), indptr );
        break;
    case SQL_NUMERIC:
    case SQL_DECIMAL:
    case SQL_FLOAT:
    case SQL_REAL:
    case SQL_DOUBLE:
        /* 为了说明，将这些类型转换成 C 的双精度浮点型 */
        item_data[i] = dataptr = malloc(sizeof(long));
        item_type[i] = SQL_C_DOUBLE;
        SQLBindCol (stmt1_hdl, i, SQL_C_DOUBLE, dataptr,
                    sizeof(double), indptr );
        break;
    default:
```

续图 10-37

```
                    /* 为了简化，不转换位串，等等 */
                    printf("不能操作整型 %d\n", (integer)type);
                    exit( );
            }
        }

        /* 取出并显示查询结果的一行 */
        while (status = SQLFetch(stmt1_hdl) == SQL_SUCCESS) {
            /* 循环，打印一行数据的每一列 */
            printf("\n");
            for (i=0; i < colcount; i++) {
                /* 打印列标签 */
                printf("列 # %d (%s): ", i+1, item_name[i]);
                /* 检查指示器变量是否为空 */
                if (item_ind[i] == SQL_NULL_DATA) {
                    puts("是空！\n");
                    continue;
                }
                /* 处理每一个的数据 */
                switch (item_type[i]) {
                switch (item_type[i]) {
                case SQL_C_CHAR:
                    /* 返回的是文本数据，直接显示它 */
                    puts(item_data[i]);
                    break;
                case SQL_C_SLONG:
                    /* 返回的是4位整型数据，转换并显示它 */
                    printf("%ld", *((int*)(item_data[i])));
                    break;
                case SQL_C_DOUBLE:
                    /* 返回的是浮点数据，转换并显示它 */
                    printf("%lf", *((double*)(item_data[i])));
                    break;
                }
        }

        printf("\n 显示完毕. \n");

        /* 释放分配的存储空间 */
        for (i=0; i<colcount; i++) {
            free(item_data[i]);
            free(item_name[i]);
        }

        SQLDisconnect(conn_hdl);
        SQLFreeHandle(SQL_HANDLE_STMT, stmt1_hdl);
        SQLFreeHandle(SQL_HANDLE_STMT, stmt2_hdl);
        SQLFreeHandle(SQL_HANDLE_DBC, conn_hdl);
        SQLFreeHandle(SQL_HANDLE_ENV, env_hdl);
        exit( );
}
```

续图 10-37

如果将图 10-37 中的程序与图 10-22 中的嵌入式动态 SQL 程序进行对比，我们会发现一个主要的不同之处，就是嵌入式 SQL 中用于字段绑定和字段描述的特殊 SQL 数据区域（SQLDA）的用法。CLI 将这些特性分割为 SQLNumResultCols()、SQLDescribeCol()和

SQLBindCol()函数，多数程序员都会发现使用和理解 CLI 结构非常容易。不过，CLI 还提供了另一种更低级的方法，可提供嵌入式 SQLDA 所具有的类似的性能。

这种用于动态查询处理的 CLI 方法使用了"CLI 描述符"（CLI descriptors）。CLI 描述符中包含着有关语句参数（参数描述符）或查询结果字段（记录描述符）的低级信息。描述符中的信息与 SQLDA 可变区域中包含的信息类似，如字段或参数的名字、数据类型和子类型、长度、数据缓冲区位置、NULL 指示值位置等，这样，参数描述符和记录描述符就与一些数据库管理系统产品的嵌入式动态 SQL 中提供的输入和输出 SQLDA 对应。

CLI 描述符由描述符句柄来识别。在准备一条语句时，CLI 为参数和查询结果字段提供了一套默认的描述符。可选用的另一种做法是，程序可以分配自己的描述符并使用它。为语句准备的描述符句柄被认为是语句属性，它们是与特定的语句句柄结合在一起的。应用程序通过使用属性管理程序段，可以检索和设置描述符句柄数值。

实际上有两个调用函数可以用于检索描述符中的信息，并给出它的句柄。SQLGetDescField()调用函数检索描述符中一个特定的域，此域可由代码数值来识别。例如，我们可以用它来获得一个查询结果字段的数据类型或长度。SQLGetDescRec()调用函数检索一次调用中的许多信息片段，包括字段或参数的名字、数据类型和子类型、长度、精度和范围、是否允许包含 NULL 值等。对应的一系列调用函数用来把信息放置到描述符中。SQLSetDescField()函数设置描述符中单独一段信息的数值。SQLSetDescRec()设置单独调用中的多个数值，包括数据类型和子类型、长度、精度和范围、允许 NULL 值的能力。为方便起见，CLI 提供了一个 SQLCopyDesc()调用函数，可将一个描述符中的全部数值复制到另一个描述符中。

4．CLI 错误和诊断信息

每个 CLI 函数都返回一个短整型数，以指示它的完成状态。如果完成状态指出有错误，那么可以使用图 10-38 中显示的错误处理调用函数来获得有关错误的更多信息，并对它进行诊断。最基本的错误处理调用函数是 SQLError()。应用程序传递环境、连接和语句句柄，并接收返回的 SQL2 SQLSTATE 结果代码、产生错误的子系统的负数错误代码和文本形式的错误信息。

SQLError()程序段用来检索 CLI 诊断区域中频繁使用的特定信息。其他的错误处理程序段通过对 CLI 创建和维护的诊断记录进行直接访问，提供更完整的信息。一般来说，一个 CLI 调用函数可以产生多个错误，这会导致出现多个诊断记录。SQLGetDiagRec()函数可通过记录的编号来检索一个独立的诊断记录。通过重复调用，应用程序可以检索由 CLI 调用函数产生的所有错误记录的完整信息。对记录中单独的诊断域进行检查甚至可以获得更完整的信息，这项性能是由 SQLGetDiagField()调用函数提供的。

虽然 SQLRowCount()函数并不是严格意义上的错误处理函数，但它与错误处理函数类似，也是在前面的 CLI SQLExecute()函数之后被调用。它用于判断前面的语句成功完成之后的效果。受到前面执行语句影响的数据行的编号可由返回的数值表示（例如，对于更新 4 行的搜索 UPDATE 语句将返回数值"4"）。

```
/* 取回伴随先前 CLI 调用所产生的错误信息 */
short SQLError (
    long      envHdl ,          /* 输入：SQL 环境句柄 */
    long      connHdl ,         /* 输入：连接句柄 */
    long      stmtHdl ,         /* 输入：查询文本句柄 */
    char      *sqlstate,        /* 输出：SQLSTATE 值 */
    long      *nativeerr,       /* 输出：返回的本地错误代码 */
    char      *msgbuf,          /* 输出：错误信息文本缓冲区 */
    short     buflen ,          /* 输入：错误信息文本缓冲区的长度 */
    short     *msglen)          /* 输出：返回的真实信息文本长度 */

/* 确定先前影响的 SQL 文本的行号 */
short SQLRowCount (
    long      stmtHdl ,         /* 输入：SQL 文本句柄 */
    long      *rowcnt)          /* 输出：行号 */

/*从CLI错误诊断记录中取回相关信息 */
short SQLDiagRec (
    short     hdltype ,         /* 输入：句柄类型代码 */
    long      inHdl ,           /* 输入：CLI句柄 */
    short     recnr ,           /* 输入：请求的错误记录号 */
    char      *sqlstate,        /* 输出：返回的SQLSTATE 代码（）*/
    long      *nativeerr,       /* 输出：返回的本地错误代码 */
    char      *msgbuf,          /* 输出：错误信息文本缓冲区 */
    short     buflen ,          /* 输入：错误信息文本缓冲区的长度 */
    short     *msglen)          /* 输出：返回的真实信息文本长度 */

/*从一条CLI错误诊断记录中取回一个字段信息 */
short SQLDiagField (
    short     hdltype ,         /* 输入：句柄类型代码 */
    long      inHdl ,           /* 输入：CLI句柄 */
    short     recnr ,           /* 输入：请求的错误记录号 */
    short     diagid ,          /* 输入：诊断字段号 */
    void      *diaginfo,        /* 输出：返回的诊断信息 */
    short     buflen ,          /* 输入：诊断信息缓冲区的长度 */
    short     *actlen)          /* 输出：返回的真实信息长度 */
```

图 10-38　CLI 错误处理程序段代码示例图

10.3.3　ODBC API

微软公司最早开发出 ODBC API，提供了其 Windows 操作系统上用于数据库访问的独立于数据库的 API。早期的 ODBC API 后来成为 SQL/CLI 标准的基础，现在这些标准已成为 SQL 调用级别接口的官方 ANSI/ISO 标准。在创建 SQL/CLI 规范的标准化过程中，对原来的 ODBC API 进行了扩展和修改。随着 ODBC 3.0 的推出，微软使 ODBC 开始遵循 SQL/CLI 标准。这次修订之后，ODBC 就成了 SQL/CLI 规范的一个大集合。

ODBC 在几个方面都超出了 SQL/CLI 规定的性能，部分原因在于微软的目标是使 ODBC 的应用范围更广，而不仅是创建一个标准化的数据库访问 API。微软还希望单独的 Windows 应用程序能使用 ODBC API 并行访问几个不同的数据库。它还希望提供一种结构，使数据库提供商在不放弃自己所持有 API 的情况下能够支持 ODBC，而且使数据库提供商能够分发对特定数据库管理系统产品提供 ODBC 支持的软件，并可以在需要的时候将这些软件安装在基于 Windows 的客户机系统上。ODBC 的分层结构和特殊的 ODBC 管理调用函数提供了这些性能。

1. ODBC 结构

图 10-39 中显示了基于 Windows 或其他操作系统的 ODBC 的结构。

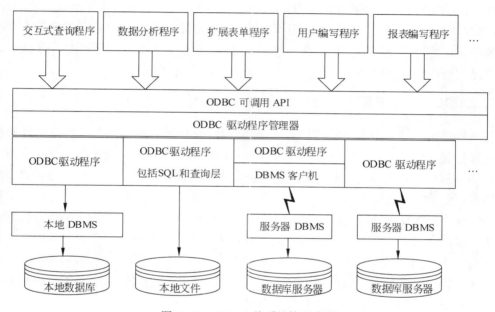

图 10-39　ODBC 体系结构示意图

对于 ODBC 软件来说有 3 个基本层次。

- 可调用 API：在顶层，ODBC 提供了一个单独的可调用数据库访问 API，所有的应用程序都可以使用它。API 被包装为一个动态链接库（DLL），这是不同的 Windows 操作系统所共有的一个完整的部分。

- ODBC 驱动程序：在 ODBC 结构的底层，有一个 ODBC 驱动程序的集合。这里为每一个数据库管理系统产品都准备了一个独立的驱动程序。驱动程序的目标在于将标准化的 ODBC 调用函数转换为适用于它支持的特定数据库管理系统的调用函数。每个驱动程序都可以独立安装到一个特定的计算机系统上。这允许数据库管理系统提供商为他们特殊的数据库管理系统产品提供独立的 ODBC 驱动程序，并在 Windows 操作系统软件之外自由分发驱动程序。如果数据库与 ODBC 驱动程序位于同一系统上，通常情况下驱动程序可直接链接到数据库的本地 API 代码。如果要通过网络来访问数据库，驱动程序可以调用本地数据库管理系统客户机来解决客户机/服务器的连接，也可以自己解决网络连接。

- 驱动程序管理器：在 ODBC 结构的中间层，它是 ODBC 驱动程序管理器。它的任务是根据应用程序的请求装载和卸载不同的 ODBC 驱动程序。驱动程序管理器还要负责把应用程序申请的 API 调用函数指引到适当的驱动程序以开始执行。

当应用程序想通过 ODBC 访问数据库时，它要经历 SQL/CLI 标准所指定的同样的启动顺序；程序分配环境句柄，然后分配连接句柄，再往后调用 SQLConnect()，确定要访问的特定数据源。当它接收到 SQLConnect()调用函数结果时，ODBC 驱动程序管理器会检查所提供的连接信息，并判断所需要的 ODBC 驱动程序。如果其他应用程序还没有使用驱动程序，驱动程序管理器可以将它装入内存。

随后，应用程序对这个特殊的 CLI/ODBC 连接进行调用，并都被引导到这个驱动程序。如果需要，应用程序可以为其他数据源再次调用 SQLConnect()，这可以使驱动程序管理器为其他数据库管理系统产品并行装载其他驱动程序。然后，应用程序就可以使用 ODBC 与不同产品的使用统一 API 的两个或多个不同的数据库进行通信。

2．ODBC 和数据库管理系统独立性

通过提供统一的 API 和驱动程序管理器体系结构，ODBC 向实现跨提供商 API 数据库访问的目标前进了一大步，但要提供完全透明的访问是不可能的。用于不同数据库系统的 ODBC 驱动程序可以很容易地掩饰其 SQL 专用语言和 API 套装中的差异，但是要隐藏更基本的差别会非常困难甚至是不可能的。ODBC 部分解决了这个问题，它的方法是提供几种不同级别的 ODBC 性能，以及使每个 ODBC 驱动程序通过 ODBC/CLI 调用过程进行自我描述，以返回通用特性、支持函数及支持数据类型的有关信息。但是，不同性能级别和配置文件的存在使得数据库管理系统的差异很大地影响了应用程序，所以必须处理好 ODBC 驱动程序的这种不一致的情况。实际上，大部分应用程序只依赖于基本的核心 ODBC 特性集，并不会受到更高级特性或配置文件的困扰。

3．ODBC 目录函数

ODBC 提供的性能已超出了 SQL/CLI 标准的范围，其中一处是检索得到的来自系统目录的数据库结构信息。作为 ANSI/ISO SQL 标准的一部分，CLI 假定这些信息（关于表、字段、权限及其他项目）可通过前面介绍的 SQL2 信息计划获得。ODBC 没有假定存在信息计划，而是提供了一系列的专用函数，如表 10-6 所示，它们提供了有关数据源结构的信息。应用程序通过调用这些函数并处理它们的结果就可以在运行时检查组成数据源结构的表、字段、权限、主键字、外键字和存储过程的有关信息。

表 10-6　ODBC 目录函数一览表

CLI 返回值	说　　明	CLI 返回值	说　　明
0	成功完成语句	99	需要数据（所需要的动态参数丢失）
1	带有警告信息的成功完成	-1	在 SQL 语句执行过程中出现错误
100	没有发现数据（在检索查询结果时）	-2	调用过程中的非法处理错误

通常情况下，为实现某个目标专门编写的应用程序不会用到 ODBC 目录函数。但是这

些函数对通用程序来说是非常关键的，例如对于查询程序、报表生成程序或数据分析工具等程序。在已经连接好一个数据源之后，可以在任何时候调用目录函数。例如，一个报表编写程序可以首先调用 SQLConnect()，然后立刻调用 SQLTables() 来判断在目标数据源中哪一个表可用。之后，表会出现在屏幕上的一个列表中，用户可以选择使用哪一个表来生成报表。

所有的目录函数都将它们的信息以一系列查询结果的形式返回。应用程序使用已经介绍过的用于 CLI 查询处理的技术将返回的信息字段绑定到程序变量区域，然后程序调用 SQLFetch() 完成对返回信息的处理工作。例如，在由 SQLTables() 返回的结果中，每个 SQLFetch() 都将在数据源中检索一个表的有关信息。

4．扩展的 ODBC 性能

ODBC 提供了一系列超出 SQL/CLI 标准定义范围的扩展性能。许多性能是为了提高基于 ODBC 的应用程序执行性能而设计的，其方法是尽量减少一个应用程序必须使用的 ODBC 函数的数量和 ODBC 调用函数所生成的网络流量的数量。其他性能为维护数据库独立性提供有用的特性，或为处于数据库连接处理过程中的应用程序提供帮助。有些性能是通过表 10-7 中的附加 ODBC 函数集来提供的，其他则是通过语句或连接属性来提供的。许多附加的性能是在 ODBC 3.0 中推出的，因而并没有得到大多数 ODBC 驱动程序或基于 ODBC 的应用程序的支持。

表 10-7　附加 ODBC 函数一览表

函　　　数	说　　　明	函　　　数	说　　　明
SQLBrowseConnect()	提供有效的 ODBC 数据源及每一连接所需属性的有关信息	SQLDescribeParam()	返回参数的有关信息
SQLDrivers()	返回一个有效驱动程序及驱动程序属性名的列表	SQLBulkOperations()	执行成批插入和书签操作
SQLDriverConnect()	以传递附加连接信息的 SQLConnect() 的扩展形式工作	SQLMoreResults()	判断一条语句是否有更多有效的结果
SQLNumParams()	返回前面准备好的 SQL 语句中的参数数量	SQLSetPos()	在用于定位操作的查询结果集合中设置游标位置
SQLBindParameter()	提供超出 SQL/CLI SQL Bind Param() 范围的扩展特性	SQLNativeSQL()	返回 ODBC 兼容的 SQL 语句文本的本地 SQL 转换信息

1）扩展的连接性能

ODBC 的扩展特性中有两项是用在连接处理过程中的。"连接浏览"（connection browsing）的设计目的是用来简化数据源连接处理过程，并使其更具独立性。SQLBrowseConnect() 支持一种反复的连接，可以对 ODBC 数据源进行访问。应用程序首先调用带有目标数据源基本信息的函数，函数返回需要的附加连接属性（如用户名或密码）。应用程序可以获得这种信息（例如通过提示用户），然后带有这些附加的信息重新调用SQLBrowseConnect()。这个循环会一直进行下去，直到应用程序得到完成一次SQLConnect()调用过程所需要的全部信息。

"连接池"（connection pooling）性能的设计目的是为了提高客户机/服务器环境中ODBC"连接/断开"过程的效率。实际上，当连接池处于激活状态时，在ODBC接收到SQLDisconnect()后并不会立刻终止网络连接。此连接会处于一种空闲的打开状态，并将持续一段时间，如果此时SQLConnect()函数被调用以连接同一数据源，就可以再次使用它。这种连接的重复使用可使客户机/服务器应用程序中网络和注册/注销的系统开销显著降低，从而缩短事务处理过程并提高事务处理效率。

2）SQL专用语言转换

ODBC不仅确定了一系列的API函数，而且还包括一种标准的SQL专用语言，它是SQL2标准的一个子集。ODBC驱动程序有责任将ODBC专用语言转换为适用于目标数据源的语句（例如修改日期/时间、引用约定、关键字等）。SQLNativeSQL()允许应用程序查看这种转换的效果。ODBC还支持溢出顺序，允许应用程序更直接地指示转换性能，这些性能在不同的SQL专用语言间往往缺少统一性，如外部连接和图案匹配搜索条件等。

3）异步执行

ODBC驱动程序可以支持ODBC函数的异步执行。当应用程序调用一个异步模式的ODBC函数时，首先由ODBC启动所需要的处理过程（通常指语句的准备或执行），然后立刻将控制权返回给应用程序。应用程序可以继续完成其他工作，以后再与ODBC函数进行同步以检查它的完成状态。在每个连接或每条语句的基础上都可以请求异步执行。有些情况下，异步执行的函数可以用SQLCancel()来终止，这给应用程序提供了一种放弃长时间运行ODBC操作的方法。

4）语句处理效率

为执行SQL语句而调用的每个ODBC函数都包含巨额系统开销，特别是在数据源包括客户机/服务器网络连接的时候。为降低这种系统开销，ODBC驱动程序可支持"批处理语句"（statement batches）。利用这种性能，应用程序可以在单独的一个SQLExecDirect()或SQLExecute()函数中将两条或更多的SQL语句系列作为一个将被执行的批处理语句来传递。例如，一个系列的INSERT或UPDATE语句就可以按这种方法作为批处理语句来执行。这样可以大大降低客户机/服务器环境中的网络流量，但却使错误检测和还原变得更复杂，因为在使用批处理语句时它们和驱动程序有关。

许多数据库管理系统产品都在以不同的方式努力提高多重语句事务处理的效率。它们支持数据库内部的存储过程（收集一系列的SQL操作）以及相关的流程控制逻辑，允许存储过程的单独调用函数来引用语句。ODBC提供了一系列的性能，允许应用程序直接调用目标数据源中的存储过程。对于允许存储过程参数按名字被传递的数据库来说，ODBC允许参数通过名字而不是位置被绑定。对于提供存储过程参数元数据信息的数据源来说，SQLDescribeParam()函数允许应用程序在运行时判断所需要的参数数据类型。存储过程的输出参数受到 SQLBindParam()或 SQLGetData()的支持。

在一个单独的 SQL 语句（如 INSERT 或 UPDATE 语句）重复执行时，其他两个扩展 ODBC 性能进一步提高了执行效率。对于这种情况，它们都强调了参数的绑定方法。利用"绑定偏移量"（binding offset）特性，一旦语句参数被绑定而且语句执行之后，ODBC 允许应用程序为下一条语句的执行更改绑定内容，其方法是指定新的内存位置作为相对于原始位置的偏移量。这对于绑定一个参数到重复执行语句的数组中的单独项目是一种非常有效的方法。一般来说，修改偏移量数值要比重新绑定参数到重复调用函数有效得多。

ODBC 的"参数数组"（parameter arrays）提供了另一种机制，使应用程序可以在一次单独的调用过程中传递多个参数数值集合。例如，如果应用程序要向表中插入多条记录，它可以请求执行一条参数化的 INSERT 语句，并将参数绑定到数据值的数组。这样做的结果就像执行了多条 INSERT 语句一样，每条语句都是为了一个参数值的集合而执行的。ODBC 同时支持记录式参数数组（每个数组元素容纳一个参数值集合）或字段式参数数组（每个参数值都被绑定到它自己的独立的数组中，数组容纳数值）。

5）查询处理效率

在客户机/服务器环境中，获取多记录查询结果的操作所占用的网络开销非常惊人。为削减这种系统开销，ODBC 驱动程序利用 ODBC 的"块游标"（block cursor）性能实现了多记录获取能力。借助于块游标的帮助，每个 SQLFetch()或 SQLFetchScroll()都可以检索数据源中的多条记录（称为游标的"当前记录集合"）。应用程序必须将返回的字段绑定到数组以容纳取得的多记录数据。记录集合数据的记录式或字段式绑定方法都得到支持，采用的是为参数数组所使用的同样的技术。另外，可以使用 SQLSetPos()函数把记录集合中的某一记录构造为用于定位更新和删除操作的当前记录。

ODBC 的"书签"（bookmark）提供了另一种有效的方法，使应用程序可以更好地对检索到的数据记录进行处理。ODBC 书签是用于 SQL 操作的独立于数据库之外的唯一记录标识符（实际上驱动程序可以使用主键字、数据库管理系统指定的记录标识符或其他方法来支持书签，但对于应用程序来说它是透明的）。当激活书签时，对查询结果的每一条记录都会返回一个书签（记录标识符）。书签可以和滚动游标一起使用，以返回到一个特定的记录。另外，可以使用它来执行基于书签的定位更新或删除操作。

书签还有另一个用途，就是可用来判断被两个不同的查询检索到的特殊记录是否实际上是同一条记录，还是有着同样数据的两条不同的记录。使用书签可以使一些操作的执行效率更高（例如，通过书签执行定位更新操作要比重新指定一个复杂的搜索条件来辨别记录要好得多）。但是，对于有些数据库管理系统产品和 ODBC 驱动程序来说，维持书签信息可能会造成巨额系统开销，所以用户必须仔细权衡这种方法的利弊。

ODBC 的书签形成了 ODBC 批次操作的基础，这是另一个能提高执行效率的特性。SQLBulkOperations()允许应用程序根据书签更有效地更新、插入、删除或重新获取多条记录。它与块游标联合操作，一起处理当前记录集合中的记录。应用程序将被影响记录的书签放置到一个数组中，将被插入或删除的数值放置到其他数组中。然后，它调用

SQLBulkOperations()，并带有特性代码以指示出被标识的记录是否将被更新、删除或重新获取，或是否要添加一个新记录集合。这种调用操作完全避开了用于这些操作的正常的SQL 语句语法，而且因为它能够在一个单独的调用函数中处理多条记录，所以可以作为一种非常高效的技术用在批次插入、删除或更新数据的操作中。

10.3.4　Java 数据库连接

JDBC 是一种用于 Java 编程语言的可调用 SQL API。对于使用 Java 访问的 SQL 数据库来说，JDBC 既是一种官方标准，又是一种事实上的标准。对于 C 编程语言来说，在 ODBC或 SQL/CLI API 被开发之前，关系数据库产品提供商就已经把他们自己的专用 API 开发得非常出色了。对于 Java 来说，太阳微系统公司（Sun Microsystem）为解决与数据库系统的互连问题，开发了 JDBC API 作为 Java API 套装的一个部分，并包含在不同的 Java 版本中。此后，所有主要的关系数据库产品都通过 JDBC 提供了对 Java 的支持。

JDBC 使得 Java 程序员可以利用相同的代码访问不同的数据库。这是通过利用 JDBC驱动程序作为 Java 代码和关系数据库之间的翻译程序而实现的。众所周知，联合国总部开会有一个同声翻译系统，与会代表用其母语发表演说时，通过同声翻译系统能够使来自各个国家的每一位代表都能知道他在说什么。实现这个功能的一个提前就是每一种语言都有一名翻译。对于应用和数据库系统而言，JDBC 驱动程序基本上相当于一名翻译。

1. JDBC 实现过程和驱动程序类型

JDBC 假定驱动程序的体系结构与 ODBC 标准所提供的结构类似，图 10-40 显示了JDBC 的主要构件框图。Java 程序可通过 JDBC API 连接到 JDBC 驱动程序管理器。JDBC系统软件负责装载一个或多个 JDBC 驱动程序，一般情况下要根据发出请求的 Java 程序命令而定。从概念上讲，每个驱动程序都提供了对一个特定数据库管理系统产品的访问，它准备了和该产品有关的特定 API 调用函数，并发送必要的 SQL 语句来完成 JDBC 的请求。JDBC 软件在传递时作为 Java 包对待，它将被导入到希望使用 JDBC 的 Java 程序中。

以下网站提供了 JDBC 驱动程序的完整列表：

http://www.oracle.com/technetwork/java/javase/jdbc/drives

从技术角度来讲，有 4 种类型的 JDBC 驱动程序（如图 10-41 所示）。我们把它们简单地称为类型 I（Type 1）、类型 II（Type 2）、类型 III（Type 3）和类型Ⅳ（Type 4）。下面简单地描述每一个类型。

- 类型 I：这是一个 JDBC-ODBC "桥梁"，促使通过一个 ODBC 驱动程序访问数据库。这类驱动程序很慢，只适用于没有其他 JDBC 驱动程序可用的情况。
- 类型 II：这个类型部分使用 native-API 编写，部分使用 Java 编写。这类驱动程序利用数据库的 client API 来连接数据库。

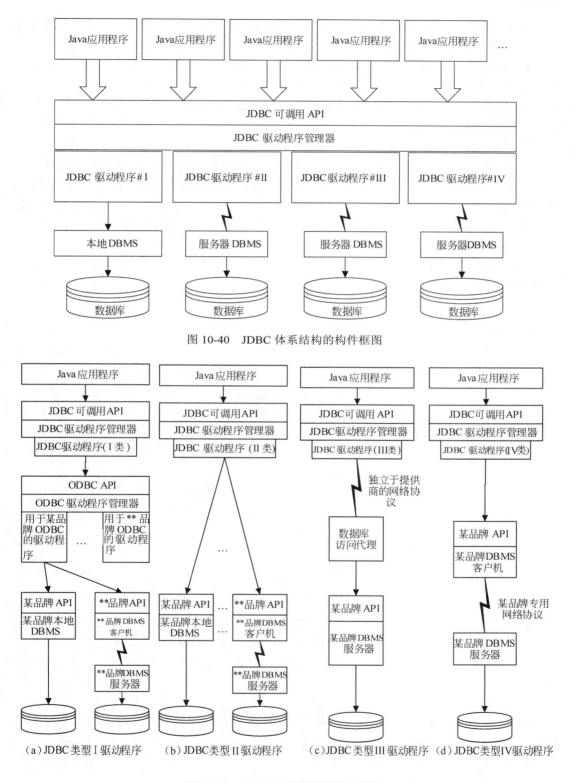

图 10-40 JDBC 体系结构的构件框图

（a）JDBC 类型 I 驱动程序　（b）JDBC类型 II驱动程序　（c）JDBC类型 III 驱动程序　（d）JDBC类型IV驱动程序

图 10-41 JDBC 驱动程序结构示意图

- 类型 III：这类驱动程序会将 JDBC 调用翻译成中间件供应商的协议，然后再由中间件服务器翻译成数据库访问协议。
- 类型 IV：这类驱动程序是用 Java 编写的，直接连接到数据库。

用户可以在以下网站找到每一种驱动程序类型的架构：

http://www.oracle.com/technetwork/java/javase/jdbc/index.html

2．JDBC API

由于 Java 是一种面向对象语言，因此 JDBC 围绕着一组数据库相关对象和方法组织其 API 函数。对象之间存在着图 10-42 所示的逻辑关系，根据哪一个对象提供方法来创建其他的对象而定。虽然对 JDBC API 的完整描述已经超出了本书的范围，但这里介绍的概念应该可以使读者更好地使用 JDBC，并能准确地理解与包装一起配送的文档。

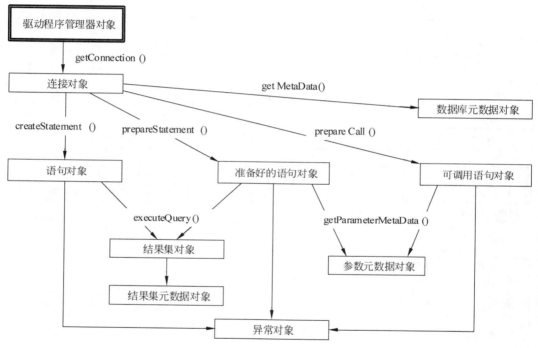

图 10-42　JDBC API 所使用的关键对象示意图

DriverManager 对象是 JDBC 包的主接口，它所提供的一些最重要的方法展示在表 10-8 中。在装载了希望使用的 JDBC 驱动程序类（一般要使用 Class.forName()方法）之后，程序将请求 DriverManager 对象，借助 getConnection()方法连接到这个特定的驱动程序和特定的数据库。

表 10-8　DriverManager 对象方法

方　　　法	说　　　明	方　　　法	说　　　明
getConnection()	创建并返回一个数据库连接对象，给出数据源的 URL、可选用的用户名和密码，以及连接属性	getLoginTimeout()	获得注册的暂停时间值

续表

方　法	说　明	方　法	说　明
registerDriver()	借助于 JDBC 驱动程序管理器注册一个驱动程序	setLogWriter()	启用 JDBC 调用函数的跟踪性能
setLoginTimeout()	为连接注册设置暂停时间		

示例代码如下：

```
//Create a connection to the Oracle JDBC driver
String url= "…依赖于操作系统．"
String user = "张三";
String pswd = "zhangsan1990";
Connection dbconn = DriverManager.getConnection(url,user,pswd);
```

getConnection()方法返回 Connection 对象，这个对象包含刚刚创建的连接以及该连接另一端的数据库。其他的 DriverManager 方法可提供对于连接超时的程序化控制，打开用于调试的 JDBC 函数登录以及其他的有用函数。如果在试图建立连接时遇到了错误，DriverManager 对象会推出一个异常情况。

1）JDBC 基本语句处理

JDBC 的 Connection 对象的主要特性包括管理数据库的连接、创建 SQL 语句给该数据库处理，以及管理连接上的事务。表 10-9 展示了提供这些特性的 Connection 对象方法。在多数简单的 JDBC 程序中，连接被建立之后的下一步就是调用 Connection 对象的 createStatement()方法来创建一个 Statement 对象。

表 10-9　JDBC Connection 对象方法

方　法	说　明	方　法	说　明
close()	关闭到数据源的连接	rollback()	回退到连接上的当前事务前的状态
createStatement()	为连接创建 Statement 对象	setAutoCommit()	设置/重新设置连接上的自动提交模式
prepareStatement()	准备一条参数化的 SQL 语句到 PreparedStatement 中准备执行	getWarnings()	检索连接随带的 SQL 警告信息
prepareCall()	准备一个对存储过程或函数的参数化调用到 CallableStatement 准备执行	GetMetaData	返回一个带有数据库有关信息的 DatabaseMetadata 对象
commit()	提交连接上的当前事务		

Statement 对象的主要特性是执行 SQL 语句。表 10-10 中显示了一些 Statement 对象方法，用户可以用它们来控制语句的执行依赖特定的 SQL 语句类型，有几种不同的 execute() 方法，不生成查询结果的简单语句（如 UPDATE、DELETE、INSERT、CREATE TABLE）可以使用 executeUpdate 方法；查询使用 executeQuery()方法，因为它提供了一种返回查询结果的机制；其他的 execute 方法支持准备好的 SQL 语句、语句参数和存储过程。

表 10-10　JDBC Statement 对象方法

方　　法	说　　明	方　　法	说　　明
基本语句执行		setMaxRows()	限定由查询检索到的记录的数量
executeUpdate()	执行一条非查询 SQL 语句,并返回受影响记录的数量	getMaxRows()	检索当前最大记录限定设置
executeQuery()	执行单独一个 SQL 查询,并返回一个结果集	setMaxFieldSize()	限定检索到的任何字段的最大尺寸
execute()	一条或多条 SQL 语句的通用执行过程	getMaxFieldSize()	检索当前最大域尺寸限定值
批处理语句执行		setQueryTimeout()	限定查询执行的最长时间
addBatch()	存储前面提供的参数值作为执行过程的一个数值批次的一部分	getQueryTimeout()	检索当前最长的查询时间限定
executeBatch()	执行一个序列的 SQL 语句,返回一个整型数组,指示被每条语句所影响的记录的数量	错误处理	
查询结果限定		getWarnings()	检索语句执行过程中结合的 SQL 警告信息

图 10-43 所示的这个简单的 Java 程序片段说明了 Connection 和 Statement 对象的基本用法。这个程序将创建一个到数据库的连接,执行两次数据库更新,提交更改内容,然后关闭连接。

```
//使用连接对象和串
Connection dbconn ; // 数据库连接
String str  1 = "UPDATE Offices SET TARGET =0"
String str  2 = "DELETE FROM Salesreps WHERE EMPL NUM =106 "
<code in here creates the connection>

//为执行SQL 建立语句对象
Statement stmt =dbconn . createStatement ( );
//通过语句对象更新 Offices 表
stmt .executeUpdate (strl );
//通过语句对象更新 Salesreps 表
stmt .executeUpdate (str 2);
//提交变化到数据库
dbconn .commit ( );
//使用同样的语句对象更新 Salesreps 表
stmt .executeUpdate (str 2);
//最后, 关闭连接
dbconn .close ( );
```

图 10-43　JDBC API 所使用的关键对象示意图

注意,在这个程序片段中调用的 Connection 和 Statement 方法如果处理不当,将会引起错误,而程序段中并没有显示出任何的错误处理代码。一旦发生了错误, JDBC 驱动程序将会抛出 SQLException。通常，像前面这样的一个程序段（或它的一部分）将会出现在 try/catch 结构中，以解决可能出现的异常事件。为了简单，这种封闭的 try/catch 结构在这个例子和后面几个例子中都被删除了。

2）简单查询处理

在 JDBC 中，ResultSet 对象提供了与使用其他 SQL API 以及嵌入式 SQL 一样的附加的机制来处理返回的查询结果。为执行一个简单的查询，Java 程序引用语句对象的 executeQuery()方法，在方法的调用过程中传递查询文本。executeQuery()方法返回 ResultSet 对象，其中包括查询结果。然后，Java 程序引用这个 ResultSet 对象的方法逐记录和逐字段访问查询结果。表 10-11 列出了 ResultSet 对象所提供的方法。

表 10-11　JDBC ResultSet 对象方法

方　　　法	说　　　明	方　　　法	说　　　明
游标运动		基本字段值检索结果	
next()	将游标移动到查询结果的下一条记录	getInt()	从指定字段中检索整型数
close()	结束查询处理，关闭游标	getShort()	从指定字段中检索短整型数
getLong()	从指定字段中检索长整型数	getBytes()	从指定字段中检索固定长度或可变长度的 BINARY 数据
getFloat()	从指定字段中检索浮点数字值	getObject()	从指定字段中检索任何类型的数据
getDouble()	从指定字段中检索双精度浮点值	大型对象检索结果	
getString()	从指定字段中检索字符串值	getAsciiStream()	获得用于处理一个字符大型对象（CLOB）字段的输入流对象
getBoolean()	从指定字段中检索真/假值	GetBinaryStream()	获得用于处理一个二进制大型对象（BLOB）字段的输入流对象
getDate()	从指定字段中检索日期值	其他函数	
getTime()	从指定字段中检索时间值	getMetaData()	返回一个带有查询元数据的 ResultSetMetaData 对象
getTimestamp()	从指定字段中检索时间信息值	getWarnings()	检索与 ResultSet 结合在一起的 SQL 警告信息
getByte()	从指定字段中检索字节值		

图 10-44 所示的程序片段是一个非常简单的 Java 程序片段，演示了到目前为止我们所了解的对象和方法是如何结合在一起完成简单的查询处理过程的。它可以检索和打印出 Student 表中每个学生的学号、姓名、所在系。

```
//使用连接对象，串和变量
Connection dbconn;        //数据库连接
String  Sno;              //返回学号
```

图 10-44　一个简单的 Java 程序片段示例代码

```
String Sname;              //返回学生姓名
String Sdept;              //返回学生所在的系
String str1 = " SELECT SNo , SName , SDept FROM Student ";
<code in here creates the connection >
//为执行SQL建立语句对象
Statement stmt = dbconn . createStatement ( );
//通过executeQuery ()方法返回ResultSet 对象，其中包括查询结果
ResultSet answer = stmt . executeQuery  (str1);

//循环处理查询结果的每一条记录
while  (answer .next ()) {
    //取回每一列数据
    sno = answer .getString ("SNo ");
    sname  = answer .getString ("SName ");
    sdept  = answer .getString (3);
    //打印输出这条记录的数据
    System .out .println  (sno + "    " + sname  + "    " + sdept );
}
//明确关闭游标和连接
answer .close ( );
dbconn .close ( );
```

续图 10-44

图 10-44 所示的例子采用的方法简单明了，与前面所讲的用于嵌入式 SQL 和 C/C++ API 的查询处理步骤类似。ResultSet 对象保留一个游标，以提示它在查询结果中的位置。它的 next 方法将游标逐记录向前移动。当然，这里有一个显式 JDBC get 方法，可调用它为每一条记录检索每一字段的数据。Java 的大量输入和内存保护计划使这种方法成为必备条件。不过，不难看出，这明显比 C/C++ 方法消耗更多的系统资源，C/C++ 采用的方法是绑定程序变量并在获得下一条记录时使数据库 API 自动组装这些变量，最后 close 方法结束查询处理过程。

这个例子还显示出两种可选用的方法，用来确定每个 get 方法将检索到哪一个字段的数值。我们可以指定被检索字段的名字（用于 SNo 和 SName 字段），或它在结果字段中的顺序位置（用于 SDept 字段）。JDBC 通过重新装载每个 get 方法来传递这项性能，一种做法是取用字符参数（字段名字），其他做法则是取用整型参数（字段编号）。

3）使用 JDBC 中的准备语句

Statement 对象的 executeQuery()和 executeUpdate()方法提供了一种动态 SQL 性能，它们与 CLI 标准中的 SQLExecDirect()类似。在调用执行方法的时候，位于 JDBC 连接另一端的数据库并不能预先知道将要提供哪一个 SQL 文本。它必须随时对语句进行解析，以决定如何执行。动态 SQL 方法使这部分 JDBC 接口使用起来非常容易，但它同时会产生与动态 SQL 结合在一起的大量系统开销。对于那些更看重性能的高处理率应用程序来说，准备语句接口会更适用一些。准备语句的方法使用与嵌入式动态 SQL 的 PREPARE/EXECUTE 语句和 CLI 标准的 SQLPrepare( )及 SQLExecute()有相同的概念。一条重复执行的 SQL 语句（例如一条将要用于许多记录的 UPDATE 语句，或者一个在程序运行阶段要被执行几百次的查询）首先传递给数据库管理系统通过解析和分析进行准备，随后语句就可以重复执行，只产生很少的系统开销，可以通过为执行传递参数值来改变语

句在每个执行过程中所使用的特定数值。例如,可以使用参数来改变用于每个 UPDATE 操作的数值,或者改变在查询的 WHERE 子句中匹配的数值。

要使用一条准备的语句,程序可引用连接上的 prepareStatement()方法来取代 createStatement()方法。与 createStatement()不同,prepareStatement()方法采用了一个参数,即一个包含着将准备的 SQL 语句的串。在这个语句串中,给语句执行过程提供的参数由一个问号(?)来表示,这个问号是"参数标记"。一个参数可以用在语句中任何常数出现的地方。prepareStatement()方法返回一个 Prepared Statement 对象,其中包括一些超出 Statement 对象提供内容的额外方法。表 10-12 列出了这些附加方法,它们几乎都是用于参数处理过程的。

表 10-12　JDBC PreparedStatement 对象的附加方法

方　　法	说　　明	方　　法	说　　明
setInt()	设置一个整型参数的数值	setTimeStamp()	设置一个时间戳型参数的数值
setShort()	设置一个短整型参数的数值	setByte()	设置一个 BYTE 参数的数值
setLong()	设置一个长整型参数的数值	setBytes()	设置一个 BINARY 或 VARBINARY 参数的数值
setFloat()	设置一个浮点参数的数值	setBigDecimal()	设置一个 DECIMAL 或 NUMERIC 参数的数值
setDouble()	设置一个双精度浮点参数的数值	setNull()	为参数设置 NULL 数值
setString()	设置一个串参数的数值	setObject()	设置一个仲裁参数的数值
setBoolean()	设置一个布尔型参数的数值	ClearParameters	清除所有的参数值
setDate()	设置一个日期型参数的数值	getParameterMetaData()	为一条准备的语句返回 ParameterMetaData 对象(只用于 JDBC 3.0)
setTime()	设置一个时间型参数的数值		

PreparedStatement 对象的附加 set()方法采用了两个参数,一个指示出供应数值的参数编号,另一个则提供参数值本身。利用这些方法, JDBC 准备语句处理的典型顺序归纳为以下步骤。

第 1 步:Java 程序以通常的方式建立到数据库管理系统的连接。

第 2 步:程序带有被准备语句的文本,包括参数标记,调用 prepareStatement()方法。数据库管理系统分析该语句,并创建一个被执行语句内部优化的表示方式。

第 3 步:在开始执行参数语句的时候,程序为每个参数调用表 10-13 中的一个 set 方法,为参数供应数值。

第 4 步:当提供了所有的参数值以后,程序调用 executeQuery 或 executeUpdate 来执行语句。

第 5 步:程序重复执行第 3 步和第 4 步的操作(通常会有数十次、数百次甚至更多),同时变更参数数值。如果在从一个执行过程转移到另一个执行过程时,某个特定参数的数值没有改变,那么并不需要重新调用 set 方法。图 10-45 所示的程序段示例代码演示了这些步骤。

```
//使用连接对象,串和变量
Connection dbconn;        //数据库连接
String  Sno;              //返回学号
String str 1 = "UPDATE Student SET SNAME = ? WHERE SAGE = ?";
String str 1 = "SELECT SNAME FROM Student WHERE SAGE = ?";

<code in here creates the connection>
//准备UPDATE 语句
Prepared Statement  pstmt 1 = dbconn .prepare Statement (str 1);
//准备查询
Prepared Statement  pstmt 2 = dbconn .prepare Statement (str 2);

//为UPDATE 语句准备参数  并执行
pstmt 1.setString (1, "杨军");
pstmt 1.setInt (2, 19);
pstmt 1.executeUpdate ();

//重置参数并执行,然后提交
pstmt 1.setString (1, "程飞思");
pstmt 1.setInt (2, 18);
pstmt 1.executeUpdate ();
dbconn .commit ;

//为查询设置参数,并执行
pstmt 2.setInt (1, 18);
ResultSet answer  = pstmt 2.executeQuery ();

//循环处理查询结果的每一条记录
while (answer .next ()) {
    //取回每一列数据
    sname = answer .getString ("SName ");
    //打印输出这条记录的数据
    System .out.println ("学生的姓名: " + sname );
}
answer .close();

//为查询设置不同的参数,并执行
pstmt 2.setInt (1, 21);
ResultSet answer  = pstmt 2.executeQuery ();

//循环处理查询结果的每一条记录
while (answer .next ()) {
    //取回每一列数据
    sname = answer .getString ("SName ");
    //打印输出这条记录的数据
    Systemout.println("学生的姓名: " + sname);
}
answer.close();
//明确关闭连接
dbconnclose();
```

图 10-45　JDBC 准备语句处理的典型顺序示例代码

4）使用 JDBC 中的可调用语句

JDBC 支持存储过程和存储函数的执行,其方法是使用一个第 3 种类型的语句对象,即由 prepareCall()方法所创建的 CallableStatement 对象。通常,Java 程序引用 prepare Call()

方法，并传递给它一条引用存储程序段的 SQL 语句。此次调用的参数由语句串中的参数标记指示，就像它们用于准备语句一样。这种方法将返回一个 CallableStatement 对象。Java 程序使用 CallableStaternent 对象的 set()方法为调用过程或函数指定参数值。Java 程序使用 CallableStatement 对象的另一种方法指定从存储过程或函数返回数值的数据类型。Java 程序引用 CallableStatement 对象的一个 execute()方法调用存储过程。最后，Java 程序引用 CallableStatement 对象的一个或多个 get()方法检索由存储过程（如果存在）或存储函数返回的数值。

CallableStatement 对象提供 PreparedStatement 的全部方法，列于表 10-10 和表 10-12 中。它提供的一些附加方法显示于表 10-13 中，这些方法用于注册输出或输入/输出参数的数据类型，检索调用过程之后这些参数的返回数值等。

表 10-13　CallableStatement 对象的附加方法

方　法	说　明	方　法	说　明
registerOutParameter()	注册输出（或输入/输出）参数的数据类型	getDate()	检索来自指定字段的日期数值
getInt()	检索整型返回值	getTime()	检索来自指定字段的时间数值
getShort()	检索来自指定字段的短整型数值	getTimestamp()	检索来自指定字段的时间信息数值
getLong()	检索来自指定字段的长整型数值	getByte()	检索来自指定字段的字节数值
getFloat()	检索来自指定字段的浮点数字值	getBytes()	检索固定长度或可变长度的 BINARY 数据
getDouble()	检索来自指定字段的双精度浮点数值	getBigDecimal()	检索 DECIMAL 或 NUMERIC 数据
getString()	检索来自指定字段的字符串数值	getObject()	检索任何类型的数据
getBoolean()	检索来自指定字段的真/假数值		

5）JDBC 中的错误处理

在 JDBC 操作过程中出现错误的时候，JDBC 接口会提出 Java 异常事件。多数 SQL 语句执行错误都会提出 SQLException。这些错误可通过标准的 Java try/catch 机制解决。当发生一个 SQLException 错误的时候，catch()方法将被调用，还有些方法列于表 10-14 中。

表 10-14　JDBC SQLException 方法一览表

方　法	说　明
getMessage()	检索描述异常事件的错误消息
getSQLState()	检索 SQLSTATE 值
getErrorCode()	检索特定驱动程序或特定数据库管理系统的错误代码
getNextException()	移动到系列中下一个 SQL 异常事件

SQLException 方法允许检索错误信息、SQLSTATE 错误代码以及与错误结合在一起的数据库管理系统指定的错误代码。对于单独的 JDBC 操作过程来说，产生一个以上的错

误是可能的。在这里，错误将依次对程序有效。对第一个报告错误调用 getNextException( ) 将为第二个异常事件返回一个 SQLException，然后依此类推，直到没有更多的异常事件需要处理。

6）JDBC 中的可滚动和可更新游标

正如可滚动游标已被添加到 ANSI/ISO SQL 标准中一样，可滚动游标也已经被添加到新版本规范的 JDBC 结果集合中。用户可以通过 executeQuery 方法的参数让查询生成可滚动的结果。如果指定要求具有滚动能力，由 executeQuery 返回的 Result Set 会提供一些附加的方法用于游标控制。有些重要的方法列于表 10-15 中。

表 10-15　JDBC ResultSet 对象扩展游标方法

函　　数	说　　明
可滚动游标的动作	
previous()	将游标移动到查询结果的前一记录
beforeFirst()	将游标移动到结果的开始部分之前
first()	将游标移动到查询结果的第一条记录
last()	将游标移动到查询结果的最后一条记录
afterLast()	将游标移动到结果的结束部分之后
absolute()	将游标移动到指示的绝对记录编号
relative()	将游标移动到指示的相对记录编号
游标定位判断	
isFirst()	判断当前记录是否为结果集合的第一条记录
isLast()	判断当前记录是否为结果集合的最后一条记录
isBeforeFirst()	判断游标是否定位在结果集合的开始部分之前
isAfterLast()	判断游标是否定位在结果集合的结束部分之后
moveToInsertRow()	将游标移动到"空"记录以插入新的数据
moveToCurrentRow()	将游标移动回插入位置前的当前记录
更新当前记录的一个字段（通过游标）	
updateInt()	更新一个整型字段数值
updateShort()	更新一个短整型字段数值
updateLong()	更新一个长整型字段数值
updateFloat()	更新一个浮点字段数值
updateDouble()	更新一个双精度浮点字段数值
updateString()	更新一个串字段数值
updateBoolean()	更新一个真/假字段数值
updateDate()	更新一个日期字段数值
updateTime()	更新一个时间字段数值
updateTimeStamp()	更新一个时间信息字段数值
updateByte()	更新一个字节字段数值
updateBytes()	更新一个固定长度或可变长度字段数值
updateBigDecimal()	更新一个 DECIMAL 或 NUMERIC 字段数值
updateNull()	更新一个字段为 NULL 数值
updateObject()	更新一个仲裁字段数值

除了可滚动的结果集合以外，新版本的 JDBC 规范还添加了对可更新结果集合的支持，这项性能与嵌入式 SQL 中的 UPDATE … WHERE CURRENT OF 性能相对应。它允许对记录的特定字段进行更新，该记录由游标所在的当前位置指示。可更新结果集合还允许通过结果集合将新的数据记录插入到表中。

7）使用 JDBC 检索元数据

JDBC 接口提供了对象和方法以检索有关数据库、查询结果和参数化语句的元数据。JDBC Connection 对象提供了对它所代表的有关数据库元数据的访问。引用它的 getMetaData()方法会返回一个 DatabaseMetaData 对象，这个对象列在表 10-16 中。表中所列的每个方法都会返回一个结果集合，其中包含有关数据库实体类型的信息，例如表、字段、主键字等。使用普通的 JDBC 查询结果处理程序段就可以处理结果集合。其他的元数据访问方法提供了这个连接所支持的数据库产品名字、它的版本号以及其他类似的信息。

表 10-16　用于数据库信息检索的 DatabaseMetaData 方法

函　　数	说　　明
getTables()	返回数据库中表信息的结果集合
getColumns()	在给出表名字后，返回字段的名字和类型信息的结果集合
getPrimaryKeys()	在给出表名字后，返回主关键字信息的结果集合
getProcedures()	返回存储过程信息的结果集合
getProcedareColumns()	返回指定存储过程所使用参数的有关信息的结果集合

ResultSet 对象提供了 getMetaData 方法，可引用这个方法来获得它的查询结果的描述信息。该方法返回了一个 ResultSetMetaData 对象，此对象在表 10-17 中做了描述。用户可以根据这个方法来判断查询结果中有多少字段，每一字段的名字和数据类型是什么，一般可由这些字段在查询结果中的顺序位置来识别它们。

表 10-17　ResultSetMetaData 方法

函　　数	说　　明
getColumnCount()	返回查询结果字段的数量
getColumnName()	检索特定结果字段的名字
getColumnType()	检索特定结果字段的数据类型

准备 SQL 语句所使用的参数或为存储过程准备的调用函数的有关元数据信息也非常有用。PreparedStatement 和 CallableStatement 对象都提供了一个检索这种信息的 getParameterMetaData()方法。方法返回 ParameterMetaData 对象，在表 10-18 中对它做了介绍。引用这个对象的方法可以提供以下信息：语句中使用了多少参数，它们的数据类型是什么，每个参数是输入参数、输出参数还是输入/输出参数，以及其他类似的信息。

表 10-18　JDBC ParameterMetaData 方法

函　　数	说　　明
getParameterClassName()	返回特定参数的类（数据类型）的名字
getParameterCount()	返回语句中参数的数量

续表

函　　数	说　　明
getParameterMode()	返回参数的模式（IN、OUT、INOUT）
getParameterType()	返回特定参数的 SQL 数据类型
getParameterTypeName()	返回特定参数的数据库管理系统数据类型
getPrecision()	返回特定参数的精度
getScale()	返回特定参数的范围
isNullable()	判断特定参数是否为空
isSigned()	判断特定参数是否为一个有符号的数

查看“http://www.oracle.com/java/javase/jdbc/index.html”，用户可了解有关 JDBC 性能的更多信息。

10.3.5　ADO.NET 接口

ADO.NET 是在微软.NET 编程环境中优先使用的数据访问接口。它是一组用于和数据源进行交互的面向对象类库，ADO.NET 类库中的类提供了众多对象，分别完成与数据库的连接、查询、插入、删除和更新等操作，并且提供了平台互用性和可伸缩的数据访问，功能强、易用性好、效率高。

ADO.NET 允许和不同类型的数据源以及数据库进行交互，增强了对非连接编程模式的支持，任何能够读取 XML 格式的应用程序都可以进行数据处理。ADO.NET 提供与数据源进行交互的相关的公共方法，但是对于不同的数据源采用不同的类库，并且通常是以与之交互的协议和数据源的类型命名的，称之为数据提供者（Data Providers）。数据提供者是负责把.NET 应用程序连接到数据源，目前有 SQL Server、Oracle、虚谷等不同的.NET 数据提供者。每种数据提供者在各自的命名空间中得到维护。例如，SQL Server 的数据提供者包含在 System.Data. SqlClient 命名空间中，而虚谷的数据提供者包含在 System.Data.XGClient 命名空间中，Oracle 的数据提供者包含在 System.Data.OracleClient 命名空间中。数据提供者虽然针对的数据源不一样，但是其对象的架构都一样，只要针对数据源种类来选择即可，如使用 SQL Server 的数据提供者的组件对象只需加前缀 Sql。

1．ADO.NET 对象模型

ADO.NET 对象模型如图 10-46 所示。这些组件中负责建立联机和数据操作的部分称为数据提供者，由 Connection 对象、Command 对象、DataAdapter 对象以及 DataReader 对象组成。数据提供者最主要是充当 DataSet 对象以及数据源之间的桥梁，负责将数据源中的数据取出后植入 DataSet 对象中，以及将数据存回数据源的工作。

（1）ADO.NET 的数据提供者包含 Connection 对象、Command 对象、DataAdapter 对象和 DataReader 对象 4 个主要组件。其中，Connection 对象主要用于开启程序和数据库之间的连接。若没利用连接对象将数据库打开，是无法从数据库中取得数据的。这个对象在 ADO.NET 的最底层，用户可以自己创建这个对象，或由其他的对象自动创建；Command 对象主要用来对数据库发出一些指令，例如可以对数据库下达查询、增加、修改、删除数据等指令，以及呼叫存在于数据库中的预存程序等，Command 对象是通过连接到数据源的 Connection 对象来下命令的，所以连接到哪个数据库，Command 对象的命令就下到哪里；DataAdapter 对象主要是在数据源及 DataSet 之间进行数据传输的工作，它可以通过 Command 对象下达命令，并将取得的数据放入 DataSet 对象中，这个对象是架构在 Command 对象上的，并提供了许多配合 DataSet 使用的功能；对于 DataReader 对象，当只需要顺序地读取数据而不需要进行其他操作时，可以使用该对象，因为 DataReader 在读取数据的时候限制了每次只读取一笔，而且只能读取，所以使用起来不仅节省资源而且效率很高，另外，因为不用把数据全部传回，故可以降低网络的负载。

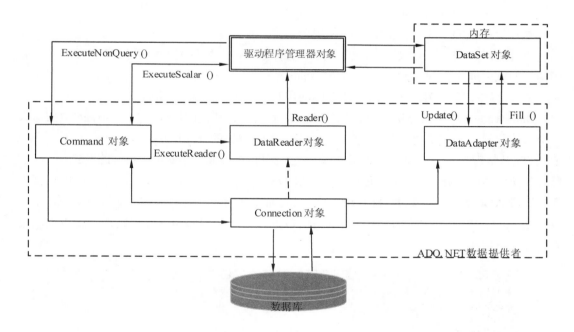

图 10-46　JDBC API 所使用的关键对象示意图

（2）DataSet 对象可以把从数据库中查询到的数据保留起来，甚至可以将整个数据库显示出来。DataSet 的功能不只是可以存储多个表，还可以通过 DataAdapter 对象取得一些例如主键等的数据表结构，并可以记录数据表间的关联。用户可将 DataAdapter 对象当作 DataSet 对象与数据源之间传输数据的"桥梁"。正是由于 DataSet 的存在，才使得程序员在编程时可以屏蔽数据库之间的差异，从而获得一致的编程模型。

2. ADO.NET 访问的基本步骤

ADO.NET 提供了通过 DataReader 对象读取数据和通过数据集 DataSet、DataAdapter

对象访问、操作数据两种读取数据库的方式。其中，通过 DataReader 对象读取数据方式只能读取数据库。如果用户只是想查询记录，这种方式的效率更高些；通过数据集 DataSet、DataAdapter 对象访问和操作数据方式灵活，可以对数据库进行各种操作。

ADO.NET 的最重要的概念之一是 DataSet 对象，它是不依赖于数据库的独立数据集合，即使断开数据链路或者关闭数据库，DataSet 依然是可用的。

这里以通过数据集 DataSet、DataAdapter 对象访问和操作数据方式为例，将 ADO.NET 访问数据库的步骤归纳如下。

第 1 步：使用 Connection 对象创建一个数据库链路。

第 2 步：使用 Command 和 DataAdapter 对象请求一个记录集合。

第 3 步：把记录集合暂存到 DataSet 中。

第 4 步：如果需要，返回第 2 步（DataSet 可以容纳多个数据集合）。

第 5 步：关闭数据库链路。

第 6 步：在 DataSet 上进行所需要的操作。

通过 ADO.NET 访问数据库，首先需要准备数据，这里创建一个数据库 studentdb；并在创建的数据库中创建 student 表（sno、sname、sage、sdept），再插入若干数据。下面以 SQL Server 数据库为例，我们设定数据库的用户名为 sa、密码为 Stu123。

DataReader 对象只能实现对数据的读取，不能完成其他的操作，查询出来的数据形成一个只读只进的数据流存储在客户端。DataReader 对象的 read 方法可以前进到下一条记录。在默认情况下，每执行一次 read 方法只会在内存中存储一条记录，系统的开销很小（注意，要使用 ADO.NET，必须先加载 System.Data 这个命名空间，因为该名称空间中包括大部分组成 ADO.NET 架构的基础对象类别，如 Dataset 对象、数据表、字段、关联等）。

图 10-47 所示的程序完成的功能是访问数据。它从数据库中读取记录，并将查询结果通过控制台输出。

```
using System  ;
using System  .Collection .Generic ;
using System  .Ling ;
using System  .Text ;
using System  .Data ;              //载入ADO.NET的命名空间
using System  .Data .SQLClient ;   //使用SQL Server 的数据提供者
namespace adoconsole  .ado {
    class demo  {
        static void main   (string [ ]args ) {
            Console .WriteLine  ("ADO演示");
            string myconn   = "Data Source  = localhost ; Integrated
                Security  = SSPI ; Initial Catalod   = studentdb ;
                User ID   = sa ; Password   = Stu 123 ";
            string mysql  = "SELECT sno , sname , sage , sdept
                        FROM student ";    // 待执行的 SQL 语句
            SqlConnection myconnect  = new SQLConnection (
                        myconn );          //创建数据库连接
            myconnect ();                  //打开数据库连接
```

图 10-47　通过 DataReader 对象读取数据程序片段示例代码

```
        //创建 SQL 命令对象，并初始化
        SQLCommand mycomm = new SQLCommand (
            mysql , myconnect );

        //构建阅读器，执行SQL 命令
        SQLDataReader myread = mycomm .ExecuteReader ;

        //读出每一行数据并显示
        while (myread .Read ()) {
            console . WriteLine ( myread . GetInt  32 (0) + ", " +
                myread . GetString   (1) + ", " + myread  .GetString   (2));
        }
        myread. Close ;                    //关闭阅读器
        myconnect.  Close ;                //关闭连接
    }
}
```

续图 10-47

图 10-47 所示的程序对于读取少量数据的场景非常实用，其突出的特点是速度快。然而，在有些场景下需要读取大量数据并进行操作，图 10-47 所示的程序就不适合，需要通过数据集 DataSet、DataAdapter 对象访问和操作数据的方法，这种方法如图 10-48 所示。

```
using System  ;
using System  .Collection .Generic ;
using System  .Ling ;
using System  .Text ;
using System  .Data ;                //载入ADO.NET的命名空间
using System  .Data .SqlClient ;     //使用 SQL Server 的数据提供者
namespace adoconsole  .ado {
    class demo  {
        static void main   (string []args ) {
            Console .WriteLine  ("ADO演示2");

            //创建数据连接
            SqlConnection sqlconn = new SqlConnection (
                "Data Source = localhost ;
                Integrated Security = SSPI ;
                Initial Catalod = studentdb ;
                User ID = sa;
                Password = Stu123");

            //创建并初始化 SqlCommand 对象
            SqlCommand selectcomm = new SqlCommand (" SELECT sno ,
                sname , sage , sdept FROM student " , sqlconn );
            SqlDataAdapter sqldata = new SqlDataAdapter();
            SqlData .SelectCommand = selectcomm;        //创建对象并查询数据
```

图 10-48　通过数据集对象访问和操作数据程序片段示例代码

```
sqlconn .Open ( );                          //打开数据库连接
//用 SqlDataAdapter 的 Fill 方法填充 DataSet
DataSet data = new DataSet ();
sqldata .Fill (data , "student ");
//取一条记录并显示
Console .WriteLine (data .Tables [0].Rows [0]["sno "] + " "
                + data .Tables [0].Rows [0]["sname "] + " "
                + data .Tables [0].Rows [0]["sage "] + " "
                + data .Tables [0].Rows [0]["sdept "]);
sqlconn .Close ();                          //关闭数据库连接
//以 sqldata 为参数初始化对象 sqlbuilder
SqlCommandBuilder sqlbuilder =
        new SqlCommandBuilder (sqldata );

//删除 DataSet 中的第一条记录
data .Tables ["student "].Rows [0].Delete ();
//调用 Update 方法更新 DataSet 中的数据
sqldata .Update (data , "student " );
//取一条记录并显示
Console .WriteLine (data .Tables [0].Rows [0]["sno "] + " "
                + data .Tables [0].Rows [0]["sname "] + " "
                + data .Tables [0].Rows [0]["sage "] + " "
                + data .Tables [0].Rows [0]["sdept "]);
    }
  }
}
```

续图 10-48

10.4　NoSQL 数据库编程

10.4.1　MongoDB 文档型数据库的编程接口

MongoDB 是一个高性能、开源、无模式的文档型数据库，使用 C++开发，它是当前 NoSQL 数据库产品中最热门的一种。在一些场景下，它可以替代传统的关系型数据库或键/值存储数据库，其官方网站地址是"http://www.mongodb.org/"，读者可以在此获得更详细的信息。

MongoDB 解决的主要问题是海量数据的访问效率问题。根据 MongoDB 官方文档记载，当数据量达到 50GB 以上的时候，MongoDB 的数据库访问速度是 MySQL 的 10 倍以上。MongoDB 的并发读/写效率不是特别出色，根据官方提供的性能测试表明，大约每秒可以处理 5 000～15 000 次读/写请求。MongoDB 自带了一个出色的分布式文件系统——GridFS，支持海量的数据存储。此外，MongoDB 还有一个 Ruby 的项目——MongoMapper，它是模仿 Merb 的 DataMapper 编写的 MongoDB 接口，使用起来非常简单，几乎和 DataMapper 一模一样，功能非常强大。

MongoDB 是一个介于关系数据库和非关系数据库之间的产品，是非关系数据库当中功能最丰富、最像关系数据库的一款产品。它支持的数据结构非常松散，是类似 JSON 的

BSON 格式，因此可以存储比较复杂的数据类型。

1. MongoDB 提供的 C#开发接口

首先需要下载 C#驱动，其下载地址为：

https://github.com/mongodb/mongo-csharp-driver/downloads

打开下载页面后，有不同的发布版本供用户选择，每一个发布版本同时有两种安装方式的驱动程序可以选择，一种是 msi 安装方式，另一种是 zip 包安装方式。

下载驱动程序后，建立一个"控制台应用程序"项目，导入下载的驱动包，并添加此驱动包的引用，其中"MongoDB.Bson"和"MongoDB.Driver"这两个依赖库就是 MongoDB 提供的 C#驱动程序，其他文件和文件夹都是系统在建立"控制台应用程序"项目时自动产生的。

2. 访问控制

为数据库启用安全机制是每个应用系统都需要考虑的重要问题，为特定的数据库指定单独的授权用户有利于保证数据库的安全。

下面的每个实例都是基于 demodb 这个数据库实现的，首先为它建一个用户"demouid"，指定它的口令是"demopwd"，然后在 mongod 启动时加上参数"auth"来启用安全机制。

由于启用了安全机制，用命令行访问 demodb 就必须指定用户名和口令，例如下面的代码：

```
[root@localhost ~]# mongo -udemouid -pdemopwd demodb
MongoDB shell version: 1.8.1
connection to: demodb
>
```

C#通过在连接数据时指定一个"证书"来启用安全机制。

对于图 10-49 所示的程序片段，①声明数据库连接字符串；②通过 MongoServer.Create 方法获得数据库的实例；③通过构造函数 new MongoCredentials 指定安全证书；④通过 GetDatabase 方法获得数据库 mydb 的一个实例。在这个方法的第 2 个参数中指定了③中声明的安全证书"credentials"。

```
namespace consoleApplication{
    class program{
        static void Main (string [ ] args ) {
            //数据库连接字符串
            string connectionString = "mongodb ://168 .128 .1.11 :27017 ";
            //得到一个数据库实例的连接
            MongoServer server = MongoServer.Create(connectionString ) ;
            //指定安全证书
            MongoCredentials credentials=
                    new MongoCredentials ("demouid ", "demopwd ");
            //获得一个" demodb " 的连接对象
            MongoDatabase demodb=
```

图 10-49　采用安全连接的程序段示例代码

```
                    server.GetDatabase ("demodb", credentials );
            }
        }
}
```

续图 10-49

从图 10-49 所示的代码片段可以看出，一旦数据库内部启用安全机制，就需要采用安全的方式进行连接。

3. 对数据库的常用操作

1）插入、查询和更新操作

用户可以通过 MongoCollection 类的 Insert<TNominalType>(TNominalType document) 方法插入数据，此方法是一个泛型方法，可以用 BsonDocument 类型的对象作为参数。可以通过 MongoCollection 类的 FindOne<TDocument>()方法查询数据，此方法是一个泛型方法，返回一个文档类型的对象；可以用 sonDocument 类型的对象作为参数，以便指定查询条件，如果不指定参数，那么将返回表中的第 1 条记录；可以通过 MongoCollection 类的 Update(IMongoQuery query, IMongoUpdate update)方法更新数据，其中参数"query"是指查询条件，参数"update"是指更新内容。常用 QueryDocument 类型的"query"对象作为第 i 个参数，用 UpdateDocument 类型的"update"参数作为第 2 个参数。

图 10-50 所示的程序片段是插入数据的示例代码。

```
namespace consoleApplication {
    class program {
        static void Main ( string [ ] args ) {
            //数据库连接字符串
            string connectionString  = "mongodb ://168 .128 .1.11 :27017 ";
            //得到一个数据库实例的连接
            MongoServer server = MongoServer. Create ( connectionString );
            //指定安全证书
            MongoCredentials credentials =
                new MongoCredentials ("demouid  ", "demopwd ");
            //获得一个" demodb " 的连接对象
            MongoDatabase demodb =
                server .GetDatabase ("demodb ", credentials );
            //声明一个 Collection  对象
            MongoCollection coll = demodb .GetCollection (" customer " );
            //声明一个 Document  文档对象，用于存储数据
            BsonDocument info = new BsonDocument {
                            {"a1", 108 },
                            {"b1", 308 },
                            {"count ", 1},
                            {"info ", info }
            };
            //调用Collection  的insert  方法，将数据持久化到磁盘上
            coll .Insert  (doc );
        }
    }
}
```

图 10-50　插入数据的程序段示例代码

在图 10-50 所示的程序段示例代码中，①通过 GetCollection 方法创建一个 Collection 对象"coll"；②通过构造函数 new BsonDocument 创建一个文档对象"info"，用于存储数据；③通过构造函数 new BsonDocument 再创建一个文档对象"doc"，并且将②创建的文档"info"对象作为文档"doc"的一个嵌入式文档来存储；④通过 insert 方法将创建的文档插入"coil"中。

图 10-51 所示的程序片段是查询数据的示例代码。

```
namespace consoleApplication {
    class program {
        static void Main ( string [ ] args ) {
            //数据库连接字符串
            string connectionString = "mongodb ://168 .128 .1.11 :27017 ";
            //得到一个数据库实例的连接
            MongoServer server = MongoServer .Create (connectionString );
            //指定安全证书
            MongoCredentials credentials =
                    new MongoCredentials ("demouid ", "demopwd ");
            //获得一个" Cemodb " 的连接对象
            MongoDatabase demodb =
                    server .GetDatabase ("demodb ", credentials   );
            //声明一个 Collection  对象
            MongoCollection  < BsonDocument > coll =
                    demodb .GetCollection < BsonDocument > ("customer ");
            //查询 customer  表的第一条记录数据
            BsonDocument bsdoc = ( BsonDocument ) coll .FindOne ();
            Console .WriteLine  (bsdoc );
            Console .ReadLine  ();
        }
    }
}
```

图 10-51　查询数据的程序段示例代码

在图 10-51 所示的程序段示例代码中，①通过 GetCollection 方法获得 customer 表的实例；②再通过 FindOne 方法查询 customer 表的第一条记录，并且将结果返回给 BsonDocument 类型的对象"bsdoc"；③最后通过 Console 类的 WriteLine 方法将结果"bsdoc"对象输出并回显到屏幕。

图 10-52 所示的程序片段是更新数据的示例代码。

```
namespace consoleApplication {
    class program {
        static void Main ( string [ ] args) {
            //数据库连接字符串
            string connectionString = "mongodb ://168 .128 .1.11 :27017 ";
            //得到一个数据库实例的连接
            MongoServer server = MongoServer  .Create (connectionString );
            //指定安全证书
            MongoCredentials credentials =
                    new MongoCredentials ("demouid ". "demopwd ");
            //获得一个" demodb " 的连接对象
            MongoDatabase demodb =
```

图 10-52　更新数据的程序段示例代码

```
                    server .GetDatabase   ("demodb ", credentials  );
            //声明一个Collection 对象
            MongoCollection < BsonDocument > coll =
                    demodb .GetCollection  <BsonDocument > ("customer ");
            //定义一个查询对象，其作用类似于SQL 语句中的 WHERE子句的功能
            var queryDoc =  new QueryDocument { { "name ", "Project "} };
            //定义一个更新对象，其作用类似于SQL 语句中的SET子句的功能
            var updateDoc = new UpdateDocument {
                                {"$set ", new BsonDocument (
                                "type ", "excel ")}
            };
            //将查询对象和更新对象作为参数传递给 Update 来完成更新
            coll.Update  (queryDoc , updateDoc );
            Console .ReadLine  ( );
        }
    }
}
```

续图 10-52

在图 10-52 所示的程序段示例代码中，首先通过构造函数 new QueryDocument 定义一个查询对象，相当于"where name="Project""；再通过构造函数 new UpdateDocument 定义一个更新对象，相当于"set type="excel""；最后，通过 Update 方法用 customer 表的对象进行更新。

2）对 MongoDB 实例的操作

实例是数据库系统的最大工作单元，在实例中有数据库、表等对象。

（1）判断 MongoDB 实例存活：对于监控型应用系统，用户需要经常监控机器上的某些进程是否还存活，这可通过调用 MongoServer 类的 Ping 方法实现，此方法不接收任何参数。如果服务进程是活着的，程序将继续往下进行；如果服务进程已经停止，那么程序将抛出异常。判断当前实例是否存活的程序片段示例代码如图 10-53 所示。

```
namespace consoleApplication {
    class program {
        static void Main( string [ ] args ) {
            //数据库连接字符串
            string connectionString = "mongodb ://168 .128 .1.11 :27017 ";
            //得到一个数据库实例的连接
            MongoServer server = MongoServer.Create(connectionString );
            //判断 MongoDB 实例是否存活
            server. Ping( );
        }
    }
}
```

图 10-53　判断当前实例是否存活的程序片段示例代码

注意，图 10-53 所示的程序片段，通常布署在应用程序的最开始部分，因为如果 MongoDB 不存在，那么程序将没有必要再往下执行。在这个程序片段中，通过 Ping 方法判断 MongoDB 进程是否存活。如果目标 IP 是一个复制集的环境，Ping 方法会尝试判断复制集的所有成员进程是否存活。如果不存活，这段代码会抛出一个异常，同时程序中止；

如果存活，程序会继续往下执行。

（2）关闭 MongoDB 实例：关闭 MongoDB 实例是数据库应用的一项经常性工作。如果一个应用系统拥有几百个 MongoDB 实例，维护时需要一个一个手动关闭这些实例，那么其工作量是无法想象的，所以我们需要一个集中管理的系统来统一发出指令控制这些实例，其中最底层的方法就是远程发出关闭实例的指令。关闭当前实例的程序片段示例代码如图 10-54 所示。

```
namespace consoleApplication {
    class program {
        static void Main ( string [ ] args ) {
            //数据库连接字符串
            string connectionString =
                    mongodb ://root :root @168 .128 .1 .11 :27017 ";
            //得到一个数据库实例的连接
            MongoServer server = MongoServer . Create(connectionString );
            //关闭当前实例
            server .Shutdown ( );
        }
    }
}
```

图 10-54　关闭当前实例的程序片段示例代码

在图 10-54 所示的程序片段中，连接字符串"connectionString"中指定了 root 用户来连接，所以普通用户是无权限操作的，必须指定最高权限的用户 root 来执行操作，所以此处以 root 用户连接实例，而无须指定"证书"。

（3）列出所有数据库：想要列出实例下所有的数据库，可以调用 MongoServer 类的 GetDatabaseNames 方法，该方法的返回类型是一个集合（如图 10-55 所示）。

```
namespace consoleApplication {
    class program {
        static void Main ( string [ ] args ) {
            //数据库连接字符串
            string connectionString =
                    "mongodb ://root :root @168 .128 .1 .11 :27017 ";
            //得到一个数据库实例的连接
            MongoServer server = MongoServer . Create ( connectionString );
            //列出数据库集合
            var names= server . GetDatabaseNames ( );
            //循环取出每个数据库的名称
            foreach  (var name in names ) {
                Console .WriteLine ( name);
            }
            Console .ReadLine ;
        }
    }
}
```

图 10-55　列出实例下所有数据库的程序片段示例代码

在图 10-55 所示的程序片段中，先通过 GetDatabaseNames 方法获取一个集合，再用 foreach 循环将这个集合的所有值取出来并回显到屏幕。

（4）判断数据库是否存在：如果已知一个数据库的名字，如何判断它是否存在呢？可以调用 MongoServer 类的 DatabaseExists(string databaseName)方法。该方法接收一个参数代表数据库名字，而且该方法的返回值是 boolean 型的，即如果数据库存在，将返回 True，否则返回 False。程序片段示例代码如图 10-56 所示。

```
namespace consoleApplication {
    class program {
        static void Main ( string [ ] args ) {
            //数据库连接字符串
            string connectionString=
                "mongodb ://root :root @168 .128 .1 .11 :27017 ";
            //得到一个数据库实例的连接
            MongoServer server = MongoServer . Create (connectionString );
            //判断数据库 a3 是否存在
            Console .WriteLine ( server .DatabaseExits ( " a3" ));
            Console .ReadLine ( );
        }
    }
}
```

图 10-56　判断数据库是否存在的程序片段示例代码

3）对用户的操作

数据库要为用户服务，所以对用户的管理是一项常规的工作。常用的用户操作有新建用户、删除用户等。

（1）新建用户：可以使用 MongoDatabase 类的 AddUser(MongoCredentials credentials)方法为某个特定的数据库建立用户，该方法接收一个参数"credentials"，即用户"证书"信息。例如，要为数据库 demodb 新建一个用户名为 zhanglin、密码为 ZhL 的新用户，先通过构造函数 new MongoCredentials 新建一个"证书"，此"证书"存储的用户名是 zhanglin、密码是 ZhL，再通过 AddUser 方法添加这个用户。其程序片段示例代码如图 10-57 所示。

```
namespace consoleApplication {
    class program {
        static void Main ( string [ ] args ) {
            string connectionString = " mongodb://168 .128 .1 .11 :27017 ";
            MongoServer server = MongoServer.Create  (connectionString );
            MongoCredentials credentials=
                    new MongoCredentials ( "demouid "," demopwd " );
            MongoDatabase demodb =
                    server .GetDatabase ("demodb ", credentials );
            //新建一个" 证书" ，存储用户信息
            MongoCredentials newUser =
                    new MongoCredentials ("zhanglin ", "ZhL") ;
            //在新建的" 证书" 中指定用户
            demodb .AddUser ( );
        }
    }
}
```

图 10-57　新建用户的程序片段示例代码

在图 10-57 所示的程序片段示例代码中，先通过构造函数 new MongoCredentials 新建一个"证书"，此"证书"存储的用户名是 zhanglin、密码是 ZhL，再通过 AddUser 方法添加这个用户。

程序运行后，可以确认用户 zhanglin 和口令 ZhL，并且可以登录 demodb 数据库，例如下面的代码：

```
[root@localhost ~]# mango -demouid -ZhL demodb
MongaDB shell version:1.8.1
connecting to:demodb
>show collections
system.indexes
System.users
>
```

（2）列出所有用户：使用 MongoDatabase 类的 FindAllUsers 方法可以返回数据库中所有的用户，并且是以集合的方式返回的。例如，要列出数据库 demodb 中所有的用户，首先通过 FindAllUsers 方法返回一个集合，用于存储数据库用户；再通过 foreach 循环将每一个用户的用户名用"Console.WriteLine"命令回显到屏幕。程序片段示例代码如图 10-58 所示。

```
namespace consoleApplication {
    class program {
        static void Main (string [ ] args) {
            string connectionString = "mongodb://168.128.1.11:27017 ";
            MongoServer server = MongoServer.Create (connectionString);
            MongoCredentials credentials =
                new MongoCredentials("demouid " , "demopwd");
            MongoDatabase demodb =
                server. GetDatabase ("demodb", credentials );
            //取数据库中所有的用户
            MongoUser [ ]userlist = demodb. FindAllUsers ( );
            //循环取出所有用户名
            foreach (var user in userlist ) {
                Console. WriteLine (user .Username );
            }
            Console. ReadLine ;
        }
    }
}
```

图 10-58　列出所有用户的程序片段示例代码

（3）查找指定用户：如果要查询某个用户的信息，用 FindAllUsers 方法有些复杂，其实可以用 MongoDatabase 类的 FindUser(string username)方法。此方法接收一个参数"username"，内容是用户名，调用后返回一个 MongoUser 类的对象，其中存储的是用户的详细信息。例如，要在 demodb 数据库中查询用户"zhanglin"的信息，先通过 FindUser 方法查询用户"zhanglin"的信息，并将用户名用"Console.WriteLine"命令回显到屏幕。程序片段示例代码如图 10-59 所示。

```
namespace consoleApplication {
    class program {
        static void Main ( string [ ] args ) {
            string connectionString =
                "mongodb ://root :root @168 .128 .1 .11 :27017 ";
            MongoServer server = MongoServer . Create ( connectionString );
            MongoCredentials credentials =
                new MongoCredentials("demouid" ,"demopwd" );
            MongoDatabase demodb=
                server .GetDatabase ( "demodb", credentials ) ;
            //查询指定用户
            MongoUser user = new demodb . FindUser ( "zhanglin" ) ;
            Console .WriteLine ( user .Username);
            Console .ReadLine ();
        }
    }
}
```

图 10-59　查找指定用户的程序片段示例代码

（4）删除指定用户：使用 MongoDatabase 类的 RemoveUser(string username)方法可以删除指定用户，它接收一个用户名字符串"username"作为参数。例如，要从 demodb 数据库中删除用户 zhanglin，需要先创建一个"证书"credentials，再通过这个"证书"来获得数据库连接对象"demodb"，然后调用 RemoveUser 方法删除用户 zhanglin。程序片段示例代码如图 10-60 所示。

```
namespace consoleApplication {
    class program {
        static void Main ( string [ ] args ) {
            string connectionString =
                "mongodb ://168 .128 .1 .11 :27017 ";
            MongoServer server =
                MongoServer .Create (connectionString );
            MongoCredentials credentials =
                new MongoCredentials ("demouid ", "demopwd ");
            MongoDatabase demodb =
                server .GetDatabase ( "demodb ", credentials );
            //删除用户zhanglin
            demodb .RemoveUser ("zhanglin ");
        }
    }
}
```

图 10-60　删除指定用户的程序片段示例代码

4 ）对 collection 的操作

collection 是 MongoDB 中存储数据的最小单元，常用的 collection 操作如判断 collection 是否存在、新建 collection 等。

（1）判断 collection 是否存在：使用 MongoDatabase 类的 CollectionExists(string collection Name)方法可以判断某个 collection 是否存在，它接收一个 collection 名字符串"collectionName"作为参数，如果存在，返回 True，否则返回 False。例如，要在数据库

demodb 中判断 aaa 表是否存在，使用 CollectionExists 方法判断 aaa 表是否存在，并将结果
用"Console.WriteLine"命令回显到屏幕。程序片段示例代码如图 10-61 所示。

```
namespace consoleApplication{
  class program{
    static void Main(string[] args){
      string connectionString=
              "mongodb ://168.128.1.11:27017 ";
      MongoServer server=
              MongoServer.Create(connectionString);
      MongoCredentials credentials=
              new MongoCredentials("demouid","demopwd");
      MongoDatabase demodb=
              server.GetDatabase("demodb",credentials);
      //判断 aaa 表是否存在
      Console.WriteLine(demodb.CollectionExists("aaa"));
      Console.ReadLine();
    }
  }
}
```

图 10-61　判断 collection 是否存在的程序片段示例代码

（2）新建 collection：MongoDB 的 collection 既可以隐式地创建，也可以显式地创建。
其显式创建方法是使用 MongoDatabase 类的 CreateCollection(string collectionName)方法创
建指定名字的 collection，它接收一个 collection 名字符串"collectionName"作为参数。例
如，要在数据库 demodb 中显式创建 aaa 表，可以先连接到数据库 demodb，再使用
CreateCollection 方法。程序片段示例代码如图 10-62 所示。

```
namespace consoleApplication {
  class program {
    static void Main(string [] args ){
      string connectionString =" mongodb://168.128.1.11:27017 ";
      MongoServer server=MongoServer.Create(connectionString);
      MongoCredentials credentials =
              new MongoCredentials("demouid  ", "demopwd ");
      MongoDatabase demodb=
              server .GetDatabase ("demodb", credentials );
      //显式创建 aaa 这个 collection
      demodb .CreateCollection ("aaa");
    }
  }
}
```

图 10-62　新建 collection 的程序片段示例代码

（3）删除 collection：可以使用 MongoDatabase 类的 DropCollection(string collectionName)
方法删除某个 collection，它接收一个 collection 名字符串"collectionName"作为参数。例
如，要在数据库 demodb 中删除前面刚刚创建的 aaa 表的 collection，其程序片段示例代码
如图 10-63 所示。

```
namespace consoleApplication {
  class program {
    static void Main  (string [ ] args ) {
      string connectionString = " mongodb ://168.128.1.11 :27017 ";
      MongoServer server = MongoServer . Create (connectionString );
      MongoCredentials credentials =
            new MongoCredentials ( " demouid " , "demopwd ");
      MongoDatabase demodb =
            server .GetDatabase ( "demodb ", credentials  );
      //删除aaa 表这个collection
      demodb .DropCollection  ("aaa ");
    }
  }
}
```

图 10-63　删除 collection 程序片段示例代码

通过在 MongoDB Shell 中执行"show collections"命令，查询数据库中存在的表，观察结果发现 aaa 表已经被删除了，其代码如下所示：

```
>show collections
system.indexes
system.users
>
```

（4）列出所有 collection：要想了解一个数据库中 collection 的数量情况，可以使用 MongoDatabase 类的 GetCollectionNames 方法列出数据库中所有 collection 的名字，它返回一个集合用于存储这些名字。例如，要想知道数据库 demodb 中有多少个 collection，使用 GetCollectionNames 方法返回 demodb 数据库中所有表的集合，然后通过 GetEnumerator 方法将每一个表名都取出来，并用"Console.WriteLine"命令回显到屏幕。程序片段示例代码如图 10-64 所示。

```
namespace consoleApplication {
   class program  {
      static void Main ( string [ ] args ) {
         string connectionString =
               "mongodb ://168.128.1.11:27017";
         MongoServer server =
               MongoServer .Create (connectionString );
         MongoCredentials credentials =
               new MongoCredentials  ("demouid ", "demopwd ");
         MongoDatabase demodb =
               server .GetDatabase ("demodb", credentials);
         //取数据库中所有的collection
         IEnumerable  <string > colllist =
               demodb.GetCollectionNames ();
         IEnumerator   coll = colllist.GetEnumerator ();
         while (coll.MoveNext( )) {
             Console .WriteLine (coll.Current .ToString ( ));
         }
         Console .ReadLine ;
```

图 10-64　列出所有 collection 的程序片段示例代码

```
      }
    }
}
```

续图 10-64

（5）修改 collection 名字：如果需要修改某个 collection 的名字，可以使用 Mongo Database 类的 RenameCollection(string oldCollectionName, string new CollectionName)方法。它接收两个参数，第 1 个代表 collection 原来的名字，第 2 个代表 collection 的新名字。例如，原来 collection 的名字为"aaa"，要想修改为"bbb"，我们通过 RenameCollection 方法将表"aaa"重命名为"bbb"即可，其程序片段示例代码如图 10-65 所示。

```
namespace consoleApplication {
  class program {
    static void Main ( string [ ] args ) {
      string connectionString =
            "mongodb ://root @168 .128 .1 .11 :27017 ";
      MongoServer server = MongoServer . Create ( connectionString );
      MongoDatabase demodb =
            server .GetDatabase ( " demodb ", credentials );
      //将 aaa 表改名为 bbb
      demodb .RenameCollection ( " bbb");
    }
  }
}
```

图 10-65　修改 collection 名字的程序片段示例代码

（6）获取 collection 容量：为科学管理数据库，数据库管理员可能需要经常关注数据库中的所有 collection 的容量，通过了解每个 collection 的大小可以了解数据的增长情况。如果某个 collection 的数据量过大，就应该考虑分表了，可以使用 MongoCollection 类的 GetTotalDataSize 方法取出单个 collection 的大小，其中包含了数据和索引。例如，要获取 bbb 表的大小，其程序片段示例代码如图 10-66 所示。

```
namespace consoleApplication {
  class program {
    static void Main ( string [ ] args ) {
      string connectionString = " mongodb://168 .128 .1 .11 :27017 ";
      MongoServer server =
            MongoServer. Create ( connectionString );
      MongoCredentials credentials =
            new MongoCredentials("demouid  ", "demopwd ");
      MongoDatabase demodb =
            server .GetDatabase ("demodb ", credentials );
      MongoCollection mc = demodb .GetCollection    ("bbb ");
      //获取 bbb 表的大小
      Console .WriteLine (mc .GetTotalDataSize ( ));
      Console .ReadLine ( );
    }
  }
}
```

图 10-66　获取 collection 容量的程序片段示例代码

（7）计算 document 数量：要获取 MongoDB 表中的记录数，可以使用 Count 方法。类似于关系型数据库中有 select count()语句，使用 Count 方法能够取回一个数据值，表明某个 collection 中有多少条 document。例如，要计算 bbb 表的 document 数量，通过 Count 方法获取 bbb 表中的记录数，其程序片段示例代码如图 10-67 所示。

```
namespace consoleApplication {
  class program {
    static void Main ( string [ ] args ) {
        string connectionString = "mongodb://168 .128 .1 .11 :27017 ";
        MongoServer server =
            MongoServer . Create (connectionString );
        MongoCredentials credentials=
            new MongoCredentials ("demouid ", "demopwd ");
        MongoDatabase demodb =
            server .GetDatabase ("demodb ", credentials) ;
        MongoCollection mc=
            demodb .GetCollection ("bbb ");
        //计算 bbb 表的 document 数量
        Console .WriteLine (mc.Count ());
        Console .ReadLine ();
    }
  }
}
```

图 10-67　计算 document 数量的程序片段示例代码

（8）删除 document：C#提供的 MongoCollection 类的 RemoveAll 方法可以将某个 collection 中的数据清空。例如，要删除 bbb 表中的所有 document，其程序片段示例代码如图 10-68 所示。

```
namespace consoleApplication {
  class program{
    static void Main ( string [ ] args ) {
        string connectionString="mongodb://168 .128 .1 .11 :27017 ";
        MongoServer server =
              MongoServer . Create (connectionString );
        MongoCredentials credentials =
              new MongoCredentials ("demouid ", "demopwd ");
        MongoDatabase demodb =
              server .GetDatabase ( "demodb ", credentials) ;
        MongoCollection mc = demodb .GetCollection ("bbb ");
        //删除 bbb 表中的所有 document
        mc.RemoveAll ();
    }
  }
}
```

图 10-68　删除 document 的程序片段示例代码

5）对索引的操作

索引是一个单独的、物理的数据库结构，使用索引可以快速访问数据库 collection 中的特定信息。

索引提供指向存储在 collection 中的数据值的指针,根据指定的排列顺序对这些指针进行排序。数据库使用索引的方式与书籍目录很相似,搜索索引以找到特定值,然后根据指针找到包含该值的行。

(1) 创建索引:用 C#为数据库创建索引非常简单,只需在某个 collection 中应用 MongoCollection 类的 EnsureIndex(params string[ ] keyNames)方法,它只接收一个参数,用于表明在哪些列上创建索引。例如,要在 bbb 表的“age”列上创建索引,其程序片段示例代码如图 10-69 所示。

```
namespace consoleApplication {
  class program {
    static void Main(string [ ] args ) {
      string connectionString= "mongodb://168.128.1.11:27017 ";
      MongoServer server=
              MongoServer.Create (connectionString );
      MongoCredentials credentials =
              new MongoCredentials("demouid ", "demopwd ");
      MongoDatabase demodb =
              server .GetDatabase("demodb ", credentials );
      MongoCollection mc=demodb .GetCollection ( "bbb ");
      //在bbb 表的age 列上创建索引
      mc .EnsureIndex    ("age ");
    }
  }
}
```

图 10-69　创建索引的程序片段示例代码

(2) 获取索引:要获取某个 collection 的索引,可以用 MongoCollection 类的 GetIndexes( )方法来获取。该方法返回指定 collection 的所有索引。例如,要取出数据库 demodb 的 bbb 表中的所有索引,其程序片段示例代码如图 10-70 所示。

```
namespace consoleApplication {
  class program  {
    static void Main  (string [ ] args ) {
      string connectionString =
              "mongodb ://168.128.1.11:27017";
      MongoServer server =
              MongoServer .Create (connectionString );
      MongoCredentials credentials =
              new MongoCredentials ( "demouid ", "demopwd ");
      MongoDatabase demodb =
              server .GetDatabase ("demodb ", credentials );
      MongoCollection mc  = demodb .GetCollection ("bbb");
      //通过循环, 取出bbb 表中的所有索引
      IEnumerable  <BsonDocument > colllist = mc.Get Index s( );
      IEnumerator   coll = colllist .GetEnumerator  ( );
      while (coll.MoveNext ( )) {
          Console .WriteLine (coll.Current .ToString ( )+"\ n");
      }
      Console .ReadLine ( );
    }
  }
}
```

图 10-70　获取索引的程序片段示例代码

（3）删除索引：通过索引可以显著地提高查询速度。然而，索引也是一把"双刃剑"，如果缺乏索引或索引太少，将导致查询效率低下；如果索引建得太多，将会严重影响插入和更新数据的效率。因此，我们使用数据库有时不得不将创建好的索引删除，以便提高插入和更新效率。C#中通过 MongoCollection 类的 DropAllIndexes 方法来删除 collection 中的所有索引。例如，删除 bbb 表中的所有索引，其程序片段示例代码如图 10-71 所示。

```
namespace consoleApplication{
  class program  {
    static void Main  ( string [ ] args ) {
      string connectionString= "mongodb ://168 .128 .1.11 :27017 ";
      MongoServer server =
          MongoServer . Create (connectionString ) ;
      MongoCredentials credentials =
          new MongoCredentials ("demouid ", "demopwd ");
      MongoDatabase demodb =
          server .GetDatabase  ("demodb ", credentials );
      MongoCollection mc  = demodb .GetCollection  ("bbb ");
      //删除bbb表的所有索引
      mc.DropAllIndex  ( );
    }
  }
}
```

图 10-71　删除索引的程序片段示例代码

10.4.2　Cassandra 列族数据库的编程接口

列族数据库有很多种，Cassandra 是目前最为流行的一款列族数据库。它能快速执行跨集群写入操作，并易于扩展，且在集群中没有主结点，每个结点均可处理读取与写入请求。在列族数据库中，将数据存储在列族中，而列族里的行则把许多列数据与本行的"行键"（row key）关联起来（如图 10-72 所示）。

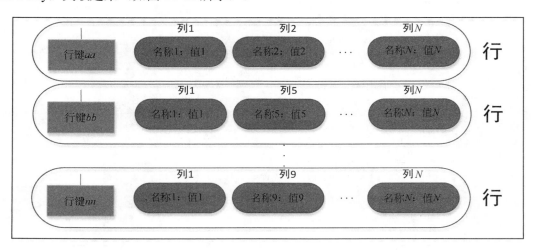

图 10-72　Cassandra 数据库的列族数据模型示意图

Cassandra 的列由一个"名值对"（name-value pair）组成，其中的名字也充当关键字。每个键位对都占据一列，并且都存有一个"时间戳"值。令数据过期、解决写入冲突、处理陈旧数据等操作都会用到时间戳。若某列数据不再使用，则数据库可于稍后的"压缩阶段"（compaction phase）回收其所占的空间。例如下面的列数据：

```
{
        name: "姓名",
        value: "张建国",
        timestamp: 8734200651
        }
```

行是列的集合，这些列都附在某个关键字名下，或与之相连。由相似行构成的集合就是列族。如果列族中的列都是"简单列"（simple column），那么我们就称它为"标准列族"（standard column family）。每个列族都可以与关系型数据库的"行容器"（container of rows）相对应：两者都用关键字标识行，并且每一行都由多个列组成。其差别在于，列族数据库的各行不一定要具备完全相同的列，并且可以随意向其中某行加入一列，而不用把它添加到其他行中。如果某列中包含一个由小列组成的映射表，那么它就是"超列"（super column）。它有名称和值，而值是一个由小列组成的映射表。用户可将超列视为"列容器"（container of columns）。

Cassandra 将标准列族和超列族都放入"键空间"（keyspace）。"键空间"与关系型数据库中的"数据库"类似，与应用程序有关的全部列族都存放于此。

1. 多语言服务开发框架 Thrift

Thrift 是一个多语言服务开发框架。它融合了代码自动生成引擎，通过这个引擎，开发者可以非常快速地开发程序的服务器端，并且自动生成各种客户端的代码，如 C++、Java、Python、PHP、Ruby 等。Cassandra 提供了多种语言接口，如 Java、C++、C#、Python 等。正是由于使用了 Thrift 框架，Cassandra 的开发者只需要定义客户端与服务器端之间的相关通信的结构体和接口，并提供一个服务契约文件 cassandra.thrift，即可提供多种编程语言接口。

如果用户下载了 Cassandra 的发行包，那么其中只包含了 Java 的编程接口。假设我们已经安装好了 Thrift，那么通过执行简单的命令就可以获得 C#或 C++的编程接口。例如，生成 C#编程接口为：

```
thrift -gen csharp cassandra.thrift
```

生成 C++编程接口为：

```
thrift -gen cpp cassandra.thrift
```

对于更多关于 Thrift 的信息，请读者登录"http://incubator.apache.org/thrift/"进一步获得。

2. Cassandra 的编程接口

在 Cassandra 0.6.x 的版本中，cassandra.thrift 文件定义了 Cassandra 使用的所有编程接口，使用这些编程接口，开发人员可以通过编写代码的方式与 Cassandra 进行交互。

1）get 获取某一个 Key 下面的某一个 Column 或者 SuperColumn

get 在 cassandra.thrift 中的定义如下：

```
ColumnOrSuperColumn
get(
1: required string keyspace,
2: required string key,
3: required ColumnPath column_path,
4: required ConsistencyLevel consistency_level=ONE
) throws(
1: InvalidRequestException ire,
2: NotFoundExceptian nfe,
3: UnavailableException ue,
4: TimedOutException te)
```

其中，keyspace 为查询的 Keyspace 名称，key 为需要查询的 Key 名称，column_path 为需要查询的 Column 或者 SuperColumn 的路径，consistency_level 为读取一致性级别。如果需要查询 ColumnFamily 下的某一个 Column，那么必须指定 column_path 中的 column_family 和 column。如果需要查询 super 类型的 ColumnFamily 下的某一个 SuperColumn，那么必须指定 column_path 中的 column_family 和 super_column。如果需要查询 Super 类型的 ColumnFamily 下的某一个 SuperColumn 下的一个 Column，那么必须指定 column_path 中的 column_family、super_column 和 column。

这个方法返回一个 ColumnOrSuperColumn，如果 column 字段有值，代表结果是 Column；如果 super_column 有值，代表结果是 SuperColumn。

2）get_slice 按照指定获取某一个 Key 下面的 Column 或者 SuperColumn

get_slice 在 cassandra.thrift 中的定义如下：

```
list <ColumnOrSuperColumn>
get_slice(
1: required string keyspace,
2: required string key,
3: required ColumnParent column_parent,
4: required SlicePredicate predicate,
5: required ConsistencyLevel consistency_level=ONE
) throws(
1: InvalidRequestException ire,
2: UnavailableException ue,
3: TimedOutException te)
```

其中，keyspace 为查询的 Keyspace 名称，key 为需要查询的 Key 名称，colunm_parent 为需要查询的 Column 或者 SuperColumn 的上层路径，predicate 为 Column 的查询规则，consistency_level 为读取一致性级别。如果查询 ColumnFamily 下的 column 或 SuperColumn，那么必须指定 column_parent 中的 column_family。如果查询 ColumnFamily 中的某一个 SuperColumn 下的 Column，那么必须指定 column_parent 中的 column_family 和 super_column。

这个方法返回一个 ColumnOrSuperColumn 数组，如果数组中 ColumnOrSuperColumn 的 column 字段有值，代表结果是 Column；如果 super_column 有值，代表结果是 SuperColumn。

3）multiget_slice 按照指定获取一批 Key 下面的 Column 或者 SuperColumn

```
multiget_slice 在 cassandra.thrift 中的定义如下：
map<string,list<ColumnOrSuperColumn>>
multiget_slice(
1: required string keyspace,
2: required list<string> keys,
3: required ColumnParent column_parent,
4: required SlicePredicate predicate,
5: required ConsistencyLevel consistency_level = ONE
) throws(
1: InvalidRequestException ire,
2: UnavailableException ue,
3: TimedOutException te)
```

其中，keyspace 为查询的 Keyspace 名称，keys 为需要批量查询的 Key 名称，column_parent 为需要查询的 Column 或者 SuperColumn 的上层路径，predicate 为 Column 的查询规则，consistency_level 为读取一致性级别。

这个方法返回一个 Map，Map 的 key 为 Key 名称，Map 的 value 为 ColumnOrSuperColumn，如果 ColumnOrSuperColumn 的 column 字段有值，代表结果是 Column；如果 super_column 有值，代表结果是 SuperColumn。

4）get- count 按照指定获取某一个 Key 下面的 column 或者 SuperColumn 的个数

get_count 在 cassandra.thrift 中的定义如下：

```
i32
get_count(
1: required siring keyspace;
2: required string key,
3: requirecl ColumnParent column_parent,
4: required ConsistencyLevel consistency_leve = ONE
) throws(
1: InvalidRequestException ire,
2: UnavailableException ue,
3: TimedOutException te)
```

其中，keyspace 为查询的 Keyspace 名称，key 为需要查询的 Key 名称，column_parent 为需要查询的 Column 或者 SuperColumn 的上层路径，predicate 为 Column 的查询规则，consistency_level 为读取一致性级别。

这个方法返回按照指定规律获取某一个 Key 下面的 Column 或者 SuperColumn 的个数。

5）get_range_slices 按照指定获取一批 Key 下面的 Column 或者 SuperColumn

get_range_slices 在 cassandra.thrift 中的定义如下：

```
list <KeySlice>
get_range_slices(
1: recurred siring keyspace,
2: required ColumnParent calumn_parent,
3: required SlicePredicate predicate,
4: required KeyRange range,
5: required ConsistencyLevel consistency_level = ONE
) throws(
1: InvalidRequestException ire,
2: UnavailableException ue,
3: TimedOutException te)
```

其中，keyspace 为查询的 Keyspace 名称，column_parent 为需要查询的 Column 或者 SuperColumn 的上层路径，predicate 为 Column 的查询规则，range 为 Key 的查询规则，consistency_level 为读取一致性级别。

这个方法返回一个 KeySlice 数组，数组 KeySlice 中的 key 为 Key 的名称，KeySlice 中的 columns 数组为 Key 中对应的 Column 或 SuperColumn。

6）insert 将一个 Column 写入 Cassandra 中

insert 在 cassandra.thrift 中的定义如下：

```
void
insert(
1: required string keyspace,
2: required stringy key,
3: required ColumnPath column_path,
4: required binary value,
5: required i64 timestamp,
6: required ConsistencyLevel consistency_level = ONE
) throws(
1: InvalidRequestException ire,
2: UnavailableException ue,
3: TimedOutException te)
```

其中，keyspace 为写入的 Keyspace 名称，key 为需要写入 Key 的名称，column_path 为需要写入的 Column 或者 SuperColumn 的路径，timestamp 为写入的时间，cansistency_level 为写入一致性级别。

如果这个方法没有抛出异常，那么就表明写入成功。

7）remove 将一个 Column 从 Cassandra 中删除

remove 在 cassandra.thrift 中的定义如下：

```
void
remove(
1: required string keyspace,
2: required string key,
3: required ColumnPath column_path,
```

```
4: required i64 timestamp,
5: ConsistencyLevel consistency_level = ONE
) throws(
1: InvalidRequestException ire,
2: UnavailableException ue,
3: TimedOutException te)
```

其中，keyspace 为删除的 Keyspace 名称，key 为需要删除 Key 的名称，column_path 为需要删除的 Column 或者 SuperColumn 的路径，timestamp 为删除的时间，consistency_level 为删除一致性级别。

如果这个方法没有抛出异常，那么就表明删除成功。

8）batch_mutate 批量将 Column 写入 Cassandra 中

batch_mutate 在 cassandra.shrift 中的定义如下：

```
void
batch_mutate(
1: required string keyspace,
2: required map<string,map<string,list<mutation>>>mutation_map,
3: required ConsistencyLevel consistency_level = ONE
) throws(
1: InvalidRequestException ire,
2: UnavailableException ue,
3: TimedOutException te)
```

其中，keyspace 为写入的 Keyspace 名称，key 为需要写入 Key 的名称，mutation_map 为需要写入的 Column 或者 SuperColumn 集合，consistency_level 为写入一致性级别。

mutation_map 的 key 为 ColumnFamily 的名称，value 为需要在这个 ColumnFamily 做的修改集合，这个修改集合包括添加、修改和删除。

如果这个方法没有抛出异常，那么就表明写入成功。

9）describe_keyspaces 获取 Cassandra 中所有 Keyspace 的描述信息

describe_keyspaces 在 cassandra.thrift 中的定义如下：

```
set <string> describe_ keyspaces( )
```

10）describe_keyspace 获取 Cassandra 中某一个 Keyspace 的描述信息

describe_keyspace 在 cassandra.thrift 中的定义如下：

```
map <string,map<string,string>>
describe_keyspace(1:required string keyspace)
throws(1:NotFoundException nfe)
```

其中，keyspace 为需要获取描述信息的 Keyspace 的名称。

在返回的结果"map <string,map <string,string>>"中，第一个 string 为 ColumnFamily 的名称，第二个 string 和第三个 string 分别为 ColumnFamily 的属性名称和属性的值。

11）describe_cluster_name 获取 Cassandra 集群的名称

describe_cluster_name 在 cassandra.thrift 中的定义如下：

```
string describe_cluster_name( )
```

12）describe_version 获取 Cassandra 的版本信息

describe_vesion 在 cassandra.thrift 中的定义如下：

```
string describe_version( )
```

13）describe_ring 获取 Cassandra 集群中某一个 Keyspace 的结点之间的 token 信息

describe_ring 在 cassandra.thrift 中的定义如下：

```
list <TokenRange> describe_ring(1:required string keyspace)
```

其中，keyspace 为需要获取集群结点信息的 keyspace 的名称。

14）通过二级索引对指定的 Column 进行查询

在 cassandra.thrift 文件中定义的与二级索引相关的编程接口如下：

```
list<keySlice> get_indexed_slices(
1:required CplumnParent column_parent,
2:required IndexClause index_clause,
3:required SlicePredicate column_predicate,
4:required ConsistencyLevel consistency_level = ConsistencyLevel.QNE)
    Throws(1:InvalidRequestException ire,
            2:UnavailableException ue,
            3:TimedOutException te)
```

15）动态修改 Schema

动态修改 Schema 是在 Cassandra 集群运行和维护的时候不停止 Cassandra 集群，动态地添加、修改和删除 ColumnFamily 以及 Keyspace。

动态修改 Schema 改变了之前 Cassandra 修改 ColumnFamily 和 Keyspace 的方式，修改 ColumnFamily 和 Keyspace 不再需要停止集群中的所有结点，然后手动修改每一个结点的配置信息，这样大大地提高了集群的使用效率，同时降低了人为操作失误的可能。

在 cassandra.thrift 文件中定义的与动态修改 Schema 相关的编程接口如下：

```
string system_add_colum_family(1:required CfDef cf_def)
    throws (1:InvalidRequestException ire),
string system_drop_column_family(1:required stririg column_family)
    throws (1:InvalidRequestException ire),
string system_add_keyspace(1:required KsDef ks_def)
    throws (1:InvalidRequestException ire),
string system_drop_keyspace(1:required string keyspace)
    throws(1:InvalidRequestException ire),
string system_update_keyspace(1:required KsDef ks_def)
    throws(1:InvalidRequestException ire),
string system_update_column family (1:required CfDef cf_def)
    throws(1:InvalidRequestException ire)
```

在上面编程接口的定义中，system_add_column_family 代表添加 ColumnFamily，system_drop_column_family 代表删除 ColumnFamily，system_update_column_family 代表更新 ColumnFamily，system_add_keyspace 代表添加 Keyspace，system_drop_keyspace 代表删除 Keyspace，system_update_keyspace 代表更新 Keyspace。

16）自动清除过期数据

当数据在 Cassandra 保存的时间超过一定的长度后，就会成为过期的数据。另外，用户也不可能将所有的数据都保存起来，毕竟存储空间是有限的，所以我们需要一种能够自动将过期数据清除的机制。Cassandra 为我们提供的机制是在将数据写入 Cassandra 中的时候，通过指定这条数据过期的时间 TTL（time to live），在相应的时间过后，系统帮助我们自动删除过期的数据。

在 cassandra.thrift 文件中定义的 Column 的数据类型如下：

```
struct Columm {
  1: required binary name,
  2: required binary value,
  3: required i64 timestamp,
  4: optional i32 ttl
}
```

2．一致性哈希

一致性哈希（Consistent Hash）是整个 Cassandra 集群的基础，是提供服务器线性扩展的关键。假设现在有 5 台服务器，需要实现一个集群以提供数据的存储与读取的功能，可以思考图 10-73 所示的一种简洁的实现。

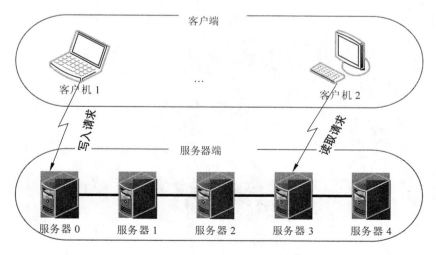

图 10-73　简单集群结构示意图

在图 10-73 所示的集群中，每一台服务器都有一个固定标志，分别为 0、1、2、3、4，并且每一台服务器都知道其他另外 4 台服务器的固定标志。

服务器端处理客户端的写入请求过程如下：根据写入请求的 Key 求哈希值，然后用

Key 的哈希值与集群的服务器数（这里为 5）取模，判断这个写入请求应该写入到集群中的哪一台服务器中。如果写入请求应该由本服务器处理，就将数据写入磁盘；如果不是本服务器而是另外一台服务器，那么转发写入请求到对应的服务器中。

服务器端处理客户端的写入请求过程的示例代码如图 10-74 所示。

```
public void handleWrite(WriteMessage wm) {
    //从写入消息中获取 Key
    String key = wm.getKey();
    //计算实际处理该写入消息的节点编号
    int handleID = key.hashCode()% ClusterNodeNum;
    //判断写入消息是否由本服务器处理
    if (MyClusterID == handleID) {
        //该写入消息由本服务器处理，写入磁盘
        wirteMessage(wm);
    } else {
        //将写入消息发送给对应的服务器处理
        sendMessage (handleID, wm);
    }
    //通知客户端写入成功
    send 2Client ("写入成功!");
}
```

图 10-74　服务器端处理客户端的写入请求示例代码

服务器端处理客户端的读取请求过程如下：

根据读取请求的 Key 求哈希值，然后用 Key 的哈希值与集群的服务器数量（这里为 5）取模，判断这个读取请求应该从集群中的哪一台服务器中读取。如果读取请求应该由本服务器处理，就从磁盘中读取数据；如果不是本服务器而是另外一台服务器，那么转发读取请求到对应的服务器中。

服务器端处理客户端的读取请求过程的示例代码如图 10-75 所示。

```
public void handle  Read(Read Message  rm) {
    //从读取消息中获取 Key
    String key = rm.getKey();
    //计算实际处理该写入消息的节点编号
    int handleID = key.hashCode()% ClusterNodeNum ;
    //用于存储读取的数据
    String readData = " ";
    //判断读取消息是否由本服务器处理
    if (MyClusterID == handleID ) {
        //该写入消息由本服务器处理 写入磁盘
        readData = read Message (rm);
    } else {
        //将读取消息发送给对应的服务器处理
        readData = read Message (rm);
    }
    //将读取到的数据返回给客户端
    send 2Client ( readData );
}
```

图 10-75　服务器端处理客户端的读取请求示例代码

最后客户端调用服务器端，示例代码如图 10-76 所示。

```
public statis void main  ( String[ ] args ) {
    Random rnd = new Random();
    //所有可以使用的服务器端地址
    String  [ ] server =
            new String   [ ] {"1.1.168 .0", "1.1.168 .1", "1.1.168 .2",
            "1.1.168 .3", "1.1.168 .4"}
    //所有服务器均可提供服务 , 为负载均衡, 采取随机策略从服务器中
    // 选择一台服务器
    Client client = new Client (servers  [rnd .nextInt  (servers .length  )]);
    //向服务器端写入数据
    client .write (new WriteMessage ( " key 1", "value  1"));
    //从服务器端读取数据
    client .write (new WriteMessage ( " key1", "value  1"));
    String value =client .read (new ReadMessage ( "key 1"));
}
```

图 10-76　客户端调用服务器端的示例代码

上面的设计实现了一个简单的存储集群。这种架构实现非常简单,同时可以利用多台机器共同提供服务。这种架构的核心就在于对数据的 Key 进行哈希取模。

然而这种简单的架构具有一个严重的缺陷,那就是当业务扩大或缩小时弹性地添加服务器或减少服务器极其困难。因为,一旦集群中的机器发生变动,集群中的所有服务器都需要对现有的数据进行重新分布。目前,应对弹性扩展的有效办法是采用一致性哈希,其基本思想是首先求出集群中每一个结点的哈希值,并将其配置到 $0\sim2^{32}$ 的圆环上;用同样的方法求出存储数据的 Key 的哈希值,并且映射到圆上,然后从数据映射到的位置开始顺时针查找,将数据保存到找到的第一台服务器上。如果超过 2^{32} 仍然找不到相应的服务器,那么就保存到第一台服务器上,如图 10-77 所示。

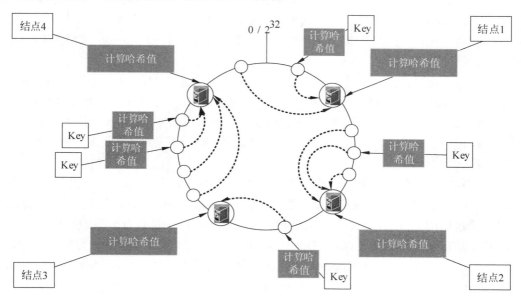

图 10-77　一致性哈希示意图

在图 10-77 所示的架构中,如果我们希望添加一台新的服务器,那么只有在圆环上增

加服务器的地点逆时针方向的第一台服务器上的 Key 会受到影响（如图 10-78 所示）。可以说，一致性哈希有限地抑制了 Key 的重新分布。

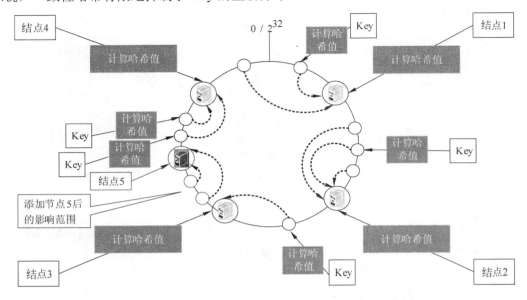

图 10-78   一致性哈希架构添加新服务器影响情况示意图

3．集群结点之间的通信协议

Cassandra 集群没有中心结点，各个结点的地位完全相同，结点之间通过一种叫作 Gossip 的协议进行通信，用于维护集群的状态。通过 Gossip，每个结点都能知道集群中包含哪些结点以及每一个结点的状态，这使得 Cassandra 集群中的任何一个结点都可以完成任意读取和写入操作，若其中某个结点失效，不会导致集群的整体失效，整个集群将依旧正常工作。

在 Gossip 初始化的时候将构造 4 个集合，分别保存集群中存活的结点（liveEndpoints）、失效的结点（unreachableEndpoints）、种子结点（seeds）和各个结点信息（endpointStateMap）。

Cassandra 启动时会从配置文件中加载种子结点的信息（这个配置项中指定了集群中的原始结点地址）到 seeds 中，然后启动一个 Gossip Task 定时任务，每隔 1 秒钟执行一次，其实现代码如图 10-79 所示。

在图 10-79 所示的代码中，首先更新本结点的心跳版本号，然后构造需要发送给其他结点的 GossipDigestSynMessage 消息，再将 GassipDigestSynMessage 消息发送给合适的结点，最后通过调用 FailureDetector 的 interpret 方法检查集群中是否有失效的结点。

在 GossipTask 中选择发送 GossipDigestSynMessage 消息给集群中那些结点的逻辑如下：

从集群存活的结点（liveEndpoints）中随机选择一个结点发送 Gossip DigestSynMessage；然后根据一定的概率从失效的结点（unreachableEndpoints）中随机选取一个结点发送 GossipDigistSynMessage；最后，如果之前发送 GossipDigestSynMessage 消息的结点中不包含 seed 结点，或者当前活着的结点数少于 seed 结点数，则随机向一个 seed 发送 GossipDigestSynMessage 消息。

```
private class GossipTask implements Runnable{
   public void run ( ) {
       try {
               endpointStateMap  _.get(
                  localEndpoint _).getHeartBeatState ( ).updateHeartBeat ( );
               List <GossipDigest > gDigests = new ArrayList <GossipDigest >();
               Gossiper .instance .makeRandomGossipDigest (gDigests );
               if (gDigests .size() > 0) {
                   Message message = makeGossipDigestSynMessage (gDigests );
                   boolean gossipedToSeed = doGossipToLiveMember (message );
                   doGossipToUnreachableMember(message );
                   if (!gossipedToSeed || liveEnd .points _.size() < seeds _.size())
                       doGossipToSeed (message );
                   doStatusCheck();
                 }
            }
       catch (Exception .e) {
          logger_.error ("Gossip error ", e);
          }
       }
}
```

图 10-79　GossipTask 实现示例代码

1）GossipDigestSynMessage

GossipDigestSynMessage 消息作为 Gossip 通信中的第 1 步，包含所有结点的地址、心跳版本号与结点状态版本号。结点接收到 GossipDigestSynMessage 消息后，将执行以下操作：

（1）根据接收到的 GossipDigest 集合调用 FailureDetector 的 restart 方法更新集群中结点的状态。

（2）对接收到的 GossipDigestSynMessage 消息中的 GossipDigest 集合进行排序。

（3）对比接收到的 GossipDigest 信息与本结点的 GossipDigest 差异，本结点需要进一步获取的结点信息由 deltaGossipDigestList 保存，本结点需要告诉发送 Gossip Digest 信息结点的信息由 deltaEpStateMap 保存。

（4）用 deltaGossipDigestList 和 deltaEpStateMap 构建 GossipDigestAck Message 消息，并将其发送给发送 GossipDigestSynMessage 消息的结点。

整个实现过程示例代码如图 10-80 所示。

```
public void doVerb (Message message ) {
   InetAddress from  = message .getFrom ( );
   if (logger_.isTraceEnabled ( ))
      logger_.trace ("Received a GossipDigestSynMessage from  {}", from);
   byte[ ] bytes = message .getMessageBody ();
   DataInputStream dis  =
        new DataInputStream  (new ByteArrayInputStream  (bytes ));
   try {
      GossipDigestSynMessage  DigestMessage =
          GossipDigestSynMessage .serializer ( ).deserialize (dis);
      if (!gDigestMessage .clusterId _.equals (
         DatabaseDescriptor .getCluster -Name ( ))) {
         logger_.warn ("ClusterName mismatch from  " + from + " " +
             gDigestMessage .clusterId _ + " != " +
                DatabaseDescriptor .getClusterName ( ));
         return ;
```

图 10-80　GossipDigestSynMessage 消息处理示例代码

```
        }
        List <GossipDigest > gDigestList = gDigestMessage .getGossipDigests ( );
        /* 失败侦测器通知*/
        Gossiper .instance .notifyFailureDetector (gDigestList );
        dosort (gDigestList );
        List <GossipDigest >deltaGossipDigestList =
            new ArrayList <GossipDigest >( );
        Map<InetAddress , EndpointState >deltaEpStateMap =
            new HashMap <InetAddress , EndpointState >( );
        Gossiper .instance .examineGossiper (
            gDigestList , deltaGossipDigestList , deltaEpStateMap );
        GossipDigestAckMessage gDigestAck = new GossipDigestAc kMessage (
            deltaGossipDigestList , deltaEpStateMap );
        Message gDigestAckMessage =
            Gossiper .instance .makeGossipDigestAckMessage (gDigestAck );
        if (logger_ .isTraceEnabled ( ))
            logger_ .trace ("Sending a GossipDigestAckMessage to  { }", from);
        MessagingService .instance .sendOneWay (gDigestAckMessaqe , from);
    }
    catch (IOException e) {
        throw new RuntimeException (e);
    }
}
```

续图 10-80

2）GossipDigestAckMessage

GossipDigestAckMessage 消息是 Gossip 通信中的第 2 步，接收到 Gossip
DigestAckMessage 消息的结点将执行以下操作：

（1）在本地更新 GossipDigestAckMessage 消息中包含需要本结点更新的结点信息并调
用 FailureDetector 的 report 方法更新集群中结点的状态。

（2）将发送 GossipDigestAckMessage 消息的结点需要的其他结点的信息构造成
GossipDigestAck2Message 消息。

（3）将 GossipDigestAck2Message 消息发送给发送 GossipDigestAckMessage 消息的结点。
整个实现过程示例代码如图 10-81 所示。

```
public void doVerb (Message message ) {
    InetAddress from  = message .getFrom ( );
    if (logger_ .isTraceEnabled ( ))
        logger_ .trace ("Received a GossipDigestSynMessage from{}", from );
    byte [ ] bytes = message .getMessageBody ( );
    DataInputStream dis =
        new DataInputStream ( new ByteArrayInputStream (bytes ));
    try {
        GossipDigest AckMessage gDigest AckMessage =
            GossipDigest AckMessage .serializer ( ).deserialize (dis);
        List <GossipDigest >gDigestList =
            gDigest AckMessage .get GossipDigest List ( );
        Map<InetAddress , EndpointState >epStateMap =
            gDigest AckMessage .get EndpointState Map( );
        if (epStateMap .size ()>0) {
            /* 失败侦测器通知 */
            Gossiper .instance .notifyFailureDetector (epStateMap );
            Gossiper .instance .applyStateLocally (epStateMap );
        }
        Map<InetAddress , EndpointState >deltaEpStateMap =
```

图 10-81 GossipDigestAckMessage 消息处理示例代码

```
                new HashMap <InetAddress , EndpointState >( );
        for (GossipDigest gDigest  : gDigestList ) {
            InetAddress addr = gDigest .getEndpoint ( );
            EndpointState localEpStatePtr =
                    Gassiper _.instance .getStateForVersionBiggerThan (
                    addr , gDigest .getMaxVersion  !=null )
            if (localEpStatePtr !=null )
                deltaEpStateMap .put (addr , localEpStatePtr  );
        }
        GossipDigestAc k2Message  gDigestAck 2 =
                new GossipDigestAck  2Message (deltaEpStateMap );
        Message g DigestAc k2Message  =
                Gossiper .instance .makeGossipDigestAck  2Message (gDigestAck 2);
        if (logger _.isTraceEnabled  ( ))
            logger _.trace ("Sending a GossipDigestAck  2Message to  { }", from );
        MessagingService .instance .sendOneWay (gDigestAckMessaqe  , from );
    }
    catch (IOException  e) {
        throw new RuntimeException    (e);
    }
}
```

续图 10-81

3）GossipDigestAck2Message

GossipDigestAck2Message 消息是 Gossip 通信中的第 3 步也是最后一步，接收到 Gossip DigestAck2Message 消息的结点将执行以下操作：在本地更新 CossipDigestAck2Message 消息中包含需要本结点更新的结点信息并调用 FailureDetector 的 report 方法更新集群中结点的状态。

整个实现过程示例代码如图 10-82 所示。

```
public void doVerb (Message message  ) {
    InetAddress from  = message .getFrom ( );
    if (logger _.isTraceEnabled  ( ))
        logger _.trace ("Received a GossipDigest  Ack2Message from  { }", from );
    byte [ ] bytes = message .getMessageBody ( );
    DataInputStream dis=
            new DataInputStream ( new ByteArrayInputStream ( bytes ));
    GossipDigest Ack2Message g Digest Ack2Message ;
    try {
            gDigest Ack2Message  =
                GossipDigest Ack2Message .serializer ( ).deserialize (dis);
    }
    catch (IOException  e) {
            throw new RuntimeException ( e );
    }
    Map <InetAddress , EndpointState > remote EpStateMap =
                gDigest Ack2Message .getEndpointStateMap ( );
    Gossiper .instance .notifyFailureDetector  (remote EpStateMap);
    Gossiper .instance .applyStateLocally  (remote EpStateMap);
}
```

图 10-82　GossipDigestAck2Message 消息处理示例代码

4. 集群的数据备份机制

Cassandra 是一个支持容灾的系统，即数据会在集群中保留多份，这样当某一个机器失效的时候，其他机器仍然有数据备份，从而保证整个服务正常。由于 Cassandra 要为每一台机器上面的数据都提供备份，当集群机器的数量比较大的时候，选择哪些机器作为数据的备份就尤为重要，特别是当需要跨数据中心的时候，需要提供机架感应的相关功能。

集群的数据备份机制可以包括机架感应（EndpointSnitch）与数据的备份策略（ReplicationStrategy）。

1）机架感应 EndpointSnitch

通过机架感应，Cassandra 集群中的每一个结点都可以知道哪几个结点和自己属于一个机架，哪几个结点和自己属于一个数据中心。

所有的机架感应策略都实现了 org.apache.cassandra.locator.IEndpointSnitch 接口。IEndpointSnitch 接口包含以下几个重要的方法。

- pubic String getRack(InetAddress endpoint)：判断某一个结点所属的机架名称。
- public String getDatacenter(InetAddress endpoint)：判断某一个结点所属的数据中心名称。
- publiCLIst<InetAddress>sortByProximity(InetAddress address,List<Inet Address>addresses)：根据需要比较排序的地址，按照由近到远的规则对地址列表排序。

Cassandra 提供了 4 种实现，可以直接在配置文件中指定使用的实现类型。配置文件中默认的选项如下。

- endpoint_snitch：org.apache.cassandra.locator.SimpleSnitch。
- dynamic_snitch：true。

（1）SimpleSnitch。SimpleSnitch 是最简单的一种实现，它不提供机架和数据中心的功能，对结点距离排序就是直接返回，实现如下：

```
public list<InetAddress>sortByProximity(final InetAddress address,
        List<InetAddress>address) {
    return addresses;
}
```

（2）PropertyFileSnitch。如果使用 PropertyFileSnitch，需要在 ClassPath 下添加一个名为"Cassandra-rack.properties"的配置文件，里面为每一个结点的地址指定对应的数据中心和机架的名称。

格式为"IP=Data Certer: Rack"，例如：

```
16.21.112.13=DC3:RAC1
16.21.112.10=DC3:RAC1
16.0.0.13=DC1:RAC2
16.21.112.14=DC3:RAC2
16.26.118.15=DC2:RAC2
#default for unknown codes
default =DC1:r1
```

在 Cassandra 启动后，如果这个文件被修改，那么修改后的内容将会在 1 分钟内生效。PropertyFileSnitch 会根据 Cassandra-rack.properties 文件中指定的内容返回某一个地址所属的机架与数据中心，对结点距离排序也会考虑机架和数据中心的因素，其示例代码如图 10-83 所示。

```java
public List <InetAddress >sortByProximity (final InetAddress address,
                                List <InetAddress >addresses ) {
    Collections .sort (addresses , new Comparator< InetAddress >() {
        public int compare (InetAddress a 1, InetAddress a 2) {
            return compareEndpoints ( address, a1 , a2) ;
        }
    }
    return addresses;
}

public int compareEndpoints ( InetAddress address,
                            InetAddress a 1, InetAddress a 2) {
    if (address .equals (a1) && !address .equals (a2))
        return -1;
    if (address .equals (a2) && !address .equals (a1))
        return 1;
    String addressRack= getRack (address );
    String a 1Rack = getRack (a1);
    String a 2Rack = getRack (a2);
    if (addressRack .equals (a1Rack) &&
            !addressRack .equals (a2Rack ))
        return -1;
    if (addressRack .equals (a2Rack ) &&
            !addressRack .equals (a1Rack ))
        return 1;
    String addressDatacenter= getDatacenter ( address):
    String a 1Datacenter= getDatacenter (a1);
    String a 2Datacenter= getDatacenter (a2);
    if (addressDatacenter. equals  (a1Datacenter ) &&
            !addressDatacenter. equals ( a2Datacenter))
        return -1;
    if (addressDatacenter. equals (a2Datacenter ) &&
            !addressDatacenter. equals (a1Datacenter ))
        return 1;
    return 0;
}
```

图 10-83　考虑机架与数据中心的排序逻辑示例代码

（3）RackInferringSnitch。RackInferringSnitch 的实现与 PropertyFileSnitch 类似，有同样的结点距离排序规则，不同的地方在于判断结点所属机架和数据中心的逻辑，其实现示例代码如图 10-84 所示。

```java
public String getRack ( InetAddress endpoint ){
    return Byte . toString (endpoint .getAddress ( )[2]);
}
public String getDatacenter ( InetAddress endpoint ) {
    return Byte . toString (endpoint .getAddress ( )[1]);
}
```

图 10-84　RackInferringSnitch 实现示例代码

（4）DynamicEndpointSnitch。DynamicEndpointSnitch 是一个特殊的实现，它并不能被单独使用，而必须与前面介绍的 3 种 EndpointSnitch 搭配使用。DynamicEndpointSnitch 能

在原有 EndpointSnitch 的基础上记录结点与结点之间通信的时间间隔，判断结点之间通信的快慢，从而达到根据实际的通信速度动态选择合适结点的目的。

如果希望将 DynamicEndpointSnitch 与 RackInferringSnitch 搭配使用，配置文件中的设置建议如下：

```
endpoint_snitch:org.apache.cassandra.locator.RackInferringSnitch
dynamic_snitch:true
```

如果希望单独使用 RackInferringsnitch，配置文件中的设置建议如下：

```
endpoint_snitch:org.apache.cassandra.locator.RackInferringSnitch
dynamic_snitch:false
```

这两种配置的区别就在于 dynamic_snitch 的设置，true 代表使用 DynamicEndpoint Snitch，false 代表不使用 DynamicEndpointSnitch。

2）备份策略 ReplicationStrategy

通过 ReplicationStrategy，Cassandra 集群可以知道任意一份数据备份的结点信息，同时在结点失效的时候还能够计算出应该接收 HINT 消息的结点。

org.apache.cassandra.locator.AbstractReplicationStrategy 是所有 Replication Strategy 的基类，它包含以下几个重要的方法。

- pubic ArrayList <InetAddress> getNaturalEndpoints(Token searchToken)：从集群中找出负责所有 Token（searchToken）对应数据的结点集合。
- public abstract List<InetAddress>calculateNaturalEndpoints(Taken searchToken,Token Metadata tokenMetadata)：计算在指定的一致性哈希圆环（TokenMetadata）中负责所有 Token（searchToken）对应数据的结点集合。
- public Multimap<InetAddress,InetAddress>getHintedEndpoints(Collection <InetAd dress> targets)：如果目标结点中（targets）存在失效的结点，根据 endpointSnitch 从目标结点中计算出最合适的 HINT 结点。这个方法在 Cassandra 更新数据的时候使用，如果 Cassandra 在更新数据时发现某个结点不可用,将会把数据发送给另外一个 HINT 结点，HINT 结点将缓存这部分数据到 SystemTable 中，等这个不可用的结点恢复后，再将缓存的数据发送给对应的结点，并将 HINT 结点存储在 SystemTable 中的数据删除。

Cassandra 提供了 3 种 ReplicationStrategy 实现：

（1）SimpleStrategy。这是最简单的 ReplicationStrategy 实现，它会根据指定的 Token 在指定的一致性哈希圆环中按照顺时针方向找出下 N 个需要备份的结点。SimpleStrategy 实现逻辑示例代码如图 10-85 所示。

（2）OldNetworkTopologyStrategy。OldNetworkTopologyStrategy 的备份策略与 SimpleStrategy 的备份策略类似，根据指定的 Token 在指定的一致性哈希圆环中按照顺时针方向找出下 N 个需要备份的结点。不同的是，OldNetworkTopologyStrategy 在寻找第二个备份结点的时候会找一个与第一个备份结点不在同一个数据中心的结点进行备份；在寻找第三个备份结点的时候会找一个与第二个备份结点在同一个数据中心但是在不同机架的结点进行备份，接下来所有的备份结点寻找策略按照 SimpleSgrategy 的备份策略继续寻找。OldNetworkTopologyStrategy 实现示例代码如图 10-86 所示。

```java
public List <InetAddress > calculateNaturalEndpoints (
    Token token，TokenMetadata metadata ) {
  int replicas  = getReplicationFactor ( );
  ArrayList <Token >tokens = metadata .sortedTokens ( );
  List <InetAddress > endpoints = new ArrayList <InetAddress >(replicas);
  if (tokens .isEmpty ( ))
    return endpoints   ;

  Iterator  <Token > iter = TokenMetadata .ringIterator ( tokens，token );
  while (endpoints .size ( )<replicas && iter .hasNext ( )) {
    endpoints .add (metadata. getEndpoint (iter .next ( )));
  }

  if (endpoints  .size ( )<replicas
    throw new IllegalStateException ( String . format (
      "replication factor ( %s) exceeds number of endpoints(%s )" ,
      replicas，endpoints . size ( )));
  return endpoints ;
}
```

图 10-85　SimpleStrategy 寻找备份结点实现示例代码

```java
public List <InetAddress >calculateNaturalEndpoints ( Token token ,
                                        TokenMetadata metadata ) {
  int replicas  = getReplicationFactor ( );
  ArrayList <Token >tokens = metadata .sortedTokens ( );
  List <InetAddress >endpoints = new ArrayList <InetAddress >(replicas );
  if (tokens .isEmpty ( ))
    return endpoints   ;

  Iterator  <Token > iter = TokenMetadata . ringIterator (tokens，token );
  Token primaryToken  = iter .next ( );
  endpoints .add (metadata . getEndpoint (primaryToken ));

  boolean bDataCenter  = false ;
  boolean bOtherRack  = false ;
  while (endpoints .size ( )<replicas && iter .hasNext ( )) {
    Token t  = iter .next ( );
    if (!snitch .getDatacenter (metadata .getEndpoint (
      primaryToken )).equals (snitch .getDatacenter (
        metadata .getEndpoint (t)))) {
      //如果找到不同的数据中心 就不再找其他的数据中心
      if (!bDataCenter ) {
        endpoints .add (metadata .getEndpoint (t));
        bDataCenter  = true ;
      }
      continue ;
    }
    if (!snitch .getRack (metadata .getEndpoint (
      primaryToken )).equals (snitch .getRack (
      metadata .getEndpoint (t)))&& snitch .getDatacenter
      (metadata .getEndpoint (primaryToken )).equals (
      snitch .getDatacenter (metadata .getEndpoint (t)))) {
      //如果找到不同的机架 就不再找其他的机架
```

图 10-86　OldNetworkTopologyStrategy 寻找备份结点实现示例代码

```
        if (!bOtherRack  ) {
            endpoint .add (metadata  .getEndpoint (t));
            bOtherRack  = true ;
        }
    }
}
if (endpoints .size( )<replicas ) {
    iter = TokenMetadata  .ringIterator (tokens , token );
    while (endpoints .size( )<replicas  && iter .hasNext ( )) {
      Token t  == iter .next ( );
      if (!endpoints .contains (metadata  .getEndpoint (t)))
        endpoints .add (metadata  .getEndpoint (t));
    }
    if (endpoints .size( )<replicas )
      throw new IllegalStateException    (String .format (
        "replication factor  (%s) exceeds number of
        endpoints (%s)", replicas , endpoints .size( )));
}
return endpoints   ;
}
```

续图 10-86

（3） NetworkTopologyStrategy 。 NetworkTopologyStrategy 在 OldNetworkTopology Sirategy 的基础上可以更加详细地指定每一个数据中心需要备份的数据份数。比如我们需要在 DC1 中备份 3 份，在 DC2 中备份两份，那么在配置文件中的配置信息看上去是这样的：

```
replica_placement_strategy:
org.apache.cassandra.locator.NetworkTopologyStrategy
strategy_options:
DC1: 3
DC2: 2
```

在配置文件中就不需要再指定 replication_factor 的参数了，因为上面的设置已经决定了 replication_factor 的份数为 5。

NetworkTopologyStrategy 会先尝试在同一个数据中心选择不同的机架作为该数据中心的备份结点，如果在该数据中心找不到更多的机架，就会在同一个机架中寻找多个结点进行备份，最终保证每一个数据中心都有相应的备份数，并且每一个数据中心备份的结点尽可能在不同的机架中。NetworkTopologyStrategy 实现示例代码如图 10-87 所示。

```
public List <InetAddress >calculateNaturalEndpoints (
    Token searchT oken , TokenMetadata metadata ) {
  int totalR eplicas = getReplicationFactor ( );
  Map <string , Integer >remainingReplicas=
     new HashMap <String , Integer >(datacenters );
  Map <String , Set <String >>dcUsedRacks=
     new HashMap <String , set <String >>();
  List <InetAddress >endpoints =
     new ArrayList <InetAddress >(totalReplicas );
  for (Iterator  <Token > iter =
     TokenMetadata .ringIterator (tokenMetadat .sortedTokens (),
     searchToken ); endpoints .sizes ()<totalReplicas  &&
     iter .hasNext ();) {
     Token token = iter .next ();
     InetAddress endpoint = token .Metadata .getEndpoint (token );
```

图 10-87　NetworkTopologyStrategy 寻找备份结点实现示例代码

```
        String datacenter = snitch .getDatacenter (endpoint );
        int remaining = remainingReplicas .containsKey (
            datacenter ) ? remainingReplicas .get(datacenter ):0;
        if (remaining >0) {
            Set <String >usedRacks = dcUsedRacks .get(datacenter );
            if (usedRacks == null ) {
                usedRacks = new HashSet <String >( );
                dcUsedRacks .put (datacenter , usedRacks );
            }
            String rack = snitch .getRack (endpoint );
            if (!usedRacks .contains (rack )) {
                endpoints .add (endpoint );
                usedRacks .add (rack );
                remainingReplicas .put (datacenter , remaining -1);
            }
        }
    }
}

for (Iterator <Token >iter = TokenMetadata .ringIterator (
        tokenMetadta .sortedTokens ( ), searchToken );
        endpoints .size ( )<totalReplicas && iter .hasNext ( );) {
    Token token = iter .next ( );
    InetAddress endpoint = tokenMetadata .getEndpoint (token );
    if (endpoints .contains (endpoint ))
        continue ;
    String datacenter = snitch .getDatacenter (endpoint );
    int remainIng = remainingReplicas .containsKey (
        datacenter ) ? remainingReplicas .get(datacenter ):0;
    if (remaining >0) {
        endpoints .add (endpoint );
        remainingReplicas .put (datacenter , remaining -1);
    }
}

for (Map .Entry <String , Integer >
        entry :remainingReplicas .entrySet ( )) {
    if (entry .getValue ( )>0) {
        throw new IllegalStateException (String .format (
        "datacenter (%s) has no m ore endpoints , (%S) replicas
        still needs ", entry .getKey ( )));
    }
}
return endpoints ;
}
```

续图 10-87

5. 集群状态变化的处理机制

在 Cassandra 中，如果结点之间通过 Gassiper 协议发现集群中的状态发生了机器失效、新增加服务器加入等变化，将以事件的形式通知这些事件的订阅者。所有对这些事件感兴趣的订阅者需要实现 arg.apace. cassandra.gms. IEndpointStateChangeSubscriber 接口，它包含的重要方法如下。

- public void onJoin(InetAddress endpoint, EndpointState epState)：当有新结点加入集群的时候触发该事件。
- public void onChange(InetAddress endpoint,ApplicationState stageVersionetValue value)：当有新结点加入集群的时候触发该事件。

- public void onAlive(InetAddress endpoint, EndpointState state)：当有失效结点恢复服务的时候触发该事件。
- public void onDead(InetAddress endpoint, EndpointState state)：当有结点失效的时候触发该事件。
- public void onRemove(InetAddress endpoint)：当有结点被移出集群的时候触发该事件。

org.apache.Cassandra.gms.IendpointStateChangeSubscriber 接口有 3 个实现类，即 StorageLoadBalancer、StorageService 和 MigrationManager。

1）StorageLoadBalancer

StorageLoadBalancer 能够计算集群中每一个结点的负载（磁盘中数据量的大小），并提供 Cassandra 集群的负载均衡。目前 Cassandra 的版本（0.7.x）中并没有启用负载均衡的特性，而仅仅是计算集群中每一个结点的负载。

每当集群状态发生变化的时候，StorageLoadBalancer 所做的事情就是将结点负载变化传播出去。

当集群中某个结点的状态发生改变的时候，处理逻辑如下：

```
public void onChange(InetAddress endpoint,
        ApplicationState state, VersionedValue value) {
  if (state != ApplicationState.LOAD)
   return;
   loadInfo.put(endpoint, Double.parseDouble(value.value));
}
```

当集群中有新结点加入的时候，处理逻辑如下：

```
public void onJoin(InetAddress endpoint, EndpointState epState) {
    VersionedValue localValue =
        epState.getApplicationState(ApplicationState.LOAD);
    if (localValue != null)
     onChange(endpoint, ApplicationState.LOAD, localValue);
}
```

2）StorageService

StorageService 抽象了整个 Cassandra 集群的关系。通过它可以获取到整个集群的信息，并且可以管理整个集群，如删除某一个结点、移动某一个结点、为一个新加入的结点初始化数据等。

当集群中某个结点的状态发生改变的时候，处理逻辑如下：

```
public void onChange(InetAddress endpoint,ApplicationState state,
         VersionedValue value) {
   if (state != ApplicationState.STATUS)
```

```
        return;
    String apStateValue = value.value;
    String[ ]pieces = apStateValue.split(
            VersionedValue.DELIMITER_STR,-1);
    assert(pieces.length>0);
    String moveName = pieces[0];
    if (moveName.equals(
            VersionedValue.STATUS_BOOTSTRAPPING))
      handleStateBootstrap(endpoint,pieces);
    else if (moveName.equals(VersionedValue.STATUS_NORMAL))
      handleStateNormal(endpoint,pieces);
    else if (moveName.equals(VersionedValue.STATUS_LEAVING))
      handleStateLeaving(endpoint,pieces);
    else if (moveName.equals(VersionedValue.STATUS_LEFT))
      handleStateLeft(endpoint,pieces);
}
```

当集群中有新结点加入的时候，处理逻辑如下：

```
public void onJoin(InetAddress endpoint,EndpointState epState) {
    for (Map.Entry<ApplicationState, VersionedValue>entry :
                epState.getApplicationStateMap().entrySet()) {
        onChange(endpoint,entry.getKey(),entrr.getValue());
    }
}
```

当有失效结点恢复服务的时候，处理逻辑如下：

```
public void onAlive(InetAddress endpoint,EndpointState state) {
    if (!isClientMode)
        deliverHints(endpoint);
}
```

当有结点被移出集群的时候，处理逻辑如下：

```
public void onRemove(InetAddress endpoint){
    tokenMetadata_.removeEndpoint(endpoint);
    calculatePendingRanges( );
}
```

当有结点失效的时候，处理逻辑如下：

```
public void onDead(InetAddress endpoint, EndpointState state){
    MessagingService.instance.convict(endpoint);
}
```

3）MigrationManager

如果集群中有结点的 Schema 信息发生了变更，将触发相应的事件，将变更信息应用到整个集群中。

当集群中某个结点的状态发生改变的时候，处理逻辑如下：

```
public void onChange(InetAddress endpoint,
        ApplicationState state,VersionedValue Value) {
    if (state != ApplicationState.SCHEMA)
        return;
    UUID theirVersion = UUID.fromString(value.value);
    rectify(theirVersion,endpoint);
}
```

当有失效结点恢复服务的时候，处理逻辑如下：

```
public void onChange(InetAddress endpoint,
        ApplicationState state,VersionedValue Value) {
    if (state != ApplicationState.SCHEMA)
        return;
    UUID theirVersion = UUID.fromString(value.value);
    rectify(theirVersion, endpoint);
}
```

6．Cassandra 集群数据的更新

1）数据更新流程

在 Cassandra 中更新数据需要经过将更新数据写入 Commitlog、将更新数据写入 Memtable、将更新数据写入 SSTable 这 3 个过程。整个流程如图 10-88 所示。

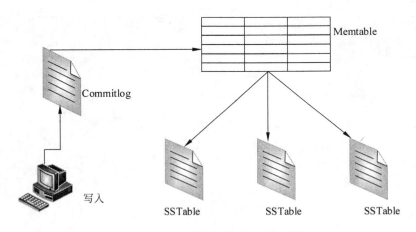

图 10-88　数据更新流程示意图

2）集群数据更新策略

在 Cassandra 集群中，数据是可以存在冗余的，这样可以保证在某几台服务器数据丢失后，提供数据冗余的服务器仍然可以提供服务。为了保证数据的冗余，并且每一个更新

操作都同时为了确保高可用性，不能等待所有提供数据冗余的服务器全部确认写入操作成功再提示客户端写入成功，Cassandra 提供了 6 种一致性写入策略（如表 10-19 所示）来保证高可用性，写入操作无须等待所有的服务器都响应写入成功。

表 10-19　Cassandra 提供一致性写入策略一览表

名　　称	说　　明
ANY	集群中任意一个服务器响应写入成功（包括 HINT 息），Cassandra 都会通知客户端更新成功，否则通知客户端写入失败
ONE	集群中任意一个服务器响应写入成功（不包括 HINT 消息），Cassandra 都会通知客户端更新成功，否则通知客户端写入失败
QUORUM	集群中响应写入成功（不包括 HINT 消息）的服务器数量不少于 "ReplicationFactor/2+1"，Cassandra 就会通知客户端更新成功，否则通知客户端写入失败。这种更新策略是最常用的更新策略，它是平衡数据一致性和高可用性的一个策略
LOCAL_QUORUM	要使用这种更新策略，必须使用 org.apache.cassandra.locator. Network TopolagyStrategy。集群中响应写入成功（不包括 HINT 消息）的服务器数量不少于 "ReplicationFactor/2+1"，同时写入成功的结点中有一个是同一个数据中心，Cassandra 就会通知客户端更新成功，否则通知客户端写入失败
EACH_QUORUM	要使用这种更新策略，必须使用 org.apache.cassandra.locator. Network TopolagyStrategy。集群中响应写入成功（不包括 HINT 消息）的服务器数量不少于 "ReplicationFactor/2+1"，同时写入成功的服务器不是都在同一个数据中心，Cassandra 就会通知客户端更新成功，否则通知客户端写入失败
ALL	集群中响应写入成功的服务器数量等于 ReplicationFactor，Cassandra 就会通知客户端更新成功，否则通知客户端写入失败。当数据的一致性非常重要的时候，可以考虑使用这种更新策略

Cassandra 在更新数据的时候可以通过 API 选择合适的更新策略。例如使用 Thrift API 时，只需要再指定 ConsistencyLevel 即可。

如指定更新的级别为 ONE，则代码为 ConsistencyLevel.ONE。

当集群中有服务器处于不可用状态，发送给不可用服务器的更新信息将缓存在集群的其他机器中，等该不可用服务器恢复后，再将集群其他机器中的数据发送给恢复的服务器。这种消息在 Cassandra 中称为 HINT 消息。HINT 消息缓存在系统自带的 system Keyspace 中。

7. Cassandra 集群数据的读取

Cassandra 在写入数据的过程中会为每一个 ColumnFamily 生成一个或者多个 SSTable 文件，所以在数据的读取过程中，Cassandra 会根据需要读取的 Column Family 查询该 ColumnFamily 下的 Memtable 以及所有的 SSTable，合并查询的结果，将最新的结果返回给客户端。Cassandra 读取数据的整体流程如图 10-89 所示。

Cassandra 从 Memtable 中获取数据，只要直接查询 Memtable 的成员变量 ColumnFamilies 即可。

Cassandra 从 SSTable 中获取数据，先要读取 Bloom Filer 文件判断该 Key 是否在本 SSTable 文件中，如果存在，再从 Index 文件中定位到数据的位置，最后从 Data 文件中读取需要查询的信息。

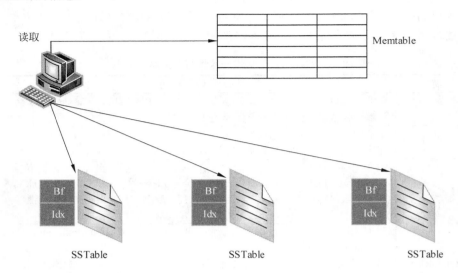

图 10-89　数据读取流程示意图

　　由于 Cassandra 的存储模型是面向列的，所以很有可能出现这样的情况：Key 为 k1 的数据，在 Memtable 中包含列名为 colm 的值 valm，而在第一个 SSTable 中包含列名为 a1 的值 va1，在第二个 SSTable 中包含列名为 a2 的旧值 va2old，并且在第三个 SSTable 中包含列名为 a2 的新值 va2new。当客户端查询 Key 为 k1 的所有列的值的时候，Cassandra 会分别读取 Memtable、第一个 SSTable、第二个 SSTable 和第三个 SSTable 的值并进行汇总，最终的结果为 k1，有 colm、a1 和 a2 这 3 个列，列的值分别为 valm、va1 和 va2new。

　　Cassandra 的读取操作分为两类，即弱读取（Weak Read）和强读取（Strong Read）。

10.4.3　Redis 键/值存储数据库的编程接口

　　Redis 是一个开源的、高级的 key-value 存储系统，支持存储 String 类型以及 List、Set、Zset、Hash 等多种 value 类型。这些类型都支持 push/pop、add/move 及取交集、并集、差集和其他丰富的操作，并且操作是原子性的。Redis 支持很多语言的客户端调用，如 Python、Ruby、Erlang 和 PHP，使用方便。Redis 的代码遵循 ANSI C 标准，可以在支持 POSIX 标准的系统上安装运行，如 Linux 和 BSD 等，在 Windows 上还不支持。本节涉及的实例是在安装 CentOS6.5 的 Linux 上运行的，其他发行版的 Linux 可能稍有不同。

1．Redis 安装与准备

1）下载与安装

Redis 采用"主版本号.次版本号.补丁版本号"的版本命名规则。其中，次版本号的数字为偶数，表示稳定的发布版本；次版本号的数字为奇数，表示测试版本。截至本书成稿前，最新稳定版本为 2.8.6，用户可以通过下列几个网站获得这个版本。

- Redis 官网：http://redis.io/download

- Github：https://github.com/antirez/redis/downloads
- Google Code：http://code.google.com/p/redis/downloads/list?can=1

下载代码后即可进行解压和编译，这里以 2.8.6 版本为例：

```
$wget http://download.redis.io/releases/redis -2.8.6.tar.gz
$tzxvf redis -2.8.6.tar.gz
$cd redis -2.8.6
$make
$make install
```

make 命令执行完成后，会在 scr 目录下生成 redis-server、redis-cli、redis-benchmark、redis-stat、redis-check-dump 和 redis-check-aof 这 6 个可执行文件。其中，redis-server 是 Redis 服务器的 daemon 启动程序；redis-cli 是 Redis 的命令行操作工具；redis-benchmark 是 Redis 的性能测试工具；redis-stat 是 Redis 的状态测试工具；redis-check-dump 是 Redis dump 数据文件的修复工具；redis-check-aof 是 Redis aof 日志文件修复工具。

2）配置文件修改

用户可以修改配置文件 redis.conf，并将其复制到 etc 目录下。

```
$vim redis.conf
$cp redis.conf/etc/redis.conf
```

如果不指定配置文件，那么直接执行 redis-server 即可运行 Redis，此时它是按照默认配置工作的。如果希望 Redis 按我们的要求运行，则需要修改配置文件。配置文件的主要参数含义在表 10-20 中列出。

表 10-20　配置文件主要参数一览表

参 数 名 称	描　　述
daemonize	是否以后台 daemon 方式运行。一般 Linux 程序在我们退出 shell 终端后就会自动退出而停止运行，但是后台 daemon 程序不会这样，而是一直运行，直到以明确的方式关闭
pidfile	pid 文件位置
port	监听的端口号
timeout	当客户端长时间不请求，时间超过 timeout 值时，将会被服务器关闭
loglevel	log 为信息级别，支持 debug、verbose、notice 和 warning 共 4 个级别，默认值是 verbose
logfile	log 文件位置
Database	开启数据库的数量，使用"select 库 ID"方式操作各个数据库
save * *	保存快照的频率，第一个"＊"表示多长时间，第二个"＊"表示执行多少次写操作。在一定时间内执行一定数量的写操作时自动保存快照，可设置多个条件
rdbcompression	是否使用压缩
dbfilename	数据快照文件名（只是文件名，不包括目录），默认值为 dump.rdb
dir	数据快照的保存目录
appendonly	是否开启 appendonlylog，如果开启，每次写操作会记一条 log，这会提高数据抗风险能力，有利于灾难恢复，但代价是影响了效率
appendfsync	appendonlylog 同步到磁盘的方式：每次写都强制调用 fsync、每秒启用一次 fsync、不调用 fsync 等待系统自己同步

3）启动 Redis

启动服务器，只需要在 Linux shell 终端下执行 redis-server 这个程序，如不指定配置文件，则以默认方式启动。

```
$redis -server
```

或者明确地指定配置文件：

```
$redis -server/etc/redis.conf
```

4）停止 Redis

redis-cli shutdown 会停止端口号和/etc/redis.conf 中指定的端口号相同的 Redis 服务器，也可以使用-p 选项明确地指定要停止的 Redis 服务器的端口号。

```
$redis -cli shutdown
$redis -cli -p 6778 shutdown
```

2．Redis 支持的数据结构

在 key-value 对中，Redis 允许的 value 的数据结构类型如表 10-21 所示。

表 10-21　Redis 支持的数据结构类型一览表

类型	Value 可以作为	读/写操作
String	字符串、整数和浮点数	读/写整个或部分字符串，对整数/浮点数递增/递减
List	字符串链表	对链表的两端执行 push/pop 操作，读一项或多项字符串，按照值查找或删除某个字符串
Set	无序的字符串集合，字符串不能重复	插入、删除和读取某个字符串，查看某个字符串是否属于集合，对集合执行归、并、差操作
Hash	无序的 key 到 value 的 hashtable	插入、删除和读取某项，读/写整个 hashtable
Zset	字符串集合，每个字符串映射到一个浮点数分数，按分数排序	插入、删除和读取某项，根据分数范围读取

注意：完整的命令列表文档请访问"http://redis.io/commands"。

3．Redis 提供的事务机制

在 Redis 中，MULTI、EXEC、DISCARD 和 WATCH 这 4 个命令是实现事务的基石，其命令描述和返回值在表 10-22 中进行了集中反映。

表 10-22　Redis 支持的事务命令一览表

命令原型	命令描述	返回值
MULTI	用于标记事务的开始，其后执行的命令都将被存入命令队列，直到执行 EXEC 时这些命令才会被原子执行	始终返回 OK
EXEC	执行一个事务内命令队列中的所有命令，同时将当前连接的状态恢复为正常状态，即非事务状态。如果在事务中执行了 WATCH 命令，那么只有在 WATCH 所监控的 Keys 没有被修改的前提下，EXEC 命令才能执行事务队列中的所有命令，否则 EXEC 将放弃当前事务中的所有命令	原子性地返回事务中各条命令的返回结果。如果在事务中使用了 WATCH，一旦事务被放弃，EXEC 将给出 NULL-multi-bulk 回复

续表

命令原型	命令描述	返回值
DISCARD	回滚事务队列中的所有命令，同时将当前连接的状态恢复为正常状态，即非事务状态。如果 WATCH 命令被使用，该命令将 UNWATCH 所有的 Keys	始终返回 OK
WATCH key [key ...]	在 MULTI 命令执行之前，可以指定待监控的 Keys，然而在执行 EXEC 之前，如果被监控的 Keys 发生修改，EXEC 将放弃执行该事务队列中的所有命令	始终返回 OK
UNWATCH	取消当前事务中指定监控的 Keys，如果执行了 EXEC 或 DISCARD 命令，则无须再手工执行该命令，因为在此之后，事务中所有被监控的 Keys 都将自动取消	始终返回 OK

事务被正常执行示例：

在 shell 命令行下执行 Redis 的客户端工具。

```
$redis -cli
```

在当前连接上启动一个新的事务。

```
127.0.0.1:6780>multi
OK
```

执行事务中的第一条命令，从该命令的返回结果可以看出，该命令并没有立即执行，而是被存于事务的命令队列中。

```
127.0.0.1:6780>incr t1
QUEUED
```

再执行一条新的命令，从结果可以看出，该命令也被存于事务的命令队列中。

```
127.0.0.1:6780>incr t2
QUEUED
```

执行事务命令队列中的所有命令，从结果可以看出，队列中命令的结果得到返回。

```
127.0.0.1:6780>exec
(integer) 1
(integer) 1
```

4. Redis 的主从复制

在 Slave 启动并连接到 Master 之后，它将主动发送一个 SYNC 命令。此后，Master 将启动后台存盘进程，同时收集所有接收到的用于修改数据集的命令，在后台进程执行完毕后，Master 将传送整个数据库文件到 Slave，以完成一次完全同步。而 Slave 服务器在接收到数据库文件之后将其存盘并加载到内存中。此后，Master 继续将所有已经收集到的修改命令和新的修改命令依次传送给 Slave，Slave 将在本次执行这些数据修改命令，从而达到最终的数据同步。

如果 Master 和 Slave 之间的连接出现断的情况，Slave 可以自动重新连接 Master，但是在连接成功之后，一次完全同步将被自动执行。

配置 Replication 的步骤：

第 1 步：同时启动两个 Redis 服务器，可以考虑在同一机器上启动两个 Redis 服务器，分别监听不同的端口，如 6780 和 6781。

第 2 步：在 Slave 服务器上执行命令。

```
127.0.0.1:6781>redis -cli -p 6781
127.0.0.1:6781>slave 127.0.0.1 6780
OK
```

这里将端口号 6781 设置成为端口号 6780 的 Redis 的 Slave。需要注意的是，一旦端口号为 6781 的服务重新启动之后，它们之间的复制关系将被终止。如果希望长期保持这种关系，则可以修改配置文件。例如：

```
$cd/etc/redis
$ls
redis.conf 6781.conf
$vi 6781.conf
```

将

```
#slave <masterip> <masterport>
```

改为

```
slaveof 127.0.0.1 6780
```

保存退出。

这样就可以保证 Redis_6781 服务程序在每次启动后都会主动建立与端口号为 6780 的服务的 Replication 连接了。

示例应用如下（假设 Master-Slave 已经建立）：

启动 Master 服务器

```
$redis-cli -p 6780
127.0.0.1:6780>
```

查看 Master 当前数据库中的所有 Keys。

```
127.0.0.1:6780>flushdb
OK
```

在 Master 中创建新的 Keys，建立测试数据。

```
127.0.0.1:6780>set testkey1 hello
OK
127.0.0.1:6780> set testkey2 位置
OK
```

查看 Master 中存在的 Keys。

```
127.0.0.1:6780>keys *
1) "testkey1"
2) "testkey2"
```

启动 Slave 服务器。

```
$redis -cli -p 6781
```

查看 Slave 中的 Keys 是否和 Master 中一致，从结果看，它们是一致的。

```
127.0.0.1:6781>keys *
1) "testkey1"
2) "testkey2"
```

在 Master 中删除其中一个测试 Key，并查看删除后的结果。

```
127.0.0.1:6780>del testkey2
(integer) 1
127.0.0.1:6780>keys *
1) "testkey1"
```

在 Slave 中查看 testkey2 是否已经在 Slave 中被删除。

```
127.0.0.1:6781>keys *
1) "testkey1"
```

5. 实例

由于 Redis 官方并未提供基于 C 接口的 Windows 平台客户端，因此本示例给出 Linux/UNIX 环境下基于 Redis 客户端组件访问并操作 Redis 服务器的示例代码（如图 10-90 所示）。

```c
#include <stdio.h>
#include <stdlib.h>
#include <stddef.h>
#include <stdarg.h>
#include <string.h>
#include <strings.h>
#include <assert.h>
#include <hiredis.h>
void myTest ()
{
    //连接Redis 服务器，获取该连接的上下文对象，该对象将用于其后所有与 Redis
    //操作的函数
    redisContext *c = redisConnect ("127.0.0.1", 6780);
    if (c-err) {
        redisFree (c);
        return ;
    }
    const char *command = "set stest 1 value 1";
    redisReply *r = (redisReply *)redisCommand (c, command 1);
```

图 10-90　Redis 客户端访问 Redis 服务器的示例代码

```
//注意：如果返回的对象是NULL，表示客户端和服务器之间出现严重错误，
//必须重新连接，这里为简便起见，后面的命令不做这样的判断
if (NULL == r) {
    redisFree (c);
    return ;
}
//不同的Redis命令返回的数据类型不同，在获取之前需要先判断它的实际类型。
//字符串类型的set命令的返回值的类型是REDIS_REPLY_STATUS，只有
//当返回信息是"OK"时，才表示该命令执行成功。后面的例子依此类推
if (!(r->type == REDIS_REPLY_STATUS &&
    strcasecmp (r->str, "OK") == 0)) {
    printf ("执行命令 [%s] 失败. \ n", command 1);
    freeReplyObject (r);
    redisFree (c);
    return ;
}

//由于后面重复使用该变量，所以需要提前释放，否则内存泄漏
freeReplyObject (r);
printf ("执行命令 [%s] 成功. \ n", command 1);

const char * command 2 = "strlen stest 1";
r = (redisReply *)redisCommand (c, command 2);
if (r->type != REDIS_REPLY_INTEGER ) {
    printf ("执行命令 [%s] 失败. \ n", command 2);
    freeReplyObject (r);
    redisFree (c);
    return ;
}
int length = r->integer ;
freeReplyObject (r);
printf ("'stest 1'的长度是 %d. \ n", length );
printf ("执行命令 [%s] 成功. \ n", command 2);

const char * command 3 = "get stest 1";
r = (redisReply *)redisCommand (c, command 3);
if (r->type != REDIS_REPLY_STRING ) {
    printf ("执行命令 [%s] 失败. \ n", command 3);
    freeReplyObject (r);
    redisFree (c);
    return ;
}
printf ("The value of  'stest 1' is %s. \ n", r->str );
freeReplyObject (r);
printf ("执行命令 [%s] 成功. \ n", command 3);
const char * command 4 = " get stest 2";
r = (redisReply *)redisCommand (c, command 4);
//注意：由于stest 2键并不存在，因此Redis将返回空结果，这里的目的是为了说明
if (r->type != REDIS_REPLY_NIL ) {
    printf ("执行命令 [%s] 失败. \ n", command 4);
    freeReplyObject (r);
    redisFree (c);
    return ;
}
freeReplyObject (r);
printf ("执行命令 [%s] 成功. \ n", command 4);

const char * command 5 = " mget stest 1 stest 2 ";
r = (redisReply *)redisCommand (c, command 5);
//有多个值返回，所以返回应答的类型是数组类型，且因stest 2键
//不存在，第2个值为nil
if (r->type != REDIS_REPLY_ARRAY) {
    printf ("执行命令 [%s] 失败. \ n", command 5);
```

续图 10-90

```
        freeReplyObject (r);
        redisFree (c);
        //r->elements 表示子元素,不管请求的key是否存在,该值都等于请求是键的数量
        assert (2 == r->elements );
        return ;
    }
    for (int i = 0; i<r->elements ; i++) {
        redisReply * childReply = r->element [i];
        //对于不存在的key的返回值,其类型为REDIS _REPLY _NIL . 而get命令返回
        //的数据类型是string
        if (childReply ->type == REDIS _REPLY _STRING )
            printf ("The value is  %s. \ n", childReply ->str );
    }
    //对于每一个子应答,无须使用者单独释放,只需要释放最外部的redisReply 即可
    freeReplyObject (r);
    printf ("执行命令 [%s] 成功. \ n", command 5);
    printf ("Begin to test pipeline    . \ n");
    //注意: 先将待发送的命令写入到上下文对象的输出缓冲区中,直到调用后面的
    //redisGetReply  命令,才会批量将缓冲区中的命令写出到 Redis 服务器。这样可
    //以有效地减少客户端与服务器之间的同步选修时间 , 以及网络I/O 引起的延迟
    if ((REDIS _OK != redisAppendCommand(c, command 1))
        || (REDIS _OK != redisAppendCommand (c, command 2))
        || (REDIS _OK != redisAppendCommand (c, command 3))
        || (REDIS _OK != redisAppendCommand (c, command 4))
        || (REDIS _OK != redisAppendCommand (c, command 5))) {
        redisFree (c);
        return ;
    }
    redisReply * reply = NULL;
    //对pipeline 返回结果的处理方式 , 和前面的处理方式完全一致
    if (REDIS _OK != redisGetReply (c, (void**) &reply )) {
        printf ("基于管线方式执行命令 [%s] 失败. \ n", command 1);
        freeReplyObject (reply );
        redisFree (c);
    }
    freeReplyObject (reply );
    printf ("基于管线方式执行命令[%s] 成功. \ n", command 1);
    if (REDIS _OK != redisGetReply (c, (void**) &reply )) {
        printf ("基于管线方式执行命令 [%s] 失败. \ n", command 2);
        freeReplyObject (reply );
        redisFree (c);
    }

    freeReplyObject (reply );
    printf ("基于管线方式执行命令 [%s] 成功. \ n", command 2);

    if (REDIS _OK != redisGetReply (c, (void**) &reply )) {
        printf ("基于管线方式执行命令 [%s] 失败. \ n", command 3);
        freeReplyObject (reply );
        redisFree (c);
    }
    freeReplyObject (reply );
    printf ("基于管线方式执行命令 [%s] 成功. \ n", command 3);

    if (REDIS _OK != redisGetReply (c, (void**) &reply )) {
        printf ("基于管线方式执行命令 [%s] 失败. \ n", command 4);
        freeReplyObject (reply );
        redisFree (c);
    }
    freeReplyObject (reply );
```

续图 10-90

```
        printf ("基于管线方式执行命令[%s] 成功.\ n", command 4);
        if (REDIS _OK != redisGetReply  (c, (void**) &reply )) {
            printf ("基于管线方式执行命令 [%s] 失败.\ n", command 5);
            freeReplyObject (reply );
            redisFree (c);
        }
        freeReplyObject (reply );
        printf ("基于管线方式执行命令[%s] 成功.\ n", command 5);

        //注意：退出前释放当前连接的上下文对象
        redisFree (c);
        return ;

}

int main ( ) {
    myTest ( );
    return ;
}
```

续图 10-90

第 11 章　数据库性能调优

调优是修改一个应用软件并调整底层数据库管理系统的参数以提高性能的过程。性能是以用户体验的响应时间（通常是执行一个任务的时间，例如执行一个 SQL 语句的时间）和吞吐率（单位时间内完成的工作量）来衡量的。对系统调优的第一步是确定瓶颈在何处。如果系统只用 1%的时间来执行一个特定的（硬件或软件）模块，那么，无论这个模块的效率多么低，重新设计或替换这个模块最多只能使系统的性能提高 1%。一个应用软件与数据库管理系统结合起来构成了一个非常复杂的系统，它的许多不同的方面都可以被调优。SQL 代码和模式处于最高层，在这一层进行调优涉及的问题包括如何表达一个查询、创建什么样的索引等，这些问题都是与特定的应用密切相关。数据库管理系统处于下一层，这一层的性能问题包括磁盘中的物理数据组织、缓冲区管理等。这个层次的决策在很大程度上是数据库管理员的管理范围，因此，应用程序员只能间接对其产生影响。最低层次的调优是硬件层的调优。为了提高性能，系统必须提供大量的主存空间、足够多的 CPU 和二级存储设备，以及足够的通信能力。

11.1　调优问题概述

在工作中使用结构化技术时，通常数据库调优的工作不外乎系统优化（确保硬件和中间件配置妥当）、数据库性能优化（修改数据库方案）和数据访问性能优化（修改应用程序与数据库的交互方式）3 种类别。

过去，大家常常看到在项目的后期才会进行数据库调优工作，因为往往要在大多数系统到位之后再做优化。然而在今天，敏捷的团队必须以一种增量的方式来实施，这意味着性能优化是一个渐进的工作，那就是识别、剖析和优化。

11.1.1　调优的目标

1．消除系统瓶颈

系统瓶颈是限制数据库系统性能的重要因素。它可能是软件不良的结果，或者是软件没有正确配置和优化所致，它将严重地影响系统性能。我们通过性能调整和优化可以消除瓶颈，从而更好地发挥整个数据库系统的性能。

2．提高整个系统的吞吐量和响应时间

响应时间是指完成单个任务所用的时间。吞吐量是指在一段固定时间内完成的工作

量。通过优化应用程序、数据库管理系统、Web 服务器、操作系统和网络配置，能够减少程序运行时间、降低对数据操作的时间、减少网络流量、提高网络速度，最终减少系统的响应时间，提高整个系统的吞吐量。

11.1.2　识别性能问题

过度地优化系统实际是在浪费人力。如果你在钻研一个性能问题，而且发现自己解决了这个问题，那么就该停止在它上面的工作，并转向其他的地方。正如人们常做的，"如果鞋子没有破，就没有必要修补它。"因此，建议你最好把时间放在改进自己应用程序的功能上，放在最需要的地方。优化的首要任务是确定你的系统环境中发生了哪些问题，这可以通过性能指标的收集和门限值的比较来实现。数据库优化需要收集操作系统数据、SQL 数据和数据库实例 3 类统计数据，这些信息需要在出现问题时即时收集，也需要定期收集并将结果保存起来。历史数据和实时数据为诊断问题和最终解决问题提供了依据。

1．操作系统数据

操作系统资源使用数据包括内存、CPU 和 I/O 使用等。数据收集可以通过监控工具或操作系统指令来实现，需要收集下列数据：

- I/O：磁盘时间，磁盘读（秒）、磁盘写（秒）、磁盘队列、文件系统空间使用。
- CPU：忙时处理器使用的百分比，中断。
- 内存：可用内存，　每秒页交换、Swap 时间、队列。
- 网络冲突：网络使用。

2．SQL 数据

SQL 性能收集需要在最小的时间间隔捕获系统全局区（System Global Area，SGA）信息，需要收集的信息包括 SQL 文本、操作系统用户、数据库用户、运行程序、逻辑读、物理读、CPU 等。SQL 性能问题最初是通过系统运行异常或应用软件错误等现象暴露的，例如系统运行缓慢、应用功能报错、人机交互响应时间超时等。发生问题后，系统管理维护人员根据系统运行状态，通过调用系统和数据库 trace 文件、收集和分析系统统计信息等方法来判断问题是否由 SQL 的执行导致，并进一步确定发生问题的应用软件或出现异常的系统资源。

3．数据库实例

对于数据库领域的"领头雁"——Oracle 来说，与数据库相关的性能数据可以通过访问 Oracle 的 V$视图来实现，重要的指标如下。

- SQL*NET 统计：活动用户、活动会话、平均响应时间。
- 后台进程：DBWR、LGWR、Archiver。
- SGA：Buffer Cache 使用和命中率、Keep Pool 和 Recycle Pool 使用、Redo log buffer 使用、Shared pool 使用、排序。
- I/O：Redo Log 统计、I/O 事件、等待事件、数据库对象和文件增长、锁、Latch。
- 日志：报警日志信息。

11.1.3　剖析性能问题

定位性能问题的正确方法是使用剖析工具（如 profiling tool）来追踪问题的根源，这被称为根本原因分析（root cause analysis）。如果没有识别出性能问题的根本原因，则很容易出现错误的猜测，从而将大量的人力花在优化那些并不关键的地方。例如，我们发现 SQL 问题后，通过问题重现和数据环境分析等方法来定位可疑的 SQL 语句，进而利用 SQL 的计划解释工具对 SQL 的优化方法和执行路径分析，寻找可能导致性能问题的原因。国际品牌 Oracle 等主流数据库产品为 SQL 调优提供了一系列数据库管理视图，包括数据文件读/写统计视图（V$FILESTAT）、系统运行状态统计视图（V$SYSSTAT ）、SQL 执行统计视图（V$SQLAREA、V$SQL、V$SQLSTATS、V$SQLTEXT、V$SQL_PLAN 以及 V$SQL_PLAN_STATISTICS）等。通过对这些视图进行查询与分析，维护人员能够准确定位"热点"SQL 语句（Top SQL），并掌握其消耗或争用最多的系统资源。

诊断问题是性能优化中非常重要的一部分，它将帮助我们了解一些细节问题，从而确定为什么性能指标会超过门限值。这个阶段的工作比发现问题更加困难，因为需要了解数据库每个组件的作用以及如何影响其他组件。诊断工作需要丰富的专业知识和实践经验，在诊断数据库瓶颈时需要考虑的因素如下。

- Latch 和 Locks：阻塞锁、Latch 活动、会话锁。
- I/O：逻辑 I/O、物理 I/O。
- 数据库等待信息：会话等待事件。
- 会话信息：会话 SQL、会话活动。
- Rollback 活动：Rollback 段信息。
- Network 活动：数据库 SQL*NET 状态和用户活动。
- Caching：Library cache、Dictionary cache、Buffer cache 命中率和 Miss 比率。
- Redo logs：大小和数量。
- 内存：排序、内存使用和分配、SGA 详细信息。
- 磁盘：排序、读、写。
- 报警日志：Parallel Server 活动、Cursor 使用。
- 空间管理：空间分配、空间使用和可用性、Extent 信息、数据库对象分配和使用、索引和键值。

关联上述信息非常消耗时间，下面概略说明诊断的 3 个主要类别：

1．诊断 SQL 问题

诊断 SQL 问题有许多方法。V$ SQL 视图中存储了所有内存中的 SQL 语句信息，可以从中找到消耗 buffer get 或 buffer_gets/execution 很高的 SQL 语句，然后检查这些 SQL 的执行计划和相关的分析统计信息，诊断是否存在 SQL 方面的问题。

2．诊断争用

诊断争用问题可以从检查$system_event 表开始，根据等待事件的等待时间确定系统是否在某一方面存在争用。在调查这个表的信息时应该排除空间事件，如 sql * net waiting for client 等，然后计算其他等待事件的时间，并进行有针对性的调整。

3．诊断 I/O 问题

如果已经对 SQL 进行优化，数据库逻辑 I/O 比较正常但物理 I/O 很多，这表明需要减少磁盘读的 I/O。优化工作首先要识别哪些磁盘较忙，具体数据可以通过管理工具、虚谷数据库的 utlbstat 和 utlestat、UNIX 的 iostat 程序获得。举例来说，如果在一个 12 个磁盘的系统中的一个磁盘占用了 25%的 I/O（读/写的数量），这个磁盘可能过忙，需要进行 I/O 优化。识别过忙的磁盘后，可以将相关的文件和数据库对象转移到其他磁盘中。

尽管大多数数据库管理系统（数据库管理系统）会同时提供一个剖析工具，而有些集成开发环境（IDE）也会这样做，但是用户可能还会发现自己需要购买或下载一个或多个单独的工具。表 11-1 给出了一些工具的样本。

表 11-1　常用分析工具一览表

工具名称	描　　述	URL
DBFlash for Oracle	一个数据库剖析工具，能够持续监控 Oracle 数据库以揭示内部瓶颈（如库缓存等待）和外部瓶颈（如网络或 CPU）问题。它也能显示行级别的数据竞争，使用户能够发现并发控制问题	www.confio.com
DevPartnerDB	一个能够在多种数据库平台（Oracle、SQL Server、Sybase、虚谷）上工作的数据库和访问剖析工具套件，能够剖析各种范围的元素，包括 SQL 语句、存储过程、锁和数据库对象	www.compuware.com
JunittPerf	JunitPerf 是一组 Junit（www.junit.org）测试修饰器，这些修饰器被用来测量 Java 应用程序中功能的性能和扩展性	www.clarkware.com
PerformaSure	通过重新构造最终用户事务的执行路径来高亮显示潜在的性能问题，PerformaSure 能够剖析多层的 J2EE 应用程序	java.quest.com
Rational quantify	一个应用程序性能剖析工具，能够瞄准一个应用程序的所有部分，而不只是有源代码的部分。它有 Windows 和 UNIX 两个版本	www.rational.com

11.1.4　优化解决问题

优化问题通常可以分为系统优化、数据库访问优化、数据库优化和应用程序优化 4 类。

1．系统优化

数据库不但是整个技术环境的一部分，而且它还依赖于其他组件能正常工作。从软件方面来说，操作系统、中间件、事务监视器（transaction monitor）和缓存的安装与配置不当都会造成性能问题。同样，硬件能够引发性能的挑战。数据库服务器内存和磁盘空间的大小对于其性能也是至关重要的。笔者曾经多次看到，通过安装价值几千元的内存能够显著地改善价值数万元的计算机的性能，网络硬件也是如此，几年前笔者曾对一个遭受严重性能问题的系统做过架构评估。曾经发现某客户的应用程序有一个显著的设计缺陷，那就是数据库服务器的网络接口卡（network interface card，NIC）是一个十兆的低速卡，换成千兆卡后性能迅速提升。

2. 数据库访问优化

在系统优化之后，最有可能成为性能问题的是数据库的访问方式。其解决方法包括选择正确的访问策略、优化应用的 SQL 代码和优化应用的映射 3 种。

（1）选择正确的访问策略：在关系数据库中数据访问可能有诸多选择（如索引式访问、持久化框架、存储过程、表扫描、视图等），每种皆有其优缺点。大多数应用程序将会根据需要综合使用这些策略，而且有些非常复杂的应用程序甚至可能会用到它们的全部。

（2）优化应用的 SQL：优化应用的 SQL 代码通常是一种非常有效的策略。然而，在有些情况下我们可能无法直接优化应用的 SQL 代码，而只能改变配置变量，这取决于数据库的封装策略。

（3）优化应用的映射：现在有不止一种映射对象方案到数据方案的方式。例如，有 4 种映射继承结构的方式、两种映射一对一关系（取决于把外键放的位置）的方式和 4 种映射类作用范围的特征的方式。由于有多种映射方式可以选择，而且每种映射选择皆有其优缺点，因此通过改变映射选择有可能提高应用程序的数据访问性能。或许应用实现了一类一表的方式来映射继承，只有当发现其太慢的时候才会促使我们对其进行重构，以使用每个层次体系一表的方法。

3. 数据库优化

数据库优化专注于改变数据库方案本身，需要考虑的策略包括非规范化数据方案、重新改造数据库日志、更新数据库配置、重新组织数据存储、重新改造数据库架构/设计等。

1）非规范化数据方案

规范化的数据方案常常会遇到性能问题。其实这并不难理解，因为数据规范化的规则关注的是降低数据冗余，而不是改善数据访问的性能。需要注意的是，只有在以下一种或多种情形下才应该借助于非规范化：①性能测试显示系统出现问题，接下来的剖析揭示出我们需要缩短数据库的访问时间，并且非规范化通常是我们最后的选择；②正在开发一个报表数据库（reporting database），报表需要许多不同的数据视图，这些视图往往需要非规范化的信息；③常用的查询需要来自多个表的数据，这包括常用的数据重复组（repeating groups of data）和基于多行的运算型图表（calculated figure）；④需要同时以各种方式对表进行访问。

2）重新改造数据库日志

数据库日志（database log）也称为事务日志（transaction log），用于提交和回滚事务，以及恢复（restore）数据库。数据库日志毫无疑问是非常重要的，但是支持日志需要性能和复杂性的开销，在日志中记录的信息越多，性能就越差，因此我们需要非常谨慎地考虑日志的内容。一个极端情况是，我们或许希望记录"每件事情"，但当我们真正这样做时，很快就会发现其对性能的影响将使我们无法忍受。另一个极端则是，如果我们选择记录最低限度的内容，可能发现自己没有足够的信息从不利的情形下恢复过来。找到这两种极端的最佳点很难，但对于成功至关重要。

3）更新数据库配置

尽管为数据库配置默认值是一个好的开端，但它们很可能无法反映出当前情形下具体的细微差别。此外，即使我们已经正确配置了自己的数据库，但我们的环境可能随时间在不断变化，或许新增需要处理的比最初的想法更多的事务，或许数据库的数据量会以与预期的不同速度增长等，这将促使我们改变自己的数据库配置。

4）重新组织数据存储

随着时间推移，数据库中的数据会变得越来越缺少组织性，从而导致性能下降，常见的问题包括数据范围（extent）、碎片（fragmentation）、行链接/迁移（row chaining/ migrating）、非集群化数据（unclustered data）等，数据重组设施（data reorganization utility）是数据库管理系统中常见的特性，而且它还会提供配套的管理工具。通常在非高峰期，敏捷数据库管理员往往会自动运行数据库重组设施，以保证物理数据存储尽可能高效。

5）重新改造数据库架构/设计

除了通过对数据方案进行非规范化来改善性能以外，在优化数据库时还应该考虑内嵌的触发器调用、分布式数据库、键、索引、剩余空间、分页大小（page size）、安全选项（security option）等问题。

4. 应用程序优化

应用程序代码和数据库一样，都有可能成为性能问题的根源。事实上，在数据库作为共享资源的情形中，改变应用程序代码要比改变数据库方案容易得多。

1）共享通用的逻辑

在许多系统中都有这样一个通病，那就是在多个层中实现相同的逻辑。例如，在业务对象和数据库中都实现了引用完整性的逻辑，可能"仅仅出于安全起见"，就在每个层上实现安全访问逻辑。那么，在这两个地方做了相同的事情，显然必定有个地方做了多余的工作。找出问题的根源所在，然后解决这些冗余的、效率低下的"罪魁祸首"。

2）合并细粒度的功能

一个常见的错误是在应用程序内实现非常细粒度的功能，例如，应用程序可能实现了各自的 Web 服务来更新客户的名称、更新客户的地址以及更新客户的电话号码。尽管这些服务的内聚性很高，但如果业务上常常需要把这 3 件事情放到一起来做，它们的性能并不是很高。相反，用一个 Web 服务来更新客户的名称、地址和电话号码会更好，因为这比调用 3 个单独的 Web 服务运行得更快。

11.2　关系型数据库的查询优化

在数据库系统中，最基本、最常用、最复杂的数据操作是数据查询。关系数据库的查询效率是影响关系数据库管理系统性能的关键因素。用户的查询通过相应查询语句提交给数据库管理系统执行，该查询首先要被数据库管理系统转化成内部表示。而对于同一个查询要求，通常可对应多个不同形式但相互等价的表达式。这样，相同的查询要求和结果存在着不同的实现策略，系统在执行这些查询策略时所付出的开销会有很大差别。从查询的多个执行策略中进行合理选择的过程就是"查询处理过程中的优化"，简称为查询优化。

查询优化的基本途径可以分为用户手动处理和机器自动处理两种。在关系数据库系统中，用户只需要向系统表述查询的条件和要求，查询处理和查询优化的具体实施完全由系统自动完成。关系数据库管理系统可自动生成若干候选查询计划，并且能从中选取较优的查询计划的程序称为查询优化器。

查询优化器的作用在于用户不必考虑如何较好地表达查询来获得较高的效率，而且系统自动优化可以比用户的程序优化做得更好。

11.2.1 查询处理的架构

用户提交一个查询后，这个查询首先被数据库管理系统解析，在解析过程中要验证查询语法及类型的正确性。作为一种描述性语言，SQL 没有给出关于查询执行方法的建议。因此，一个查询被解析后不得不被转化成关系代数表达式，而这个表达式可以用前面介绍的算法直接执行。例如，一个典型的 SQL 查询：

```
SELECT DISTINCT targetlist
FROM R_{EL1},…,R_{ELn}V_n
WHERE condition
```

通常被转换成以下形式的关系代数表达式：

$$\pi_{\text{targetlist}}(\sigma_{\text{condition}'}(R_{EL1} \times \cdots \times R_{ELn}))$$

其中，condition′ 是 SQL 查询的条件（condition）的关系代数形式。

上面的关系代数表达式是非常直接的，也非常容易生成，但是，执行起来需要很长的时间，其重要的原因在于这个表达式包含笛卡儿积。例如，连接 4 个每个占据 100 个磁盘块的关系，将生成一个具有 10^8 个磁盘块的中间关系。如果磁盘速度为 10 毫秒/页，把这个中间关系写入磁盘就需要 50 个小时。即使设法把笛卡儿积转换成等值连接，对于上述查询，我们可能仍然不得不忍受较长的周转时间（几十分钟）。把这个查询的执行时间降到几秒（或者，对于非常复杂的查询降到几分钟）是查询优化器（query optimizer）的预期目标，也可以说是基本职责。

一个典型的基于规则的查询优化器（rule-based query optimizer）利用规则集合构建一个查询执行计划（query execution plan），例如，一个基于索引的访问路径优于表扫描等。基于代价的查询优化器（cost-based query optimizer）除利用规则外，还利用数据库管理系统维护的统计信息来估计查询的执行开销，以此作为选择查询计划的依据。基于代价的查询优化器的两个最重要的组件是查询执行计划生成器（query execution plan generator）和计划开销估计器（plan cost estimator）。一个查询执行计划可以被看成是一个关系表达式，并且，这个关系表达式中的每个关系操作的每次出现都给出了求解方法（或者访问路径）。因此，查询优化器的主要职责就是给出一个独立的执行计划。并且根据开销估计的结果，利用这个执行计划执行给定的关系表达式是"相当廉价"的。然后，这个执行计划被传送给查询计划解释器，这是一个直接负责根据给定的查询计划执行查询的软件模块。图 11-1 描述了查询处理的整体架构。

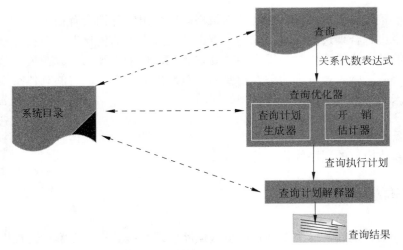

图 11-1　查询处理整体架构示意图

11.2.2　基于关系代数等价性的启发式优化

关系查询的启发式优化在很大程度上是基于某些简单的结论的。例如，较小关系的连接优于较大关系的连接，执行等值连接优于计算笛卡儿积，在对关系的一遍扫描过程中执行多个操作优于对关系进行多遍扫描，而每遍扫描只执行一个操作。大多数启发式规则都可以用关系代数转换的方式来表达，转换后，生成一个不同的但等价的关系代数表达式。注意，并不是所有的转换都是优化的，在有些情况下，可能生成低效的表达式。但是，将关系转换与其他转换过程结合起来可以生成总体上较优的关系表达式。

根据关系数据库理论的发展和主流关系数据库的实践，目前查询优化器对关系表达式进行转换的启发式规则主要有基于选择和投影的转换、叉积和连接转换、把选择和投影沿着连接或笛卡儿积下推、利用关系代数等价性规则 4 种。

1. 基于选择和投影的转换

1）$\sigma_{\text{cond}_1 \wedge \text{cond}_2}(R) \equiv \sigma_{\text{cond}_1}(\sigma_{\text{cond}_2}(R))$

$\sigma_{\text{cond}_1 \wedge \text{cond}_2}(R) \equiv \sigma_{\text{cond}_1}(\sigma_{\text{cond}_2}(R))$ 被称为选择级联（cascading of selection），它单独使用并没有太大的优化价值，但常与选择和投影沿着连接下推等其他转换结合起来使用，体现其优化价值。

2）$\sigma_{\text{cond}_1}(\sigma_{\text{cond}_2}(R)) \equiv \sigma_{\text{cond}_2}(\sigma_{\text{cond}_1}(R))$

$\sigma_{\text{cond}_1}(\sigma_{\text{cond}_2}(R)) \equiv \sigma_{\text{cond}_2}(\sigma_{\text{cond}_1}(R))$ 被称为选择的可交换性（commutativity of selection），与选择级联相似，常与选择和投影沿着连接下推等其他转换结合起来使用，体现其优化价值。

① 如果 attr $\subseteq$ attr$'$ 且 attr$'$ 是 R 的属性集的一个子集，则 $\pi_{\text{attr}}(R) = \pi_{\text{attr}}(\pi_{\text{attr}'}(R))$。

这个等价性被称为投影级联（cascading of projection），主要与其他转换结合起来使用。

② 如果 attr 中包含 cond 中用到的所有属性，则 $\pi_{\text{attr}}(\sigma_{\text{cond}}(R)) \equiv \sigma_{\text{cond}}(\pi_{\text{attr}}(R))$。

这个等价性被称为选择和投影的可交换性（commutativity of selection and projection）。

在把选择和投影沿着连接下推的准备阶段经常用到这个转换。

2. 叉积和连接转换

叉积和连接用到的转换规则就是通常情况下这些操作的可交换性规则和可结合性规则，即：

- $A \bowtie B \equiv B \bowtie A$
- $A \bowtie (B \bowtie C) \equiv (A \bowtie B) \bowtie C$
- $A \times B = B \times A$
- $A \times (B \times C) \equiv (A \times B) \times C$

与各种嵌套循环执行策略结合起来，这些规则是很有用的。通常情况下，外层循环扫描较小的关系是较好的，利用这个规则可以把关系移动到恰当的位置。例如，Bigger $\bowtie$ Smaller 可以被重写为 Smaller $\bowtie$ Bigger，直觉上对应着查询优化器决定把 Smaller 用于外层循环。

可交换性规则和可结合性规则可以有效减少多关系连接的中间关系的大小。例如，$S \bowtie T$ 可能比 $R \bowtie S$ 小很多，这时，计算 $(S \bowtie T) \bowtie R$ 可能比计算 $(R \bowtie S) \bowtie T$ 所需的 I/O 操作少很多。可交换性规则和可结合性规则可以用于把后面的表达式转换成前面的表达式。

实际上，一个查询的多数执行计划都是通过利用可交换性规则和可结合性规则得到的。一个对 N 个关系进行连接的查询有 $T(N) \times N!$ 个查询计划，$T(N)$ 是有 N 个叶子结点的二叉树的数量。（$N!$ 是 N 个关系的排列数，$T(N)$ 是对一个特定排列加括号的方法数）。这个数的增长非常快，即使对非常小的 N 值，这个值也会非常大。其他可交换和可结合操作（例如，集合并）也都有类似结果，但是我们主要关注连接，因为它是最昂贵的操作。

查询优化器的任务是估计这些查询计划的开销（开销变化可能很大）并选择一个"好的"查询计划。由于查询计划数非常大，寻找一个好的查询计划所耗费的时间可能比强制执行一个没有经过优化的查询所需的开销还要大（执行 10^6 次 I/O 操作比执行 15! 次内存操作快）。通常，为了使查询优化更加切实可行，查询优化器只在所有可能的查询计划的一个子集里进行搜索，而且开销估计也只是一个近似。因此，查询优化器非常有可能丢失最优的查询计划，而实际上只是在所有"合理的"查询计划中选择一个。换句话说，"查询优化器"的"优化"应该有保留地执行。

3. 把选择和投影沿着连接或笛卡儿积下推

1) $\sigma_{\text{cond}}(R \times S) \equiv R \bowtie_{\text{cond}} S$

当 cond 中既涉及 R 的属性又涉及 S 的属性时，可以利用这个规则。这个启发式规则的基础在于笛卡儿积绝对不应该被物化，而是应该把选择条件与笛卡儿积合并，并利用计算连接的技术执行。当一行 $R \times S$ 生成后，立刻对其应用选择条件可以节省一遍扫描，并避免存储大的中间关系。

2) 如果 cond 中用到的属性都属于 R，则 $\sigma_{\text{cond}}(R \times S) \equiv \sigma_{\text{cond}}(R) \times S$

这个启发式规则的基本考虑是，如果我们必须进行笛卡儿积计算，那么应该使参与笛卡儿积运算的关系尽可能小。通过把选择条件下推到 R，则有可能在 R 参与笛卡儿积运算前减少其包含的数据量。

3) 如果 cond 中用到的属性都属于 R，则 $\sigma_{\text{cond}}(R \bowtie_{\text{cond}'}) \equiv \sigma_{\text{cond}}(R) \bowtie_{\text{cond}'} S$

这个启发式规则的基本考虑是，如果我们必须进行笛卡儿积计算，那么应该使参与笛卡儿积运算的连接关系的数量尽可能少。注意，如果 cond 是比较条件的合取，只要每个合取部分包含的属性都属于同一个关系，那么就可以把每个合取部分独立地推到关系 R 或关系 S 上。

4）如果 $\text{attributes}(R) \supseteq \text{attr}' \supseteq (\text{attr} \cap \text{attributes}(R))$，其中 $\text{attributes}(R)$ 为关系 R 包含的所有属性构成的集合，则 $\pi_{\text{attr}}(R \times S) \equiv \pi_{\text{attr}}(\pi_{\text{attr}'}(R) \times S)$

这个规则的基本原理在于，通过在笛卡儿积操作内部添加投影操作，减少了参与笛卡儿积运算的关系的数据量。由于连接操作（笛卡儿积是其特殊情况）的 I/O 复杂度是与参与连接的关系所占据的页数成正比的，因此我们必须尽早执行投影操作，这样可以减少执行笛卡儿积操作所需传输的页数。

5）如果 $\text{attr}' \subseteq \text{attribures}(R)$，并且 attr' 包含 R 与 attr 和 cond 共有的属性，则 $\pi_{\text{attr}}(R \bowtie_{\text{cond}} S) \equiv \pi_{\text{attr}}(\pi_{\text{attr}'}(R) \bowtie_{\text{cond}} S)$

这里的基本原理与上述笛卡儿积的原理是一样的，不过，其一个非常重要的额外要求是 attr' 必须包含 cond 中涉及的关系 R 中的属性，如果这些属性被投影操作过滤掉了，那么从语法上讲，表达式 $\pi_{\text{attr}'}(R) \bowtie_{\text{cond}} S$ 就是错误的。在笛卡儿积的情况下没有这个要求，因为笛卡儿积没有连接条件。

如果我们把选择级联和投影级联进行结合，那么把选择和投影沿着连接或笛卡儿积下推将非常有用。例如，考虑表达式 $\sigma_{c_1 \wedge c_2 \wedge c_3}(R \times S)$，其中，$c_1$ 既包含 R 中的属性又包含 S 中的属性，c_2 只包含 R 中的属性，c_3 只包含 S 中的属性。那么，我们可以把这个表达式转换成执行效率更高的表达式，首先进行选择级联，然后将其下推，最终消除笛卡儿积：

$$\sigma_{c_1 \wedge c_2 \wedge c_3}(R \times S) \equiv \sigma_{c_1}(\sigma_{c_2}(\sigma_{c_3}(R \times S))) \equiv \sigma_{c_1}(\sigma_{c_2}(R) \times \sigma_{c_3}(S))$$
$$\equiv \sigma_{c_2}(R) \bowtie_{c_1} \sigma_{c_3}(S)$$

我们可以按照同样的方式对包含投影的表达式进行优化。例如，考虑表达式 $\pi_{\text{attr}}(R \bowtie_{\text{cond}} S)$。假设 attr_1 是 R 中包含的属性集的子集，并且 $\text{attr}_1 \supseteq \text{attr} \cap \text{attributes}(R)$，这样，$\text{attr}_1$ 就包含了 cond 中涉及的所有属性。attr_2 为对应 S 的类似属性集，则有

$$\pi_{\text{attr}}(R \bowtie_{\text{cond}} S) \equiv \pi_{\text{attr}}\left(\pi_{\text{attr}_1}(R \bowtie_{\text{cond}} S)\right) \equiv \pi_{\text{attr}}\left(\pi_{\text{attr}_1}(R) \bowtie_{\text{cond}} S\right)$$
$$\equiv \pi_{\text{attr}}\left(\pi_{\text{attr}_2}(\pi_{\text{attr}_1}(R) \bowtie_{\text{cond}} S)\right) \equiv \pi_{\text{attr}}\left(\pi_{\text{attr}_1}(R) \bowtie_{\text{cond}} \pi_{\text{attr}_2}(S)\right)$$

不难看出，结果表达式更高效，因为它对较小的关系进行连接。

4. 利用关系代数等价性规则

典型情况下，可以用上面讲述的规则将用关系代数表达式表达的查询转换成比最初的表达式更好的表达式。这里面的"更好"不能单从字面上来理解，因为用于指导转换的标准是启发式的。实际上，按照所有建议的转换对表达式进行转换，不一定能生成我们期望的最好的结果。因此，在关系转换阶段可能会生成很多候选的查询计划，还需进一步利用基于代价的技术对其进行考察。

下面是一个典型的应用关系代数等价性的启发式算法：

（1）用选择级联打散选择条件的合取部分。结果是一个独立的选择被转换成选择操作的序列，并可以独立地考虑每个选择操作。

（2）第 1 步为把选择沿着连接或笛卡儿积下推提供了更大的自由度。现在，我们可以

利用选择的可交换性把选择沿着连接下推，把选择尽可能地推向查询内部。

（3）把选择操作和笛卡儿积操作合并以形成连接操作。虽然计算连接有很多有效的技术，但是要真正提高计算笛卡儿积的性能却很难。因此，把笛卡儿积转换成连接潜在地节省了很多时间和空间。

（4）利用连接和笛卡儿积的可结合性规则重新布置连接操作的顺序，目的是给出一个顺序，利用这个顺序可以生成最小的中间关系（注意，中间结果的大小直接影响开销，因此减少中间结果的大小加速了查询处理的速度）。

（5）利用级联投影把投影尽可能地推向查询内部。由于减少了参与连接的关系包含的数据量，这潜在地加速了连接的计算速度。

（6）分辨可以在一趟中同时处理的操作，以节省把中间结果写回磁盘的开销。

11.2.3 查询执行计划的开销估计

查询执行计划给出了每个操作的执行方法（访问路径）的关系表达式。为了深入讨论估计一个查询执行计划的执行开销的方法，这里我们把查询表示成"树"。在一个查询树（query tree）中，每个内部结点被标记为一个关系操作，每个叶结点被标记为一个关系名。一元关系操作只有一个孩子，二元关系操作有两个孩子。图 11-2 分别给出了对应下 4 个等价关系表达式的查询树：

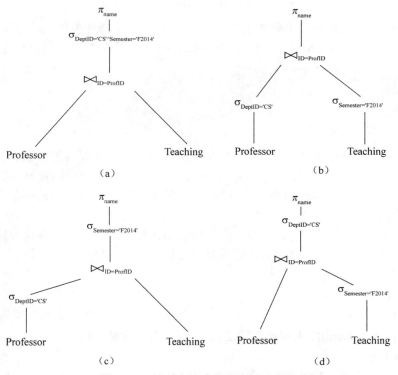

图 11-2 关系表达式的查询树示意图

$$\pi_{\text{name}}(\sigma_{\text{DeptID}='CS'\wedge\text{Semester}='F2014'}(\text{Professor}\bowtie_{\text{ID}=\text{ProfID}}\text{Teaching})) \tag{1}$$

$$\pi_{\text{name}}(\sigma_{\text{DeptID}='CS'}(\text{Professor})\bowtie_{\text{ID}=\text{ProfID}}\sigma_{\text{Semester}='F2014'}(\text{Teaching})) \tag{2}$$

$$\pi_{\text{name}} \left(\sigma_{\text{Semester}='F2014'} (\sigma_{\text{DeptID}='CS'} (\text{Professor}) \bowtie_{\text{ID=ProfID}} \text{Teaching}) \right) \quad (3)$$

$$\pi_{\text{name}} \left(\sigma_{\text{DeptID}='CS'} (\text{Professor} \bowtie_{\text{ID=ProfID}} \sigma_{\text{Semester}='F2014'} (\text{Teaching})) \right) \quad (4)$$

Professor、Teaching 的关系如图 11-3 所示。

Professor	ID	Name	DeptID
	200100001	张明根	CS
	200100005	李玉兰	MGT
	199900003	欧阳元鹏	CS
	198500021	张大为	MAT
	199300047	黄晓明	EE
	199600005	葛大江	CS
	199300032	滕明贵	MAT
	199800111	马大华	MGT
	198800009	许 华	MGT
	199000002	陈 明	EE
	199000003	章 颖	MAT
	199000008	杨得清	MAT
	199000012	施 展	CS
	199000034	莫秋里	EE
	199000045	宁江涛	EE

（a）Professor的关系

Teaching	ProfID	CrsCode	Semester
	200100001	CS 201	F2014
	200100005	MGT 101	F2015
	199900003	CS 203	F2012
	198500021	MAT 105	S2013
	199300047	EE 405	F2014
	199600005	CS 202	F2013
	199300032	MAT 108	F2011
	199800111	MGT 203	F2011
	198800009	MGT 206	F2013
	199000002	EE 403	S2013
	199000003	MAT 107	S2014
	199000008	MAT 106	S2014
	199000012	CS 205	F2014
	199000034	EE 404	S2013
	199000045	EE 403	F2012

（b）Teaching的关系

图 11-3　Professor、Teaching 的关系图

表达式（1）对应的查询树如图 11-2（a）所示，可能是查询处理器从一个 SQL 查询生成的（把选择条件"ID=ProfID"与叉积合并以后的）最初表达式。

```
select P.Name
FROM Professor P,Teaching T
WHERE P.ID = T.ProfID AND T.Semester == 'F2014'
AND P.DeptID = 'CS'
```

表达式（2）对应的查询树如图 11-2（b）所示，该表达式源自第 1 个表达式，它采用启发式规则，沿着连接把选择全部下推。表达式（3）、（4）对应的查询树分别如图 11-2（c）、（d）所示，它们都源自表达式（2），并采用启发式规则，把选择条件的一部分下推到实际的关系。

接下来，我们对查询树进行扩张，向其中添加计算连接、选择等操作的特定方法，从而创建查询执行计划。然后对每个计划的开销进行估计，选择最优的计划。

假设系统目录中具有的关系信息如下。

（1）Professor
- 大小：200 页，1000 个记录（5 个元组/页），记录了 50 个系的教授信息。
- 索引：属性 DeptID 上有聚集的 2 级 B$^+$树索引，属性 ID 上有散列索引。

（2）Teaching
- 大小：1000 页，10000 个记录（10 个元组/页），记录了 4 个学期的授课信息。
- 索引：属性 Semester 上有聚集的 2 级 B$^+$树索引，属性 ProfId 上有散列索引。

我们首先要给出属性 ID 和 ProfID 的合理权值，对于 Professor 的 ID 属性，权值必为 1，

因为 ID 为码。对于 Teaching 的 ProdID 属性，假设每个教授可能教同样数量的课，由于有 1000 个教授记录而有 10000 个授课记录，ProfID 的权重必然大约为 10。我们现在考虑图 11-2 所示的 4 种情况，假设有一个 52 页的缓冲区用于计算连接，并有少量的额外主存空间用于存储索引块和其他辅助信息（在必要的时候给出准确的数量）。

1．选择没有被下推的情况

执行连接的一种可能是利用嵌套循环连接。例如，我们可以把较小的 Professor 关系放在外层循环。由于 ID 和 ProfID 上的索引都是聚集的，而且 Professor 中的每个元组可能匹配 Teaching 中的多个元组（通常，每个教授教多门课），开销估计如下。

（1）扫描 Professor 关系：200 次页传输。

（2）查找 Teaching 关系中的匹配元组：我们可以利用 50 页缓冲区来存储 Professor 关系的页。由于每页可以存储 5 个 Professor 元组，每个 Professor 元组匹配 10 个 Teaching 元组，故平均情况下，缓冲区中 Professor 关系的 50 页能够匹配 Teaching 关系的 $50 \times 5 \times 10 = 2500$ 个元组。Teaching 关系的 ProfID 属性上的索引是非聚集的，因此，获取的记录 ID 不可能是有序的。结果是，从数据文件中获取这 2500 个匹配元组所需的开销（不算从索引中获取记录 ID 的开销）可能达到 2500 次页传输。然而，通过先对匹配元组的记录 ID 进行排序，可以确保通过不超过 1000 次（Teaching 关系的大小）页传输获取匹配的元组[1]。由于这个过程必须被重复 4 次（每次对应 Professor 关系的 50 页），获取 Teaching 关系中的匹配元组共需 4000 次页传输。

（3）对索引进行搜索：Teaching 关系有一个 ProfID 上的散列索引，可以假设每次索引搜索需要 1.2 次 I/O 操作。对于每个 ProfID，搜索可以找到一个容器，这个容器包含所有匹配元组（平均为 10 个）对应记录的 ID，可以用一次 I/O 操作获取所有这些记录的 ID。这样，对于 Teaching 关系中 10000 个匹配记录的 ID，可以通过每次 I/O 操作获取 10 个记录 ID 的方式获取到，一共需要 1000 次 I/O 操作。因此，对所有记录进行索引搜索的开销为 1200 次页传输。

（4）总体开销：200+4000+1200=5400 次页传输。

其他可选的方法是利用块嵌套循环连接或归并连接。对于一个利用 52 页缓冲区的块嵌套循环连接，内层循环对应的 Teaching 关系需要被扫描 4 次，这需要较少的页传输：200+4×1000=4200 次。当然，如果 Teaching 关系中 ProfID 属性的权值比较低，索引嵌套循环连接与块嵌套循环连接的比较结果可能 然不同，因为索引对于减少 I/O 操作的数量变得更加有效。

连接结果可能包含 10000 个元组（因为 ID 是 Professor 的码，并且每个 Professor 元组大概匹配 10 个 Teaching 元组）。由于 Professor 元组的大小是 Teaching 元组大小的两倍，结果文件的大小为 Teaching 大小的 3 倍，也就是 3000 页。

---

[1]　为了对记录 ID 进行排序，需要额外的存储空间。由于总共是 2500 个元组的 rid，每个 rid 典型情况下是 8 个字节，这需要在主存中有 5 个 4KB 的页来存储这些 rid。

接下来进行选择和投影操作。由于连接结果没有任何索引，所以只能选择文件扫描这个访问路径。而且，我们可以在一遍扫描的过程中完成所有选择和投影操作。顺序检查每个元组，如果它不满足选择条件，就丢弃它；如果它满足选择条件，只丢弃没有出现在SELECT子句中的属性并将其输出。

如果我们把连接阶段和选择/投影阶段分割开来，可以把连接结果输出到一个中间文件中，然后输入这个文件来执行选择/投影操作。还有一个更好的方法，就是通过把这两个阶段交叠起来，我们可以省去创建和访问中间文件的 I/O 操作。这个技术被称为流水线（pigelining）技术，连接操作与选择/投影操作运行起来好像是协同程序。连接阶段执行到所有主存缓冲区被填满为止，然后选择/投影操作接管执行过程，清空缓冲区并输入结果。接下来恢复连接阶段，填充缓冲区，这个过程继续下去，直到选择/投影操作输出最后的元组为止。在流水线中，一个关系操作的输出被"流水"到下一个关系操作的输入，省去了在磁盘上存储中间结果的开销。

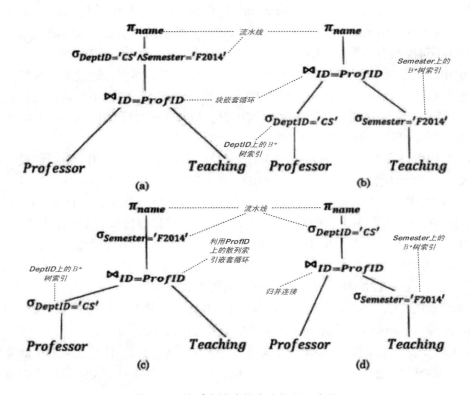

图 11-4　关系表达式的查询执行示意图

图 11-4（a）给出了这个查询执行计划。利用块嵌套循环的连接策略执行这个计划需要 $4200+\alpha\times3000$ 次页 I/O，其中，3000 是连接结果的大小（前面已经计算过），α 为一个 0 与 1 之间的数，是选择和投影对应的缩减因子，$\alpha\times3000$ 是把查询结果写回磁盘的开销。由于这个开销对所有的查询计划（（a）到（d））都是相同的，所示在后续的分析中我们将忽略这个开销。

2. 选择被完全下推的情况

图 11-2（b）所示的查询树对应多个可选的查询执行计划。首先，如果我们把选择推到树的叶子结点（关系 Teaching 和关系 Professor），那么可以利用 DeptId 和 Semester 上的 B$^+$树索引计算 $\sigma_{DeptID='CS'}$(Professor) 和 $\sigma_{Semester='F2014'}$(Teaching)，但不幸的是，结果关系没有任何索引（除非数据库管理系统认为在结果关系上创建索引是值得的，但是即使如此也会带来很多额外开销）。尤其是我们不能利用 Professor.ID 和 Teaching.ProfID 上的散列索引，这样，我们只能用块嵌套循环或归并来计算连接。然后，在连接结果被输出到磁盘前对其执行投影操作。换句话说，我们再次利用流水减少了执行投影操作的开销。

我们估计这个查询计划的开销如图 11-4（b）所示，用块嵌套循环作为连接的执行策略。由于 50 个系有 1000 个教授，Professor 关系中的 DeptID 属性的权值为 20，因此，$\sigma_{DeptID='CS'}$(Professor) 的大小应该为 20 个元组，或者说是 4 页。Teaching 关系中的 Semester 属性的权值为 10000÷4=2500，或者说是 250 页。由于 DeptId 和 Semester 上的索引都是聚集的，计算选择需要的 I/O 开销为"4（访问两个索引）+4（访问 Professor 关系中满足条件的元组）+250（访问 Teaching 关系中满足条件的元组）"。

两个选择的结果不必被写回磁盘，可以把 $\sigma_{DeptID='CS'}$(Professor) 和 $\sigma_{Semester='F2014'}$(Teaching)流水到连接操作，用块嵌套循环策略对其进行连接。由于第 1 个关系只有 4 页，我们把它全部放入主存中，当计算第 2 个关系的时候，我们将其与 4 页的 $\sigma_{DeptID='CS'}$(Professor) 关系相连接，并把结果流水到操作 π_{name}。当所有对 Teaching 关系的选择执行完毕后，无须额外 I/O 就可以结束连接过程。因此，总体开销为 4+4+250=258。

需要注意的是，如果 $\sigma_{DeptID='CS'}$(Professor) 太大，以至于无法放入缓冲区，那么不把 $\sigma_{Semester='F2014'}$(Teaching) 写回磁盘是不可能计算连接的。因此，实际上对 $\sigma_{DeptID='CS'}$(Professor) 的扫描以及对 $\sigma_{Semester='F2014'}$(Teaching) 的最初扫描仍然可以通过流水的方式执行，但是，$\sigma_{Semester='F2014'}$(Teaching) 不得不被扫描多次，每次对应 $\sigma_{Semester='F2014'}$(Teaching) 的一段。为此，第 1 次扫描后，$\sigma_{Semester='F2014'}$(Teaching) 不得不被写回磁盘。

3. 选择被下推到 Professor 关系的情况

对于图 11-2（c）的查询树，可以构建如下查询执行计划。首先用 Professor.DeptId 上的 B$^+$树索引计算 $\sigma_{DeptID='CS'}$(Professor)。像选择被完全下推的情况一样，在后续的连接计算过程中，我们无法再用 Professor.ID 上的散列索引。然而，与选择被完全下推的情况不同的是，Teaching 关系没有任何变化，因此，我们仍旧可以利用索引嵌套循环的方法（用 Teaching.ProfID 上的索引）来计算连接。其他可用的连接方法包括块嵌套循环连接和归并连接。最终，我们把连接结果流水到选择操作 $\sigma_{DeptID='F2014'}$，在扫描的同时执行投影操作，其查询执行计划如图 11-4（c）所示。现在，我们给出这个计划的开销估计。

（1）$\sigma_{DeptID='CS'}$(Professor)。由于有 50 个系共 1000 个教授，因此，这个选择的结果可能包含 20 个元组，或者说是 4 页。由于 Professor.DeptID 上的索引是聚集的，获取这 20

个元组大概需要 4 次 I/O 操作。对于 2 级 B$^+$树索引，索引搜索需要两次 I/O 操作。由于通常倾向于把选择结果流水到接下来的选择阶段，因此，这里无输出开销。

（2）索引嵌套循环连接。我们利用上面选择操作的结果，将结果直接流水到连接操作作为连接操作的输入。需要特别注意的是，由于索引嵌套循环利用了 Teaching.ProfID 上的散列索引，即使选择的结果很大，也无须将其存入磁盘。一旦对 Professor 的选择生成的元组足以填满缓冲区，我们立刻把这些元组与匹配的 Teaching 元组连接，连接的过程利用散列索引，连接结果被输出。然后，我们恢复选择过程，再次填充缓冲区。由于每个 Professor 元组匹配可能被存储在同一个容器中的 10 个 Teaching 元组，因此，为了找到 20 个元组的所有匹配，不得不搜索索引 20 次，每次开销约为 1.2 次 I/O 操作。由于索引是非聚集的，还需额外 200 个 I/O 操作从磁盘中获取实际匹配的元组，总的来说，这需要 1.2×20+200=224 次 I/O 操作。

（3）总体开销。由于连接结果被流水到后续的选择操作和投影操作，后续操作无任何 I/O 开销，因此，总体开销为 4+2+224=230 次 I/O 操作。

4．选择被下推到 Teaching 关系的情况

这种情况与选择被下推到 Professor 关系的情况类似，只不过是选择被应用到 Teaching 关系而不是 Professor 关系。由于对 Teaching 关系执行选择后丢失了其上的索引，我们不能把这个关系作为索引嵌套的内层关系。然而，可以将其作为索引嵌套的外层关系，内层循环可以利用 Professor 关系的 Professor.ID 上的散列索引，也可以利用块嵌套循环和归并计算这个连接。在这个例子里我们选择归并连接，和前面的例子一样，后续利用选择和投影的过程可以通过流水线的方式实现。结果的查询计划如图 11-4（d）所示。

（1）连接—排序阶段。第 1 步是对 Professor 关系利用 ID 排序以及对 $\sigma_{Semester='F2014'}$(Teaching) 利用 ProfID 排序。

（2）为了对 Professor 排序，我们首先要对其进行扫描并创建归并段。由于 Professor 包含 200 个磁盘块，也就包含 4 个（即 200÷50=4）归并段，这样，创建 4 个有序归并段并将其存入磁盘需要 2×200=400 次磁盘 I/O 操作。归并这些归并段只需额外一趟扫描，但是延迟这个归并过程，将其与归并连接的归并过程合并起来。

（3）为了对 $\sigma_{Semester='F2014'}$(Teaching) 进行排序，我们必须先计算这个关系。由于 Teaching 包含 4 个学期的信息，选择结果包含约 10000÷4=2500 个元组。由于索引是聚集的，这 2500 个元组存储在文件中的连续 250 块中。因此，选择的开销约为 252 次磁盘 I/O 操作（其中，两次磁盘 I/O 操作用于对索引进行搜索）。然而，选择结果并不马上被写回磁盘，而是每当缓冲区的 50 页满后才会立刻对其排序，然后把排序结果作为一个归并段写回磁盘。按照这种方法创建了 5 个（即 250÷50=5）归并段，这个过程需要 250 次磁盘 I/O 操作。

$\sigma_{Semester='F2014'}$(Teaching) 的 5 个归并段可以通过一趟归并完成排序。然而，我们不单独执行这个归并过程，而是把这个过程与归并连接的归并过程（还包括对 Professor 关系进行归并的过程，这个过程已经在前面被延迟了）结合起来。

（4）连接—归并阶段。这里没有把 Professor 关系的 4 个有序归并段和 $\sigma_{Semester='F2014'}$(Teaching) 的 5 个有序归并段归并成两个有序关系，而是把有序归并段直接流

水到归并连接的归并阶段，无须把有序的中间关系写入磁盘。按照这种方法，就把对关系进行排序的最后归并阶段与连接的归并阶段结合起来了。

集成的归并阶段首先为 Professor 关系的 4 个有序归并段分别分配一个输入缓冲区，共 4 个输入缓冲区。然后为 $\sigma_{Semester='F2014'}$(Teaching) 的 5 个有序归并段分别分配一个输入缓冲区，共 5 个输入缓冲区，还要分配一个输出缓冲区用于缓冲连接结果。p 为 Professor 关系的 4 个有序归并段的 4 个头元组中 P.ID 最小的元组，t 为 $\sigma_{Semester='F2014'}$(Teaching) 的 5 个有序归并段的 5 个头元组中 t.ProfID 最小的元组，把 p 和 t 进行匹配，如果 P.ID=t.ProfID，把 t 从对应的归并段中移除，连接后的元组被放入输出缓冲区（这里移除了 t 而没有移除 p，是因为同一 Professor 元组可以匹配多个 Teaching 元组）；如果 P.ID<t.ProfID，丢弃 p，否则丢弃 t。重复这个过程，直到所有的输入归并段都被穷尽为止。

这个集成的归并过程的开销就是读两个关系的有序归并段的开销，即读 Professor 的有序归并段需要 200 次 I/O 操作，读 $\sigma_{Semester='F2014'}$(Teaching) 的有序归并段需要 250 次 I/O 操作。

（5）其他开销。连接结果被直接流水到后续的选择（在 DeptId 属性上的选择）和投影（对 name 属性的投影）操作。由于没有中间结果被写入磁盘，这一阶段的 I/O 开销为 0。

（6）总体开销。把每个独立操作的开销加起来，结果是 400+252+250+200+250=1352。

5. 最优查询计划分析

对比分析上面的各种结果，不难看出：最优的查询计划是对应图 11-4（c）的选择被下推到 Professor 关系的那个计划。然而，在我们考虑到的计划中，这仅仅是所有可能计划中的一个很小的子集。不过，值得高兴的是，从这里可以观察到非常有趣的现象：尽管选择被完全下推的计划中参与连接的关系更小（因为选择被全部下推了），但选择被下推到 Professor 关系的计划比选择被完全下推的计划要好。对于这个非常明显的矛盾，通常的解释是：把选择下推到 Teaching 关系使其丢失了索引。令人欣喜的是，这再次证明了启发式规则也只不过是"启发式"的。尽管利用启发式规则倾向于生成较好的查询计划，但是，还要用更加通用的代价模型对查询计划进行评估。

11.2.4 选择一个计划

上节给出了一些查询执行计划，其计划的数量可能非常庞大，这就需要一种有效的方法从所有可能的查询执行计划构成的集合中选择一个较小的子集，这个子集中的计划都较好，然后对这个子集中每个计划的开销进行估计，选择开销最小的一个作为最终查询执行计划。

1. 选择一个逻辑计划

我们定义查询执行计划，给出了每个内部结点的关系实现方法的一个查询树，因此，构建这样一棵查询树包括两个任务：选择一棵树以及其内部结点的实现方法。选择恰当的树相对更加困难，可选的树的数量有可能非常多，因为双目可交换可结合操作符（例如连接、叉积、集合并等）可以按照很多方式被处理。如果一个查询树的子树对应的 N 个关系被这种可交换可结合操作组合在一起，这个子树就有 $T(N) \times N!$ 种构成方式。如果把这种指数级复杂度的工作独立开来，就可以先集中精力研究逻辑查询执行计划（logical query execution plan）。图 11-5 通过把这种连续的双目操作组合成一个结点，暂时避免了考虑这种具有指数级复杂度的问题。

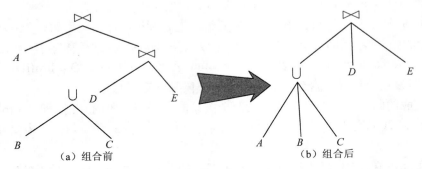

图 11-5　把查询树转换成逻辑查询执行计划示意图

同一个"主计划"（如图 11-2（a）所示）能够生成多个不同的逻辑查询执行计划，在构建逻辑查询执行计划的过程中把选择和投影操作下推，并把选择操作和笛卡儿积操作组合成连接操作。在所有可能的逻辑查询执行计划中，只有很少一部分被保留下来以进行进一步考察。通常，保留下来的是被完全下推的树（因为其可能创建的中间结果是最小的）以及所有"接近"被完全下推的树。保留"接近"被完全下推的树的原因是基于这样的考虑，即把选择或投影下推到查询树的叶子结点，有可能消除在计算连接的过程中利用索引的可能性。

根据这个启发式规则，不可能选择图 11-2（a）所示的查询树，因为它没有执行任何下推。剩余的树可能被选择，包括图 11-4（c）所示的查询树，它的估计开销是最小的，甚至优于图 11-4（b）所示的被完全下推的查询计划。在这个例子中，所有的连接都是双目的，因此，图 11-5 所示的转换并没有涉及。

2．缩减搜索空间

在给出候选的逻辑查询执行计划后，查询优化器必须决定如何执行包含可交换可结合操作的表达式。例如，图 11-6 给出了几个把一个包含多个关系的可交换可结合结点的逻辑计划（a）转换成查询树）b）、（c）和（d）的可选方法。

对应逻辑查询计划，一个结点的所有可能的等价查询子树的空间是二维的。首先，我们必须选择树的形状（忽略对结点的标记）。例如，图 11-6 所示的树具有不同的形状，（d）是最简单的，这种形状的树被称为左深查询树（left-deep query tree）。一个树的形状对应着对一个包含可交换可结合操作的关系子表达式，这样，图 11-6（a）对应的逻辑查询执行行计划对应的表达式为 $A \bowtie B \bowtie C \bowtie D$，查询树（b）、（c）和（d）对应的表达式分别为 $(A \bowtie B) \bowtie (C \bowtie D)$、$A \bowtie ((B \bowtie C) \bowtie D)$ 和 $((A \bowtie B) \bowtie C) \bowtie D$。左深查询树对应的关系代数表达式具有的形式永远为 $(\cdots((E_{i1} \bowtie E_{i2}) \bowtie E_{i3}) \bowtie \cdots) \bowtie E_{in}$。

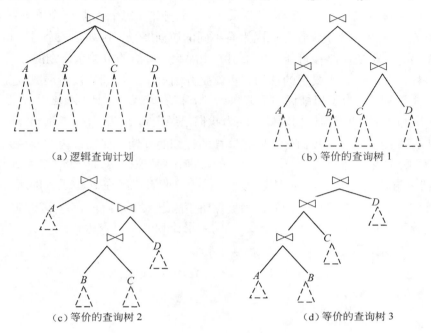

图 11-6　逻辑计划与等价的 3 个查询树示意图

通常，查询优化器只考虑一类具有特定形状的查询树，那就是左深查询树。这是因为即使固定了树的形状，查询优化器还是要做很多工作。实际上，对于图 11-6（d）所示的左深树，仍有 4! 种可能的连接顺序。例如，$((B \bowtie D) \bowtie C) \bowtie A$ 是形如图 11-6（d）所示的左深树的另外一个可能的连接顺序，它对应一个不同的左深查询执行计划。看上去 4! 查询执行计划的开销似乎并不大，但有资料表明，几乎所有的商业查询优化器都放弃对 16 个以上关系进行连接的优化。

除了缩减搜索空间外，选择左深树而不是如图 11-6（b）所示的树的原因是可以利用流水线技术。例如，在图 11-6（d）中，我们可以先计算 $A \bowtie B$，把连接结果流水到下一个连接操作与 C 进行连接。第 2 个连接的结果继续向上流水，无须把中间关系在磁盘中物化。流水对于大关系是非常重要的，因为一个连接的中间输出可能非常大。例如，如果关系 A、B 和 C 的大小为 1000 页，中间关系可能包含 10^9 页，而与 D 连接后可能缩减为几页。在磁盘中存储这样的中间结果，其开销将是非常大的。

3. 启发式搜索算法

选择左深树已经极大地缩减了搜索空间，但为左深树的每个叶子结点赋予关系将进一步地压缩搜索空间。然而，为左深树的每个叶子结点赋予关系有 N! 种方法，估计所有可能方法中每一个方法的开销将难以企及，或者极其复杂，因此还需要一个启发式的搜索算法，可以通过只查找搜索空间的一小部分就能找到合理的查询计划。基于动态规划的启发式的搜索算法目前已被应用于很多商业数据库管理系统中，如 DB2、虚谷等。动态规划的启发式搜索算法的一个简化版本如图 11-7 所示。

为了构建一个左深查询树，首先计算一个 N 路连接 $E_1 \bowtie E_2 \bowtie \cdots \bowtie E_N$ 中的每个单关系表达式的所有查询计划（称其为单关系计划）的开销（每个 E_i 是一个单关系表达式）。注意，每个 E_i 可能有几个查询计划（因为有不同的访问路径，例如，一个访问路径可能利用扫描，而另外一个访问路径可能利用索引），因此，可能的单关系计划的数量为 N 或更大的值。这样，所有计划中最优的计划（也就是开销最小的计划）被扩展成双关系计划，然后是 3 关系计划等。为了把最优的单关系计划 p 扩展成双关系计划，这里假设 p 是 E_{i1} 的查询计划，p 与除 E_{i1} 的查询计划以外（因为我们已经选择 p 为 E_{i1} 的查询计划）的所有单关系计划进行连接；然后，我们估计所有这样的计划的开销，保留最优的双关系计划。每个最优的双关系计划 q（假设它为 $E_{i1} \bowtie E_{i2}$ 的查询计划）被扩展为一个 3 关系计划的集合，这是通过把 q 与除 E_{i1} 和 E_{i2} 的查询计划之外（因为这两者已经在 q 中了）的所有单关系计划进行连接实现的。只有最低开销的计划被保留下来进入下一阶段，这个过程持续下去，直到完全构建了对应 $E_1 \bowtie E_2 \bowtie \cdots \bowtie E_N$ 的逻辑计划的左深表达式。

> 输入：逻辑计划 $E_1 \bowtie E_2 \bowtie \cdots \bowtie E_N$
> 输出："好"左深计划 $(\cdots((E_{i1} \bowtie E_{i2}) \bowtie E_{i3}) \bowtie \cdots) \bowtie E_{in}$
> 所有的单关系计划
> 所有代价最低的单关系计划
> for(i:=1;i<N;i++)do
> 　　$\mathrm{Plan} := \left\{ \mathrm{best}^{\mathrm{meth}}_{\bowtie} 1 - \mathrm{plan} \mid \mathrm{best} \in \mathrm{Best}; 1 - \mathrm{plan}, \mathrm{best} \text{中尚未用到的某些} E_i \text{的计划} \right\}$
> 　　Best:={plan | plan $\in$ plans,plan 中代价最低的}
> end
> return Best;

图 11-7　查询执行计划空间的启发式搜索示意图

一旦执行连接的最优计划被选定，就可以将连接结果看成一个单关系表达式 E，接下来的任务是为 $\pi_{\mathrm{name}}(\sigma_{\mathrm{Semester}='F2014'}(E))$ 寻找一个计划。由于 E 的结果不是有序的、没有索引且不需要消除重复，我们选择顺序扫描作为访问路径，在扫描的过程中同时计算选择和投影。并且，由于 E 的结果被存储在主存中，可以利用流水线技术避免在磁盘上存储中间结果。

11.3　应用程序的优化

应用程序代码和数据库一样，都有可能成为性能问题的根源。事实上，在数据库作为共享资源的情形中，改变应用程序代码要比改变数据库方案容易得多。特定应用的数据库模式处于应用的核心。如果模式设计得好，可能设计出高效的 SQL 语句。所以，在应用层的调优策略首先应该是设计一个规范化的数据库，并估计表的大小、属性值的分布、查询的特征及其执行频率，以及可能对数据库执行的更新等。对规范化的模式进行调整以提高执行频率最高的操作的执行效率是依赖于上述这些估计的。添加索引是最重要的调优方法。此外，反向规范化是另外一种重要的调优技术。

11.3.1　SQL 语句的优化

SQL 无所不在。尽管如此，SQL 却难以使用，因为 SQL 是复杂的，令人困惑且易出错的。笔者在近 30 年的实践中看到当前 SQL 使用中存在着大量的糟糕实践，甚至有的作者在课本或类似出版物中推荐这些糟糕实践，重复行和 null 就是典型的例子。

1．SQL 中的类型检查和转换

SQL 只支持弱形式的强类型化，具体如下：

- BOOLEAN 值只能赋给 BOOLEAN 变量，并只能和 BOOLEAN 值比较。
- 数字值只能赋给数值变量，并且与数字值比较（“数字”（numeric）指的是 SMALLINT、BIGINT、NUMERIC、DECIMAL 或者 FLOAT）。
- 字符串值只能赋给字符串变量，并且只能与字符串进行比较（“字符串”指的是 CHAR、VARCHAR 或者 CLOB）。
- 位串值只能赋给位串变量，并且只能与位串值进行比较（“位串”指的是 BINARY、BINARY VARYING 或者 BLOB）。

因此，像数值与字符串这样的比较就是非法的。然而，即使两个数的类型不同，它们之间的比较也是合法的，例如分别属于 INTEGER 和 FLOAT 类型的两个数（此时，整型值会在进行比较之前强制转换为 FLOAT，这就涉及类型转换问题）。在通常的计算领域中，一个广为认可的原则就是要尽量避免类型转换，因为容易出错，尤其是在 SQL 中，允许类型转换的一个怪异后果就是某些集合的并、交、差运算会产生一些在任何运行元中都没有出现过的行，例如图 11-8 中的 SQL 表 Table1 和 Table2。假设 Table1 中的 *X* 列为 INTEGER 型，Table2 表中的 *X* 列为 NUMBERIC(5,1)类型；Table1 中的 *Y* 列为 NUMBERIC(5,1)类型，Table2 表中的 *Y* 列为 INTEGER 型。如果我们进行如下的 SQL 查询：

```
SELECT X, Y FROM Table1 UNION SELECT X, Y FROM Table2
```

得到的结果将是图 11-8 右侧所示的 a。在结果中的 *X* 列和 *Y* 列都是 NUMBERIC(5,1)类型，且这些列中的值实际上都由 INTEGER 型转化为 NUMBERIC(5,1)类型。因此，结果是由未在 Table1 和 Table2 表中出现的行组成的一个非常奇怪的并。虽然看上去结果并没有丢失信息，但并不能说明它不会导致问题。

Table 1

X	*Y*
0	1.0
0	2.0

Table 2

X	*Y*
0.0	0
0.0	1
1.0	2

a

X	*Y*
0.0	1.0
0.0	2.0
0.0	0.0
1.0	2.0

图 11-8　奇怪的“并”示例图

因此，无论是在 SQL 还是在其他上下文中，尤其是在 SQL 上下文中，要确保同名列始终具有同一类型，只要有可能就尽量避免类型转换。如果无法避免时，强烈建议使用 CAST 或 CAST 的等价物进行显式类型转换。例如前述的查询可以转化为：

```
SELECT cast(X AS NUMBERIC(5,1)) AS X, Y FROM Table1
UNION
SELECT X, cast(Y AS NUMBERIC(5,1)) AS Y FROM Table2
```

2. SQL 中的字符序

SQL 中涉及的类型检查和类型转换的规则（尤其是在字符串场合下的规则）要远比我所假设的复杂，因为任何确定的字符串都由取自相关字符集（character set）的字符组成，并且都有一个关联的字符序（collation）。字符序是与特定字符集相关，并决定着由特定字符集的字符所组成的字符串的比较规则，也做核对序列（collation sequence）。设 C 是对应于字符集 S 的字符序，a 和 b 是字符集 S 中的任意字符，则 C 必使比较表达式 $a<b$、$a=b$、$a<b$ 之一为真，其余为假。然而，有一些变数值得注意：

（1）任何确定的字符序都有 PAD SPACE 或 NO PAD 之分。假设 "str" 和 "str " 具有相同的字符集和字符序，虽然第 2 个字符串比第 1 个字符串多了一个空格，但如果使用 PAD SPACE，则认为两者是 "比较上相等的（compare equal）"。因此强烈建议，如果可能就一直用 NO PAD。

（2）对于确定的字符序，即使字符 a 和 b 不同，比较表达式 $a=b$ 也可能返回 TRUE。比如，字义名为 CASE_INSENSITIVE 的字符序，其中每个小写字母都定义为与对应的大写字母比较上相等。因此，明显不同的字符串有时也产生比较上的相等。所以，可以看到 SQL 中的某些 $v1=v2$ 形式上的比较表达式，即使是在 $v1$ 和 $v2$ 不同的情况下，也可以返回 TRUE（即使它们是不同的类型也可能比较上相等，这是因为 SQL 对类型转换的支持造成的）。所以，建议使用 "相等但可区分（equal but distingshable）" 来表示这样的值对（pair of value）。这样，相等比较在很多上下文（比如 MATCH、LIKE、JOIN、UNION 和 JOIN）中执行（常常是隐式地执行），所用的相等性实际上是 "即使可区分且也相等（equal even if distingshable）"。例如，假设 CASE_INSENSITIVE 字符序如上所述定义，并将 PAD SPAC 用于此字符序，那么，如果表 P 及表 SP 的 SNO 列都使用此字符序，且表 P 和表 SP 中某行的值分别是 "C3" 和 "c3 "，则这两行会被认为满足 SP 到 P 的外键约束，而无视外键值中的小写 "c" 以及其尾部的空格。而且，当计算表达式包含 UNION、INTERSECT、EXCEPT、JOIN、GROUP BY、DISTINCT 等运算符时，系统可能不得不从众多相同但可区分的值中选出一个作为结果中某行某列的值。不幸的是，SQL 本身对此种情况没有给出完整的解决方案。结果是，在 SQL 没有完全说明该如何计算的情况下，一些表达式无法得到确定的值。SQL 的术语是 "可能非确定性的（possibly nondeterministic）"。比如，如果字符序 CASE_INSENSITIVE 用于表 Table 的列 C，那么即使 Table 不发生任何变化，SELECT max(c) FROM table 也可能视情况返回 "ZZZ" 或 "zzz"。

强烈建议用户竭尽所能地避开 "可能非确定性的" 表达式。

3. 不要重复，不要 null

假设 SQL 是真正关系化的，那么一些本应有效的表达式变换及对应的优化才会因为

“重复”的存在而不再有效。例如，图 11-9 所示的数据库（非关系型，且表没有键，表中没有双下划线）。

Table 1

PNO	PNAME
SE001	Translator
SE001	Translator
SE001	Translator
SE005	Translator

Table 2

SNO	PNO
S1	SE001
S1	SE001
S1	SE001

图 11-9 具有重复的数据库（非关系化）示例图

Table1 中存在 3 个“SE001，Translator”，可能有某种意义。那么，业务决策基于表 Table1 和 Table2 进行查询，获得的 Translator 及对应的 Table2 供应商或者是零件编号可能产生的结果如下：

```
(1) SELECT Table1.PNO
    FROM Table1
    WHERE Table1.PNAME = 'Translator'
            OR Table1.PNO IN (SELECT Table2.PNO
                              FROM Table2
                              WHERE Table2.SNO = 'S1')
    结果：SE001*3, SE005*1。
(2) SELECT Table2.PNO
    FROM Table2
    WHERE Table2.SNO = 'S1'
            OR Table2.PNO IN (SELECT Table1.PNO
                              FROM Table1
                              WHERE Table1.PNAME = 'Translator')
    结果：SE001*2, SE005*1。
(3) SELECT Table1.PNO
    FROM Table1, Table2
    WHERE (Table2.SNO = 'S1' AND
            Table2.PNO = Table1.PNO )
            OR Table1.PNAME = 'Translator'
    结果：SE001*9, SE005*3。
(4) SELECT Table2.PNO
    FROM Table1, Table2
    WHERE (Table2.SNO = 'S1' AND
            Table2.PNO = Table1.PNO )
            OR Table1.PNAME = 'Translator'
    结果：SE001*8, SE005*4。
(5) SELECT Table1.PNO
    FROM Table1
    WHERE Table1.PNAME = 'Translator'
    UNION ALL
```

```
      SELECT Table2.PNO
          FROM Table2
          WHERE Table2.SNO = 'S1'
      结果: SE001*5, SE005*2。
(6) SELECT DISTINCT Table1.PNO
    FROM Table1
    WHERE Table1.PNAME = 'Translator'
    UNION ALL
    SELECT Table2.PNO
        FROM Table2
        WHERE Table2.SNO = 'S1'
    结果: SE001*3, SE005*1。
(7) SELECT Table1.PNO
    FROM Table1
    WHERE Table1.PNAME = 'Translator'
    UNION ALL
    SELECT DISTINCT Table2.PNO
        FROM Table2
        WHERE Table2.SNO = 'S1'
    结果: SE001*4, SE005*2。
(8) SELECT DISTINCT Table1.PNO
    FROM Table1
    WHERE Table1.PNAME = 'Translator'
            OR Table1.PNO IN
                (SELECT Table2.PNO
                FROM Table2
                WHERE Table2.SNO = 'S1')
    结果: SE001*1, SE005*1。
(9) SELECT DISTINCT Table2.PNO
    FROM Table2
    WHERE Table2.SNO = 'S1'
            OR Table2.PNO IN
                (SELECT Table1.PNO
                FROM Table1
                WHERE Table1.PNAME = 'Translator')
    结果:  SE001*1, SE005*1。
(10) SELECT Table1.PNO
    FROM Table1
    GROUP BY Table1.PNO, Table1.PNAME
    HAVING Table1.PNAME = 'Translator'
    OR Table1.PNO IN
                (SELECT Table2.PNO
                FROM Table2
                WHERE Table2.SNO = 'S1')
```

```
        结果：SE001*1, SE005*1。
（11）SELECT Table1.PNO
     FROM Table1, Table2
     GROUP BY Table1.PNO, Table1.PNAME, Table2.SNO, Table2.PNO
     HAVING (Table2.SNO = 'S1' AND
             Table2.PNO = Table1.PNO
             OR Table1.PNAME = 'Translator')
       结果：SE001*2, SE005*2。
（12）SELECT Table1.PNO
     FROM Table1
     WHERE Table1.PNAME = 'Translator'
     UNION
     SELECT Table2.PNO
     FROM Table2
     WHERE Table2.SNO = 'S1'
       结果：SE001*1, SE005*1。
```

上述 12 种情况也许有一些问题，因为它们实际上是假设每种情况要查询的转换器（Translator）都至少由一个供应商提供。不过，这一事实不会对后面的结论产生实际影响。

综合上述 12 情况的结果，产生了 9 种不同的结果。这里的不同指的是它们的重复度（degree of duplication）不同。因此，如果业务工作在意结果的重复，那么为了得到确实想要的结果，就需要格外仔细地表述查询。当然，类似的说明也适用于数据库系统本身，因为不同的表述方式可以产生不同的结果，优化器必须对其表达式转换任务非常小心：① 优化器代码本身看起来更加难以编写和维护，可能也更加容易出错，这些综合起来就使得产品更为昂贵，也使得难以投放到市场中；② 系统的性能可能低于其本应达到的水平；③ 用户不得不花费时间和精力来确定问题的所在。

关系模型是禁止重复的，要想关系化地使用 SQL 就要采取措施避免出现重复。如果每个基表都至少有一个键，那么在这样的基表中永远不会出现重复。在 SQL 查询中指定DISTINCT，就可以有效地把结果中的重复去除。当然，一些 SQL 表达式仍会具有重复的结果表，如 SELECT ALL、UNION ALL、VALUES 等。因此，强烈建议总是指定 DISTINCT；宁可显式地做，永远不要指定 ALL。

SQL 中的 null 概念容易导致三值逻辑（即 3VL，TRUE、FLASH 和 UNKNOWN），与关系模型中常用的二值逻辑（2VL）矛盾。以 $A>B$ 为例，如果不知道 A 的值，那么不管 B 的值是多少（比较特殊的情况是 B 的值也是 unknown），A 是否大于 B 都是 unknown（注意，这也是"三值逻辑"一词的来源）。

无论是布尔表达式还是查询，依照三值逻辑其结果无疑是正确的，但在现实世界中肯定是错误的。图 11-10 所示的含有 null 的非关系化数据库，对于零件型号为 P0001 的MANUFACTURERS 存放位置的阴影表示没有任何东西（nothing at all）。从概念上，在那个位置不存在任何东西，甚至连只包含空白的字符串或空字符串都不是（即对应于零件型号为 P0001 的"元组"不是真正的元组）。

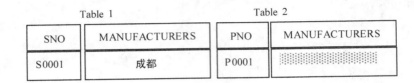

图 11-10　含有 null 的数据库（非关系化）示例图

在这种情况下，如果一个 SQL 表述是：

```
SELECT table1.SNO, Table2.PNO
FROM Table1, Table2
WHERE Table1.MANUFACTURERS<>Table2.MANUFACTURERS
    OR Table2.MANUFACTURERS<>"昆明"
```

那 么 WHERE 子句中的布尔表达式"(Table1.MANUFACTURERS <> Table2.MANUFACTURERS) OR (Table2.MANUFACTURERS <> "昆明")"，对于仅有的数据，这个表达式的值是 UNKNOWN OR UNKNOWN，简化为 UNKNOWN。我们知道，该例 SQL 查询检索的目标是那些使 WHERE 子句中表达式为 TRUE（不是 FALSE 也不是 UNKNOWN）的数据，因此，它将检索不到任何东西。

但是在现实中，零件型号 P0001 确实有对应的供应商，零件型号 P0001 的"null MANUFACTURERS"确实代表某个真实的值，如果我们把设其为 c，那么，c 要么是昆明，要么不是。如果 c 是昆明，那么表达式为：

```
(Table1.MANUFACTURERS <> Table2.MANUFACTURERS)
    OR (Table2.MANUFACTURERS <> "昆明")
变为（对于我们仅有的数据）：
("成都" <> "昆明") OR ("昆明" <> "昆明")
```

此式的值为 TRUE，因为第 1 项的值为 TRUE。另一方面，如果 c 不是昆明，那么表达式变为（还是对于我们仅有的数据）：

```
("成都" <> c) OR (c <> "昆明")
```

此式的值也是 TRUE，因为第 2 项的值为 TRUE。因此，此布尔表达式在现实世界中总是为真。所以，查询应该不管 null 到底代表什么值都返回(S0001, P0001)。换句话说，三值逻辑正确的结果与现实世界中的正确结果是不同的。

再如，对于图 11-10 所示的同一个表 Table2，如果进行下面的查询：

```
SELECT pno
FROM table2
WHERE MANUFACTURERS= MANUFACTURERS
```

现实世界中答案当然是当前出现在 Table2 中的零件型号集合，然而 SQL 根本不会返回任何零件编号。因此，如果数据库中有 null，一些查询就会得到错误答案。而且，我们无从知晓到底哪个查询会得到错误的答案，哪些又不会。所以，整个结果变得可疑了，永远不能相信从包含 null 的数据库中得到的答案。数据库权威戴特（C.J.Date）认为，这种情况完全是致命的。

如果要关系化地使用 SQL，必须采取措施防止 null 出现。首先，应该对每张基表的每列都显式或隐式地指定 NOT NULL 约束，这样 null 就永远不会在基表中出现。不幸的是，一些 SQL 表达式仍会产生包含 null 的结果表。一些可以产生 null 的情况如下：

- 类似 SUM 这样的 SQL"集函数"在参数为空（empty）时（COUNT 和 COUNT（∗）除外，它们在此种情况下会正确地返回 0）。
- 如果一个标量查询的值为空表，则空表转为 null。
- 如果行子查询的结果为空表，则空表转为全是 null 的行。注意，从逻辑上讲，全为 null 的行和一个 null 行不是一回事（一个逻辑区别），而 SQL 却认为它们是一回事，至少某些时候如此。
- 外连接和"并连接"（union joins）明确设计为会在结果中产生 null[①]。
- 如果忽略了 CASE 表达式中的 ELSE 子句，则会假设 ELSE 子句为 ELSE NULL 形式。
- 如果 $x = y$ 为 TRUE，则表达式 NULLIF(x,y) 返回 null。
- ON DELETE SET NULL 和 ON UPDAE SET NULL 的"参照触发动作"都能产生 null。

当然，如果禁止了 null，就必须采用其他方法处理遗失信息。其他方法非常复杂，读者可自行参考，这里不再讨论。

4．基关系变量和基表

关系值（简称关系 relation）与关系变量（简称 relvar）是重大的逻辑区别，但在 SQL 中的对应部分可能让人思路混乱，因 SQL 没有明显区分关系值与关系变量，而是用同一个术语"表"（table）来指"表值"或"表变量"。例如，CREATE TABLE AAA 中的关键字 TABLE 指的是"表变量"，但当我们说"表 AAA 有 5 条记录"时，"表 AAA"指的是一个"表值"，即名为 AAA 的表变量的当前值。因此这里进一步明确：第一，关系变量指的是允许值为关系的变量，SQL 中 INSERT、DELETE 和 UPDATE 操作的目标对象都是关系变量，而不是关系；第二，若 R 是关系变量，r 是赋给 R 的关系，则 R 和 r 必须是同一（关系）类型的。

1）更新是集合级别的

关系模型中的所有运算都是集合级别的，即它们的运算元是整个关系或整个关系变量，而非单独元组。因此，INSERT 是将目标关系变量插入到一个元组集合；DELETE 是从目标关系变量中删除一个元组集合；而 UPDATE 是在目标关系变量中更新一个元组集合。例如，关系变量 Table1 服从完整性约束：供应商 S0001 和 S0004 总是位于同一个城市，那么试图更改两者中的任何一一城市的"单一元组 UPDATE"都必然会失败。相反，我们必须对两者进行更改，方法可能如下：

---

① SQL 的 UNION JOIN 运算符（尝试支持存在缺陷的所谓"外并"操作，但该深度仍存在问题），在 SQL1992 中引入，在 SQL2003 中废除。

```
UPDATE Table 1
    WHERE SNO = 'S0001'
        or SNO = 'S0004' :
        {CITY := '成都 '}
```

```
UPDATE Table 1
    SET CITY := '成都 '
    WHERE SNO = 'S 0001'
        or SNO = 'S 0004'
```

"更新是集合级别的"这一事实暗示,在显式请求的更新没有完成之前,类似 ON DELETE CASCADE 这样的"参照触发操作"是肯定不能执行的(更一般的,所有类型的触发操作都是如此)。

"更新是集合级别的"这一事实还说明,完整性约束在所有的更新(也包括触发操作,如果有)完成之前是不能进行检查的。

2)关系赋值

一般的关系赋值通过向一个(由一个关系变量引用代表的)关系变量指派关系值(由关系表达式表示)的方式执行。例如:

```
S := S WHERE NOT (CITY = "北京")
```

这个赋值逻辑等价于下述的 DELETE 语句:

```
DELETE S WHERE CITY = '北京'
```

再如"DELETE R WHERE bx;"(其中,R 是关系变量名称,bx 是布尔表达式)是如下关系赋值的简写,两者逻辑上等价:

```
R := R WHERE NOT (bx);
```

或者,我们可以说 DELETE 语句是下面运算的简写(注意,无论哪种方式都会得到相同的结果):

```
R := R MINUS (R WHERE bx);
```

在 SQL 中,INSERT 的数据源是通过表达式的方式指定的,其 INSERT 插入的其实是表,而不是行,尽管插入的表(即源表(sourcce table))可能经常只包含一行,甚至根本没有行。SQL 中的 INSERT 定义既不采用 UNION,也不采用 D_UNION,而是采用 SQL 的"UNION ALL"运算符。如果目标表遵守键约束,那么无法插入一个已经存在的行,反之可以成功插入重复行。SQL 中的 INSERT 提供了一个选项,可以将目标表名后的列名列表标识插入值的目标列,第 i 个目标列对应于源表的第 i 个列。忽略此项等于以从左至右依次对应目标表的方式指定目标表的所有列,建议不要忽略此选项。例如下面的 INSERT 语句:

```
INSERT INTO Table2 VALUES ('S0005', 'P0006',1000);
```

就不如下面的 INSERT 语句好:

```
INSERT INTO Table2 (PNO, SNO,QTY) VALUES ('S0005', 'P0006',1000);
```

因为前者的表述方式依赖于表 Table2 中的列排序,而后者的语句不依赖。

下面的例子可以说明 INSERT 插入的是表而不是行:

```
INSERT INTO
    Table2 (PNO, SNO,QTY)
    VALUES ('S0005', 'P0006', 1000),
           ('S0006', 'P0007', 800),
           ('S0007', 'P0009', 1800);
```

3）关于键

一个键是一个属性的集合，而且一个属性应该是一个属性名/类型名对。第一，键的概念是用于关系变量而不是关系。因为说某个东西是键，也就是说某个完整性约束生效了；而完整性约束是用于变量的，不是用于值的。第二，对于基关系变量，通常要指定一个键作为主（primary）键（关系变量中的其他键称为替换键（alternate keys））。至于选择哪个键作为主键，不在关系模型的范畴之内。第三，如果 R 是关系变量，那么 R 必须至少有一个键。因为 R 所有可能的值都是关系，根据定义可知，这些关系至少不包含重复元组。在 SQL 中，不管是什么基表，强烈建议使 UNIQUE 或 PRIMARY KEY 保证每个表至少有一个键。第四，键值是元组（SQL 中的行），而不是标题。

5. 关系表达式要表示什么

每一个关系变量都有确定的关系变量谓词。可以说，这个谓词的含义就是对应关系变量。例如，供应商关系变量 TABLE1 的谓词是供应商 SNO 签订了合同，其名称为 SNAME，其状态是 STATUS，其位于城市 CITY。那么，除了 CITY 之外的所有供应商属性上的投影为：

```
Table1 { SNO, SNAME, STATUS }
```

这个表达式表示一个关系，此关系包含的元组采用的形式为：

```
TUPLE { SNO s, SNAME n, STATUS t }
```

这样，如下形式的元组存在于关系变量 Table1 之中，对应的 CITY 取值为 c。

```
TUPLE { SNO s, SNAME n, STATUS t, CITY c }
```

其结果表示如下的谓词扩展：存在某个 CITY 满足供应商 SNO 签订了合同，其名称为 SNAME，其状态为 STATUS，其所在城市正是 CITY。

这个谓词表示了关系表达式 Table1{SNO, SNAME, STATUS}的含义。可见，此谓词只有 3 个参数，而其对应的关系也只有 3 个属性（CITY 并不是谓词的参数，而是逻辑学家所谓的"约束变元"）。

6. SQL 中的类型约束

SQL 不支持类型约束，不过允许用户创建自定义类型。例如下面的语句：

```
CREATE TYPE QTY AS INTEGER FINAL;
```

这里的 FINAL 关键字就是用于指明自定义的 QTY 类型不能有任何子类型（subtype）。根据 SQL 的定义，所有的可用整数（包括负整数）都被认为是有效的数量。如果我们想将数量限制在某个特定的区间，那么必须在每次使用类型时都指定相应的数据约束。在实践中，这可能是一个基表约束。例如，如果基表 Table2 中的 QTY 列定义为 QTY 类型而不是 INTEGER 类型，那么应该对表的定义进行如下扩展：

```
CREATE TABLE SP(
        SNO           VARCHAR(5)       NOT NULL,
        PNO           VARCHAR(6)       NOT NULL,
        QTY           QTY              NOT NULL,
        UNIQUE (SNO, PNO ),
        FOREIGN KEY (SNO ) REFERENCES Table1 (SNO),
        FOREIGN KEY (PNO ) REFERENCES Table2 (PNO),
        CONSTRAINT SPQC CHECK ( QTY >= QTY(0) AND
                                QTY <= QTY(10000)));
```

在 CONSTRAINT 声明中的表达式 QTY(0) 和 QTY(10000)可以认为是对 QTY 选择器的调用。这里，选择器并不是 SQL 的术语，由于在 SQL 中如何使用选择器非常复杂，已经超出了本书的范围，请读者自行参考相关资料。

下面展示 POINT 类型的 SQL 定义：

```
CREATE TYPE POINT AS
    (X NUMERIC (5,1), Y NUMERIC(5,1)) NOT FINAL;
```

这里使用 NOT FINAL，而不是上例中的 FINAL。

需要特别注意的是，由于 SQL 并不真正支持类型约束，所以只要有可能，就用如同 QTY 示例的方式使用数据库约束，弥补这个缺失。当然，如果你按照这个建议做了，你要付出代价，那就是付出大量的重复工作，但这个代价是值得的，远比你的数据库中出现坏数据所付出的代价低。

7．相关子查询

从性能角度看，要尽量避免相关子查询，因为相关子查询必须对外层表的第一行进行重复计算，而不是对所有的行仅计算一次。例如，查询"既供应了 P00001 型号器件，又供应了 P00002 型号器件的供应商的名字"，其逻辑表述方式为：

```
{A.SNAME} WHERE EXISTS B (B.SNO = A.SNO
            AND B.PNO = 'P00001')
            AND (B.SNO = A.SNO AND B.PNO = 'P00002')
```

等价的 SQL 表述方式是很直接的：

```
SELECT DISTINCT A.SNAME
    FROM S AS A
    WHERE EXISTS (SELECT *
                    FROM SP AS B
                    WHERE B.SNO = A.SNO
                    AND B.PNO = 'P00001')
```

```
            AND EXISTS (SELECT *
                        FROM SP AS B
                        WHERE B.SNO = A.SNO
                        AND B.PNO = 'P00002')
```

可以变换为：

```
SELECT DISTINCT A.SNAME
    FROM S AS A
    WHERE A.SNO IN (SELECT B.SNO
                    FROM SP AS B
                    WHERE B.PNO = 'P00001')
        AND A.SNO IN (SELECT B.SNO
                      FROM SP AS B
                      WHERE B.PNO = 'P00002')
```

8. SELECT *

在 SQL 中，SELECT 子句对 "SELECT *" 的使用在所涉及列不相关并且列的自左向右排序也不相关的情况下是可以接受的。然而，这种用法在其他情况下却是危险的，因为 "*" 的含义在已有表中增加新列的情况下会发生改变。因此强烈建议，时刻警惕这种情况发生，尤其是不要在游标定义的最外层使用 "SELECT *"，应该明确地显式命名相关列。这个说明也适用于视图定义。

9. 避免排序

排序的开销很大，所以用户应该尽量避免排序，需要详细了解哪些类型的查询可能导致查询优化器在查询计划中引入排序，如果可能，避免执行这些类型的查询。除了归并连接外，消除重复也包含排序操作。因此，除非对业务来说非常重要，否则不要用 DISTINCT 关键字。集合操作（像 UNION 和 EXCEPT）也会引入排序操作以消除重复。但是这可能是无法避免的（某些数据库管理系统提供了 UNION ALL 操作，这个集合操作不需要消除重复，因此也就不需要排序）。

对于处理 ORDER BY 子句来说，排序是不可避免的（因此用户应该仔细考虑，对结果进行排序是不是必需的）。GROUP BY 子句通常也会引入排序，如果排序是不可避免的，可以考虑利用聚集索引进行预排序。

11.3.2　索引

对索引的调整是数据库性能优化的重要任务之一。索引是表的一个或多个列的键值的有序列表，在表上创建索引可以快速检索数据在数据库中的位置，减少查阅的行数，同时索引也是作为在关系数据库中强制唯一性约束的一种方法。不管是 Oracle 数据库还是 DB2 数据库、虚谷数据库，都可分为聚集索引和非聚集索引两种结构。索引带来的好处是显而易见的，但索引的存在同时带来了相关的存储开销，更为严重的是，额外的索引可能极大地增加对数据库进行修改的语句的处理时间。因为每当索引对应的表被更新的时候，对应的索引也要更新。因此，在一个经常被插入、删除的表上创建索引的时候，在要创建的索引对应的搜索码包含一个经常被更新的列的时候，创建索引所带来的处理查询的性能增益需要仔细斟酌。例如下面的查询：

```
SELECT P.DeptId
    FROM PROFESSOR AS P
    WHERE P.Name = :name
```

由于 PROFESSOR 的主码为 ID，我们可以认为数据库管理系统已经在这个属性上创建了聚集索引。但是，这个索引对于这个查询没有任何用处，因为我们需要的是找到所有具有一个特定名字的教授。一个可能性是显式地在 Name 属性上创建一个非聚集索引。如果同名的教授很少，这个索引可以极大地加快查询的执行速度。但是，在同名的教授非常多的情况下，一个较好的解决方案是使 Name 属性上的索引为聚集的，而 ID 属性上的索引为非聚集的。结果是，具有相同名字的行被组合在一起，可以通过一次 I/O 操作获取满足条件的所有记录。这个索引可以是 B^+ 树索引，也可以是散列索引（由于 Name 上的条件是等值条件）。

上述示例说明，由于一个表最多只能有一个聚集索引，我们不能将这个索引浪费在不能利用聚集索引的优势的属性上。数据库管理系统通常在主码上创建了一个聚集索引，但是，我们不应该受此局限。主码上的非聚集索引也能确保码值的唯一性，并且，最多有一行能具有一个特定的码值，聚集不能把具有相同搜索码值的行组合在一起。因此，如果我们不想按照主码对行进行排序，在主码上创建聚集索引是没有理由的。此外，用一个聚集索引替换一个已经存在的聚集索引是一件非常耗时的工作，因为这个过程中包含对存储结构的完全重组。当然，我们不可能每执行一个查询就创建一个新的聚集索引。正确的做法是，首先对应用进行分析，考虑应用可能会执行哪些查询以及每个查询的执行频率，创建一个可能带来最大收益的聚集索引，直到性能分析显示需要对系统进行再次调优为止都不对其进行修改。

如果两个不同的查询受益于同一个表上的两个不同的聚集索引，那么我们将面临难题，因为在同一个表上只能创建一个聚集索引。一个可能的解决方案是利用唯独索引策略（index-only strategy），假设 TEACHING 表的 Semester 属性上存在一个聚集的 B^+ 树索引；但是，另外一个非常重要的查询受益于 TEACHING 表的 ProfID 属性上的聚集索引，其目的是快速访问与一个教授相关的课程代码（给出 ProfID，查找相关的 CrsCode）。我们可以通过创建一个搜索码为<ProfID, CrsCode>的非聚集 B^+ 树索引来回避这个问题。查询涉及的所有信息都被包含在这个索引中（这种索引通常被称为覆盖索引（covering index）），处理查询根本不需要访问 TEACHING 表。我们只需按照 ProfID 属性值沿着索引到达叶级；由于对应一个 ProfID 属性值的页级 CrsCode 属性值都是聚集在一起的，我们只需沿着索引的叶级向前扫描，只利用索引条目即可获取整个结果集。这种方法的效果与在 TEACHING 表上创建搜索码为<ProdID, CrsCode>的聚集索引的效果是一样的（实际上，这种方法的效率更高，因为索引更加小巧，扫描叶级的一个片段比扫描 TEACHING 表的同一片段所需的 I/O 次数更少）。

唯独索引查询包括两种情况。在这个例子中,我们利用 ProfID 对索引进行搜索,以快速定位相关的课程代码(CrsCode)。然而,假设还有一个查询,这个查询需要给出讲授一门特定课程的所有教授的 ProfID。不幸的是,尽管这个查询需要的所有信息都包含在上面创建的索引中,但是不能对其进行搜索,因为 CrsCode 属性不是搜索码的第一个属性。当然,这并不等于没有办法,给出这个查询的结果集的一个办法是扫描索引的整个叶级。与搜索相比,这是低效的,但是这种方法比扫描整个数据文件效率高(索引是小的),也比在 CrsCode 属性上再创建一个非聚集索引的方法效率高。

嵌套是 SQL 最强大的特征之一,但嵌套查询非常难优化。例如下面的 SQL 查询:

```
SELECT P.Name,C.CrsName
    FROM PROFESSOR AS P,COURSE AS C
    WHERE P.Department == 'CS' AND
        C.CrsCode IN (SELECT T.CrsCode
            FROM TEACHING AS T
            WHERE T.Semester == '62003' AND T.ProfID == P.ID)
```

这个查询返回一个行集,其第 1 个属性的属性值是一个计算机科学系(CS)教授的名字,而且这个教授在 2013 年春季讲授过一门课程(62003),第 2 个属性的属性值就是这门课程的名字。

在典型情况下,查询优化器将这个查询分割成两个独立的部分。内部查询被作为一个独立的语句来优化,外部查询也被独立优化(把内部 SELECT 语句的结果集看作一个数据库关系)。在这种情况下,子查询(内部查询)与外部查询是相关的,因此高效地执行子查询是非常重要的,因为子查询需要被执行多次。例如,利用 TEACHING 表上搜索码为 <ProfID, Semester>的聚集索引可以快速地获取特定教授在特定学期讲授的所有课程(这非常可能是一个很小的集合)。如果可能,搜索码应该包含 WHERE 子句中包含的所有属性,这样可以避免不必要地获取数据库中的行。

由于嵌套查询中内、外层查询是独立优化的,优化器可能忽略某些替代的执行策略。例如,不可能用到 TEACHING 表上的搜索码值为 <ProfID, CrsCode>的聚集索引,因为嵌套子查询只是根据外层查询提供的 P.ID 值创建课程代码(CrsCode)集。然而,大家非常容易想到,上面的查询等价于下面的查询:

```
SELECT C.CreName,P.Nam
    FROM PROFESSOR.P,TEACHING.T,COURSE.C
    WHERE T.Semester = '62003' AND P.Department = 'CS'
        AND P.ID = T.ProfID AND T.CrsCode = C.CrsCode
```

在对这个查询进行优化的过程中,将会考虑到利用这个索引。

11.3.3 反向规范化

反向规范化(denormalization)是指通过向一个表中添加冗余信息来设法提高只读查询的性能。这个过程是关系规范化的逆过程,结果导致了违反范式条件。

反向规范化采取添加冗余信息的形式。例如,为了打印一个包含学生姓名的班级花名册,需要对 STUDENT 表及 TRANSCRIPT 表进行连接。我们可以通过在 TRANSCRIPT 表上添加一个 Name 属性列来避免连接。与上面的例子相比,STUDENT 表仍旧包含其他信息(例如 Address),因此,反向规范化没有消除保留 STUDENT 表的必要性。

另外一个例子是对 STUDENT 表及 TRANSCRIPT 表进行连接来构建一个结果集,以便把一个学生的名字与其平均成绩点关联起来。如果这个查询执行得非常频繁,我们可能需要在 STUDENT 表上添加一个 GPA 列来提高这个查询的性能。尽管修改前 GPA 没有被存储在数据库中,但是,这仍旧是冗余信息,因为可以通过 TRANSCRIPT 表计算 GPA。这是反向规范化的一个非常有吸引力的例子,因为额外的存储空间是有名无实的。

但是,不要无限制地进行反向规范化。除了需要额外的存储空间外,反向规范化还需要额外的开销来维护一致性。在这个例子中,每当发生一次成绩变更或者向 TRANSCRIPT 表添加一个新行都要更新对应的 GPA 值。这个过程可能是由执行修改的事务来完成的,反向规范化在增加这个事务的复杂度的同时还降低了这个事务的性能。一个较好的方法是添加一个触发器,每当发生更新的时候,触发器被触发来更新 STUDENT 表。尽管性能损失不可避免,但是这个方法降低了事务的复杂度,并且避免了发生事务没有恰当维护一致性的情况。

关于何时进行反向规范化,没有通用的规则。以下是一些可能相互冲突的不完整的关于反向规范化的指导性意见,在应用中包含一个特定的事务集的时候需要综合考虑这些指导性意见。

(1)规范化可以降低存储空间的开销,因为规范化通常消除了冗余数据及空值;同时,表和行比较小,减少了必须执行的 I/O 操作的数量,允许更多的行被存储在高速缓存中。

(2)反向规范化增加了存储开销,因为添加了冗余信息。然而,在冗余度比较低的情况下,规范化也可能增加存储开销。

(3)规范化通常使复杂查询(例如,OLAP 系统中的某些查询)的执行效率较低,因为在查询执行的过程中必然要涉及处理连接操作。

(4)规范化通常使简单查询(例如,OLTP 系统中的某些查询)的执行效率更高,因为这种查询通常只涉及包含在一个表中的少量属性。由于关系分解后每个关系包含的元组较少,在执行一个简单查询的过程中需要扫描的元组就较少。

(5)规范化通常使简单的更新型事务的执行效率更高,因为规范化倾向于减少每个表包含的索引的数量。

11.3.4 实现惰性读取

对应用系统的一个重要的性能考虑是,当对象被获取时是否应该自动读入属性。如果一个属性非常大并且很少被访问,则需要考虑是否采取惰性读取(lazy read)的方式。例如在人力资源管理系统中,员工的身份证照片是一个基本属性,它的平均大小可能为100KB,很少会有操作实际需要这个数据。当读取该对象时,无须自动跨网络去获取这个属性,可以仅当实际需要该属性时再去获取它。这可以通过 getter 方法完成,该方法是为了提供一个单独属性的取值,而且它会查看该属性是否已被初始化,如果没有,这时再从数据库中获取它。

惰性读取的其他常见用法是，把要获取的对象作为查询的结果，用来在对象代码内实现报表。在这两种情形下，只需要对象的一个小的数据子集。

11.3.5　引入缓存

缓存（cache）指的是在内存中临时保存实体副本的地方。由于数据库访问常常占用业务应用程序中大部分的处理时间，缓存能够急剧降低应用程序对数据库的访问数量。缓存包括以下内容。

- 对象缓存（object cache）：该方式会在内存中维护业务对象的副本。应用程序服务器可以把某些或所有业务对象放进共享的缓存中，以使它支持的所有用户能够使用该对象的相同副本。这降低了它与数据库交互的次数，因为现在其只需要获取对象一次，并且在更新数据库之前合并多个用户的改动即可。另外一种方式是，每个用户都有一个缓存，这样可在非高峰期间对数据库进行更新，胖客户端应用程序也会采用这种方式。另外，可以轻松地将对象缓存实现成 Identity Map 模式（Fowler et.al. 2003），该模式建议使用一个集合并通过它的标识域（表示数据库内主键的属性，这是一种影子信息）来支持对象的查找。
- 数据库缓存（database cache）：数据库服务器会将数据缓存在内存中，从而减少磁盘访问的次数。
- 客户端数据缓存（Client data cache）：客户端的机器可以有自己的小型数据库副本，可能是公司的 Oracle 数据库的一个 Microsoft Access 版本，从而减少网络流量，并以离线模式（disconnected mode）运行。这些数据库的副本是根据数据库记录（公司数据库）复制而来，以获取更新后的数据。

11.3.6　充分利用工具

数据库管理系统供应商提供了各种用于对数据库进行调优的工具。这些工具通常情况下需要创建一个试验数据库，在这个数据库里对各种查询执行计划进行试验。在大多数数据库管理系统中，一个这样的典型工具是 EXPLAIN PLAN 语句，它允许用户查看数据库管理系统生成的查询计划。这个语句不是 SQL 标准的一部分，因此，在不同数据库管理系统供应商提供的数据库产品中，这个语句的语法可能会有所差别，基本的想法就是先执行一个如下形式的语句：

```
EXPLAIN PLAN SET queryno = 20130002 FOR
    SELECT P.Name
        FROM PROFESSOR AS P,TEACHING AS T
        WHERE P.ID = T.ProfID AND T.Semester = 'F2014'
            AND T.Semester = 'CS'
```

这个语句使数据库管理系统生成一个查询执行计划，并把这个查询执行计划当成一个元组集存储在 PLAN TABLE 关系（queryno 是这个关系的一个属性，有些数据库管理系统用不同的属性名，例如 ID）中。然后，可以通过执行如下对 PLAN_TABLE 关系的查询来获取这个查询执行计划。

```
SELECT * FROM PLAN_TABLE WHERE queryno = 20130002
```

　　基于文本的查询执行计划的检测功能非常强大，但是，目前只有热衷于这种方式的人使用。一个繁忙的数据库管理员通常把基于文本的方法作为最后的手段，因为大多数数据库管理系统供应商都提供了图形界面的调优工具。例如，IBM 的 DB2 有一个 Visual Explain 工具，Oracle 提供了 Oracle Diagnostic Pack 工具，微软提供了 Query Analyzer 工具。这些工具不仅显示查询计划，而且能够建议我们创建索引以提高各种查询的执行速度。

　　通过考察查询执行计划，可以确认数据库管理系统是否忽略了我们所提供的"暗示"以及我们所细心创建的索引。如果对当前的查询执行策略不满意，我们可以设法尝试其他执行策略。更重要的是，很多数据库管理系统提供了跟踪工具，我们可以利用跟踪工具跟踪查询的执行，并输出 CPU 和 I/O 资源利用情况以及每步处理的行数这些信息。利用跟踪工具，我们可以使数据库管理系统耐心地尝试各种查询执行计划，并评估每个执行计划的性能，从而使我们的应用系统处于最优的状态。

　　这里需要特别提及的是跨平台数据库调优利器 DB Optimizer（简称 DBO）。DBO 是美国英巴卡迪诺公司的 7×24 小时快速数据库性能调优工具，它是一款数据库性能数据采集、分析以及优化 SQL 语句的集成环境，可以帮助 DBA 以及开发人员快速发现、诊断和优化执行效率差的 SQL 语句。DBO 具有中文版，支持 Oracle、Sybase、IBM DB2、MS SQL Server 等数据库平台。

　　DBO 为绿色免安装软件，在数据库服务器端无须安装代理，通过 JDBC 驱动连接到数据库，无须安装数据库客户端驱动，连接用户只需有权访问动态性能视图即可。DBO 在运行时仅采集与性能相关的数据，给数据库服务器带来的系统压力小于 1%，因而适合用于关键的生产系统。

　　DBO 的典型工作流程包括发现和分析问题、解决问题、验证结果，此外还包括一个用来编写 SQL 语句的 SQL 编辑器。

　　DBO 包含 Profiler、Tuner、SQL Editor 和 Load Editor 四大组件。通过 Profiler 组件可以发现和分析问题，判断数据库是否存在瓶颈以及瓶颈的具体所在。Profiler 组件持续地对数据库进行数据采集，以构建数据库的负载统计模型。采集数据时会过滤掉执行性能良好的 SQL 语句，仅收集"重量级"的 SQL 语句信息[①]。

　　通过 Profiler 组件发现需要优化的 SQL 语句后，可以选择该 SQL 语句，从弹出的菜单中选择"Tune"，这样将把该 SQL 语句导入到 DBO 的另一组件"调优器（Tuner）"中，从而开始调优。

　　DBO 不仅可以从 Profiler 组件中获得要优化的 SQL 语句，还可直接撰写 SQL 语句，或从数据源浏览器中拖曳要优化的数据库对象；或选择 SQL 文件执行批量优化；或从 Oracle 的 SGA 中查找要优化的 SQL 语句。

---

　　① "重量级"包括两类，一类是运行时间较长的 SQL 语句，另一类是运行频度很高的 SQL 语句。

用户可通过 Hints 告知数据库优化器执行 SQL 语句的最优方式。DBO 的优化器可以自动地使用 Hints 生成 case，从而得出最优的执行方式，并且 DBO 的 Hints 是可配置的。SQL 重写可以在不改变 SQL 语句语义的情况下将其修改成语义上等价、运行效率较高的形式。

11.4　物理资源的管理

承载数据库管理系统运行的物理资源（CPU、I/O 设备等）的性能无疑在一定程度上决定了业务应用系统的性能。但是，按照目前的精细化分工，应用程序员通常无权控制这些资源。然而，某些数据库管理系统向程序员或数据库管理员提供了控制这些可用的物理资源的使用方式的机制。

一个磁盘单元只有一条独立的通路，对一个表或索引的每个读/写请求必须按序通过这个通路。因此，如果许多常用的数据项驻留在磁盘上，就会生成一个很长的等待被处理的访问队列，响应时间就会受到负面影响。我们从中得到的教训是，多个小磁盘的性能可能优于一个独立的大磁盘，因为数据项可以分布在多个小磁盘上，从而可以在多个磁盘上并行地执行 I/O 操作。由于数据在磁盘间进行分配的策略可能对性能产生非常大的影响，数据库管理系统提供了一种机制，用户可以利用这种机制指定特定的数据项存储在哪个磁盘上。

把一个表划分成多个片段并将其分散存储在不同的磁盘上，可以实现对一个独立的表的并发访问。例如，STUDENT 表可以被分成 COLLEGE_STUDENTS、MASTER_STUDENTS 和 DOCTOR_STUDENTS 三个片段。注意，在这种情况下，所有片段都包含被频繁访问的行。片段被分布在不同的磁盘上可以提高性能，因为对学生信息的多个 I/O 请求可以并发执行。此外，还要注意的一点是顺序读取一个文件（例如表扫描）通常比随机读取文件更加高效。因为数据库管理系统设法把属于同一个文件的页保存在一起，结果是省去了读取两个连续页之间的寻道时间。但是，实现对文件的顺序 I/O 访问是不容易的，因为通常情况下磁盘中存储了多个文件，不同进程对不同文件的访问交叠在一起，磁头将从一个柱面移动到另一个柱面。这样，尽管一个进程顺序访问一个文件，来自同一进程的两个连续访问间可能还有寻道的开销，因为来自其他进程的访问请求可能插在这两个请求之间。即使磁盘中的所有文件都被顺序访问，这也是一个无法避免的事实。从中得到的教训是，如果我们想利用顺序文件访问来提高性能，应该把这个文件放在一个独立的磁盘上。关于这个情况的一个比较好的例子是数据库管理系统维护的用于保证原子性的日志文件。

除了设法影响应用程序利用 I/O 设备的方式外，程序员还可以影响 CPU 的使用方式。通常情况下，数据库管理系统分配一个特定的进程（或线程）来执行一个 SQL 语句对应的执行计划。进程是顺序的（在每一时间点只做一件事，可能利用 CPU 执行代码，也可能请求 I/O 传输直到其完成），因此在每一时间点它只用一个物理设备。结果是，在具有很少并发用户的联机分析处理环境中吞吐率受到了负面影响，因为资源利用率很低。在具有很多并发用户的联机分析处理环境中，资源利用率提高，但是，在利用一个独立进程来执行一个查询计划的时候，响应时间可能是人们不能接受的。

通常，可以利用并行查询处理（parallel query processing）技术来缩短一个查询的响应时间，在并行查询处理环境中，多个并发进程执行一个查询计划的不同组成部分。如果系统有多个 CPU（因此，进程可以被并行执行）。或者查询计划包含表扫描，或者查询访问非常大的表（因此，需要仔细考虑 I/O 优化），以及数据分布在多个磁盘上（因此，多个进程可以并行地利用多个磁盘）的情况下，可能带来响应时间的性能增益。

11.5　NoSQL 数据库的调优

11.5.1　NoSQL 数据库调优的原则

NoSQL 数据库有多种，每一种 NoSQL 数据库的调优方法不尽相同，不过，数据库调优的原则基本相同。在制定一个性能优化总体方案时应当考虑下列 6 个原则。

- 原则 1：牢记最大的性能收益，通常来自最初所做的努力。以后的修改一般只产生越来越小的效益，并且需要付出更多的努力。
- 原则 2：不要为了优化而优化。优化的目的是为了解除性能问题，如果优化的不是引起性能问题的主要原因，那么除非找到主要原因，否则这种优化对响应时间产生的提升甚微，而且实际上这种优化可能会使后续优化工作变得更加困难。
- 原则 3：站在全局角度宏观考虑问题。要优化的系统永远不是孤立存在的，在进行任何优化之前，务必考虑它对整个系统带来的影响。
- 原则 4：一次只修改一个参数。即使肯定所有的更改都有好处，也没有任何办法来评估每个更改所带来的影响。如果一次更改多个参数，那么非常难以判断哪个参数对系统的性能影响最大。如果每次优化一个参数以改进某一个方面，那么改进之后的效果就很容易判断。
- 原则 5：检查是否存在硬、软件环境以及网络环境问题。
- 原则 6：在开始优化之前，回退修改过程。由于修改是作用在现有的系统之上的，如果优化没有取得预期的效果，甚至带来负面影响，需要撤销那些改动，因此用户必须对此有所准备。

11.5.2　文档型数据库 MongoDB 的常用优化方案

1．创建索引，但要到处使用索引

一般情况下，在查询条件字段上或者排序条件字段上创建索引，可以显著提高执行效率。例如，我们经常把 papers 表的 name 字段作为查询条件，那么，在 papers 表的 name 字段上建立一个索引，则可以显著提高查询效率。其示例代码如下：

```
db.papers.ensureIndex({name:1});
```

索引一般用在返回结果只是总体数据的一小部分的时候，根据经验，若要大约返回集合一半的数据就不要使用索引了。

若是已经对某个字段建立了索引，又想在大规模查询时不使用它（因为使用索引可能会较低效），可以使用自然排序，用{"$natural":1}来强制 MongoDB 禁用索引。自然排序就是"按照磁盘上的存储顺序返回数据"，这样 MongoDB 就不会使用索引了：

```
>db.foo.find().sort({"$natural":1})
```

如果某个查询不用索引，MongoDB 会做全表扫描，即逐个扫描文档，遍历整个集合，以找到结果。

2．限定返回结果条数

使用 limit()限定返回结果集的大小，可以有效减少数据库服务器的资源消耗以及网络传输的数据量，快速响应用户的请求。例如，假设 papers 表的数据量非常大，我们可以分批显示，每批显示的数量可以指定，默认情况下只查询最新的 10 篇文章的属性数据。为了提高查询效率，通过执行"db.papers.find().sort({name:-1}).limit(10)"命令只获取最新的 10 条数据，而不必将 papers 表的数据都放到结果集中，这样可以显著减少数据库服务器的负载。其示例代码如下：

```
articles = db.papers.find( ).sort({name:-1}).limit(10);
```

3．只查询必需的字段

只查询必需的字段也可以有效减少数据库服务器的资源消耗以及网络传输的数据量，快速响应用户的请求。假设被查找的论文库的论文数量非常大，那么我们只查询必需的字段比查询所有字段有更高的效率。其示例代码如下：

```
articles = db.papers.find( ).sort({ },
         {name:1, title:1, author:1, abstract:1}).sort({name:-1}).limit(10);
```

这里，通过执行"db.papers.find"命令查询 papers 表的数据。请注意，这个命令有两个参数，其中第 2 个参数显式地指明只需要返回字段"name"、"title"、"author"、"abstract"，而不必将所有的字段都选择出来。这样可以节省查询时间，节约系统内存，最重要的是查询效率很高。

4．采用读/写效率高的 Capped Collection 进行数据操作

在 MongoDB 中，Capped Collection 的读/写效率比普通 collection 的读/写效率更高，但使用 Capped Collection 必须注意如下几点：

（1）Capped Collection 必须事先创建，并设置大小。其示例代码如下：

```
db.createCallection("newcoll", {capped:true, size:100000});
```

这里创建一个名为"newcoll"的 Capped Collection，指定它的初始大小是 100000 字节。

（2）Capped Collection 可以使用 INSERT 和 UPDATE 操作，但不能使用 DELETE 操作，只能用 drop 方法删除整个 collection。

（3）默认基于 INSERT 的次序排序。如果查询时没有排序，则总是按照 INSERT 的顺序返回。

（4）如果超过 collection 的限定大小，会自动采取 FIFO 算法，新记录将替代最先插入的记录。

5. 采用 Server Side Code Execution 命令集

在 MongoDB 中，对于常用的或复杂的工作可以用预先的命令写好，并用一个指定名称存储起来，这样在需要时即可自动完成命令，这就是"Server Side Code Execution"。它是一组命令集，能够用于完成特定功能。它由 JavaScript 语句书写，经编译和优化后存储在数据库服务器中，可由应用程序通过一个调用来执行，而且允许用户声明变量。它可以接收输入参数、返回执行存储过程的状态值，也可以嵌套调用。其示例代码如下：

```
>db.system.js.save{"_id": "echo", "value":function(x){return x;}}
>db.eval("echo('mytest') ")
mytest
```

在 MongoDB 中，Server Side Code Execution 都存储在 system.js 表中。在上述示例中，首先定义了一个名为"echo"的 Server Side Code Execution，它可以接收一个参数，并将这个参数的值返回给客户端。接下来，通过"db.eval"命令调用这个 Server Side Code Execution，并指定一个输入参数"test"。调用之后，此 Server Side Code execution 返回给客户端一个与输入参数相同的值"test"。

6. 使用 Hint

通常情况下，MongoDB 的查询优化器都是自动工作的。但在某些情况下，如果我们强制使用 Hint，那么可以提高工作效率，因为 Hint 可以强制要求查询操作使用某个索引。

例如，要查询多个字段的值，并且在其中一个字段上有索引，可以通过 Hint 使用这个索引，其示例代码如下：

```
db.collection.find({name:u, abstract:d}).hint({name:1});
```

在本例中，collection 表的 user 列上有一个索引，但需要对 collection 表按 name 和 abstract 字段进行查询。如果不强制指定索引，将会做全表扫描；如果指定了索引，将会比全表扫描效率更高。

7. 尽可能减少磁盘访问

内存访问比磁盘访问要快得多，所以，很多优化的本质就是尽可能地减少对磁盘的访问，有几种简单实用的办法：① 使用 SSD（固态硬盘）。SSD 在很多情况下都比机械硬盘快得多，但容量小、价钱高、难以安全清除数据，与内存读取速度的差距依旧明显，不过还是可以尝试使用的。一般来说，SSD 与 MongoDB 配合得非常完美，但也不是"包治百病的灵丹妙药"。② 增加内存。增加内存可以减少对硬盘的读取。但是，增加内存也只能解决燃眉之急，总有内存装不下数据的时候。需要注意的是，访问新数据比老数据更频繁，一些用户比其他用户更加活跃，特定区域比其他地方拥有更多的客户。对于这类应用可以通过精心设计让一部分文档在内存中，极大地减少硬盘访问。

8. 通过建立分级文档加速扫描

将数据组织得有层次，不仅可以让其看起来更有条理，还可让 MongoDB 在某些条件下没有索引时也能快速查询。假设有个查询并不使用索引，如前文所述，MongoDB 需要遍历集合中的所有文档来确定是否有什么能匹配查询条件。这个过程可能相当耗时，且文档结构至关重要，直接影响效率的高低。

例如下述的文档结构：

```
{
    "_id": id,
    "name": username,
    "email": email,
    "facebook": username,
    "phone": phone_number,
    "street": street,
    "city": city,
    "state": state,
    "zip": zip,
    "fax": fax_number
}
```

我们执行如下的查询：

```
>db.users.find({"zip", "610021"})
```

MongoDB 将遍历每个文档的每个字段来查找 zip 字段。而我们使用内嵌文档，则可以建立自己的"树"，从而让 MongoDB 的执行比上述查询时更快。其文档结构改变如下：

```
{
    "_id": id,
    "name": username,
    "online": {
        "email": email,
        "facebook": username
    },
    "address": {
        "street": street,
        "city": city,
        "state": state,
        "zip": zip
    },
    "tele": {
        "phone": phone_number,
```

```
    "fax": fax_number
    }
}
```

文档结构改变后，其查询相应地改变为：

```
>db.users.find({"address.zip": "620021"})
```

这样，MongaDB 在找到匹配的 address 之前仅查看_id、name 和 online，而后在 address 中匹配 zip。合理使用层次可以减少 MongoDB 对字段的访问，提高查询速度。

9. AND 型查询要点

假设要查询满足条件 A、B、C 的文档。若满足 A 的文档有 80000，满足 B 的文档有 18000，满足 C 的文档有 400。如果以 A、B、C 的顺序让 MongoDB 进行查询，其查询效率将非常低（图 11-11 中红色部分表示每步都必须搜索的查询空间），显然，按照结果数量由大到小的顺序进行的查询多做了很多额外的工作。

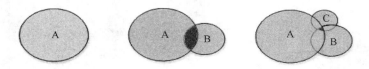

图 11-11　含有 null 的数据库（非关系化）示例图

如果把 C 放在最前，然后是 B，最后是 A，那么针对 B 和 C 只需要查看（最多）400 个文档（如图 11-12 所示）。显然，相对于图 11-11 所示的查询，图 11-12 所示的按照结果数量由小到大的顺序进行的查询避免了很多不必要的工作。

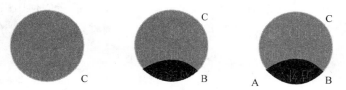

图 11-12　按数量从小到大进行查询的查询空间示例图

可以看出，如果已知某个查询条件更加苛刻，那么将其放置在最前面（尤其是在它有对应索引的时候），则可以显著提高查询效率。

11.5.3　列族数据库 Cassandra 的优化

1. 不要盲目使用 Super Column

Cassandra 将客户端插入的数据写入 SSTable 文件中时会对每一个 Key 对应的所有 Column 的名称建立索引，所以，如果某一个 Key 中包含了大量的 Column，那么这个索引就可以极大地提高对 Column 查找的速度。但是对于 Super 类型的 ColumnFamily，Cassandra

只会对 Super Column 的名称建立索引，当查找某一个 Super Column 下的 Column 时就没有索引可以使用，需要依次遍历所有的 Column，直到找到所有合适的 Column 为止。如果某个 Super Column 下有大量的 Column，那么读取这个 Super Column 下的某个 Column 将耗费大量的时间。

所以用户在设计 Cassandra 的数据模型时，不要盲目使用 Super Column，要仔细考虑项目的实际数据情况，如果采用 Super Column 后，在 Super Column 中将存在大量的 Column，则需要考虑是否采取另外一种思路来设计 Cassandra 的数据模型。

2．硬盘的容量大小限制

Cassandra 中每一个 Key 对应的所有数据都是需要完整地保存在一个 SSTable 文件中的，即一块硬盘中。如果某一个 Key 对应的数据超过了这个大小限制，系统会出现硬盘空间不足的错误异常。

3．使用合理的压缩策略

使用合理的压缩策略能有效地提高集群的稳定性和性能。在实际的使用中，Cassandra 频繁地进行数据压缩会导致系统出现不稳定，原因是数据压缩将消耗大量的磁盘 I/O 和内存。如果关闭了数据压缩功能，将导致数据文件夹下出现大量的 SSTable 文件，占用过多的磁盘空间，同时降低读取的效率。

4．谨慎使用二级索引

在 Cassandra 0.7.x 版本中提供了二级索引的功能，使得用户可以按照 Column 的值进行查询。这种特性虽然非常实用，但是也为 Cassandra 带来了额外的开销。对于需要建立二级索引的字段，Cassandra 除了要完成正常数据写入的操作，还要建立索引，相当于是二次写入，这会延长数据写入的时间。如果某一个 Column Family 中有大量的字段需要建立二级索引，那么这个数据写入的额外消耗就显得非常客观了。所以在实际的应用中，用户需要谨慎考虑是否真的需要使用二级索引。

5．合理调整 JVM 启动参数

Cassandra 是基于 Java 的应用，我们可以通过修改启动 Cassandra 的 JVM 参数来达到性能调优的目的。

Cassandra 中配置 JVM 的启动参数的文件为 $CASSANDRA_HOME/conf/cassandraenv.sh，我们可以在这个文件中修改 JVM_OPTS 变量的值，然后重启 Cassandra，这样就可以修改 Cassandra 的 JVM 启动参数并使其生效。

在 Linux 系统中，Cassandra 默认的 JVM 启动参数如下：

```
-ea
-xx: +UseThreadPriorities
-XX: ThreadPriorityPolicy=42
-Xms $ MAX_HEAP_SIZE
-Xmx $ MAX_HEAP_SIZE
```

```
-XX: + HeapDumpOnOutOfMemoryError
-Xss128k
-XX:+UseParNewGC
-XX:+UseConeMarkSweepGC
-XX:+CMSParallelRemarkEnabled
-XX:SurvivorRation = 8
-XX:MaxTenuringThreshold=1
-XX:CMSInitiatingOccupancyFraction=75
-XX:+UseCMSInitiatingOccupancyOnly
```

Sun 的官方网站中有完整的 JVM 参数的详细说明，读者可以参考。

在设置 JVM 的启动参数时有两个最为重要的参数 Xms 和 Xmx。在进行 JVM 参数调优时，可以先从 Xms 和 Xmx 这两个参数开始，然后再根据实际应用的运行情况调整其他的参数。例如，假设 Cassandra 集群中实际的服务器内存大小为 16GB，可以尝试使用如下 JVM 启动参数：

```
-da
-Xms12G
-Xmx12G
-XX:+UseParallelGC
-XX:+CMSParallelRemarkEnabled
-XX:SurvivorRatio=4
-XX:MaxTenuringThreshold=0
```

第 12 章　数据库应用系统的设计

数据是当今社会增长最快的资源之一，已经成为新型经济的货币。应用程序、设备与数据类型等不断地增加，再加上物联网（IoT）的应用，现在人们创造与复制的数据量每两年增加一倍。如果企（事）业单位能够以最佳方式存储、访问和分析所有产生的数据，那么这些数据就能创造价值。因此，以数据库为基础的应用系统随着人们对数据价值的认识提升而不断地快速发展。从以处理业务为基础的小型事务系统到处理各种复杂信息的管理系统，如办公自动化系统、地理信息系统、物流系统、电子政务系统、电子军务系统、仓储管理系统、医院电子信息系统、作战决策支持系统等，都是在数据库的基础上构建的，统称为数据库应用系统。数据库技术以其优异的性能、简便的访问方式、标准化的访问接口逐渐发展成为构建信息系统的核心技术。

数据库设计是指对于一个给定的应用环境构造最优的数据库模式，建立数据库及其应用系统，使之能够有效地存储数据，满足用户的信息要求和处理要求。数据库技术是信息资源管理最有效的手段，是信息系统的核心和基础，数据库设计与开发直接关系信息系统的使用性能和稳定性。大型数据库的设计必须有一套完整的设计原则与要求。

12.1　数据库应用系统设计的目标

数据库应用系统设计的目标主要有以下 3 个方面。

- 满足应用要求：主要包括两个要求，一是用户要求，即最终数据库符合数据要求和处理要求。因此，设计者必须仔细地分析用户需求，并以最小的开销取得尽可能大的效益。二是符合软件工程要求，即按照软件工程的原理和方法进行数据库设计。这样，既加快研制周期，也能确保正确、良好的结果。
- 模拟精确程度高：数据库是通过数据模型来模拟现实世界的信息与信息间的联系的，模拟的精确程度越高，所形成的数据库就越能反映客观实际，因此数据模型是构成数据库的关键。数据库设计就是围绕数据模型展开的。
- 良好的数据库性能：数据库性能包括存取效率和存储效率等。此外，数据库还有其他性能，如当硬件和软件的环境改变时能容易地修改和移植数据库；当需要重新组织或扩充数据库时可以方便对数据库做相应的扩充。

12.2　数据库应用系统的设计方法学

数据库应用系统的设计是建立在数据库设计的基础之上的，整个设计过程包括结构设计和行为设计。整个数据库应用系统设计活动需要经历一个被称为设计方法学（design methodology）的系统化过程，无论目标数据库是由关系型数据库管理系统（RDBMS）或由对象数据库管理系统（ODBMS）还是由 NoSQL 数据库进行管理。当前，各种各样的设计方法学隐含在厂商提供的数据库设计工具中，常见的一些设计工具包括 Oracle 公司的 Designer，Computer Associates 公司的 ERWin、BPWin 和 AllFusion Component Modeler，Sybase 公司的 Enterprise Application Studio，Embarcadero Technologyes 公司的 ER Studio，Popkin Software 公司的 Telelogic System Architect 等。

　　通常，一个小型数据库（如 20 个以内的用户）的设计并不是很复杂，但在大数据的今天，一个中型或大型数据库将涉及若干个不同的应用组，每个应用组又会拥有数十或数百个用户。因此，在进行全面的数据库设计活动时需要采用系统化的方法。单纯地就数据库的大小而言，这并不能反映出设计的复杂程度，更重要的是数据库模式。如果数据库模式包括 30 种以上甚至数百个实体类型和同样数目的联系类型，那么对于这样的数据库的设计就需要一种周密的设计方法学。

　　随着移动计算的兴起，面向服务的架构广为流行，特别是服务行业由于其业务需要，每周 7 天、每天 24 小时都需要使用数据库，即所谓的 24×7 服务，如网上购物、电子商务、银行、饭店、航空公司、保险公司、公共事业部门、通信、120 急救系统、110 报警系统等，它们需要数据库具备强大的事务处理能力和快速的响应能力，我们把基于上述数据库的应用系统称为事务处理系统（transaction processing system）。

12.2.1　数据库应用系统涉及的角色

1. 数据库应用系统的使用环境

　　随着信息化的推进，企、事业单位中越来越多的功能被计算机化，不仅增大了保证大量数据处于最新状态的需求，而且数据也被认为是企、事业单位的一种核心关键资产，数据的管理和控制对于企、事业单位的有效运转至关重要，数据库系统已经成为许多企、事业单位的信息系统的一部分。为了适应这样的系统，许多企、事业单位设置了数据库管理员（DBA）的职位，甚至是专门的数据库管理部门（如信息中心、信息处、信息科等），以便对数据库的生命周期活动进行监控。

　　数据库管理员、设计人员以及授权用户可从系统的联机系统文档中获得元数据的信息。借助这些信息，数据库管理员可以更好地对信息系统进行控制，用户也可增加对信息系统的了解从而更好地使用它，尤其是数据仓库技术的出现更加显示了元数据的重要性。

　　在大型企、事业单位中，数据库系统通常是信息系统的组成部分，信息系统包括对企、事业单位的所有信息资源进行汇集、管理、使用和传播。在一个计算机化环境中，这些资源包括数据本身、数据库管理系统软件、计算机系统及其网络的硬件和存储介质、对数据进行使用和管理的人员（数据库管理员、最终用户、参与用户等）、存取和更新这些数据的应用软件，以及开发应用软件的编程人员。因此，数据库系统是一个更大型企、事业单位信息系统的组成部分。

2．数据库应用系统的生命周期

通常把信息系统的生命周期称为宏观生命周期（macro life cycle），而把数据库系统的生命周期称为微观生命周期（micro life cycle）。对于主要组成部分是数据库的信息系统，这两者之间的差别不是特别明显。

信息系统的宏观生命周期如图 12-1 所示。

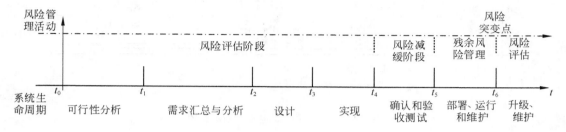

图 12-1　信息系统宏观生命周期示意图

（1）可行性分析阶段（feasibility analysis）：这个阶段主要对潜在的应用领域进行分析，确定信息收集和传播的经济效益，进行初步的成本收益研究，确定数据和进程的复杂程度，并设置应用之间的优先级。

（2）需求汇总和分析阶段（requirement collection and analysis）：这个阶段通过和潜在用户及用户组进行交流，确定他们的一些特殊问题和需求，汇总用户的详细需求。在该阶段，要确定各种应用相互间的依赖关系、通信问题和报告过程。

（3）设计阶段（design）：这个阶段包括数据库系统的设计，以及对数据库进行使用和处理的应用系统（程序）的设计两个方面。

（4）实现阶段（implementation）：这个阶段包括信息系统实现、装载数据库、实现并测试数据库事务。

（5）确认和验收测试阶段（validation and acceptance testing）：这个阶段确认系统是否满足用户需求和性能标准，根据性能标准和规范说明对系统进行测试。

（6）部署、运行和维护阶段（deployment,operation and maintenance）：在系统投入应用之前需要对用户进行培训。当确定所有的系统功能都可操作时，系统进入运行阶段。对于新出现的需求或应用，需要重复上述步骤，直到在系统中实现了这些新的需求和应用。

与宏观生命周期略有不同，数据库系统的微观生命周期如图 12-2 所示。

（1）系统定义阶段（system definition）：对数据库系统、系统用户和系统应用的范围进行定义，确定各类用户的不同界面、响应时间的约束和存储及处理需求。

（2）数据库设计阶段（database design）：对前面的定义进行必要的设计。该阶段结束后，将在选定的数据库管理系统上得到关于数据系统的一个完整的逻辑和物理设计。

（3）数据库实现阶段（database implementation）：该阶段包括确定概念数据库、外部数据库和内部数据库的定义、创建空数据库文件以及实现软件应用等过程。

（4）装载和数据转换阶段（loading or data conversion）：直接向数据库装载数据，或者把现存文件转换为数据库系统格式，再装入数据库。

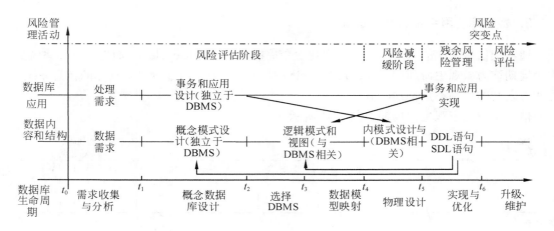

图 12-2　数据库微观生命周期示意图

（5）应用转换阶段（application conversion）：把原先系统下的软件应用转换到新系统。

（6）测试和确认阶段（testing and validation）：对新系统进行测试并确认。

（7）运行阶段（operation）：运行数据库系统及其相关应用。通常情况下，旧系统和新系统需要并行运行一段时间。

（8）监控和维护阶段（monitoring and maintenance）：在运行阶段要持续对系统进行监控和维护。与此同时，数据内容和软件应用均会不断增长和扩充，事实上这又进入了一个新的生命周期，只不过这一周期相对要简单得多。

大量实践表明，上述的第 2、3、4 三个阶段共同组成了大型信息系统生命周期中的设计和实现阶段。在任何一个企、事业单位中，大部分数据库都会经历上述生命周期的全过程。如果数据库和应用都是新的，那么无须上述的转换阶段（第 4 和 5 阶段）。如果企、事业单位需要从旧系统向新系统迁移，那么第 4、第 5 两个阶段通常是最耗时的，并且人们往往会低估完成这部分的工作量。需要注意的是，由于每个阶段都会出现一些新的需求，因此，不同阶段之间需要进行相互反馈。图 12-2 展示的是作为系统实现和调优的结果影响到概念和逻辑设计阶段的反馈环。

12.2.2　数据库应用的设计与实现过程

在图 12-2 所示的数据库微观生命周期中，整个设计过程涉及两个并行的活动，第一个活动是数据库数据内容和结构（data content and structure）设计；第二个活动与数据库应用（database application）设计相关。为保持图形的简单性，在图 12-2 中省略了两个活动之间的大部分交互动作，实际上这两个活动过程是紧密交融的。例如，通过分析数据库应用就能够确定将要存储到数据库中的数据项。另外，在物理数据库设计阶段要选择数据库文件的存储结构和存取路径，所以物理数据库设计取决于将要使用这些文件的应用。另一方面，常常通过参照数据库模式构造来指定数据库应用的设计，而模式构造是在数据内容和结构设计中指定的。显而易见，这两个活动过程的相互影响非常大。传统上，数据库设计方法学主要集中处理第一个活动，而软件设计主要处理第二个活动，前者被称为数据驱动的设计（data-driven design），后者称为处理驱动的设计（process-driven design）。目前，数据库设计人员和软件工程师都非常重视将这两个活动联合进行，并且现在的设计工具也开始逐渐趋向把两者结合起来。

对于图 12-2 所示的 6 个阶段，在具体实施的过程中不一定必须严格按照顺序进行。在许多情况下，可能需要在后续阶段对前面阶段的设计做出修改。不同阶段之间或同一阶段内的反馈环（feedback loop）是很常见的。在图 12-2 中只表示出两对反馈环，实际上各个阶段之间还存在着更多的反馈。图 12-2 也表示出了数据和处理之间的一些交互，而实际上还存在着更多的交互。图 12-2 中的第 1 阶段主要涉及关于数据库功能的信息的汇集，第 6 阶段关注数据库的实现和重新设计，第 2、4 和 5 阶段是数据库设计过程的核心。

1. 需求汇总和分析阶段

充分地了解和分析用户的需求和数据库的用途是成功有效地设计数据应用系统的基础，这个过程被称为需求汇总和分析（requirement collection and analysis）。为了说明这些需求，必须首先确定与数据库系统进行交互的信息系统中的其他部分，这包括新的和现存的用户与应用，然后汇总和分析他们的需求。

（1）确定主要的应用领域和用户组：数据库的各种使用人员是使用数据库的主体，或者其工作将会受到数据库的影响，因此需要了解所设计系统的企、事业单位结构，系统各部门之间的关系、职能划分，选出每个用户组中的关键人物及群体，以便进行下一步需求汇总和规范说明。

（2）确定使用的操作环境和信息的使用计划：熟悉系统的主要业务，分析系统各部门的主要业务活动，同时了解各部门的输入、输出情况，包括业务的执行顺序和执行过程，输入信息的格式及内容，输出信息的格式及内容，对用户、事务来源、报表流向等地理特征进行分析，确定事务的输入和输出数据。

（3）研究和分析已有的、与应用有关的文档：对于其他文档，如政策条例、表单、报告和组织图表等，也需要进行简单的浏览，以确定它们是否与需求汇总和规范说明有关。

（4）有时需要从潜在的数据库用户或用户组那里获得针对某些问题的书面回答：这些问题涉及用户的优先权以及用户对不同应用的重视程度，可能需要某些关键用户帮助设计人员对信息的价值进行评价，确定优先级。

（5）进行系统划分：根据需求分析的结果进行系统的总体划分，即确定计算机完成的功能及人工的活动。

笔者对于所了解的成功案例有一个重要体会，那就是让用户参与系统的开发过程，这样可以增加用户对未来交付系统的满意程度。基于这个原因，许多开发人员目前通过会议或工作组让所有用户介入到开发过程中，这种对初始系统需求进行细化的方法学也被称为联合应用设计（Joint Application Design，JAD）。最近又有一些新的技术出现，如环境设计（contextual design），在这个方法中让设计人员融入到将要使用应用的工作环境中。为了帮助用户更好地理解所设计的系统，通常还要遍历工作流或事务场景，或者创建应用的原型模型。

通过需求规格说明技术（requirements specification technique）可以把用户需求表示为

一个更为结构化的形式。需求规格说明技术包括面向对象分析（OOA）、数据流图（DFD）和应用目标的改进。这些方法使用图表技术对信息处理需求进行组织和表示。除图表之外，还有文本、表格、示意图决策需求等形式的文档。

大量实践表明，需求汇总和分析阶段通常是非常耗时的，但对于信息系统的成功与否至关重要。改正需求中的一个错误要比修改实现过程中的一个错误有价值得多，这是因为需求中的错误往往会导致大量后续工作的返工。如果不改正这个错误，就意味着系统将不能满足用户的需求，甚至根本无法使用。所以，需求汇总和分析是成功研制数据库应用的关键。

2. 概念数据库设计阶段

在概念数据库设计阶段涉及概念模式设计（conceptual schema design）、事务和应用设计（transaction and application design）两个并行的活动。其中，概念模式设计对第一阶段得到的数据需求进行检验，并得出概念数据库模式；事务和应用设计对第一阶段所分析的数据库应用进行检验，并形成高级应用说明。

1）概念模式设计

在数据库设计的概念模式设计阶段，使用具有下述特性的高级概念数据模型是很重要的。

- 表达性（expressiveness）：数据模型应该具有较强的表达能力，以区分数据的不同类型、联系和约束。
- 简单性和易理解性（simplicity and understandability）：模型应该尽量简单，以便非专业用户能够理解和使用模型的相关概念。
- 最小性（minimality）：模型应该只具有少量的基本概念，这些概念应该互不相同，并且含义互不重叠。
- 图形表示（diagrammatic representation）：模型应当提供图形化表示法，用于显示易于解释的概念模式。
- 形式化（formality）：数据模型中所表示的概念模式必须能够对数据进行无歧义的形式化规范说明，因此，必须对模式概念进行准确且无歧义的定义。

对于概念模式的设计，必须确定模式的基本组成，即实体类型、联系类型和属性，还要指定码属性、联系的基数和参与约束、弱实体类型和特化/泛化、层次/格。根据第一阶段汇总的用户需求，一般有两种概念模式设计的方法。第一种方法称为集中式模式设计方法（centralized schema design approach），使用这种方法是在开始进行模式设计之前先将在第一阶段中从不同应用和用户组获得的需求合并到单个的需求集合中，然后根据这个需求集合设计一个与之相对应的模式。由数据库管理员负责确定如何合并这些需求，并设计整个数据库的概念模式。一旦设计并最终确定了概念模式，就由数据库管理员指定针对不同用户组和应用的外模式。第二种方法称为视图集成方法（view integration approach），这个方法不需要对用户需求进行合并，而是根据每个用户组和应用的各自需求分别为它们设计相应的模式（或视图）。因此，需要为每个用户组和应用设计一个高级模式（视图）。在后面的视图集成（view integration）阶段，这些模式被合并或集成为整个数据库的全局概念模式（global conceptual schema）。完成视图集成之后，可将单个视图重构为外模式。

对于模式设计的策略，给定一个需求集合，无论是对单个用户还是对一个用户团体，都必须创建满足这些需求的概念模式。设计这样的模式存在着多种策略。绝大部分策略遵循增量方法，即先根据需求创建一些模式构造，然后在此基础上增量地进行修改、细化或构建。

（1）自顶向下策略：首先定义全局概念结构框架，然后逐步细化，如图 12-3 所示。

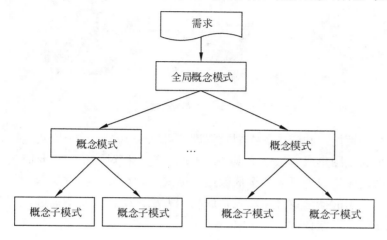

图 12-3　自顶向下策略示意图

（2）自底向上策略：首先定义各局部应用的概念结构，然后将它们集成起来，得到全局概念结构，如图 12-4 所示。

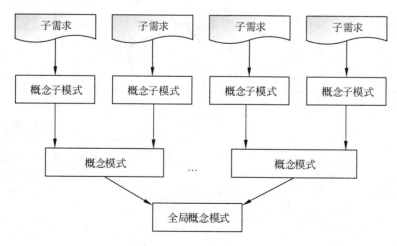

图 12-4　自底向上策略示意图

（3）逐步扩张策略：首先定义最重要的核心概念结构，然后向外扩充，以滚雪球的方式逐步生成其他概念结构，直至总体概念结构，如图 12-5 所示。

（4）混合策略：将自顶向下和自底向上相结合，用自顶向下策略设计全局概念结构的框架，以它为骨架集成由自底向上设计的各局部概念结构。

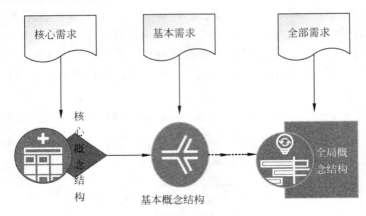

图 12-5　逐步扩张策略示意图

对于具有多个预期用户和应用的大型数据库，可以采用先对单个模式进行设计，然后再将它们合并起来的视图集成方法来实现。由于单个视图相对较小，因此简化了模式的设计工作。但对于把视图集成为所需的全局数据库模式，则需要一种方法学。

事实上，经常采用的概念设计策略是自底向上方法。即自顶向下地进行需求分析，然后再自底向上地设计概念结构，如图 12-6 所示。

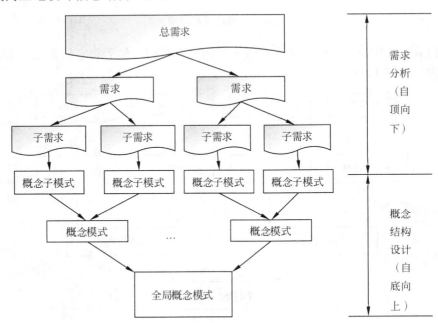

图 12-6　自顶向下分析与自底向上设计策略示意图

自底向上概念结构设计的方法通常分为两步：①抽象数据并设计局部视图；②集成局部视图，得到全局的概念结构。但无论采用哪种设计方法，一般都以 E-R 图为工具来描述概念结构。概念结构设计步骤如图 12-7 所示。

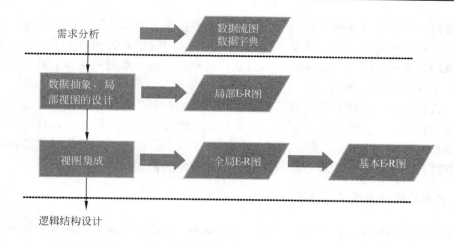

图 12-7　概念结构设计步骤示意图

2）事务和应用设计

这一阶段的目标是使用与数据库管理系统无关的方式设计已知数据库事务（应用）的特性。在进行数据库设计中，一个非常重要的问题就是要在设计过程的开始阶段及早确定在这个数据库上运行大量已知的应用（或事务）的功能和特性，这样就能确保数据库模式包括这些事务所需要的全部信息。此外，在物理数据库设计阶段中了解不同事务的相对重要程度以及事务的期望调用的频率也是非常关键的。通常，在设计阶段能了解到的数据库事务的数量是有限的，在数据库系统实现之后会不断发现新的事务并要求对其进行实现。但是，在系统实现之前往往能够了解到那些最重要的事务，应当尽早确定这一类事务。根据非形式化的"80-20 规则"（即占总事务数 20% 的最常用的事务表示了全部工作量的 80%），正是这些事务决定了整个设计工作。在需要有特定查询或批处理频繁的应用中，必须要确定那些处理大量数据的查询和应用。

在概念层确定事务的一个常用技术是识别事务的输入/输出（input/output）和功能行为（functional behavior）。通过指定输入和输出参数（变量）以及内部功能的控制流，设计者可以用一种与系统无关的、概念性的方式来确定事务。事务通常被分为检索事务（retrieval transaction）、更新事务（update transaction）和混合事务（mixed transaction）3 类。其中，检索事务用于对数据进行检索以便在屏幕上显示或生成报表；更新事务用于在数据库中输入新数据或修改现有的数据；混合事务用于一些涉及检索和更新的复杂应用。例如，在预订火车票数据库中，检索事务可能要求列出给定日期的、两个城市间早晨的全部车次，某个更新事务可能预订某一特定车次的一个座位。一个混合事务可能先请求显示某些数据，例如某位顾客对某个车次的预订情况，然后更新数据库，例如通过删除来取消这个预订，或对某个已有的预订添加一个中转段。

需求规范说明的若干技术包括指定处理（process）的表示法。这里的"处理"是更为复杂的操作，它可能由多个事务组成。处理建模工具（如 BPWin）与工作流建模工具一样，越来越多地应用于企、事业单位中信息流的识别。统一建模语言（Unified Modeling Language，UML）是一种绘制软件蓝图的标准语言，使用类图和对象图对数据建模提供支持，它拥有大量处理建模图，包括状态转换图、行为图、序列图和协作图，所有这些涉及信息系统的行为、事件和操作、处理的输入和输出、需求的先后顺序和同步及其他一些条件，可对这些说明进行细化，并从中提取单个事务，确定事务的其他方法，包括 TAXIS、GALILEO 和 GORDAS 等。其中的某些方法已经实现，成为原型系统和工具，但处理建模仍然是一个活跃的研究领域。

事务设计和模式设计具有同等的重要性。但长期以来，许多人存在不正确的认识，片面地认为这只是软件工程的研究领域，并非数据库设计的内容。因此，在目前许多设计方法学中总是只强调其中的某一个。在具体的设计工作中，概念模式设计与事务和应用设计应当同时进行，并借助反馈环不断细化直至得到稳定的模式和事务的设计。

3. 数据库管理系统的选择阶段

对于数据库管理系统的选择，应考虑包括技术、经济、政策、组织管理等方面的多个因素。其中，技术因素主要考虑数据库管理系统是否能够胜任所要完成的工作，政策因素主要考虑数据库管理系统是否符合国家、行业（或企业）的选型标准。非技术因素包括财务状况和厂商提供的支持。这里只讨论影响数据库管理系统选择的经济因素和组织因素。在选择数据库管理系统时，需要考虑下述 6 种必定产生成本的第一类因素。

（1）软件采购成本（software acquisition cost）：这是购买软件必须支出的成本，这里的软件包括语言选项、不同的接口选项（例如表单、菜单）和基于 Web 的图形用户界面（GUI 工具）、备份/恢复工具、特殊存取方法以及文档。另外，还必须选择特定操作系统下正确的数据库管理系统版本。基本报价中通常不包括开发工具、设计工具和附加的语言支持。目前，国外数据库管理系统的价格远远高于国产数据库管理系统。

（2）维护成本（maintenance cost）：这是为获得厂商的标准维护服务以及保证数据库管理系统的最新版本所需支付的成本。目前，国外数据库管理系统的服务价格远远高于国产数据库管理系统。

（3）硬件采购成本（hardware acquisition cost）：某些情况下可能需要购置新硬件，如额外的内存、终端、硬盘驱动器和控制器或专门的数据库管理系统存储设备和归档存储设备等。

（4）数据库创建和转换成本（database creation and conversion cost）：这是新建数据库系统或从现有系统向新的数据库管理系统软件转换所必须花费的成本。在后一种情况下，旧系统通常要和新系统同时运行一段时间，直到新的应用程序被完全实现并通过测试。这个成本很难预测，而且往往会被低估。

（5）人员成本（personnel cost）：如果某个企、事业单位是第一次使用数据库管理系统软件，必须要对该企、事业单位的数据处理部门进行重组。大部分使用数据库管理系统的组织都为数据库管理员和维护人员留有职位。

（6）培训成本（training cost）：由于数据库管理系统属于复杂的计算机系统，相关人员必须经常接受培训，以便使他们能够使用数据库管理系统和编程。各个层次的人员都需要培训，包括编程人员、应用开发人员和数据库管理员等。

在选择数据库管理系统时需要考虑的第二类因素也会影响到对数据库管理系统的选择，主要包括以下方面。

（1）自主可控程度（the independent controllable）：为提高网络空间的安全能力，国家出台了网络空间战略，要求采用自主可控产品，国产主流数据库（如虚谷等）产品都可满足这一要求。相反，国外数据库产品由于出口限制，大多只能买到安全等级为 C 级的产品，在数据库安全的 7 个等级中为倒数第 3 个等级。

（2）工作人员对系统的熟悉程度（familiarity of personnel with the system）：如果开发人员对某个特定的数据库管理系统比较熟悉，将有利于减少培训成本和学习时间。

（3）厂商提供服务的有效性（availability of vender service）：厂商所提供的支持服务对于解决系统问题是很重要的，因为从非数据库管理系统的环境迁移到数据库管理系统环境是一项比较艰巨的任务，通常从一开始就需要厂商的帮助。

此外，一个考虑因素是数据库管理系统在不同硬件平台上的可移植性。现在许多商业数据库管理系统提供了不同的版本，支持运行于多个硬件/软件环境（或平台）。目前，很多数据库管理系统产品都设计了可以满足企、事业单位的信息处理和信息资源管理的完整解决方案。绝大部分数据库管理系统厂商开始在其产品中结合下述功能或内置特性：

- 文本编辑器和浏览器。
- 报表生成器和列表工具。
- 通信软件（通常称为远程处理监控程序）。
- 数据项和显示特性，例如表单、屏幕、具有自动编辑特性的菜单等。
- 可在万维网上使用的查询和存取工具（Web 可用工具）。
- 图形化数据库设计工具。

需要注意的是，大多数情况下，在系统实现完成之后常常还会出现一些设计阶段无法预见的新应用，这就要求只需对现有的数据库设计做少许的增量修改就能对新应用提供有效支持。现在的商业数据库管理系统在不同程度上都体现了这种所谓的设计演化或称为模式演化（schema evolution）特性。

4. 逻辑数据库设计（数据模型映射）阶段

逻辑数据库设计过程分为系统无关的映射（system-independent mapping）和为特定的数据库管理系统定制模式（tailoring the schemas to a specific DBMS）两个阶段。其中，系统无关的映射不考虑任何数据模型的数据库管理系统实现中的一些具体特性和特殊情况；对于为特定的数据库管理系统定制模式，由于不同的数据库管理系统使用各自特定的建模特性和约束来实现数据模型，因此可能需要对在上一步中获得的模式进行调优，以使其更好地与已选定的数据库管理系统所使用的数据模型的特定实现特性相一致。

该阶段得到的结果是使用选定数据库管理系统的语言编写的数据定义语言（DDL）语句，DDL 语句指定了数据库系统的概念模式和外模式。如果 DDL 语句包括某些物理数据库设计参数，则必须等到全部物理数据库设计结束后才能得到完整的 DDL 规范说明。许多计算机自动辅助软件工程（CASE）设计工具可以从概念模式设计直接对应商业系统，生成 DDL 语句。

5. 物理数据库设计阶段

物理数据库设计就是对一个给定的逻辑数据模型，为数据库文件选择特定的存储结构和存取路径，从而使各种数据库应用都能获得最佳性能的过程。通常，每个数据库管理系统都提供多种文件组织和存取路径的选项，包括各种索引类型、相关记录在磁盘块上的聚簇、使用指针连接相关记录，以及各种散列类型。一旦选定所使用的数据库管理系统，物理数据库的设计过程就被限制为从该数据库管理系统所提供的选项中为数据库文件选择最合适的结构。

但是，物理数据库设计并不是独立的行为，在物理、逻辑和应用设计之间经常是有反复的。例如，在物理设计期间为了改善系统性能而合并了表，这可能影响逻辑数据模型。与逻辑设计相同，物理设计也必须遵循数据的特性以及用途，必须了解应用环境，特别是应用的处理频率和响应时间要求。在需求分析阶段，已了解某些用户要求某些操作要运行多快，或者每秒必须要处理多少个操作。这些信息构成了在物理设计时所做决定的基础。

这里给出物理设计决策的通用指导原则，这些原则适用于任何类型的数据库管理系统。下面的一些标准常常被用于指导选择物理数据库设计的选项。

（1）响应时间（response time）：即从为了执行而提交数据库事务起，直到收到响应该事务的结果所花费的全部时间。影响响应时间的最主要因素是事务所使用数据项的数据库存取时间，这是由数据库管理系统控制的。响应时间也受到非数据库管理系统因素的影响，例如系统负载、操作系统调度以及通信延迟等。

（2）空间利用（space utilization）：这是被磁盘上的数据库文件及其存取路径结构所占用的存储空间的数量，包括索引和其他存取路径。

（3）事务吞吐量（transaction throughput）：即系统每分钟能够处理事务的平均数量。这个参数对于火车、航班预订系统或银行系统来讲是非常重要的。注意，必须在系统的峰值条件下对事务吞吐量进行测量。

通常，上述参数的平均值和最坏情形限定值被指定为系统性能需求的一部分。在不同的物理设计中，包括原型法和仿真法，用分析技术和试验技术来估计上述参数的平均值和最坏情形限定值，以确定是否满足性能需求。

性能取决于文件中记录的大小和记录的数目，因此还必须对每个文件估计上述这些参数。此外，还需要估计所有事务对数据库文件的更新和检索方式。对于用于选择记录的属性应当为其创建主存取路径和辅助索引。在物理数据库设计阶段还要考虑到对文件增长的估计，这种估计既可以由于增加新属性而使用记录的大小，也可使用记录数量来估计文件的增长。

衡量一个物理设计的好坏可以从时间、空间、维护开销和各种用户要求着手。其结果可以产生多种方案，数据库设计人员必须对这些方案进行细致的评价，从中选择一个较优的方案作为数据库的物理结构。性能评价的结果也是前面设计阶段的综合评价，可以作为反馈输入，修改各阶段的设计结果。评价物理数据库的方法完全依赖于所选用的数据库管理系统，主要是从定量估算各种方案的存储空间、存取时间和维护代价入手，对估算结果进行权衡、比较，选择出一个较优的合理的物理结构。如果该结构不符合用户需求，则需要修改设计。数据库性能由存取效率、存储效率、其他性能来衡量。

- 存取效率：存取效率是用每个逻辑存取所需的平均物理存取次数的倒数来度量。这里，逻辑存取是指对数据库记录的访问，而物理存取是指实现该访问在物理上的存取。例如，如果为了找到一个所需的记录，系统实现时需存取两个记录，则存取效率为1/2。

- 存储效率：存储效率是用存储每个要加工的数据所需实际辅存空间的平均字节数的倒数来度量。例如，采用物理顺序存储数据，其存储效率接近 100%。
- 其他性能：设计的数据库系统应能满足当前的信息要求，也能满足一个时期内的信息要求；能满足预料的终端用户需求，也能满足非预料的需求；当重组或扩充企、事业单位时应能容易扩充数据库；当软件与硬件环境改变时，它应能容易地修改和移植；存储于数据库的数据只要一次修正，就能一致正确；数据进入数据库之前应能做有效性检查；只有授权的人才允许存取数据；系统发生故障后容易恢复数据库。

6. 数据库系统的实现阶段

在逻辑设计和物理设计结束后，就进入了实现数据库系统的攻坚阶段，主要工作有以下内容。

（1）定义数据库结构：确定了数据库的逻辑结构与物理结构后，就可以借助数据定义语言（DDL）和选定数据库管理系统的存储定义语言（SDL）语句创建数据库模式以及（空的）数据库文件。

（2）组织数据入库：向数据库装载（load）或填充（populate）数据是数据库实现阶段最主要的工作。对于数据量不是很大的小型系统，可以用人工方法完成数据的入库，其步骤为：①筛选数据；②转换数据格式；③输入数据；④校验数据。对于中大型系统，应设计一个数据输入子系统，由计算机辅助数据的入库工作。如果要从以前的计算机系统转换数据，可以使用转换例程（conversion routine）对数据进行格式转换，以便装载到新数据库中。

（3）编制与调试应用程序：在数据库实施阶段，编制与调试应用程序是与组织数据入库同步进行的。调试应用程序时由于数据入库尚未完成，可先使用模拟数据。

（4）数据库试运行：应用程序调试完成，并且已有一小部分数据入库后，就可以开始数据库的试运行。数据库试运行也称为联合调试，其主要工作包括：①功能测试；②性能测试。

数据库事务必须要由应用开发人员根据事务的概念规范说明进行实现，然后使用嵌入式 DML 命令编写程序代码并进行测试。一旦事务准备就绪，并且所有数据也已经装载到数据库中，则数据库系统的设计和实现阶段便落下帷幕，随之进入数据库系统的运行阶段。

12.2.3 使用 UML 图作为数据库设计规范说明的辅助工具

1. UML 作为设计规范说明的标准

UML 是一种绘制软件蓝图的标准语言，可以用 UML 对软件密集型系统的制品进行可视化、详述、构造和文档化。一个定义良好的过程将指导我们决定生产什么制品，由什么样的活动和人员来创建与管理这些制品，怎样采用这些制品从整体上去度量和控制项目。对于软件密集型系统就需要这样一种语言，它贯穿于软件开发的生命周期，表达系统体系结构的各种不同视图。

UML 不是一种可视化的编程语言，但用 UML 描述的模型可与各种编程语言直接相关联。这意味着一种可能性，即可把用 UML 描述的模型映射成编程语言，如 Java、C++和 Visual Basic 等，甚至映射成关系数据库的表或面向对象数据库的持久存储。对一个事物，如果表示为图形方式最为恰当，则用 UML；如果表示为文字方式最为恰当，则用编程语言。

目前，UML 已经被广大软件开发人员、数据建模人员、数据设计人员以及数据库体系结构设计人员等用于定义应用的详细规范说明。他们还使用 UML 指定由软件、通信和硬件组成的环境，以实现和部署应用。

类图是概念数据库设计的最终成果，这已经在前面讨论过。为了得到类图，需要使用用例图、顺序图和状态图以汇总和指定信息。本节的余下部分将首先简要介绍不同类型的 UML 图，以便读者了解 UML 的范围。随后将提供一个小的应用示例来说明用例图、顺序图和状态图的用法，并展示如何由这些图最终导出作为概念设计成果的类图。本节给出的 UML 图都采用标准 UML 表示法，并使用 Rational Rose 来绘制。

2．将 UML 用于数据库应用设计

数据库群体已经开始接纳 UML，现在许多数据库设计人员和开发人员使用 UML 进行数据建模以及后续的数据库设计。UML 的优点是，尽管它的概念基于面向对象技术，然而其所得到的结构模型和行为模型既可以用于设计关系数据库，也可以用于面向对象数据库，还可以用于对象－关系数据库。UML 类图通过展示每一个类的名称、属性和操作，以面向对象方式给出了数据库模式的结构化规范说明。UML 通常用于描述数据对象的汇集以及它们的内部联系，这与数据库概念设计的目标是一致的。

UML 方法最重要的贡献之一是它将传统的数据库建模人员、分析人员和设计人员同软件应用开发人员聚集到一起。图 12-2 展示了数据库设计和实现阶段，以及它们如何应用于这两类人员。UML 能够提供被这两个群体所采纳的通用表示法和元模型，并且可以按他们的需要进行裁剪。

3．UML 中的关系

UML 中有依赖（dependency）、关联（association）、泛化（generalization）和实现（realization）4 种关系。

其中，依赖是两个模型元素间的语义关系，其中一个元素（独立元素）发生变化会影响另一个元素（依赖元素）的语义。在图形上，把依赖画成一条可能有方向的虚线，有时还带有一个标记，如图 12-8（a）所示。

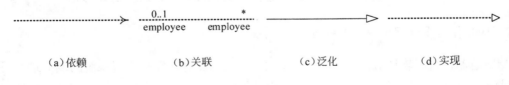

（a）依赖　　　　　　（b）关联　　　　　　（c）泛化　　　　　　（d）实现

图 12-8　UML 中的关系

关联是类之间的结构关系，它描述了一组链，链是对象（类的实例）之间的连接。聚合是一种特殊类型的关联，它描述了整体和部分间的结构关系。在图形上，把关联画成一条实线，它可能有方向，有时还带有一个标记，而且它还经常含有诸如多重性和端名这样

的修饰，如图 12-8（b）所示。

泛化是一种特殊/一般关系，其中特殊元素（子元素）基于一般元素（父元素）建立。使用这种方法，子元素共享了父元素的结构和行为。在图形上，把泛化关系画成一条带有空心箭头的实线，该实线指向父元素，如图 12-8（c）所示。

实现是类目之间的语义关系，其中一个类目指定了由另一个类目保证执行的合约。大家在两种地方会遇到实现关系：一种是在接口和实现它们的类或构件之间；另一种是在用例和实现它们的协作之间。在图形上，把实现关系画成一条带有空心箭头的虚线，它是泛化和依赖关系两种图形的结合，如图 12-8（d）所示。

这 4 种元素是 UML 模型中可以包含的基本关系事物。它们也有变体，例如精化、跟踪、包含和扩展。

4．各种 UML 图

图（diagram）是一组元素的图形表示，大多数情况下把图画成顶点（代表事物）和弧（代表关系）的连通图。为了对系统进行可视化，可以从不同的角度画图，这样一个图就是对系统的投影。对所有的系统（除非很微小的系统）而言，图是系统组成元素的省略视图。有些元素可以出现在所有图中，有些元素可以出现在一些图中（很常见），还有些元素不能出现在图中（很罕见）。在理论上，图可以包含事物及其关系的任何组合。然而在实际中仅出现少量的常见组合，它们与组成软件密集型系统的体系结构的 5 种最有用的视图相一致。由于这个原因，UML 包括类图、对象图、构件图、制品图、用例图、顺序图[①]、通信图、状态图、活动图、部署图、包图、定时图和交互图，共 13 种这样的图。

1）类图（class diagram）

类图展现了一组类、接口、协作和它们之间的关系。在面向对象系统的建模中所建立的最常见的图就是类图。类图给出系统的静态设计视图，包含主动类的类图给出系统的静态进程视图。构件图是类图的变体。

将模式看成数据库的概念设计的蓝图，可以用类图对这些数据库的模式建模。通常用关系数据库、面向对象数据库或混合的关系/对象数据库存储持久对象。UML 很适合于对逻辑数据库模式和物理数据库本身建模。

实体－联系（E-R）图是用于逻辑数据库设计的通用建模工具，UML 的类图是实体－联系图（E-R）的超集。传统的 E-R 图只针对数据，类图则进了一步，它还允许对行为建模。在物理数据库中，一般要把这些逻辑操作转换成触发器或存储过程。

图 12-9 显示了一组取自某学校的信息系统的类，其显示的这些类的细节足以构造一个物理数据库。从图的左下部开始，有 3 个名为 Student、Course 和 Instructor 的类。Student 和 Course 之间有一个说明学生所听课程的关联。此外，每个学生可以听的课程门数不限，听每门课程的学生人数也不限。

---

① 将 sequence diagram 译为顺序图，这是本书极个别与国标不一致之处。在制定国标 GB/T 11457-2006 时，对这种图的名称有"顺序图"和"时序图"两种不同意见，最后定为"时序图"。后来 UML2.0 又定义了另外一种图，即 timing diagram，而国内的其他文献把这种新的图译为"时序图"。于是这两种图的中文译名发生了冲突。为了避免由此引起的术语混乱，本书将它们分别译为"顺序图"和"定时图"。

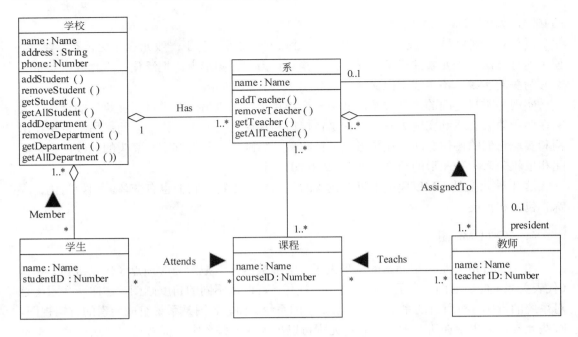

图 12-9　对模式建模示意图

2）对象图（object diagram）

对象图展现了一组对象以及它们之间的关系。对象图描述了在类图中所建立的事物的实例的静态快照。和类图一样，这些图给出系统的静态设计视图或静态进程视图，但它们是从真实案例或原型案例的角度建立的。

可以使用对象图来展示对象的配置案例，图 12-10（a）展示一组类，（b）展示一组相互关联的对象集合。当对象之间的可能连接比较复杂时，后者非常有用。

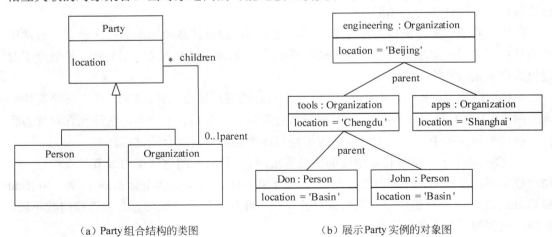

（a）Party 组合结构的类图　　　　　　　　（b）展示 Party 实例的对象图

图 12-10　类与相互关联的对象集合

3）构件图（component diagram）

构件图展现了一个封装的类和它的接口、端口以及由内嵌的构件和连接件构成的内部结构。构件图用于表示系统的静态设计实现视图。对于由小的部件构建大的系统来说，构件图是很重要的（UML 将构件图和适用于任意类的组合结构图区分开来，但由于构件和结构化类之间的差别微不足道，所以一起讨论它们）。

构件是系统中逻辑的并且可替换的部分，它遵循并提供对一组接口的实现。

好的构件用定义良好的接口来定义灵活的抽象，这样就容易用新的兼容构件代替旧的构件。

接口是连接逻辑模型和设计模型的"桥梁"。例如，可以为逻辑模型中的一个类定义一个接口，而同一个接口将延续到一些实现它的设计构件。

通过把构件上的端口连接在一起，接口允许用小的构件来实现对大构件的建造。

图 12-11 显示了一个带有端口的构件 Ticket Seller（售票）的模型，每个端口有一个名字，还可以有一个可选的类型来说明它是哪种类型的端口。这个构件有用于售票、节目和信用卡收费的端口。

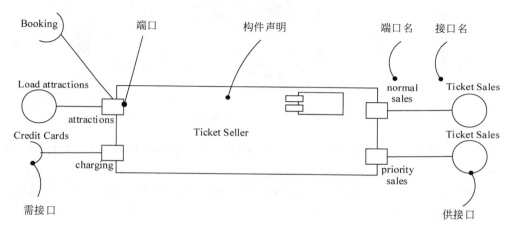

图 12-11　构件中的端口

这里有两个用于售票的端口，一个供普通用户使用，另一个供优先用户使用。它们都有相同的类型为 Ticket Sales 的供接口。信用卡处理端口有一个需接口，任何提供该服务的构件都能满足它的要求。节目端口既有供接口也有需接口。使用 Load Attractions 接口，剧院可以把戏剧表演和其他节目录入售票数据库以便售票；使用 Booking 接口，Ticket Seller 构件可以查询剧院是否有票并真正地售票。

4）用例图（use case diagram）

用例图展现了一组用例、参与者（一种特殊的类）及它们之间的关系。用例图给出系统的静态用例视图，这些图在对系统的行为进行组织和建模上是非常重要的。

用例图用于对系统的用例视图建模。多数情况下包括对系统、子系统或类的语境建模，或者对这些元素的行为需求建模。

用例图对可视化、详述和文档化一个元素的行为是很重要的，它们通过呈现元素在语境中如何被使用的外部视图使系统、子系统和类易于探讨和理解。另外，用例图对通过正向工程来测试可执行的系统和通过逆向工程来理解可执行的系统也是很重要的。

图 12-12 显示了一个信用卡验证系统的语境，它强调围绕在系统周围的参与者。其中

有顾客（Customer），分为两类，即个人顾客（Individual customer）和团体顾客（Corporate customer）。这些参与者是人与系统交互时所扮演的角色。在这个语境中，还有表示其他机构的参与者，如零售机构（Retail institution，顾客通过该机构刷卡，购买商品或服务）、主办财务机构（Sponsoring financial institution，负责信用卡账户的结算服务）。在现实世界中，后两个参与者本身可能是一个软件密集型系统。

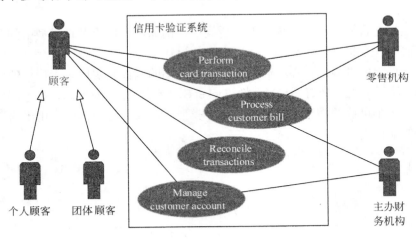

图 12-12　对系统的语境建模

5）交互图（interaction diagram）、顺序图（sequence diagram）和通信图（communication diagram）

顺序图和通信图都是交互图。交互图展现了一种交互，它由一组对象或角色以及它们之间可能发送的消息构成。交互图专注于系统的动态视图。顺序图是强调消息的时间次序的交互图；通信图也是一种交互图，它强调收发消息的对象或角色的结构组织。顺序图和通信图表达了类似的基本概念，但每种图强调概念的不同视角，顺序图强调时间次序，通信图强调消息流经的数据结构。定时图（不包含在本书中）展现了消息交换的实际时间。

交互图用于对系统的动态方面建模。在多数情况下，它包括对类、接口、构件和结点的具体的或原型化的实例以及它们之间传递的消息进行建模，所有这些都在一个阐明行为的脚本的语境中。交互图可以独立地可视化、详述、构造和文档化一个特定的对象群体的动态方面，也可以用来对用例的特定的控制流进行建模。

交互图不仅对一个系统的动态方面建模很重要，而且对通过正向工程和逆向工程构造可执行的系统也是重要的。

图 12-13 所示的通信图描述了学校里登记一个新生的控制流，它强调这些对象间的结构关系。可以看到有 4 个角色：一个登记代理 RegistrarAgent(r)、一个学生 Student(s)、一个课程 Course(c) 和一个未命名的学校角色 School。控制流被显式地编号。活动从 RegistrarAgent 创建一个 Student 对象开始，并把学生加入到学校中（用 addStudent 消息），然后告诉 Student 对象自己去登记。Student 对象调用自己的 getSchedule，得到一个必须注册的 Course 对象集合。然后，Student 对象把自己加入到每个 Course 对象中。

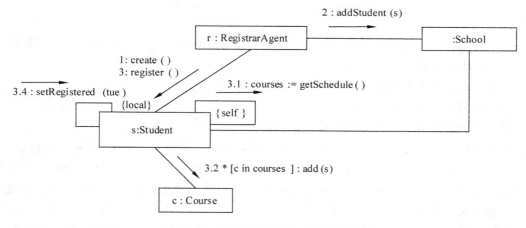

图 12-13　按企、事业单位对控制流建模

6）状态图（state diagram）

状态图展现了一个状态机，它由状态、转移、事件和活动组成。状态图展现了对象的动态视图。它对于接口、类或协作的行为建模尤为重要，而且它强调由事件引发的对象行为，这非常有助于对反应式系统建模。

状态图用于对系统的动态方面建模。在大多数情况下，它涉及对反应型对象的行为建模。反应型对象是这样一种对象，它的行为是通过对来自其语境外部的事件做出反应来最佳刻画的。反应型对象具有清晰的生命周期，其当前行为受其过去行为影响。状态图可以被附加到类、用例或整个系统上，从而可视化、详述、构造和文档化一个单独的对象的动态特性。

状态图不仅对一个系统的动态方面建模有重要意义，而且对于通过正向工程和逆向工程来构造可执行的系统也很重要。

图 12-14 显示了一个状态图，用于分析一个简单的与语境无关的语言，正如在向 XML 输入或输出消息的系统中可能发现的那样。在这种情况下，该机器被设计得能分析与语法相匹配的字符流：

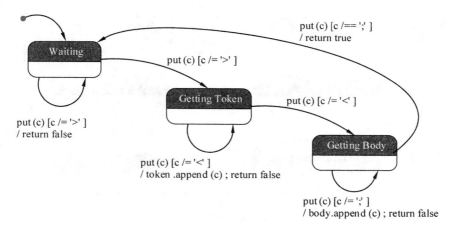

图 12-14　对反应型对象建模

```
Message: '<' siring '>' string ';'
```

其中，第一个串表示一个标记，第二个串表示该消息体。给定一个字符流，只有遵从这个语法的形式良好的消息才能被接受。

注意，这个状态图描述了一个不间断运行的机器，它没有终止状态。

7）活动图（activity diagram）

活动图将进程或其他计算的结构展示为计算内部一步一步的控制流和数据流。活动图专注于系统的动态视图。它对于系统的功能建模特别重要，并强调对象间的控制流程。

活动图用于对系统的动态方面建模。在多数情况下，它包括对计算过程中顺序的（也可能是并发的）步骤进行建模，也可以用活动图对步骤之间的值的流动进行建模。活动图可以单独用来可视化、详述、构造和文档化对象群体的动态特性，也可以用于对一个操作的控制流建模。一个活动是行为的一个持续发生的结构化执行。活动的执行最终延伸为一些单独动作的执行，每个动作都可能改变系统的状态或者传送消息。

活动图不仅对系统的动态特性建模相当重要，而且对于通过正向工程和逆向工程构造可执行的系统也很重要。

图 12-15 给出了一个扩展区域的示例。在图的主体中接收了一个订单，这样就产生了一个类型为 Order 的值，该值包含了一个类型为 LineItem 的数组。Order 值是向扩展区域的输入，扩展区域的每次执行都作用于 Order 集合中的一个元素，所以，在区域内部输入值的类型对应于 Order 数组的一个元素，即 LineItem。扩展区域活动分岔到两个动作：一个动作找到 Product（产品）并将它加到送货队列；另一个动作计算货物的价格。注意，没有必要按顺序处理 LineItem，扩展区域的不同执行可以并发进行。当扩展区域中所有的执行都结束时，货物被放入 Shipment（Products 的集合），价格也被放入 Bill（Money 值的集合）。值 Shipment 是动作 ShipOrder 的输入，而值 Bill 是动作 SendBill 的输入。

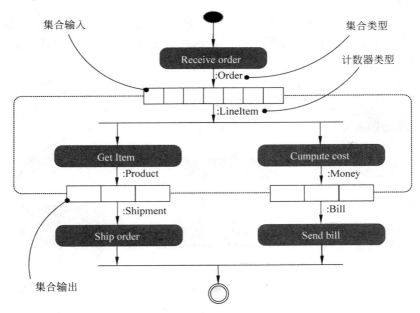

图 12-15　扩展区域

8）部署图（deployment diagram）

部署图展现了对运行时的处理结点以及在其中生存的构件的配置，部署图给出了体系结构的静态部署视图。通常一个结点包含一个或多个制品。图 12-16 所示的是一个简单的部署图，图上的主要条目是由通信路径连接的结点。结点（node）是上面能驻留一些软件的环境。结点有两种形式：设备（device）是硬件，它可以是计算机或更简单的、连接到一个系统的硬件部件；执行环境（execution environment）是软件，它本身作为软件或包含其他软件，例如操作系统或容器进程。

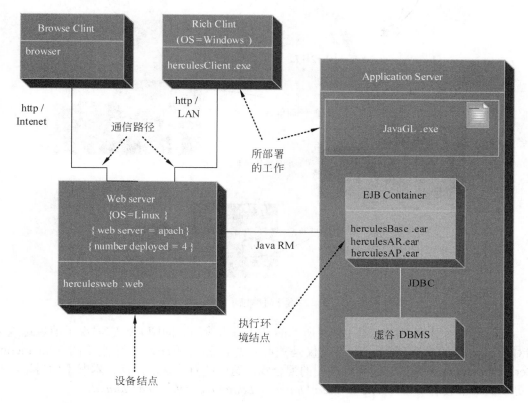

图 12-16　部署图实例

9）制品图（artifact diagram）

制品图展现了计算机中一个系统的物理结构。制品包括文件、数据库和类似的物理比特集合，制品常与部署图一起使用。制品也展现了它们实现的类和构件。图 12-17 所示的是表现（manifest）关系显式地表示制品和它所实现的类之间的关系。

10）包图（package diagram）

包图展现了由模型本身分解而成的组织单元以及它们的依赖关系。图 12-18 所示的是一个简单的包，包 GUI 引出两个类，它们是 Window 和 Form。EventHandler 没有被 GUI 引出，EventHandler 是包的受保护的部分。

11）定时图（timing diagram）

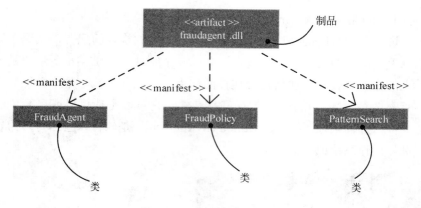

图 12-17　制品和类示例图

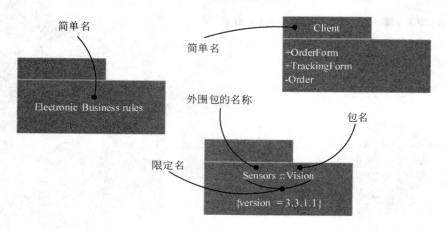

图 12-18　简单包示例图

定时图是一种交互图（图 12-19 所示的是状态为线的时间图），它展现了消息跨越不同对象或角色的实际时间，而不仅仅是关心消息的相对顺序。交互概览图（interaction overview diagram）是活动图和顺序图的混合物。这些图有特殊的用法，本书不做讨论，对于更多的细节读者可参考 *The Unified Modeling Language Reference Manual*。

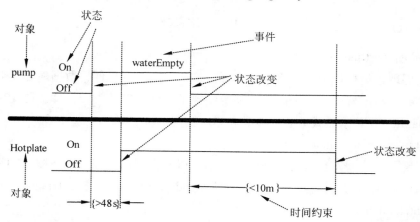

图 12-19　状态为线的时间图

虽然并不限定仅使用这几种图，开发工具可以利用 UML 来提供其他种类的图，但到目前为止，这几种图在实际应用中是最常用的。

12.3 面向数据的关键设计

12.3.1 在关系数据库内查找对象

1. 查找策略

数据库的封装级别在一定程度上决定了选择查找的策略，目前的查找策略主要有嵌入式 SQL（蛮力方式）、查询对象（query object）和元数据驱动（meta data-driver）3 种。

1）嵌入式 SQL（蛮力方式）

使用嵌入式 SQL 查找策略仅需要在业务对象中嵌入数据库访问代码，如结构化查询语言（SQL）语句或企业 JavaBean（EJB）查询语言（EJB QL）。典型的策略是为每种查找对象的方式编写一个单独的操作。例如，在图 12-20 中看到 Tenant 类有两个版本，一个是标准的业务对象，一个是 EJB。每个版本都实现了 5 个不同的查找器（finder）操作：通过主键值进行查找、通过名称进行查找、通过社会保险号（SSN）进行查找、通过名称和电话号码的组合进行查找，以及通过各种条件进行查找。每个查找器都会得到传给它的参数，并使用这些值构建 SELECT 语句，把该语句提交给数据库，然后使用所得的结果。

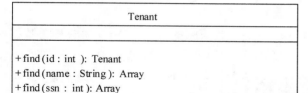

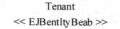

图 12-20 嵌入式 SQL 查找器的操作签名示意图

显示这两个版本目的是为了描述两种实现嵌入式 SQL 查找器的通用方式。第一种展示了如何将查找器操作转换成静态（static）操作，这是因为它们可能适用于该类的多个实例。

图中显示，这 5 个操作中有 4 个返回了一个对象数组，只有基于主键值进行查找的那个返回单独的对象。对于这个结果，从理论的角度来看，这里的静态操作是有道理的，因为它在概念上会查找所有的 Tenant 实例，并且选择具有给定键值的那个；从实践的角度来说，最好采取一种一致的方式。一致性的另外一个例子是把所有的操作都命名为 find()，这在 Java 中是允许的，因为整个操作的签名（包括参数和返回值）必须要唯一，而并不仅仅是操作的名称。一致的命名规范使代码更易于阅读。在图 12-20 中，Tenant 的 EJB 版本就符合 EJB 规约（Java.sun.com/products/ejb/），从而将查找器实现成实例作用范围（instance-scope）的操作，其遵循 ejbFindBy…的命名规范。这些查找器的内部实现依然相同。

在每个版本中，基于主键的查找器会返回一个单独的对象。find()版本会返回该主键值对应的客户对象，尽管如果该客户并不存在于数据库中，那么可能需要返回一个设定了主键值的空客户对象，或者抛出一个适当的异常/错误。ejbFindByPrimaryKey()的版本会返回唯一标识该客户的主键对象的一个实例，而且如果它在数据库中不存在就会抛出一个 Java 异常。

在每个版本中，还有一个接纳一个查找条件的 vector（vector 是 Java 的一个集合类）的查找器，这可为一个查找屏幕或报表提供支持。在这种情形下，该查找器需要解析每个条件（如 name=S*和 hireDate<2010-06-30），并将其转换成 SQL 查询子句（如 Tenant.Name='S%'和 Tenant.HireDate<'2010-06-30'）。使用嵌入式 SQL 的方式，这种转换将会以硬编码（hard-code）的形式存在于操作中。

2）查询对象（query object）

查询对象是 DAO（Data Access Object）的查找策略的版本。DAO 模式称为数据访问对象模式，它是 J2EE 设计模式之一。用程序设计的语言来说，就是建立一个接口，接口中定义了此应用程序中将会用到的所有事务方法。在这个应用程序中，当需要和数据源进行交互的时候则使用这个接口，并且编写一个单独的类来实现这个接口在逻辑上对应这个特定的数据存储。DAO 模式完成了 Hibernate[①]架构中持久层的设计与实现，它向外部提供了一个数据访问数据源的统一接口，对外隐藏数据源的实现细节，实现了数据访问操作和业务逻辑的分离。与把 SQL 代码嵌到业务对象中有所不同，我们需要把它封装到单独的类中。图 12-21 描述了如何使用该策略实现图 12-20 中 Tenant 类的非 EJB 版本。每个查找器都会有一个查询对象，它们每个都实现了与嵌入式 SQL 方式相同类型的逻辑。Tenant 类将实现如图 12-20 中所示的相同操作，而且只是将它们委托（delegate）给适当的查询对象。

---

① Hibernate 是 JDBC 的轻量级的对象封装和开放源代码的对象关系映射框架，是连接 Java 的应用程序和关系数据库的中间件，负责 Java 对象的持久化。Hibernate 最大的优点就是允许代码以对象模式来访问数据库内容，使得 Java 开发人员不再用传统拼写 JDBC SQL 语句代码的方式对数据库进行 CRUD 持久化操作，而是使用对象编程思维来操纵数据库。此外，为了提高持久化效率，Hibernate 对每一种数据库都提供对应的方言 Dialect，以支持本数据库提供的一些额外的 SQL 标准或语法。Hibernate 技术本质上是一个提供数据库服务的中间件。

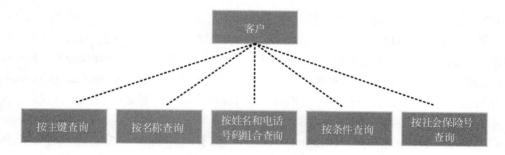

图 12-21　将查找器实现成查询对象

一种简单的方式是实现一个单独的公有操作来接收查询条件，并返回一个含有零或多个对象的集合来表示结果集。一种更为复杂的方式是能以多种不同的方式来使用查询结果，如对象集合、XML 文档或简单的数据集（data set）。

3）元数据驱动（meta data-driver）

元数据驱动的方式可以说是当前用到的最复杂的策略，而且它往往会作为持久化框架的一部分来实现。元数据是用于描述要素、数据集或数据集系列的内容、覆盖范围、质量、管理方式、数据的所有者、数据的提供方式等有关的信息。元数据驱动的核心是用数据来表示数据、行为以及表达，将软件系统中对数据的挖掘、对行为的控制、对界面的把握都转化为对数据的控制，元数据驱动的基本框架如图 12-22 所示。元数据库由专门的技术人员或业务人员管理，元数据管理人员根据系统各功能所涉及的数据信息构造相应的元数据模型，并形成元数据录入到元数据库中。当业务规则、业务流程、用户信息、数据检索方式和系统配置参数等发生变更时，系统会读取元数据库中定义的相应内容并自动转化为 SQL 语言对专业数据库进行操作，从而实现对业务规则、业务流程、用户信息、数据检索方式和系统配置参数的加载。

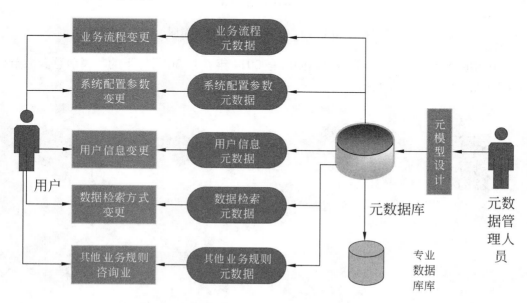

图 12-22　元数据驱动基本框架示意图

元数据驱动查找策略的基本思想是将自己的对象方案与数据方案进行解耦，以元数据的形式描述它们之间的映射，而不是以硬编码 SQL 的方式。与定义 SQL SELECT 语句（它从数据库列的角度来规定查找）不同，应用程序必须要从对象属性（attribute）的角度来定义查找。图 12-23 所示的是该策略的工作方式。业务对象会向查询处理器（query processor）提交查询的元数据，它可能被表示成 XML 文档或功能完备的对象。该元数据表示的是执行任务的概念，如返回所有名字像"Sc* A*"的客户、返回账户号为 188-6868 的账户，以及返回所有在市场部工作的、雇用时间在 2000 年 1 月 1 日和 2014 年 12 月 31 日之间的员工。查询处理器将该查询传递给查询构建器（query builder），查询构建器会使用映射元数据来构建 SELECT 语句，然后把它提交给数据库。从数据库返回的结果会被转换成适当的表现形式（如 XML 结构、对象集合，等等），然后该表现形式被返还给业务对象。

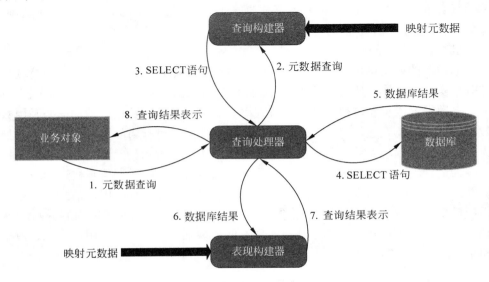

图 12-23　　元数据驱动策略示意图

下面的 XML 结构表示的是"返回所有 2014 年 6 月 30 日签下的其税前总金额至少为 100000 元的订单"的元数据。

```
<Query>
<Search For>Order</Search For>
<Clause>
<Attribute> "OrderedDate" </ Attribute >
<Comparison> "=" </Comparison>
<Value> "2014-06-30" </Value>
</Clause>
<Clause>
<Attribute> "subtotalBeforeTax" </ Attribute >
<Comparison> ">=" </Comparison>
<Value> "100000.00" </Value>
</Clause>
</Query>
```

通过把该元数据同 Order 类和 Order 表之间的特征映射结合起来，查询构建器能够创建以下 SELECT 语句：

```
SELECT *
    FROM Order
    WHERE Order. OrderedDate = '2014-06-30'
        AND Order. subtotalBeforeTax >= 100000.00
```

如何选择查找策略，主要取决于数据库封装的策略，建议如表 12-1 所示。

表 12-1　查找策略的应用时机一览表

策　略　名　称	应　用　时　机
嵌入式 SQL	• 能够良好地使用嵌入式 SQL、DAO 和服务数据库封装策略； • 非常简单和直接，尽管它会造成对象和数据方案之间高度的耦合
查询对象	• 能够良好地使用 DAO 和服务数据库封装策略； • 非常简单和直接，所引发的耦合程度稍小于嵌入式 SQL 方式的策略； • 它是一种在操作型应用程序中实现报表的良好策略
元数据驱动	• 实际上是持久化框架封装策略的一部分； • 极为复杂，但对象和数据方案之间的耦合非常低

2．表示查找的结果

事实上，有多种表示查找结果的方式，这里把它们汇总于表 12-2 中。

表 12-2　查找结果表示方式一览表

方　　式	描　　述	优　　点	缺　　点
业务对象	结果集会被整编（marshaled）成一个 Customer 对象的集合	• 能直接使用业务对象； • 支持一种"纯对象"的方式； • 将接收者（receiver）和数据库方案进行解耦	• 创建对象的整编开销明显； • 可能需要其他的业务对象，以获取一个进程和应用程序需要的所有信息，或者表现一个订单
逗号分隔值（CSV）文件	结果集会被整编成一个文本文件，其中每行对应着一个客户。使用逗号分隔列的数值（如张三,李四,王三立）	• 平台独立的表现方式； • 易于对数据进行存档和版本化； • 易于包含针对具体进程或应用程序需要所附加的非客户数据； • 解耦接收者和数据库方案	• 需要解析文件,以获取各个客户的信息； • 需要根据数据库的结果集来创建文件； • 正在被 XML 文档取代
数据结构	结果集会被整编成一个数据结构的集合，每个客户的数据结构往往只是一个数据值的集合	• 以一种相对容易的方式来表示客户的数据； • 易于包含针对具体进程或应用程序需要所附加的非客户数据； • 解耦接收者和数据库方案	• 需要解析该结构,以获取各个客户的信息； • 需要根据数据库的结果集创建文件； • 正在被 XML 文档取代

方　式	描　述	优　点	缺　点
数据传输对象（data transfer object）	结果集被整编成一个对象集合，这些集合仅包含数据以及访问该数据的 getter 和 setter。这些对象是可序列化的（serializable）	• 支持客户对象低开销的跨网络传输； • 易于包含具体针对进程或客户数据； • 解耦接收者和数据库方案	• 创建对象的整编开销明显； • 正在被 XML 文档取代
数据集（dataset）	通过数据库访问类库（如 JDBC 或 ADO.NET）所返回的数据库的结果集	• 没有整编的开销； • 易于包含针对具体进程或应用程序需要所附加的非客户数据	• 接收者必须能够使用数据，从而使之与数据库访问库耦合在一起； • 接收者必须耦合数据库方案
扁平式文件（flat file）	结果集会被整编成一个文本文件，其中每行对应着一个客户。数据值会被写到已知的位置上	• 平台独立的表现方式； • 易于包含针对具体进程或应用程序需要所附加的非客户数据； • 解耦接收者和数据库方案； • 易于对数据进行存档和版本化	• 需要解析文件，以获取各个客户的信息； • 需要根据数据库的结果集来创建文件； • 正在被 XML 文档取代
代理（proxy）	结果集会被整编成一个代理对象的集合，这些对象仅包含刚够系统和用户识别该对象的信息	• 从数据库方案解耦接收者； • 降低了网络的流量	• 创建代理的整编开销显著，尽管其开销要小于业务对象； • 接收者需要额外的代码，从而合理地用实际的业务对象替代代理对象
序列化的业务对象（serialized business object）	结果集会被整编（rnarshaled）成一个业务对象的集合。接着该集合会被转换成一个单独的二进制大对象（binary large object, BL-OB），或是其他类似的格式，它能够被作为一个单独的实体跨网络进行传送，然后接收者再将其转换回原来的对象集合	• 从数据库方案解耦接收者； • 易于对数据进行存档和版本化； • 能够很好地 Prevalence Layer	创建对象的整编开销明显
XML 文档	结果集会被转换成一个单独的 XML 文档，其将会包含零个或多个客户的结构	• 平台独立的表现方式； • XML 的市场支持程度很高； • 易于包含针对具体进程或应用程序需要所附加的非客户数据； • 从数据库方案解耦接收者； • 易于对数据进行存档和版本化	创建 XML 文档的整编开销明显

12.3.2　实现引用完整性

1.　引用完整性的实现选择

关于引用完整性的具体实现位置，业界有两种不同的观点。第一种观点是"传统主义者"，也是最大的阵营，他们主张应该在数据库中实现引用完整性规则。他们认为，当今数据库包含了支持引用完整性的复杂机制，以及数据库提供了一个理想的地点来集中执行所有的应用程序能够利用的引用完整性。第二种观点是"纯对象主义者"，这是一个相对较小的阵营，他们宣称应该在应用程序逻辑内、业务对象本身或数据库封装层内实现引用完整性规则。他们认为，引用完整性是一个业务问题，因此应该实现在业务层中，而不是数据库中。他们还认为关系数据库的引用完整性执行（RI enforcement）特性反映的是 20世纪 70 年代和 80 年代的开发现实，而不是 20 世纪 90 年代和 21 世纪的多层环境。

这两种观点都存在"绝对化"的问题。事实上，传统主义者的方式在单数据库环境下是可行的，但在多数据库的环境中将会失效，因为数据库不再是一个中心资源，并且跨层间的引用完整性已经不仅仅只是一个数据库问题。纯对象主义者的方式也具有明显的问题，当存在无法使用业务层的应用程序时，这种方式便会失效。这包括非对象的应用程序（如用 COBOL 或 C 编写的程序等），以及并不只是为重用"标准的"业务对象而构建的对象应用程序。当今软件开发的现实是需要具体情况具体分析，确定最佳点才是上策。

敏捷软件开发者的队伍在不断壮大，他们认为实现引用完整性当前有多种选择可用。表 12-3 从独立使用每种策略的角度对这些选择进行了比较。事实上，没有一种选择是完美的，每种策略皆有其优缺点，皆有其恰当的应用场合，设计者是否真正认识这些策略将其应用到恰当的场合才是关键。在数据库社区内，"声明式 RI（declarative RI）与编程式 RI（programmatic RI）"的辩论旷日持久，而且近期内不会平息。当然，我们可以站在巨人的肩膀上，混合和配对使用不同的方法，从而避免某些问题。如今，在企、事业单位机构内部，我们很可能使用它们的全部，甚至可以把每个方法应用到各个应用程序中，因为软件开发不像围棋世界，非黑即白。

表 12-3　查找结果表示方式一览表

方　式	描　　述	优　点	缺　点	应 用 场 合
业务对象	通过应用程序内的业务对象所实现的操作以编程的方式来实施 RI，例如作为删除 order 对象的一部分，其相关的 OrderItem 对象将被自动删除	• 支持一种"纯对象"的方式； • 由于所有的对象逻辑在一个地方实现，可简化测试	• 每个应用程序必须进行架构设计，以重用相同的业务对象； • 需要额外的编程工作，以支持那些数据库能够原生支持的功能	• 适用于复杂的、面向对象的 RI 规则； • 当所有应用程序的构建都使用相同的业务对象，或最好是领域组件和框架时

方　式	描　述	优　点	缺　点	应用场合
数据库约束	该方式也被称为声明式 RI（DRI），已使用数据定义语言（DDL）所定义的约束来执行 RI。例如，为一个外键列增加 NOT NULL 约束	• 在数据库内确保 RI； • 约束能够通过数据建模工具生成和进行反向工程	• 每个应用程序必须进行架构设计，以使用相同的数据库，或者必须要在每个数据库中实现所有的约束； • 当表很大时被证实是性能杀手	• 当数据库被多个应用程序共用时； • 适用于简单的、面向数据的 RI； • 可与数据库触发器和可能的可更新视图（updatable view）结合起来使用；对大数据库来说，在开发期间可用来帮助识别 RI 方面的 bug，然而，一旦代码实际部署完毕，则需要移除这些约束
数据库触发器	以编程的方式来执行所需的动作，以确保其他的 RI 得以保持，即一个过程可通过事件（如删除一行）进行"触发"	• 在数据库内确保 RI； • 触发器能够通过数据建模工具生成和进行反向工程	• 每个应用程序必须进行架构设计，以使用相同的数据库，或者必须要在每个数据库中实现所有的触发器； • 对具有大量事务的表来说，被证实是性能杀手	• 当数据库被多个应用程序共用时； • 适用于复杂的、面向数据的 RI； • 可与数据库约束和可能的可更新视图结合起来使用； • 在开发期间可用来帮助识别 RI 方面的 bug，然而，一旦代码实际部署完毕，则需要移除这些约束
持久框架	RI 规则被作为关系映射的一部分进行定义。关系的多重性（基数和可选性）被定义在与规则一起的元数据中来标明级联读取、更新或删除的需要	• 把 RI 作为整个对象持久策略的一部分来实现； • RI 规则可被集中到单一的元数据仓库中	• 每个应用程序必须进行架构设计，以使用相同的持久框架，或至少遵照相同的关系映射进行工作； • 难以对元数据驱动的规则进行测试	• 适用于简单的、面向对象的 RI； • 当所有的应用程序都使用相同的持久框架进行构建时

续表

方　　式	描　　述	优　点	缺　　点	应 用 场 合
可更新视图	从视图的定义中能够反映出 RI 规则	在数据库内实施 RI	● 可更新视图在关系数据库中常常由于 RI 的原因而出现问题； ● 能够更新多个表的可更新视图可能不是数据库内的一个选择； ● 所有应用程序必须使用视图，而不是源表	● 当数据被多个应用程序共用时； ● 当 RI 需求比较简单时； ● 可与数据库约束和数据库触发器结合起来使用

2. 业务逻辑的实现选择

对于非引用完整性业务逻辑的选择也有多种策略，表 12-4 汇总了每种实现选择，并提供了有效应用每一种选择的指导方法。

表 12-4　业务逻辑的实现选择一览表

方　　式	描　　述	优　点	缺　　点	应 用 场 合
业务对象	业务对象（包括领域和控制者对象）可把业务逻辑实现成一组操作集	● 反映了开发社区内标准的分层实践； ● 业务功能能够容易地被其他的对象应用程序所访问； ● 存在非常好的开发工具来构建业务对象	● 对于数据密集型功能，性能问题突出； ● 非对象的应用程序可能很难访问某些功能	适于复杂的、无须大量数据的业务功能
服务	一个单独的服务，如 Web 服务或 CICS 事务，实现了一个内聚的业务事务（business transa- ction），例如账户间的资金转移	● 能够对服务以一种标准的、平台独立的方式进行访问； ● 促进重用	● Web 服务的标准尚处于演变之中； ● 开发者仍然要学习以服务的方式进行思考； ● 需要管理、查找和维	● 可作为包装器（wr- apper）来封装遗留系统、存储过程和业务对象所实现的新的或已有的业务逻辑； ● 具有被多个平台重用所需要的新功能
存储过程	在数据库中实现功能	能够为大范围的应用程序所访问	● 数据库可能成为处理的瓶颈； ● 除了"一般的"应用程序经验之外，需要应用程序员有大量的数据库开发经验； ● 很难在数据库产品间进行移植	具有产生小结果集的数据密集型的功能

3. 通用实现策略

通过前面的分析，我们可以清楚地看到，引用完整性和其他业务逻辑有多种方案，每一种技术选择各有优势，也有明显不足，没有十全十美的方案，也许永远都不会有。我的团队曾经对 600 多个项目进行过分析，得出一个重要的结论是随着云计算、Web 服务和 XML 的快速发展，应用程序的逻辑正在变得不那么面向对象，而是更加面向数据处理，尽管对象技术是两者主要的底层实现技术。但无论如何，数据库常常是实现引用完整性的最佳选择。根据我近 30 年从事数据库项目的实践体会，结合敏捷联盟 Scott W.Ambler 先生的建议，这里给出引用完整性实现地方的参考。

- 在通用的公共层（shared tier）上实现逻辑：实现通用逻辑的最佳位置往往是在通用层。如果数据库是应用程序之间唯一公用的部分（特别是当应用程序在不同平台上构建，或者使用不同技术构建时），那么数据库可能是实现重用功能唯一可行的选择。
- 在最适当的地方实现唯一的逻辑：如果业务逻辑对一个应用程序来说是唯一的，那么可把它实现在最适当的位置。如果把它放在与实现的共用逻辑相同的地方，那么要以能够区分它的方式来实现，并且最好是能将它分离出来，使之不会影响其他人。
- 在最容易的地方实现逻辑：再好的方案如果不能实现，那么等于枉然。如果有在某层实现比在其他层实现更好的开发工具或更多的经验，那么就应该在该层实现。任何事物都是平等的，相对而言，如果开发和部署应用程序服务器的逻辑要比把它放进数据库服务器中更容易，就这么去做。
- 做好在多处地方实现相同逻辑的准备：通常我们应该坚持"逻辑只被实现一次"的原则，但有时候这并不现实。在多数据库环境中，我们可能发现自己要在每个数据库内实现相同的逻辑，以确保一致性。在多层环境内，可能发现自己需要在业务层（从而在对象方案中反映出 RI 规则）和数据库中实现大多数（如果不是所有）的RI 规则。
- 做好随时演变自己的策略的准备：某些数据库重构会把功能从数据库中移进、移出。长期的架构方向可能最终会导致在某些地方停止实现业务逻辑。

12.3.3　实现安全访问控制

随着基于 Web 的商业和信息系统的蓬勃发展，数据库已经越来越接近网络范畴，这是在 Web 上进行业务活动的必然结果。人们需要让客户通过 Web 服务器获取信息，因此 Web 服务器必须能够访问数据库。近年来，软件服务化逐渐发展成为一种被 IT 业界广泛接受的工作模式。并且，随着"软件即服务"理念的推广，越来越多的 IT 厂商选择将其非核心业务外包，从而集中更多的资源与精力投入到核心业务，进而实现降低成本、提高服务质量的目的。此外，近年来还出现了一批直接面对普通用户的数据库服务（或称"数据库即服务"，简称 DAS），如亚马逊公司提供的 SimpleDB 与 Relational Database Service（RDS）服务；谷歌公司推出的 Datastore 服务；微软公司的 SQL Azure 服务等。这些数据库服务平台虽然采用不同的数据模型与实现技术，但都为用户提供快速、便捷的数据库服务，避免用户花费时间或精力用于软/硬件采购与数据库日常维护管理。一个典型的数据库服务场景由数据库内容提供者（简称所有者）、数据库服务运营服务商（简称服务者）与数据库使用者（用户）三方构成，如图 12-24 所示。

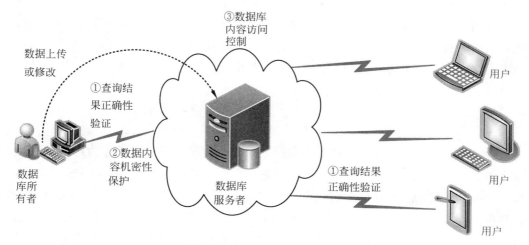

图 12-24　典型外包数据库场景及其安全需求

以前只能通过几个互相隔离的复杂业务逻辑层来访问数据库，现在可以通过 Web 应用环境直接对数据库进行访问，这种方式与以往的方式相比流动性更强，但安全性能降低。这种方式的结果就是数据库更容易受攻击。并且，随着无纸化业务环境被越来越多的人们所接受，人们要在数据库系统中储存越来越多的敏感信息，因此数据库系统就成为越来越有价值的攻击目标。如何保护这些宝贵的财富不受来自外部的破坏与非法使用是数据库系统的重要任务。数据库系统安全问题可分为技术安全、管理安全、政策法律类安全三大类，需采取措施实现多层保护。一种比较通用的数据库系统安全模型如图 12-25 所示。

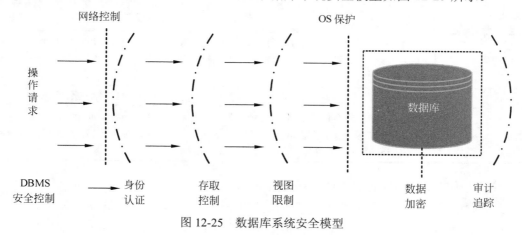

图 12-25　数据库系统安全模型

本节仅涉及技术安全类，介绍如何进行安全访问控制（security access control），或简称访问控制。它是任何系统的一个重要方面，是确保已验证的用户只能访问他们被授权部分。

1. 身份认证

身份认证是系统提供的最外层安全保护措施。其方法是由系统提供一定的方式让用户标识自己的名字或身份。系统内部记录着所有合法用户的标识，每次用户要求进入系统时，由系统对两者进行核对，通过鉴定后才提供机器使用权。用户标识和鉴定的方法有很多种，而且在一个系统中往往是多种方法并举，以获得更强的安全性。

通过用户名和口令来鉴定用户的方法简单、易行，但用户名与口令容易被人窃取。另外还可借助一些更加有效的身份验证技术，如智能卡技术、物理特征（指纹、虹膜等）认证技术、数字签名技术等，这些具有高强度的身份验证技术日益成熟，如果经济许可，就采用这种认证方式，因为这种认证方式的安全性更高。

2. 授权

授权是确定用户能够执行某些行为和获取/修改数据的访问级别的行为。那么，要设定一个有效的授权方式，需要考虑的第一个问题是要控制对什么地方的访问？实践经验是要确保对数据和操作的安全访问。例如对每名学生考试成绩的访问和考试试卷出题的教师访问。数据库各类使用人员的需求将会决定这个问题的答案。然而，访问的粒度和实现它的有效能力是非常显著的制约因素。例如，尽管开发者被要求能够根据复杂业务规则对数据库中具体行的特定列进行控制，开发者可能无法以一种划算并符合性能限制的方式去实现它。表 12-5 列出了各种需要在系统中结合起来考虑的访问粒度的级别。

表 12-5　访问粒度一览表

方　　式	描　　述
属性（attribute）/列	授课教师可以确定听课学生的上课成绩，其他教师可以查看。再如，人力资源（HR）的经理可以更新雇员的薪金，HR 的员工可以查看薪金，但是一般的雇员不可以
行/对象	张三可被允许从银行中支付水电费或取钱购物，而其他人不可以
表类	数据库管理员能够对数据库内的系统表进行修改式的访问，而应用程序员甚至不知道有这样的表存在
应用程序	企、事业单位机构的高层经理能够访问经理信息系统（Executive Intormation System, EIS），该系统提供了他们所管辖部门的关键的汇总信息。对于非管理层的雇员，该系统是不可用的
数据库	生产部的人员王胜利能够访问库存数据库，而财务部的人员李晓兰不能
主机	宋娅楠能够从她车间的工作站上使用机控应用程序（machine-control application），但是她不能从她的家庭 PC 上访问该应用程序，这通常被称为主机权限（host permission）或地理权限（geographic entitlement）

需要明确的第二个问题是"哪些规则是可适用的？"

该问题的答案也是由数据库各类使用人员的需求所决定，概括起来主要如下。

- 连接类型：用户的访问是否应该根据该用户和系统的连接而有所不同呢？例如，是否允许用户通过手机或平板电脑（tablet PC）或者通过 WiFi 无线连接访问数据库？还是只允许用户通过以太网电缆连接的台式机访问数据库？或者这两种方式都被允许？
- 可更新的访问：是否需要设定一些用户只能进行只读的访问，而不能进行可更新或可删除的访问？系统管理员是否能够更新那些用户只读的表？

- 时间：访问级别是否应该根据时间而变化？例如，财务部的工作人员是不是应该在企、事业单位法定的工作时间内才能够办理转账以及借款、存款事宜，而在周末、法定节假日以及每天的 17:00 至次日的 9:00 则不被允许？

- 存在性：甚至是否应该允许某些人知道某些事物的存在？例如，企、事业单位的纪律检查部门可能决定追踪市场部人员和物资采购部门人员在酒店和娱乐场所消费的金额和频度。该信息可能对财务人员和审计人员是可见的，尽管生产部门的人员并不知晓它们的存在。

- 级联授权：授权规则是否反映了企、事业单位结构？例如，如果杨军能够运行一个批处理任务来计算企、事业单位机构内所有账户的收支状况，是否应该允许他的经理也能做这样的事情？或者，如果员工在每周的工作时间记录卡中输入自己的时间，他（她）的经理是否能够更新它？

- 全局权限（global permission）：不管其他事情怎样，哪些事情是允许企、事业单位内的每个人都能做的？

- 特权合并（combination of privilege）：当多种授权级别应用时，是否通过交集（intersection）或并集（union）使用这些授权？例如，如果用户具有更新一个表的授权，而他或她所工作的主机无此授权会怎样呢？使用交集方式，用户将无此授权，因为这两个角色都有授权；使用并集的方式，用户可被授权，因为只需一个角色拥有授权即可。

但这不全面，还需要与数据库各类使用人员共同讨论，最后由经理决定。

1）授权方式

表 12-6 汇总了授权可采用的方式，它们可被结合起来在数据库内予以贯彻。

表 12-6　面向数据库的实现策略综合比较

实 现 策 略	优　　　点	缺　　　点	应 用 建 议
权限	简单而有效的方式	易于绕过通用的应用程序的用户 ID	• 这是一种常用的方式，很难想像当无法在数据库中使用权限时情况会怎样； • 开发团队应该知道与权限和通用 ID 潜在用法相关的企业安全性指导原则
私有方式	• 能够用代码编写非常复杂的授权规则； • 可能会比编写存储过程更加容易	• 无法在厂商之间进行移植； • 会成为性能瓶颈	当企、事业单位机构内有清晰的架构决定来绑定该厂商，并且真正需要复杂的授权时，可以考虑私有的方式
存储过程	能够用代码编写非常复杂的授权规则	• 无法在厂商之间进行移植； • 会成为性能瓶颈； • 要求用户能够阻塞通过其他方式的访问，例如只是从源表（source table）中读取原始数据（raw data）	• 在结合使用视图和权限不够的情形下可使用存储过程； • 或许最好将编程的方式留给业务层去做

续表

实 现 策 略	优　　点	缺　　点	应 用 建 议
视图	提供了到行和列级别的详细授权	• 如果应用程序需要支持/使用多个更新式视图（updatable view），能够增加映射和数据库封装策略的复杂性，这是因为现在实际上是多个同一数据的来源； • 复杂的视图需要多个连接（join），会使性能下降	• 当需要提供比权限更细粒度的控制时可使用视图； • 由于视图常常被用来封装对过期的（deprecated）数据结构（或许缘于上一次数据库重构）以及非规范的报表统计结构的访问，可能需要一种策略来区分用于安全性的视图和其他意图的视图

（1）权限（permission）：权限是用户或角色对待一个元素（如列、表甚至数据库本身）的特权或授权。权限定义了可被允许访问的类型，如更新一个表或运行一个存储过程的能力。在 SQL 中，权限可通过 GRANT 命令来授予，以及通过 REVOKE 命令来收回。当用户试图与数据库交互时，会检查他或她的权限，如果用户未被授权执行该交互部分（这可能是一个事务），该次交互会失败，并返回错误。

（2）视图（view）：能够通过使用视图来控制（常常可以到非常细的级别）用户所访问的数据。这个过程共分两步，首先定义视图来限定一个角色能够访问的表，以及表内的列和行；其次定义这些视图上的权限。

（3）存储过程：可以编写存储过程的代码，以程序的方式来检查安全访问规则。

（4）私有方式：一个新的选择是一些数据库厂商所提供的私有安全工具。例如 Oracle Label Security（www.oracle.com），它能够定义和贯彻行一级（row-level）的权限管理。按照目前的发展趋势,我期望数据库厂商能够开始为对象技术实现类似表 12-6 中所述的安全策略。

2）安全设计模式

Yoder 和 Barcalow（2000）开发了一种模式语言，以确保应用程序的安全性，这些模式如表 12-7 所示。

表 12-7　安全设计模式一览表

模　　式	描　　述
检查点（Check Point）	这是当处理安全漏洞时验证用户并做出正确决定的地方，也被称为访问验证（Access Verification）、验证和处罚（Validation and Penalization）和远离黑客（Holding off Hackers）
具有错误提示的完整视图（Full View With Errors）	把所有功能都呈现给用户，但当他们试图使用未被授权的功能时会随之调用一个适当的错误处理程序。优点是该方式易于实现，但是由于人们可能因此去尝试其所暴露的功能，并获得未被授权的访问，从而使企、事业单位处于风险之中
受限视图（Limited Vie-w）	只呈现用户被允许运行的功能。该方式往往更难于实现，但它与具有错误提示的完整视图的方式相比被认为更具用户友好性，并且更安全
角色（Role）	为用户分配一个或多个角色，如 Manager，而且根据这些角色来定义安全规则
安全访问层（Secure Access Layer）	由于一个应用程序要像它的组件及其间的交互那样安全，那么需要一个安全访问层（或框架）以一种安全的方式与外部系统进行通信。此外，应用程序的所有组件应该提供一种与之交互的安全方式
会话（Session）	捕获基本的身份验证信息（ID 和主机）和用户安全特权，也被称为会话上下文（Session Context）和安全上下文（Security Context）
单一访问点（Single Access Point）	应该通过单一点进入一个系统，不能通过后门进入系统，也被称为登录窗口（Login Window）、安检门（Guard Door）和单一进入通道（One Way In）

3．基于 Web 的安全访问控制

访问控制的一般原理如图 12-26 所示。

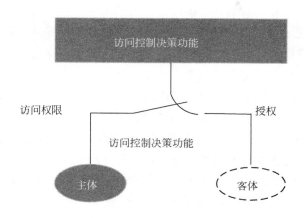

图 12-26　基于 Web 的访问控制原理图

自主访问控制（Discretionary Access Control，DAC）基于对主体或主体所属的主体组的识别来限制对客体的访问。自主是指主体能够自主地（也可能是间接的）将访问权或访问权的某个子集授予其他主体。为实现完备的自主访问控制，由访问控制矩阵提供的信息必须以某种形式保存在系统中。访问控制矩阵中的每行表示一个主体，每列则表示一个受保护的客体。

DAC 的基本思想是基于访问者身份或访问者所属工作组进行权限的控制。信息资源的拥有者可以自主地将对该资源的访问权限授予其他用户以及回收这些权限（Owner controlled），系统中一般利用访问控制矩阵来实现对访问者的权限控制，如表 12-8 所示。

表 12-8　访问控制矩阵

客　体	主　体				
	应用程序 1	应用程序 2	...	应用程序 n	段 A
过程 1	读	读/写	...	写	
过程 2				读	读
...					

自主访问控制能够通过授权机制有效地控制其他用户对敏感数据的存取。这种方法能够控制主体对客体的直接访问，但不能控制主体对客体的间接访问，即利用访问的传递性，如 A 可访问 B，B 可访问 C，于是 A 可访问 C。由于用户对数据的存取权限是"自主"的，用户可以自由地决定将数据访问的权限授予任何他（她）信任的人，决定是否也将"授权"的权限授予别人，而系统对此是无法控制的。那么，在这样的授权机制下，显然可能存在数据的"无意泄漏"缺陷。比如，甲将自己权限范围内的某些数据存取权限授给乙，甲的意图是只允许乙本人操作这些数据。但甲的这种安全性要求并不能从技术上得到保证，因为乙一旦获得了对数据的权限，就可以将数据备份为自身权限内的副本，并在不征得甲同

意的前提下传播副本，或者将权限继续授予丙等其他人。

4．有效的安全策略

（1）安全方式要基于实际的需求：系统内安全的实现是一件容易让人头痛的事情，从而导致一个没人需要或使用的"的确很酷"的框架，可以让项目涉及人员帮助识别安全的需求。如果需要，数据库设计人员可以和他们一起浏览一遍这些安全问题，但要确保他们理解自己所要求的隐含意思。每个人都想要高的安全级别，但当他们发现构建其所花费的成本和这样做所需的时间时，他们通常会大幅度地降低成本。

（2）致力于企、事业单位的安全策略，但要符合实际：企、事业单位机构通常已有一种现存的安全策略，企业架构设计师和企业管理员应该能给数据库设计人员这方面的建议，或者企、事业单位机构可能正在开发这种策略。由于每个应用程序对角色都有其自己专门的定义，可能很难采用一种单一的安全策略。例如，张三在一个应用程序中可能符合AccountingManager的角色，而在其他应用程序中则不是。

（3）不要过度考虑安全性：要重视软件的可用性，只考虑安全性，而不考虑可用性，将会大幅降低系统的建设效益，因此，在安全上应考虑必要的安全措施。

（4）没有一种安全策略是牢不可破的：技术方案只是一个开始，要确保企、事业单位内人员具有相应的安全意识，并采取必要的安全管理手段，技术+管理才是"双保险"。

（5）只给人们所需要的访问权：这是安全访问控制的全部含义。如在关系数据库中运行数据定义语言（DDL）代码，最好是由一小组负责的管理员来分配。从战争史上看，许多军事机密的泄露常常是身边的人，甚至是最信任的人。有道是"外鬼好挡，家贼难防"。只给人们所需要的访问权是一种非常必要的技术安全措施。

（6）对一小部分主机的权限加以限制：防止系统遭受外部"入侵者"（cracker）破坏的有效策略是限制对已定义的安全主机组的访问。

（7）不要忘记性能：要在安全和性能之间进行权衡，安全访问控制的粒度越细，那么需要检查的工作量就越大，必然导致响应用户的速度的下降。

12.3.4　实现报表

报表作为一种信息组织和分析的有力手段是企业信息系统的重要组成部分之一，在各行各业中有着广泛的应用。报表统计是每个企、事业单位机构和几乎每个业务应用内必需的。项目涉及人员定义了一些最好能实现成操作功能（如客户信息的定义和维护）的需求，以及其他最好能实现成报表的需求。报表可用打印式、在屏幕上显示或存储成电子文件等各种方式展现。报表可用批处理或实时的方式创建。客户发票是一种报表，按部门的季度销售汇总也是一种报表。

1．在应用程序内部进行报表统计

就像应用程序内部的其他功能一样，报表也是以需求为基础的。在应用程序中包含报表的实现策略会随着开发平台的变化而变化。当构建一个胖客户端应用程序（fat-client application）时，可能是通过 Java Swing 用户界面或 Visual Basic 来构建的，如果不是把所有的报表都放到预定的应用程序中，我倾向于把报表部分分离出来。也就是说，需要构建两个应用程序：一个用来实现操作逻辑，另一个实现报表。操作型应用程序往往会使用一种面向对象的语言（如 Java、C#或 Visual Basic）实现，而报表应用程序则使用报表工具（参见表 12-9）开发。这样，在正确的环境做正确的事，效率更高。

表 12-9　典型的报表工具一览表

模　　式	描　　述	URL
Active Reports	Active Reports 包含了一个报表向导, 它能够一步一步地指导用户创建简单的报表, 而无须任何代码。当前可用的版本有 Visual Basic 和.NET 版。数据库接口相当丰富，与很多种数据库进行连接, 只要是微软 ADO 数据接口、DAO 数据接口、ODBC 数据接口支持的数据库它都可以进行连接，即便在软件运行时没有连接的数据库，运行后也可以进行实时连接	www.datadynamics.com
Crystal Reports	该报表设施能够集成到 Visual Studio.NET 中，以创建可被.NET 平台应用程序调用的报表，也可以通过它的 Java 报表系统 SDK（软件开发包）或使用 Java Bean 作为报表的数据源，将其集成到 Java 应用程序中	www.crystaldecisions.com
Jasper Reports	一个基于 Java 的开源报表生成工具, 它能够将内容提交（deliver）到屏幕或打印机上，或 PDF 文件中	www.jasperreports.sourceforge.net
Microsoft Access 和 Excel	在微软的应用程序中实现报表的一种常用方式就是调用 Access 或 Excel	www.microsoft.com
Report Builder Pro	Borland Delphi 的报表构建 IDE	www.digital-metaphors.com
Oracle Reports	Oracle 数据库的报表统计工具。这是一个在操作型应用程序中包含报表的 Java 框架	www.oracle.com

　　当构建一个基于浏览器的应用程序时，我往往倾向于在操作型应用程序中包含报表。当然，如果数据库用户想让报表出现在一个单独的报表统计应用程序中，那么也应按要求这样做。我的经验是，浏览器应用程序的用户往往想去连接应用程序中所有的相关功能，而胖客户端应用程序的用户则不介意出现一个单独的报表统计应用程序。

　　在应用程序代码内实现报表的逻辑比较直接，需要指定在报表上出现的信息的选择规则，例如"所有考试成绩在 60 分以上的学生"。然后就可以使用蛮力式、查询对象或持久化检索规则之一的策略来获取数据，再将数据转换成报表生成策略所能够使用的格式。如果设计者并未使用报表统计框架（工具），那么就需要自己编写报表代码。一个好的策略是使用报表对象（Report Objects）设计模式，通过获取数据的对象（称为查询对象（query object））和输出数据的对象（称为显示对象（viewing object））来实现报表。图 12-27 描绘的 UML 顺序图概述了这种策略。

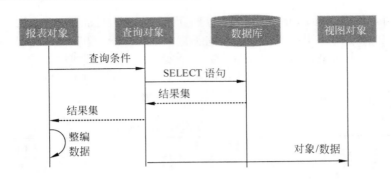

图 12-27 通过对象实现报表示意图

2. 在应用程序外部进行报告统计

在应用程序之外实现报表往往是针对特定意图专门设计统计报表。这种策略常常被称为业务智能（business intelligence）或分析性报表统计。目前，业务智能报表统计工具市场的代表厂商包括 Cognos（www.cognos.com）、Hummingbird（www. hummingbird.com）、Information Builders（www.informationbuilders.com）和 Sagent（www. sagent.com）。

为了支持报表，用户需要考虑对数据库做如下修改。

（1）利用数据库的特性：每个数据库都以略微不同的方式实现了连接（join）、索引、SQL SELECT 语句执行和访问路径，所有这些事情都会影响到查询乃至报表的性能。

（2）引入聚合表（aggregate table）：聚合表存储了数据的非规范化副本。例如，CustomerOrder 聚合表存储了客户订单的汇总金额。针对每个客户都有一行来记录他们所下订单的数量、配送的数量、该客户的订单的总计，等等。

（3）移除不必要的数据：处理数据的量越小，查询运行得就越快。通过去掉不必要的数据可以对其进行存档（archiving），也可以简单地删除它，这样能提高报表的性能。

（4）缓存：通过将相对较慢的磁盘访问替换为内存访问，数据缓存或对象缓存能够显著提升系统的性能。不过，这样做会增加系统的复杂性，而且增加了由缓存所引发的跨方案（cross-schema）的引用完整性问题的几率。

（5）对表进行分区（partition）：目标是找到导致性能很差的大表，将其重新组织成多个小表。通过在每个表中存储不同的列可对表进行垂直划分，以及通过在不同的表中存储多行可对表进行水平划分，两者也可能会结合起来。这样做的风险是分区将使映射工作变得复杂，而且由于单独一个概念需要使用多个表来支持，会使查询变得更加复杂。

（6）禁止实时报表（real-time report）：许多企、事业单位机构选择只对数据库支持批处理报表统计（batch reporting），以确保报表查询不与操作型应用发生交互，从而保证在数据集市和数据仓库内具有一致的性能级别，并为这些数据库保留更新窗口（update window）。

（7）引入索引：如果报表需要以不同于数据被存储的顺序去获取数据，支持这种策略的常见方式就是引入索引，以所需的顺序去访问数据。这样做的风险是会降低系统运行期的性能，因为需要对附加的索引进行更新。

12.4　支持数据库渐进式开发的潜在工具

12.4.1　工具

"工欲善其事，必先利其器"，拥有一个高效的工具集是任何软件开发工作的一个关键的成功因素。表 12-10 列出了这些工具的类别，工具的目标使用群体，如何使用工具，以及这些工具的演示样本的链接。

表 12-10　支持敏捷数据开发的潜在工具一览表

工 具 类 别	角　色	意　图	示　例
CASE 工具—企业建模	应用程序开发人员、数据库管理员企业架构设计师	• 为了支持应用程序的开发； • 为了定义和管理企业的模型	• Attisan：www.artisansw.com • Poseidon：www.gentleware.com/ • System.architec：www.popkin.com/
CASE 工具—物理数据建模	数据库管理员	• 为了定义和管理物理数据库方案； • 许多数据建模工具支持数据定义语言（date definition language，DDL）代码的生成和部署，使得改变数据库方案更为容易。它们还会生产方案的可视化表示，以及支持文档工作	• ER/Studio：www.embarcadero.com • ERWin Data Modeler：www3.ca.com/Solutions/Product.asp?ID=260 • PowerDesigner：www.sybase.com
配置管理	所有人	需要把所有 DDL 源代码、模型、脚本、文档等都置于版本控制之下	• ChangeMan：www.serena.com • CVS：www.cvshome.org • IBM TeamConnection：www.ibm.com • Rational ClearCase：www.rational.com
开发 IDE	应用程序开发人员、数据库管理员	为了支持程序设计和测试工作	• Borland Delphi：www.Borland.com/delphi/lndex.html • IDEA：www.intellij.com/idea/ • Microsoft Visual Studio：www.msdn.microsoft.com
提取转换装载（extract transform load，ETL）	数据库管理员、企业管理员	在演变的数据库方案过程中，ETL 工具能够自动进行数据清理（data-cleansing）和迁移（migrating）工作	• Ascential Software：www.ascential-software.com/etl_tool.htm • Data Junction：www.datajunetion.com • Embarcadero DT/Studio：www.embarcadero.com • Sagent：www.sagent.com

工 具 类 别	角　色	意　图	示　例
持久化框架	应用程序开发人员、数据库管理员	持久化框架/层封装了数据库方案，最小化数据库重构迫使外部应用程序进行代码重构	• Pastor: www.castor.exolab.org • CocoBase: www.thoughtinc.com • Prevayler: www.prevayler.org • TopLink: www.objectpeople.com
测试数据生成器	应用程序开发人员、数据库管理员	开发人员需要相应的测试数据来验证他们的系统。当需要大数据量时（或许是用于压力和负荷（load）测试），测试数据生成器尤为有用	• Datatect: www.datatect.com/ • Princeton Softech: www.princetonsoftech.com/ products/relationaltools.htm
应用程序的单元测试工具	应用程序开发人员、数据库管理员	• 开发人员必须能对他们的工作进行单元测试，而且为了支持迭代式开发，他们必须能容易地对他们的工作进行递归测试； • 只要改变了自己的数据库方案，或许是一次数据库重构的结果，就必须能对数据库进行回归测试，以确保它依然能够工作	• Check for C: www.check.sourceforge.net • JUnit: www.junit.org • VBUnit: www.vbunit.org • UTPLSQL for Oracle: www.oracle.oreilly.com/utplsql

12.4.2　沙箱

沙箱（sandbox）是一种按照安全策略限制程序行为的执行环境，最初由 GreenBorder 公司发明。沙箱技术事实上就是一个模拟环境，病毒可以在这个环境中任意运行而不会破坏系统的资源。它和虚拟机的不同在于：沙箱的运行是借助于当前系统资源的，例如 API 的执行、异常的调度等，一般是把 API 用 hook 的方法拦截掉；而虚拟机用的资源（例如 API）是需要完全自己虚拟出来的，并不是调用系统已有的资源。用户可以这样理解，前几年流行的"主动防御"技术也是通过 hook API 的方法实现的，是在 Windows 层进行动态行为判断的一种技术，它是沙箱技术的一个子集，只有拦截而没有回溯功能。沙箱技术可以使虚拟环境回到程序原始点。

沙箱就是为一些来源不可信、具备破坏力或无法判定程序意图的程序提供试验环境。沙箱中的所有改动对操作系统不会造成任何损失。目前，主要有以下 4 种不同类型的沙箱。

- 开发沙箱：这是各个开发人员、程序设计对子（programming pair）或各个特性团队（feature team）的工作环境。该环境的目的是使开发团队能够独立于项目团队的其他部分进行工作，使他/她能够进行改动和验证这些改动，而不必担心对项目团队的其他部分造成负面的影响。这些环境很可能会有自己的数据库。

- 项目集成沙箱：每个项目团队应该有它自己的集成环境，通常这是指构建环境或一个简单的构建箱（build box）。开发人员会将他们改动的代码提升到该环境，测试它，并将它提交到团队的配置管理系统。该环境的目标是合并和验证整个项目团队的工作，从而使之在被提升到你的测试/QA 沙箱之前是可测试的。

- 测试/QA 沙箱：该沙箱为多个项目团队所共享，而且通常由一个单独的团队来控制，这个团队往往是测试/QA 组。该环境通常被称为准产品化沙箱（preproduction sandbox）、系统测试区（system testing area），或简单的阶段性区域（staging area）。它是为了提供一个能够尽可能密切地模拟实际生产环境的环境，使我们能够将自己的应用程序与其他应用程序一同进行测试。对于多个应用程序访问我们的数据库的复杂环境来说，该沙箱至关重要，即使数据库只被一个单独执行的应用程序访问，在部署应用程序投产之前还需要在该沙箱中进行测试。
- 生产沙箱：这指的是系统一旦被部署后将会运行的实际环境。

图 12-28 描述了在每个沙箱内所执行的工作的特性、它们之间的部署工作和缺陷（bug）报告流程。

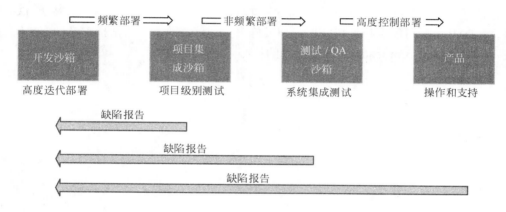

图 12-28　技术环境内的沙箱示意图

从图 12-28 中可以看出：①开发沙箱内的工作具有高度的迭代性，而且会频繁地在自己的项目集成沙箱中部署自己的工作。②在测试/QA 沙箱中的部署不那么频繁，典型的会是在一次迭代的最后，而且常常只是在某些迭代的最后。这会对你是否在该沙箱中进行部署有更高的控制，因为它往往是一个其他团队也会在其中进行部署的共享资源。因此，有的人需要验证你的系统是否已被充分地独立进行测试，并且已准备好进行系统集成测试。在生产中部署甚至应该比在测试/QA 中更加困难，因为你需要展示出你的应用程序已被彻底地测试，而且看上去已经集成到企、事业单位的基础设施中（infrastructure）。③缺陷报告总是会反馈到开发环境以进行修复，而不是反馈回前一个沙箱。

12.4.3　脚本

维护数据库变更日志（database change log）、更新日志（update log）和数据迁移日志是成功开发数据库应用的最低要求。

1. 数据库变更日志

数据库变更日志包含了实现所有数据库方案变化的 DDL 源代码，并且这是以在整个项目过程中应用这些变化的顺序来进行的，包含结构变化（例如增加、删除、重命名）或修改表、视图、列和索引这样一些内容。

2. 更新日志

更新日志包含了日后修改数据库方案的源代码，其将会在数据库改动过期之后运行。因为重构项目的数据库方案比重构应用程序的源代码要困难得多，项目团队的其他开发人员需要时间更新他们自己的代码，更糟的是，其他应用程序可能需要访问目前的数据库，因此也需要对它们进行修改和部署。从而开发人员不得不同时维护原有的和修改过的方案部分以及任何的脚本代码，以保持数据的同步，这段时期称为过期时段（deprecation period）。

3. 数据迁移日志

数据迁移日志包含了在整个项目过程中重新格式化或清洗（cleanse）源数据的数据操纵语言（DML），可能选择使用数据清理设施来实现这些改动，通常指的是抽取－转换－装载（extract-transform-load，ETL）工具的核心。

第 13 章　数据库重构

　　数据库重构是企事业单位在信息化进程中的一个热点、难点问题，是渐进式开发必备的重要工作，是从事数据库开发及管理的高级技能。

　　本章讨论了数据库的结构、数据质量、参照完整性重构，展示了如何运用重构、测试驱动及其他敏捷技术进行渐进式数据库开发，并通过许多实际例子详细说明了数据库重构的过程、策略以及部署。书中的示例代码是用 Java、Hibernate 和 Oracle 代码编写的，非常简洁，用户可以很容易地将它们转换成 C#或 C++的代码。

13.1　数据库重构的重要性

　　现代的软件开发过程包括 Rational 统一过程（RUP）、极限编程（XP）、敏捷统一过程（AUP）、Scrum、动态系统开发方法（DSDM）等，在本质上都是演进式的。众多软件开发实践表明，数据库工作者可以采用类似开发者使用的现代演进式技术，并从中受益，数据库重构就是数据专家需要的重要技能之一。

　　软件开发的伟大之处就在于它们传达了许多有用的设计思想，所以在学习了大量模式之后更应成为一个优秀的软件设计人员。在我学习了几十个模式之后，模式曾经帮助我开发灵活的框架，帮助我构建坚固、可扩展的软件系统，不过，模式也导致我在工作中犯过过度设计[①]的错误。随着不断总结和提高，我开始"通过重构实现模式、趋向模式和去除模式（refactoring to, towards, and away from pattern）"，而不再是在预先（up-front）设计中使用模式，也不再过早地在代码中加入模式。这种使用模式的新方式帮助我避免了过度设计，又不至于设计不足[②]。

　　对于过度设计，我曾经有过深刻的教训，那就是如果预计错误，浪费的将是宝贵的时间和金钱。花费几天甚至更长时间对设计方案进行微调，仅仅是为了增加过度的灵活性或者不必要的复杂性。事实上，这种情况并不罕见，而且这样只会减少用来添加新功能、排除系统缺陷的时间。如果预期中的需求根本不会成为现实，那么按此编写的代码又将怎样处置呢？那就是删除不现实的。删除这些代码并不方便，何况我们还指望着有一天它们能

---

　　① 所谓过度设计（over-engineering）是指代码的灵活性和复杂性超出所需。有些程序员之所以这样做，是因为他们相信自己知晓系统未来的需求。他们推断，最好今天就把方案设计得更灵活、更复杂，以适应明天的需求。这听上去很合理，但却忘记了一点，我们是人，我们不能先知未来。

　　② 所谓设计不足（under- engineering）是指所开发的软件系统设计不良。常见的理由为：①程序员没有足够的时间进行很好的设计，或时间不允许进行重构；②程序在软件设计方面知识欠缺；③程序员被要求在既有系统中快速地添加新功能；④程序员被迫同时进行太多的项目。随着时间的推移，设计不足的软件将变得难以维护。

派上用场。无论原因如何，随着过度灵活、过分复杂的代码的堆积，项目负责人以及团队中的其他程序员，尤其是那些新成员，就得在毫无必要的更庞大、更复杂的代码基础上工作了。过度设计总是在不知不觉中出现，许多架构师和程序员在进行过度设计时甚至自己都不曾意识到，而当工程负责人发现团队的生产效率下降时，又很少有人知道是过度设计在作怪。

对于设计不足，我也体会很深，那就是它会使软件开发节奏越来越慢，甚至导致：①系统的 1.0 版很快就交付了，但是代码质量很差；②系统的 2.0 版也交付了，但质量低劣的代码使我们不得不慢了下来；③在企图交付未来版本时，随着劣质代码的增加，开发速度越来越慢，最后用户甚至程序员都对项目失去信心；④最后意识到这样肯定不行，开始考虑推倒重来。虽然这种事情在软件行业司空见惯，但对它熟视无睹，无疑将付出高昂的代价，更为严重的是，这会极大地降低企业本应具备的竞争力。

演进式数据库开发是一个适时出现的概念，不是在项目的前期试图设计数据库模式（schema），而是在整个项目生命周期中逐步地形成它，以反映项目涉众确定的不断变化的需求。不论你是否喜欢，需求都会随着项目的推进而变化。传统的方式是忽略这个基本事实并试图以各种方式来"管理变更"，这实际上是对阻止变更的一种委婉的说法。现代开发技术的实践者们选择拥抱变化，并使用一些技术，从而能够随着需求的变化演进他们的工作。以演进的方式进行数据库开发的好处是显而易见的。

- 将浪费减至最少：演进的、即时（JIT）的生产方式能够避免一些浪费，在串行式开发方式中，如果需求发生变化，这些浪费是不可避免的。如果后来发现某项需求不再需要，所有对详细需求、架构和设计工件方面的早期投资都会损失掉。如果有能力事先完成这部分工作，那肯定也有能力以 JIT 的方式来完成同样的工作。
- 避免了很多返工：当然，以演进的方式进行数据库开发仍需要进行一些初始的建模工作，将主要问题在前期想清楚，如果在项目后期才确定这些问题，可能会导致大量返工。事实上，这里只是不需要很早涉及其中的细节。
- 总是知道系统可以工作：通过演进的方式定期产生能够工作的软件，即使只是部署到一个演示环境中，它也能工作。如果每一两周就得到一个系统的可工作版本，就会大大地降低项目的风险。
- 总是知道数据库设计具有最高的品质：这就是数据库重构所关注的每次改进一点模式设计。
- 与开发人员的工作方式一致：开发人员以演进的方式工作，如果数据专业人员希望成为现代开发团队中的有效成员，那么也需要以演进的方式工作。
- 减少了总工作量：以演进的方式工作，只需要完成今天真正需要完成的工作，没有其他工作。

演进式数据库开发的优势是明显的，不过也有一些不足之处。

- 存在文化上的阻碍：许多数据专业人员喜欢按串行式的方式进行软件开发，他们常持这样的观点，也就是在编程开始之前必须创建某种形式的详细逻辑和物理数据模型。不过，现代方法学已经放弃了这种方式，因为它效率不高，风险较大。
- 学习曲线：需要花时间来学习这些新技术，甚至需要花更多的时间将串行式的思维方式转变成演进式的思维方式。

多年的实践使我明白，要想成为一名非常优秀的软件设计师，那么了解优秀软件设计的演变过程比学习优秀设计本身更有价值，因为设计的演变过程中隐藏着真正的大智慧。演变所得到的设计结构当然也有帮助，但是不知道设计是怎么发展而来的，在下一个项目中将很可能犯同样的错误，或陷入过度设计的误区。

通过学习不断改进设计，那么就很有可能成为一名出色的软件设计师。测试驱动开发和持续重构是演进式设计的关键实践。将"模式导向的重构"的概念注入如何重构的知识中，你会发现自己如有神助，能够不断地改进并得到优秀的设计。

13.2　数据库重构的概念

13.2.1　数据库重构的定义

所谓重构，就是一种"保持行为的转换"。Martin Fowler 在 *Refactoring* 一书中这样定义："是一种对软件内部结构的改善，目的是在不改变软件的可见行为的情况下使其更易理解，修改成本更低。"

关于数据库重构，Joshua Kerievsky 在 *Refactoring to Patterns* 一书中这样定义："对已有的数据库模式做简单修改的行为过程，可以将数据库重构看作事后再规范物理数据库模式的一种方式。"我们可以这样理解，数据库重构是对数据库模式的一个简单变更，在保持其行为语义和信息语义的同时改进了它的设计，既没有增加新功能，也没有破坏原有的功能，既没有增加新的数据，也没有改变原有数据的含义。这里的数据库模式既包括结构的方面（如表和视图的定义），也包括功能的方面（如存储过程和触发器），等等。

例如拆分列（Split Column）的数据库重构，可以将一个单独的表列替换成两个或多个其他的列。假设一个数据库内有一张 Person 表，其中的 FirstDate 列已经被用于两种意图：①当这个人是客户时，该列存储这个客户的出生日期；②当这个人是雇员时，则存储这个雇员的受雇用日期。系统运行之初完全可以满足业务需要，因为这是按业务需要设计的。但随着发展，出现了最初没有想到的新情况：一个人既是客户又是雇员，那么这时数据库系统就不能够提供支持。经理要求对此进行修改，以满足新的需求。一个常见的传统方案：将 FirstDate 列修改成由 BirthDate 和 HireDate 列代替来修复已有的数据库模式。但为了维护已有数据库模式的行为语义，需要更新所有访问 FirstDate 列的源代码，使之现在能够与两个新列一起工作。为了维护信息语义，则需要编写迁移脚本（migration script），该脚本会往返穿梭（loop through）于各个表间，确定其类型，然后将现有的日期复制到适当的列中，尽管这听上去很容易，而且有时候的确如此，但实践的经验是这种修改在实际操作中并不容易。

数据库重构在概念上比代码重构要困难得多，代码重构只需要保持行为语义，而数据库重构不仅要保持行为语义，还必须保持信息语义，并且由于数据库架构所导致的耦合度[①]，数据库重构可能变得非常复杂。更为严重的是，在数据库涉及的理论中基本忽略了

---

① 耦合度是两项之间的依赖关系的一种测量指标，耦合度越高，相互影响越大。这里的耦合是指与已有数据库耦合起来的外部系统（包括应用程序、测试套件等），在重构中改动其中一项就有可能要求改动另外一项。

耦合的概念。尽管大多数数据库理论的书籍会极其详尽地论述数据规范化，却常常对降低耦合的方式鲜有提及。所幸的是，只有在实施数据库重构时耦合才会成为一个严重的问题，客观上讲，这也是传统数据库理论没有涉及的东西，是一个新的挑战。

图 13-1（a）描述了数据库重构中最容易但较少见的场景，在这种情形下只有应用程序的代码与数据库模式耦合。对于这种情形，在传统上称为烟囱（stovepipe），它们是单独运行的已有应用程序，或者是新建的项目。图 13-1（b）描述了数据库重构中困难但常见的场景，在这里各种类型的软件系统都与已有数据库模式发生耦合，这在已有的信息系统中较为常见。

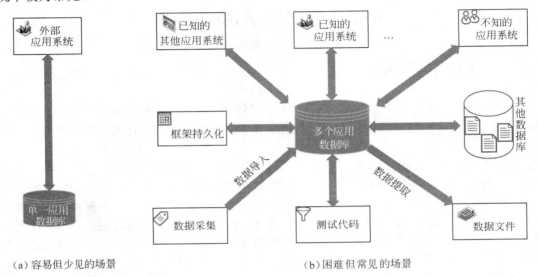

（a）容易但少见的场景 （b）困难但常见的场景

图 13-1 数据库重构场景示意图

对于图 13-1（a）所示的单应用数据库环境，将一个列从一个表移动到另一个表是非常简单的，因为我们可以完全控制数据库模式和访问数据库的应用源代码。这意味着可以同时重构数据库模式和应用源代码，而不必同时支持原有的方案和新的方案，因为只有一个应用访问被重构的数据库。

对于图 13-1（b）所示的多应用数据库环境，为了实现数据库重构，需要完成与单应用数据库环境下同样的工作，但不能进行立即删除原表中被移出的列之类的工作，而且需要在一定的"转换期"中同时保持这两个列，让开发团队有时间来更新并重新部署他们所有的应用，只有在足够的测试可以确保安全时才能删除被移出的列等，此时数据库重构才算最终完成。

总之，数据库重构是简单地变化数据库的模式以改进其设计，同时保持其行为和信息语义不变。对已有数据库模式做小的改造以进行扩展，如增加一个新列或新表，并不是数据库重构，因为这种改变是对设计的扩展。即使同时对已有数据库模式做大量的微小改动，如重命名 10 个列，都不能算作数据库重构，因为这不是一种单一的、微小的改变。数据库重构是对数据库模式做微小的变动，在保持行为和信息语义不变的同时改进其设计。

13.2.2　数据库重构的内涵是保持语义

在重构数据库模式时必须同时保持信息语义和行为语义。信息语义是指数据库内部的信息的含义，这是从使用该信息的用户角度来看的。信息语义保持意味着在语义上不应该增加或减少任何东西，当重构改变保存在一个列中的数据值时，该信息的客户端不应该受到此种改进的影响。例如，对一个字符类型的电话号码列进行了"引入通用格式（Introduce Common Format）"的数据库重构，将（028）8577-6666 和 023.6127.3678 这样的数据分别转换为 02885776666 和 02361273678。虽然格式得到了改进，处理该数据的代码要求更简单，但从实际的角度来看，真正的信息内容没有变化。请注意，在显示电话号码时还是会选择采用（XXX） XXXX-XXXX 的格式，但在存储该信息时却不会以这种方式进行。再如，假设有一个 FullName 列，其取值如"李三友"和"欧阳，晰书"，而且决定应用引入通用格式对其重新格式化，以使所有名字被存储成像"欧阳，晰书"这样的格式。将名字存储成字符串，会出现相同的数据，而且原来的格式仍在沿用，尽管其中一种格式已不再支持。要做到这一点，任何无法处理新标准格式的应用程序代码都要被重写。从严格意义上来说，语义事实上已经发生变化（不再支持老的数据格式），但从业务角度来说，它们并未变化，依然能够成功地存储一个人的全名。

类似地，在行为语义方面，目标是要保持黑盒功能性不变，所有与数据库模式变更部分"打交道"的源代码都必须改造，从而实现与原来同样的功能。例如，重构中进行了"引入计算方法"重构，希望对原有的存储过程进行改造，让它们调用该方法，而不是实现相同的计算逻辑。从总体上看，在数据库上还是实现了同样的逻辑，但现在计算逻辑上只在一个地方出现。

重要的一点是要认识到数据库重构是数据库转换的子集。数据库转换可能改变语义，也可能不改变语义，但数据库重构不会改变语义。

从表面上来看，"引入列"像是一种相当好的重构；在表中加入了一个空列并没有改变表的语义，直到有新的功能开始使用这个列为止。但事实上这是一种转换，而不是重构，因为它将不可避免地改变应用的行为。例如，如果你在表的中间引入该列，所有使用列位置来访问表（例如，代码引用第 8 列而不是其列名）的程序逻辑都会失败。而且，即使该列加在了表的末尾，与一个 DB2 表捆绑（bound）的 COBOL 程序也会失败，除非与新的方案再次捆绑。

13.2.3　数据库重构的类别

数据库重构主要有数据质量重构和结构重构之分，大体可分为以下 5 类。
- 数据质量型：其特征是数据库重构专注于提高数据库内数据的质量。例如引入列约束（Introduce Column Constraint）和使用布尔值替代类型码（Replace Type Code with Boolean）。
- 结构型：其特征是数据库重构会改变已有的数据库模式。例如重命名列（Rename Column）和分离只读数据（Separate Read-Only Data）。当一种数据库重构不属于架构型、性能或引用完整性之一时，应当将其看作是结构型重构。

- 架构型：其特征是一些数据库的列或表等项目会被重构成另外的存储过程或视图的项目。例如使用方法封装[①]运算（Encapsulate Calculation with a Method）和使用视图封装表（Encapsulate Table with a View）。
- 性能：这是一种结构型数据库重构，其特征是重构致力于提高已有数据库的性能。例如引入运算型数据列（Introduce Calculated Data Column）和引入备选索引（Introduce Alternate Index）。
- 引用完整性：这是一种结构型数据库重构，其特征是致力于保证引用完整性。例如引入级联删除（Introduce Cascading Delete）和为运算型列引入触发器（Introduce Triggers for Calculated Column）。

13.2.4　重构工具

在 20 世纪 90 年代中期开始出现重构工具，目前，主流的 Java IDE，如 Eclipse、JBuilder、IntelliJ、NetBeans 等已经支持或部分支持自动重构。目前的重构工具的功能或许还不够强大，不过我坚信在不久的将来，新的重构工具能够对更多低层次重构的自动化支持，能够为特定代码段的重构提出建议，能够对同时应用几个重构时的设计进行详细查看。

13.3　数据库重构的过程

图 13-2 所示的是一个数据库重构过程的 UML 活动图。这个过程的动机是希望实现修复在用系统的一个缺陷的新需求。在当前的数据库中，余额 Balance 列实际上是描述账户 Account 实体，而不是客户 Customer 实体，只有通过重构才能为应用加入一种新的财务事务。

13.3.1　确认数据库重构是必要的

重构是否需要进行，主要考虑以下 3 个问题：

1. 重构是必须的吗

只有在必要的情况下才进行重构。如果原有的表结构是正确的，只是开发者不同意原

---

① 封装（encapsulation）是解决如何划分一个系统内部功能的软件设计问题。封装的主要思想是用户不必非要知道某些事情是如何实现的才能去使用它。从软件开发的角度来说，封装意味着用户能够以任何方式构建给定应用程序的各个组件，因而以后改变其实现时不会影响其他的系统组件（只要该组件的接口不发生变化）。数据库封装层向用户的业务代码隐藏了数据库的实现细节，包括它们的物理方案。实际上，它为业务对象提供持久化服务（persistence service）——从数据源读取数据、写入数据和删除数据，而业务对象不必知道任何与数据库有关的事情。在理想情形下，业务对象应该不关心它们是如何被存储的，它只是发生而已。

有的数据库设计，或者误解了原有的设计，这种在实际情况中极为常见的情况需要重构数据库吗？数据库管理员通常对项目团队的数据库和其他有关的数据库非常了解，并且知道这样的问题应该去找谁，因此，他们更适合来决定原有的数据库模式是否为最佳。而且，数据库管理员常常了解整个企业的全局视图，这为他们提供了深刻的见解，避免了部门意见的偏见性。对于图 13-2 所示的例子，显然数据库模式需要改变。

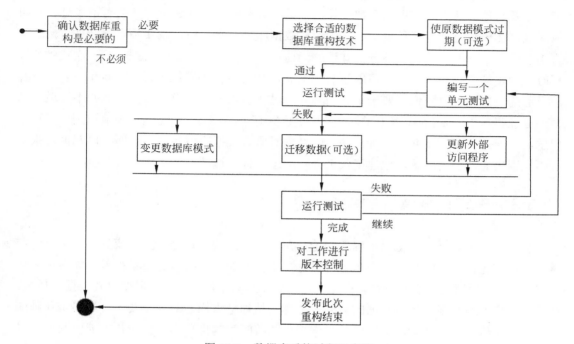

图 13-2　数据库重构过程示意图

2. 变更真的需要现在进行吗

变更是否真的需要现在进行，常常源自于变更人员以往的经验。例如张工程师要求进行数据库模式变更有很好的理由吗？张工程师能解释该变更所支持的业务需求吗？这样的需求正确吗？张工程师过去建议过好的变更吗？张工程师的建议慎重吗？根据这些评估，企业经理定夺是否现在进行重建。

3. 值得这样去做吗

企业经理需要评估这项重构的总体影响。为了做到这一点，企业经理需要了解外部程序是怎样与数据库的这一部分耦合的。这方面的知识是企业经理通过长期与企业架构师、操作型数据库管理员、应用开发者以及其他数据库管理员一起工作获得的。如果企业经理不能确定影响，他（她）就需要决定是按内心的感觉走，或是建议应用开发者等待，直到他（她）与合适的人员沟通之后。他（她）的目标是确保数据库重构会成功。即使只有一个应用访问该数据库，该应用也有可能与你想改变的这部分数据库模式高度耦合在一起，导致不值得进行这次数据库重构。对于图 13-2 所示的例子，这个设计问题显然很严重，所以尽管有许多应用会受影响，企业经理还是决定要进行这次重构。

13.3.2　选择最合适的数据库重构

选择正确的途径是实现数据库重构的基本前提。敏捷数据库管理员需要的一个重要技能就是要有理解能力，实现一个数据库内部的新数据结构和新逻辑往往会有诸多选择，可以对数据库模式进行许多种重构。在确定对数据库进行重构后，就要确定哪一种重构最适合当前面临的情况，首先必须分析并理解当前所面临的问题。当张工程师第一次找到滕经理时，他可能进行过分析，也可能没有。例如，他可能找到滕经理说，Account 表需要存放当前的余额，所以我们需要一个新的列（通过"引入列"转换）。但是他并不知道，这个列已经存在于 Customer 表中了，只是这个位置有可能不对。滕经理正确地识别出了这个问题，但他的解决方案并不正确。基于滕经理对原有数据库模式的知识面，以及他对张工程师识别出的问题的理解，他建议张工程师应该进行"移动列"重构。

13.3.3　确定数据清洗的需求

基于正确的数据才能得出正确的结论。在对一个结构型数据库重构或其中一个子分类重构时，首先需要确定数据本身是否可以进行重构。如果数据本身质量很差（如有很多坏数据），则在后续测试阶段将难以得出正确结论，影响重构的进程。根据已有数据的质量，通常可以快速地发现清洗源数据的需要。在继续结构型重构之前，需要一个或多个单独的数据质量重构。数据质量问题比较常见于那些随着时间的推移而大打折扣的遗留数据库设计，常见的数据质量问题如表 13-1 所示。

表 13-1　常见与遗留数据相关问题一览表

问　题	示　例	对应用程序的潜在影响
多用途的列	一个日期型的列，用于存储某人的生日，如果此人是顾客。但如果此人是公司雇员，这个列就用于存储此人进公司的日期	如果一个列被用于多种用途，那么就需要额外的代码来确保源数据以"正确的方式"使用，这些代码常常会检查一个列或更多其他列的值
多用途的表	一个通用的 Customer 表中同时存放了人和公司的信息	由于人和公司的数据结构不一样，属性不同，必然在一些行中的一个或几个列为空，而另外一些列不空。这样一个列被用于存放几种类型的实体，就需要复杂的映射来处理该列所存储的值
数据的取值不一致	一个人的出生年份 BirthDate，有的含世纪（如 2000 年以后的），有的不含世纪（如 43 年出生的）	其应用需要实现验证代码，以确保数据的基本取值是正确的；可能需要定义和实现针对不正确取值的替换策略；需要开发错误处理策略来处理坏数据
数据格式化不一致/不正确	一个人的名称在一个表中的存储格式为"姓 名"，而在另一个表中则为"姓，名"	获取和存储数据需要适当的解析代码

续表

问　　题	示　　例	对应用程序的潜在影响
数据丢失	在某些记录中没有记录一个人的出生日期	可参见处理不一致数据取值的策略
列丢失	需要一个人的曾用名（formername），但是却不存在这样一列	可能需要在现有的遗留方案中增加该列；可能不需要对数据做任何处理；标识一个默认数值，直到数据可用；可能需要寻找一种备选的数据源
存在附加的列	数据库内存储了一个人联系过的另外一个人的电话号码，而业务上并不需要它	如果其他应用程序需要这些列，可能需要在自己的对象中实现它们，以确保其他应用程序能够使用应用程序所生成的数据；当插入一条新的记录时，可能需要向数据库中写入适当的值；为了更新数据库，可能需要读取原来的值，然后再将其重新写回去
存在多个相同数据的来源	客户信息被存放于几个独立的遗留数据库中，或者客户名称被存放于同一数据库的多个表中	为信息标识一个单独的来源，并且只使用它；对于相同信息，做好访问多个来源的准备；当发现同一信息被存放在多个地方时，标识最优来源的选取规则
针对相同类型的实体存在多种键策略	一个表使用社会保险号（SSN）作为键存储客户信息，另外一个表则使用客户 ID 作为键，而其他表使用一个代理键	需要做好通过多种策略对类似数据进行访问的准备，这意味着在一些类中需要有类似的查找器操作；一个对象的某些属性可能是非可变的，即它们的取值不能被修改，因为它们表示的是关系数据库中键的一部分
特殊字符的使用不一致	日期使用连字符来分隔年、月和日，而数字取值则被存储成一个用连字符标识负数的字符串	增加了解析代码的复杂性；需要附加文档来标识字符的用法
相似的列的数据类型不同	在一个表中，客户 ID 被存储成数字，而在另一个表中则为字符串	可能需要确定对象想要处理什么样的数据，然后再在它和数据源之间进行适当的相互转换；如果外键的类型不同于其所代表的原始数据，那么就需要进行表连接，因此任何嵌入到对象中的 SQL 会变得更为困难
存在不同的详细级别	一个对象需要月总销售额，而数据库中存储的是每个订单单独的总计金额，或者对象需要一件物品的各个部件（如一个汽车的车门和发动机）的重量，而数据库只记录了总的重量	可能需要复杂的映射代码来处理多种详细的级别
存在不同的操作模式	一些数据是只读的信息快照，而其他数据则是可读可写的	对象的设计必须要反映它们所映射的数据的特征。对象可能是基于只读数据，因此无法更新或删除它们
数据的时效性不同	客户数据是实时变化的，地址数据是一天一变的，而与国家和省、市、县、乡有关的数据则是精确到前一季度末，因为需要从一个外部的渠道来获取该信息	应用程序必须能够反映和（可能）报告它们所基于的信息的及时性

问　　题	示　　例	对应用程序的潜在影响
存在不同的默认值	对象为一个给定的值使用默认的值（如 10），而另外一个应用程序已经使用了另一个默认的值（如 30），这就造成了在数据库中存储 30 的先入为主的局面（以用户的观点）	可能需要同你的用户商讨一个新的默认值；可能会被禁止存储自己的默认值（例如，在数据库某列中存储数值 10，可能是一个非法值）

13.3.4　使原数据库模式过时

如果有多个应用访问已有的数据库，那么重构数据库就需要一个转换期，让老模式和新模式同时工作一段时间，以便为其他应用程序的负责团队留出时间来重构和重新部署他们的系统。当然，在开发者的沙箱中工作时，这实际上并不是问题，但如果将重构的代码移至其他的环境便会产生这个需要。通常，把这个并行运行的时间视为过期时段（deprecation period），该时段必须反映出工作沙箱的现实情况。例如当数据库重构位于开发集成沙箱内时，过期时段可能只是几个小时，只要够测试数据库重构的时间即可；当数据库重构处于其项目集成沙箱内时，过期时段可能是几天，只要够负责项目的团队成员更新和重新测试代码的时间即可；当其处于它的测试和生产沙箱内时，过期时段可能是几个月甚至是几年。

图 13-3 描述了在多应用的情况下一次数据库重构的生命周期，先在项目的范围内实现它，如果成功，再将它部署到产品环境。在转换期中，原来的模式和新的模式同时并存，有足够的支持性的代码来确保所有的数据更新都能正确进行。在转换期中需要假定两件事情：首先，某些应用会使用原来的模式，而另一些应用会使用新的模式；其次，应用应该只需要与一种模式"打交道"，而不是两个版本的模式。在图 13-2 所示的例子中，某些应用将使用 Customer.Balance，而另一些应用将使用 Account.Balance，但没有应用会同时使用两者。不论它们用到的是哪一个列，应用都应该正常运行。当转换期结束时，原来的模式和支持性的代码将被移除，数据库会被重新测试。此时，我们的假定是所有的应用都使用 Account.Balance。

图 13-3　多应用场景一次数据库重构的生命周期示意图

13.3.5　编写单元测试进行前测试、中测试和后测试

同代码重构类似，拥有全面的测试套件才能够确保数据库重构的有效进行。如果能够

很容易地验证数据库在变更之后仍能与应用一起工作，那么就有信心对数据库模式进行变更。迄今为止，做到这一点的唯一途径就是采用测试驱动开发（TDD）的方式。如果没有当前数据库修改部分的单元测试，那么必须编写适当的测试。即使有适当的单元测试套件，可能仍然需要编写新的测试代码，尤其是在结构型数据库重构的情形下。测试的内容包括测试数据库模式、测试应用使用数据库模式的方式、检验数据迁移的有效性和测试外部程序代码。

1. 测试数据库模式

测试数据库模式主要包括以下内容。

- 存储过程和触发器：应该对存储过程和触发器进行测试，就像对待应用代码那样。
- 参照完整性（RI）：对于参照完整性规则，应予以测试，特别是在层叠式删除的情况下，即在父行被删除的同时也删除与之高度耦合的子行。在 Account 表中插入数据时，一些存在性规则必须存在，例如一个客户行对应一个账户行。虽然这些存在性规则可以容易地进行测试，但是我们不能忽略对它们的测试。
- 视图定义：视图常常实现了业务逻辑，需要检查的内容包括过滤/选择逻辑是否正常工作？是否退回了正确的行数？是否返回了正确的列？列与行是否按正确的顺序排列？
- 默认值：列常常定义了默认值，查看默认值是否确实已指定（有时候会不小心从表定义中删除了这一部分）。
- 数据不变式：列常常会定义一些不变式，以约束的形式实现。例如，一个数字列可能限制只能包含 1～7 的值，应该对这些不变式进行测试。

图 13-4 所示的是两个处于转换期的方案变更验证。第一个变更是对 Account 表加入了 Balance 列，这个变更涉及数据迁移和外部程序测试工作；第二个变更是增加 SynchronizeAccountBalance 和 SychronizeCustomerBalance 两个触发器，用于保持两个数据列的同步。要实现这一目的，需要通过测试来确保当 Customer.Balance 列更新时 AccountBalarice 也得到更新，反之亦然。

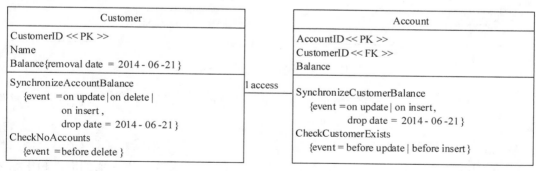

图 13-4　两个处于转换期的方案变更验证示意图

2. 检验数据迁移的有效性

为确保数据库重构成功，一些数据库重构技术要求对源数据进行迁移，有时甚至还要求净化源数据。在图 13-4 所示的例子中必须将数据值从 Customer.Balance 复制到 Account.Balance，这是实现重构的一部分工作。此时，就需要检验每个顾客的正确余额数据确实被进行了复制。

在"应用标准编码"和"统一主键策略"重构中，实际上是"净化"了数据值。不过，对于这种净化逻辑，必须进行检验。在"应用标准编码"重构技术中，需要将数据库中所有"USA"和"U.S."这样的编码值全部转换成标准值"US"。无疑，这就需要编写一些测试来检验老的编码不再使用，并且被转换成了相应的正规编码。在"统一主键策略"重构技术中，可能发现顾客在有些表中是通过顾客 ID 来标识的，在有一些表中是通过社会保险号（SSN）来标识的，而在另一些表中是通过他们的电话号码来标识的。如果我们希望选择一种方式来标识顾客，也许是顾客 ID，然后对其他表进行重构，使用这个列。此时，就需要编写一些测试来检验各行之间的关系仍然保持正确（例如，如果电话号码028-85771234 引用了顾客王大力的记录，那么当采用顾客 ID 5301024621 作为主键后，王大力的记录仍然应该被引用）。

3．测试外部访问程序

被重构的数据库至少有一个甚至多个应用程序对其访问。对这些应用程序也必须进行检验，就像企业中的其他 IT 资产一样。要成功地重构数据库，就需要能引入最终的方案，如图 13-5 所示，并观察最终的方案是否破坏了外部访问程序。要做到这一点，唯一的方法就是对这些程序进行完整的回归测试，这需要有完整的回归测试套件，如果没有这样的套件，就需要立刻开发这样的测试套件。当然，这样的套件包括对所有的外部访问程序的测试单元，并且随着时间的推移，项目组会逐步建立起所需的全部测试套件。

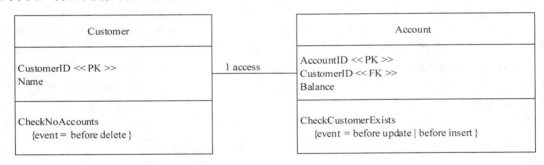

图 13-5　数据库重构后的方案示意图

编写数据库测试的一个重要方面就是创建测试数据，可以采用以下多种策略来做这件事情。

- 具有源测试数据：可以只维护一个数据库实例，或装满测试数据的文件，使应用程序团队对此进行测试。开发者需要从该实例中导入数据，以在他们的沙箱中组装（populate）数据库，而且同样需要把数据装载到自己的项目集成和测试/QA 沙箱中。这些装载程序（routine）会被看作是其他沿图 13-1（b）所描述的线与企业的数据库耦合的应用程序。

- 测试数据生成脚本：这实际上是一个迷你应用程序（miniapplacation），其能够将数据清除，然后使用已知信息来组装成企业在用的数据库。该应用程序需要随时演变，从而与企业在用的数据库保持一致。

- 自包含式（self-contained）测试案例：各个测试能够建立它们自己需要的数据。对于单个测试而言，一个好的策略是将数据库放到一个已知的状态里面，针对这个状态进行测试，然后回退任何的变更，让数据库回到它最初的状态。该方式需要对编写单元测试的人员进行训练，其明显的优点是，当测试结果不是所预期的那样时能够简化分析工作。

13.3.6　实现预期的数据库模式变化

实现数据库重构的一个重要方面是必须确保数据库方案变更的部署严格遵守了企业的数据库开发指南。这些指南由数据库管理小组提供并支持，至少应该包含命名和文档编写方面的指南。在前述的例子中加入了 Account.Balance 列以及 Synchronize AccountBalance 和 SynchronizeCustomerBalance 两个触发器。其 DDL 代码如图 13-6 所示。

```
ALTER TABLE Account ADD Balance Numeric ;
COM MENT ON Account Balance "移动Customer 表的Balance 列.
        生效日期为 2014 -06 -21 ";
CREATE OR REPLACE TRIGGER SynchronizeCustomerBalance
    BEFORE INSERT OR UPDATE
    ON Account
    REFERENCING OLD AS OLD NEW AS NEW
    FOR EACH ROW
    DECLARE
    BEGIN
        IF :NEW .Balance IS NOT NULL THEN
            UpdateCustomerBalance ;
        END IF ;
END ;

COMMENT ON SynchronizeCustomerBalance "移动 Customer 表
        的Balance 列到 Account 中，生效日期为 2014 -06 -21 ";

CREATE OR REPLACE TRIGGER SynchronizeAccountBalance
    BEFORE INSERT OR UPDATE OR DELETE
    ON Customer
    REFERENCING OLD AS OLD NEW AS NEW
    FOR EACH ROW
    DECLARE
    BEGIN
    IF DELETING THEN
        DeleteCustomerIfAccountNotFound ;
    END IF ;
    IF (UPDATING OR INSERTING ) THEN
        IF :NEW .Balance IS NOT NULL THEN
            UpdateAccountBalanceForCustomer ;
        END IF ;
    END IF ;
END ;

COMMENT ON SynchronizeAccountBalance "移动 Customer 表
        的Balance 列到 Account 中，生效日期为 2014 - 06 -21 ";
```

图 13-6　DDL 代码示例图

修改数据库方案的成功经验是为每个脚本设置一个唯一的、递增编号。最容易的方法就是从 1 号开始，每次定义一个新的数据库重构时增加计数，最简单的方法是采用应用的构建号（build number）。需要特别注意的是，每次重构都应采用一个小脚本，这样做的好处如下。

- 简单且易实现：与包含许多步骤的脚本相比，小的变更脚本更容易维护。例如，如果实施过程中发现由于一些未能预见的原因，某次重构不应该执行（也许不能更新一个主要应用，而该应用会访问变更部分的方案），希望能简单地不去执行它。
- 容易把握正确性：希望能够以正确的顺序对数据库方案执行每次重构，从而按定义的方式对它进行演进。重构可以建立在其他重构的基础上。例如，可能对一个列进行改名，接着在几周后将它移动到另一个表。第二次重构将依赖于第一次重构，因为它的代码会引用列的新名字。
- 容易进行版本控制：不同的数据库实例会拥有数据库方案的不同版本。

13.3.7 迁移源数据

数据库重构常常要求以某种方式操作源数据。例如在有些情况下，需要将数据从一个地方移动到另一个地方，我们称之为"移动数据"。在另外一些情况下，则需要净化数据的值，这在数据质量重构时是很常见的，例如"采用标准类型"和"引入通用格式"。与修改数据库模式类似，可以创建一个脚本来执行所需的数据迁移工作。这个脚本应该与其他脚本一样拥有标识号，以便于管理。在我们将 Customer.Balance 列移动到 Account 表的例子中，数据迁移脚本将包含以下数据操作语言（DML）代码：

```
/* 从 customer.Balance 到 Account.Balance 的一次数据迁移 */
UPDATE Account SET Balance =
     (SELECT Balance FROM Customer
     WHERE CustomerID = Account.CustomerID);
```

根据现有数据的质量，项目组可能很快发现需要对源数据进行进一步的净化，这可能需要应用一项或多项数据质量重构技术。需要注意的是，在进行结构性数据库重构和架构性数据库重构时，最好暂时不要考虑数据质量问题。数据质量问题在遗留的数据库设计中很常见，这些设计问题将随时间的推移逐步被解决。

13.3.8 更新数据库管理脚本

实现数据库重构的一个关键部分就是要更新遗留数据库管理脚本，主要包括以下内容。
- 数据库变更日志：该脚本包含了实现所有数据库方案变更的源代码，并且是根据整个项目过程中这些变更的应用次序进行的。在实现一个数据库重构时，在该日志中要只包含当前的变更。
- 更新日志：该日志包括对数据库方案以后变更的源代码，它会在过期时段之后运行用于数据库重构。在这个例子中，这会包含移动 Account.Balance 列和引入

SynchronizeAccountBalance、SynchronizeCustomerBalance 触发器所需的源代码。
- 数据迁移日志：该日志包含了数据操纵语言（DML），以重新格式化或清洗整个项目过程中的源数据。

13.3.9　重构外部访问程序

当数据库方案发生变更时，常常需要重构原有的外部程序，这些外部程序需要访问这部分变更过的方案，包括遗留应用、持久框架、数据复制代码、报表系统，等等。

如果有许多程序访问这个遗留数据库，重构必然会遇到一些风险，因为某些程序不会被负责它们的开发团队更新，或者情况更糟，目前也许不能指派一个团队来负责它们，更为极端的情况是，一个应用的外包单位已经倒闭，无法找到原始代码。这意味着需要指派某人负责更新这个（些）应用，需要有人承担费用。对于这种情况，有两种基本策略可以选择。第一种策略是进行数据库重构并为它指定一个数十年的转换期。通过这种方式，那些无法改变的或不能改变的外部程序仍然能工作，但其他应用可以访问改进过的部分。这种策略的不足之处在于支持两种方案的支持性代码将长期存在，显然降低了数据库的性能，使数据库变得混乱。第二种策略是放弃这次重构。

13.3.10　进行回归测试

一旦完成对应用程序代码和数据库方案的改变，就需要运行自己的回归测试套件。这个工作应该能自动运行，包括测试数据的安装或生成、实际运行的测试本身、实际测试结果和预期结果的对比，以及根据合理的方式重新设置数据库。成功的测试能够发现问题，从而可以再次修改，直到正确为止。由于可以按小步快走的方法，测试一点，改变一点，再测试一点，如此下去直到重构完成，所以当测试失败时，项目组能够清楚地知道问题就出在刚刚进行过的改动中。反之，如果每次变化越大，那么捕捉问题的难度就会越高，开发工作就会变得越慢、越低效。

13.3.11　为重构编写文档

由于遗留数据库是一个共享资源，也是重要的 IT 资产，数据库管理员需要记录数据库变化的过程。无论是在重构团队内部传达变化，或者向其他所有感兴趣的各方传达建议性的变化，都是重要的。同时，更新任何相关的文档对于以后把此次变更提交测试/QA 沙箱和以后投入生产都是重要的，因为其他团队需要知道数据库方案是如何演变的。企业管理员有可能需要该文档，从而能够更新相关的元信息。在编写敏捷文档时，要切记简单性和充分够用性，建议遵循实效主义程序设计（pragmatic programming，Hunt and Thomas 2000）的原则。

更为简单的办法是编写数据库发布版声明，在其中总结所做的变更，按顺序列出每项数据库重构。对于前述的重构例子，在列表中可能是"121：将 Customer. Balance 列移动到 Account 表中"。

文档和源代码一样，都是系统的一部分。拥有文档的好处必须要大于其创建和维护的成本。

13.3.12　对工作进行版本控制

将所有工作都检入（check in）到版本控制工具里面，从而置于配置管理（configuration management，CM）控制之下。对于数据库重构工作的版本控制，包括任何此项工作所创建的 DDL、变更脚本、数据迁移脚本、测试数据、测试案例、测试数据生成代码、文档和模型。

13.4　数据库重构的策略

我所带领的团队先后对数百个复杂程度不同的数据库进行过重构，这里汇集了我们的经验教训，希望有助于读者进行数据库重构。

13.4.1　通过小变更降低变更风险

采取一些必要的步骤，每次只进行一小步，完成指定的工作，这样可以有效地控制风险。通常，变更越大，越有可能引入缺陷，发现引入的缺陷也就越困难。如果在进行了一个小变更之后发现引起了破坏，没有达到预期的目的，那么，我们会很清楚哪个变更导致了问题的出现，从而确定相应的对策。

13.4.2　唯一地标识每一次重构

在软件开发项目中，可能对数据库方案进行数百次的重构和转换。因为这些重构常常存在依赖关系，例如，可能对一个列改名，然后几周后将它移到另一个表中，所以我们需要确保重构以正确的顺序进行。为了做到这一点，应该以某种方式标识每一次重构，并标识出它们之间的依赖关系。表 13-2 列出了标识方法的基本策略。

表 13-2　数据库重构版本标识策略一览表

版本标识策略		优　　点	缺　　点
构建编号	应用构建编号通常是由构建工具（如CruiseControl）分配的一个整数值，当应用进行变更、编译成功并通过所有的单元测试后会生成构建编号（即使这次变更是一次数据库重构）	• 简单策略； • 一系列的重构可以被看作一个先进先出（FIFO）队列，按构建编号的顺序执行； • 数据库版本直接与应用版本关联起来	• 假定所用的数据库重构工具与构建工具是集成在一起的，或者每次重构都是一个或在配置管理控制之下的多个脚本； • 许多构建不包括数据库变更，因此版本标识符对数据库来说是不连续的（例如，它们可能是 1、7、9、12、…而不是 1、2、3、4、…）； • 当同一个数据库中有多个应用在开发时，管理起来很困难，因为每个项目团队将有相同的构建编号

版本标识策略		优　　点	缺　　点
日期 / 时间戳	当前的日期/时间 被分配给这次重 构	• 简单策略； • 一系列重构被作为一 个 FIFO 队列进行管 理	• 采用基于脚本的方式来实现重构，使用日 期/时间戳作为文件名看起来有点怪； • 需要一种方法来关联重构和相应的应用 构建
唯一标 识符	为重构分配一个 唯一的标识符，例 如 GUID 或一个增 量值	存在产生唯一值的策略 （例如，可以使用全球唯 一标识符（GUID）生成 器）	• GUID 作为文件名有点怪； • 在使用 GUID 时，仍然需要确定执行重构 的顺序，需要一种方法来关联重构和相应 的应用构建

注：这里的策略是假定在一个单应用、单数据库环境中。

13.4.3　转换期触发器优于视图或批量同步

在重构时，多数情况下都是几个应用访问相同的数据库表、列或视图，那么我们不得不设置一个转换期。在这个转换期中，新、旧方案在生产环境中同时存在，这样，就需要有一种方法来确保不论应用访问哪一个版本的方案都能访问到一致的数据。表 13-3 列出了用于保持数据同步的主要策略。根据我们的经验，触发器在绝大多数情况下都是最好的方法。视图的方法能实现同步，批量处理的方法也可以实现同步，但在实际应用中的效果都不如基于触发器的同步方式。

表 13-3　数据库重构转换期中数据同步策略一览表

同 步 策 略		优　　点	缺　　点
触发器	实现一个或多个触 发器，对另一个版 本的 schema 进行 相应的更新	实时更新	• 可能成为性能瓶颈； • 可能引起触发器循环； • 可能引起死锁； • 常常引入重复的数据（数据同时存储在新、 旧 schema 中）
视图	引入代表原来表的 视图，用这种方式 同时更新新、旧 schema 的数据	• 实时更新； • 不需要在表/列之 间移动物理数据	• 某些数据库不支持可更新的视图，或者不支 持可更新视图的连接操作； • 引入视图和最后删除视图时带来了额外的 复杂性
批更新	一个批处理任务处 理并更新数据，定 期执行（例如每天）	数据同步带来的性 能影响在非峰值负 载时消除了	• 极有可能带来参照完整性问题； • 需要追踪以前版本的数据来确定对记录做 了哪些变更； • 如果在批量处理之间发生了多个变化（例 如，某人同时更新了新、旧 schema 中的数 据），就会难以确定哪些变化需要接受常常 引入重复的数据（数据同时保存在新、旧 schema 中）

13.4.4　确定一个足够长的转换期

数据库管理员必须为重构指定一个符合实际要求的转换期，转换期的长短要足够所有团队完成他们的工作。我们发现一个最容易的办法，就是对不同类型的重构分别达成一个一致同意的转换期，然后一致地采用它。例如，结构重构可能有两年的转换期，而架构重构可能有三年的转换期。

这种方法的主要不足在于，它要求采用最长的转换期，即使访问重构方案的应用不多，而且这些应用经常重新部署。不过，可以通过积极移出生产数据库中不再需要的方案来缓解这个问题，即使转换期还没有结束。此外，还可以通过数据库"变更控制委员会"协商一个更短的转换期，或者直接与其他团队进行协调。

13.4.5　封装对数据库的访问

大量实践表明，数据库访问封装得越好，就越容易重构。最低限度是即使应用程序包含硬编码的 SQL 语句，也应该将这些 SQL 代码放在明确标识的一个地方，这样在需要的时候就能容易地找到它们并进行更新。可以按一种一致的方式来实现 SQL 逻辑，如对每个业务类提供 save()、delete()、retrieve() 和 find() 操作。或者可以实现数据访问对象（DAO），实现数据访问逻辑的类与业务类分离。例如，企事业单位的 Customer 和 Account 业务类分别拥有 CustornerDAO 和 AccomtDAO 类。更好的做法是完全放弃 SQL 代码，从映射元数据生成数据库访问逻辑。

13.4.6　使建立数据库环境简单

IT 企业中的人员变化是常态化的。在数据库重构项目的生命周期中，经常会有人加入项目组，又有人会离开项目组。团队成员需要能创建数据库的实例，而且是在不同的机器上使用不同版本的方案（如图 13-7 所示）。最有效的方法就是通过一个安装脚本运行创建数据库方案的初始 DDL 以及所有相应的变更脚本，然后运行回归测试套件以确保安装成功。

图 13-7　沙盒①示意图

---

① 沙盒（sandbox）是一个完整的工作环境，在这个环境中可以对系统进行构建、测试和运行。出于安全的考虑，不同的沙盒之间通常保持分离，不仅开发者能在自己的沙盒中工作而不必担心会破坏别人的工作，而且其质量保证/测试小组也能够安全地运行他们的系统集成测试，最终的用户还能够运行系统而不必担心开发者会造成源数据或系统功能上的冲突。

13.4.7　将数据库资产置于变更控制之下

我见过一些小团队，曾经有过沉痛的教训，那就是数据库管理员不进行变更控制，有时甚至开发者也不进行变更控制，最终导致当需要把应用部署到生产前的测试环境或部署到生产环境中时，这些小团队常常疲于确定数据模型或变更脚本的正确版本。因此，数据库资产和其他关键的项目资产一样，应该有效地进行管理。我们的经验是数据库资产与应用放在同一个配置库（repository）中是很有帮助的，这样使我们能够看到谁进行了变更，而且支持回滚功能。

在线资源 groups.yahoo.com/group/agileDatabases/有这方面的讨论，读者可以从中学到许多有益的经验。

13.5　数据库重构的方法

13.5.1　结构重构

结构重构改变了数据库方案的表结构，主要包括删除列、删除表、删除视图、引入计算列、移动列、列改名等。

1．删除列

删除列指从现有的表中删除一个列（如图 13-8 所示）。

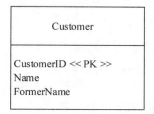
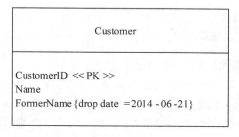
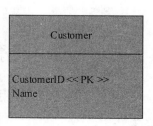

原schema　　　　　　　　　　转换期 schema　　　　　　　重构完成后 schema

图 13-8　删除 Customer.FormerName 列示例图

1）引发"删除列"重构的原因

当发现表中的某些列并没有真正被使用的时候，最好删除这些列，以免误用。应用"删除列"的首要原因是为了重构数据库的表设计，或者是由于外部应用重构引起的，例如该列已不再使用。此外，"删除列"常常作为"移动列"数据库重构的一个步骤，因为该列会从原来的表中移除。

2）表结构更新的方法

通过删除一个列来更新方案需要执行以下步骤。

（1）选择一种删除策略：有些数据库产品不允许删除一个列，那么可以创建一个临时表，将所有数据移到临时表里，然后删除原来的表，用原来的表名重新创建一个不包含该列的表，将数据从临时表移动到新建的表，再删除临时表。如果所用的数据库产品提供了删除列的方法，那么只需使用 ALTER TABLE 命令的 DROP COLUMN 选项。

（2）删除列：有时候数据量很大，我们需要确保执行"删除列"的时间是合理的。为了将影响降到最低，可以将列的物理删除安排在该表最少使用的时间段。另一种策略是将该列标识为未使用，这可以通过 ALTER TABLE 命令的 SET UNUSED 选项来实现。SET UNUSED 命令执行的速度很快，可以将删除列的影响降到最低。然后就可以在计划好的非峰值时间删除这些未使用的列。在使用这个选项时，数据库不会对该列进行物理删除，但会对所有人隐藏该列。

（3）处理外键：如果 FormerName 是主键的一部分，那么必须同时删除其他表中对应的列，这些表使用该列作为外键连接到 Customer。注意，还需要重新创建这些表上的外键约束。在这种情况下，可能需要考虑先进行"引入替代键"或"用自然键取代替代键"重构，再进行"删除列"重构，以此来简化工作。

3）数据迁移的方法

为了支持从表中删除列，可能需要保留原有的数据，或者需要考虑"删除列"的性能。如果从生产环境的一个表中删除一列，那么在业务上通常要求保留原有的数据，"以防万一"在将来的什么时候会用到它。最简单的方法就是创建一个临时表，其中包含源表的主键和打算删除的列，然后将相应的数据移到这个新的临时表中，此后就可以选择其他方法来保留数据，例如将数据保存在外部文件中。

下面的代码描述了删除 Customer.FormerName 列的步骤。为了保留数据，创建了一个名为 CustomerFormerName 的临时表，它包含了 Customer 表的主键和 FormerName 列。

```
CREATE TABLE CustomerFormerName
    AS SELECT CustomerID, FormerName FROM Customer;
```

4）访问被删除列数据的应用程序的更新方法

确定并更新所有引用 Customer.FormerName 的外部程序，并考虑以下问题。

（1）重构代码，使用替代的数据源：某些外部程序可能包含一些代码，会用到包含在 Customer.FormerName 列中的数据。如果出现这种情况，必须找到替代的数据源，修改代码使用这些替代数据源，否则这次重构就应该取消。

（2）对 SELECT 语句"瘦身"：某些外部程序可能包含一些查询，读入了该列的数据，然后又忽略了取到的值。

（3）重构数据库的插入和更新：某些外部程序可能包含一些代码，在插入数据时将"假值"放入这一列中，这种代码需要删除。或者程序可能包含一些代码，在插入或更新数据库时阻止写入 FormerName。在另一些情况下，可能在应用中使用 SELECT * FROM Customer，预期得到一定数量的列，并通过位置引用的方法从结果集中取出列的值。这样的应用代码可能被破坏，因为 SELECT 语句的结果集现在少了一列。一般来说，在应用中对任何表使用 SELECT * 都不是一个好方法。当然，这里的真正问题是应用使用了位置引用，这是我们重构必须考虑的一个问题。删除对 FormerName 的引用的示例代码如图 13-9 所示。

```
//重构前的示例代码
public Customer findByCustomerID (Long customerID ) {
    stmt = DB.prepare ("SELECT CustomerID , Name , FormerName "+
        "FROM Customer WHERE CustomerID = ?");
    stmt .setLong (1, customerID .longValue ());
    stmt .execute ( );
    ResultSet rs = stmt .executeQuery ( );
    if (rs .next ( )) {
        customer .setCustometID (rs .getLong ("CustomerID "));
        customer .setName (rs .getString ("Name ");
        customer .setFavoritePet (rs .getString ("FormerName "));
    }
    return customer;
}

public void insert (long customerId , String Name , String formerName ) {
    stmt = DB.prepare ("INSERT into customer " +
        "(CustomerID , Name , FormerName )" +
        "values(?, ?, ?)");
    stmt .setLong (1, customerID );
    stmt .setString (2, name);
    stmt .setString (3, formerName );
    stmt .execute ( );
}

public void update (long customerId , String Name , String formerName ) {
    stmt = DB.prepare ("UPDATE Customer SET Name = ?, " +
        "FormerName = ? WHERE CustomerID = ?");
    stmt .setString (1, name);
    stmt .setString (2, formerName );
    stmt .setLong (3, customerID );
    stmt .execute Update ( );
}

//重构后的示例代码
public Customer findByCustomerID (Long customerID ){
    stmt = DB.prepare ("SELECT CustomerID , Name " +
        "FROM Customer WHERE CustomerID = ?");
    stmt .setLong (1, customerID .longValue ());
    stmt .execute ( );
    ResultSet rs  = stmt .executeQuery ( );
    if (rs .next ( )) {
        customer .setCustometID (rs .getLong ("CustomerID "));
        customer .setName (rs .getString ("Name "));
    }
    return customer ;
}

public void insert (long customerId , String name ) {
    stmt = DB.prepare ("INSERT into customer " +
        "(CustomerID , Name ) values(?, ?)");
    stmt .setLong (1, customerID );
    stmt .setString (2, Name );
    stmt .execute ( );
}

public void update (long customerId , String name ) {
    stmt = DB.prepare ("UPDATE Customer " +
        "SET Name = ? WHERE CustomerID = ?");
    stmt .setString (1, name);
    stmt .setLong (2, customerID );
    stmt .execute Update ( );
}
```

图 13-9　删除对 FormerName 的引用的示例代码

2．删除表

删除表指从数据库中删除一个现有的表。

1）引发"删除表"重构的原因

在遗留数据库中，当表被其他类似的数据源（如另一个表或视图）代替时，或者这个特定的数据源不再需要时，就需要对这个表进行删除，以保持数据库的"瘦身"和高效。此时，我们需要进行"删除表"重构。

2）模式更新的方法

在进行"删除表"重构时，必须解决数据完整性问题。如果 Pets 被其他表引用到，那么必须删除相应的外键约束，或者将外键约束重新指向其他表。图 13-10 展示了一个例子，说明如何删除 Pets 表，用户只需将这个表标识为已过时的，并在转换期结束后删除它即可。下面的代码是删除该表的 DDL。

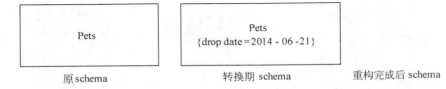

图 13-10　删除 Pets 表示例图

```
-删除日期=2014 年 6 月 21 日
DROP TABLE Pets;
```

当然，我们可以选择对这个表进行改名，这样，一些数据库产品会自动将所有对 Pets 的引用改为对 PetsRemoved 的引用。在对表 Pets 删除后，我们不能引用一个将要删除的表，那么就需要通过"删除外键"重构来删除参照完整性约束。

```
-改名日期=2014 年 6 月 21 日
ALTER TABLE Pets RENAME TO PetsRemoved;
```

3）数据迁移的方法

在"删除表"重构时，必须注意需要将原有的数据存档，以备将来某天需要时进行恢复，我们可以通过 CREATE TABLE AS SELECT 命令来完成。以下的代码是选择保留 Pets 表中的数据，然后再删除表的 DDL。

```
-在删除表之前复制数据
CREATE TABLE PetsRemoved AS SELECT * FROM Pets;
-删除日期=2014 年 6 月 21 日
DROP TABLE Pets;
```

4）对被删除表访问程序的更新方法

所有访问 Pets 表的外部程序都必须进行重构。如果没有替代 Pets 表的数据源，并且仍然需要 Pets 表中的数据，那么在找到替代数据源之前我们不能删除这个表。

3. 删除视图

删除视图指删除一个现有的视图。这类数据库重构相对简单，它不需要迁移数据。

1）引发"删除视图"重构的原因

当视图被其他类似的数据源（如另一个表或视图）代替时，或者这个特定的查询不再需要，此时我们需要进行"删除视图"重构。

2）模式更新的方法

为了删除图 13-11 中的 AccountDetails 视图，我们必须在转换期结束时对 AccountDetails 执行 DROP VIEW 命令。事实上，删除 AccountDetails 视图的代码非常简单，只要将该视图标识为已过时，然后在转换期结束时删除它就可以了。

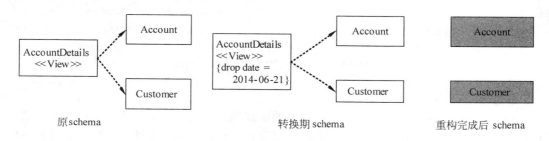

原schema   转换期 schema   重构完成后 schema

图 13-11 删除 AccountDetails 视图示例图

下面是示例代码：

```
-删除日期=2014 年 6 月 21 日
DROP VIEW AccountDetails;
```

3）访问被删除视图的应用程序的更新方法

在删除 AccountDetails 视图前，我们需要确定并更新所有引用 AccountDetails 的外部程序。需要重构以前使用 AccountDetails 的 SQL 代码，让它直接从源表中访问数据。类似地，一些元数据被用于生成访问 AccountDetails 的 SQL 代码，也需要更新。图 13-12 所示的是修改应用的示例代码。

```
//重构前的示例代码
stmt .prepare ("SELECT * FROM AccountDetails " +
    "WHERE CustomerID = ?");
stmt .setLong (1, customer .getCustomerID );
stmt .execute ( );
ResultSet rs = stmt .executeQuery( );
//重构后的示例代码
stmt .prepare ("SELECT * FROM Account " +
    "WHERE Customer .CustomerID = Account .CustomerID " +
    "AND Customer .CustomerID = ? ");
stmt .setLong (1, customer .getCustomerID );
stmt .execute ( );
ResultSet rs = stmt .executeQuery( );
```

图 13-12 修改应用的示例代码

4．引入新的计算列

引入一个新的列，该列基于对一个或多个表中数据的计算。图 13-13 所示的是基于两个表的计算，事实上这种计算可以是对一个或多个表中数据的计算。

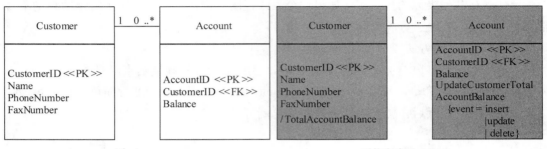

图 13-13　基于两个表数据的计算示例图

1）引发"引入计算列"重构的原因

进行"引入计算列"重构的主要原因是通过预先计算由其他数据推导出的值来改善应用的性能。例如，由于业务的扩展，可能需要引入一个计算列来说明一个客户的信用风险等级（例如楷模、低风险、高风险等），这个风险级别是基于该客户对贵公司的付款历史情况的。

2）表结构更新的方法

进行"引入计算列"重构相对比较复杂，因为数据间存在依赖关系，需要保持计算列的值与它基于的数据值同步，需要执行以下步骤。

（1）确定同步策略：基本选择包括批处理任务、应用负责更新或数据库触发器。如果不需要实时地更新计算列的值，就可以先用批处理任务的方式；否则，需要在另两种方式中进行选择。如果应用负责进行相应的更新，那么不同的应用可能以不同的方式实现，这其中存在风险。触发器的方式可能是两种实时策略中比较安全的一种，因为更新逻辑只需在数据库中实现一次。图 13-13 假定采用触发器的方式。

（2）确定如何计算该值：我们必须确定源数据以及如何使用这些源数据来确定 TotalAccountBalance 的值。

（3）确定包含该列的表：必须确定 TotalAccountBalance 应该包含在哪个表中。为了确定这一点，项目组必须决定这个计算列最适合描述哪个业务实体。例如，顾客的信用风险指示符最适合放到 Customer 实体中。

（4）加入新的列：通过"引入新列"转换加入图 13-13 中的 Customer. TotalAccount-Balance 列。

（5）实现更新策略：需要实现并测试在步骤 1 中选择的策略。

图 13-14 所示的是如何加入 Customer.TotalAccountBalance 列和 UpdateCustomerTotal-AccountBalance 触发器，当 Account 表被修改时就会执行该触发器。

```
-创建新列TotalAccountBalance
ALTER TABLE Customer ADD TotalAccountBalance NUMBER ;

-创建触发器保持数据同步
CREATE OR REPLACE TRIGGER
UpdateCustomerTotalAccountBalance
BEFORE UPDATE OR INSERT OR DELETE
ON Account
REFERENCING OLD AS OLD NEW AS NEW
FOR EACH ROW
DECLARE
NewBalanceToUpdate NUMBER :=0;
CustomerIDToUpdate NUMBER ;
BEGIN
CustomerIDToUpdate := :NEW .CustomerID ;

IF UPDATING THEN
    NewBalanceToUpdate := :NEW .Balance - :OLD .Balance ;
END IF ;
IF INSERTING THEN
    NewBalanceToUpdate := :NEW .Balance ;
END IF ;
IF DELETING THEN
    NewBalanceToUpdate := -1*:OLD .Balance ;
    CustomerIDToUpdate := :OLD .CustomerID ;
END IF ;
UPDATE Customer SET TotalAccountBalance =
        TotalAccountBalance + NewBalanceToUpdate
        WHERE CustomerID = CustomerIDToUpdate ;
END ;
```

图 13-14　引入计算列修改应用的示例代码片段

3）访问程序更新的方法

当我们引入计算列时，需要确定在外部应用中所有用到这个计算的地方，然后将原来的代码改为利用 TotalAccountBalance 列的数据。当然，这需要用访问 TotalAccountBalance 的值来取代原有的计算逻辑。图 13-15 所示的是如何通过循环顾客所有的账户来计算总的余额。在重构之后的版本中，如果顾客对象已从数据库中取出，只需简单地从内存中读取该值。

```
//重构前的示例代码
stmt .prepare ("SELECT SUM (Account .Balance )" +
    "FROM Customer , Account " +
    "WHERE Customer .CustomerID =
    Account .CustomerID " + "AND Customer .CustomerID = ? ");
stmt .setLong (1, customer .getCustomerID );
stmt .execute ();
ResultSet rs = stmt .executeQuery ();
return rs .getBigDecimal("Balance ");

//重构后的示例代码
return customer .getBalance ();
```

图 13-15　访问引入计算列的示例代码

5．合并列

合并列指合并一个表中的两个或多个列。

1）引发"合并列"重构的原因

引发"合并列"重构通常有以下原因。

（1）等价的列：由于团队缺乏管理，两名甚至多名开发者相互间缺乏必要的沟通，在描述表的方案的元数据库不存在时，常常在互不知道的情况下加入了某些列，这些列都被用于存放同样的数据。例如，FeeStructure 表有 17 个列，其中 CA_INIT 和 CheckingAccountOpeningFee 两个列都被用于存放新开支票账户时银行收取的初始费用。

（2）这些列是过度设计的结果：原来加入这些列的目的是确保信息按照它的构成形式来存放，但实际使用时表明并不需要当初设想的这些详细信息。例如，图 13-16 中的 Customer 表包含 PhoneCountryCode、PhoneAreaCode 和 PhoneLocal 等列，它们代表一个电话号码的属性。

（3）这些列的实际用法是一样的。一些列是原来加入表中的，但随着时间的推移，这些列的用法发生了变化，使得它们都被用于同一个目的。例如，Customer 表中包含 PreferredCheckStyle 和 SelectedCheckStyle 列（图 13-16 中没有显示）。第一列被用来记录顾客下一季的支票寄送方式，第二列被用于记录支票以前寄送给顾客的方式。这在 20 世纪 80 年代前是有用的，那时需要花数月的时间订购新支票，但现在连夜就能打印出支票，我们已经自然地在这两个列中存放了相同的值。

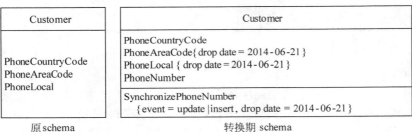

图 13-16　合并 Customer 表中与电话相关的列示例图

2）表结构更新的方法

进行"合并列"重构有两项必需的工作。第一，引入新的列，即通过 SQL 命令 ADD COLUMN 在表中加入新列。在图 13-16 中，这个列是 Customer. PhoneNumber。但是，如果表中有一个列可以存放合并后的数据，就可以不做这项工作。第二，引入一个同步触发器，确保这些列彼此间保持同步。触发器必须在这些列的数据发生变化时触发。

对于图 13-16 所示的例子，在 Customer 表中将一个人的电话号码存放在 PhoneCountryCode、PhoneAreaCode 和 PhoneLocal 3 个独立的列中，也许最初是合理的。但发展到目前，几乎没有应用对国别代码感兴趣，因为它们只在北美范围内使用，而所有的应用都同时使用区域代码和本地电话号码。因此保留 PhoneCountryCode 列，同时将 PhoneAreaCode 和 PhoneLocal 合并为 PhoneNumber 列是合理的，这样可以反映应用对数据的实际用法。我们引入了 SynchronizePhoneNumber 触发器来保持 4 个列中的数据同步。

下面的 SQL 代码展示了引入 PhoneNumber 列并最后删除两个原有的列的 DDL。

```
COMMENT ON Customer . PhoneNumber "合并 Customer 表的 PhoneAreaCode 列
和 PhoneLocal 列，最终日期为 2014-06-21 ";

ALTER TABLE Customer ADD PhoneNumber NUMBER (12);

-在 2014 年 06 月 21 日

ALTER TABLE Customer DROP COLUMN PhoneAreaCode ;
ALTER TABLE Customer DROP COLUMN PhoneLocal ;
```

3）数据迁移的方法

要成功完成"合并列"重构，必须将被合并的原有列中的所有数据转换到合并列中，在示例中就是将 Customer.PhoneAreaCode 和 Customer.PhoneLocal 的数据转换到 Customer.PhoneNumber 中。下面的 SQL 语句展示了最初将 PhoneAreaCode 和 PhoneLocal 的数据合并到 PhoneNumber 中去的 DML。

```
/*  从 Customer.PhoneAreaCode 和 Customer.PhoneLocal 到
    Customer.PhoneNumber 的一次性的数据迁移。当这些列同时启用时，
    需要一个触发器保持这些列同步  */
UPDATE Customer SET PhoneNumber =
        PhoneAreaCode*100000000 + PhoneLocal;
```

4）访问程序更新的方法

为最终完成合并列，在转换期中必须全面地分析访问程序，然后相应地对它们进行更新。显然，访问程序需要利用 Customer.PhoneNumber，而不是以前未合并的列，这样有可能必须删除负责合并的代码。这些代码将原有的列组合成类似合并后的列那样的数据。这些代码应该重构，可能需要全部删除。此外，还需要更新数据有效性检查代码，使其利用合并后的数据。某些数据有效性检查代码存在是因为此前这些列还没有合并在一起。例如，如果一个值存储在两个独立的列中，那么可能有一些有效性检查代码，验证这两个列的值是正确的。在两个列合并之后，显然这段代码就不再需要了。

图 13-17 所示的代码片段展示了当 Customer.PhoneAreaCode 和 Customer.PhoneLocal 列被合并时 getCustomerPhoneNumber() 方法所发生的改变：

```
//重构前的示例代码
public String getCustomerPhoneNumber (Customer customer ) {
    String phoneNumber = customer .getCountryCode ( );
    phoneNumber .concat (phoneNumberDelimiter ( ));
    phoneNumber .concat (customer .getPhoneAreaCode ( ));
    phoneNumber .concat (customer .getPhoneLocal ( ));
    return phoneNumber ;
}

//重构后的示例代码
public String getCustomerPhoneNumber (Customer customer ) {
    String phoneNumber = customer .getCountryCode ( );
    phoneNumber .concat (phoneNumberDelimiter ( ));
    phoneNumber .concat (customer .getPhoneNumber ( ));
    return phoneNumber ;
}
```

图 13-17　合并列修改应用的示例代码片段

6．移动列

移动列指将一个列及其所有数据从一个表迁移至另一个表。

1）引发"移动列"重构的原因

进行"移动列"重构的常见原因如下。

（1）规范化：原有的某些列破坏了某项规范化（normalization）原则，这是极为常见的现象。通过将该列移至另一个表，可以增加源表的规范化程度，从而减少数据库中的数据冗余。

（2）减少常用的连接操作：在遗留数据库中存在对某个表的连接仅仅是为了访问它的一个列。如果将这个列移动到其他表中，那么就消除了连接的必要，从而有效地改善数据库的性能。这似乎与第一条规范化矛盾，但重构是实际进行的。

（3）重新组织一个拆分后的表：如果刚刚进行了"拆分表"重构，或者该表在原来的设计中实际上就是被拆分的，需要对一个或多个列进行移动。也许该列所处的表需要经常访问，但该列却很少需要，或者该列所处的表很少被访问，但该列却常常需要。在第一种情况下，在不需要该列时，不选择该列的数据并传到应用程序可以改善网络性能。在第二种情况下，由于需要的连接操作更少，所以数据库性能会得到改善。

2）模式更新的方法

（1）确定删除和插入规则：当表中的某些列被列出后，在删除或插入记录时，有可能引发其他表的变化，我们通过创立触发器进行控制。

（2）引入新列：通过 SQL 命令 ADD COLUMN 在目标表中引入新列。在图 13-18 所示的例子中，这个列就是 Account.Balance。

（3）引入触发器：在转换期中，在原来的列和新的列上都需要触发器，实现从一个列复制数据到另一个列。当任何一行数据发生变化时，这些触发器都要调用。

图 13-18 所示的例子是将 Customer 表的 Balance 列移动到 Account 表中，那么，在转换期中 Customer 表和 Account 表中都会有 Balance 列。

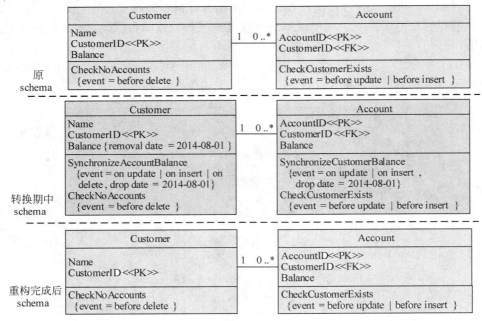

图 13-18　将 Balance 列从 Customer 表移动到 Account 表中

原有的触发器是我们感兴趣的。Account 表中已经有一个触发器，它会在插入和更新时检查对应的列是否在 Customer 表中存在，这是一个基本的参照完整性（RI）检查。这个触发器就让它留在那里。Customer 表中有一个删除触发器，确保如果有 Account 表中的行引用到 Customer 表中的这一行，这一行就不会被删除，这是另一个参照完整性检查。

在图 13-19 所示的代码中，我们引入了 Account.Balance 列以及 Synchronize-CustomerBalance 和 SynchronizeAccountBalance 触发器，保持 Balance 列同步，代码中还包括了在转换期结束时删除支持性代码的脚本。

```
COMMENT ON Account .Balance "从Customer 表中移出
    Balance，移出日期为2014 -06 -21";
ALTER TABLE Account ADD Balance NUMBER (32 ,7);
COMMENT ON Customer .Balance "Balance 列移入到
    Account 表，移入日期为2014 -06 -21 ";
CREATE OR REPLACE TRIGGER SynchronizeCustomerBalance
    BEFORE INSERT OR UPDATE
    ON Account
    REFERENCING OLD AS OLD NEW AS NEW
    DECLARE
    BEGIN
      IF :NEW .Balance IS NOT NULL THEN
          UpdateCustomerBalance ;
      END IF ;
    END ;

CREATE OR REPLACE TRIGGER SynchronizeAccountBalance
    BEFORE INSERT OR UPDATE DELETE
    ON Customer
    REFERENCING OLD AS OLD NEW AS NEW
    FOR EACH ROW
    DECLARE
    BEGIN
      IF DELETING THEN
          DeleteCustomerIfAccountNotFound ;
      END IF ;
      IF (UPDATING OR INSERTING ) THEN
        IF :NEW .Balance IS NOT NULL THEN
            UpdateAccountBalanceForCustomer ;
        END IF ;
      END IF ;
    END ;

一在2014 年6月21日
ALTER TABLE Customer DROP COLUMN Balance ;
DROP TRIGGER SynchronizeCustomerBalance ;
DROP TRIGGER SynchronizeAccountBalance ;
```

图 13-19　移动列的脚本示例代码片段

3）数据迁移的方法

将所有数据从原来的列复制到新的列。在图 13-19 所示的例子中，从 Customer.Balance 复制到 Account.Balance。这可以通过多种方式完成，常用的是通过一个 SQL 脚本或一个 ETL 工具。下面的代码展示了将 Balance 列中的数据从 Customer 移动到 Account 中去的 DML。

```
/*  从 Customer.Balance 到 Account.Balance 的一次性数据迁移。当这些列同时启用时，
需要一个触发器保持这些列的同步  */
UPDATE Account SET Balance =
    (SELECT Balance FROM Customer
     WHERE CustomerID = Account.CustomerID);
```

4）访问程序更新的方法

在转换期中，我们需要全面地分析所有的访问程序，然后对它们进行相应地更新。可能需要的更新如下。

（1）修改连接操作，使用移动后的列：不论是硬编码在 SQL 中的连接还是通过元数据定义的连接，都必须进行重构来使用移动后的列。例如，图 13-18 所示的例子就是我们必须修改取得余额信息的查询，从 Account 表中获取信息而不是从 Customer 表中。

（2）在连接中加入新表：如果连接中不包括 Account 表，现在就必须加入它，这可能会降低性能。

（3）从连接中删除原来的表：有些连接中可能包含 Customer 表，仅仅是为了取得 Customer.Balance 列的数据。既然这个列已被移走，Customer 表也就可以从这些连接中移除，这有可能改善性能。

图 13-20 所示的代码展示了原来的代码如何访问 Customer.Balance 列，而修改后的代码为如何访问 Account.Balance 列。

```
//重构前的示例代码
public BigDecimal getCustomerBalance (Long customerID )
        throws SQLException {
    PreparedStatement stmt =null ;
    BigDecimal customerBalance = null ;

    stmt  = DB.prepare ("SELECT Balance FROM Customer " +
        " WHERE CustomerID = ?");
    stmt .setLong (1, customerID .longValue ( ));
    ResultSet rs = stmt .executeQuery ( );
    if (rs .next ( )) {
        customerBalance = rs .getBigDecimal  ("Balance ");
    }
    return CustomerBalance

}

//重构后的示例代码
public BigDecimal getCustomerBalance (Long customerID )
        throws SQLException {

    PreparedStatement stmt =null ;
    BigDecimal customerBalance = null ;

    stmt = DB .prepare ("SELECT Balance "
        " FROM Customer , Account " +
        " WHERE Customer . CustomerID = " +
        " Account .CustomerID  AND CustomerID = ? ");
    stmt .setLong (1, customerID .longValue ( ));
    ResultSet rs  = stmt .executeQuery ( );
    if (rs .next ( )) {
        customerBalance  = rs .getBigDecimal ("Balance ");
    }
    return CustomerBalance

}
```

图 13-20 "移动列"重构修改访问程序示例代码片段

7．列改名

列改名指对一个已有的列进行改名。

1）"列改名"重构的原因

进行"列改名"的首要原因是为了增加数据库方案的可读性，从而满足企业所接受的数据库命名标准，或使数据库可移植。例如，当从一个数据库产品移植到另一个数据库产品时，可能发现原来的列名不能使用了，因为新的数据库将它作为了保留的关键字。

2）表结构更新的方法

（1）引入新的列：在图 13-21 中，我们先是通过 SQL 命令 ADD COLUMN 加入了 FormerName 列。

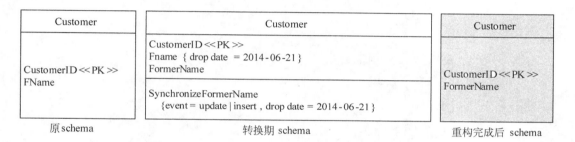

图 13-21　为 Customer 表的 FName 列改名示例图

（2）引入一个负责同步的触发器：如图 13-26 所示，在转换期中需要一个触发器，负责将数据从一个列复制到另一个列。当数据发生变化时，必须调用该触发器。

（3）对其他一些列进行改名：如果 FName 在其他表中被用作外键（或外键的一部分），那么需要递归地进行"列改名"，确保命名的一致性。例如，如果 Customer.CustomerNumber 被改名为 Customer.CustomerID，可能需要修改其他表中所有 CustomerNumber 的名字。因此，Account.CustomerNumber 也会被改名为 Account.CustomerID，以保持列名的一致性。

图 13-22 所示的代码展示了一些 DDL，将 Customer.FName 改名为 Customer.FormerName，创建了名为 SynchronizeFormerName 的触发器，负责在转换期中对数据进行同步，并在转换期结束后删除原来的列和触发器。

3）数据迁移的方法

将全部数据从原来的列复制到新的列中，在这个例子里是从 FName 复制到 FormerName 中，方法与"移动列"重构相同。

4）访问程序更新的方法

访问 Customer.FName 的外部程序必须进行修改，改为访问新名称的列，我们只需要修改嵌入的 SQL 和映射元数据即可。图 13-23 所示的 hibernate 映射文件展示了 FName 列改名时映射文件应该如何变化。

```
COMMENT ON Customer.FormerName "重命名 Customer 表
    的 Fname 列，执行日期为 2014-06-21";
ALTER TABLE Customer ADD FormerName VARCHAR(8);

COMMENT ON Customer.FName"重命名为FirstName，
    删除日期为 2014-06-21";
UPDATE Customer SET FormerName = FName;
CREATE OR REPLACE TRIGGER SynchronizeFormerName
    BEFORE INSERT OR UPDATE
    ON Customer
    REFERENCING OLD AS OLD NEW AS NEW
    DECLARE
    FOR EACH ROW
    BEGIN
        IF INSERTING THEN
            IF :NEW.FormerName IS NULL THEN
                :NEW.FormerName:= :NEW.FName;
            END IF;
            IF :NEW.FName IS NULL THEN
                :NEW.FName:= :NEW.FormerName;
            END IF;
        END IF;
        IF UPDATING THEN
            IF NOT(:NEW.FormerName= :OLD.FormerName) THEN
                :NEW.FName:= :NEW.FormerName;
            END IF;
            IF NOT (: NEW.FName= :OLD.FName) THEN
                : NEW.FormerName := :NEW.FName;
            END IF;
        END IF;
    END IF;
/
- 在2014 年6月21日
DROP TRIGGER SynchronizeFormerName;
ALTER TABLE Customer DROP COLUMN FName;
```

图 13-22   为 Customer 表的 FName 列改名 DDL 示例代码

```
//重构前的映射
<hibernate-mapping>
<class name="Customer"table="Customer">
    <id name="id"column="CUSTOMERID">
        <generator class="CustomerIDGenerator"/>
    </id>
    <property name="FName">
</class>
</hibernate-mapping>

//转换期中的映射
<hibernate-mapping>
<class name="Customer" table="Customer">
    <id name="id"column="CUSTOMERID">
        <generator class="CustomerIDGenerator"/>
    </id>
    <property name="FName"/>
    <property name="FormerName"/>
</class>
</hibernate-mapping>

//重构后的映射
<hibernate-mapping>
<class name="Customer"table="Customer">
    <id name="id"column="CUSTOMERID">
        <generator class="CustomerIDGenerator"/>
    </id>
    <property name="FormerName"/>
</class>
</hibernate-mapping>
```

图 13-23   hibernate 映射文件示例代码

8．结构重构必须关注的几个问题

（1）避免触发器循环：在实现触发器时要确保不发生循环。如果一个原来列中的值发生了改变，Table.NewColumn l..N 应该更新，但这个更新不应该再次触发对原来列的更新。

（2）修复被破坏的视图：视图与数据库的其他部分耦合在一起，所以当我们进行结构重构时，有时会不可避免地破坏一个视图，如果出现这种情况，那么就要修复被破坏的视图。

（3）修复被破坏的触发器：触发器与表定义耦合在一起，因此像列改名或移动列这样的结构性变更可能会破坏触发器。例如，一个插入触发器可能会检查存储在特定列中的数据的有效性，如果这个列被改动了，该触发器就可能被破坏，如果出现这种情况，那么就要修复被破坏的触发器。

（4）发现被破坏的存储过程：存储过程会调用其他存储过程并访问表、视图和列，因此任何结构重构都有可能破坏原有的存储过程。以下的代码可以在虚谷中发现被破坏的存储过程，我们应该将它加入到测试套件中。当然，我们可能还需要其他测试来发现业务逻辑缺陷。

```
SELECT Object_Name, Status
    FROM User_Objects
    WHERE Object_Type = 'PROCEDURE' AND Status = 'INVALID'
```

（5）发现被破坏的表：表与其他表中的列是通过命名习惯间接耦合在一起的。例如，如果我们对 Customer 表的 CustomerNumber 列进行了改名，那么应该同时对 Account 表的 CustomerNumber 列和 Policy 表的 CustomerNumber 列改名。以下的代码可以在 Oracle 中找出所有列名包含"CUSTOMERNUMBER"的表：

```
SELECT Table_Name, Column_Name
    FROM User_Tab_Columns
    WHERE Column_Name LIKE '%CUSTOMERNUMBER%';
```

（6）确定转换期：结构重构务必要设置一个转换期，在此期间我们在多应用的环境中实现这些重构。对于被重构的原来的方案以及列和触发器必须指定相同的废弃日期，废弃日期必须考虑到更新外部程序所需的时间，这些外部程序会访问数据库被重构的部分。

13.5.2　参照完整性重构

参照完整性重构是一种变更，它确保参照的行在另一个表中存在，并确保不再需要的行被相应地删除。参照完整性重构包括增加外键约束、为计算列增加触发器、删除外键约束、引入层叠删除、引入硬删除、引入软删除等。

1．增加外键约束

为一个已有的表增加一个外键约束，强制实现到另一个表的关系。

1）"增加外键约束"重构的原因

　　引发"增加外键约束"重构的主要原因是在数据库层面上强制数据依赖关系，确保数据库实现某种参照完整性业务规则，防止持久无效的数据。如果多个应用访问同一个数据库，这一点就特别重要，因为我们不能指望这些应用能强制实现一致的数据完整性规则。例如在图 13-24 中，如果 AccountStatus 中没有对应的行，那么就不能在 Account 中增加一行数据。许多数据库允许在事务提交时强制实现数据库约束，这使得我们能够以任意顺序插入/更新或删除行，只要在事务提交时保持数据的完整性就可以了。

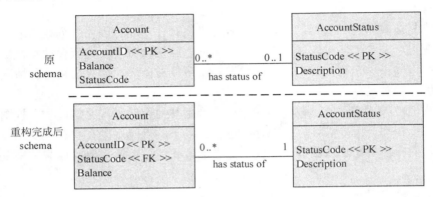

图 13-24　将 Balance 列从 Customer 表移动到 Account 表中

2）模式更新的方法

　　（1）选择一种约束检查策略：目前主流的数据库产品均支持一至两种方式来强制实现外键约束。第一，按照立即检查的方式，在数据插入/更新或删除时会检查外键约束。这种立即检查的方式会更快地侦测到失败，并迫使应用考虑数据库变更（插入、更新和删除）的顺序。第二，按照延迟检查的方式，在应用提交事务时会检查外键约束。这种方式提供了一定的灵活性，应用不必担心数据库变更的顺序，因为约束会在事务提交时检查。这种方法使应用能够缓存所有的脏对象，并以批处理的方式将它们写入数据库，只要确保在事务提交时数据库处于干净的状态就可以了。不论哪种方式，当第一次（可能有多次）外键约束失败时数据库都会返回异常。

　　（2）创建外键约束：除了通过 ALTER TABLE 命令的 ADD CONSTRAINT 子句在数据库中创建外，为了让数据库能清晰有效地报告错误，应该根据企业的数据库命名惯例为数据库约束命名。如果所使用的是提交时检查约束，可能会引起性能降低，因为数据库会在事务提交时检查数据的完整性，这对于数百万行的表来说是一个大问题。

　　（3）为外表（foreign table）的主键引入索引（可选）：数据库在参照的表上使用 SELECT 语句检查子表中输入的数据是否有效。如果 AccountStatus.StatusCode 列上没有索引，那么可能会遇到严重的性能问题，需要考虑进行"引入索引"重构。如果创建了索引，就会改善约束检查的性能，但是会降低 AccountStatus 表的更新、插入和删除的性能，因为数据库现在必须维护新增的索引。

　　下面的代码展示了在表中增加外键约束的步骤。在这个例子中，我们将约束创建为在数据变动时立即进行外键约束检查。

```
ALTER TABLE Account
    ADD CONSTRAINT FK_Account_AccountStatus
    FOREIGN KEY (StatusCode)
    REFERENCES AccountStatus;
```

如果希望将约束创建为在事务提交时进行外键约束检查，其示例代码如下：

```
ALTER TABLE Account
    ADD CONSTRAINT FK_Account_AccountStatus
    FOREIGN KEY (StatusCode)
    INITIALLY DEFERRED;
```

3）数据迁移的方法

（1）确保参照的数据存在。

（2）确保外表包含所有要求的行。

（3）确保源表的外键列包含有效的值。

（4）为外键列引入默认值。

对于图 13-24 所示的例子，我们必须确保在加入外键约束之前数据是干净的，如果不是，那么就必须更新数据。假定我们在 Account 表中有一些行没有设置，或者不是 AccountStatus 表中有的值。在这种情况下，我们必须更新 Account.Status 列，使它包含 AccountStaus 表中存在的值。

```
UPDATE Account SET Status = 'DORMANT'
    WHERE Status NOT IN (SELECT StatusCode
                FROM AccountStatus) AND Status IS NOT NULL;
```

在另一些情况下，我们可能让 Account.Status 包含空值。如果是这样，那么需要更新 Account.Status 列，使它包含一个已知的值，如下所示：

```
UPDATE Account SET Status = 'NEW'
    WHERE Status IS NULL;
```

4）访问程序更新的方法

（1）类似的 RI 代码：某些应用程序会实现 RI 业务规则，这些规则现在由数据库中的外键约束来处理。这样的应用代码应该删除。

（2）不同的 RI 代码：某些应用程序会包含一些代码，强制实现了不一样的 RI 业务规则，这是这次重构中没有列入计划需要实现的。这意味着在实现中要么需要重新考虑是否应该加入这个外键约束，因为在这条业务规则上企业的机构中没有一致意见，要么需要修改这些代码，使其基于新版本（从它的角度来看）的业务规则工作。

（3）不存在的 RI 代码：某些外部程序甚至没有注意到这些数据表中包含的 RI 业务规则。

图 13-25 所示的代码展示了应用代码应该如何修改以处理数据库抛出的异常。

```
//重构前的代码
stmt = conn.prepare ("INSERT INTO Account (" +
    " AccountID, StatusCode, Balance) VALUES (?, ?, ?)");
stmt.setLong (1, accountID);
stmt.setString (2, statusCode);
stmt.setBigDecimal (3, balance);
stmt.executeUpdate ();

//重构后的代码
stmt = conn.prepare ("INSERT INTO Account ("
    " AccountID, StatusCode, Balance) VALUES (?, ?, ?)");
stmt.setLong (1, accountID);
stmt.setString (2, statusCode);
stmt.setBigDecimal (3, balance);
try {
    stmt.executeUpdate ();
}
catch (SQLException exception) {
    int errorCode = exception.getErrorCode();
    if (errorCode = 2291) {
        handleParentRecordNotFoundError ();
    }
    if (errorCode = 2292) {
        handleParentDeletedWithChildFoundError ();
    }
}
```

图 13-25 "增加外键约束"重构访问程序修改示例代码

2．为计算列增加触发器

为计算列增加触发器指引入一个新的触发器来更新计算列中包含的值，计算列可能是以前通过"引入计算列"重构引入的。

1）"为计算列增加触发器"重构的原因

进行"为计算列增加触发器"重构的主要原因通常是确保在源数据改变时计算列中包含的值能正确更新。一般来说，这项工作应该由数据库完成，而不是由应用程序完成。

2）模式更新的方法

由于计算列的数据依赖关系，进行"为计算列增加触发器"重构可能会比较复杂。在图 13-26 中，TotalPortfolioValue 列是经过计算得到的。注意，这里的名称前面有一个斜杠，这是 UML 惯例。如果 TotalPortfolioValue 和源数据在同一个表中，那么有可能不能使用触发器更新数据值。

因此，进行方案更新应该进行如下步骤：

（1）确定是否可以用触发器来更新计算列。

（2）确定源数据。

（3）确定包含该列的表。

（4）加入该列。

（5）加入触发器。

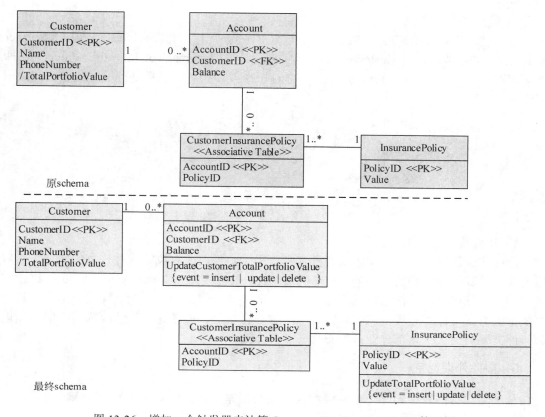

图 13-26　增加一个触发器来计算 Customer.TotalPortfolioValue 的示例

图 13-27 所示的代码展示了如何加入这两个触发器。

```
一用触发器更新TotalPortfolioValue
CREATE OR REPLACE TRIGGER UpdateCustomerTotalPortfolioValue
    AFTER UPDATE OR INSERT OR DELETE
    ON Account
    REFERENCING OLD AS OLD NEW AS NEW
    FOR EACH ROW
    DECLARE
      BEGIN
          UpdateCustomerWithPortfolisValue ;
      END ;
    END ;
/

CREATE OR REPLACE TRIGGER UpdateCustomerTotalPortfolioValue
    AFTER UPDATE OR INSERT OR DELETE
    ON InsurancePolicy
    REFERENCING OLD AS OLD NEW AS NEW
    FOR EACH ROW
    DECLARE
      BEGIN
          UpdateCustomerWithPortfolisValue ;
      END ;
    END ;
/
```

图 13-27　增加触发器的脚本示例代码

3）数据迁移的方法

这类重构没有数据需要迁移。不过，在我们的例子中，我们必须计算出 Account.Balance 和 Policy.Value 的和，对 Customer 表中所有的行更新 Customer.Total PortfolioValue 列，即必须根据计算来填充相应的列，这通常是通过一个或多个脚本以批处理的方式完成的。示例代码如下：

```
UPDATE Customer SET TotalPortfolioValue =
    (SELECT SUM(Account.Balance)+SUM(Policy.Balance)
    FROM Account,CustomerInsurancePolicy,InsurancePolicy
    WHERE Account.AceountID = CustomerInsurancePolicy.AccountID
      AND CustomerInsurancePolicy.PolicyID = Policy.PolicyID
      AND Account.CustomerID = Customer.CustomerID);
```

4）访问程序更新的方法

最终完成这种类型的重构需要在外部程序中确定目前所有执行这种计算的地方，然后修改代码使其访问重构的计算列。在本例中，这一计算列就是 TotalPortfolioValue，这通常包括删除计算代码并用读取数据库操作来替代原来的代码。当然，在不同的应用中，其计算执行的方式可能不一样，或者是因为应用中存在缺陷，或者是因为情况确实不同，无论如何都需要协商关于这部分业务的正确的计算方法。

3．删除外键约束

从一个已有的表中删除一个外键约束，使数据库不再强制实现对另一个表的关系。

1）"删除外键约束"重构的原因

进行"删除外键约束"重构的主要原因是不再在数据库的层面上强制实现数据依赖关系，而是由外部程序来强制实现数据完整性。如果由数据库来强制实现 RI 对性能上的影响已经不能承担，或者 RI 规则在不同的应用中有变化，这一点尤为重要。

2）模式更新的方法

为了删除外键约束，我们要么执行 ALTER TABLE DROP CONSTRAINT 命令，要么执行 ALTER TABLE DISABLE CONSTRAINT 命令。后一种方法的好处是它确保了表的关系仍然记录在案，不过它不再强制实现约束。在图 13-28 所示的例子中，Account.StatusCode 与 AccoutStatus.StatusCode 之间存在外键约束。第一种方法删除了约束，后一种方法禁用了约束，从而记录下了对这个约束的曾经需要。从我的实践来看，建议使用第二种方法。

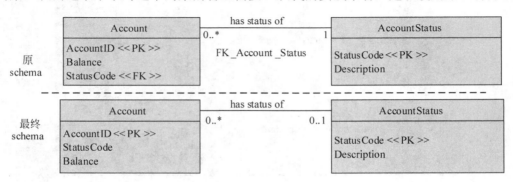

图 13-28　从 Account 表中删除外键约束示例

下面的代码展示了这两种方法：

```
ALTER TABLE Account DROP CONSTRAINT FK_Account_Status;
ALTER TABLE Account DISABLE CONSTRAINT FK_Account.Status;
```

3）数据迁移的方法

这类重构不需要进行数据迁移。

4）访问程序更新的方法

外部程序会修改定义外键约束的数据列，因此，我们必须确定并更新所有这些外部程序。在更新外部程序中需要注意两个问题：第一，每个外部程序都需要更新，以确保相应的 RI 规则仍然强制实现，这些规则可能不一样，但一般来说，我们需要在每个应用中加入一些代码，确保当 Account 表参照 AccountStatus 表时 AccountStatus 表中存在相应的行；第二，涉及异常处理，因为数据库不再抛出与这个外键约束有关的 RI 异常，所以我们需要相应地修改所有的外部程序。

4．引入层叠删除

当"父记录"被删除时，数据库会自动地删除相应的"子记录"。

请注意，另一种删除子记录的方法就是在子记录中除去对父记录的引用。这种方法只有当子表中的外键列允许为空时才能用，但是这种方法会造成许多"孤儿"行。

1）"引入层叠删除"重构的原因

进行"引入层叠删除"重构主要是为了保持数据的参照完整性，在父记录被删除时确保与它相关的子记录也被删除。

2）模式更新的方法

（1）确定要删除什么：确定当父记录删除时应该删除的子记录。例如，在网店管理项目中，如果我们删除了一条订单记录，就应该删除与该订单相关联的所有订单项记录。这种活动是递归式的，子记录还有它自己的子记录，也需要删除，这促使我们对它们也进行"引入层叠删除"重构。

（2）选择层叠机制：可以通过触发器或参照完整性约束的 DELETE CASCADE 选项来实现层叠删除。需要注意的是，不是所有数据库产品都支持这一选项。

（3）实现层叠删除：根据上一步选择的层叠机制进行实施，如果选择第一种方式，那么编写一个触发器，在删除父记录时删除所有的子记录。如果我们希望精确地控制父记录删除时将删除哪些子记录，那么采用这种方式最合适。这种方式的不利之处在于，我们必须编写代码来实现这项功能。如果我们没有完全考虑清楚同时执行的多个触发器之间的相互关系，也可能引起死锁。如果选择第二种方法，那么在定义 RI 约束时打开 DELETE CASCADE 选项，通过 ALTER TABLE MODIFY CONSTRAINT 这条 SQL 命令即可完成。但是，选择这种方式必须在数据库上定义参照完整性约束，如果我们还没有定义参照完整性约束，这将是一项很大的任务（因为需要对数据库中大量的关系进行"增加外键约束"重构）。这种方式的主要好处是不需要编写代码，因为数据库会自动地删除子记录。这种方式的挑战在于调试可能会很困难。

图 13-29 所示的是如何利用触发器的方式对 Policy 表进行"引入层叠删除"重构。图

13-30 所示的代码展示了 DeletePolicy 触发器，它删除了 PolicyNotes 和 Claim 表中所有与 Policy 表中被删除的记录有关系的记录。

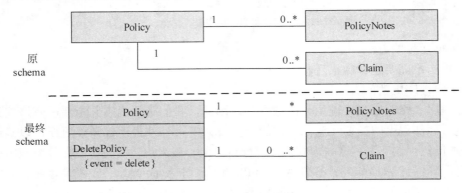

图 13-29　在 Policy 表上引入层叠删除示例

```
一创建触发器，删除PolicyNotes 和 Claim
CREATE OR REPLACE TRIGGER DeletePolicy
    AFTER DELETE ON Account
    FOR EACH ROW
    DECLARE
      BEGIN
        DeletePolicyNotes ( );
        DeletePolicyClaim ( );
      END ;
    END ;
/
```

图 13-30　DeletePolicy 触发器的脚本示例代码

通过带 DELETE CASCADE 选项的 RI 约束来实现"引入层叠删除"重构的示例代码如图 13-31 所示。

```
ALTER TABLE POLICYNOTES ADD
CONSTRAINT FK_DELETEPOLYCYNOTES
FOREIGN KEY (POLICYID)
REFERENCES POLICY (POLICYID) ON DELETE CASCADE
ENABLE;

ALTER TABLE CLAIMS ADD
CONSTRAINT FK_DELETEPOLYCYCLAIM
FOREIGN KEY (POLICYID)
REFERENCES POLICY (POLICYID) ON DELETE CASCADE
ENABLE;
```

图 13-31　通过带 CASCADE 选项的 RI 约束实现"引入层叠删除"重构

3）数据迁移的方法

这类重构不需要进行数据迁移。

4）访问程序更新的方法

在进行这类重构时，必须删除目前应用代码中实现子记录删除功能的部分。也许有些应用实现了这种删除，而另一些应用却没有。在数据库中实现层叠删除需要非常小心，不应该假定所有的应用都实现了相同的 RI 规则，不论对我们来说这些 RI 规则有多么明显。

如果层叠式删除不能进行，那么也要处理数据库返回的新的错误。图 13-32 所示的代码展示了在"引入层叠删除"重构进行之前和之后相应的应用代码的变化情况。

```
//重构前的示例代码
private void deletePolicy ( Policy policyToDelete ) {
    Iterator policyNotes =
        policyToDelete . getPolicyNotes ( ). iterator ( );
    for (Iterator iterator = policyNotes ; iterator . hasNext ( ); ) {
        PolicyNote policyNote = (PolicyNote ) iterator . next ( );
        DB . remove (policyNote );
    }
    DB . remove ( policyToDelete );
}

//重构后的示例代码
private void deletePolicy ( Policy policyToDelete ) {
    DB . remove ( policyToDelete );
}
```

图 13-32　在"引入层叠删除"重构中访问应用变化的对照

5．引入软删除

在一个已有的表中引入一个标记列，表明该行已删除，这被称为软删除/逻辑删除。这种删除不是物理地删除该行（俗称硬删除），这类重构与"引入硬删除"相对。

1）"引入软删除"重构的原因

进行"引入软删除"的主要原因是为了保留所有的应用数据，通常是为了保留历史数据。

2）模式更新的方法

在图 13-33 所示的"引入软删除"重构中，我们需要完成以下工作：

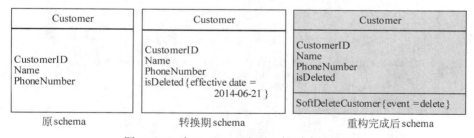

图 13-33　为 Customer 表引入软删除示例图

（1）引入标识列：必须为 Customer 表引入一个新的列（参见"引入新列"转换），用于标识该行是否已被删除。该列通常是一个布尔字段，用 TRUE 和 FALSE 来表明记录是否已被删除。该列也可以是一个日期/时间戳类型的字段，表明记录何时被删除。在我们的例子中引入了一个布尔型字段 isDeleted，该列不允许为空（参见"使列不可空"重构）。

（2）确定如何更新这个标记列：Customer.isDeleted 列既可以由应用程序进行更新，也可以在数据库中通过触发器进行更新。从实践经验看，我们倾向于使用触发器的方式，因为它很简单，并能避免应用不更新该列的风险。

（3）编写删除代码：删除记录时更新这个删除标识列的代码需要编写并测试。如果采用布尔类型的列，将它的值设为 TRUE；如果采用日期/时间戳类型的列，将它的值设为当前的日期和时间。

（4）编写插入代码：在插入时必须正确地设置删除标识列，将布尔列设置为 FALSE，日期/时间戳列设置为一个预先确定的日期（例如，2030 年 12 月 31 日），这可以通过"引入默认值"重构或通过一个触发器很容易地实现。

下面的代码展示了怎样增加 Customer.isDeleted 列，并为其设置一个默认值。

```
ALTER TABLE Customer ADD isDeleted BOOLEAN;
ALTER TABLE Customer MODIFY isDeleted DEFAULT FALSE;
```

图 13-34 所示的代码展示了如何创建一个触发器，该触发器截取 SQL 命令 DELETE，并将 Gustomer.isDeleted 标记置为 TRUE。这段代码在删除之前先复制数据，更新删除标识列，然后在原来的记录删除后将这条记录插回去。

```
-创建一个数组来保存被删除的顾客记录
CREATE OR REPLACE PACKAGE SoftDeleteCustomerPKG
AS
  TYPE ARRAY IS TABLE OF Customer %ROWTYPE INDEX
  BY BINARY_INTEGER;
  oldvals ARRAY;
  empty ARRAY;
END;
/

-初始化该数组
CREATE OR REPLACE TRIGGER SoftDeleteCustomerBefore
BEFORE DELETE ON Customer
BEGIN
  SoftDeleteCustomerPKG .oldvals := SoftDeleteCustomerPKG .empty;
END;
/

-捕捉被删除的行
CREATE OR REPLACE TRIGGER SoftDeleteCustarnerStore
BEFORE DELETE ON Customer
FOR EACH ROW
DECLARE
i NUMBER DEFAULT
    SoftDeleteCustomerPKG .oldvals .COUNT + 1;
BEGIN
  SoftDeleteCustomerPKG .oldvals(i). CustomerID := :old.CustomerID;
  deleteCustomer .oldvals(i). Name = old.Name;
  deleteCustomer .oldvals(i). PhoneNumber = old .PhoneNumber;
END;
/

-将 isDeleted 标记设为 TRUE，插回顾客表
CREATE OR REPLACE TRIGGER SoftDeleteCustomerAdd
AFTER DELETE ON Customer
DECLARE
BEGIN
  FOR i IN 1..SoftDeleteCustomerPKG .oldvals .COUNT LOOP
    insert into Customer (
      CustomerID , Name , PhoneNumber , isDeleted )
      values (deleteCustomer .oldvals(i). CustomerID ,
          deleteCustorner .oldvals(i). Name ,
          deleteCustomer .oldvals(i). PhoneNumber ,
          TRUE );
  END LOOP;
END;
/
```

图 13-34　创建截取 SQL 命令 DELETE 触发器的脚本示例代码

3）数据迁移的方法

这类重构不需要进行数据迁移，但需要设置一些行值。在上面的例子中，所有行中 Customer.isDeleted 的值必须正确设置。不过，这通常是由一个或多个脚本以批处理的方式完成的。

4）访问程序更新的方法

进行"引入软删除"重构必须修改访问数据的外部程序。第一，必须修改读取查询，确保从数据库中读出的数据不是被标识为已删除的。应用程序必须为所有 SELECT 查询加上 WHERE 子句（如 WHERE isDeleted=FAISE）。除了修改所有的读查询之外，还可以使用"用视图封装表"重构，视图返回的是 Customer 表中 isDeleted 列为 FALSE 的记录。另一种方法是进行"增加读取方法"重构，这样相应的 WHERE 子句只需在一个地方实现。

第二，必须修改删除方法。所有的外部程序都必须将物理删除改为更新 Customer.isDeleted 列。例如，DELETE FROM Customer WHERE PKColumn=nnn 将修改为 UPDATE Customer SET isDeleted=TRUE WHERE PKColumn=nnn。另外，像前面所说的那样，我们可以引入一个删除触发器来防止物理删除并将 Customer.isDeleted 设置为 TRUE。

下面的代码展示了如何为 Customer.isDeleted 列设置初始值：

```
UPDATE Customer SET isDeleted = FALSE
    WHERE isDeleted IS NULL;
```

图 13-35 所示的代码展示了"引入软件删除"重构进行之前和之后 Customer 对象的读取方法所发生的变化。

```
//重构前的示例代码
stmt .prepare ("SELECT CustomerID , Name , PhoneNumber " +
            " FROM Customer WHERE CustomerID = ? ");
stmt .setLong (1, customer . getCustomerID );
stmt .execute ( );
ResultSet rs = stmt .executeQuery ( );

//重构后的示例代码
stmt .prepare ("SELECT CustomerID , Name , PhoneNumber " +
            " FROM Customer " +
            " WHERE CustomerID = ? AND isDeleted = ? ");
stmt .setLong (1, customer .getCustomerID );
stmt .setBoolean (2, false );
stmt .execute ( );
ResultSet rs = stmt .executeQuery ( );
```

图 13-35　"引入软件删除"重构前后的读取方法对比

图 13-36 所示的代码展示了"引入软件删除"重构进行之前和之后删除方法所发生的变化。

6. 引入硬删除

硬删除就是物理地删除被软删除或逻辑删除标识为已删除的记录，这种重构与"引入软删除"相对应。

```
//重构前的示例代码
stmt . prepare ("DELETE FROM Customer " +
        " WHERE CustomerID = ? ");
stmt . setLong (1, customer . getCustomerID );
stmt . executeQuery ( );
//重构后的示例代码
stmt . prepare ("UPDATE Customer SET isDeleted = ? " +
        " WHERE CustomerID = ?");
stmt . setLong (1, true );
stmt . setBoolean (2, customer . getCustomerID);
stmt . execute ( );
ResultSet rs = stmt . executeQuery ( );
```

图 13-36 "引入软件删除"重构前后的删除方法对比

1）"引入硬删除"重构的原因

进行"引入硬删除"的主要原因是不再需要检查记录是否标识为已删除，删除了已经标识的行，就有效地减小了表的体积，相应地提升了对该表查询的速度。

2）模式更新的方法

为了进行"引入硬删除"重构，我们首先需要删除标识列。我们必须移除标识删除的列（参见"删除列"重构），在图 13-37 所示的例子中，要删除的列就是 Customer.isDeleted。其次，需要删除更新 Customer.isDeleted 列的代码，通常是一些触发器代码，但在一些应用中也包括这类代码，这些代码可能为布尔类型的标识列设置初值 FALSE，或者在使用日期/时间戳时设置预先确定的值。在大多数情况下，我们只需删除这个触发器。下面的代码展示了删除 Customer.isDeleted 列的方法：

```
ALTER TABLE Customer DROP COLUMN isDeleted;
```

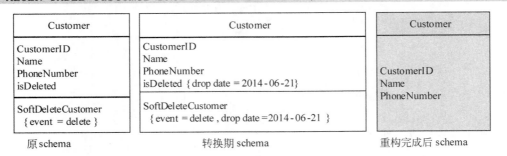

图 13-37 为 Customer 表引入硬删除示例图

3）数据迁移的方法

在图 13-37 所示的例子中，必须删除 Customer 表中 isDeteted 列为 TRUE 的所有数据行，因为这些行已经被逻辑删除了。在删除这些行之前，我们需要更新或者删除一些数据，这些数据引用了那些已经逻辑删除的数据，这一般是通过一个或多个脚本以批处理的方式来完成的。需要注意的是，在删除之前，我们应该将这些已标识为删除的记录归档，这样在需要的时候还能够撤销这次重构。下面的代码展示了如何从 Customer 表中删除那些 Customer.isDeleted 标记（flag）被设置为 TRUE 的记录：

```
-删除被标识为删除的顾客记录
DELETE FROM Customer WHERE isDeleted = TRUE;
```

4）访问程序更新的方法

进行"引入硬删除"重构必须从两个方面修改访问这些数据的外部程序：第一，SELECT
语句必须不再访问 Customer.isDeleted 列；第二，所有的逻辑删除代码都必须更新。示例代
码如图 13-38 所示。

```
//重构前的示例代码
public void customerDelete (Long customerIdToDelete )
       throws Exception {
   PreparedStatement stmt = null ;
   try {
       stmt = DB.prepare ("UPDATE Customer " +
           "SET isDelete = ? WHERE CustomerID = ? ");
       stmt.setLong (1, Boolean.TRUE );
       stmt.setLong (2, customerIdToDelete);
       stmt.execute ( );
   }
   catch (SQLException SQLexc ) {
       DB.HandleDBException (SQLexc );
   }
   finally { DB.cleanup (stmt );}
}

//重构后的示例代码
public void customerDelete (Long customerIdToDelete )
       throws Exception {
   PreparedStatement stmt = null ;
   try {
       stmt = DB.prepare ("DELETE FROM Customer " +
           " WHERE CustomerID = ? ";
       stmt.setLong (1, customerIdToDelete);
       stmt.execute ( );
   }
   catch (SQLException SQLexc ) {
       DB.HandleDBException (SQLexc );
   }
   finally { DB.cleanup (stmt );}
}
```

图 13-38　"引入硬删除"重构修改访问程序示例代码片段

13.5.3　数据质量重构

数据质量重构是通过变更一些数据库的方案来改进数据库中包含的信息的质量。数据
质量重构改进并确保了数据库中数据的一致性和用途，这些数据质量重构包括增加查找表、
采用标准代码、采用标准类型、引入通用格式、统一主键策略、删除默认值、引入默认值、
使列不可空等。

1. 增加查找表

为一个已有的列创建一个查找表。

1）"增加查找表"重构的原因

进行"增加查找表"重构主要有以下原因。

（1）引入参照完整性：例如，在已有的 Address.StateID 列上引入参照完整性约束，确保其数据质量。

（2）提供代码查找：在数据库中提供一个预定的代码列表，而不是在每个应用中使用一个枚举变量。这种查找表常常是缓存在内存中的。

（3）取代一个列约束：在最初设计或上一次重构时我们对一个列加上了一个列约束，但是随着应用的演变，可能需要引入更多的代码值。现在可以确认，如果在一个查找表中保存这些值，将比更新列约束更加容易。

（4）提供详细的描述：除了定义允许的代码之外，可能需要保存这些代码的描述信息。例如在 State 表中，需要将代码 CD 与 Chengdu（成都）联系起来（如图 13-39 所示）。

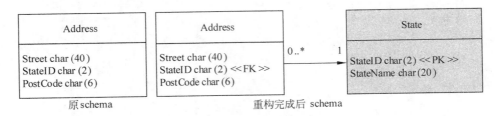

图 13-39 加入一个 State 查找表示例图

2）模式更新的方法

对于图 13-39 所示的重构，更新数据库的方案必须执行以下步骤。

（1）确定表结构：必须确定查找表（State）中的列。

（2）引入该表：通过 CREATE TABLE 命令在数据库中创建 State 表。

（3）确定查找数据：必须确定需要将哪些行插入 State 表中，考虑采用"插入数据"重构。

（4）引入参照完整性约束：为了确保源表中的代码列到 State 表的参照完整性约束，必须进行"加入外键"重构。

图 13-40 所示的代码展示了引入 State 表以及在 State 表和 Address 表之间加入外键约束的 DDL。

```
-创建查找表
CREATE TABLE State (
    State ID CHAR (2) NOT NULL ,
    StateName CHAR (20) ,
    CONSTRAINT PK State PRIMARY KEY (State ID )
);

-引入指向查找表外键
ALTER TABLE Address ADD CONSTRAINT FK_Address _State
    FOREIGN KEY (State ID) REFERENCES State ;
```

图 13-40 加入外键约束的 DDL 的示例代码

3）数据迁移的方法

对于图 13-39 所示的例子，必须确保 Address.StateID 中的数据值在 State 表中都有对应的值。填充 State.StateID 最容易的办法就是复制 Address.StateID 中唯一的值。采用这种自动化的方式需要记得检查得到的数据行，确保没有引入无效的数据值。如果发现有无效的值，就需要对 Address 表和 State 表进行相应的更新。如果有记录描述信息的列，如 State.StateName，必须提供相应的值，这常常是通过数据管理工具或脚本以手工的方式完成的。另一种策略是从一个外部文件中载入 State 表中的数据。

图 13-41 所示的代码展示了用来自 Address.StateID 列中的唯一数据填充 State 表的 DDL。在这个例子里是使用代码 CD，而不是使用 Cd、cd 或 Chengdu。最后一步是提供对应每个地（州）代码的（地）州名称（在例子中，我们仅填充了 3 个地（州）的名称）。

```
-在查找表中填充数据
INSERT INTO State ( State )
    SELECT DISTINCT UPPER ( State ) FROM Address ;

-将Address.StateCode 更新为有效的值并清理数据
UPDATE Address SET State = 'CD'
        WHERE UPPER ( State ) = 'CD' ;

-现在提供地(州)名称
UPDATE State SET State Name = 'chengdu '
        WHERE State = 'CD';
UPDAT E State SET State Name = 'mianyang'
        WHERE State = 'MY';
UPDATE State SET State Name = 'xichang'
        WHERE State = 'XC';
```

图 13-41　加入外键约束的数据迁移示例代码

4）访问程序更新的方法

如果我们加入了 State 表，那么必须确保外部程序使用来自查找表中的数据值。下面的代码展示了外部程序如何从 State 表中取得地（州）的名称，以前可能是通过内部硬编码的集合来取得州名的。

```
//重构之后的代码
ResultSet rs = statement.executeQuery(
    "SELECT State, StateName FROM State");
```

有些程序可能选择缓存这些数据值，而另一些程序会在需要时访问 State 表，缓存可以工作得很好，因为 State 表中的数据很少改动。如果在查找表上引入了外键约束，那么外部程序还需要处理数据库抛出的异常，详细信息请读者参考"加入外键"重构。

2. 采用标准代码

对一个列采用一组标准的代码值，以确保它符合数据库中其他类似列里存放的值。

1）"采用标准代码"重构的原因

进行"采用标准代码"重构主要有以下原因。

（1）整理数据：如果在数据库中不同的代码有相同的语义，那么最好将它们标准化，这样我们就能够在所有数据属性上采用标准的逻辑。例如在图 13-42 中，Country.CountryID 中的值是 USA，而 Address.CountryID 中的值是 US，这里就可能会遇到问题，因为不能准确地连接这两个表。在整个数据库中采用一致的值，任选其中一个都可以。

Address

Street	City	State	CountryID
西安路11号 23 Kun St. 117 Lane	乐山市 Hickton New York	SC CA NY	CHN USA US

Country

CountryID	Name
CHN USA	CHINA United States

原schema

Address

Street	City	State	CountryID
西安路 11号 23 Kun St. 117 Lane	乐山市 Hickton New York	SC CA NY	CHN US US

Country

CountryID	Name
CHN US	CHINA United States

重构完成后 schema

图 13-42 采用标准地（州）代码示例图

（2）支持参照完整性：如果我们需要对基于代码的列进行“加入外键约束”重构，需要先将这些代码值标准化。

（3）加入查找表：如果我们进行“加入查找表”重构，常常需要先将查找所基于的代码值标准化。

（4）符合国家标准或行业（企业）标准：许多机构有详细的数据标准和数据建模标准，希望开发团队能遵守。当进行“使用正式数据源”重构时，常常会发现当前的数据方案不符合机构的标准，因此需要重构，以反映正式数据源的值。

（5）减少代码的复杂性：如果对同样语义的数据有几种不同的值，那么就需要编写额外的代码来处理这些不同的值。例如，原来程序代码中的 CountryID="us" 或者 CountryID="USA"等需要简化为 CountryID="USA"。

2）模式更新的方法

（1）确定标准值：对代码的“官方”值达成一致意见。这些值是由国家编码中心或行业颁布的代码、原有的应用表提供，还是由业务用户提供？不管是哪种方式，这些值都需要被项目涉众所接受。

（2）确定存放代码的表：必须确定包含代码列的表。这可能需要进行扩展分析和多次迭代，然后才能发现所有有代码的表。需要注意的是，这种重构一次只应用于一个列，可能需要进行多次这种重构，以确保整个数据库的一致性。

（3）更新存储过程：如果将代码值标准化，那些访问受影响列的存储过程可能也需要更新。例如，如果 getUSCustomerAddress 有一个 WHERE 子句是 Address. CountryID="USA"，它就需要改成 Address.CountryID="US"。

3）数据迁移的方法

如果我们对特定的代码进行标准化，那么必须更新那些没有使用标准化代码的行，让它们使用标准的代码。如果要更新的行数比较少，使用简单的 SQL 脚本来更新目标表就足够了。如果必须更新大量的数据，或者在一个支持事务的表中的代码发生改变，请进行"更新数据"重构。

下面的代码展示了更新 Address 表和 Country 表使用标准代码值的 DML：

```
UPDATE Address SET CountryID='CA' WHERE CountryID='CAN'
UPDATE Address SET CountryID='US' WHERE CountryID='USA'
UPDATE Country SET CountryID='CA' WHERE CountryID='CAN'
UPDATE Country SET CountryID='US' WHERE CountryID='USA'
```

4）访问程序更新的方法

（1）硬编码的 WHERE 子句：可能需要更新 SQL 语句，在 WHERE 子句中使用正确的值。例如，如果 Country. CountryID 的值从"US"变为"USA"，需要改变 WHERE 子句使用这个新值。

（2）有效性检查代码：类似地，可能需要更新用于数据属性值的有效性检查的源代码。例如，像 CountryID="US"这样的代码必须修改，使用新的代码值。

（3）查找结构：代码的值可能作为常量、枚举值和集合定义在各种编程"查找结构"中，在应用的各处使用。这些查找结构的定义必须修改，使用新的代码值。

（4）测试代码：在测试逻辑和测试数据生成逻辑中常常对这些代码进行硬编码，需要修改这些逻辑，使用新的代码值。

图 13-43 所示的代码展示了读取 US 地址的方法，包括重构之前和重构之后的。

```
//重构前的示例代码
stmt = DB. prepare ("SELECT addressId, city, state , country ID " +
    "FROM address WHERE countryID = ?");
stmt.setString (1, "USA ");
stmt.execute ( );
ResultSet rs = stmt.executeQuery ( );

//重构后的示例代码
stmt = DB. prepare ("SELECT addressId, city, state , country ID " +
    "FROM address WHERE countryID = ?");
stmt.setString (1, "US ");
stmt.execute ( );
ResultSet rs = stmt.executeQuery ( );
```

图 13-43　"采用标准代码"重构前、后读取 US 地址的方法对比

3. 采用标准类型

确保列的数据类型与数据库中其他类似列的数据类型一致。

1）"采用标准类型"重构的原因

进行"采用标准类型"重构主要有以下原因。

（1）确保参照完整性：如果想对保存相同语义信息的所有表进行"加入外键"重构，那么就需要将这些列数据类型标准化。例如，图 13-51 展示了所有的电话号码列被重构为以整数类型存储。

（2）加入查找表：如果进行"加入查找表"重构，需要让两个代码列的类型一致。

（3）符合国家标准或行业（企业）标准：许多机构有详细的数据标准和数据建模标准，希望开发团队能够遵守。通常，在进行"使用正式数据源"重构时，常常会发现当前的数据方案不符合机构的标准，因此需要重构，以反映正式数据源的值。

（4）减少代码的复杂性：如果对同样语义的数据有几种不同的数据类型，那么就需要编写额外的代码来处理这些不同的类型。例如，对 Customer、Branch 和 Employee 中的电话号码有效性检查代码可以重构，使用同一个共享方法。

2）模式更新的方法

实施这类重构必须先确定标准的数据类型，需要对列的"官方"数据类型达成一致意见。这一数据类型必须能处理所有原有的数据，外部访问程序也必须能处理它（老一些的语言有时候不能处理新的数据类型）。然后必须确定哪些表包含了需要改变数据类型的列。这可能需要进行扩展分析和多次迭代，然后才能发现所有需要改变列类型的表。请注意，这种重构一次只应用于一个列，可能需要进行多次这种重构，以确保整个数据库的一致性。

图 13-44 所示的是改变 Branch.Phone、Branch.FaxNumber 和 Employee.PhoneNumber 列，以使用同样的整型数据类型，由于 Customer.PhoneNumber 列已经是整型的，所以不需要重构。

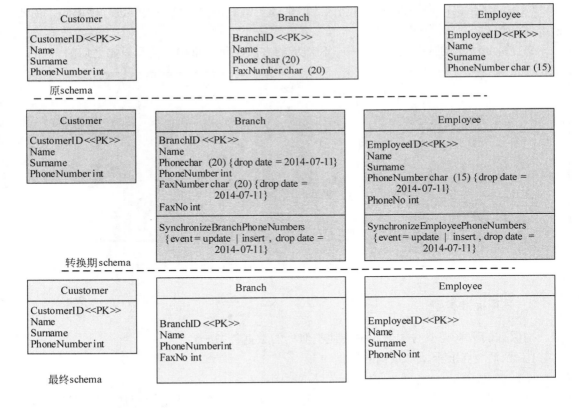

图 13-44　在 3 个表中采用标准数据类型示例

图 13-45 所示的代码描述了变更 Branch.Phone、Branch.FaxNumber 和 Employee.Phone 列所需的 3 次重构。当然，用户可以通过"引入新列"在表中加入一个新列进行重构。在

具体实施中，为了给所有的应用留出一些时间迁移到新的列上，在转换期间需要维护新、旧的列并同步它们的数据。

```
ALTER TABLE Branch ADD COLUMN PhoneNumber INT ;
COMMENT ON Branch . PhoneNumber " 替换 Phone , 废弃日期 = 2014 - 07 - 11 ";
ALTER TABLE Branch ADD COLUMN FaxNo INT ;
COMMENT ON Branch . FaxNo " 替换 FaxNumber , 废弃日期 = 2014 - 07 - 11 ";
ALTER TABLE Employee ADD PhoneNo INT ;
COMMENT ON Employee . PhoneNo " 替换 PhoneNumber , " +
    "废弃日期 = 2014 - 07 - 11 ";
```

图 13-45　变更 3 个表的重构引入新列示例脚本代码

图 13-46 所示的代码展示了如何同步 Branch.Phone、Branch.FaxNumber 和 Employee. Phone 列与原有的列所发生的变更。

```
CREATE OR REPLACE TRIGGER SynchronizeBranchPhoneNumbers
    BEFORE INSERT OR UPDATE
    ON Branch
    REFERENCING OLD AS OLD NEW AS NEW
    FOR EACH ROW
    DECLARE
    BEGIN
        IF : NEW . PhoneNumber IS NULL THEN
            : NEW . PhoneNumber := : NEW . Phone ;
        END IF ;
        IF : NEW . Phone IS NULL THEN
            : NEW . Phone := : NEW . PhoneNumber ;
        END IF ;
        IF : NEW . FaxNumber IS NULL THEN
            : NEW . FaxNumber := : NEW . FaxNo ;
        END IF ;
        IF : NEW . FaxNo IS NULL THEN
            : NEW . FaxNo := : NEW . FaxNumber ;
        END IF ;
    END ;
/

CREATE OR REPLAC TRIGGER Synchronize EmployeePhoneNumbers
    BEFORE INSE RT OR UPDATE
    ON Employee
    REFERENCING OLD AS OLD NEW AS NEW
    FOR EACH ROW
    DECLARE
    BEGIN
        IF : NEW . PhoneNumber IS NULL THEN
            : NEW . PhoneNumber := : NEW . Phone ;
        END IF ;
        IF : NEW . PhoneNo IS NULL THEN
            : NEW . PhoneNo := : NEW . PhoneNumber ;
        END IF ;
    END ;
/
```

图 13-46　变更 3 个表重构的数据同步示例代码

```
-- 第 1 次更新现有数据
```

```
UPDATE Branch SET PhoneNumber = formatPhone(Phone),
FaxNo = formatPhone(FaxNumber);
UPDATE Employee SET PhoneNo = formatPhone(PhoneNumber);

-- 2014 年 7 月 11 日删除旧的列
ALTER TABLE Branch DROP COLUMN Phone;
ALTER TABLE Branch DROP COLUMN FaxNumber;
ALTER TABLE Employee DROP COLUMN PhoneNumber;
DROP TRIGGER SynchronizeBranchPhoneNumbers;
DROP TRIGGER SynchronizeEmployeePhoneNumbers;
```

3）数据迁移的方法

如果数据库中的数据较少，要更新的行数比较少，那么使用简单的 SQL 脚本来更新目标表就足够了。如果数据库中的数据较多，必须更新大量的数据，或者需要转换复杂的数据，那么应该考虑进行"更新数据"重构。

4）访问程序更新的方法

在进行"采用标准类型"重构时，外部程序应该以下面的方式进行修改。

（1）改变应用变量的数据类型：需要修改程序代码，使它的数据类型与列的数据类型匹配。

（2）数据库交互代码：向这个列保存、删除和获取数据的代码必须修改，使用新的数据类型。例如，如果 Customer.Zip 从字符型改为数字型，那就必须将应用代码中的 CustomerGateway.getString("ZIP")改为 customerGateway.getLong("ZIP")。

（3）业务逻辑代码：类似地，需要更新应用代码，使用新的列。

图 13-47 所示的代码片断展示了当 PhoneNumber 的数据类型从 String 变为 Long 时，一个类重构之前和之后的状态，该类通过指定的 BranchID 找到 Branch 表中的一行。

```
//重构前的示例代码
stmt = DB.prepare ("SELECT BranchID , Name ," +
      "PhoneNumber , FaxNumber " +
      "FROM Branch WHERE BtanchID = ?");
stmt.setLong (1, findBranchID );
stmt.execute ();
ResultSet rs = stmt.executeQuery( );
if (rs.next ( )) {
  rs.getLong ("BranchID ");
  rs.getString ("Name ");
  rs.getString ("PhoneNumber");
  rs.getString ("FaxNumber");
}

//重构后的示例代码
stmt = DB.prepare ("SELECT BranchID, Name ," +
      "PhoneNumber , FaxNumber " +
      "FROM Branch WHERE BtanchID = ? ");
stmt.setLong (1, findBranchID);
stmt.execute ();
ResultSet rs = stmt.executeQuery ( );
if (rs.next ( )) {
  rs.getLong ("BranchID");
  rs.getString ("Name ");
  rs.getLong ("PhoneNumber ");
  rs.getString ("FaxNumber");
}
```

图 13-47　数据类型从 String 变为 Long 示例代码片段

4．统一主键策略

为一个实体选择一个键策略，并在数据库中保持一致。

1）"统一主键策略"重构的原因

进行"统一主键策略"重构主要有以下原因。

（1）改善性能：可能在每个键上都需要有一个索引，这样数据库在插入、更新和删除时性能会更好。

（2）符合国家标准或行业（企业）标准：许多机构有详细的数据标准和数据建模标准，希望开发团队能遵守。通常，在进行"使用正式数据源"重构时常常会发现当前的数据方案不符合机构的标准，因此需要重构，以反映正式数据源的值。

（3）改进代码一致性：如果单个实体有不同的键，访问表的代码实现就会有不同的方式。这增加了使用这些代码的人的维护负担，因为他们必须理解每一种用法。

统一键策略重构通常比较复杂，甚至非常困难。例如图 13-48 所示的情况，我们不仅需要 Policy 表的方案，而且还需要其他表的方案，如这些表包含了指向 Policy 的外键，但却没使用我们选择的键策略。

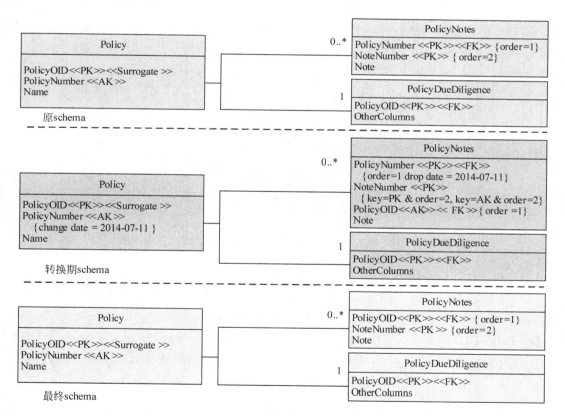

图 13-48　对 Policy 表统一键策略重构示例

2）模式更新的方法

（1）确定合适的键：需要在实体的"官方"键列上达成一致意见，理想情况下，这也反映了行业或公司的数据标准。

（2）更新源表的 schema：最简单的方法就是使用当前的主键并停止使用其他的键。如果采用这种方式，只要删除支持这些键的索引。如果选择使用其他键而放弃当前的主键，这种方法也能生效。但是，如果原有的键都不可取，那么就可能需要进行"引入替代键"重构。

（3）将不需要的键标记为已过时：非主键的其他键（在本例中是 PolicyNumber）都应该进行标记，说明它们在转换期结束后将不再被用作键。请注意，可能需要保留这些列上的唯一性约束，尽管不再打算将它们作为键。

（4）加入新索引：如果键上还没有索引，需要通过"引入索引"为 Policy 表引入基于键列的索引。

图 13-48 所示的例子对 Policy 表进行统一键策略重构，只使用 PolicyOID 作为键。为了实现这一点，我们在 Policy.PolicyNumber 列上说明了它在 2014 年 07 月 11 日将不再作为键，引入的新列 PolicyNotes.PolicyOID 将作为新的键列取代 PolicyNotes.PolicyNumber。下面的代码加入了 PolicyNotes.PolicyNumber 列。

```
ALTER TABLE PolicyNotes ADD PolicyOID CHAR(12);
```

图 13-49 所示的代码在转换期结束时执行，用于删除 PolicyNotes.PolicyNumber 和基于 Policy.PolicyNumber 列上的索引。

```
COMMENT ON  Policy "统一键，只使用PolicyOID作为键，" +
    "生效日期=2014-07-11";
DROP INDEX PolicyIndex 2;

COMMENT ON  PolicyNotes "统一键，只使用PolicyOID作为" +
    "键，所以删除 PolicyNumber 列，生效日期=2014-07-11";
ALTER TABLE  PolicyNotes ADD
    CONSTRAINT PolicyNotesPolicyOID_PK
    PRIMARY KEY (PolicyOID , NoteNumber );

ALTER TABLE  PolicyNotes DROP COLUMN PolicyNumber;
```

图 13-49　对 Policy 表统一键策略重构转换期结束时的示例代码

3）数据迁移的方法

一些表通过外键保持与 Policy 表的关系，这些表现在必须实现反映所选键策略的外键。例如，PolicyNotes 表原来实现了基于 Policy.PolicyNumber 的外键，但现在必须实现基于 Policy.PolicyOID 的外键。显然，这可能需要通过"取代列"做到这一点，并且这类重构要求从源列（Policy.PolicyOID 中的值）复制数据到 PolicyNotes.PolicyOID 列。下面的代码设置了 PolicyNotes.PolicyNumber 列的值。

```
UPDATE PolicyNotes SET PolicyNotes.PolicyOID=Policy.PolicyOID
    WHERE PolicyNotes.PolicyNumber = Policy.PolicyNumber
```

4）访问程序更新的方法

实施这类重构的主要目的是确保原有的 SQL 语句在 WHERE 子句中使用正式的主键

列，确保连接的性能至少像以前一样好。例如，以前的代码通过组合 PolicyOID 和 PolicyNumber 列来连接 Policy、PolicyNotes 和 PolicyDueDiligence，而重构之后的代码只使用 PolicyOID 列对它们进行连接。其示例代码如图 13-50 所示。

```
//重构前的代码
stmt . prepare ("SELECT Policy . Note FROM Policy , PolicyNotes " +
        "WHERE Policy . PolicyNumber = " +
            "PolicyNotes . PolicyNumber " +
            " AND Policy . PolicyOID = ?" );
stmt . setLong (1, policyOIDToFind );
stmt . execute ( );
ResultSet rs = stmt . executeQuery ( );

//重构后的代码
stmt . prepare ("SELECT Policy . Note FROM Policy , PolicyNotes " +
        "WHERE Policy . Policy OID = PolicyNotes . Policy OID " +
            "AND Policy . PolicyOID = ?" );
stmt . setLong (1, policyOIDToFind );
stmt . execute ( );
ResultSet rs = stmt . executeQuery ( );
```

图 13-50　对 Policy 表统一键策略重构访问程序更新示例代码

5．删除默认值

从一个已有的列中删除数据库提供的默认值。

1）"删除默认值"重构的原因

如果应用没有为某些列分配数据，而我们又希望数据库在这些列中存储一些数据，常常会进行"引入默认值"重构。如果由于应用提供了所需的数据，我们不再需要数据库来插入这些列的数据，那么我们可能不再需要数据库来持久这些默认值，因为我们希望应用能提供这些列的值。在这种情况下，我们就需要进行"删除默认值"重构。

2）模式更新的方法

实施"删除默认值"重构必须使用 ALTER TABLE 命令的 MODIFY 子句，从数据库表的这一列上删除默认值。下面的代码展示了图 13-51 中 Customer.Status 列上的默认值的步骤。

```
ALTER TABLE Customer MODIFY Status DEFAULT NULL;
```

Customer	Customer	Customer
CustomerID Name PhoneNumber	CustomerID Name PhoneNumber isDeleted {effective date = 　　　　　2014 - 06 - 21}	CustomerID Name PhoneNumber isDeleted SoftDeleteCustomer { event = delete }
原 schema	转换期 schema	重构完成后 schema

图 13-51　删除 Customer.Status 列上的默认值示例图

3）数据迁移的方法

"删除默认值"重构不需要进行数据迁移。

4）访问程序更新的方法

如果某些访问程序依赖于表所使用的默认值，那么对于表的这种变化，要么需要加入数据有效性检查代码，要么考虑取消这次重构。图 13-52 的代码展示了现在应用代码如何提供列的值，而不是依赖于数据库来提供默认值。

```
//重构前的代码
public void createRetailCustomer (long customerID , String Name ) {
    stmt = DB. prepare ("INSERT  INTO customer ( " +
        "CustomerID , Name ) VALUES (?, ?)");
    stmt . setLong (1, customer ID );
    stmt . set String (2, Name );
    stmt . execute ( );
}
//重构后的代码
public void createRetailCustomer (
    long customerID , String Name ) {
    stmt = DB. prepare ("INSERT  INTO customer ( " +
        "CustomerID , Name , Status ) VALUES (?, ?, ?)");
    stmt . setLong (1, customer ID );
    stmt . set String (2, Name );
    stmt . set String (3, RETAIL );
    stmt . execute ( );
}
```

图 13-52　删除默认值重构访问程序更新示例代码

6. 引入默认值

让数据库为一个已有的列提供默认值。

1）"引入默认值"重构的原因

当我们在表中加入一行时，常常希望某些列的值由一个默认值填充（如图 13-53 所示）。但是，插入语句并不总是会填充该列，这通常是因为该列是在插入语句写好之后才加入的，或者只是因为发出插入语句的应用不需要该列。一般来说，如果我们想让该列不可空（参见"使列不可空"重构），会发现对该列引入默认值是有用的。

Customer
CustomerID << PK >>
Name
Status
PhoneNumber

原 schema

Customer
CustomerID
Name
Status { default = ' NEW ' final date =2014- 07-11}
PhoneNumber

重构完成后 schema

图 13-53　在 Customer.Status 列上引入默认值示例图

2）模式更新的方法

引入默认值是单步骤的重构，相对来说很简单，只需要使用 SQL 命令 ALTER TABLE 为列定义默认值。可以说明这次重构的实际发生日期，告诉人们这个默认值是何时引入到 schema 中的。下面的代码展示了如何在 Customer.status 列上引入一个默认值。

```
ALTER TABLE Customer MODIFY Status DEFAULT 'NEW';
```

COMMENT ON Customer.Status '在插入数据时，如果没有指明该列的数据，将使用新的默认值。生效日期 = 2014-07-11';

3）数据迁移的方法

原有的行可能在该列上有空值，虽然为列加上了默认值，但这些行不会自动更新，而且某些行中可能还有无效的值。因此，需要检查该列中包含的数据，找出那些需要确定是否进行更新的值的列表。如果需要，可以编写一个脚本，遍历整个表，为这些行引入默认值。

4）访问程序更新的方法

引入默认值在表面上看似乎不会影响到任何访问程序，但这可能有某种假象。如果用户遇到下列问题，必须采取相应的对策。

（1）新的值使不变式被破坏：例如，一个类可能假定颜色列的值是红、绿或蓝三基色，但现在定义的默认值是红。

（2）原来存在采用默认值的代码：可能存在多余的源代码，在程序中检查空的值并引入默认值。这些代码可以删除。

（3）原有的源代码假定使用不同的默认值：例如，原有的代码可能会寻找作为默认值的空值，这是程序以前设置的，如果它发现值为空，就会让用户有机会选择颜色。现在默认值是红色，这些代码就永远不会调用到了，用户不能设置。

在为列引入默认值之前，必须全面地分析访问程序，然后对它们进行相应更新。

7. 实施数据质量重构的常见问题

因为数据质量重构改变了数据库中存储的数据，它们有一些共同的问题需要解决，其具体步骤如下。

（1）修复被破坏的约束：可能在受影响的数据上定义了一些约束。如果是这样，就可以通过"删除列约束"重构先删除约束，再通过"引入列约束"加上约束，反映改进后的数据值。

（2）修复被破坏的视图：视图常常在它们的 WHERE 子句中引用硬编码的数据值，一般是选择出数据的一个子集，因此当数据值发生改变时这些视图可能被破坏。因此，需要通过运行测试套件检查视图定义（这些视图引用了数据发生改变的列）来发现被破坏的视图。

（3）修复被破坏的存储过程：存储过程中定义的变量、传递给存储过程的参数、存储过程计算出的返回值以及存储过程使用的 SQL 都有可能与被改进的数据耦合在一起。希望原有的测试能揭示出数据质量重构所引发的业务逻辑问题，否则，需要检查所有存储过程的源代码，只要这些存储过程访问了保存变化后数据的列。

（4）更新数据：需要在更新数据过程中锁定源数据行，这会影响应用的性能和应用对数据的访问。这个问题可以采用两种策略加以解决。第一，可以锁住所有的数据，然后对数据进行更新。第二，可以锁住数据的一个子集，甚至一次只锁住一行数据，然后对这个子集进行更新。第一种方法确保了一致性，但是由于更新数百万的数据需要一些时间，这可能会降低数据库的性能，使应用在这一段时间中不能更新数据。第二种方法确保应用在更新过程中能够访问源数据，但可能影响行之间数据的一致性，因为有些行会拥有旧的、"低质量"的数据值，而另一些行已进行了更新。